（第2版）

Engineering Design, Construction and Maintenance of Telecommunication Line

通信线路工程设计、施工与维护

■ 罗建标◎著

人民邮电出版社
北京

图书在版编目（CIP）数据

通信线路工程设计、施工与维护 / 罗建标著. -- 2版. -- 北京 : 人民邮电出版社, 2020.12
ISBN 978-7-115-54477-3

Ⅰ. ①通… Ⅱ. ①罗… Ⅲ. ①通信线路－工程设计－高等学校－教材②通信线路－工程施工－高等学校－教材③通信线路－维护－高等学校－教材 Ⅳ. ①TN913.3

中国版本图书馆CIP数据核字(2020)第127282号

内 容 提 要

本书以介绍通信线路工程设计、施工与维护为主，将通信线路基础知识和传统的通信线路工程技术重新展示出来，内容全面，符合最新的相关规范和标准，并插入大量工具、仪器和材料的实物照片，起到直观具体的指导作用。

本书适合从事通信线路工程设计、施工、监理和维护的相关工程技术人员阅读参考。

◆ 著　　罗建标
责任编辑　李　强
责任印制　彭志环
◆ 人民邮电出版社出版发行　北京市丰台区成寿寺路 11 号
邮编　100164　电子邮件　315@ptpress.com.cn
网址　https://www.ptpress.com.cn
北京盛通印刷股份有限公司印刷
◆ 开本：787×1092　1/16
印张：33　2020 年 12 月第 2 版
字数：823 千字　2024 年 8 月北京第 8 次印刷

定价：169.00 元

读者服务热线：(010)53913866　印装质量热线：(010)81055316
反盗版热线：(010)81055315
广告经营许可证：京东市监广登字 20170147 号

序

我们正处在一个信息爆炸的时代，短短的几年间移动通信的应用已从 4G 时代步入 5G 时代。各种各样的应用和业务模式层出不穷，新技术不断涌现。无论是云计算、物联网，还是人工智能或其他各种业务网络技术的演进和升级换代，都为我们提供了丰富的资讯和良好的业务体验，这些资讯和体验都需要基础的通信线路来承载。

随着网络技术的发展，各种业务网络都在向大带宽、移动性和融合等方面演进，这进一步推动了光缆线路与通信管道等基础资源的扩容需求。无论是各级政府主推的“智慧城市”战略，还是运营商提出的“宽带中国，光网城市”战略规划等，都需要配套建设相应的大容量有线通信网络等战略性基础资源，以支撑其上层网络。可以预见，作为“光进铜退”的重要媒介，光网的规模仍会继续向终端客户侧延伸，未来一段时间光缆工程的建设仍将高速发展。如何实现通信线路工程建设经验和知识的快速复制、分享并运用到实践之中，本书的编写和出版为此做了一种新的尝试。

本书以通信线路工程建设为主题，从设计和施工两大流程展开阐述，涵盖通信光（电）缆和管道两部分内容，深入浅出地介绍了通信线路工程建设中各环节的工作内容和涉及的相关规范与标准要求，重点关注各阶段工作所涉及的强制性标准规范和注意事项。此外，本书以图文并茂的方式详尽地介绍了综合布线系统设计，对人工智能、智能小区及智能办公区域设计提供了实际可行的方法。本书第 1 版发行后连续重印 20 多次，获得了读者广泛的好评，这也就很好地印证了本书对线路工程建设人员开展实际工作具有很强的实用性和指导作用。

本书不仅局限于通信线路工程设计和施工基本情况的介绍，在介绍各环节的工作流程的同时，还结合实际工程建设经验阐述了防护措施、维护、工程安全风险评估与控制等内容，并有针对性地提供了相关的强制性标准规范内容，是作者多年来从事基层工作的经验总结。

本书作者从事通信线路工程设计、施工、验收等工作 30 多年，有丰富的通信网络建设经验，在具体的工程设计、施工和项目管理中都有突出的表现，曾获多项省级优秀工程设计奖；管理多个项目团队连续多年保持优秀团队称号；在 2008 年冰雪灾害及多次沿海强台风灾害的抗灾中作现场技术指导；在通信线路技术培训工作中编写教材和担任讲师，培养出了大批技术人才和骨干，为通信线路专业队伍的建设与壮大做出了较大的贡献。作者在国内多个学术期刊发表有价值的论文，多次受邀参加中国通信学会通信线路学术年会并发表演讲，也曾多次受邀参加广州市大型市政项目的立项专家评审，获得同行业界的广泛好评。

本书内容完全依据相关设计和施工验收规范以及通信线路工程建设实际经验编写而成，适合高等院校相关专业的师生以及通信网络规划、建设及维护等单位的工程技术人员阅读，是近年来不可多得的参考书籍。

前　　言

《通信线路工程设计、施工与维护》第1版于2012年5月出版以来，每年多次重印，一直受到广大读者的好评，也有学校和培训机构将其作为教材。然而，这几年我国相继颁布了多项与通信线路相关的新的技术规范和行业标准，通信工程费用定额和预算定额也于2017年被新的定额所取代。因此，书中的内容以及不少技术指标和参数就不符合新的技术规范和行业标准的要求，有必要进行调整和修正。此外，我在广泛征集读者意见的时候获得了不少有益的建议，需要补充一些新的内容来适应形势的发展，同时还要考虑满足一些更高层次读者的需求。基于上述原因，决定推出《通信线路工程设计、施工与维护》第2版。

本书继承第1版的风格，以介绍通信线路工程设计与施工为主，将近年来不太引人注意的通信线路基础知识（如通信线路的分类、结构，主要设备与器材的性能，相关的规范、标准和规定）和传统的通信线路工程技术（如通信线路的架空、管道、直埋、水底等敷设方式的技术要求；电杆、拉线及吊线的受力计算，安全系数的确定等）重新展示出来。同时，对近年来在通信线路工程建设中出现的新技术、新知识（如通信通道建设、特殊敷设方式、特殊地质环境和气候条件下通信线路工程施工与防护、硅芯管道气吹光缆、微控钻孔、最新的通信线路工程设计和验收规范及FTTH建设等）做了详尽的介绍。书中还使用了较大的篇幅来介绍通信线路防护、长途线路维护、线路工程设计及施工项目管理等方面的知识。此外，考虑到现在越来越强调执行工程建设的强制性标准，以及越来越关注工程建设方面的安全风险，所以本书分别各用了一章的篇幅来介绍关于通信工程建设的强制性标准以及通信线路工程建设安全风险评估与施工安全技术规程。本书的附录部分附有不少对通信工程设计和施工具有参考价值的资料和数据，尤其对工程材料的规格型号选择与用量计算有很好的辅助作用。

近年来，智能小区、智能商贸与办公大楼、智能法庭、智能交通管理系统、智能安全监控系统等层出不穷。而智能化目标的实现离不开一个有效的有线通信网络系统，那就是综合布线系统。为适应形势的发展，本书用了较大的篇幅来详细介绍综合布线系统的设计。相较于第 1 版，本书增加了不少新内容（如综合布线系统设计、通信线路工程施工安全技术规程、通信管道人孔和手孔标准图、蝶形光缆等），还插入了大量的现场图片和实物照片，弥补了文字说明多而实物对照少的不足。为了满足部分较高层次读者的需求，本书还增加了一节内容来介绍通信线路专业技术论文的编写方法。本书有三大特征：一是所有内容符合最新的规范要求及行业标准和预算定额；二是内容涵盖范围更全面，适合不同层次的读者阅读；三是图文并茂，有很强的实用性和指导作用。“千里之行，始于足下”，传输网络的构建，始于传输通信工程的设计与施工，希望本书在永不止步的通信线路工程建设中能起到一定的指导作用。

第 1 版发行后，作者曾公开征求读者意见，部分读者提出了一些中肯的看法。其中有一位山东的徐康工程师，花费不少时间列表指出错漏之处并给予宝贵的建议，在此表示由衷的感谢！最后，特别感谢中国通信服务股份有限公司副总裁、中国通信建设集团有限公司董事长王琪再次为本书作序！

社会在持续发展，知识将不断更新，个人的知识总是有一定的局限性。尽管本书在编写过程中作者反复多次对照现行的通信线路工程相关规范及标准和法规，但难免存在某些错漏和缺失，希望读者和专家多多批评指正，提出宝贵意见，以便今后有机会进一步修改和完善。

2020 年 6 月于广州

目　　录

第 1 章 通信线路基础知识

1.1 通信线路技术的发展历程简述

通信就是信号（包括光信号、电磁波、颜色和声音等信号）从发送端通过某种媒介到达接收端并被有效接收的物理过程；这个过程中传输信号的媒介就是通信线路。有线通信线路的传输方式已经经历了从架空明线、对绞式市话电缆、长途对称电缆、小同轴电缆、中同轴电缆、大同轴电缆到多模光纤光缆、单模光纤光缆的历程。通信线路敷设方式经历了从架空、直埋（包括水底敷设）到通信管道（国外有大容量通信线路通道）、气吹光缆硅芯管道的过程。随着我国信息化建设步伐进一步的加快，我们相信通信线路还将有巨大的发展。通信线路的本质是建立端到端的物理连接，如何能更快速、更灵活、更经济地建立一个信号传输损耗更低、距离更远、信息量更大的端到端连接系统，是通信线路专业需要考虑的问题。

1.2 通信线路的分类及其特点

1.2.1 通信线路的分类

通信线路按其结构进行分类，可分为架空明线、通信电缆、通信光缆。

① 架空明线是沿线路每隔 50m 左右立电杆一根，上装木担（或铁担）螺旋脚和隔电子。把导线绑扎在隔电子上，一根电杆上可架设 16 对线。

② 通信电缆是将互相绝缘的芯线经过扭绞成导线束——缆芯，再经过压铅后成光皮电缆，如加铠装则成为铠装电缆。目前市话电缆普遍采用全塑电缆。

③ 通信光缆是采用适当的方式将所需条数的光纤（玻璃纤维）束合成缆。

通信线路按其敷设方式进行分类，可分为架空光（电）缆、地下直埋（包括水底）光（电）缆、管道敷设光（电）缆。

① 架空光（电）缆是通过挂钩将光（电）缆架挂在电杆间或墙壁的钢绞线上；自承式光（电）缆也属于架空式光（电）缆。

② 地下直埋光（电）缆是将光（电）缆直接埋设在土壤中。

③ 水底光（电）缆是跨越江河时，一般将钢丝铠装光（电）缆（称水线）敷设在水底。跨海的通信光（电）缆敷设在海底，称为海底光（电）缆。

④ 管道敷设光（电）缆是通过人（手）孔将光（电）缆穿放入管道中。

通信线路按其业务的区域进行分类，可分为市内电话线路（亦称本地网，包括农村）和长途通信线路。

① 市内电话线路是在一个城市范围内连接所有用户与市话局的线路设备。

② 长途通信线路是两个或多个城市之间相连接的线路设备。省内长途通信线路称为二级干线，跨省、直辖市、自治区的长途通信线路称为一级干线。

1.2.2 通信线路技术的特点

通信线路技术与其他通信技术相比有如下特点。

① 在整个通信系统中占投资的比重较高。

② 政策性、经济性比较强。

③ 局所规划方案的抉择涉及长期发展使用，是运营和建设中的大事。

④ 涉及外单位的关系比较多，与沿途各行业规划密切相关。受居民区域分布、城市规划等人为因素的制约。

⑤ 跨通信以外学科比较多；工程作业环境既有室内也有室外和野外，甚至在高空和水下；作业分布不是线形，涉及面广；设备安装受自然环境、位置等条件限制。

⑥ 通信线路工程有其独特之处，就是具有许多不可预计的因素，需要有丰富的经验和较强的现场应急处理能力。

⑦ 通信线路工程施工采用的技术措施在不同地区会有所不同；在不同的地理、气候环境和地质条件所采取的技术手段也有所不同。通信线路技术的各个环节不可偏废。

1.3 主要材料及设备的介绍

通信用途的主要材料及设备通常称为通信器材；通信器材在使用前必须进行严格的检验程序。一般规定：工程所用光（电）缆及其他器材必须有产品质量合格证及厂方提交的产品测试记录；不符合标准或无出厂检验合格证的光（电）缆及其他器材不得在工程中使用。同时，光（电）缆及其他线路器材的规格、程式、数量应符合设计及订货要求。

1.3.1 市话电缆线路工程材料

市话电缆线路工程的主体材料为电缆和电缆接头盒，其他物品有电缆交接箱、分线盒（箱）、接续器件（扣式接线子、压接模块）、镀锌钢绞线、吊线抱箍、拉线抱箍、挂钩、电杆、水泥拉线盘、拉线铁柄、衬环以及保护通信线路所用的材料等。

1.3.1.1 电缆

我国电缆发展初期为纸绝缘电缆（纸隔电缆），现都采用聚稀烃塑料绝缘电缆（全塑电缆）。绝缘结构有实心、泡沫、泡沫实心皮3种结构，一般采用实心绝缘。电缆的护层结构有铅护套和综合护套两种，综合护套又有铝塑粘结护套和铅钢护套两种，常用的为铝塑粘结护套。电缆缆芯结构有普通色谱和全色谱两种，常用的为全色谱电缆。

全色谱电缆每5对线为一小组，小组内5对芯线的a线是同一种颜色，b线采用不同的颜色进行区分。每5个小组合成一个中级组，每小组有一条带颜色的扎带缠绕，5个小组采用不同的颜色进行区分。25对线就组成了一个基本单位的中级组，一个基本单位内部的色谱排列见表1-1。

表 1-1　　全色谱线对编号与色谱排列

线对编号	1	2	3	4	5	6	7	8	9	10	11	12	13	14	15	16	17	18	19	20	21	22	23	24	25
扎带颜色	白					红					黑					黄					紫				
a 线	白	白	白	白	白	红	红	红	红	红	黑	黑	黑	黑	黑	黄	黄	黄	黄	黄	紫	紫	紫	紫	紫
b 线	蓝	橙	绿	棕	灰	蓝	橙	绿	棕	灰	蓝	橙	绿	棕	灰	蓝	橙	绿	棕	灰	蓝	橙	绿	棕	灰

每 4 个中级组再组成一个大级组，刚好 100 对线，4 个中级组之间的扎带色谱排列顺序是：

1	2	3	4
白	红	黑	黄

每一个大级组分别用不同颜色的扎带缠绕，各个大级组之间的扎带色谱排列顺序是：

1	2	3	4	5
白	红	黑	黄	紫

随着光进铜退，采用大对数电缆的机会将越来越少。

市话电缆电气特性见表 1-2。

表 1-2　　市话电缆电气特性

线径（mm）	0.32	0.4	0.5	0.6	0.63	0.7	0.8	0.9
直流电阻最大值（Ω/km）	236	148	95	65.8	58.7	48	36.6	29.5
衰减标称值 20℃ 150kHz（dB）	15.8	11.7	8.6	7	6.4	5.9	5	4.6
衰减标称值 20℃ 102kHz（dB）	31.4	26	21.4	17.9	16.8	15.1	13.5	12

市话通信电缆需要测试的指标有：（1）环路电阻及直流电阻测试；（2）回路不平衡电阻测试；（3）绝缘电阻及耐压强度测试。对称电缆和同轴电缆需要测试的指标有：（1）电缆回路一、二次参数测试；（2）电缆回路衰减测试；（3）电缆回路间串音测试；（4）同轴回路端阻抗及均匀性测试。此外，在电缆维护中会经常需要进行电缆线路障碍测试。

各种主要型号电缆的使用场合见表 1-3。

表 1-3　　各种主要型号电缆的使用场合

电缆类型	无外护层电缆	自承式电缆	有护层电缆				
			单层钢带纵包	双层钢带纵包	双层钢带绕包	单层钢丝绕包	双层钢丝绕包
电缆型号代号	HYA	HYAC					
	HYFA						
	HYPA						
	HYAT		HYAT53	HYAT553	HYAT23	HYAT33	HYAT43
	HYFAT		HYFAT53	HYFAT553	HYFAT23		
使用场合	管道、架空	架空	埋式	埋式	埋式	水下	水下

1.3.1.2 接续器件

电缆芯线接线所用的接续器件，有单体接线子及模块接线排两类，常用的接线子为扣式接线子（曾经有 A 型接线子），模块一般采用 25 对。

① 电缆扣式接线子外观应完整，外壳材质应有透明度，卡接应牢固。

② 电缆接线模块外观应规整、无断裂，卡接应牢固。

③ 接线子的初始接续电阻应符合表 1-4 的要求。

表 1-4　　接线子的初始接续电阻

项目 线径（mm）	初始接续电阻最大值（mΩ）							
	HJK1/ HJKT1	HJK2/ HJKT2	HJK3/ HJKT3	HJK4/ HJKT4	HJKT5	HJX1	HJC1	HJM/ HJMT
0.32						3.0	1.5	4.5
0.40	3.0	3.5	3.5	2.5	1.5	2.5	1.3	3.5
0.60	2.0	1.8	2.0	—	1.2	1.3	1.0	2.5
0.80		1.2	1.2		1.0	1.0		

④ 接线子外壳对地绝缘电阻应≥1×10^5MΩ（20℃± 5℃，相对湿度 60%～80%）。

电缆护层的接续器件（接头），目前全塑电缆一般采用热缩套管法，应符合下列要求。

A．热缩套管

a．表面光滑、无划痕、材质厚薄均匀、金属构件无锈蚀、零配件齐全有效。

b．内壁涂热熔胶均匀，保气型热缩套管的耐压应符合标准。

c．热缩套管纵向收缩不大于 8%。

B．热注缩套管

外观表面光滑、无斑痕、材质厚薄均匀、零配件齐全有效。

1.3.1.3 电杆

电杆是通信杆路的实体，我国通信线路沿用的主要是木质电杆（以下简称木杆）和环形钢筋混凝土电杆（以下简称水泥杆），20 世纪 60 年代后，国家明文规定，通信线路建设应尽量采用钢筋混凝土电杆。电杆按外形的不同可分为等径杆和锥形杆，目前常用的是锥形杆；按配制钢筋强度和加工处理方法的不同可分为预应力杆和非预应力杆，目前常用的是预应力杆。

水泥杆检验应符合以下要求。

① 水泥杆应为锥形体，锥度为 1/75。

② 水泥杆有环向裂纹宽度超过 0.5mm，或有可见纵向裂缝的混凝土破碎部分总面积超过 200mm^2 不得使用。

木杆检验应符合以下要求。

① 木杆浸油深度应符合设计要求。

② 木杆的长度偏差超过−100～+200mm、梢径偏差大于−10mm 或杆身弯曲度超过杆长的 2%就不得使用。

1.3.1.4 水泥底盘、卡盘及拉线盘

水泥底盘、卡盘及拉线盘的程式及偏差应符合表 1-5 的要求。

表 1-5　　水泥底盘、卡盘及拉线盘的程式及偏差

名称	程式（mm）	偏差（mm）	参考质量（kg）
水泥底盘	500×500×80	长、宽、厚±10	46
卡盘	800×300×120		73
拉线盘	500×300×150	长、宽、厚±10	44
	600×400×150		69

1.3.1.5　镀锌钢绞线与铁件和挂钩

（1）镀锌钢绞线一般用于制作电缆吊线和拉线，常用的有 7/2.2、7/2.6、7/3.0 规格。镀锌钢绞线的绞合应均匀紧密，无跳股现象，镀锌钢绞线的规格应符合表 1-6 的要求。

表 1-6　　镀锌钢绞线的规格

公称截面积（mm^2）	钢绞线及股数	每根/每股钢绞线允许公差（mm）	钢绞线外径（mm）	拉断力（kg）
50	7/3.0	±0.12/±0.02	9.0	5 460
37	7/2.6	±0.12/±0.02	7.8	4 100
26	7/2.2	±0.12/±0.02	6.6	2 930
22	7/2.0	±0.12/±0.02	6.0	2 420
18	7/1.8	±0.12/±0.02	5.4	1 920

（2）铁件的规格型号应符合设计及订货合同要求。

① 铁件的外观检验，不应有焊接和锻接处的裂纹缺陷，表面凹痕应小于允许公差。

② 铁件表面的防腐处理应符合设计规定，铁件镀锌层应牢固，不应有气泡、起皮、针孔和锈腐蚀斑痕。

（3）挂钩：有金属挂钩和涂塑挂钩两种，根据内径的大小可分为ϕ25、ϕ35、ϕ45、ϕ55、ϕ65 共 5 种规格。

1.3.1.6　分线设备

分线设备是连接配线电缆和用户线之间的选线及试线设备，通常有分线箱（10～50 对）和分线盒（主要是 10～30 对及以下，也有 50 对的，部分地区还有 100 对的）两类，前者附有避雷器和熔丝管，适用于市郊较长距离的用户线，具有防雷作用；后者没有保安装置，多用于市区或室内配线。分线设备可设置在电杆上，也可以安装在用户室内、室外的墙上。

1.3.1.7　交接箱

交接箱是主干与配线电缆的一种成端设备，一般安装在室外。它的内部接线装置分别连接主干电缆和配线电缆，利用跳线使两端线对任意跳接连通，以达到灵活调度线对的目的。室内则采用大容量配线箱，功能与交接箱类似。

我国传统采用的室外交接箱一般有螺丝接线柱式交接箱、无端子式交接箱、插接式交接箱、旋转卡接式交接箱，目前常用的为旋转卡接式交接箱。

按交接箱的安装方式不同可分为架空式和落地式两种，个别地方采用挂墙式。

电缆交接箱检验应满足下列要求。

① 电缆交接箱的规格型号应满足设计要求。

② 电缆交接箱的箱体应完整、无损伤、无腐蚀、零配件齐全、箱体外壳严密、门锁开启灵活可靠。

③ 电缆交接箱的任意两个端子之间以及任意端子与地之间的绝缘电阻应≥5×10^4MΩ（500V 高阻计测试），任意两个端子之间以及任意端子与地之间接通 500V（交流）时，1min 内不击穿，无飞弧现象。

④ 导线与接线端子之间的接触电阻应≤5MΩ，接线端子可断弹簧片处的接触电阻应≤20MΩ，机械使用寿命试验后≤30MΩ。

⑤ 接续模块的卡接弹簧片和可断弹簧片的重复使用次数应≥200 次。

⑥ 查验出厂检验记录，室内交接箱的防护性能应达到 GB 4208 标准中的 IP53 级标准，室外交接箱的防护性能应达到 GB 4208 标准中的 IP65 级标准。

1.3.1.8 气堵材料

市话电缆实行充气维护，必须用气堵材料将各充气段隔开，使充入电缆的气体封闭起来，便于查漏、补气等维护工作。

气堵材料一般由堵塞剂、气堵热缩管、气门构成。目前一般是在进线室安装有自动告警器的自动充气机进行集中充气维护。

1.3.1.9 电缆配线架

电缆配线架保安接线排应满足下列要求。

① 保安接线排的塑料材质应具有不延燃性。

② 保安接线排的接线端子在 20℃±5℃、相对湿度 60%～80%时与外壳间的绝缘电阻应≥1×10^3MΩ（500V 高阻计测试）。

③ 卡接式保安接线排的初始接触电阻应≤2MΩ。

④ 保安接线排必须具有过压、过流保护，各项指标应符合有关规定。

⑤ 保安接线排的保安单元弹簧片插接部分的接触电阻应≤3MΩ。

1.3.2 光缆线路工程材料

目前，随着光进铜退，光缆越来越多地应用于市话线路中。光缆线路工程的主体物品由光缆和光缆接头盒构成，其他物品有光纤分配架（ODF）、光缆尾纤、适配器、终端盒、光交接箱、镀锌钢绞线、吊线抱箍、拉线抱箍、挂钩、塑料子管、混凝土水泥杆、拉线盘、拉线铁柄、衬环等。

1.3.2.1 光纤

光纤按传输的总模数不同可分为单模光纤（SM）和多模光纤（MM）。目前应用较多的是单模光纤，传输距离较短以及综合布线时才选用多模光纤。单模光纤按照色散情况可分为常规式、移位式和平坦式 3 种。

1.3.2.2 光缆

光缆由加强芯和缆芯、护套及外护层 3 部分组成。缆芯结构有单芯型和多芯型两种：单芯型有充实型和管束型两种；多芯型有带状和单位式两种。外护层有金属铠装和非铠装两种。

1.3.2.3 光缆允许拉伸力和压扁力

光缆允许拉伸力和压扁力见表 1-7。

表 1-7　　光缆允许拉伸力和压扁力的机械性能

光缆类型	允许拉伸力（N）		允许压扁力（N/100mm）	
	短期	长期	短期	长期
管道和非自承式架空	1 500	600	1 000	300
直埋	3 000	1 000	3 000	1 000
特殊直埋	10 000	4 000	5 000	3 000
水下（20 000N）	20 000	10 000	5 000	3 000
水下（40 000N）	40 000	20 000	8 000	5 000

1.3.2.4　光纤参数和测试类别

通信光纤的实用参数以及测试方法见表 1-8。

表 1-8　　通信光纤的实用参数以及测试方法（CCITT 建议的测试方法）

参数	RTM	ATM
衰减系数	切断法	插入损耗法、背向散射法
基带响应	时域法、频域法	
总色散系数	相移法、脉冲测试法	
截止波长	传导功率法	模场直径与波长关系法
折射率分布	折射近场法	近场法
最大理论数值孔径	折射近场法	近场法
几何尺寸	折射近场法	近场法
模场直径	远场扫描法	可变孔径法

光纤通信工程中常用的测试仪表有：光功率计、光源、光时域反射仪、光纤传输特性测试仪。

1.3.2.5　光缆终端设备

光缆终端设备一般采用光纤配线架（ODF）、光缆终端盒（目前较少使用）、光缆交接箱（室外）。

1．光缆终端用 ODF 应满足以下要求。

（1）光纤配线架应符合 YD/T 778-2011《光纤配线架》的有关规定。

（2）机房内原有 ODF 空余容量满足本期工程需要时，可不配置新的 ODF。

（3）新配置的 ODF 容量应与引入光缆的终端需求相适应，外形尺寸、颜色应与机房原有设备一致。

（4）ODF 内光缆金属加强芯固定装置应与 ODF 绝缘。

（5）光纤终接装置的容量与光缆的纤芯数相匹配，盘纤盒应有足够的盘绕半径的容积，以便于光纤盘留。

2．光纤配线架检验应符合以下要求。

（1）光纤配线架各项功能模块应齐全，装备完整。

（2）光纤配线架的高压防护装置与机架间的绝缘电阻应≥1×10^3MΩ（500V 高阻计测试），机架间的耐压力≥3 000V（直流），1min 内不击穿，无飞弧现象。

（3）光纤活动连接器应符合下列要求。

① 插入损耗应≤0.5dB（重复性和互换性）。

② 回波损耗：PC 型≥40dB，U PC 型≥50dB，A PC 型≥60dB。

3．配置光缆交接箱应满足以下条件。

（1）应符合 YD/T 988-2007《通信光缆交接箱》的有关规定。

（2）应具有光缆固定和保护功能、光纤终接与高度功能。

（3）新配置交接箱容量应按规划期末的最大需求进行配置，参照交接箱常用容量系列选定。

（4）交接箱颜色和标识应符合通信业务经营者的要求。

（5）光纤终接装置的容量与光缆的纤芯数相匹配，盘纤盒应有足够的盘绕半径，便于光纤盘留。

4．光缆交接箱检验应符合下列要求。

（1）光缆交接箱的规格、型号应满足设计要求。

（2）光缆交接箱的箱体密封条粘结牢固、门锁开启灵活可靠，箱门开启角度≥120°；经涂覆的金属构件，其表面涂层附着力牢固，无起皮、掉漆等缺陷。

（3）光缆交接箱的高压防护接地装置，其地线截面积应大于 $6mm^2$。

5．光缆交接箱的高压防护接地装置与机架间的绝缘电阻应≥2×10^3MΩ（500V 高阻计测试），箱体间耐压≥3 000V（直流），1min 内不击穿，无飞弧现象。

1.3.2.6 光缆接头盒和终端盒

1．光缆接头盒的分类

光缆接头盒目前分为 4 类：室外光缆接头盒、光纤复合架空地线接头盒、浅海光缆接头盒和微型光缆接头盒。下面分别进行说明。

（1）第一类：室外光缆接头盒

① 术语和相关定义

本部分采用下列定义。

光纤接头（Fiber Splice）：将两根光纤永久地或可分离开地连接在一起，并具有保护部件的接续部分。

光缆接头（Cable Splice）：两根或多根光缆之间的保护性连接部分。

② 分类和命名

A．分类

a．按光缆使用场合分类，可分为架空、管道（隧道）和直埋。

b．按光缆连接方式分类，可分为直通接续和分歧接续。

c．按光缆密封方式分类，可分为机械密封和热收缩密封。

d．分类代号见表 1-9。

表 1-9　分类代号

分类		代号
使用场合	架空	K
	管道（隧道）	G
	直埋	M
连接方式	直通接续	T
	分歧接续	F_x
密封方式	机械密封	J
	热收缩密封	R
	机械密封和热收缩密封	J_R

注：F_x 的下标“x”表示分歧的支数。

B．规格

用光缆中光纤的实际数目的阿拉伯数字表示。

C．型号及标记

a．型号应反映出产品的专业代号、主称代号、使用场合代号、光缆连接方式代号、密封方式代号和规格，产品型号由图 1-1 所示的各部分构成。

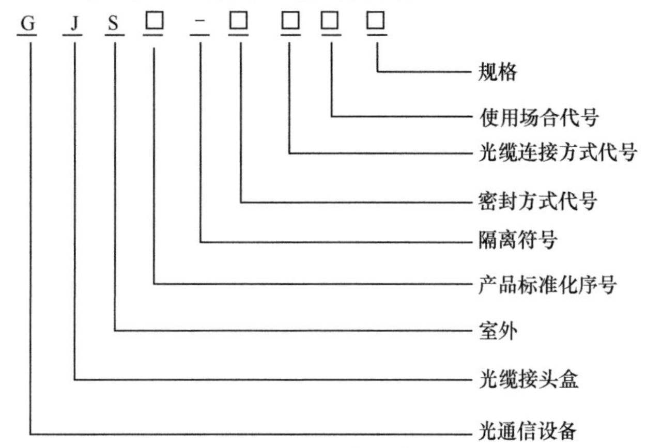

图 1-1　室外光缆接头盒的型号构成

b．产品的完整标记由产品名称、型号和标准号构成。

例如，用机械密封方式密封的 24 芯架空光缆的三分歧光缆接头盒的标记表示为：

室外光缆接头盒 GJSxx-JF$_3$K 24 YD/T 814.1-2004。

③ 要求

A．使用环境

环境温度：−25℃～+60℃（A 类）；　−40℃～+65℃（B 类）。

大气压力：70～106kPa。

B．使用寿命

使用寿命：25 年。

C．一般要求

a．具有恢复光缆护套的完整性和光缆加强构件的机械连续性的性能。

b．提供光缆中金属构件的电气连通、接地或断开的功能。

c．具有使光纤接头免受环境影响的性能。

d．提供光纤接头的安放和余留光纤存储的功能。

e．需要时，光缆接头盒还应具有防白蚁的性能。防白蚁方法按 GB/T 2951.38-1986 中的群体法进行，密封材料试样的表面及沿边应未见白蚁蛀蚀的齿痕。

（2）第二类：光纤复合架空地线接头盒

① 术语和定义

DL/T 832-2003 和 YD/T 814.1-2004 中确立的以及下列术语和定义适用于本类。

光纤复合架空地线光缆接头盒（Closure for Optical Fibre Composite Overhead Ground Wires）：相邻光纤复合架空地线段间提供光学、密封和机械强度连续性的接续保护装置。

② 分类和命名

A．分类

a．按接头盒的连接方式分类，可分为直通接续和分歧接续。

b．按接头盒的密封方式分类，可分为机械密封和热收缩密封。

c．分类代号见表 1-10。

表 1-10　　分类代号

分类		代号
连接方式	直通接续	T
	分歧接续	F_x
密封方式	机械密封	J
	热收缩密封	Z

注：F_x 的下标“x”表示分歧的支数。

B．规格

以接头盒所能安放光纤最大数目的阿拉伯数字表示。

C．型号及标记

a．型号

型号应反映出产品的专业代号、主称代号、使用场合代号、光缆连接方式代号、密封方式代号和规格。产品型号的各部分构成如图 1-2 所示。

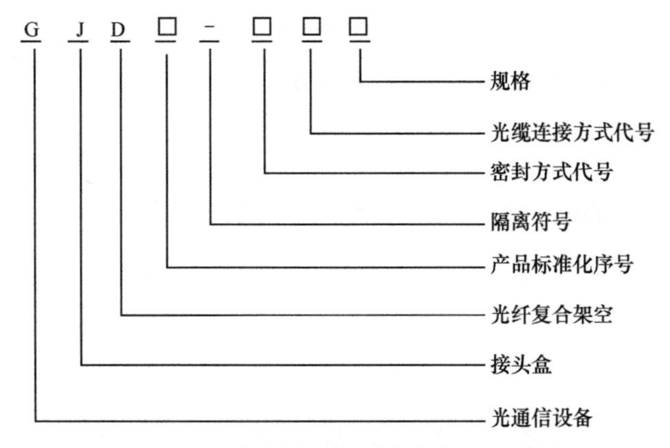

图 1-2　光纤复合架空地线接线盒产品型号构成

b．标记

产品的完整标记由产品名称、型号和标准号构成。

示例：用机械方式密封的 24 芯直通 OPGW 接头盒的标记表示为：GJDxx-JT24 YD/T 814.2-200x。

③ 要求

A．使用环境

环境温度：−25℃～+60℃（A 类）；−40℃～+65℃（B 类）。

大气压力：70～106kPa。

B．使用寿命

使用寿命：不小于 25 年。

C．一般要求

a．应保证与接头盒连接的 OPGW 光学连续性的性能，以及具有本类规定的连接强度。

b．具有使光纤接头免受环境影响的性能。

c．提供光纤接头的安放和余留光纤存储的功能。

（3）第三类：浅海光缆接头盒

① 术语和定义

GB/T 18480 和 YD/T 814.1 中确立的以及下列术语和定义适用于本类。

浅海光缆接头盒（Closure for Shallow Water Submarine Optical Fiber Cables）：为相邻浅海光缆段间提供光学、电气、密封和机械强度连续性的接续保护装置。

② 分类和命名

A．分类

a．按光缆连接方式分类，可分为直通接续和分歧接续。

b．按密封方式分类，可分为机械密封和注塑密封。

c．分类代号见表 1-11。

表 1-11　　分类代号

分类		代号
光缆连接方式	直通接续	T
	分歧接续	F_x
密封方式	机械密封	J
	注塑密封	Z

注：F_x 的下标“x”表示分歧的支数。

B．规格

以接头盒所能安放光纤最大数目的阿拉伯数字表示。

C．型号及标记

a．型号

型号应反映出产品的专业代号、主称代号、使用场合代号、光缆连接方式代号、密封方式代号和规格。产品型号的各部分构成如图 1-3 所示。

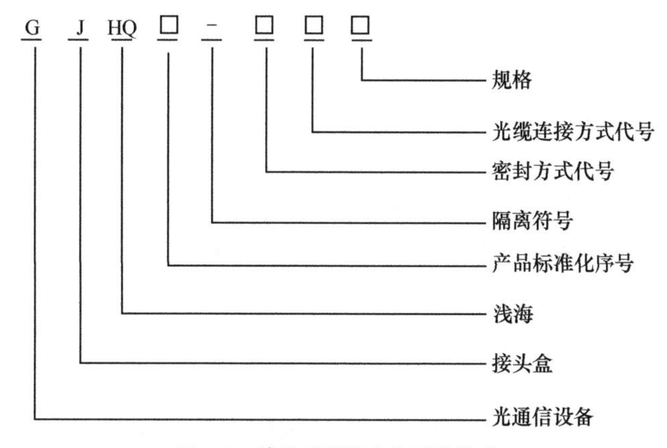

图 1-3　浅海光缆接头盒型号构成

b．标记

产品的完整标记由产品名称、型号和标准号构成。

示例：用机械方式密封的 12 芯直通浅海光缆接头盒的标记为：GJHQxx-JT12 YD/T 814.3-200x。

③ 要求

A．使用环境

环境温度：−10℃～+40℃。

水深：不大于 500m。

B．使用寿命

使用寿命：不小于 25 年。

C．材料

a．材料的物理、化学性能及相容性

接头盒所有零部件材料的物理、化学性能应稳定，各种材料之间应相容。

b．内部材料的防腐蚀性能

接头盒内部接头材料应防止因电位差而产生腐蚀。当需要采用不同材料时，应防止因潮气或海水浸入而导致相互间的反应，产生游离氢。

c．壳体材料的耐腐蚀性能

接头盒外部接头材料即壳体材料应具有耐海水腐蚀性能，并符合 SJ 51659/3-2002 中 3.2 的规定。

d．热收缩密封材料的性能

应符合 YD/T 590.1～590.2 的规定。

D．外观和结构

光缆接头盒应由外壳、内部构件、密封元件和光纤接头保护件 4 部分组成。

接头盒的结构应保证与接头盒连接的浅海光缆的光学、电气、机械、环境性能的要求一致。

（4）第四类：微型光缆接头盒

① 术语和定义

下列术语和定义适用于本部分。

A．气吹微型光缆（Microduct Optical Fibre Cable for Installation by Blowing）：必须同时满足以下 3 个条件。

a．必须适合用气吹方式在微管中敷设。

b．尺寸必须足够微小，其直径范围为 3.0～10.5mm。

c．适宜其气吹安装的微管外径范围为 7.0～16.0mm。

本部分中将气吹微型光缆简称为微型光缆。

B．微型光缆接头盒（Closure for Microduct Optical Fibre Cables）：两根或多根微型光缆之间的保护性连接部分。

② 分类和命名

A．分类

a．按微型光缆的连接方式分类，可分为直通接续和分歧接续。

b．按密封方式分类，可分为机械密封和热收缩密封。

c．分类代号见表 1-12。

表 1-12　　分类代号

分类		代号
连接方式	直通接续	T
	分歧接续	F_x
密封方式	机械密封	J
	热收缩密封	R
	机械密封和热收缩密封	J_R

注：F_x 的下标“x”表示分歧的支数。

B．规格

用光缆中光纤的实际数目的阿拉伯数字表示。

C．型号及标记

a．型号

型号应反映出产品的专业代号、主称代号、光缆连接方式代号、密封方式代号和规格。产品型号的各部分构成如图 1-4 所示。

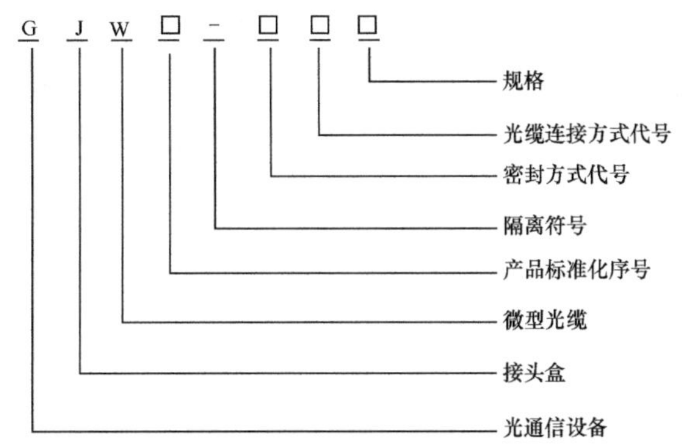

图 1-4　微型光缆接头盒型号的构成

b．标记

产品的完整标记由产品名称、型号、规格和标准号构成。

示例：用机械密封方式密封的 24 芯微型光缆直通接头盒的标记表示为：微型光缆接头盒 GJWxx-JT24 YD/T 814.4-2007。

③ 要求

A．使用环境

环境温度：−25℃～+60℃。

B．使用寿命

使用寿命：25 年。

C．一般要求

a．接头盒对微缆护套具有气密性，对微管具有水密性。

b．具有恢复微型光缆护套完整性和加强构件的机械连续性的性能。

c．提供微型光缆中金属构件的电气连通、接地或断开的功能。

d．具有足够的耐环境影响的功能。

e．提供光纤接头的安放和余留光纤存储的功能。

f．提供成束光纤的分支装置。

2．光缆接头盒及终端盒的主要性能指标

光缆接头盒及终端盒的主要性能指标应符合表 1-13 的要求。

表 1-13　光缆接头盒及终端盒的主要性能指标

项目	密封性能	绝缘电阻	耐压强度
光缆接头盒	光缆接头盒内部充气压力为 100±5kPa，浸泡在常温清水容器中稳定观察 15min 应无气体逸出，或稳定观察 24h 气压表指针无变化	光缆接头盒沉入 1.5m 深的水中浸泡 24h 后，光缆接头盒两端金属构件之间绝缘电阻应≥20 000MΩ	光缆接头盒沉入 1.5m 深的水中浸泡 24h 后，光缆接头盒两端金属构件之间、金属构件与地之间在 15kV 直流电下 1min 不击穿，无飞弧现象
光缆终端盒		光缆终端盒两端金属构件之间、金属构件与地之间绝缘电阻应≥20 000MΩ	光缆终端盒两端金属构件之间、金属构件与地之间在 15kV 直流电下 1min 不击穿，无飞弧现象

1.3.3　通信管道工程材料

管道线路工程的主体物品由各种管材（塑料单孔的 PVC 管、硅芯管、塑料多孔的栅格管和蜂窝管、水泥管、微控顶管用的 PE 复合管、桥侧无缝钢管等）组成，其他物品还有人孔口圈、井盖、电缆托架、电缆托板、拉力环、积水罐、钢筋、水泥、沙、碎石、砖等。

（1）检验塑料管应符合下列要求。

① 塑料管的材质、规格应符合设计要求。

② 管身应光滑、无伤痕、管孔无变形，其颜色、孔径、壁厚及其均匀度应符合设计要求，壁厚的负偏差应≤1mm。

（2）硅芯管的外观应符合下列要求。

① 外表无伤痕，随盘的各种资料应齐全完好，色泽均匀一致。

② 外形均匀、无缺陷、无划痕。

③ 内、外壁光滑平整，不得有气泡、裂口及显著的凹陷和杂质等。

④ 硅芯管端面与轴面垂直。

（3）硅芯管规格和盘长应符合设计及订货合同要求。

（4）单盘硅芯管内充气 0.1MPa，24h 后气压降低至≤0.1MPa。

（5）硅芯管连接件的配件齐全，规格及数量符合设计要求，连接件与硅芯管应相匹配，内、外壁光滑、无缺陷，两者螺旋配合良好；连接件的出厂主要性能及机械性能检验报告数据应符合设计及订货合同要求。

（6）硅芯管堵头数量、规格应符合设计及订货合同要求，硅芯橡胶无脱落、不破裂，堵头与硅芯管应相匹配，安装在硅芯管上时应牢固，不进水和杂物。

1.4　相关规范、标准及规定的介绍

当前与通信线路工程相关的规范、标准及规定如表 1-14 所示，因为随着我国科学技术不断向前发展，相关的规范、标准及规定也会不断更新，所以只能说这些相关的规范、标准及规定只适用于现阶段一定的时期内；再过若干年，其中的某些规范、标准及规定就会被新的所取代。每一

种规范、标准及规定带黑体字的条文内容（包括条文及正文内容）属于强制性标准，是设计人员必须严格执行的内容。

表 1-14　　通信工程建设标准体系表

<table>
<tr><td rowspan="15">通信工程建设标准体系</td><td rowspan="2">基础标准</td><td>1．名词术语</td><td rowspan="2"></td></tr>
<tr><td>2．图形符号</td></tr>
<tr><td rowspan="7">通用标准</td><td>1．设备安装</td><td rowspan="7">无：1．设计规范；2．施工验收规范；3．施工监理规范</td></tr>
<tr><td>2．安全防护</td></tr>
<tr><td>3．环境保护</td></tr>
<tr><td>4．节能减排</td></tr>
<tr><td>5．共享共建</td></tr>
<tr><td>6．抗震检测</td></tr>
<tr><td>7．图集</td></tr>
<tr><td rowspan="6">专用标准</td><td>1．有线传输设备</td><td rowspan="6">有：1．设计规范；2．施工验收规范；3．施工监理规范</td></tr>
<tr><td>2．无线传输</td></tr>
<tr><td>3．交换数据</td></tr>
<tr><td>4．通信线路</td></tr>
<tr><td>5．通信电源</td></tr>
<tr><td>6．通信建筑</td></tr>
</table>

通信行业标准格式如图 1-5 所示。

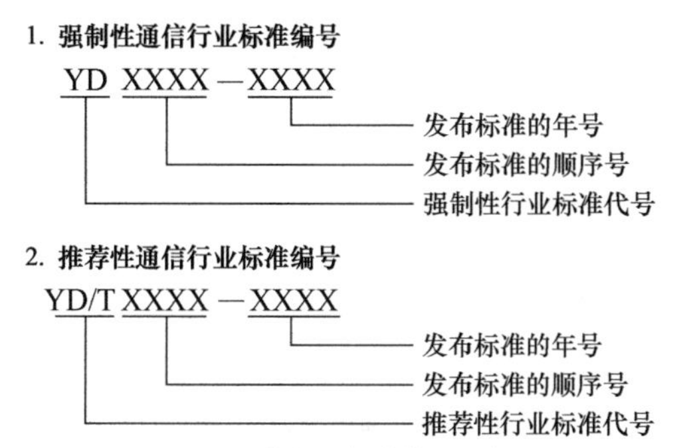

图 1-5　通信行业标准格式示意图

与通信线路工程相关的规范、标准及规定分别如下。

（1）中华人民共和国通信国家标准（GB 51158-2015）《通信线路工程设计规范》。

（2）中华人民共和国通信国家标准（GB 51171-2016）《通信线路工程验收规范》。

（3）中华人民共和国通信国家标准（GB 50373-2019）《通信管道与通道工程设计规范》。

（4）中华人民共和国通信国家标准（GB/T 50374-2018）《通信管道工程施工及验收标准》。

（5）中华人民共和国通信国家标准（GB 50311-2016）《综合布线系统工程设计规范》。

（6）中华人民共和国通信国家标准（GB 50312-2016）《综合布线系统工程施工验收规范》。

（7）中华人民共和国通信国家标准（GB 50689-2011）《通信局（站）防雷与接地工程设计规范》。

（8）中华人民共和国通信行业标准（YD 5123-2010）《通信线路工程施工监理规范》。

（9）中华人民共和国通信行业标准（YD 5189-2010）《长途通信光缆塑料管道工程施工

监理暂行规定》。

（10）中华人民共和国通信行业标准（YD/T 5066-2017）《光缆线路自动监测系统工程设计规范》。

（11）中华人民共和国通信行业标准（YD/T 5093-2017）《光缆线路自动监测系统工程验收规范》。

（12）中华人民共和国通信行业标准（YD/T 5148-2007）《架空光（电）缆通信杆路工程设计规范》。

（13）中华人民共和国通信行业标准（YD/T 5151-2007）《光缆进线室设计规范》。

（14）中华人民共和国通信行业标准（YD/T 5152-2007）《光缆进线室验收规范》。

（15）中华人民共和国通信行业标准（YD/T 5162-2017）《通信管道横断面图集》。

（16）中华人民共和国通信行业标准（YD/T 5178-2009）《通信管道人孔和手孔图集》。

（17）中华人民共和国通信行业标准（YD/T 5015-2015）《电信工程制图与图形符号规定》。

1.5 关于国际标准单位

在工程设计中经常会涉及一些单位，为了适应世界各国的通用性，在实际应用中必须采用国际标准单位，见表 1-15。

表 1-15　　国际标准单位表

量的名称	单位名称	单位符号
国际单位制的基本单位		
长度	米	m
质量	千克（公斤）	kg
时间	秒	s
电流	安［培］	A
热力学温度	开［尔文］	K
物质的量	摩［尔］	mol
发光强度	坎［德拉］	cd
国际单位制的辅助单位		
［平面］角	弧度	rad
立体角	球面度	sr
国际单位制中具有专门名称的导出单位		
频率	赫［兹］	Hz
力	牛［顿］	N
压力，压强，应力	帕［斯卡］	Pa
能［量］，功，热	焦［耳］	J
功率，辐［射能］通量	瓦［特］	W
电荷［量］	库［仑］	C
电压，电动势，电位（电势）	伏［特］	V
电容	法［拉］	F
电阻	欧［姆］	Ω
电导	西［门子］	S
磁通［量］	韦［伯］	Wb

续表

量的名称	单位名称	单位符号
磁通［量］密度，磁感应强度	特［斯拉］	T
电感	亨［利］	H
摄氏温度	摄氏度	℃
光通量	流［明］	lm
［光］照度	勒［克斯］	lx
［放射性］活度	贝可［勒尔］	Bq
吸收剂量	戈［瑞］	Gy
剂量当量	希［沃特］	Sv
国家选定的非国际单位制单位		
时间	分 ［小］时 天［日］	min h d
［平面］角	［角］秒 ［角］分 度	(″) (′) (°)
旋转速度	转每分	r/min
长度	海里	n mile
速度	节	kn
质量	吨 原子质量单位	t u
体积	升	L (l)
能	电子伏	eV
级差	分贝	dB
线密度	特［克斯］	tex
面积	公顷	hm^2
用于构成十进制倍数和分数单位的词头		
所表示的因数	**词头名称**	**词头符号**
10^{24}	尧［它］	Y
10^{21}	泽［它］	Z
10^{18}	艾［可萨］	E
10^{15}	拍［它］	P
10^{12}	太［拉］	T
10^{9}	吉［咖］	G
10^{6}	兆	M
10^{3}	千	k

续表

用于构成十进制倍数和分数单位的词头		
所表示的因数	词头名称	词头符号
10^{2}	百	h
10^{1}	十	da
10^{-1}	分	d
10^{-2}	厘	c
10^{-3}	毫	m
10^{-6}	微	μ
10^{-9}	纳［诺］	n
10^{-12}	皮［可］	p
10^{-15}	飞［母托］	f
10^{-18}	阿［托］	a
10^{-21}	仄［普托］	z
10^{-24}	幺［科托］	y
备注	（1）周、月、年（年的符号为 a）为一般常用时间单位。 （2）[ ] 内的字，是在不致混淆的情况下，可以省略的字。 （3）( )内的字为前者的同义词。 （4）角度单位（度、分、秒）的符号不处于数字后时，用括号。 （5）升的符号中，小写字母 l 为备用符号。 （6）r 为“转”的符号。 （7）人民生活和贸易中，质量习惯称重量。 （8）公里为千米的俗称，符号为 km。 （9）10^{4} 称为万，10^{8} 称为亿，10^{12} 称为万亿，这类数词的使用不受词头名称的影响，但不应与词头名称混淆。 编者注：eV 的说明现应改为：1eV=（1.60217733±0.00000049）$\times10^{-13}$J；而 u 的说明应改为：1u=（1.6605402±0.0000010）$\times10^{-27}$kg；土地面积法定计量单位为：平方米（m^{2}）、公顷（hm^{2}）、平方千米（km^{2}）。	

第 2 章 通信线路工程设计要点

2.1 工程建设的主要内容

工程建设的主要内容（也可以称为工程建设的主要程序）有：① 项目建议书；② 可行性研究报告；③ 工程项目招投标；④ 设计任务书；⑤ 工程设计；⑥ 工程施工；⑦ 竣工验收；⑧ 工程管理。下面就上述 8 方面内容做简要说明。

1．项目建议书

项目建议书是建设单位向国家或上级主管单位提出的要求建设某一建设项目的建议文件，是对建设项目的轮廓设想。内容主要包括建设项目的大致设想、必要性分析、技术和经济上的可行性分析以及兴建的目的、要求、计划等，写成报告形式，向主管部门申请批准。

2．可行性研究报告

可行性研究报告是工程建设前期重要的一环。主要任务是依据国民经济计划与通信规划，对重大建设项目在技术和经济上是否合理和可行进行分析、论证、评估，并进行多方案比较，提出评价意见，向建设单位推荐最佳的方案。可行性研究报告的主要内容可概括为市场研究、技术研究、经济研究和方案论证；一些属于初步设计的内容不需要在可行性研究中体现；为项目决策、编制和审批设计任务书提供可靠的依据。经主管部门批准后的可行性研究报告是初步设计的依据，不得随意修改和变更。

3．工程项目招投标

招标方式有：公开招标、邀请招标、协商招标、两段招标和国际招标 5 种方式。招标内容有：总承包招标和分项招标。招标的程序分为招标准备与邀请、投标准备、开标评标、决标签约 4 个阶段。作为应标单位，就是做好技术商务标和经济商务标，向招标单位提出承包该项目的价格和条件，供招标单位选择，争取获得承包权。要想在招标中中标，就必须满足招标文件中提出的各项技术要求；提出合理的报价、供货周期、设计周期、施工周期；最后还要有较好的售后服务承诺。

4．设计任务书

设计任务书是确定项目建设方案的基本文件，也是工程设计的主要依据，应根据可行性研究报告推荐的最佳方案进行编写，报请主管部门批准生效后下达给设计单位。

5．工程设计

工程设计是指根据批准的设计任务书，按照国家的有关政策、法规、技术规范，在规定的范围内，考虑拟建工程在综合技术的可行性、先进性及其社会效益、经济效益；结合客观条件，应用相关的科学技术成果和长期积累的实践经验；按照工程建设的需要，利用现场勘察、测量所取得的基础资料、数据和技术标准；运用现阶段的材料、设备和机械、仪器等编制概（预）算；将可行性研究报告中推荐的最佳方案具体化，形成图纸、文字，为工程实施提供依据。目前，我国对于规模较小的工程采用一阶段设计，大部分项目采用二阶段设计，比较重大的项目采用三阶段设计（初步设计阶段、技术设计阶段、施工图设计阶段）。

6．工程施工

工程施工一般分为施工准备和组织施工两个阶段。施工准备的主要内容有：① 参与施工图设计审查；② 现场摸底；③ 签订施工合同；④ 编制施工组织计划；⑤ 工程动员、申办必要的各种手续和报建，办妥各类管理卡；⑥ 递交开工报告，得到建设方批准后正式进场施工。组织施工是施工单位对所属人员、物资、机械仪器设备、后勤供应、工序流程方法和外部环境等进行协调组织的过程。按照工程设计的技术要求，做到施工安全、工程质量优良、保证施工进度，按期或提前竣工、投入使用。

7．竣工验收

竣工验收的主要内容有：随工验收、单项工程验收、初步验收和竣工验收。施工单位完成施工任务后，经过自检，按规定和要求的内容、格式整理好交工文件（含随工验收的签证文件）向建设单位送出交工验收通知。建设单位接到通知后组织初步验收。建设单位向上级主管部门报送初步验收报告。初步验收完成后，建设单位根据设计文件的规定进行试运转，完成后，向上级主管部门报送试运转结果，并请求组织工程竣工验收。经上级主管部门审查上报文件，符合竣工验收条件后组织相关部门进行单项和整体竣工验收，拟出验收结论，颁发工程验收证书。

8．工程管理

工程管理又称为工程项目管理，是为了使工程项目在一定的约束条件下取得成功，对项目实施全过程进行高效率地计划、组织、协调、控制的系列管理活动；是实现工程项目目标必不可少的方法和手段。工程项目管理具有一次性管理、全过程综合性管理、约束性强制管理的特点。主要内容如下。

（1）项目组织协调。在工程项目实施过程中，一是与多个管理部门进行组织协调。二是项目参与单位之间的协调。项目参与单位主要有：业主、监理单位、设计单位、施工单位、供货单位、加工单位等。三是项目参与单位内部的协调，即项目参与单位内部各部门、各层次之间及个人之间的协调。

（2）合同管理，包括合同签订和合同管理两项任务。合同签订包括合同准备、谈判、修改和签订等工作；合同管理包括合同文件的执行、合同纠纷的处理和索赔事宜的处理工作。在执行合同管理任务时，要重视合同签订的合法性和合同执行的严肃性，为实现管理目标服务。

（3）进度控制，包括方案的科学决策、计划的优化编制和实施有效控制 3 个方面的任务。方案的科学决策是实现进度控制的先决条件，它包括方案的可行性论证、综合评估和优化决策。只有决策出优化的方案，才能编制出优化的计划。计划的优化编制，包括科学确定项目的工序及其衔接关系、持续时间、优化编制网络计划和实施措施，这是实现进度控制的重要基础。实施有效控制包括同步跟踪、信息反馈、动态调整和优化控制，这是实现进度控制的根本保证。

（4）投资控制也叫费用控制，包括编制投资计划、审核投资支出、分析投资变化情况、研究节省投资途径和采取投资控制 5 项任务。

（5）质量控制，包括制定各项工作的质量要求及质量事故预防措施、各个方面的质量监督与验收制度，以及各个阶段的质量事故处理和控制 3 个方面的任务。制定的质量要求要具有科学性，质量事故预防措施要具备有效性。质量监督与验收包含对设计质量、施工质量、材料设备质量的监督和验收，要严格检查制度和加强分析。质量事故处理与控制要对每一个阶段均严格管理和控制，采取细致而有效的质量事故预防和处理措施，以确保质量目标的实现。

（6）风险管理。随着工程项目规模的不断大型化和技术复杂化，业主和承包商面临的风险越来越多。要保证工程项目的投资效益，就必须对项目风险进行定性分析和系统评价，以提出风险防范对策，形成一套有效的项目风险管理程序。

（7）信息管理，是工程项目管理的基础工作，是实现项目目标控制的保证。其任务是及时、准确地向项目管理各级领导、各参加单位及各类人员提供所需的综合程度不同的信息，以便在项目进展的全过程中动态地进行项目规划，迅速正确地进行各种决策，并及时检查执行结果，反映工程实施中暴露出来的各种问题，为项目总目标控制服务。

（8）环境保护，工程项目建设可以改造环境、造福人类，优秀的设计作品还可以增添社会景观，给人们带来观赏价值。但一个项目的实施过程和结果，同时也存在着影响甚至恶化环境的各种因素。因此，在工程项目建设中要强化环保意识、切实有效地把保护环境和防止损害自然环境、破坏生态平衡、污染空气和水质、扰动周围建筑物和地下管网、设施等现象的发生作为工程项目管理的重要任务之一。

2.2　通信线路工程设计的主要任务

通信线路工程设计的主要任务包括以下几个方面。

（1）选择合理、可行的通信线路路由，并根据路由选择情况组织线缆网络。

（2）根据设计任务书提出的原则，确定干线及分歧线缆的容量、程式，以及各线缆局、站和节点的设置。

（3）根据设计任务书提出的原则，确定线路的敷设方式。

（4）对通信线路沿途经过的各种特殊区段加以分析，并提出相应的保护措施（如过河、过隧道、穿（跨）越铁路、公路以及其他障碍物等措施）。

（5）对通信线路经过之处可能遭到的强电、雷击、腐蚀、鼠（蚁）害等的影响加以分析，并提出防护措施。

（6）对设计方案进行全面的政治、经济、技术方面的比较，进而综合设计、施工、维护等各方面的因素，提出设计方案，绘制有关图纸。

（7）根据国家建设部及工业和信息化部概（预）算编制要求，结合工程的具体情况，编制工程概（预）算。

（8）形成图纸、文字，出版能够指导工程施工的设计文件。

2.3　通信线路工程设计程序划分

2.3.1　设计程序的划分

（1）进行通信线路工程设计前，应首先由建设单位根据电信发展的长远计划，并结合技术和经济等方面的要求，编制出设计任务书，经上级机关批准后进行设计工作。

（2）设计任务书应该指出设计中必须考虑的原则，工程的规模、内容、性质和意义；对设计的特殊要求；建设投资、时间和“利旧”的可能性等。

（3）设计必须根据工程规模和技术复杂程度等具体情况划分阶段，并严格按设计程序进行。目前建设项目的设计工作一般按两阶段进行，即“初步设计”和“施工图设计”。规模较小、技术简单的工程可按一阶段进行，而对于建设规模较大，技术上较复杂的工程，可根据主管部门的指定，对线路的干线路由、局站地址、大城市通信枢纽建筑方案等重大技术要求及安全措施等问题，先通过方案勘察，进行可行性研究或做方案设计，在此基础上进行初步设计、施工图设计。

2.3.2　通信工程设计需要遵循的原则

（1）必须贯彻执行国家基本建设方针、通信技术、经济政策；合理利用资源，重视环境保护。

（2）必须保证通信质量，做到技术先进、经济合理、安全可靠、适用性强；满足施工、运营和使用维护的需求。

（3）设计中应进行多方案比较，兼顾近期与远期通信发展的需要，合理利用已有的网络设施、装备和资源；保证建设项目的经济效益和社会效益；不断降低工程造价和维护成本。

（4）设计所采用的产品必须符合国家标准和行业标准，未经试验和鉴定合格的材料和设备不得在工程中使用。

（5）必须执行科技进步的方针，广泛采用适合我国国情的国内外成熟的先进技术和先进材料及设备。

（6）全面考虑系统的容量、业务流量、投资额度、经济效益和发展前景；保证系统正常工作的其他配套设施和结构合理，方便施工、安装、维护等相关因素。总之，应满足对系统建设的总体要求。

2.4　设计内容

2.4.1　初步设计和施工图设计的内容

2.4.1.1　初步设计的内容

初步设计的目的，是根据已批准的可行性研究报告以及设计任务书或审批后的方案报告，通过进一步深入地现场勘察、勘测和调查，确定工程初步建设方案；并对方案的政治原则性和经济指标进行论证，编制工程概算，提出该工程所需投资额，为组织工程所需的设备生产、器材供应、工程建设进度计划提供依据，以及对新设备、新技术的采用提出方案。

初步设计文件一般包括目录、说明、概算及图纸 4 个部分。其中，目录按设计说明、概算及图纸 3 部分分列。以下分别说明初步设计文件 3 个基本部分的编写要求。

2.4.1.2　施工图设计的内容

1．施工图设计的目的

是为了按照经过批准的初步设计进行定点定线测量，确定防护段落和各项技术措施具体化，这是工程建设的施工依据。故设计图必须有详细的尺寸、具体的做法和要求。图上应注有准确的位置、地点，使施工人员按照施工图纸就可以施工。施工图设计文件可另行装订，一般可分为封面、目录、设计说明、设备与器材修正表、工程预算、图纸等内容。

2．施工图设计与初步设计

在内容上基本是相同的，只是施工图设计是经过定点定线实地测量后而编制的，掌握和收集的资料更加详细和全面，所以要求设计文件及内容应更为精确。设计说明中除应将初步设计说明内容更进一步地论述外，尚应将通过实地测量后对各个单项工程的具体问题的“设计考虑”详尽地加以说明，使施工人员能深入领会设计意图，做到按设计施工。与初步设计相比，施工图设计增加了实际的施工图纸，将概算改为施工图预算。施工图设计的设计说明、预算及图纸的编制方法与初步设计基本相同，在此就不重复讲述了。

3．技术设计

比较重大的项目需要进行三阶段设计（初步设计阶段、技术设计阶段、施工图设计阶段）。初步设计侧重于项目的总体规模和投资额及经济分析，以及对总体规模和投资额有重大影响的技术方案（如本地网设计中的局所房屋、交换设备、网络组织以及市政建设等方面的配合）的选择；而技术设计则偏重于详细论述工程建设中的各系统（如长途与市话相配合、传输指标限额、中继方式、信号系统、监控系统等）和技术措施的选择。

2.4.2　设计说明

设计文件的文字说明要简明扼要，应使用规定的通用名词、符号、术语和图例（如有新补充的符号和图例时，需要加注释或附图例）说明，应概括说明工程全貌，并简述所选定的设计方案、主要设计标准和技术措施等。

1．初步设计基本组成部分

初步设计的目的是按照已批准的设计任务书或审批后的方案报告，通过深入地现场勘察、勘测和调查，进一步确定工程建设方案，并对方案的政治原则性和经济指标进行论证，编制工程概算，提出该工程所需投资额，为组织工程所需的设备生产、器材供应、工程建设进度计划提供依据，以及对新设备、新技术的采用提出方案。

2．设计说明的内容

设计说明的内容有：① 概述（包括工程概况、设计依据、范围、设计分工、设计任务书中有变更的内容及原因、工程规模及主要工程量表、经济指标等内容）；② 路由论述（包括路由选择的原则、沿线自然条件的简述、干线路由方案及选定的理由，如果有多个路由方案，应该各自论述和比选）；③ 系统配置及传输指标的计算；④ 相关设备、器材的主要技术和质量要求；⑤ 施工、安装技术要求和措施；⑥ 防护和保护措施；⑦ 系统维护及维护机构人员配备；⑧ 其他需要说明的问题等。

（1）概述

① 工程概况：简要说明本项目的立项背景、建设意图、要达到的目标和要求，工程规模、范围及需要解决的问题。

② 设计依据：说明进行设计的根据，如设计任务书、设计委托书、方案勘察报告（或会审纪要）和批复，相关的规范、标准及规定等文件。

③ 设计内容范围：根据工程性质，重点说明本设计包括哪些项目与内容。同时在说明中，尚应明确与机械、土建及其他专业的分工，并说明与本工程有关的其他设计的项目名称和不列入本设计内而另列单项设计的项目（如较大河流的水底电缆或中继电缆等）。

④ 设计任务书（或批准的方案勘察报告）有变更的内容及原因：通过初步设计勘察所选定的线路路由、站址、进局、过江位置及其他主要设计方案是否与设计任务书或方案会审纪要所确定的原则相一致。有不符的部分，应重点说明变更的情况、段落及理由。其他与方案会审纪要所定方案相一致的部分，可不再重复说明。

⑤ 工程规模和主要工程量表：列表说明项目规模（包括投资规模、路由总长度、敷设线路总长度、线对公里数或纤芯公里数）和主要工程量，以便对工程全貌有一个概况的了解。

（2）路由论述

首先说明所选定的路由在行政区所处的位置，例如，干线线路在本省内的起迄地点、沿途主要城镇及其线路总长度；然后分述下列各点。

① 沿线自然条件和路由走向的简述。

② 路由方案的比较。

③ 穿越较大河流、湖泊的水底电缆路由的说明。

④ 需要进行特殊处理和保护的地段和关键位置。

（3）系统配置及传输指标计算

确定本工程选用的设备、光缆型号和容量，A、B 端位置，计算各中继段的各项传输衰减、色散等指标数值。

（4）相关设备、器材的主要技术和质量要求

明确本工程采用的设备、材料、工具和器械（如 ODF 架、光缆、接头盒、电杆、吊线、PVC 管和钢管等保护材料）的性能指标及技术和质量要求。

（5）施工、安装技术要求和措施

根据现行工程验收规范，应着重说明工程主要设计标准与技术措施，例如，线路敷设方式的确定；水底电缆的敷设方式、埋深与接续要求，气压维护系统方案；站、房建筑标准；维护区、段的划分；工程所用材料的程式、结构及使用场合；与其他建筑物或设施的间隔要求。工程中所采用的新技术、新设备应重点加以说明。

（6）防护和保护措施

明线或光（电）缆和设备对防雷、防腐蚀、防强电影响，防老鼠、白蚁等虫害及防机械损伤等防护措施的选择，以及抗震加固、防火、环境保护、安全风险评估等其他有关的技术措施。

（7）系统维护及维护机构人员配备

大型项目建成投产后，要考虑专门的维护系统和管理机构，涉及征地、人员和车辆、机具设备的配置。

（8）其他需要说明的问题

① 有待上级机关进一步明确或解决的问题。

② 有关科研项目的提出。

③ 与有关单位和部门协商问题的结果及尚需下阶段设计时进一步落实的问题。

④ 需要提请建设单位进一步协作的工作和需要注意的问题。

⑤ 其他有待进一步说明的问题。

2.4.3 工程概预算

概预算应包括概预算依据、概预算说明（包括经济指标分析）、概预算表格等内容。

1．概预算依据

说明本设计概预算是根据何种概预算指标而编制的；人工、机械台班和单价、仪表台班和单价预算定额，通信工程概预算编制办法，国家计委、建设部颁布的相关经济法律法规，行业部门发布的规定文件都可以作为概预算编制的依据。

2．概预算说明

根据本工程的实际需要对原概算指标、施工定额及费率等有关项目的调整；说明特殊工程项目概算指标，施工定额的编制及其他有关的主要问题。

3．概预算表格

目前国内通信设备安装工程的概预算表格主要有 5 种：工程概预算总表（表一）；建筑安装工程费用概预算表（表二）；建筑安装工程量概预算表（表三）甲、建筑安装工程机械使用费概预算表（表三）乙、建筑安装工程仪器仪表使用费概预算表（表三）丙；国内器材概预算表（表四）甲（国内需安装的设备）、国内器材预概算表（表四）甲（主要材料）；工程建设其他费用概预算表（表五）。随着时代的不断变化，不同时期概预算表格的形式也是不断变化的。

2.4.4　图纸绘制与标注和设计编号方法

2.4.4.1　图纸的规格、种类和比例

图纸应包括反映设计意图及施工所必需的有关图纸。

1．图纸的形式与要求

在工程设计中应根据不同工程的实际需要绘制工程设计的主要图纸。如线路方案比较图，线路路由图，线路系统配置图，敷设方式图，杆面图，交叉配区图，各种电（光）缆结构断面图，电（光）缆配线图，管道施工图，水底电缆平、断面图，以及一些工程中常用的通用图等。在设计图纸中插入沿途拍摄的现场彩色照片，有助于建设和施工单位更深入了解工程的情况和设计意图。

2．图纸的规格和比例

采用手工铅笔绘图，施工图纸是有严格的规格和比例的；后来采用电脑绘图往往就没有严格执行。图框规格是：图纸幅面尺寸（mm）。

A0 号图：　841×1189。

A1 号图：　594×841。

A2 号图：　420×594。

A3 号图：　297×420。

A4 号图：　210×297。

绘图比例：作者多年的经验是直埋、架空、桥上光缆施工图 1∶2 000；市区管道施工图 1∶500 或 1∶1 000；水底光缆施工平面图 1∶1 000 或 1∶2 000。断面图 1∶100。进入城市规划区内光缆施工图，按 1∶5 000 或 1∶10 000 地形图进行放大，按比例绘入地形地物。

《电信工程制图与图形符号规定》YD/T 5015-2015 中规定比例如下。

（1）对于平面布置图、管道及光（电）缆线路图等图纸，一般按比例绘制；方案示意图、系统图、原理图等可不按比例绘制，但应按工作顺序、线路走向、信息流向排列。

（2）对于平面布置图、线路图和区域规划性质的图纸，推荐比例为：1∶10，1∶20，1∶50，

1∶100，1∶200，1∶500，1∶1 000，1∶2 000，1∶5 000，1∶10 000，1∶50 000 等。

（3）对于设备加固图及零件加工图等图纸推荐的比例为：2∶1，1∶1，1∶2，1∶4，1∶10 等。

（4）应根据图纸表达的内容深度和选用的图幅，选择合适的比例。对于通信线路及管道类的图纸，为了更方便地表达周围环境的情况，可采用沿线路方向按一种比例，而周围环境的横向距离采用另外的比例，或示意性绘制。

3．图中文字的字体及写法

（1）图中书写的文字（包括汉字、字母、数字、代号等）均应字体工整、笔划清晰、排列整齐、间隔均匀。其书写位置应根据图面妥善安排，文字多时宜放在图的下面或右侧。

文字内容从左向右横向书写，标点符号占一个汉字的位置。中文书写时，应采用国家正式颁布的简化汉字，字体宜采用宋体或仿宋体。

（2）图中的“技术要求”“说明”或“注”等字样，应写在具体文字的左上方，并使用比文字内容大一号的字体书写。具体内容多于一项时，应按下列顺序号排列：

1、2、3…

（1）、（2）、（3）…

①、②、③…

（3）图中所涉及数量的数字，均应用阿拉伯数字表示。计量单位应使用国家颁布的法定计量单位。

初步设计编制完后应装订成册，分发至建设单位、施工单位、监理单位、上级主管单位（如省管局及部有关局）等，具体出版份数可由建设单位提出并在设计合同中明确。

2.4.4.2　注释、标志和技术数据

（1）当含义不便于用图示方法表达时，可以采用注释。当图中出现多个注释或大段说明性注释时，应当把注释按顺序放在边框附近。注释可以放在需要说明的对象附近；当注释不在需要说明的对象附近时，应使用指引线（细实线）指向说明对象。

（2）标志和技术数据应该放在图形符号的旁边；当数据很少时，技术数据也可以放在图形符号的方框内（例如，通信光缆的编号或程式）；数据多时可以用分式表示，也可以用表格形式列出。

当用分式表示时，可采用以下模式：

$$N\frac{A—B}{C—D}F$$

其中：N 为设备编号，应靠前或靠上放；

A、B、C、D 为不同的标注内容，可增可减；

F 为敷设方式，应靠后放。

当设计中需表示本工程前后有变化时，可采用斜杠方式：（原有数）/（设计数）；

当设计中需表示本工程前后有增加时，可采用加号方式：（原有数）+（增加数）。

常用的标注方式见表 2-1。图中的文字代号应以工程中的实际数据代替。

表 2-1　　通信线路工程常用标注方式

序号	标注方式	说明
01	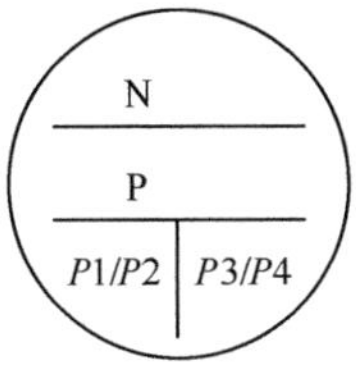 N P *P*1/*P*2　*P*3/*P*4	对直接配线区的标注方式 注：图中的文字符号应以工程数据代替（下同） 其中， N：主干电缆编号， 例如，0101 表示 01 电缆上第一个直接配线区； P：主干电缆容量（初设为对数；施设为线序）； *P*1：现有局号用户数； *P*2：现有专线用户数，当有不需要局号的专线用户时，再用+（对数）表示； *P*3：设计局号用户数； *P*4：设计专线用户数
02	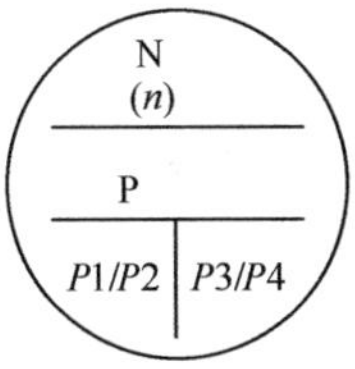 N (*n*) P *P*1/*P*2　*P*3/*P*4	对交接配线区的标注方式 注：图中的文字符号应以工程数据代替（下同） 其中， N：交接配线区编号， 例如，J22001 表示 22 局第一个交接配线区； *n*：交接箱容量，例如，2400（对）； *P*1、*P*2、*P*3、*P*4：含义同 01 注
03	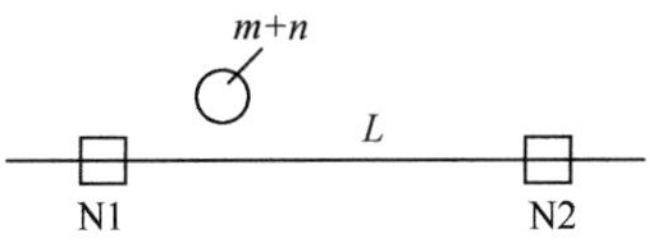 *m*+*n* *L* N1　N2	对管道扩容的标注 其中， *m*：原有管孔数，可附加管孔材料符号； *n*：新增管孔数，可附加管孔材料符号； *L*：管道长度； N1、N2：人孔编号
04	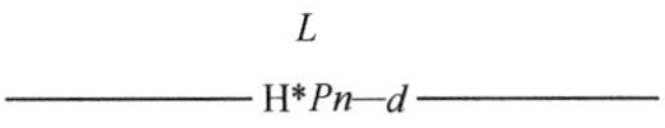 *L* H**Pn*—*d*	对市话电缆的标注 其中， *L*：电缆长度；　H*：电缆型号； *Pn*：电缆百对数；*d*：电缆芯线线径
05	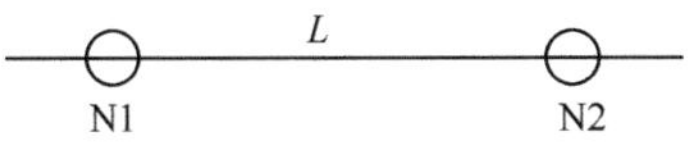 *L* N1　N2	对架空杆路的标注 其中， *L*：杆路长度； N1、N2：起止电杆编号 （可加注杆材类别的代号）
06	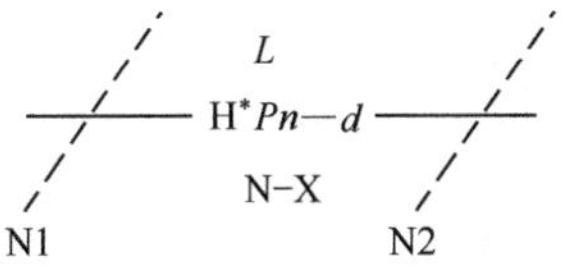 *L* H**Pn*—*d* N−X N1　N2	对管道电缆的简化标注 其中， *L*：电缆长度；　H*：电缆型号； *Pn*：电缆百对数；　*d*：电缆芯线线径； X：线序； 斜向虚线：人孔的简化画法； N1、N2：起止人孔号； N：主杆电缆编号

续表

序号	标注方式	说明
07	$\frac{N\text{-}B}{C}\Big\vert\frac{d}{D}$	分线盒标注方式 其中， N：编号； B：容量； C：线序； *d*：现有用户数； *D*：设计用户数
08	$\frac{N\text{-}B}{C}\Big\Vert\frac{d}{D}$	分线箱标注方式 注：字母含义同 07
09	$\frac{WN\text{-}B}{C}\Big\Vert\frac{d}{D}$	壁龛式分线箱标注方式 注：字母含义同 07

2.4.4.3 通信线路工程图纸编号的编排方法

（1）设计及图纸编号的组成部分应按以下规定动作执行。

图纸编号的编排应尽量简洁，设计阶段一般按以下规则处理。

工程项目编号—设计阶段代号—专业代号—图纸编号

对于同项目编号、同设计阶段、同专业而多册出版的为避免编号重复可按以下规则处理。

工程项目编号—设计阶段代号（A）—专业代号（B）—图纸编号

A、B 为字母或数字，区分不同册编号。

（2）工程项目编号应由工程建设方或设计单位根据建设方的任务委托，统一给定。

（3）设计阶段代号应符合表 2-2 的规定。

表 2-2　设计阶段代号

<table>
<tr><th>项目阶段</th><th>代号</th><th>工程阶段</th><th>代号</th><th>工程阶段</th><th>代号</th></tr>
<tr><td>可行性研究</td><td>K</td><td>初步设计</td><td>C</td><td>技术设计</td><td>J</td></tr>
<tr><td>规划设计</td><td>G</td><td>方案设计</td><td>F</td><td>设计投标书</td><td>T</td></tr>
<tr><td>勘察报告</td><td>KC</td><td>初设阶段的技术规范书</td><td>CJ</td><td rowspan="3">修改设计</td><td rowspan="3">在原代号后加X</td></tr>
<tr><td rowspan="2">咨询</td><td rowspan="2">ZX</td><td rowspan="2">施工图设计的一阶段设计</td><td>S</td></tr>
<tr><td>Y</td></tr>
<tr><td></td><td></td><td>竣工图</td><td>JG</td><td></td><td></td></tr>
</table>

（4）常用专业代号应符合表 2-3 的规定。

表 2-3　常用专业代号

名称	代号	名称	代号
光缆线路	GL	电缆线路	DL
海底光缆	HGL	通信管道	GD
传输系统	CS	移动通信	YD
无线接入	WJ	核心网	HX
数据通信	SJ	业务支撑系统	YZ
网管系统	WG	微波通信	WB
卫星通信	WD	铁塔	TT

续表

名称	代号	名称	代号
同步网	TB	信令网	XL
通信电源	DY	监控	JK
有线接入	YJ	业务网	YW

注：1. 用于大型工程中分省、分业务区编制时的区分标识，可以是数字 1、2、3 或拼音字母的字头等。
2. 用于区分同一单项工程中不同的设计分册（如不同的站册），一般用数字（分册号）、站名拼音字头或相应汉字表示。

图纸编号：为工程项目号、设计阶段代号、专业代号相同的图纸间的区分号，应采用阿拉伯数字简单顺序编制（同一图号的系列图纸用括号内加分数表示）。

2.4.4.4　通信线路工程常用图例

为了更好地体现标准化设计，这里采用的图例全部引用自中华人民共和国通信行业标准《通信工程制图与图形符号规定》YD/T 5015—2015 中规定的标准图形符号，序号则与该规定不同，按本书的编排顺序需要进行编号。通信线路工程常用图例见表 2-4～表 2-10。

表 2-4　　通信线路工程常用图例（光缆）

序号	名称	图形符号	说明
1-1	双向光纤链路		
1-2	单向光纤链路		
1-3	光缆		适用于拓扑图
1-4	光缆线路	L A　*a*　*b*　B	*a*、*b*：光缆型号及芯数； *L*：A、B 两点之间的光缆段长（m）； A、B：分段标注的起始点
1-5	永久接头	A	A：光缆接头地点
1-6	光缆分支接头	A	A：光缆分支接头地点
1-7	光缆拆除	L A　*ab*　B	*a*、*b*：拆除光缆型号及芯数； *L*：A、B 两点之间的光缆段长（m）； A、B：分段标注的起始点
1-8	光缆更换	L A　*ab*　B (*ab*)	*a*、*b*：新建光缆型号及芯数； （*a*、*b*）：原有光缆型号及芯数； *L*：A、B 两点之间的光缆段长（m）； A、B：分段标注的起始点
1-9	光缆成端（骨干网）	ODF 1 2 ⋮ *n*−1 *n*	1. 数字、纤芯排序号； 2. 实心点代表成端，没有实心点代表断开
1-10	光缆成端（一般网）	ODF　GYTA-36D 1～36	GYTA-36D 光缆的型号和容量； 1～36 光缆纤芯的号段

续表

序号	名称	图形符号	说明
1-11	光纤活动连接器	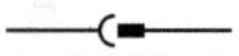	
1-12	光、电转换器	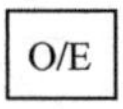 O/E	O：光信号； E：电信号
1-13	电、光转换器	 E/O	O：光信号； E：电信号
1-14	光中继器	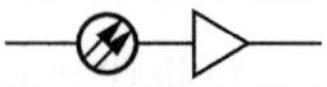	
1-15	SDF/PDH 中继器		可变形为单向中继器

表 2-5　　通信线路工程常用图例（通信线路）

序号	名称	图形符号	说明
2-1	局站	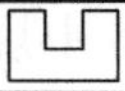	适用于光缆图
2-2	局站（汇接局）	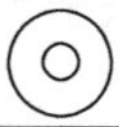	适用于拓扑图
2-3	局站（端局、接入机房、宏基站）		适用于拓扑图
2-4	指北针	 N 或 N	画法：图中指北针摆放位置首选图纸的右上方，次选图纸的左上方； N 代表北极方向
2-5	通信线路		通信线路的一般符号
2-6	直埋线路	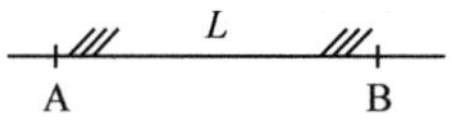 L A B	*L*：A、B 两点之间的段长（m）； A、B：分段标注的起始点
2-7	水下线路、海底线路	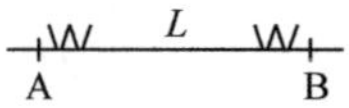 L A B	*L*：A、B 两点之间的段长（m）； A、B：分段标注的起始点
2-8	架空线路	 L	*L*：两杆之间的段长（m）
2-9	管道线路	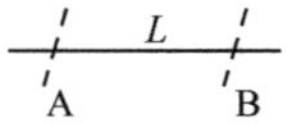 L A B	虚斜线可作为人（手）孔的简易画法； *L*：两人（手）孔之间的段长（m）； A、B：两人（手）孔位置，应分段标注
2-10	管道线缆占孔位置图（大管内穿放 3 孔子管）	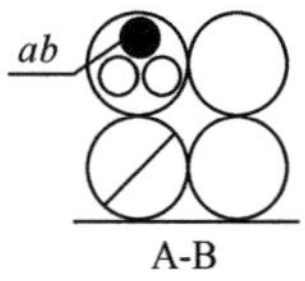 ab A-B	画法：画于线路路由旁，按 A-B 方向分段标注； 管道使用塑料管，大圆表示大管孔，小圆表示大管内穿放的子管管孔； 实心圆为本工程占用，斜线为现状已占用； *a*、*b*：敷设线缆的型号及容量
2-11	管道线缆占孔位置图（多孔一体管）	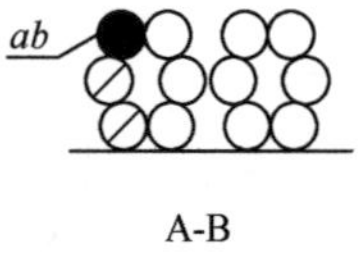 ab A-B	画法：画于线路路由旁，按 A-B 方向分段标注； 管道使用梅花管管材； 实心圆为本工程占用，斜线为现状已占用； *a*、*b*：敷设线缆的型号及容量

续表

序号	名称	图形符号	说明
2-12	管道线缆占孔位置图（栅格管）	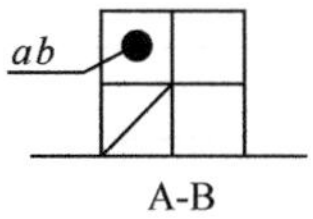	画法：画于线路路由旁，按 A-B 方向分段标注； 管道使用栅格管管材； 实心圆为本工程占用，斜线为现状已占用； *a*、*b* 敷设线缆的型号及容量
2-13	墙壁架挂线缆（吊线式）	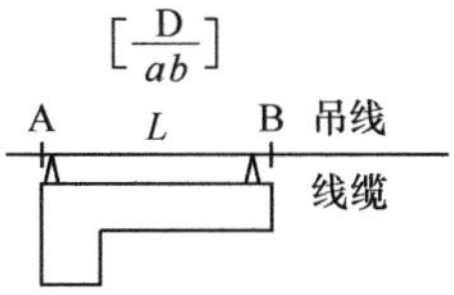	三角形为吊线支持物； 三角形上方线段为吊线及线缆； A、B：分段标注的起始点； *L*：A、B 两点之间的段长（m）； D：吊线的程式； *a*、*b*：线缆的型号及容量
2-14	墙壁架挂线缆（钉固式）	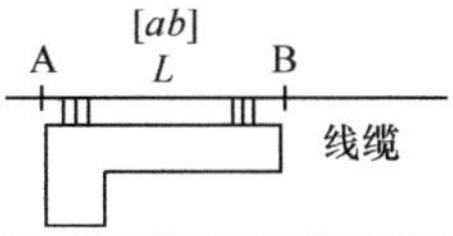	多个小短线上方长线段为线缆； A、B：分段标注的起始点； *L*：A、B 两点之间的段长（m）； *a*、*b*：线缆的型号及容量
2-15	室内线路明管（细管单缆）	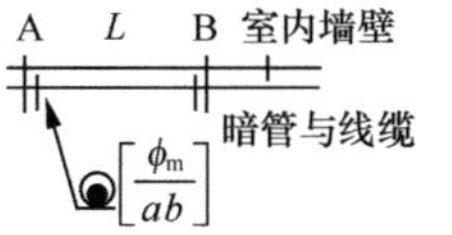	A、B：分段标注的起始点； *L*：A、B 两点之间明管的段长（m）； ϕ_m：明管的直径（mm）； *a*、*b*：线缆的型号及容量
2-16	室内线路暗管（细管单缆）	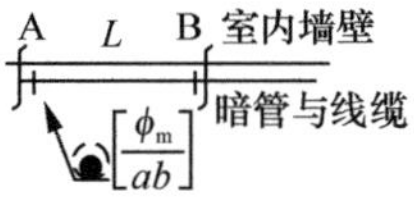	A、B：分段标注的起始点； *L*：A、B 两点之间暗管的段长（m）； ϕ_m：暗管的直径（mm）； *a*、*b*：线缆的型号及容量
2-17	室内槽盒线路（大槽多缆）	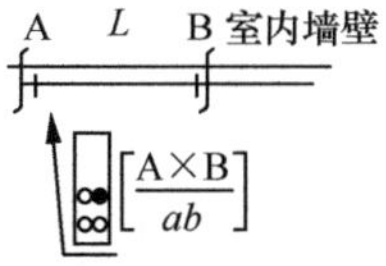	A、B：分段标注的起始点； *L*：A、B 两点之间明管的段长（m）；应按 A-B 方向分段标注； A×B：槽盒的高度与宽度（mm）； *a*、*b*：线缆的型号及容量
2-18	室内钉固线路	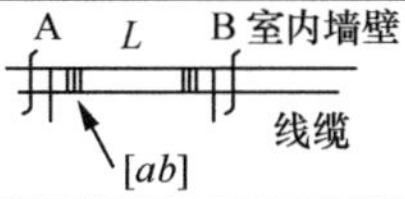	A、B：分段标注的起始点； *L*：A、B 两点之间钉固线缆的段长（m）； *a*、*b*：线缆的型号及容量
2-19	电缆检测线引出套管		
2-20	电缆气压报警套管	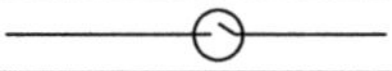	
2-21	具有旁路的充气或注油堵头的线路	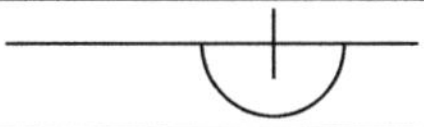	有气路连通管
2-22	线缆预留	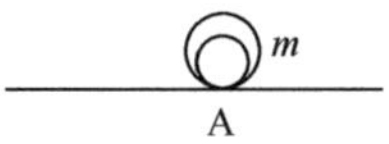	画法：画于线路路由旁； A：线缆预留 f1 点； *m*：线缆预留长度（m）
2-23	光（电）缆蛇形敷设（S 弯）	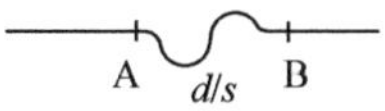	画法：画于线路路由旁； *d*：A、B 两点之间的直线长度（m）； *s*：A、B 两点之间的蛇形敷设长度（m）
2-24	通信线与电力线交越防护	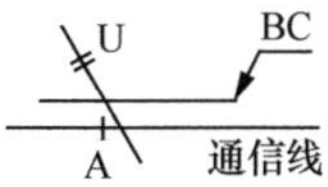	画法：画于图纸中线路路由中； A：与电力线交越的通信线交越点； U：电力线的额定电压值（kV）； B：通信线防护套管的种类； C：防护套管的长度（m）

续表

序号	名称	图形符号	说明
2-25	更换	／	
2-26	拆除	×	
2-27	线缆割接符号	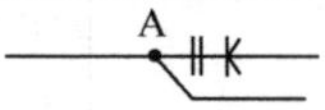 A	A：线缆割接位置
2-28	缩节线（延长线）	———— - - - -	
2-29	待建或规划线路	- - - - - - - - -	
2-30	接图线	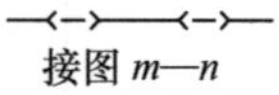 接图 *m*—*n*	画法：在主图和分图中，分别标注连接的图号； *m*：图纸编号； *n*：阿拉伯数字

表 2-6　　通信线路工程常用图例（线路设施与分线设备）

序号	名称	图形符号	说明
3-1	防光（电）缆蠕动装置	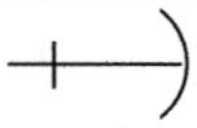	类似于水底光（电）缆的丝网或网套锚固
3-2	直埋通信线标志牌		示例
3-3	埋式光（电）缆上方保护	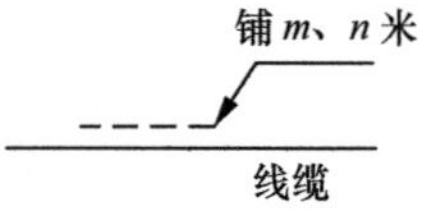 铺 *m*、*n* 米 线缆	画法：断面图画于图纸中线路的路由旁，适当放大比例，适度为宜； 直埋线缆上方保护方式有铺砖和水泥盖板等； *m*：保护材质种类； *n*：保护段长度（m）
3-4	埋式光（电）缆穿管保护	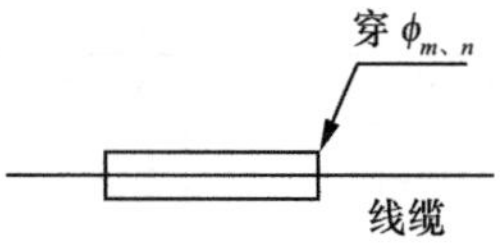 穿 $\phi_{m、n}$ 线缆	画法：断面图画于图纸中线路的路由旁，适当放大比例，适度为宜； 直埋线缆外穿管保护，有钢管、塑料管等； ϕ：保护套管直径（mm）； *m*：保护套管材料种类； *n*：套管的保护长度（m）
3-5	埋式光（电）缆上方敷设排流线	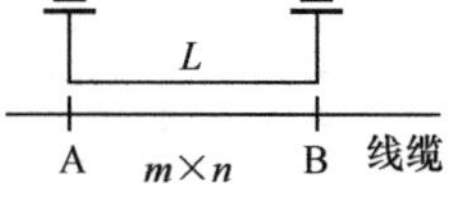 *L* A　$m\times n$　B　线缆	排流线一般都以附页方式集中出图，应按 A-B 分段标注； 勘察中的实测数据： *L*：A、B 两点间的距离（m）； $m\times n$：排流线的材料种类、程式及条数
3-6	埋式线缆旁边敷设防雷消弧线	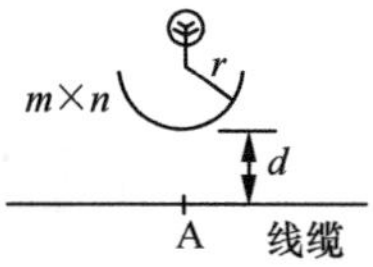 $m\times n$　*r*　*d* A　线缆	画法：平面图画于图纸中线路的路由旁，适当放大比例，适度为宜； 勘察中的实测数据： A：线缆旁边敷设防雷消弧线的地点； *r*：消弧线的敷设半径（m）； *d*：消弧线与线缆间的水平距离（m）； $m\times n$：消弧线的材料种类、程式及条数

续表

序号	名称	图形符号	说明
3-7	直埋线缆保护（护坎）	h　B 护坎　$m \times n$	画法：画于图纸中线路的路由旁； B：直埋线缆保护种类（石护坎、三七土护坎等）； h：护坎的高度（m）； m：护坎的宽度； n：护坎的厚度
3-8	直埋线缆保护（沟堵塞）	h　石砌沟堵塞	画法：画于图纸中线路的路由旁； 勘察中的实测数据： h：沟堵塞的高度（m）
3-9	直埋线缆保护（护坡）	L　石砌护坡　$m \times n$	画法：画于图纸中线路的路由旁； L：护坡的长度（m）； m：护坎的宽度； n：护坎的厚度
3-10	电缆平衡套管		
3-11	电缆加感套管	L	
3-12	直埋线缆标石	B	B：字母表示标石的种类（接头、转弯点、预留等）
3-13	电缆气闭套管		
3-14	电缆充气点气门		
3-15	电缆带气门的气闭套管		
3-16	水线房		
3-17	水线标志牌	或	单杆或 H 杆
3-18	通信线路巡房		
3-19	电缆交接间		
3-20	架空交接箱	J　R	J：交接箱编号，为字母和阿拉伯数字； R：交接箱容量
3-21	落地交接箱	J　R	J：交接箱编号，为字母和阿拉伯数字； R：交接箱容量
3-22	壁龛交接箱	J　R	J：交接箱编号，为字母和阿拉伯数字； R：交接箱容量
3-23	电缆分线盒	$\frac{N-B}{C}$ $\frac{d}{D}$	N：分线盒编号； B：分线盒容量； C：分线盒线序号段； d：现有用户数； D：设计用户数

续表

序号	名称	图形符号	说明
3-24	电缆分线箱	N—B / C ‖ d / D	N：分线箱编号； B：分线箱容量； C：分线箱线序号段； *d*：现有用户数； *D*：设计用户数
3-25	电缆壁龛分线箱	N—B / C ‖ d / D	N：分线箱编号； B：分线箱容量； C：分线箱线序号段； *d*：现有用户数； *D*：设计用户数
3-26	光分纤箱	m:n	*m*：配线光缆芯数； *n*：引入光缆条数
3-27	光分路器箱	m:n	*m*：配线光缆芯数； *n*：分光路数
3-28	光分路器	1:n	*n*：分光路数
3-29	墙壁综合箱（明挂式）		
3-30	墙壁综合箱（壁嵌式）		
3-31	过路盒（明挂式）		
3-32	过路盒（壁嵌式）		
3-33	ONU 设备	ONU	ONU：光网络单元
3-34	ODF 设备	ODF	ODF：光纤配线架
3-35	OLT 设备	OLT	OLT：光线路终端
3-36	家居配线箱	P	
3-37	光纤总配线架	H / OMDF / V	OMDF：光纤总配线架； H：设备侧横板端子板； V：线路侧立板端子板
3-38	网管设备		
3-39	ODF/DDF 架		
3-40	WDM 终端型波分复用设备		16/32/40/80 波等

续表

序号	名称	图形符号	说明
3-41	WDM 光线路放大器		可变形为单向放大器
3-42	WDM 光分插复用器	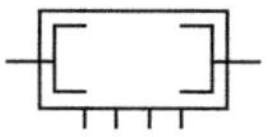	16/32/40/80 波等
3-43	1∶*n* 透明复用器	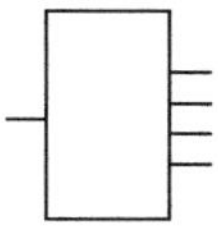	在图例不混淆的情况下，可省略 1∶*n* 的标识
3-44	SDH 终端复用器		
3-45	SDH 分插复用器	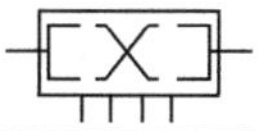	

表 2-7　　通信线路工程常用图例（通信杆路）

序号	名称	图形符号	说明
4-1	木电杆	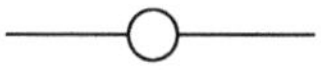 h/p_m	h：杆高（m），主体电杆不标注杆高，主体之外的电杆需要标注杆高； p_m：电杆的编号，每隔 5 根标注一次
4-2	圆水泥电杆	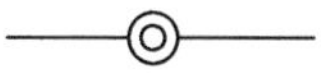 h/p_m	h：杆高（m），主体电杆不标注杆高，主体之外的电杆需要标注杆高； p_m：电杆的编号，每隔 5 根标注一次
4-3	单接木电杆	 $A+B/p_m$	A：单接杆的上节（大圆）杆高（m）； B：单接杆的下节（小圆）杆高（m）； p_m：电杆的编号
4-4	品接杆	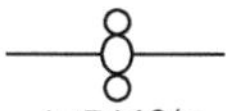 $A+B\times 2/p_m$	A：单接杆的上节（大圆）杆高（m）； B×2：单接杆的下节（小圆）杆高（m），2 代表双节腿； p_m：电杆的编号
4-5	H 型杆	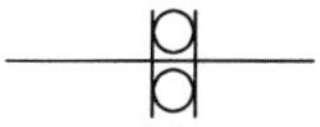 h/p_m	h：H 型杆的杆高（m）； p_m：电杆的编号
4-6	杆面程式	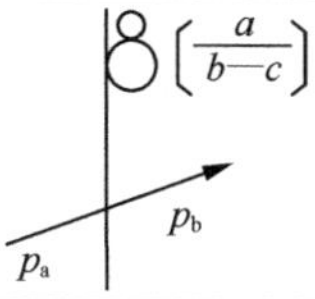 $\left(\frac{a}{b-c}\right)$ p_b p_a	画法：画图方向从 p_a 面向 p_b 的方向； 小圆为吊线，大圆为光缆； a 为吊线程式、b 为光缆型号、c 为光缆容量； p_a-p_b：杆面程式图的杆号段
4-7	带撑杆的电杆	 h	h：撑杆的长度（m）
4-8	电杆引上	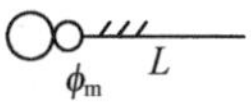 ϕ_m L	ϕ_m：引上钢管的外直径（mm）； L：引上点至引上电杆的直埋部分段长（m）
4-9	墙壁引上	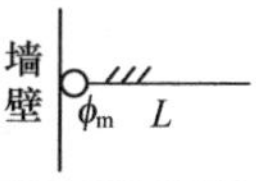 墙壁 ϕ_m L	ϕ_m：引上钢管的外直径（mm）； L：引上点至引上电杆的直埋部分段长（m）

续表

序号	名称	图形符号	说明
4-10	通信电杆直埋式地线（避雷针）		
4-11	通信电杆延伸式地线（避雷针）		
4-12	通信电杆拉线式地线（避雷针）		
4-13	吊线接地	吊线 p_m $m\times n$	画法：画于线路路由的电杆旁； p_m：电杆编号； m：接地体材料的种类及程式； n：接地体个数
4-14	通信电杆上装放电间隙（避雷线）		
4-15	通信电杆上装设放电器	A	
4-16	保护地线		
4-17	电杆移位（木电杆）	L A B	电杆从 A 点移至 B 点， L：电杆移动距离（m）
4-18	电杆移位（圆水泥电杆）	L A B	电杆从 A 点移至 B 点， L：电杆移动距离（m）
4-19	电杆更换	h	h：更换后电杆的杆高（m）
4-20	电杆拆除	h	h：拆除电杆的杆高（m）
4-21	电杆分水桩	h	h：分水杆的杆高（m）
4-22	电杆保护用围桩		在河内打桩
4-23	电杆石笼子		与电杆保护用围桩画法相同
4-24	电杆水泥护墩		与电杆保护用围桩画法相同
4-25	单方拉线	S	S：拉线的程式，多数拉线的程式一致时可用说明，只标注个别的拉线程式
4-26	单方双拉线（平行拉线）	S×2	2：两条拉线一上一下相互平行； S：拉线的程式

续表

序号	名称	图形符号	说明
4-27	单方双拉线（V 形拉线）	VS×2	V×2：两条拉线一上一下相互平行，呈 V 字状，公用一个地锚； S：拉线的程式
4-28	双方拉线（防风拉线）	S S	S：拉线的程式
4-29	四方拉线（防凌拉线）	S m m S S S S S	S：防凌拉线（侧向拉线）的程式（7/2.2 钢绞线）； m：防凌拉线（顺向拉线）的程式（7/3.0 钢绞线）
4-30	有高桩拉线的电杆	h d s	h：高桩拉线杆的杆高（m）； d：正拉线的长度（m）； s：副拉线的长度（m）
4-31	Y 形拉线（八字拉线）	S S	S：拉线的程式
4-32	吊板拉线	S	S：拉线的程式
4-33	电杆横木或卡盘		
4-34	电杆双横木		
4-35	横木或卡盘（终端杆）		横木或卡盘：放置在电杆杆根的腕力点处
4-36	横木或卡盘（角杆）		横木或卡盘：放置在电杆杆根的腕力点处
4-37	横木或卡盘（跨路）		横木或卡盘：放置在电杆杆根的腕力点处
4-38	横木或卡盘（长杆档）	L 长杆挡	横木或卡盘：放置在电杆杆根的腕力点处
4-39	单接木杆（跨越）	$A+B$　$B+A$	A：单接杆的上节（大圆）杆高（m）； B：单接杆的下节（小圆）杆高（m）
4-40	单接木杆（坡地）	$B+A$	A：单接杆的上节（大圆）杆高（m）； B：单接杆的下节（小圆）杆高（m）
4-41	单接木杆（角杆）	$B+A$	A：单接杆的上节（大圆）杆高（m）； B：单接杆的下节（小圆）杆高（m）

续表

序号	名称	图形符号	说明
4-42	电杆护桩	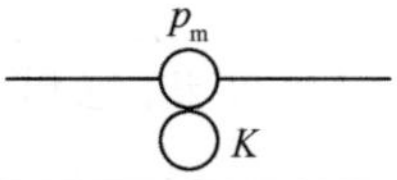 p_m K	K：护桩的规格程式（mm 和 m）； p_m：电杆编号
4-43	电杆帮桩	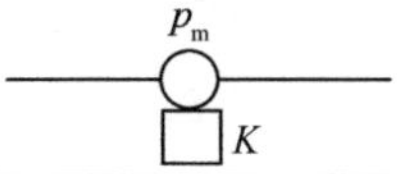 p_m K	K：护桩的规格程式（mm 和 m）； p_m：电杆编号
4-44	打桩单杆（单接杆）	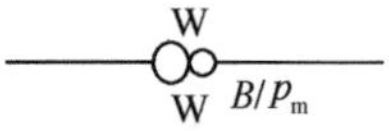 W W B/p_m	B：打桩单接杆的下节（小圆）杆高（m）； p_m：电杆编号
4-45	打桩双杆（品接杆）	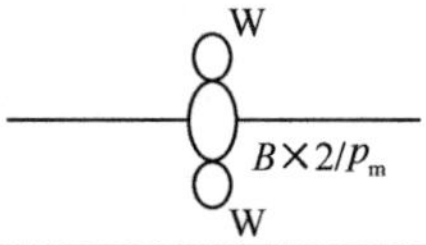 W $B×2/p_m$ W	B：打桩品接杆的下节（小圆）杆高（m）； p_m：电杆编号

表 2-8　　通信线路工程常用图例（通信管道）

序号	名称	图形符号	说明
5-1	人孔	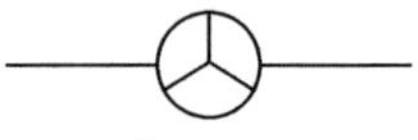	1. 此图形不确定井型，泛指通信人孔； 2. 图形线宽、线形：原有 0.35mm 实线；新设 0.75mm 实线；规划预留 0.75mm 虚线； 3. 拆除：在原有图纸上打“×”，叉线宽 0.7mm
5-2	直通型人孔	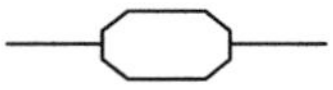	1. 图形线宽、线形：原有 0.35mm 实线；新设 0.75mm 实线；规划预留 0.75mm 虚线； 2. 拆除：在原有图纸上打“×”，叉线宽 0.7mm
5-3	斜通型人孔	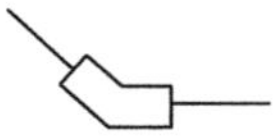	1. 如果有长端，则长端图形加长； 2. 图形线宽、线形：原有 0.35mm 实线；新设 0.75mm 实线；规划预留 0.75mm 虚线； 3. 拆除：在原有图纸上打“×”，叉线宽 0.7mm
5-4	三通型人孔	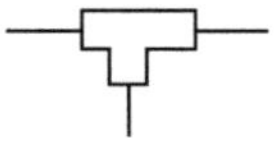	1. 三通型人孔的方向长端图形加长； 2. 图形线宽、线形：原有 0.35mm 实线；新设 0.75mm 实线；规划预留 0.75mm 虚线； 3. 拆除：在原有图纸上打“×”，叉线宽 0.7mm
5-5	四通型人孔	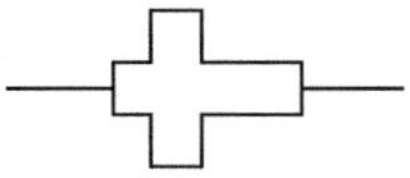	1. 四通型人孔的方向长端图形加长； 2. 图形线宽、线形：原有 0.35mm 实线；新设 0.75mm 实线；规划预留 0.75mm 虚线； 3. 拆除：在原有图纸上打“×”，叉线宽 0.7mm
5-6	拐弯型人孔	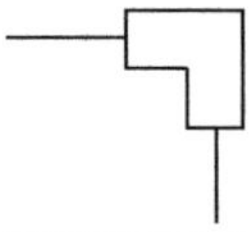	1. 图形线宽、线形：原有 0.35mm 实线；新设 0.75mm 实线；规划预留 0.75mm 虚线； 2. 拆除：在原有图纸上打“×”，叉线宽 0.7mm
5-7	局前人孔	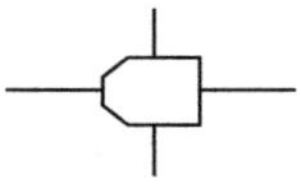	1. 八字朝主管道出局方向； 2. 图形线宽、线形：原有 0.35mm 实线；新设 0.75mm 实线；规划预留 0.75mm 虚线； 3. 拆除：在原有图纸上打“×”，叉线宽 0.7mm

续表

序号	名称	图形符号	说明
5-8	手孔	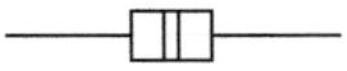	1. 图形线宽、线形：原有 0.35mm 实线；新设 0.75mm 实线；规划预留 0.75mm 虚线； 2. 拆除：在原有图纸上打"×"，叉线宽 0.7mm
5-9	超小型手孔	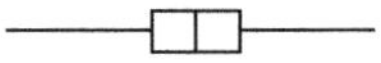	1. 图形线宽、线形：原有 0.35mm 实线；新设 0.75mm 实线；规划预留 0.75mm 虚线； 2. 拆除：在原有图纸上打"×"，叉线宽 0.7mm
5-10	埋式手孔	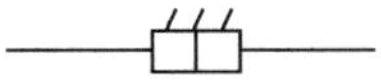	1. 图形线宽、线形：原有 0.35mm 实线；新设 0.75mm 实线；规划预留 0.75mm 虚线； 2. 拆除：在原有图纸上打"×"，叉线宽 0.7mm
5-11	顶管内敷设管道	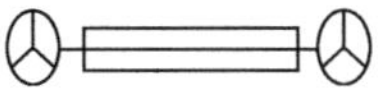	1. 长方形框体表示顶管范围，管道由顶管内通过，管道外加设保护管道，也可以用此图例； 2. 图形线宽、线形：原有 0.35mm 实线；新设 0.75mm 实线
5-12	定向钻敷设管道	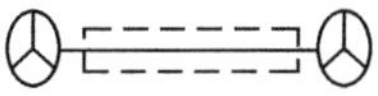	1. 长方形虚线框体表示顶管范围，管道由顶管内通过； 2. 图形线宽、线形：原有 0.35mm 实线；新设 0.75mm 实线

表 2-9　　通信线路工程常用图例（机房建筑及设施）

序号	名称	图形符号	说明
6-1	外墙		墙的一般表示方法
	内墙		
6-2	可见检查孔		
6-3	不可见检查孔		
6-4	方形孔洞		左为穿墙洞，右为地板洞
6-5	圆形孔洞		
6-6	方型坑槽	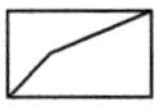	
6-7	圆形坑槽		
6-8	墙预留洞	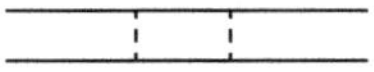	尺寸标注可采用（宽×高）或直径形式
6-9	墙预留槽	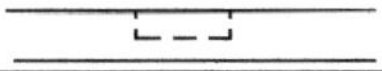	尺寸标注可采用（宽×高×深）形式
6-10	空门洞		左为外墙，右为内墙
6-11	单扇门		左为外墙，右为内墙
6-12	双扇门	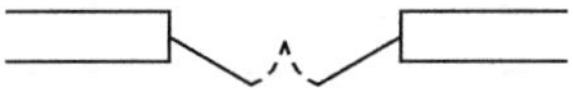	考虑内墙的表示方式

续表

序号	名称	图形符号	说明
6-13	对开折叠门		考虑内墙的表示方式
6-14	推拉门	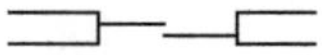	
6-15	墙外单扇推拉门		
6-16	墙外双扇推拉门		
6-17	墙中单扇推拉门		考虑内墙的表示方式
6-18	墙中双扇推拉门	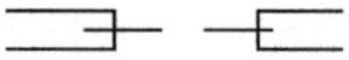	考虑内墙的表示方式
6-19	单扇双面弹簧门	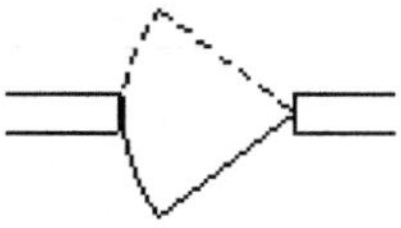	考虑内墙的表示方式
6-20	双扇双面弹簧门		考虑内墙的表示方式
6-21	转门	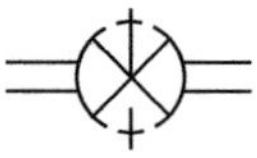	
6-22	单层固定窗	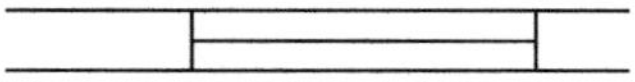	
6-23	双层固定窗		
6-24	双层内外开平开窗	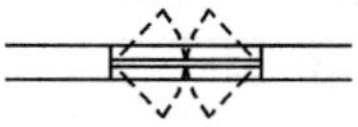	
6-25	推拉窗		
6-26	百页窗	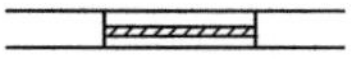	
6-27	电梯		
6-28	隔断	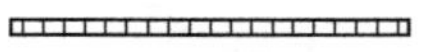	包括玻璃、金属、石膏板等，与墙的画法相同，厚度比墙窄
6-29	栏杆	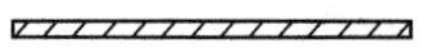	与隔断的画法相同，宽度比隔断小，应有文字标注
6-30	楼梯	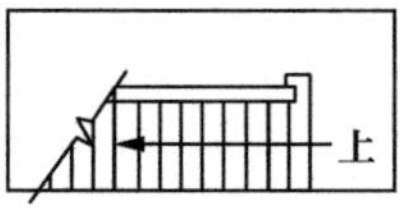 上	应标明楼梯上（或下）的方向
6-31	房柱	 或	可依照实际尺寸及形状绘制，根据需要可选用空心或实心
6-32	折断线		不需画全的断开线
6-33	波浪线		不需画全的断开线
6-34	标高	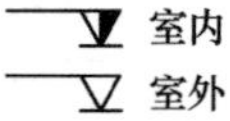 室内 室外	

续表

序号	名称	图形符号	说明
6-35	室内走线架		
6-36	室内走线槽道		明槽道：实线； 暗槽道：虚线
6-37	竖井		或弱电机房
6-38	机房		

表 2-10　通信线路工程常用图例（地形图常用符号）

序号	名称	图形符号	说明
7-1	房屋		
7-2	在建房屋	建	
7-3	破坏房屋		
7-4	窑洞		
7-5	蒙古包		
7-6	悬空通廊		
7-7	建筑物下通道		
7-8	台阶		
7-9	围墙		
7-10	围墙大门		
7-11	长城及砖石城堡		小比例
7-12	长城及砖石城堡		大比例
7-13	栅栏、栏杆		
7-14	篱笆		
7-15	铁丝网		
7-16	矿井		
7-17	盐井		
7-18	油井	油	
7-19	露天采掘场	石	

续表

序号	名称	图形符号	说明
7-20	塔形建筑物		
7-21	水塔	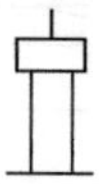	
7-22	油库		
7-23	粮仓	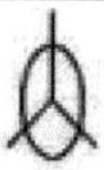	
7-24	打谷场（球场）	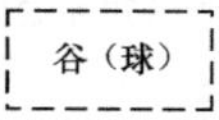 谷（球）	
7-25	饲养场（温室、花房）	 牲（温室、花房）	
7-26	高于地面的水池	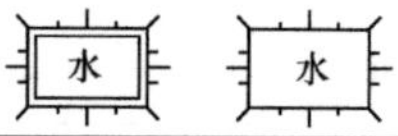 水 水	
7-27	低于地面的水池	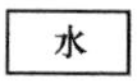 水	
7-28	有盖的水池	 水	
7-29	肥气池	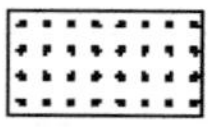	沼气池
7-30	雷达站、卫星地面接收站		
7-31	体育场	 体育场	
7-32	游泳池	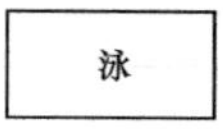 泳	
7-33	喷水池	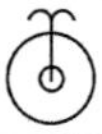	
7-34	假山石		
7-35	岗亭、岗楼		
7-36	电视发射塔	 TV	
7-37	纪念碑		
7-38	碑、柱、墩	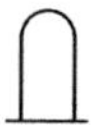	
7-39	亭		

续表

序号	名称	图形符号	说明
7-40	钟楼、鼓楼、城楼		
7-41	宝塔、经塔		
7-42	烽火台	烽	
7-43	庙宇		
7-44	教堂		
7-45	清真寺		
7-46	过街天桥		
7-47	过街地道		
7-48	地下建筑物的地表入口		
7-49	窑		
7-50	独立大坟		加文字标注效果更好
7-51	群坟、散坟		加文字标注效果更好
7-52	一般铁路		
7-53	电气化铁路		
7-54	电车轨道		
7-55	地道及天桥		
7-56	铁路信号灯		
7-57	高速公路及收费站	收费站	
7-58	一般公路		
7-59	建设中的公路		
7-60	大车路、机耕路		
7-61	乡村小路		

续表

序号	名称	图形符号	说明
7-62	高架路	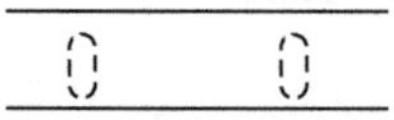	
7-63	涵洞	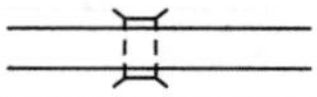	
7-64	隧道、路堑与路堤	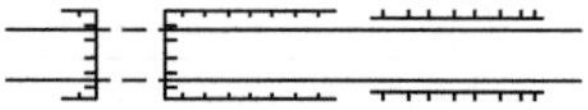	
7-65	铁路桥	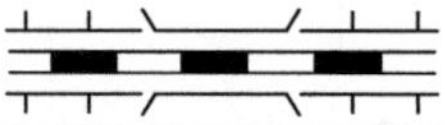	
7-66	公路桥	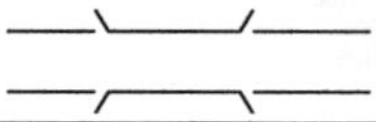	
7-67	人行桥	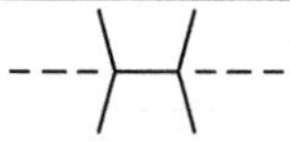	
7-68	铁索桥		
7-69	漫水路面	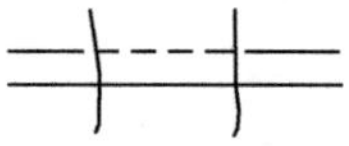	
7-70	顺岸式固定码头	 码头	
7-71	堤坝式固定码头		
7-72	浮码头	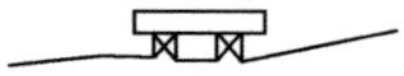	
7-73	架空输电线		
7-74	埋式输电线		
7-75	电线架	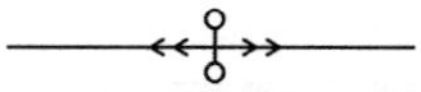	
7-76	电线塔		
7-77	电线上的变压器	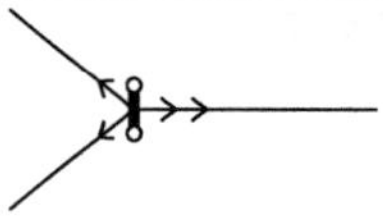	
7-78	有墩架的架空管道	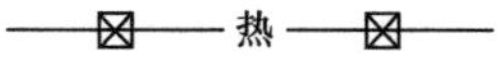 热	
7-79	常年河		
7-80	时令河		有季节性河
7-81	消失河段		
7-82	常年湖	 青湖	

续表

序号	名称	图形符号	说明
7-83	时令湖		有季节性湖，加注文字
7-84	池塘	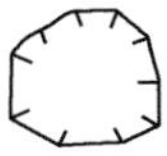	
7-85	单层堤沟渠	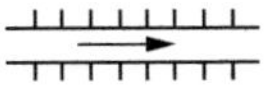	
7-86	双层堤沟渠	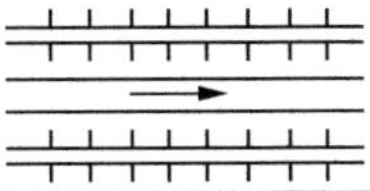	
7-87	有沟堑的沟渠	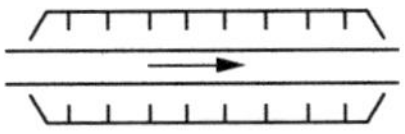	
7-88	水井		加注文字
7-89	坎儿井		加注文字
7-90	国界		加注文字
7-91	省、自治区、直辖市界		
7-92	地区、自治州、盟、地级市界		
7-93	县、自治县、旗、县级市界		
7-94	乡镇界		
7-95	坎	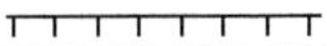	护墙（坡）也可以引用，加文字标注
7-96	山洞、溶洞		
7-97	独立石		
7-98	石群、石块地		
7-99	沙地	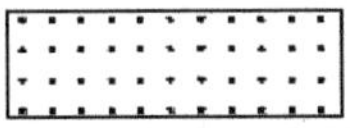	
7-100	砂砾土、戈壁滩	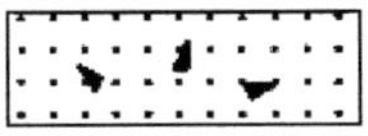	
7-101	盐碱地	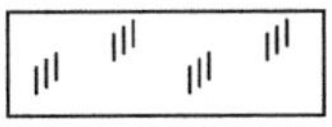	
7-102	能通行的沼泽	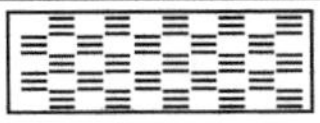	
7-103	不能通行的沼泽	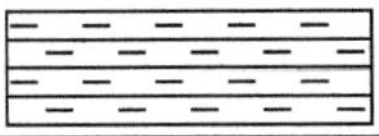	
7-104	稻田	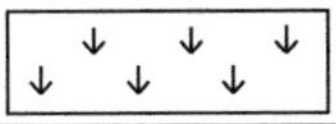	加注文字
7-105	旱地	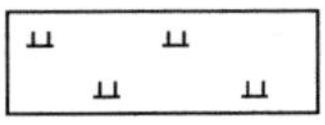	加注文字

续表

序号	名称	图形符号	说明
7-106	水生经济作物	菱	图示为菱
7-107	菜地		加注文字
7-108	果园		果园及经济林一般符号： 可在其中加注文字，以表示果园的类型，如苹果园、梨园等，也可表示加注桑园、茶园等经济林
7-109	桑园		加注文字
7-110	茶园		加注文字
7-111	橡胶园		加注文字
7-112	林地	松	加注文字
7-113	灌木林		加注文字
7-114	行树		
7-115	阔叶独立树		
7-116	针叶独立树		
7-117	果树独立树		
7-118	棕榈、椰子树		
7-119	竹林		加注文字
7-120	天然草地		加注文字
7-121	人工草地		加注文字
7-122	芦苇地		加注文字
7-123	花圃		加注文字
7-124	苗圃	苗	加注文字，图中是“苗”字
7-125	一体化基站		

2.5　工程概预算编制

根据工信部通信〔2016〕451 号发布的《信息通信建设工程费用定额》《信息通信建设工程概预算编制规程》，自 2017 年 5 月 1 日起实行新的信息通信工程概预算编制办法。为便于编排，下面的内容省略前面的“信息”二字，直接沿用通信建设工程项目这一名称。

2.5.1　通信建设工程项目总费用

通信建设工程项目总费用的构成如图 2-1 所示。

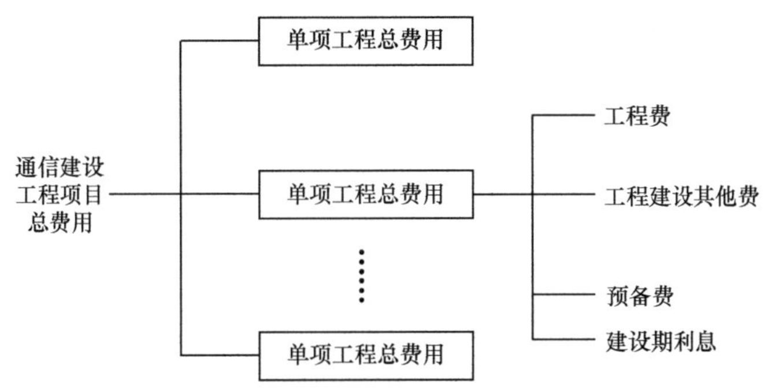

图 2-1　通信建设工程项目总费用的构成图

2.5.2　通信建设单项工程总费用的构成

通信建设单项工程总费用的构成如图 2-2 所示。

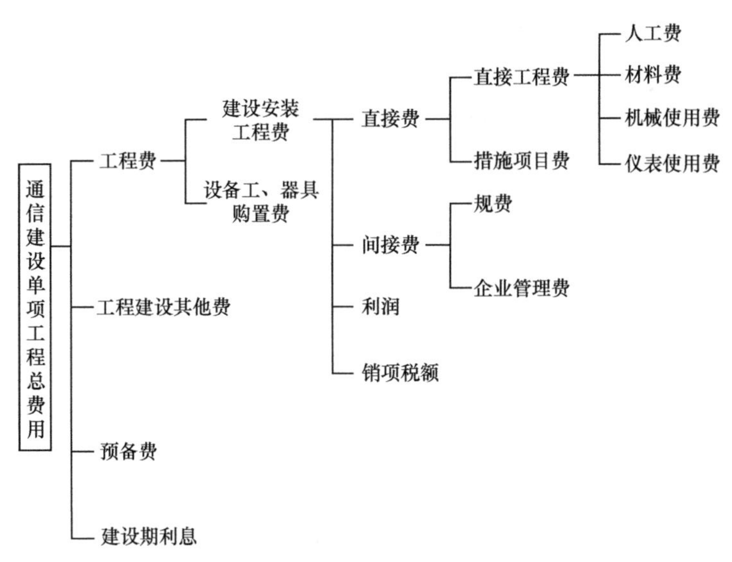

图 2-2　通信建设单项工程总费用的构成图

2.5.2.1　建筑安装工程费用内容、相关定额及计算规则

建筑安装工程费包含下列 4 部分。

第一部分：直接费。

第二部分：间接费。

第三部分：利润。

第四部分：销项税额。

建筑安装工程费用内容、相关定额及计算规则如下。

1．第一部分：直接费（包含直接工程费和措施项目费）

（1）直接工程费

是指施工过程中耗用的构成工程实体和有助于工程实体形成的各项费用，内容包括：人工费、材料费、机械使用费和仪表使用费。

① 人工费

人工费是指直接从事建筑安装工程施工的生产人员开支的各项费用。内容包括：基本工资、工资性补贴、辅助工资、职工福利费、劳动保护费。人工费标准及计算规则如下。

A. 通信建设工程不分专业和地区工资类别，综合取定每工日人工费标准：技工费为 114.00 元；普工费为 61.00 元。

B. 概（预）算人工费=技工费+普工费。

C. 概（预）算技工费=技工单价×概（预）算技工总工日。

D. 概（预）算普工费=普工单价×概（预）算普工总工日。

② 材料费

材料费是指施工过程中实体消耗的原材料、辅助材料、构配件、零件、半成品的费用和周转使用材料的摊销，以及采购材料所发生的费用总和，内容包括：材料原价、运杂费、运输保险费、采购及保管费、采购代理服务费、辅助材料费。

材料费计费标准及计算规则为：

A. 材料费=主要材料费+辅助材料费；

B. 主要材料费=材料原价+运杂费+运输保险费+采购及保管费+采购代理服务费；

C. 辅助材料费=主要材料费×辅助材料费系数。

有关问题说明如下：

A. 材料原价是指供应价或供货地点价；

B. 运杂费=器材原价×器材运杂费费率；

C. 运输保险费=材料原价×保险费率（0.1%）；

D. 采购及保管费=材料原价×采购及保管费费率；

E. 采购代理服务费按实计列；

F. 凡由建设单位提供的利旧料，其材料费不计入工程成本，但作为计算辅助材料费的基础。

器材运杂费费率表注释：

A. 编制概算时，除水泥及水泥制品的运输距离按 500km 计算以外，其他类型的材料运输距离按 1 500km 计算；

B. 编制预算时，按主要器材的实际平均运距计算（工程中所需器材品种很多，编制预算时不可能都知道所有器材的实际运距，运距只能按其中占比例较大的、价值较高的器材运距计算）。

③ 机械使用费

机械使用费是指使用施工机械作业所发生的机械使用费以及机械安拆费用。内容包括：折旧费、大修理费、经常修理费、安拆费、人工费（指机上操作人员的人工费）、燃料动力费、税费（车船使用税、保险及年检费）等。

机械台班费计算标准及计算规则为：

A. 概（预）算机械台班量=定额台班量×工程量；

B. 机械使用费=机械台班单价×概（预）算机械台班量。

④ 仪表使用费

仪表使用费是指施工作业所发生的属于固定资产的仪表使用费。内容包括：折旧费、经常修理费、年检费、人工费。

仪表使用费计算标准及计算规则为：

A. 概（预）算仪表台班量=定额台班量×工程量；

B. 仪表使用费=仪表台班单价×概（预）算仪表台班量。

（2）措施项目费

是指为完成工程项目，发生于该工程前和施工过程中非工程实体项目的费用。

工程费用分成两部分，简单说是“实体工程费用”和“非实体工程费用”。

① 实体工程费用就是从图纸中可以拿到数据，依据规定的计算规则，计算成工程数量的部分，我们也称为“图纸数量”，这就可以解释“基础土方”为什么是实体工程费用的一部分。

② 非实体工程费用是指不能从图纸上获得数量，或者依据图纸和计算规则不能编制出唯一工程数量的部分，我们称为“措施项目费”，这就可以解释为什么与基础土方有联系的“护坡”属于措施项目。可见，其后一部分不仅仅是我们在概预算阶段理解的“施工措施费”，而且包括的内容要更多一些。

措施项目费包括如下费用。

文明施工费、工地器材搬运费、工程干扰费、工程点交及场地清理费、临时设施费、工程车辆使用费、夜间施工增加费、冬雨季施工增加费、生产工具用具使用费、施工用水/电/蒸气费、特殊地区施工增加费、已完工程及设备保护费、运土费、施工队伍调遣费、大型施工机械调遣费等。

A. 文明施工费

指施工现场为达到环保要求及文明施工所需要的各项费用。

文明施工费=人工费×费率（通信线路工程是 1.5%）（注：不同专业费率不同）。

B. 工地器材搬运费

指由工地仓库（或指定地点）至施工现场转运器材而发生的费用。

工地器材搬运费=人工费×工地器材搬运费费率。

C. 工程干扰费

指通信工程，由于受市政管理、交通管制、人流密集、输配电设施等影响工效的补偿费用。

工程干扰费=人工费×工程干扰费费率。

D. 工程点交及场地清理费

指按规定编制竣工图及资料、工程点交及施工场地清理等发生的费用。

工程点交及场地清理费=人工费×工程点交及场地清理费费率。

E. 临时设施费

指施工企业为进行工程施工所必须设置的生活和生产用的临时建筑物、构筑物和其他临时设施费用等。临时设施费用包括：临时设施的搭设、维修、拆除费或摊销费。按施工现场至企业的距离划分为 35km 以内、35km 以外两档（注：这项费用必须计取，不可竞争）。

临时设施费=人工费×临时设施费费率。

F. 工程车辆使用费

指通信工程施工中发生的机动车车辆使用费。工程车辆使用费包括生活用车、接送工用车和其他零星用车等（含过路、过桥）费用，不含直接生产用车。直接生产用车包括在机械使用费和工地器材搬运费中。

工程车辆使用费=人工费×工程车辆使用费费率。

G. 夜间施工增加费

指在夜间施工所发生的夜间补助费、夜间施工降效、夜间施工照明设备摊销及照明用电等费用。

夜间施工增加费=人工费×夜间施工增加费费率。

H. 冬雨季施工增加费

指在冬雨季施工时所采取的防冻、保温、防雨安全措施及工效降低所增加的费用。此费用标准是按常年摊销综合取定的，因此只分地区、不分季节，均按规定计列。综合布线工程不计该项费用。

冬雨季施工增加费=人工费×冬雨季施工增加费费率。

该费用只限于通信线路工程、通信管道工程、通信设备安装工程中的天线、馈线安装工程。

I. 生产工具用具使用费

指施工所需的不属于固定资产的工具用具等的购置、摊销、维修费。

生产工具用具使用费=人工费×生产工具用具使用费费率。

J. 施工用水/电/蒸汽费

指施工生产过程中使用水/电/蒸汽所发生的费用。

信息通信建设工程依照施工工艺要求按实计列施工用水/电/蒸汽费；如果建设单位无偿提供水/电/蒸汽的则不应计列此项费用。

K. 特殊地区施工增加费

指通信工程在原始森林地区、海拔 2 000m 以上的高原地区、化工区、核工业区、沙漠地区、山区无人值守站等特殊地区施工时所增加的费用。

特殊地区施工增加费=特殊地区补贴金额×总工日。

施工地点同时存在两种及两种以上情况时，只能计算一次，不得重复计列，按高档计取该项费用。例如，既是高原地区，又是化工区时，也只计列一次。

L. 已完工程及设备保护费

指竣工验收前，对已完工程及设备进行保护所需的费用。承包人依据工程发包的内容范围报价，经业主确认计取已完工程及设备保护费。

已完工程及设备保护费=人工费×已完工程及设备保护费费率。

M. 运土费

指工程施工中需从远离施工地点取土及必须向外倒运土方所发生的费用。

运土费=工程量（吨或 m^3）×运费单价（元/吨或 m^3）。

N. 施工队伍调遣费

指建设工程的需要，应支付施工队伍的调遣费。施工现场与企业的距离大于 35km 时计取的施工队伍调遣费用。

施工队伍调遣费=单程调遣费定额×调遣人数×2。

O. 大型施工机械调遣费

指大型施工机械调遣所发生的费用。

大型施工机械调遣费=调遣用车运价×调遣运距×2。

2．第二部分：间接费（包含规费和企业管理费）

（1）规费

指政府和有关部门规定必须缴纳的费用。内容包括：工程排污费、社会保险费（包含养老保险、失业保险、医疗保险、生育保险、工伤保险）、住房公积金、危险作业意外伤害保险费。

① 工程排污费

根据施工所在地政府部门相关规定计取。

② 社会保险费

社会保险费=人工费×社会保险费费率。

③ 住房公积金

住房公积金=人工费×住房公积金费率。

④ 危险作业意外伤害保险费

危险作业意外伤害保险费=人工费×危险作业意外伤害保险费费率。

（2）企业管理费

指施工企业为组织施工生产和经营管理活动所需的费用。内容包括：管理人员的工资（基本工资、工资性补贴及按规定标准计提的职工福利费）、办公费、差旅交通费、固定资产使用费、工具用具使用费、劳动保险费、工会经费、职工教育经费、财产保险费、财务费、税金、其他费用。

企业管理费=人工费×企业管理费费率。

3．第三部分：利润

利润是指施工企业完成所承包工程获得的盈利。

利润=人工费×利润率（20%）

4．第四部分：销项税额

销项税额是指按国家税法规定应计入建筑安装工程造价的增值税销项税额。

销项税额=（人工费+乙供主材费+机械使用费+仪表使用费+措施费+规费+企业管理费+利润）×11%+甲供主材费×适用费率（多数取 17%）。

2.5.2.2　通信设备、工器具购置费用内容、相关定额及计算规则

（1）通信设备、工器具购置费是指根据设计提出的设备、工器具（包括必需的备品备件）、仪表、工器具清单，按设备原价、运杂费、采购及保管费、运输保险费和采购代理服务费计算的费用。

（2）通信设备、工器具购置费=设备、工器具原价+运杂费+采购及保管费+运输保险费+

采购代理服务费。

① 设备原价是指供应价或供货地点价。

② 运杂费=设备原价×设备运杂费费率。

③ 采购及保管费=设备原价×采购及保管费费率（需要安装的设备为 0.82%，不需要安装的设备、仪表、工器具为 0.41%）。

④ 运输保险费=设备原价×运输保险费费率（0.4%）。

⑤ 采购代理服务费按实计列。

⑥ 进口设备（材料）的国外运输费、国外运输保险费、关税、增值税、外贸手续费、银行财务费、国内运杂费、国内运输保险费、进口设备（材料）的国内检验费、海关监管手续费等按进货价计算后进入相应的设备材料费中。单独引进的软件不计关税，只计增值税。

2.5.2.3 工程建设其他费用的内容、相关定额及计算规则

通信建设工程其他费用是指应在建设项目的建设投资中开支的固定资产的其他费用、无形资产费用和其他资产费用。内容包括 14 项：建设用地及综合赔补费、项目建设管理费、可行性研究费、研究试验费、勘察设计费、环境影响评价费、建设工程监理费、安全生产费、引进技术及进口设备其他费、工程保险费、工程招标代理费、专利及专用技术使用费、其他费用、生产准备及开办费。

1. 建设用地和综合赔补费

指按照《中华人民共和国土地管理法》等规定，建设项目征用土地或租用土地应支付的费用。其费用内容如下。

（1）土地征用迁移补偿费。

（2）征用耕地按规定一次性缴纳的耕地占用税。

（3）建设单位租用建设项目土地使用权而支付的租用费用。

（4）建设单位因建设项目期间租用建筑设施、场地的费用。

2. 项目建设管理费

指项目建设单位从项目筹建之日起至办理财务决算之日止发生的管理性质的支出。

建设单位可根据《基本建设项目建设成本管理规定》（财建〔2016〕504 号），结合自身实际情况制定项目建设管理费取费规则。

3. 可行性研究费

指在项目前期工作中，编制和评估项目建议书、可行性研究报告所需的费用。按市场调节价，在合同中确定。

4. 研究试验费

指为本建设项目提供验证设计数据、资料等进行必要的研究试验及按照设计规定在建设过程中必须进行试验、验证所需的费用。根据建设项目研究试验内容和要求进行编制。

5. 勘察设计费

指委托勘察设计单位进行工程勘察、工程设计所发生的各项费用。

根据《国家发展改革委关于进一步放开建设项目专业服务价格的通知》（发改价格〔2015〕299 号）文件要求，勘察设计服务收费实行市场调节价；可参照相关标准作为计价基础。

6．环境影响评价费

指制定环境影响报告评估表所需的费用。根据《国家发展改革委关于进一步放开建设项目专业服务价格的通知》（发改价格〔2015〕299 号）文件要求，环境影响评价费实行市场调节价。

7．建设工程监理费

指委托工程监理单位实施工程监理的费用。根据《国家发展改革委关于进一步放开建设项目专业服务价格的通知》（发改价格〔2015〕299 号）文件要求，建设工程监理费实行市场调节价，可参照相关标准作为计价基础。

8．安全生产费

指施工企业根据国家相关的规定和安全标准，购置施工防护用具，落实施工安全措施以及改善安全生产条件所需的各项费用。参照财企〔2012〕16 号文规定执行。

9．引进技术及进口设备其他费。

（1）引进项目图纸资料翻译复制费、备品备件测绘费。

（2）出国人员费用。

（3）来华人员费用。

（4）银行担保及承诺费。

以上费用按现行政策计取。

10．工程保险费

指建设项目在建设期间根据需要对建筑工程、安装工程及机械设备进行投保而发生的保险费用。不投保的项目不计此费用，不同的建设项目可根据工程特点选择投保险种，根据投保合同计列保险费用。

11．工程招标代理费

指招标人委托代理机构进行招标的各项费用。根据《国家发展改革委关于进一步放开建设项目专业服务价格的通知》（发改价格〔2015〕299 号）文件要求，工程招标代理费实行市场调节价。

12．专利及专用技术使用费

指需要购买专利及专用技术所需的费用。根据部级鉴定机构的批准，按专利及专用技术使用许可协议计取。

13．其他费用

根据建设任务的需要，必须在建设项目中列支的其他费用，如中介机构审查费等。按工程实际计列。

14．生产准备及开办费

指建设项目为保证正常生产（或营业、使用）而发生的人员培训费、提前进场费以及投产使用初期必备的生产生活用具、工器具等购置费用。生产准备及开办费由投资企业自行测算，此项费用列入运营费。

2.5.2.4　预备费用的内容、相关定额及计算规则

预备费是指在初步设计及概算内难以预料的工程费用，包括基本预备费和价差预备费。

1．基本预备费

（1）进行技术设计、施工图设计及施工过程中，在批准的初步设计和概算范围内所增加的工程费用。

（2）一般自然灾害造成工程损失和预防自然灾害所采取措施的项目费用。

（3）竣工验收时为鉴定工程质量，对隐蔽工程进行必要的挖掘和修复的费用。

2．价差预备费

指设备、材料的差价。

预备费=（工程费+工程建设其他费）×预备费费率。

2.5.2.5 建设期利息的内容、相关定额及计算规则

建设期利息是指建设项目贷款在建设期内发生并应计入固定资产的贷款利息等财务费用，按银行当期利率计算。

2.5.3 通信建设工程概预算表格编制

2.5.3.1 初步设计概算的构成

建设项目在初步设计阶段必须编制概算。设计概算的组成是根据建设规模的大小而确定的，一般由单项工程概算、建设项目总概算组成。

（1）单项工程概算由工程费、工程建设其他费、预备费、建设期利息 4 部分组成。

（2）建设项目总概算等于各单项工程概算之和，它是一个建设项目从筹建到竣工验收的全部投资，其构成如图 2-3 所示。

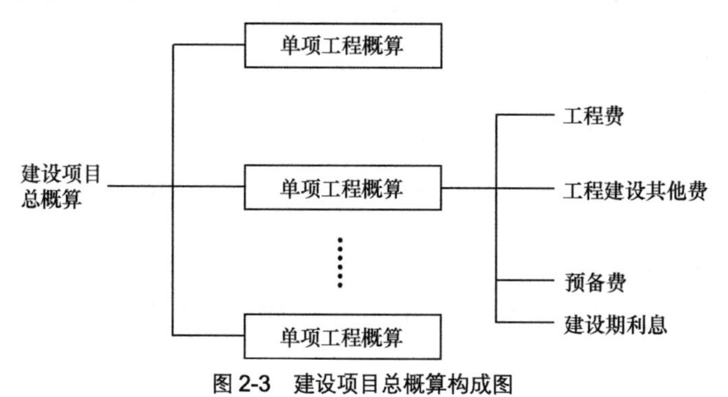

图 2-3 建设项目总概算构成图

2.5.3.2 施工图设计预算的构成

（1）建设项目在施工图设计阶段编制预算。

（2）施工图预算一般包括单位工程预算、单项工程预算、建设项目总预算。

（3）单位工程施工图预算应包括建筑安装工程费和设备、工器具购置费。

（4）单项工程施工图预算应包括工程费、工程建设其他费和建设期利息。

（5）建设项目总预算是汇总所有单项工程的预算。

2.5.3.3 概预算文件的组成

1．编制说明

编制说明一般应由以下几项内容组成。

（1）工程概况。

（2）编制依据。

（3）投资分析。

（4）其他需要说明的问题。

2．概预算表格

通信建设工程概预算表全套分 5 种共 10 张表。

(1)《建设项目总___________算表》(汇总表)。

(2)《工程________算总表》(表一)。

(3)《建筑安装工程费用_____算表》(表二)。

(4)《建筑安装工程量_____算表》(表三）甲。

(5)《建筑安装工程机械使用费____算表》(表三）乙。

(6)《建筑安装工程仪器仪表使用费》____算表（表三）丙。

(7)《国内器材___算表》(表四）甲。

(8)《进口器材___算表》(表四）乙。

(9)《工程建设其他费____算表》(表五）甲。

(10)《引进设备工程建设其他费用___算表》(表五）乙。

第 3 章

通信线路工程勘测

工程勘察的目的是为设计和施工提供可靠的依据。在现场勘察过程中，如果发现与设计任务书有较大出入的情况，应及时上报原下达任务书的单位，并重新审定方案，在设计说明中特别加以论证说明。

线路工程设计中的“勘测”包括“勘察”和“测量”两个工序。一般大型工程又可分为“方案勘察”（可行性研究报告）、“初步设计勘察”（初步设计）和“现场测量”（施工图设计）3 个阶段。

3.1 勘察测量

3.1.1 准备工作

（1）人员组织。勘察小组应由设计、建设维护、施工等单位组成，有些项目还有设计监理随同，人员多少视工程规模大小而定。

（2）熟悉并研究相关文件。了解工程概况和要求，明确工程任务和范围，如工程性质、规模大小、建设理由、近/远期规划等。

（3）收集资料。收集与工程有关的文件、图纸与资料。一项工程的资料收集工作将贯穿线路勘测设计的全过程；主要资料应在勘察前和勘察中收集齐全。为避免和其他部门发生冲突，或造成不必要的损失，应提前向相关单位和部门查询了解、收集相关其他建设方面的资料，并争取他们的支持和配合。相关部门为计委、建委、电信、铁路、交通、电力、水利、航道、农田、气象、燃化、冶金工业、地质、广播电台、军事等部门。对改扩建工程，还应收集原有工程资料。

（4）制订勘察计划。根据设计任务书和所收集的资料，在 1:50 000 的地形图上初步标出拟定的光缆路由方案，对工程概貌勾画出一个粗略的方案。可将粗略方案作为制订勘察计划的依据。制订组织分工、工作程序与工程进度安排。

（5）勘察准备。可根据不同勘察任务准备不同的工具。一般通用工具见表 3-1。

表 3-1　　通信线路工程勘察、测量工具

场地＼工具	机房勘察	新建管道	管道光（电）缆	架空光（电）缆	直埋光（电）缆
地图		✓	✓	✓	✓
绘图板、四色笔	✓	✓	✓	✓	✓

续表

场地＼工具	机房勘察	新建管道	管道光（电）缆	架空光（电）缆	直埋光（电）缆
数码相机	✓	✓	✓	✓	✓
指南针	✓	✓	✓	✓	✓
标记笔/油性笔	✓			✓	✓
标签纸	✓				
钢卷尺、皮尺	✓			✓	✓
手电筒	✓		✓		
测量轮		✓	✓	✓	✓
激光测距仪		✓	✓	✓	✓
GPS 定位仪		✓		✓	✓
井匙/洋镐		✓	✓		
爬梯、抽水机			✓		
100m 测量地链		✓	✓	✓	✓
接地电阻测试仪					✓
大标旗、小红旗、标杆				✓	✓
标桩、红漆、写标桩笔				✓	✓
铁锤、木工斧				✓	✓
对讲机				✓	✓
望远镜				✓	✓
随带式图板、工具袋	✓	✓	✓	✓	✓
安全反光衣、安全帽		✓	✓	✓	✓

注：测量工具的数量视项目规模的大小而定，规模越大、分组越多，则需要配备的工具就越多。

3.1.2　勘察

工程勘察的主要任务有：路由选择、站址选择、拟定系统配置方案、拟定设备与光缆的规格型号、拟定需要防护的地段与措施、拟定维护事项、对外联系与协调、资料整理与总结汇报。

3.1.2.1　路由选择

选定通信线路与沿线城镇、公路、铁路、河流、水库、桥梁、永久性设施等地形地物的相对位置；选定进入城区所占用的街道位置，利用现有管道和杆路或新建管道和杆路的选择，选定需要特殊处理的地段和位置。

3.1.2.2　站址选择

配合通信、电力、建筑、交通、规划和市政管理等专业人员，根据工程设计任务书和设计规范的有关规定选择分路站、转接站、光传输中继站，站址选定后，商定有关站的总平面布置以及光缆进线方式和位置。

3.1.2.3 拟定系统配置方案

拟定有人段内各项系统的配置方案，拟定无人站的具体位置、建筑结构和施工工艺要求；确定中继设备的供电方式和业务联络方式。

3.1.2.4 拟定设备与光缆的规格型号

根据沿途的地形和自然条件，首先拟定光缆的敷设方式，然后由敷设方式来确定各地段所使用光缆的规格、型号。

3.1.2.5 拟定需要防护的地段与措施

确定防雷、防腐蚀、防强电影响、防老鼠、白蚁等虫害及防机械损伤等防护措施的选择，以及抗震加固、防火、防洪、环境保护等其他有关技术措施，进而拟定维护方式。

3.1.2.6 拟定维护事项

拟定维护方式和维护任务的划分；确定维护段、巡房、水线房的位置；确定维护工具、仪表及交通工具的配置；结合监控告警系统，提出维护工作的安排方案。

3.1.2.7 对外联系与协调

管道、光电缆需穿越铁路、公路、重要河流、其他管线以及其他有关重要工程设施时，应与有关主管单位联系，必要时发函备案。重要部位需取得有关单位的书面同意，加盖公章确认。

3.1.2.8 资料整理与总结汇报

根据现场勘察的情况进行全面总结，并对勘察资料进行如下整理和检查。

（1）将主体路由、选择的站址、重要目标和障碍在地图上标注清楚。

（2）整理出站间距离及其他设计需要的各类数据。

（3）提出对局部路由和站址的修正方案，分别列出各方案的优缺点，进行比较。

（4）绘制出向城市建设部门申报备案的有关图纸。

（5）将勘察情况进行全面总结，并向建设单位汇报，认真听取意见，以便进一步完善方案。

3.2 测量

初步设计通过会审和批复后，应进行线路施工图测量。施工图测量是进行直接施工用图的现场具体测绘工作，也是对初步设计审核过程中提出修改部分的补充勘测工作。通过实地测量，使线路敷设的路由位置、施工工艺、各项防护措施具体化，为编制施工图预算提供最直接的第一手资料。测量工作很重要，它直接影响到线路建筑的安全、质量、投资、施工维护等。

3.2.1 测量前准备

（1）人员配备：根据测量规模和难度，配备相应人员，并明确人员分工，定制日程进度。

（2）测量组的人员配备见表3-2。

表 3-2　测量组的人员配备表

序号	工作内容	技术人员	技工	普工	备注
1	大旗组		1	2	人员可视情况适度增减
2	测距组：等级和障碍处理	1			
	前链、后杆、传标杆		1	2	
	钉标桩		1	1	
3	测绘组	1	1	1	
4	测防组		1	1	
5	对外调查联系		1		
6	合计	2	6	7	

（3）工具配备：根据工程类别和测量方法的需要，配备需要的测量工具，工具名称与勘察工具相同（见通信线路工程勘察、测量工具表）。具体数量视需要测量的项目规模而定，规模较大的项目则需要分段、分组测量。

3.2.2　线路测量分工和工作内容

3.2.2.1　大旗组

（1）负责确定光缆敷设的具体位置。

（2）大旗插定后，在 1:50 000 地形图上标入。

（3）发现新修公路、高压输电线、水利及其他重要建筑设施时，在 1:50 000 地形图上补充绘入。

（4）测量时不能与初步设计路由偏离太大，在不涉及与其他建筑物和设施的距离要求，又不影响相关文件规定的情况下，允许适当调整路由，使其更加合理和便于维护。特殊地段可以测量两个或多个方案。大旗位置应选择在路由拐弯点或高坡点，直线段较长时适当增加一至两面大旗。

3.2.2.2　测距组

（1）负责路由测量长度的准确性。

为了保证丈量长度的准确性，可采取如下措施：① 至少每隔两天用钢尺核对测量绳一次；② 遇到上、下坡，沟坎或需要 S 形上、下的地段，测量绳跟随地形与光缆的布放形态保持一致；③ 由拉后链的技工将新测档距离报测绘组记录员一次，得到回复后再钉标桩。

（2）登记和障碍处理由技术人员承担，对现场测距工作全面负责。

（3）工作内容，配合大旗组用花杆定线定位、量距离、钉标桩、登记累计距离、登记工程量和对障碍物的处理方法，确定 S 弯预留量。

3.2.2.3　测绘组

根据沿途现状进行测量并绘制图纸，经整理后作为施工图纸。负责所提供图纸的完整性与准确性。图纸需要绘制的内容有：（1）光缆线路施工图以路由为主，将路由长度、穿越障碍物准确绘入图中；沿途路由左沿右 50m 以内地形、地物要详细描绘，50m 以外则选重点描绘，与车站、村镇及重要设施等的距离也在图上标出；（2）光缆穿越河流、渠道、铁路、公路、沟坎等所采取的各项防护加固措施在图中表示清楚（部分防护加固措施需要画示意图）；（3）每张图纸标出指北方向；（4）绘图的规格与比例按前面介绍的初步设计中有关图纸的内容执行。

与测距组共同完成的工作内容有：（1）丈量光缆线路与孤立大树、电杆、房屋及其他设施、坟墓等的距离；（2）测定路由中坡度大于 20° 的地段，确定做 S 弯的位置；（3）测绘光缆穿越铁路、公路干线、堤坝和经过桥梁、隧道的平面、断面图，关键部位还要绘制大样示意图；（4）三角定标路由转弯点（在穿越铁路、公路干线、河流和直线段每隔 1km 左右进行一次三角定标）；（5）绘制光缆进入局（站）进线室、机房内的走线路由及安装图；（6）绘制光缆进入无人中继站的布缆路由及安装图；（7）复测和绘制水底光缆平面、断面图；（8）测绘进入市区新建管道的平面、断面图，原有管道路由及主要人（手）孔展开图；（9）绘制光缆附挂在桥梁、隧道的安装图，加固附件的加工图；（10）绘制架空光缆施工图，包括配置电杆，拉线程式，杆面程式，确定杆位、拉线地锚位置，登记杆上设备安装内容。

3.2.2.4 测防组

配合测距组、测绘组提出防雷、防强电、防蚀的意见。主要是测试土壤 pH 值和土壤电阻率。土壤电阻率的测试点一般在平原地区每隔 1km 设一处测试点，土壤电阻率变化明显的地段应增加测试点，雷暴活动频繁、需要安装防雷接地的地点要重点测试。测试完毕后绘出土壤电阻率分布图（见图 3-1）。还需要调查、勘察沿途是否存在腐蚀性的土壤、液体、气体，以及老鼠、白蚁等虫害情况，并作详细记录。

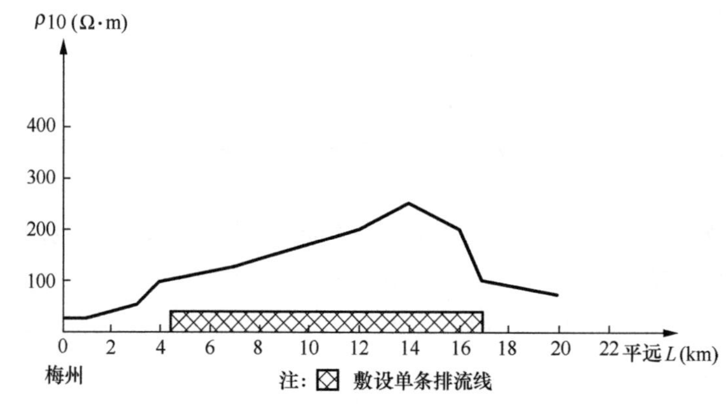

图 3-1 （梅州—平远）土壤电阻率分布图

3.2.2.5 其他

（1）对外调查联系。

（2）初步设计尚未解决的遗留问题。

（3）关于沿途需要拆除某些设施、迁移电杆、砍伐树木果树和经济作物、迁移坟墓、路面损坏、损伤青苗等的赔偿问题。

（4）了解施工时的住宿、工具、机械设备和材料囤放条件，沿途是否能提供劳力。

3.2.3 整理图纸

（1）检查各项测绘图纸。

（2）整理登记资料、测防资料和对外调查联系工作记录。

（3）统计光缆长度、各种工作量。

（4）资料整理完毕后，测量组应进行全面系统的总结，对路由与各项防护加固措施做重点的论述，及时汇报。

第 4 章 光缆线路工程设计

4.1 通信线路网的构成

通信线路传输模型根据 YDN 099-1998《光同步传送网技术体制》中我国国内最长标准假设参考通道（HRP）制定。长途节点间最长传输距离为 6 500km，本地网中本地节点与长途节点间最长传输距离为 150km，接入网中通道端点与本地节点间最长传输距离为 50km。

长途传送网一般是指干线传送网，包括省际干线（一级干线）和省内干线（二级干线）。

通信线路网应包括长途线路、本地线路和接入线路，其网络构成见图 4-1。

长途线路是连接长途节点与长途节点之间的通信线路，长途线路网是由连接多个长途交换节点的长途线路形成的网络，为长途节点提供传输通道。

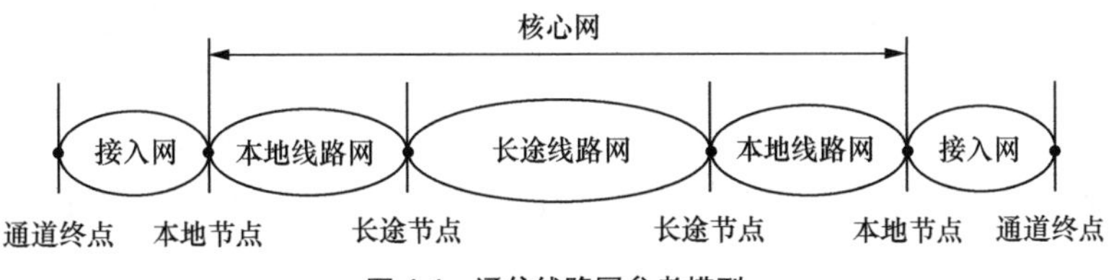

图 4-1　通信线路网参考模型

本地线路是本地节点（业务节点）与本地节点、本地节点与长途节点之间的通信线路（中继线路）。本地网光缆线路是一个本地（城域）交换区域内的光缆线路，提供业务节点之间、业务节点与长途节点之间的光纤通道。

接入网线路是连接本地节点（业务节点）与通道终端（用户终端）之间的通信线路。接入网线路是提供业务节点与用户终端的传输通道，包括光缆线路和电缆线路。接入网光缆线路构成见图 4-2。

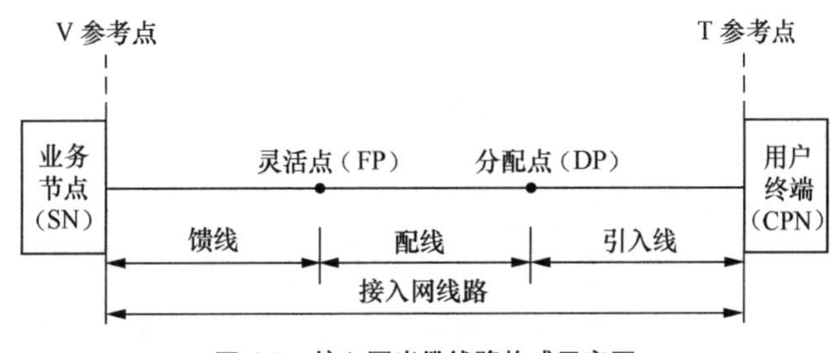

图 4-2　接入网光缆线路构成示意图

4.2 本地网组网方式

（1）本地光缆传输网中常用的网络结构分为链形、星形（树形）、环形、网状等几种结构。其中环形网络结构以其投资低、见效快，且有自愈保护功能等优势而被广泛应用。另外，本地网中常用的网络结构还有链形和星形。

（2）本地光缆网宜分层建设。光缆网可根据其承载的业务不同及在网络中所处的位置不同分为核心层、骨干层、会聚层和接入层。核心层光缆是指沟通交换局之间的光缆，主要承担局间中继电路的疏通；骨干层光缆是沟通交换局与传输节点之间的光缆，主要负责传输节点至交换局之间电路的疏通；会聚层光缆负责骨干节点与骨干节点间的物理连接；接入层完成基本业务点间及基本业务点与骨干层间的物理连接。

（3）本地光缆网可根据规模大小调整为三层结构，核心/骨干层、会聚层、接入层。核心层常选用环形和网状结构；骨干层和会聚层常选用环形结构；接入层通常采用环形结构，在建设条件暂时不具备的地方，也可采用链形或星形结构作为过渡方案。

4.3 长途光缆线路的基本特点

（1）传输信息量大，要求传输距离尽可能长以降低成本，提高经济效益。

（2）相当于某一区域甚至于较大范围的信息大动脉，尤其是一级干线光缆影响甚大。

（3）部分干线光缆还涉及国家的安全利益，不但要求安全可靠，还要求隐蔽和保密。

（4）基于上述的重要性，从战略高度考虑，在经济许可的情况下建设多个保护路由，甚至是大范围环回路由骨干通信网络。

（5）干线光缆的建设和维护涉及的部门多、范围广；市政规划部门、公路和铁路交通部门、环卫及气象部门、航道及水文站甚至海洋局、沿途的工厂、企业、学校和部队等。

4.4 通信线路路由的选择

4.4.1 路由选择的一般原则

（1）通信线路路由的选择，应以工程设计委托书和通信网络规划为基础，进行多方案比较，工程设计必须保证通信质量，使线路安全可靠、经济合理，且便于施工和维护。

（2）选择线路路由时，应以现有的地形地物、建筑设施和既定的建设规划为主要依据，并应充分考虑城市和工矿建设、铁路、公路、航运、水利、长输管道、土地利用等有关部门的发展规划的影响。

（3）在符合大的路由走向的前提下，线路宜沿靠公路或街道选择，有利于施工、维护和抢修；但不宜紧贴公路敷设，应顺路取直，避开路边设施和计划扩建的路段。若有关部门对路由位置有具体要求，则应按规划位置敷设。

（4）通信线路路由的选择应充分考虑建设区域内文物保护、环境保护等事宜，减少对原有水系及地面形态的扰动和破坏，维护原有景观，同时将工程对沿线居民的影响降低到可接受的范围内。

（5）通信线路路由的选择应考虑强电影响，不宜选择在易遭受雷击、化学腐蚀和机械损伤的地段，不宜与电气化铁路、高压输电线路和其他电磁干扰源长距离平行或过分接近。

（6）扩建光（电）缆网络时，应结合网络系统的整体性，优先考虑在不同道路上扩增新路由，以增强网络安全。

4.4.2　本地网光缆路由的选择原则

本地网光缆分为局间中继光缆和用户网光缆。路由选择既要遵循城市发展规划要求，又要适应用户业务需要，保证使用安全，便于施工和维护。具体应考虑以下因素。

（1）光缆线路路由方案的选择，应以工程设计任务书和通信网路规划为依据，必须满足通信需要、保证通信质量，使线路安全可靠、经济合理，便于维护和施工。为了使线路路由更合理，应进行多方案比较。

（2）光缆线路路由应选择在地质稳固、地势较平坦、地势起伏变化不剧烈的地段，避开水塘和陡峭、沟堑、滑坡、泥石流以及洪水危害、水土流失的地方，尽量考虑到有关部门的发展规划对光缆线路的影响。

（3）光缆线路路由及其走向必须符合城市建设规划要求，顺应街道形状，自然取直拉平。

（4）光缆线路不宜穿越大型公路、铁路、房屋及其他影响城市美观的地方，如不能避开，应采用较隐蔽敷设方式。线路路由应尽量不靠近军事目标。

（5）中继光缆一般不宜采用架空方式，在市区和近郊尽量采用管道敷设方式；远郊区的光缆线路宜采用直埋方式敷设，但如果经过技术和经济比较适合管道方式的话，则选择管道敷设方式。

（6）进入局（站）的光缆线路，宜通过局（站）前人孔进入进线室，再引入机房。

4.4.3　长途光缆路由的选择原则

（1）光缆线路路由方案的选择，必须以工程设计任务书和光缆通信网路的规划为依据，必须满足通信需要，保证通信质量，使线路安全可靠、经济合理，便于维护和施工。

（2）线路路由应进行多方案比较，确保线路的安全可靠、经济合理，便于维护和施工。

（3）应尽量选择短捷的路由，不与本地网光缆同吊线敷设（尽量避免同杆路）。

（4）通常情况下，干线线路不宜考虑本地网的加芯需求，不宜与本地网线路同缆敷设。

（5）综合考虑是否可以利用已有管道，尽量避免与本地网光缆敷设在同一管孔内。同时应尽量避免多条干线光缆同路由、同管孔，确实无法避免多条干线同路由时，应选择不同的管孔进行敷设，光缆敷设位置应尽量选择在靠管群底层中间管孔，同一光缆中继段应选择同一孔位。

（6）长途光缆线路应沿公路或可通行机动车辆的大路，但应顺路直行并避开公路用地、路旁设施、绿化带和规划改道的地段。

（7）光缆线路穿越河流，应选择在符合敷设水底光缆要求的地方，并应兼顾大的路由走向，不宜偏离过远。

（8）光缆线路不宜穿越大的工业基地、厂矿区、城镇校区，尽量少穿越村庄。如果不可避免，必须采取保护措施。

（9）长期经验和和市场局势表明，光缆线路通过森林、果园、茶园、苗圃及其他经济林区或防护林带，或迁移、干扰其他地面、地下设施时会导致高额的赔补费用，同时办理相关的批准手续将增加工程建设工期，因此应尽量避开上述地区。

（10）长途架空光缆路由选择原则

架空光缆路由应选择距离公路边界 15～50m，靠近铁路时应在铁路路界红线外；遇到障碍物时可适当绕避，但距离公路不宜超过 200m。并避开坑塘、打麦场、加油站等潜在隐患位置，一般情况下应不选择或少选择下列地点。

① 应尽量避免长距离与电力杆路平行，并避开或远离输变电站和易燃易爆的油气站。

② 应尽量避开易滑坡（塌方）的新开道路路肩边和斜坡、陡坡边，以及易取土、易水冲刷的山坡、河堤、沟渠等。

③ 应尽量避开易发生火灾的树木、森林和草丛茂盛的山地。

④ 应尽量避开易开发建设范围的经济开发区、新道路规划、市政设施规划、农村自建房用地等。在测量前和测量后，一定要征求当地村镇规范部门、村民的意见。

⑤ 应尽量避开易发生枪击、被盗案件或赔补纠纷的村庄。

⑥ 架空光缆不同路由敷设原则：应尽量避免多条干线光缆同路由、同杆路、同吊线，确实无法避免多条干线同路由时，应选择不同的吊线进行敷设。

（11）通过勘察和论证，排除可能有地质灾害产生或人为的狩猎、采集、种植、挖掘、倾弃和堆放等活动，可能危害光缆安全的地点。

4.4.4 高原严寒地区通信线路设计的注意事项

（1）光缆路由选择：应尽量避免过河及较大的水渠，如果实在避开不了河道，则从选缆、埋深、密封、双路由保护等方面综合考虑过河技术。

（2）光缆接头盒的设计与安装：接头盒内应提供相应的空间，以便预留松套管；盒内绕纤盘中间不应设置挡纤柱，而选用具有弹性的材料制作固定光纤接头卡槽。安装光缆接头盒时将密封缝隙与地面水平放置（避免水进入盒内），保持盒内绕纤盘水平朝上，使预留光纤及光纤接头保持稳定。对于护套中没有金属复合带以及护套容易伸缩的光缆，应在光缆接头盒上对光缆护套采取加强固定措施。

（3）光缆的敷设方式：应针对西部严酷的气候和地理环境而因地制宜，对于温差大、容易造成光纤套管严重伸缩或光缆护套老化的地区，以及沙漠区应考虑“架空”改“直埋”。对于地震区、山体滑坡、鼠害区、沼泽盐碱地等则可以考虑“直埋”改“架空”。

（4）风沙灾害的防御：沙漠地带光缆路由应采取插芦苇制作成 1m × 1m 的草方格固沙；对于风水危害大的无人站房应全密封；鼠害严重的光缆路由应采用铺水泥砂浆、填细沙、硬质管保护光缆、铠装缆、防鼠缆等办法来避免。

（5）配备特殊设备：为缩短阻断历时及抢修时间，高原严寒的某些特殊地区，可考虑配备具有抢修、通信、交通、生活一体化的车辆，配备高原严寒带冬季冻土期能够施工开槽的专用工具，尤其应配备在高原缺氧的情况下仍然能够正常工作的熔接机。

4.5 局站的设置

4.5.1 站址选择的原则

（1）在光（电）缆线路传输长度允许的条件下，局站应首先考虑设置在现有机房内。

（2）无现有机房可利用时，应新建局站。新建局站的位置应能满足目前主流技术传输距离的需求，并适当兼顾新技术的运用。

（3）新建局站的地点应满足以下要求。

① 靠近居民点、现有通信维护等安全有保障、便于看管的地方，不应选择在易燃易爆的建筑物或堆积场附近。

② 地势较高，不受洪水影响，容易保持良好的机房内温度环境，地势平坦、土质稳定适于建筑的地点；避开断层、土坡边缘、故河道和有可能塌方、滑坡和地下存在矿藏及古迹遗址不可采用的地方。

③ 交通便利，有利于施工和维护抢修。

④ 不偏离光（电）缆线路路由走向过远，方便光（电）缆、供电线路的引入。

⑤ 易于保持良好的机房内外环境，可满足安全及消防要求。

⑥ 便于地线安装，接地电阻较低，避开强电及干扰设施和其他防雷接地装置。

4.5.2　局站建筑方式选择原则

（1）新建局站时应选择用地上型的建筑方式。环境安全或设备工作条件有特殊要求时，局站机房也可采用地下或半地下结构的建筑方式。

（2）新建局站的机房面积应根据通信容量以及中远期设备安装数量等因素综合考虑。

（3）新建、购买或租用局站机房，均应符合 YD/T 5003-2005《电信专用房屋设计规范》和其他相关标准的要求。

（4）当利用原有其他用途的房屋作为机房时，除位置应符合站址选择要求外，其承重、消防、高度、面积、地平、机房环境等指标也应符合相关要求。

4.5.3　本地网光缆局站的设置

本地网光缆局站的选择应注意以下几点。

（1）应选择在地质稳定、适宜建筑的区域。

（2）应选择在光缆进出较为方便的地段，如选择在市区或乡镇内，宜有至少两个不同方向进出局管道。

（3）应选择在供电、供水方便的地区。

（4）交通要便利，以方便维护、电路调度和抢修。

4.5.4　长途光缆局站的设置

（1）局站的设置应当在能满足当前系统建设的同时，考虑以后工程建设和系统扩容升级的便利。

（2）局站的设置与当时传输系统及技术有关。目前一般按 32 × 10Gbit/s DWDM 系统技术水平设置局站。局站的选择有等距与不等距的区分，一般情况下，为节省投资及简化维护，采取不等距设置局站。

（3）沙漠和戈壁滩或超长距离没有居住区的地区可考虑设置无人中继站。

4.6 敷设方式的确定

4.6.1 线路敷设方式的分类

线路敷设方式一般可分为架空、直埋、管道、特殊敷设方式。

4.6.2 敷设方式的选择

4.6.2.1 架空敷设方式

1．一般在地形起伏变化较大（不能太大），水塘、沟渠分布较密，沿途建筑物或障碍物较少，无条件敷设管道和不利于直埋的地段可以采用架空方式。将光（电）缆吊挂在墙壁上也是一种架空敷设方式。

2．采用架空杆路的条件

光缆线路在下列情况下可采用局部架空敷设方式。

（1）只能穿越峡谷、深沟、陡峻山岭等采用管道和直埋敷设方式不能保证安全的地段。

（2）地下或地面存在其他设施，施工特别困难，原有业主不允许穿越或赔补费用过高的地段。

（3）因环境保护、文物保护等原因无法采取其他敷设方式的地段。

（4）受其他建设规划影响，无法进行长期性建设的地段。

（5）局部地表下陷、地质不稳定的地段。

（6）管道或直埋敷设方式费用过高，且架空敷设方式不影响当地景观和自然环境的地段。

（7）道路规划未定，或受条件限制不宜在地下敷设光（电）缆时。

（8）由于投资或器材的限制，又急需通信线路时；临时性的线路，用后需要撤除的场合。

3．杆路路由的选择原则

杆路路由是架空杆路建筑的基础，既要遵循城市发展规划的要求，又要适应用户业务的需要，保证使用安全。具体勘测中应考虑以下因素。

（1）杆路路由及其走向必须符合城市建设规划的要求，顺应街道形状自然取直、拉平。

（2）通信杆路与电力杆路一般应分别设立在街道的两侧，避免彼此间的往返穿插，确保安全可靠，符合传输要求，便于施工及维护。

（3）杆路应与城市的其他设施及建筑物保持规定的间隔。

（4）杆路应尽量减少跨越仓库、厂房、民房；不得在醒目的地方穿越广场、风景游览区及城市预留建筑的空地。

（5）杆路的任何部分不得妨碍必须显露的公用信号、标志以及公共建筑物的视线。

（6）杆路在城市中应避免用长杆档或飞线过河，尽量采用在桥梁上支架或接入电缆从桥上通过的方式。

（7）杆路路由的建筑应结合实际、因地制宜、因时制宜、节省材料、减少投资。

4．杆路路由应避开的场合

杆路路由避免从以下地方通过。

（1）有严重腐蚀的气体或排放污染液体的地段。

（2）发电厂、变电站、大功率无线电发射台及飞机场边缘。

（3）开山炸石、爆破采矿等安全禁区。

（4）地质松软、悬崖峭壁和易塌方的陡坡以及易遭洪水冲刷、坍塌的河岸边或沼泽地。

（5）规划将来建造房屋、修筑铁路、公路及开挖或加宽河道的地段。

（6）地形起伏太大的地区也应避开，这是因为吊线的坡度变更要求有严格的限制。

（7）架空光缆不适用于冬季气温很低的地区，这是从光纤光缆特性、吊线受力状态和维护抢修难度等方面考虑的。但是在选用温度特性较好的光缆、传输距离不长且线路级别略低的情况下，仍然可以采用。

4.6.2.2　直埋敷设方式

1．直埋敷设方式选择的条件

光缆在野外非城镇地段、对建设管道和杆路都比较困难且无其他可利用设施的地区，如公园、风景名胜区、大学校园等地区，可适当选用该敷设方式。一般情况不建议使用。

2．直埋敷设方式需要考虑的因素

直埋路由应选择地质稳固、地势平坦的丘陵地区或平原地区耕地、山地，一般情况下应不选择或少选择下列地点。

（1）易滑坡（塌方）地点：应减少或远离新开道路边，易取土、易水冲刷的山坡、河堤、沟边等斜坡、陡坡。

（2）易水冲地点：应减少在山地汇水点、河流汇水点、桥涵边缘、山区河（沟）。

（3）易开发建设范围：尽量离开或减少在经济开发区、新道路规划、市政设施规划、农村自建房和鱼塘、果树用地等范围。

（4）威胁大的各种设施：现有地下管线、高压干线、输变电站、独立大树等，应符合隔距要求。当确实无法满足隔距要求时，要进行加固保护。

（5）避开含有酸、碱强腐蚀或杂散电流、电化学腐蚀严重影响的地段。

4.6.2.3　管道敷设方式

1．管道敷设方式选择的条件

（1）城镇及市区应采用管道敷设方式为主，对不具备管道敷设方式的地段，可采用简易塑料管道、槽道或其他适宜的敷设方式。

（2）局间、局前以及重要节点之间光缆（核心层和骨干层光缆）应采用管道敷设方式。

（3）不能建设架空线路地区建设的传输光缆。

（4）骨干节点至主要光缆分线设备间的光缆。

（5）建筑物较为密集及地形起伏变化不大的区域。

2．管道敷设方式需要考虑的因素

管道路由应选择在公路内侧敷设，尽量避开易滑坡（塌方）、水冲、开发建设等范围，以及各种易燃、易爆等威胁大的地段。一般情况下应不选择或少选择下列地点。

（1）易滑坡（塌方）新开道路路肩边，易取土、易水冲刷的山坡、河堤、沟边等斜坡、陡坡边。

（2）易水冲的山地汇水点、河流汇水点、桥涵的护坡边缘。

（3）易开发建设的经济开发区、新道路规划、市政设施规划、农村自建房用地等范围。

（4）地下大型、隐蔽的供水、供电、排污沟渠，以及易燃、易爆的其他管线等。

（5）避开含有酸、碱强腐蚀或杂散电流、电化学腐蚀严重影响的地段。

4.6.2.4 特殊敷设方式

特殊敷设方式有以下几种。

（1）浅埋隧道。一般在进线室与与主干管道之间光（电）缆数量较大，铺设管道不能满足需要时可以考虑浅埋隧道。

（2）深埋隧道。也就是国外使用比较多的大容量通信电缆通道，在今后 30～50 年内，预计通信光（电）缆数量特别大，局间管道难以扩充，在经济上和技术上确认可行，可以考虑建设深埋隧道。

（3）水线。跨越江河时，一般将钢丝铠装光（电）缆（称水线）敷设在水底。过海的通信光（电）缆敷设在海底，称为海底光（电）缆。

（4）过桥电缆管道或槽道。利用桥梁设置电缆管道或槽道敷设通信光（电）缆的方式，敷设过桥管道或槽道时，宜选择在桥梁的下游侧，且不低于梁底高度。

（5）架空管道或走道。光（电）缆通过沟渠在没有桥梁可以利用或不适宜利用时，可以设置专用过沟渠支架安装架空管道，这样比在水下敷设管道省事，此外，为了防止光（电）缆在地下被腐蚀，在工厂有时也把光（电）缆敷设在架空走道上。

（6）合用杆路。在特殊条件下，把通信光（电）缆与电力线缆敷设在同一杆路上，日本的城镇及郊区比较普遍采用。

4.6.2.5 长途光缆选择敷设方式时需要考虑的因素

长途光缆的敷设方式基本上与本地网光缆相同，只是通信距离和区域略有不同，需要考虑以下几个因素：管道分为普通管道及长途专用管道；长途线路根据其重要性，一般采用直埋敷设方式；综合考虑投资的经济性及线路建设的地形、地势及其他人为因素的影响，也可以采用架空敷设方式。近年来，由于一些新型管材及施工工艺的出现，管道化敷设成本降低，大段落的直埋敷设方式已逐渐被淘汰，同时应考虑尽量利用现有管道。

4.6.2.6 各种敷设方式的比较

各种通信线路敷设方式都有其优点和缺点，只是依据的自然条件和考虑问题的着重点不同，因此选择的结果有所区别。为此，原 CCITT 专门介绍了“选择线路建筑方式的因素”，见表 4-1。

表 4-1　选择线路建筑方式的因素

因素	管道光（电）缆	直埋光（电）缆	架空光（电）缆
初次投资费用	−	n	+
材料费	−	n	n
劳力费	−	n	+
土壤条件	−	n	+
路面	+	−	+
联合使用	n	+	+
满足年限	+	−	n

续表

因素	管道光（电）缆	直埋光（电）缆	架空光（电）缆
维护费用	+	+	−
设备寿命	+	+	−
可靠性	+	+	−
改变路由	−	n	+
扩充难易	+	n	+
公众要求	n	+	−

注：+表示有利，−表示不利，n 表示一般。

4.7　光缆的选型及传输指标设计

4.7.1　光缆的结构与类型

光缆按其结构分为层绞式、中心束管式、带状、骨架式、单位式、软线式等多种。目前常用的有层绞式和中心束管式光缆。

（1）以光缆的结构进行分类，见表 4-2。

表 4-2　　光缆分类（按结构分类）

光缆分类	网络层次	核心光缆
		接入网光缆
		中继网光缆
	光纤状态	松套光缆
		半松半紧光缆
		紧套光缆
	光纤形态	分离光纤光缆
		光纤束光缆
		光纤带光缆
	缆芯结构	中心束管式光缆
		层绞式光缆
		骨架式光缆
		带状光缆
		软线式光缆
	敷设方式	架空光缆
		管道光缆
		直埋光缆
		水底光缆

（2）按使用环境进行分类，见表 4-3。

表 4-3　　　　光缆分类（按使用环境分类）

<table>
<tr><td colspan="2" rowspan="3">室内光缆</td><td colspan="2">多用途光缆</td></tr>
<tr><td colspan="2">分支光缆</td></tr>
<tr><td colspan="2">互连光缆</td></tr>
<tr><td colspan="2" rowspan="2">室外光缆</td><td colspan="2">金属加强件</td></tr>
<tr><td colspan="2">非金属加强件</td></tr>
<tr><td rowspan="5">使用环境</td><td rowspan="5">特种光缆</td><td rowspan="3">电力光缆</td><td>缠绕式光缆</td></tr>
<tr><td>光纤复合式光缆</td></tr>
<tr><td>全介质自承式架空光缆</td></tr>
<tr><td rowspan="2">阻燃光缆</td><td>室内阻燃光缆</td></tr>
<tr><td>室外阻燃光缆</td></tr>
</table>

目前常用的为松套管、金属加强型光缆，结构一般为中心束管式和层绞式。光缆结构的选择通常取决于光缆芯数。当光缆芯数为 4～12 芯时，通常采用中心束管式结构；当光缆芯数为 12～96 芯时，通常采用层绞式结构。局内架间跳接用光缆常采用软线式光缆。随着城域网的兴起，适用于大芯数光缆的带状光缆和骨架式光缆也逐渐得到广泛应用。

4.7.2　光缆型号命名方法

1．光缆型号命名的格式

根据《光缆型号命名方法》YD/T 908-2011 的规定，光缆型号命名由光缆型式、规格和特殊性能标识（可缺省）三大部分组成，光缆型式的构成如图 4-3 所示。

2．光缆型式代号

（1）分类的代号及含义

光缆按适用场合分为室外、室内、室内外和其他共 4 类。

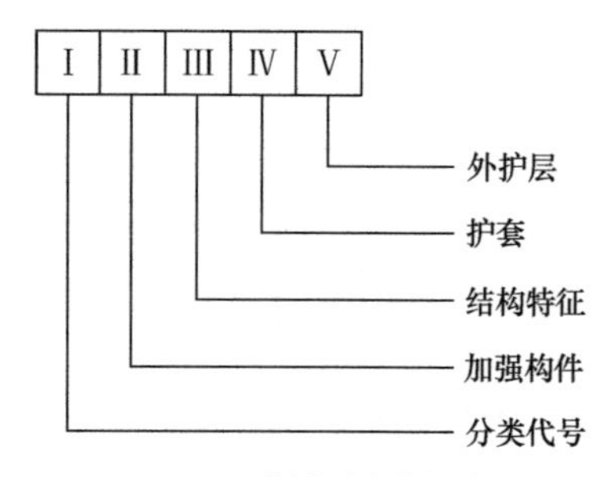

图 4-3　光缆型式的构成

① 室外型

GY——通信用室（野）外光缆。

GYW——通信用微型室外光缆。

GYC——通信用气吹布放微型室外光缆。

GYL——通信用室外微槽敷设光缆。

GYP——通信用室外防鼠管道光缆。

② 室内型

GJ——通信用室（局）内光缆。

GJC——通信用气吹布放微型室内光缆。

GJX——通信用室内蝶形引入光缆。

③ 室内外型

GJY——通信用室内外光缆。

GJYX——通信用室内外蝶形引入光缆。

④ 其他类型

GH——通信用海底光缆。

GM——通信用移动式光缆。

GS——通信用设备光缆。

GT——通信用特殊光缆。

注：对于其他行业用缆，可在“G”前加其他相应的代号，如煤矿用通信光缆的代号为 MG。

（2）加强构件的代号及含义

加强构件是指护套以内或嵌入护套中用于增强光缆抗拉力的构件。

加强构件的代号及含义如下。

（无符号）——金属加强构件。

F——非金属加强构件。

当上述代号不能准确表达光缆的加强构件特征时，应增加新字符以方便表达，新字符应符合下列规定。

① 应使用一个带下划线的英文字母。

② 使用的字符应与上面列出的字符不重复。

③ 应尽量采用与新构件特征相关的词汇的拼音或英文首字母。

（3）结构特征（缆芯和光缆派生结构特征代号）

光缆结构特征应表示出缆芯的主要结构类型和光缆的派生结构。当光缆型式有几个结构特征需要表明时，可用组合代号表示，其组合代号按下列相应的各代号自上而下的顺序排列。

① 缆芯光纤结构

（无符号）——分立式光纤结构。

D——光纤带结构。

② 二次被覆结构

（无符号）——光纤松套被覆结构或无被覆结构。

J——光纤紧套被覆结构。

S——光纤束结构。

注：光纤束结构是指经固化一体的相对位置固定的束化光纤结构。

③ 松套管材料

（无符号）——塑料松套管或无松套管；

M——金属松套管。

④ 缆芯结构

（无符号）——层绞结构。

G——骨架结构。

X——缆中心管被覆结构。

⑤ 阻水

（无符号）——全干式或半干式。

T——油膏填充式结构。

⑥ 承载结构

（无符号）——非自承式结构。

C——自承式结构。

⑦ 吊线结构

（无符号）——金属加强吊线或无吊线。

F——非金属加强吊线。

⑧ 截面形状

8——“8”字形状。

B——扁平形状。

E——椭圆形状。

（4）护套的代号及含义

护套的代号表示出护套的材料和结构，当护套有几个特征需要表明时，可以用组合代号表示。其组合代号按下列相应的各代号自上而下的顺序排列。

当下列代号不能准确表达光缆护套的特征时，应增加新字符以方便表达，新字符应符合下列规定。

① 应使用一个带下划线的英文字母。

② 使用的字符应与上面列出的字符不重复。

③ 应尽量采用与新构件特征相关的词汇的拼音或英文首字母。

① 护套的阻燃代号

（无符号）——非阻燃材料护套。

Z——阻燃材料护套。

② 护套材料和结构代号

Y——聚乙烯护套。

V——聚氯乙烯护套。

U——聚氨酯护套。

A——铝—聚乙烯粘结护套（简称 A 护套）。

S——钢—聚乙烯粘结护套（简称 S 护套）。

F——非金属纤维增强—聚乙烯粘结护套（简称 F 护套）。

W——夹带平行钢丝的钢—聚乙烯粘结护套（简称 W 护套）。

L——铝护套。

G——钢护套。

Q——铅护套。

（5）外护层的代号及含义

外护层包括垫层、铠装层和外被层，其代号用两组数字表示（垫层不需要表示），第一组是铠装层，它可以是一位或两位数字；第二组是外被层，它应是一位数字。

① 铠装层的代号及含义

铠装层的代号及含义见表 4-4。

表 4-4　　铠装层的代号及含义

代号	含义
0 或（无符号）	无铠装层
1	钢管
2	绕包双钢带
3	单细圆钢丝
33	双细圆钢丝
4	单粗圆钢丝
44	双粗圆钢丝
5	皱纹钢带
6	非金属丝
7	非金属带

注：1. 当光缆有外被层，代号“0”表示“无铠装层”；光缆无外被层，代号（无符号）表示“无铠装层”。
2. 细圆钢丝的直径< 3.0mm；粗圆钢丝的直径≥3.0mm。

② 外被层的代号及含义

外被层的代号及含义见表 4-5。

表 4-5　　光缆护套材料及其代号

代号	含义
（无符号）	无外被层
1	纤维外被
2	聚氯乙烯套
3	聚乙烯套
4	聚乙烯套加覆尼龙套
5	聚乙烯保护套
6	阻燃聚乙烯套
7	尼龙套加覆聚乙烯套

3．光缆规格

光缆规格由光纤、通信线和馈电线的有关规格组成，光缆规格的构成如图 4-4 所示。光纤、通信线以及馈电线的规格之间用“+”号隔开。通信线和馈电线可以全部或部分默认。

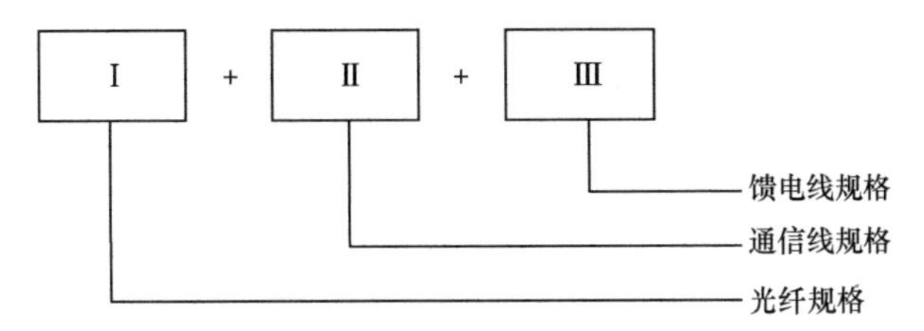

图 4-4　光缆规格的构成

（1）光纤规格

光纤规格由光纤数和光纤类别组成。

注：如果同一条光缆含有两种以上规格（光纤数和光纤类别）的光纤时，中间应用“+”号连接。

① 光纤数的代号

光纤数的代号用光缆中同类别光纤的实际有效数量的数字表示。

② 光纤类别的代号

光纤类别应采用光纤产品的分类代号表示，即用大写字母 A 表示多模光纤、大写字母 B 表示单模光纤，再以数字及小写字母表示不同类型光纤。具体光纤类别的代号应符合 GB/T 12357 以及 GB/T 9771 中的规定。

（2）通信线规格

通信线规格的构成应符合 YD/T 322-1996 中表 3 的规定。

示例：2×2×0.4，表示两对标称直径为 0.4mm 的通信线对。

（3）馈电线规格

馈电线规格的构成应符合 YD/T 1173−2010 中表 3 的规定。

示例：2×1.5，表示两根标称截面积为 1.5mm^2 的馈电线。

4．示例

例 1：金属加强构件、松套管层绞填充式，铝—聚乙烯粘结护套通信用室外光缆，包含 12 根 B1.3 类单模光纤和 6 根 B4 类单模光纤，其型号应表示为：GYTA12 B1.3+6 B4。

例 2：非金属加强构件、松套管层绞填充式，铝—聚乙烯粘结护套、皱纹钢带铠装、聚乙烯护套通信用室外光缆，包含 12 根 B1.3 类单模光纤，2 对标称直径为 0.4mm 的通信线和 4 根标称截面积为 1.5mm^2 的馈电线，其型号应表示为：GYFTA53 12 B1.3+2×2×0.4+4×1.5。

4.7.3 光缆的选择

（1）受技术水平限制，松套填充层绞结构的光缆各项指标比较适合长途干线使用。

（2）干线光缆使用无金属线对的光缆，接入网中可使用含有金属线对的光缆。

（3）根据 YD/T 901-2009《层绞式通信用室外光缆》标准，适用于强电磁危害区域的非金属加强构件光缆，不适宜作直埋使用，不可避免时应考虑保护措施（如塑料管保护等）。

（4）阻燃光缆、防蚁光缆均为其他主要型式的派生型式，故不再单独列出。

4.7.4 光缆容量的确定

（1）考虑工程中远期扩容所需要的光纤数量。

（2）随着通信技术的飞速发展，考虑今后数据、图像、多媒体等新业务对缆芯的需求。

（3）根据网络安全可靠性要求，预留一定的冗余度，满足各种系统保护的需求。

（4）考虑向其他公司提供租纤业务的所需光纤数量。

（5）考虑光缆施工维护、故障抢修的因素。

（6）考虑光缆建设方式对今后光缆线路扩容的影响。

（7）当前光纤的市场价格较低，可以考虑多一些富余纤芯。

（8）与现有光缆纤芯的衔接。

（9）对于干线光缆，在满足干线通信要求的前提下，可适当考虑沿线地区的需求，增加局站和纤芯数量，但应注意不致严重影响干线安全。非干线部分的维护、抢修、割接、调度等工作应同时考虑到对干线的影响。

4.7.5　光纤的选型

目前工程中使用的光纤类型主要有 G.652 光纤（SMF，标准单模光纤）和 G.655 光纤（NZ-DSF，非零色散位移光纤）。它们各自的传输特性如下。

（1）G.652 光纤是 1 310nm 波长性能最佳的单模光纤，它同时具有 1 550nm 和 1 310nm 两个窗口，其零色散点位于 1 310nm 窗口，而最小衰减位于 1 550nm 窗口。因 1 550nm 窗口掺铒光纤放大器（EDFA）的实用化，密集波分复用（DWDM）系统必须工作在 1 550nm 窗口。1 550nm 窗口已经成为 G.652 光纤的主要工作窗口。

（2）由于 G.652 光纤在 1 550nm 窗口的色散系数为 15～20ps/（nm・km），这一数值严重限制了高速光缆系统的开通。色散对于超高速光缆通信系统来说，起着重要的限制作用。随着光纤放大器的出现，光纤的损耗性能已不再是限制系统性能的主要因素，而光纤色散度和非线性开始成为系统设计的主要因素。

（3）G.655 光纤即非零色散位移光纤，它在 1 550nm 窗口同时具有最小色散和最小衰减，其衰减系数≤0.25dB/km，色散绝对值保持在 1.0～6.0ps/（nm・km）。

目前商用 G.652 和 G.655 光纤主要技术参数比较详见表 4-6。

表 4-6　　目前商用 G.652 和 G.655 光纤主要技术参数比较

参数		指标	
		使用 ITU-T G.652 所推荐的单模光纤	使用 ITU-T G.655 所推荐的单模光纤
模场直径	标称值	8.8～9.5μm 之间取一定值	8.8～11μm 之间取一定值
	偏差	不超过±0.5μm	不超过±0.6μm
包层直径	标称值	125μm	125μm
	偏差	不超过±1.0μm	不超过±1.0μm
模场同心度偏差		不超过 0.5μm	—
纤/包层同心偏差		—	不超过 0.8μm
包层不圆度		小于 2%	小于 1%
截止波长		λ_{cc}≤1 260nm	λ_{cc}≤1 260nm
光纤衰减	1 310nm 波长	最大值为 0.36dB/km	—
	1 550nm 波长	最大值为 0.22dB/km	最大值为 0.22dB/km
光纤色散	1 310nm 波长	1 300～1 339nm 范围内不大于 3.5ps/（nm・km） 1 271～1 360nm 范围内不大于 5.3ps/（nm・km）	不大于 16ps/（nm・km）
	1 550nm 波长	不大于 18ps/（nm・km）	在 1 530～1 565nm 范围内，最小值应不小于 1.0ps/（nm・km），最大值应不大于 6.0ps/（nm・km）
偏振模色散系数		0.3ps/（$\sqrt{km}$・nm）	在 1 550nm 波长范围内≤0.3ps/（$\sqrt{km}$・nm）

续表

参数	指标	
	使用 ITU-T G.652 所推荐的单模光纤	使用 ITU-T G.655 所推荐的单模光纤
水峰的衰减值	—	在 OH^- 吸收峰（1 383nm±3nm）的衰减值≤1.0dB/km
弯曲特性（以 37.5mm 的弯曲半径松绕 100 圈后）	衰减增加值应小于 0.05dB	衰减增加值应小于 0.05dB

从表 4-6 中参数可以看出，两种光纤的衰减系数并没有太大差异。

G.652 光纤在 1 550nm 波长的色散系数为 18ps /（nm • km），当传输 10Gbit/s 的 TDM 和 WDM 系统时，为增加中继距离，需进行光纤色散补偿。G.655 光纤在 1 530～1 550nm 波长区色散通常为 1.0～6.0ps/（nm • km），传输相同的 10Gbit/s 系统时，因色散很低，无须采取色散补偿措施；但 G.655 光纤因在 1 550nm 处色散较小，其非线性效应比 G.652 光纤大；G.652 与 G.655 光纤的 PMD 建议指标相同，实际测试时，G.655 光纤 PMD 值小于 G.652 光纤。G.652 和 G.655 光纤应用比较见表 4-7（G.655 比 G.652 光纤的单价要高很多）。

表 4-7　G.652 和 G.655 光纤应用比较

光纤类型	传输 2.5Gbit/s TDM 和 WDM 系统	传输 10Gbit/s TDM 和 WDM 系统
G.652 光纤	满足	满足，但色散容限较小
G.655 光纤	满足	满足

从业务发展趋势看，下一代电信骨干网将是以 10Gbit/s 乃至 40Gbit/s 为基础的 WDM 系统，在这一速率前提下，尽管 G.655 光纤价格是 G.652 光纤价格的 2～2.5 倍，但在色散补偿上的节省方面，采用 G.655 光纤的系统成本却比采用 G.652 光纤的系统成本低 30%～50%。因而，新敷设的光缆适当采用 G.655 光纤是有意义的。

近期的研究结果表明，当需要利用超密集波分复用时，G.652 由于在 1 550nm 窗口有较大的色度色散，在避免四波混合等非线性效应时更有利。因此达到一定的速率，G.655 光纤也需要进行色散补偿时，采用 G.652 在系统成本方面将会有一定的优势。

4.7.6　光缆系统传输指标设计

光缆线路设计应按中继段给出传输指标，包括光缆衰减、PMD、光缆对地绝缘等指标。

1．长途、本地网光缆中继段的衰减指标

长途、本地网光缆中继段内光纤链路的衰减指标应不大于以下公式的计算值。

$$\beta=A_f \times L+(N+2)\times A_j$$

其中：

β 为中继段光纤链路传输损耗，单位为 dB；

L 为中继段光缆线路光纤链路长度，单位为 km；

A_f 为设计中所选用的光纤衰减常数，单位为 dB/km，按光缆供应商提供的实际光纤衰减常数的平均值计算；

N 为中继段光缆接头数，按设计中配盘表所配置的接头数量；

2 为中继段光缆终端接头，每端一个；

A_j 为设计中根据光纤类型和站间距离等因素综合考虑取定的光纤接头损耗系数，单位为 dB/个。

2．色散限制中继段长度计算

设备厂家提供的光端机和光纤指标，当采用单纵模激光器时，设备“S”和“R”点容许最大总色散值可达 D_{max}=2 400ps/（nm • km），光缆厂家提供的光纤色散系数为 D=18ps/（nm •km）时，利用公式 $L=D_{max}/D$ 计算，色散限制的中继段距离为 133km。

3．按传输衰耗限制计算中继段长度

衰耗受限制时，中继段长度 L 按下列公式计算。

$$L=\frac{P_T-P_R-2A_C-P_P}{A_f+A_s+A_{mc}}$$

P_T：发送光功率，取−1～2.5dBm。

P_R：接受灵敏度，取−30.5dBm（BER=1×10^{-12}）。

A_C：ODF 架活接头损耗，取 0.5dB。

P_P：光通道功率代价，取 2dB。

A_f：光纤衰耗，取 0.22dB/km（A 级）。

A_s：光缆接头平均衰耗值，取 0.04dB/km。

A_{mc}：光缆修理余量，取 3dB。

4．光纤接入网光缆线路的光纤链路衰减指标设计

其参考模型如图 4-5 所示。

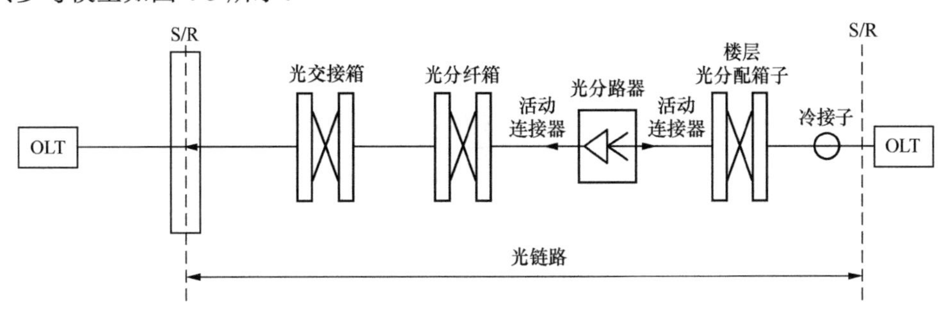

图 4-5　光纤链路衰减指标设计的光链路参考模型图

4.7.7　光（电）缆配盘

1．光（电）缆配盘的一般原则

（1）配盘应根据光（电）缆盘长和路由情况及中继段长度，结合预留和施工损耗量综合考虑，尽量做到不浪费光（电）缆、施工安全和减少接头。

（2）配盘应按照设计要求，考虑路由情况，选择合适的光（电）缆结构、程式。

（3）光缆应尽量按出厂顺序排列，以减少光纤参数差别所产生的接头本征损耗。

（4）靠近设备侧的进局光缆按设计要求配置非延燃外护套光缆。

（5）光（电）缆配盘结果应填入光（电）缆配盘图和配盘表。

2．光缆配盘的具体方法和实例

光缆的型号、容量以及中继段长度确定以后，接着就要对中继段内使用的光缆进行配盘。除了两端进出局采用非延燃外护套光缆需要单独配盘外，一般中继段内采用统一盘长的光缆（有每一盘长 2km 的，也有每一盘长 3km 的，特殊情况，如较长距离不允许接头时也有采用每一盘长 4km 的）进行配盘。光缆路由处在交通繁忙、障碍物较多、树林或竹林等不方便倒盘的情况下，一般采用每一盘长 2km 进行配盘；如果光缆路由处在地势比较平坦、障碍物较少、比较容易找到盘“8”字的场地，则可以考虑采用每一盘长 3km 进行配盘。配盘的时候，除了要考虑光缆路由的测量长度之外，还要把接头和规范预留长度、施工弯曲长度、随地形自然弯曲等长度计算进去。为了让大家更直观地掌握光缆配盘的方法，下面引用实际工程设计的光缆配盘图（见图 4-6）和光缆配盘表（见表 4-8）作为参考（工程竣工时，证明光缆的长度既满足工程的实际需要，又不至于有过多剩余的光缆）。

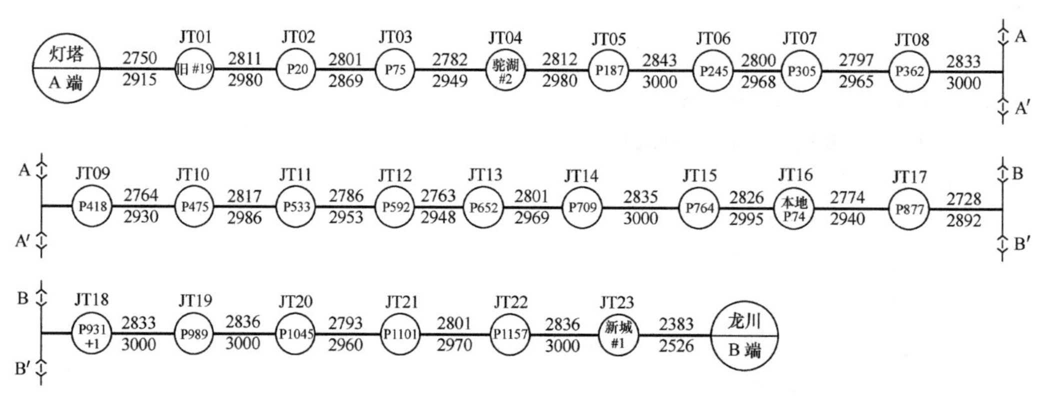

注：1. 横线上的数字表示光缆路由测量长度，横线下的数字表示光缆配盘长度（包括预留、自然弯曲、接头损耗）。
2. 圆圈内的数字表示接头位置，圆圈上方的数字表示接头编号。

图 4-6 灯塔—龙川 GYTS-36 芯光缆配盘图

表 4-8 灯塔—龙川 GYTS-36 芯光缆配盘表

接头序号		JT01	JT02	JT03	JT04	JT05	JT06	JT07	JT08	JT09	JT10	JT11	JT12
接头位置	灯塔支局	旧 #19	P20	P75	驼湖 #2	P187	P245	P305	P362	P418	P475	P533	P592
路由长度	0（起点）	2750	2811	2801	2782	2812	2843	2800	2797	2833	2764	2817	2786
光缆长度		2915	2980	2869	2949	2980	3000	2968	2965	3000	2930	2986	2953
盘长		3000	3000	3000	3000	3000	3000	3000	3000	3000	3000	3000	3000
盘号		#1	#2	#3	#4	#5	#6	#7	#8	#9	#10	#11	#12
光缆程式	GYTS-36 芯（单位：m）												

接头序号	JT13	JT14	JT15	JT16	JT17	JT18	JT19	JT20	JT21	JT22	JT23	终点	总计
接头位置	P652	P709	P764	本地 P74	P877	P931+1	P989	P1045	P1101	P1157	新城 #1	龙川局	

续表

接头序号	JT13	JT14	JT15	JT16	JT17	JT18	JT19	JT20	JT21	JT22	JT23	终点	总计
路由长度	2763	2801	2835	2826	2774	2728	2833	2836	2793	2801	2836	2383	66795
光缆长度	2948	2969	3000	2995	2940	2892	3000	3000	2960	2970	3000	2526	70695
盘长	3000	3000	3000	3000	3000	2900	3000	3000	3000	3000	3000	2600	71500
盘号	#13	#14	#15	#16	#17	#18	#19	#20	#21	#22	#23	#24	
光缆程式	GYTS-36 芯（单位：m）												

注：表中盘长是在配盘长度的基础上取整，方便订货。

4.8　宽带接入网光纤到户（FTTH）建设

4.8.1　FTTH 的基本原理

1．FTTH 的基本概念

FTTH 就是在多种“光纤与铜线混合应用”模式 FTTx 中采用光纤直接到户的一种应用模式。FTTH 是光纤接入网（OAN，Optical Access Network）中采用无源光网络（PON）的其中一段光纤分配网（ODN）的多种应用模式之一，根据光线路终端（OLT，Optical Line Terminal）至光网络单元（ONU，Optical Network Unit）之间光纤接入位置不同，即根据 ONU 或光网络终端（ONT）的安装位置不同，可以分为光纤到交接箱（FTTCab）、光纤到大楼/分纤盒（FTTB/C）、光纤到户（FTTH）、光纤到公司或办公室（FTTO）等多种运用模式。

对上述名词和术语的解释如下。

（1）无源光网络（PON，Passive Optical Network）是指光配线网不含有任何有源电子器件，由光缆、光分路器、光连接器等无源光器件组成的点对多点的网络。PON 的所有信号处理功能均在局侧设备（OLT）和用户侧设备（ONU/ONT）完成。

（2）光纤分配网（ODN，Optical Distribution Network）提供光线路终端（OLT）与光网络单元（ONU）之间光路分配的网络，该网络用无源光器件和光纤来实现。

（3）光纤到户（FTTH，Fiber to The Home）指用户接入设备部署在用户家里。

（4）光纤到办公室（FTTO，Fiber to The Office）指用户接入设备部署在办公室/公司。

（5）光纤到大楼（FTTB，Fiber to The Building）指用户接入设备部署在楼内。

PON 是一种采用点到多点结构的单纤双向光接入网，其典型拓扑结构为星形或树形，图 4-7 所示是采用 PON 实现用户接入的典型参考模型。

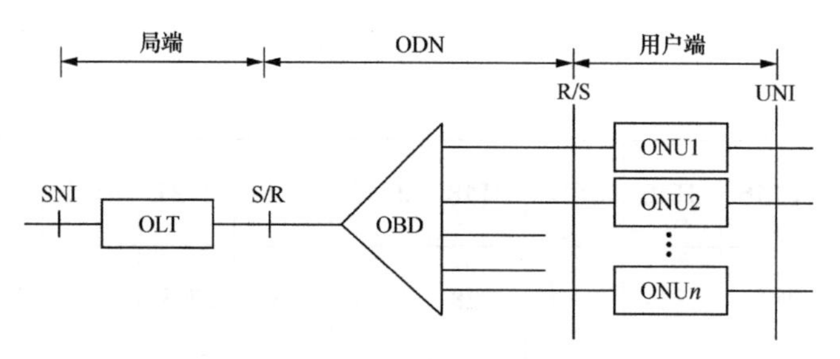

图 4-7　XPON 系统参考模型示意图

2．ODN 在 OAN 中的位置

OAN 是指在接入网中采用光纤作为主要的传输媒质来实现用户信息传送的应用形式，它不是传统意义上的光纤传输系统，而是针对接入网环境所设计的特殊的光纤传输网络。OAN 最主要的特点是：（1）网络覆盖半径一般较小，可以不需要中继器，但是由于众多用户共享光纤导致光功率的分配或波长分配，有可能需要采用光纤放大器进行功率补偿；（2）要求满足各种宽带业务的传输，而且传输质量好、可靠性高；（3）光纤接入网的应用范围广；（4）投资成本大，网络管理复杂，远端供电较难等。

光纤接入网的基本结构如图 4-8 所示。

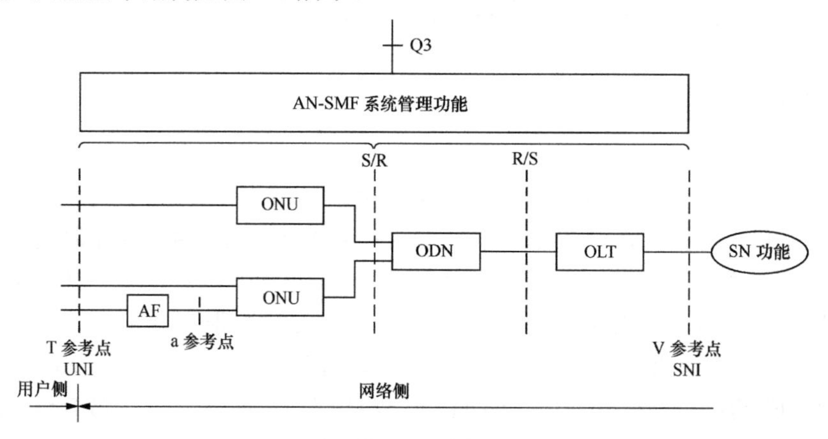

图 4-8　光纤接入网的基本结构示意图

ODN 就是局侧设备（OLT）的主要参考点（包括光发送参考点 S、光接收参考点 R）与用户侧设备（ONU/ONT）的主要参考点（包括光发送参考点 S、光接收参考点 R）之间的传输连接。

ODN 既可以采用图 4-9 所示的点对点的方式，也可以采用图 4-10 所示的点对多点的方式，具体的 ODN 形式要根据用户情况而定。

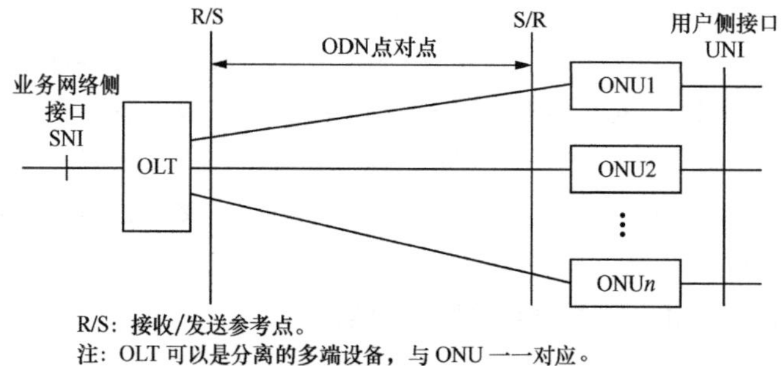

图 4-9　ODN 点对点方式示意图

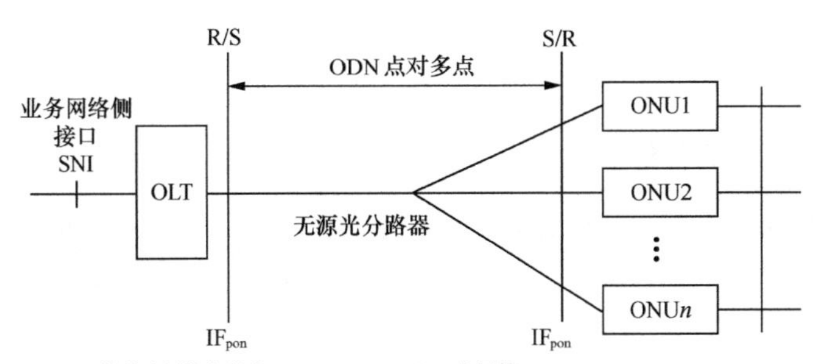

图 4-10　ODN 点对多点方式示意图

3．ODN 的组成和结构

ODN 位于 OLT 和 ONU 之间，从网络结构来看，光纤分配网由馈线光纤、光分路器（OBD）和支线组成，它们分别由不同的无源光器件组成。主要的无源光器件有单模光纤、光分路器、光接线箱和光纤连接器（包括活动连接器和冷接子）。

ODN 是一种点对多点的无源网络，根据分光级数和光分路器的连接方式可以定义为星形和树形两种基本拓扑结构。

（1）星形拓扑结构

星形拓扑结构是采用一级分光的点对多点的无源网络，如图 4-11 所示。

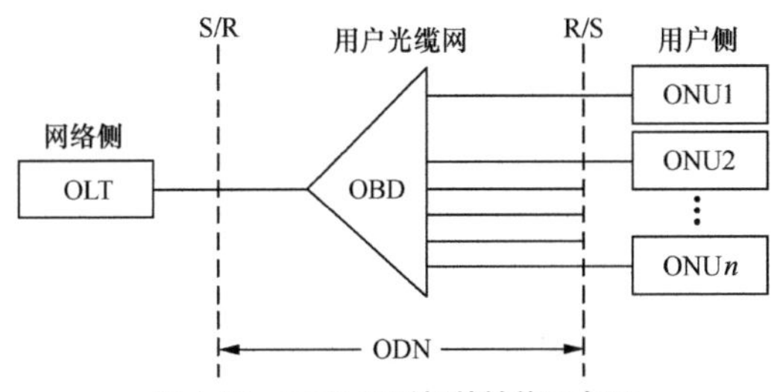

图 4-11　ODN 星形拓扑结构示意图

（2）树形拓扑结构

树形拓扑结构是采用二级或二级以上分光的点对多点的无源网络，如图 4-12 所示。

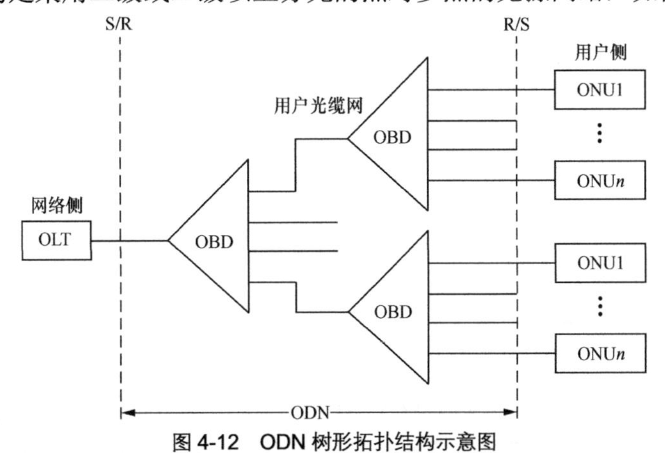

图 4-12　ODN 树形拓扑结构示意图

4．ODN 分段定义与网络组成

ODN 分段定义与网络组成如图 4-13 所示。

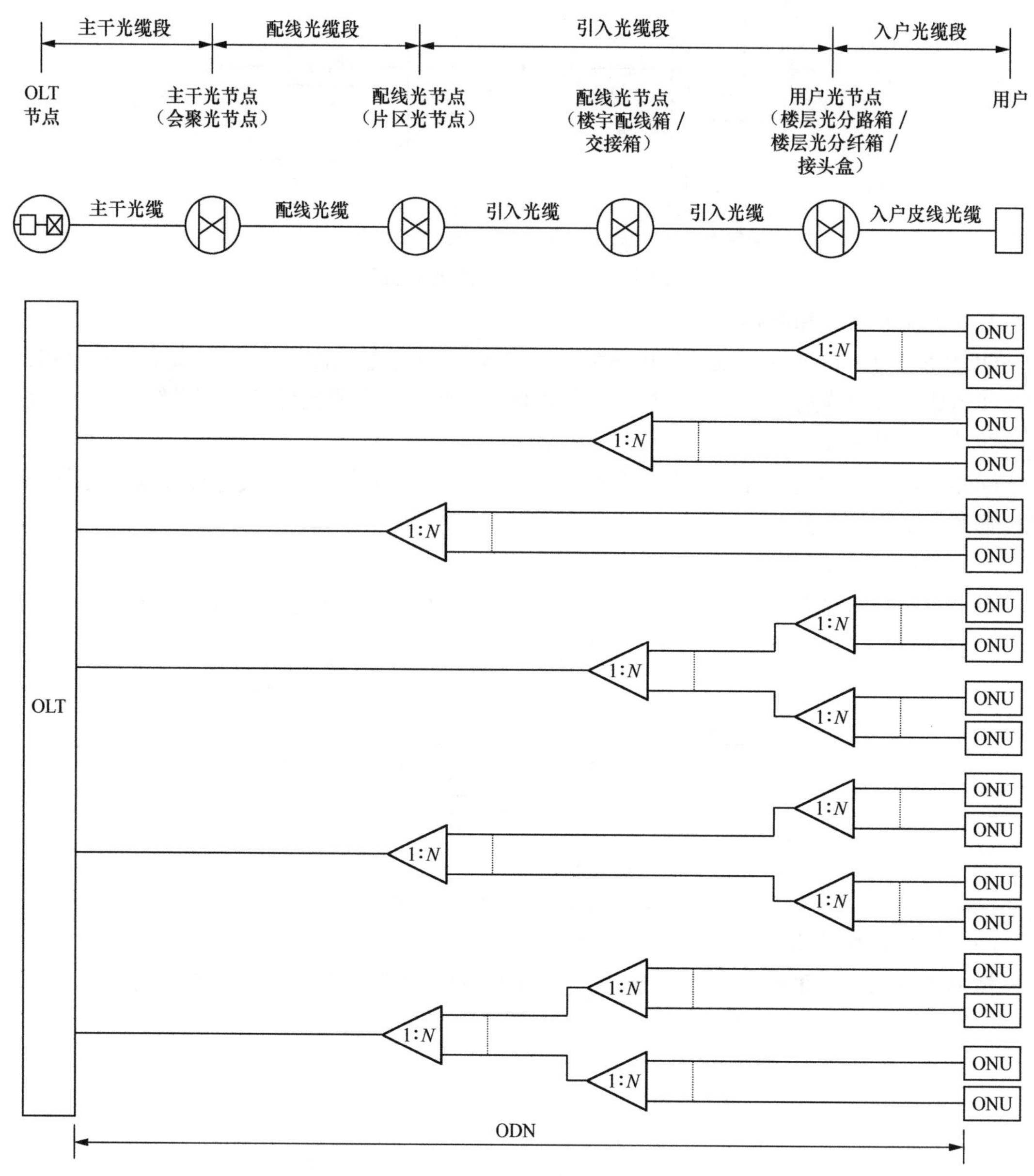

图 4-13 ODN 分段定义与网络组成示意图

4.8.2 FTTH 的建设范围

1．FTTH 的建设范围及界面分工

FTTH 的建设范围基本上是在住宅小区及商住楼宇等规划用地红线内的公共交接间、通信管道、楼内（包括室内）配线管网和户内布线。由于在建设范围内有部分设施由电信运营商投资建设，另一部分设施则要求房地产开发商负责投资建设。因此，有必要划分两者界面分工。光纤到户建设组网和界面任务分工示意如图 4-14 所示。

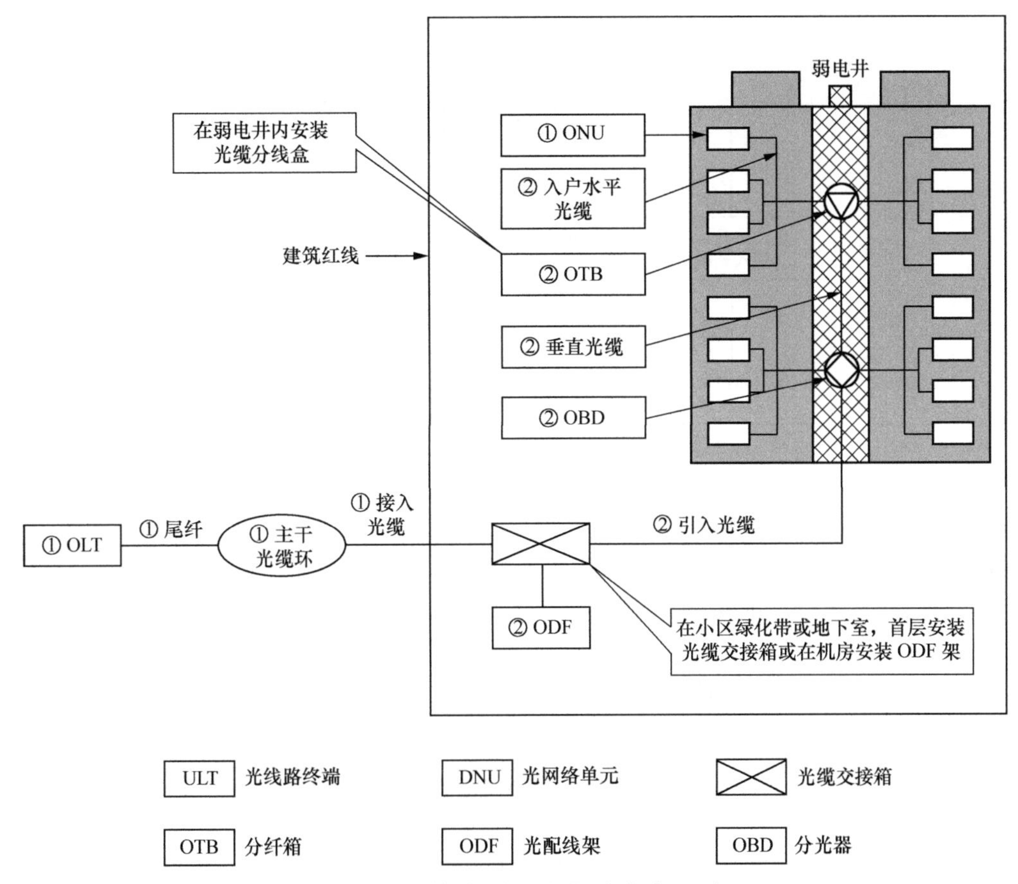

图 4-14　光纤到户建设组网和界面任务分工示意图

注：图中标注①的部分由电信运营商投资建设，标注②的部分由房地产开发商负责投资建设。

（1）电信运营商负责投资建设的部分包括：住宅小区及商住楼宇等规划用地红线外主设备至小区通信设备间（或公共交接间）的通信缆线；通信设备间（或公共交接间）内的本运营商所需设备及对应配套设施；用户开通业务时所需光网络单元（ONU）等相应设备的购置及安装。

（2）房地产开发商负责投资建设的部分包括：建筑红线内通信管道，通信设备/交接间的机房（含基础装修、供电、照明、防雷及接地系统），楼宇（层）设备/交接间（含供电、照明、防雷及接地系统），楼内暗管（满足室内布线星形组网要求）、底盒、线槽盒、竖井内线梯和水平线梯、光纤面板或综合信息箱，星形组网室内布线（语音、数据）、面板及模块、光缆、光缆交接箱、光纤终端盒。

（3）小区及商住楼宇内必须设置集中的公共交接配线间，用于会聚建筑内通信光缆和各电信运营商的光缆，各电信运营商的光缆与建筑内光缆通过跳纤进行对接，各电信运营商接入方式如图 4-15 所示。

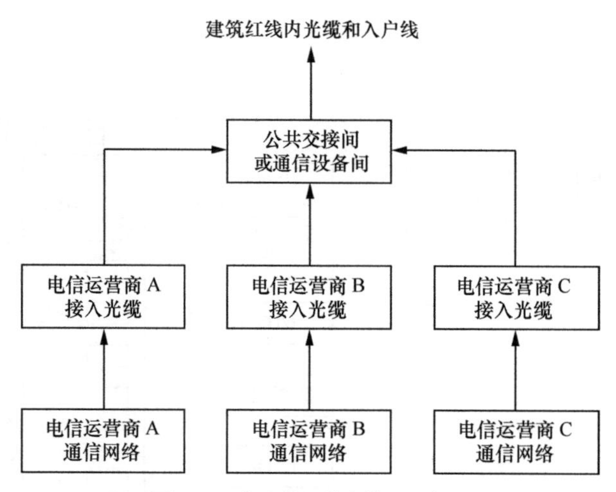

图 4-15　各电信运营商接入示意图

2．FTTH 建设的名词术语和定义

（1）楼宇通信配套设施：城镇楼宇建筑与建筑群为实现语音、数据、多媒体、高质量音视频等通信业务所配套的楼宇公共交接间、通信管道、楼内配线管网及户内布线等通信设施。

（2）通信设备间：小区及楼宇达到一定规模必须配置的技术用房，供通信业务经营者安装有源设备的技术用房。

（3）公共交接间：供通信业务经营者安装无源设备的技术用房，根据楼宇的规模可分为公共交接间、光缆交接箱、光缆分纤箱。

（4）光分路器（Optical Fiber Power Splitter）：也称为分光器，是基于无源光网络设备 FTTH 光缆网络的关键部件，是可以将一路或二路光信号分成多路光信号以及完成相反过程的无源光器件。

（5）光缆交接箱：用于光缆终结成端并进行分纤的大型接口设备，也可以安装光分路器。多安装于室外或地下室，内部包含光纤熔配单元。

（6）光缆分纤箱（ODB，Optical Fiber Cable Distribution Box）：用于光缆终结成端并进行分纤的小型接口设备，也可以安装光分路器。多安装于地下室、楼道或弱电井，内部包含光纤活动连接器，也可以包含光纤熔接盘/机械接续保护单元。

（7）用户智能终端盒（Home Box）：又称为家居信息箱或用户综合信息箱，安装于用户内的综合箱体，箱体内可设置通信设备、入户光缆端接设施、各种信息业务的配线模块及家庭智能化系统模块等设备，是户内布线系统的会聚点。

（8）光纤插座盒（Optical Fiber Socket-box）：户内或楼道内用于光缆成端固定的设备，由面板、底座、光纤接头保护件、适配器等组成。它可以与普通网络信息面板功能混合，组成混合型光纤插座盒，可以明装，也可以暗装。

（9）小区通信管道：指小区内预埋管道中供通信布缆使用的地下管道，由管道、人（手）孔、工作坑、建筑楼群引入管和引上保护管等组成。

（10）楼内配线管网：指由楼宇开发商提供的用于布放光缆、数据线的通道，由垂直、水平弱电桥架（线槽、线管）和预埋暗管等组成。

（11）户内布线：由楼宇开发商提供的从住户室内智能终端盒或光纤插座盒至各信息点的数据线。

（12）跳纤（Optical Fiber Jumper）：一根两端都带有光纤连接器插头的光缆。

（13）尾纤（Pigtail）：一根一端带有光纤连接器插头的光缆。

（14）适配器（Adaptor）：使插头与插头之间实现光学连接的器件。

（15）光纤连接分配装置（Fiber Jointing and Distributing Device）：由适配器、适配器卡座、安装板或适配器及适配器安装板组装而成，供尾纤与跳纤或两根跳纤分别插入适配器外线侧和内线侧而完成活动连接的构件。

（16）光纤终接装置（Fiber Terminating Device）：供光缆纤芯线与尾纤接续并盘绕光纤的构件。

（17）光纤存储装置（Fiber Storing Device）：供富余尾纤或跳纤盘绕的构件。

（18）熔接保护套管（Protecting Tube of Optical Fiber Jointing）：对光纤熔接接头提供保护的材料或构件。

4.8.3　FTTH 工程建设原则

根据广东省电信公司颁发的《中国电信广东公司 FTTH 工程建设原则》（暂行）（中电信粤〔2011〕832 号）中的要求。

1．OLT 建设原则

（1）OLT 宜集中设置在现有机楼节点，不宜新建 OLT 专用机房。对于 FTTH 用户密集且用户数大的区域，OLT 可设置在现有主干光节点机房，不宜再向下移至小区内。

（2）OLT 设备可同时下挂 FTTH、FTTB+LAN、FTTB+DSL 型 ONU，但应保持单一 PON 口下接入类型的一致性（不宜将 FTTB/N 与 FTTH 用户接入到同一个 PON 口中）。

（3）为确保光功率预算及覆盖距离，OLT 设备应支持不低于 1∶64 分光比的光模块，现阶段采用 PX20+（EPON）和 Class B+（GPON）等级的光模块。

2．ODN 建设原则

（1）覆盖方式分类

可分为 FTTH 全覆盖和 FTTH 薄覆盖。

FTTH 全覆盖：引入光缆、光分路器端口、入户光缆按覆盖家庭总数一次建设到位。

FTTH 薄覆盖分为以下两种方式。

① FTTH 薄覆盖方式一：引入光缆、入户光缆按覆盖家庭总数一次建设到位，光分路器端口按覆盖家庭总数分步建设。

② FTTH 薄覆盖方式二：引入光缆按覆盖家庭总数一次建设到位，光分路器端口按覆盖家庭总数分步建设，入户光缆按需布放。

（2）覆盖方式选择

根据市场预测情况选择全覆盖或薄覆盖。

① 新建：考虑入户管线资源的稀缺性、竞争性和光缆入户难易度，可采用全覆盖、薄覆盖方式一或方式二。市场预测两年内入住率≥50%，宜采用全覆盖方式；市场预测两年内入住率＜50%且光缆入户难度大（无弱电井、到户暗管或楼道非活动天花），宜采用薄覆盖方式

一；市场预测两年内入住率＜50%且光缆入户难度小（有弱电井、到户暗管或楼道非活动天花），宜采用薄覆盖方式二。

② 改造：采用薄覆盖方式二。

（3）分光方式

① 分光方式以二级分光为主，一级分光仅适用于同一层面用户密度大、需求明确或带宽需求高等情况。

② 现阶段总分光比一般应为 1 : 64，在光功率受限或需提供高带宽业务时，总分光比可采用 1 : 32 或以下。

③ 在同一 PON 口下，如采用二级分光方式，第一级光分路器不应直挂用户，第二级光分路器应采用相同分光比。

④ 采用二级分光且总分光比为 1 : 64 时，光分路器宜选用 1 : 4+1 : 16 或 1 : 8+1 : 8 组合。

⑤ 光分路器应靠近用户侧设置。用户规模较明确且分布密度相对较高时，采用分散分光方式；用户规模不明确或分布密度较低时，采用集中分光方式。

（4）光分路器配置

① 全覆盖时，光分路器端口按覆盖家庭总数一次建设到位，并可适当考虑冗余。

② 薄覆盖时，光分路器安装槽位及机架位按覆盖家庭总数满容量配置，光分路器端口按需分步配置，具体如下。

a．对于新建：二级分光时，第二级光分路器端口初期按覆盖家庭总数 × 市场预测两年内渗透率计算并取整配置，第一级光分路器端口初期按第二级光分路器端口/第二级光分路器的分光比配置；一级分光时，第一级光分路器端口初期按覆盖家庭总数 × 市场预测两年内渗透率配置。

b．对于改造：二级分光时，第二级光分路器端口初期按覆盖家庭总数 × 当前宽带渗透率 × 市场预测两年内宽带提速渗透率配置，第一级光分路器端口初期按第二级光分路器端口/第二级光分路器的分光比配置；一级分光时，第一级光分路器端口初期按覆盖家庭总数 × 当前宽带渗透率 × 市场预测两年内宽带提速渗透率配置。

二级分光时，光分路器主要选用插片式封装，型号以 1 : 4、1 : 8 和 1 : 16 为主；一级分光时，光分路器可选用插片式、盒式、机架式或托盘式封装。光分路器端口类型采用 SC 适配器型。

（5）引入光节点设置

① 引入光节点的分光/分纤结构宜控制在 3 次以内。

② 为节约上行光缆，在保证光分路器分支利用率的情况下，光分路器应靠近用户建设，原则上光分路器应设置在小区内部。二级分光时，第一级光分路器应靠近第二级光分路器，并设置在便于会聚第二级光分路器的位置。末梢光节点设置宜靠近用户侧，以缩短入户光缆布放距离。

③ 二级分光时，为减少光分路箱数量，提高光分路器端口利用率，第二级光分路器应适当集中设置，楼层光分路箱覆盖楼层范围宜为上下各 1～3 层，原则上不超过 5 层。

④ 一级分光时，为便于会聚入户光缆，缩短入户光缆距离，可在楼层设置光缆分纤箱，覆盖楼层范围宜为上下各 1～3 层，原则上不超过 5 层。

⑤ 光分路箱应适合安装插片式封装的光分路器，具备可扩展的安装槽位，以 4 个槽位为主，可灵活组合，便于光分路器扩容。应采用无跳纤结构，入户光缆直接成端与光分路器端口对接，主缆与入户光缆宜分层管理，可适当预留储纤用停泊位。要求其尺寸小、结构紧凑，防潮、防腐蚀及密封性较好，应具有方便光缆掏接的 U 形进出线口和便于预端接入户光缆穿放的进出线口。

⑥ 光缆分纤箱要求尺寸小、结构紧凑，具有方便光缆掏接的 U 形进出线口。

3．FTTH 新建和改造入户建设原则

（1）FTTH 新建

FTTH 新建工程从 OLT 到用户光缆之间所有设施如图 4-16 所示。

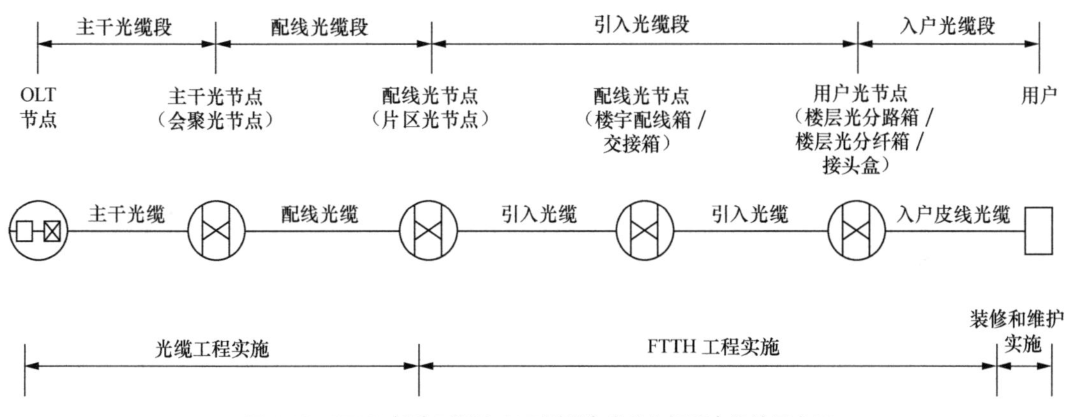

图 4-16　FTTH 新建工程从 OLT 到用户光缆之间所有设施示意图

① 新建情况下，入户光缆根据覆盖方式选择一次性建设到户内或按需布放。

② 分公司应根据新楼盘的户型特点，向开发商或用户提供信息化布线指引，引导其在建筑装修时投资建设槽道、暗管、家居综合信息箱或光（电）信息插座，优先选择综合信息箱方式。安装综合信息箱或光（电）信息插座时，应与开发商或客户明确综合信息箱的电源引入、暗管连接。

③ 户内已有综合信息箱或光（电）信息插座时，入户光缆应布放至综合信息箱或光（电）信息插座内，预留 0.5m 盘留在综合信息箱内或光（电）信息插座底盒内，在确定不会被用户破坏的前提下，在工程中成端；户内无综合信息箱或光（电）信息插座时，入户光缆在户内预留适当长度进行盘留，并挂牌标识，待安装综合信息箱或光（电）信息插座后再由装修和维护引接成端。

（2）FTTH 改造

FTTH 改造工程从 OLT 到用户光缆之间的设施如图 4-17 所示。

① 实施 FTTH 改造时，入户光缆由装修和维护布放成端。

光缆在室内布放时，优先利旧原有暗管或线槽；无暗管、线槽或原有暗管、线槽无法满足入户光缆布放时，原则上在建设阶段由工程预先完成楼板穿孔、垂直通道布放，并做好电信专用标识，在放装阶段由装修和维护完成垂直、水平入户光缆布放。光缆从室外布放入户时，宜采用架空或沿墙钉固方式布放入户。

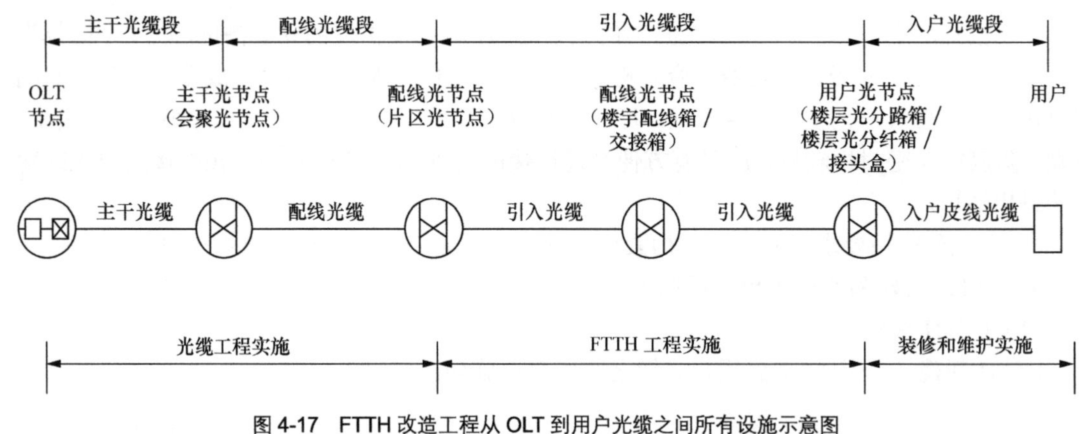

图 4-17　FTTH 改造工程从 OLT 到用户光缆之间所有设施示意图

② 光缆优先利旧户内原有暗管和光信息插座布放，采用现场组装光纤活动连接器成端；户内无暗管或光信息插座时，可安装线槽、明装光信息插座进行光缆布放和成端，入户光缆在户内布放应整洁、美观。

③ 光缆入户手段。根据现场情况，光缆入户宜按以下顺序依次选择：a．穿暗管；b．穿天花；c．门头安装接头盒；d．与五类线、电话线、TV 线同孔穿放；e．沿空调孔、雨水孔穿放；f．钻墙孔洞穿放等。

4.8.4　FTTH 工程设计

1．通信设备间

通信设备间的建设应满足以下条件。

（1）小区住户规模大于 2 000 户，应在小区内设置通信设备间，通信设备间由通信运营商协商后自行管理。通信设备间的使用面积一般不小于 $20m^2$，小区住户每增加 1 000 户，通信设备间的使用面积相应增加 $10m^2$。

（2）通信设备间的室内净高应不小于 2.8m，净宽应不小于 4m；门高不小于 2.1m，门宽不小于 0.9m；地面负荷不低于 $6kN/m^2$。宜采用矩形平面，不宜采用圆形、三角形等不利于设备布置的平面。

（3）通信设备间的位置应尽量选择在楼宇的中心区域，宜选择在建筑一层不易受淹处，应方便搬运设备的车辆进出和通信管道的接入。

（4）应有良好的通风，室内应做好防水、防潮处理，不应有排污、排水管道穿越。通信设备间的上部应避开卫生间，且不宜与卫生间相比邻。通信设备间的门宜采用防盗门，门宜外开。

（5）通信设备间的设置应避开电磁干扰区，并具备防雷功能，就近安排安装空调室外机的位置及地漏排水，任何管道不能进入通信设备间。

（6）通信设备间应满足通信运行和维护所需的永久的三相四线交流电源，并设独立接地排（箱），接地电阻小于 1Ω，用电单独计量。在永久电未投产前，通信设备间应设立临时用的三相四线交流电源。

2．公共交接间

（1）住户规模在 200～2 000 户的住宅小区应设置公共交接间（简称交接间），交接间的使用面积要求：200～400 户不小于 $10m^2$，400～600 户不小于 $15m^2$，600～2 000 户的住宅小区，每增加 500 户，交接间的使用面积相应增加 2m^2。

（2）高层住宅小区应每栋设置交接间，其使用面积要求：200 户以下不小于 10m^2，200～600 户不小于 15m^2。

（3）独立别墅型住宅小区应单独设置交接间，其使用面积要求：200 户以下不小于 10m^2，200～600 户不小于 15m^2。

（4）交接间的室内净高（含梁底）应不小于 2.6m，净宽应不小于 2.5m。

（5）交接间内安装无源光设备，不需要配置电源，照明用电费用纳入小区公共用电范围。

3．光缆交接箱

（1）500 户以下住宅小区应在小区内设置光缆交接箱，箱体应设在建筑物的一层（或地下一层），宜采用落地或挂墙的形式安装（见图 4-18）。

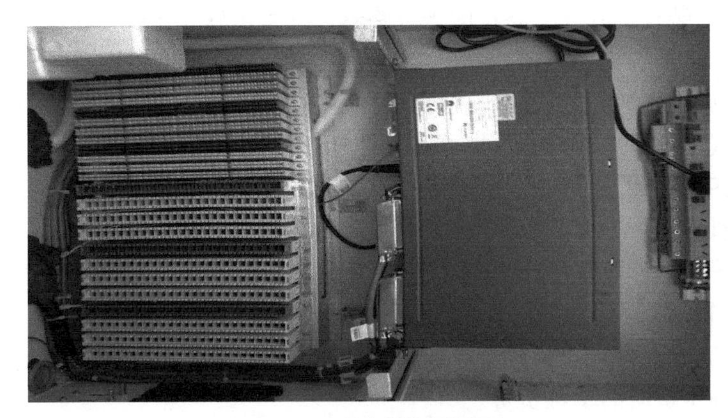

图 4-18 光缆交接箱实物照片

（2）小区住户规模和交接箱型号规格建议按表 4-9 配置。

表 4-9 光缆交接箱配置规格表

安装方式	容量	尺寸（*H* × *W* × *D*）	住户规模（户）
挂墙式	144 芯	1 080mm × 589mm× 330mm	200～300
落地式	288 芯	1 460mm × 800mm× 380mm	300～500

（3）住户规模大于 500 户的住宅小区应根据建筑群分布情况提供多个光缆交接箱安装的位置。

（4）光缆交接箱位置应避开车辆易碰撞的区域，如果在地下室安装应避开水浸区域。

（5）光缆交接箱应有良好的接地，接地电阻为 5～30Ω。

4．光缆分纤箱

（1）光缆分纤箱宜安装于地下室、楼道或弱电井内，其规格、容量及适用场景建议按表 4-10 配置。

表 4-10 光缆分纤箱配置规格表

安装方式	容量（服务用户数）	尺寸（*H*×*W*×*D*）	每层用户数
挂墙式	24 芯	360mm × 350mm × 80mm	≤3
挂墙式	48 芯	500mm × 500mm × 200mm	>3

（2）光缆分纤箱在楼道上的安装高度宜为箱底距离地面 1.8m，井内道安装高度宜为箱底距离地面 1.5m。

（3）光缆分纤箱应有良好的接地，接地电阻应不大于 10Ω。

（4）光分路器的安装设计。

① 光分路器应封装在密封盒内，光分路器引出软光纤一般宜采用 2.0mm 外护套软光纤，由于 1∶32 光分路器引出软光纤数量较多，可采用 0.9mm 外护套软光纤。

② 光分路器安装位置可选在小区的通信设备机房、通信交接间、弱电竖井、楼层通信壁龛箱等地方，也可以安装在光交接箱、光分纤箱、光接头盒或采用户外型光分路箱单独安装，安装位置必须安全可靠。

③ 安装在 19 英寸（约 48cm）标准机架内置式光分路框的光分路器，其引出软光纤长度不小于 600mm，安装在墙式光分路箱的光分路器，其引出软光纤长度不小于 900mm，安装在户外落地式光分路箱的光分路器，其引出软光纤长度宜不小于 1 500mm。

④ 光分路器必须安装在具有防尘、防潮功能的箱（框）内，箱（框）可以有多种结构形式，如户外落地式光分路箱、户外挂墙式光分路箱、室内明装挂墙式光分路箱、室内暗装埋墙式光分路箱、19 英寸（约 48cm）标准机架内置式光分路箱。

5．小区内通信管道

小区内通信管道的建设请参阅本书第 6 章“通信管道工程设计”。

6．楼内配线管网

住宅建筑和商住综合楼宇内的数据线、光纤、暗管、线梯、线槽等配线管网设施建设应由具备通信工程施工资质的单位负责。

（1）地下室水平线梯

① 住宅建筑地下室应设水平线梯，并在楼宇管道引入口处与小区通信管道对接，在各单元弱电井处与引上竖梯对接。

② 线梯应满足住宅建筑终期布放通信用光缆的敷设需求，并须有维修余量。

（2）竖井引上竖梯

① 在住宅建筑弱电井应设引上竖梯（槽），无弱电井的楼宇应在楼道设引上槽（管），并与地下室水平线梯对接。

② 引上竖梯（槽/管）应满足住宅建筑终期布放通信用光缆的敷设需求，并须有维修余量。

（3）楼道水平线槽

① 对于无弱电井或从弱电井至户内无预埋暗管的住宅楼宇，楼层水平通道应设水平线槽，用于敷设引上竖井至户内的光缆。

② 水平线槽应满足住宅建筑终期布放通信用光缆的敷设需求，并须有维修余量。

（4）预埋暗管

光缆分纤盒至每套住宅内综合信息箱或光纤面板处，应敷设线槽或预埋内径小于 25mm 的暗管（毛坯房交楼应敷设至各套房间的门口），并应满足下列要求。

① 用于布放光缆的暗管内应穿放 1 根直径为 2mm 的镀锌铁线（中间不得有接续），供布放光缆用。

② 用于布放通信线路的明槽或暗管内应布放好通信线，中间不得做通信线接续，住宅建

筑内的厅（房）出线口处应安装室内 NET 和 TEL 插座。

③ 暗管直线敷设长度超过 30m 时，暗管中间应增加安装过路盒。

④ 暗管必须弯曲敷设时，其路由长度应小于 15m，且该段内不得有 S 弯，弯曲超过两次应加装过路盒。

⑤ 暗管的弯曲部位应安排在靠近管路的端部，弯曲角度必须≥90°。其弯曲半径必须大于该管外径的 6 倍。

⑥ 水平方向敷设的暗管不宜跨越建筑物的伸缩缝或沉降缝，不可避免时，在其两侧墙上均应安装过路盒。

⑦ 过路盒及出线口的内部尺寸应不小于 86mm（长）×86mm（宽）×90mm（深），出线口内应嵌装室内 NET 和 TEL 插座，其规格应满足 GB 10753-89 的要求。

⑧ 过路盒、NET 和 TEL 插座的安装高度一般为底边距离地板 400mm，正常范围是 200～1 200mm。

7．小区内光缆

（1）引入光缆配置

引入光缆应建设到小区或楼宇，光缆芯数按满足覆盖区域家庭总数一次建设到位，光缆芯数按（覆盖家庭总数/总分光比）配置，并应预留维护及非 PON 业务使用的纤芯。光缆材料宜选用 6 芯、12 芯、24 芯等类型。

室外光缆的引入应注意如下几点。

① 光缆进入室内时应将金属防护层做防雷接地处理。

② 如果直接用室外光缆进入室内时，应对光缆进行防火处理。

③ 皮线光缆终端宜采用适用于光缆终端盒的机械接续光纤插座。

（2）公共交接间至分纤箱的光缆

根据住户分布及数量可采用树型结构组网，可敷设 288 芯、216 芯、144 芯、72 芯、48 芯、24 芯、12 芯单模光缆，每条光缆必须备有 20%的维修余量。

（3）楼内垂直光缆

① 楼内垂直光缆芯数按满足覆盖楼内家庭总数一次建设到位。楼层分光时，垂直光缆芯数按光分路箱终期光分路器数量配置，每个光分路箱预留 1～2 芯；楼层分纤时，垂直光缆芯数按光分纤箱覆盖家庭总数数量配置，每个光缆分纤箱预留 10%（不低于 2 芯）的纤芯。13 层及以上的高层楼宇，可每条楼内垂直光缆另预留 2 芯备用。

② 楼内垂直光缆同一光缆路由上需进行多次分纤时，宜采用光缆掏接方式。为降低施工难度、提高可靠性，每条光缆掏接次数应不超过 6 次。光缆材料宜采用大芯数、易开剥抽芯的全色谱或编号标识的配线光缆。

为避免因入户光缆过长引起断纤，楼内入户光缆跨度原则上不超过 5 层。

（4）水平入户光缆

水平入户光缆宜选用符合 YD/T 1997-2009 接入网的蝶形引入光缆标准的光缆，纯室内布放光缆宜选用金属加强件或非金属加强件蝶形引入光缆，室外管道或架空入户光缆宜选择非金属加强件蝶形引入光缆，金属吊线应在室外终端，不得进入住户室内。住宅小区住户每户至少配置 2 芯入户光缆，商业楼宇每户至少配置 4 芯引入光缆。

大客户、商业客户可根据用户分布采用多芯入户光缆。对于需要跨楼层布放的入户光缆，可以采用多芯悬挂式布线光缆，由用户接入点布放至该楼层，然后分开为多根单芯/双芯光缆进入各户。

8．户内布线

户内布线是指从用户户内家居信息箱至各房间光纤接口面板或数据面板等信息插座之间的光纤、数据线等线缆布放。

户内布线具有投资一次性、使用长期性的特点，需要考虑经济性、兼容性和传输速率等多方面的因素。为达到效用最大化，系统设计应满足综合布线、注重美观、简约设计、适当冗余、简单实用。线缆组网宜采用光纤面板或综合信息箱的布线方案。

（1）光纤面板宜安装在电视机摆设旁边，通过暗管连接至 NET 和 TEL 插座，暗管应满足光纤面板至各 NET 和 TEL 插座之间星形布线的要求，如图 4-19 所示。

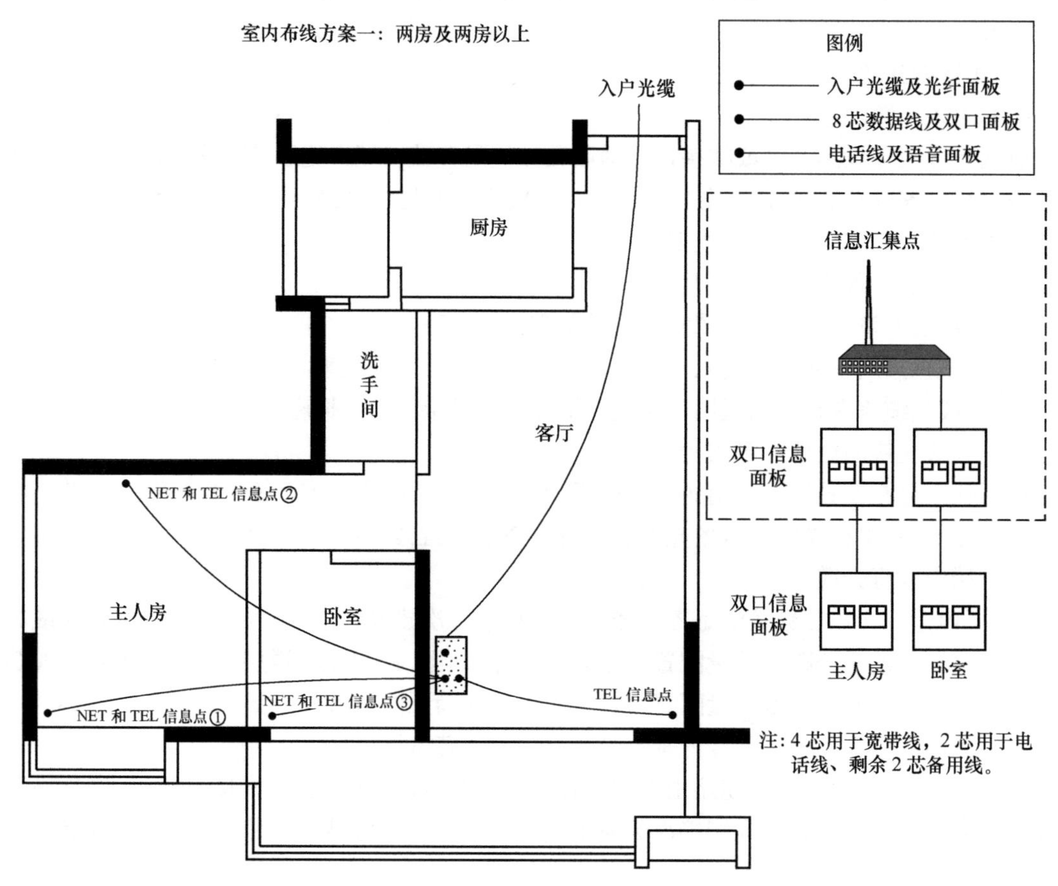

图 4-19　光纤面板组网示意图

（2）综合信息箱

综合信息箱宜安装在用户入门处、户内走廊等容易连接入户光缆的地方，通过暗管连接至各 NET 和 TEL 插座，暗管应满足综合信息箱至各 NET 和 TEL 插座之间星形布线的要求。同时综合信息箱内应保证接入至少一路电源及插座，以满足用户业务开通时 ONU 设备用电需求，如图 4-20 所示。

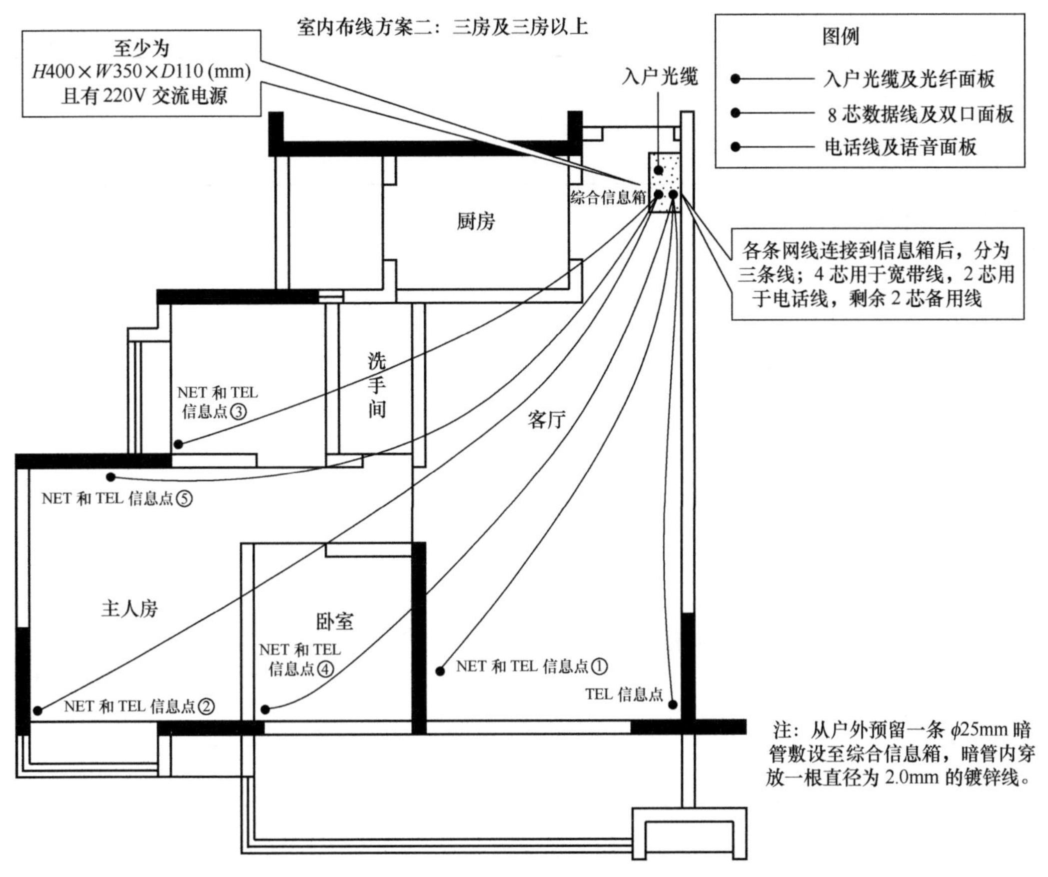

图 4-20　综合信息箱组网示意图

4.8.5　光缆分纤箱的规格、型号与技术要求

在 FTTH 建设中，光缆分纤箱是不可或缺的，也是用得最多的设备，所以在此做单独的介绍。

1．光缆分纤箱的组成、分类及命名

（1）组成

光缆分纤箱应由箱体、内部结构件、光纤活动连接器、光分路器（可选）及备/附件组成。

一般情况下，光缆分纤箱应按以下方式分类。

① 按安装方式分类，可分为架空或壁挂安装。

② 按外壳材料分类，可分为塑料外壳和金属外壳。

③ 按使用环境分类，可分为室外型和室内型。

④ 按适配器容量分类，可分为 12 芯、24 芯、36 芯、48 芯、72 芯、96 芯和 144 芯等。

光缆分纤箱的分类代号见表 4-11。

表 4-11　　光缆分纤箱的分类代号

分类		代号
安装方式	架空或壁挂	K
外壳材料	塑料外壳	S
	金属外壳	J

续表

分类		代号
使用环境	室外型	W
	室内型	N

（2）型号和标记

① 型号

光缆分纤箱型号应反映出产品的专业代号、主称代号、分类代号和规格，产品型号由以下各部分构成（见图 4-21）。其中，规格用光缆分纤箱容纳光纤适配器的最大数目表示。

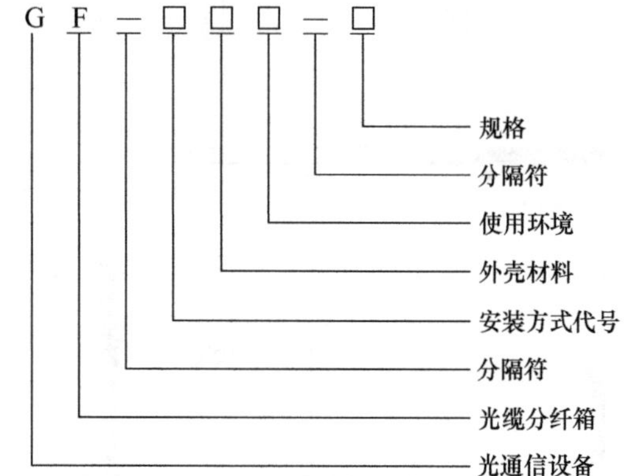

图 4-21 光缆分纤箱型号格式示意图

② 标记

光缆分纤箱的完整标记由产品名称、型号和标准号构成。

示例：室外型壁挂式塑料外壳光缆 48 芯分纤箱的标记表示为：光缆分纤箱 GF-KSW-48。

2．光缆分纤箱技术要求和指标

（1）环境条件

① 工作温度：−5°C～+40°C（室内型）、−40°C～+60°C（室外型）。

② 湿度：≤85%（+30°C 时）（室内型）、≤85%（+30°C 时）（室外型）。

③ 大气压力：70～106kPa。

（2）外观与结构

① 尺寸

光缆分纤箱外形尺寸不宜超过表 4-12 中的尺寸。

表 4-12　　光缆分纤箱尺寸表

光分纤容量	12 芯	24 芯	48 芯	96 芯
高（mm）	220	380	380	550
宽（mm）	200	330	330	450
深（mm）	50	85	150	150

② 外观

a．光缆分纤箱应形状完整，各塑料件无毛刺、无气泡、无龟裂和空洞、无翘曲、无杂质等缺陷。

b．各金属结构件表面光洁、色泽均匀，不存在起皮、掉漆、锈蚀等缺陷，无流挂、划痕、露底、气泡和发白等现象。

c．采用涂覆处理的金属结构件，其涂层与基体应具有良好的附着力，附着力应不低于 GB/T 9286 标准表 1 中 2 级要求。

d．高压防护接地装置与光缆中金属加强芯及金属挡潮层、铠装层相连，地线的截面积应不小于 16mm^2。保护接地处应有明显的接地标志。

e．设备应有明晰的线序指引标志。对于安装光分路器的模块，应清晰标明其合路及支路序号。

f．光分路箱箱体可采用金属板材材料或非金属复合材料。金属板材材料应为表面热镀锌处理钢板，厚度不小于 1.5mm；非金属箱体采用的材料应符合 GB/T 15568-2008 通用型片状模塑料（SMC）的要求，或者采用更好的耐腐蚀性材料，箱体壁厚应不小于 5mm。非金属构件应采用阻燃型 ABS 塑料或更好的塑料材料。非金属复合材料的燃烧性能必须符合 GB/T 2408-2008 中的规定。

g．光缆分纤箱箱体表面涂层的颜色按 GSB 05-1426-2001 中灰。有特殊要求时，可以采用与周围环境景色相协调的颜色。

h．光缆分纤箱应设置电信运营商标志，标志设在箱体左侧的外侧上方，标志长 140mm，高 35mm，字体样式如图 4-22 所示。

图 4-22　中国电信标志样式示意图

i．光缆分纤箱内部金属配件表面涂层的颜色按 GSB 05-1426-2001 淡灰。

③ 结构

a．所有紧固件联结应牢固可靠。

b．箱门开启角度不小于 120°。

c．箱体密封条粘结应平整牢固，门锁的启闭应灵活可靠。

d．所有紧固件联结应牢固可靠，箱体密封条粘结应平整牢固。

e．光缆分纤箱应考虑掏纤施工便利，光缆进线孔采用上下垂直缺口开孔（室内型）（见图 4-23）或椭圆开孔（室外型）（见图 4-24），箱体的顶部与底部各应至少配置 4 个进线孔。

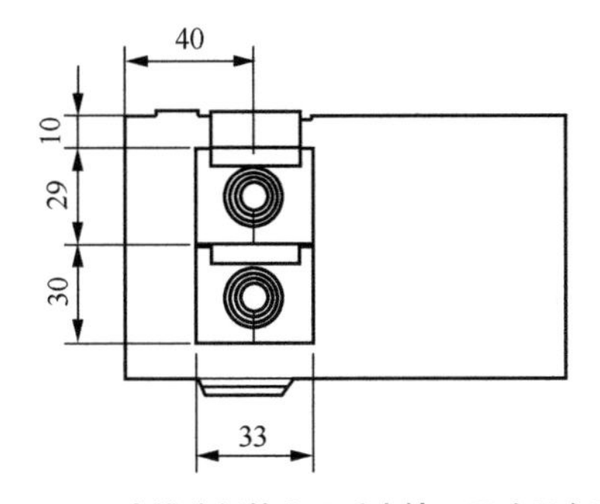

图 4-23　光缆分纤箱上下垂直缺口开孔示意图

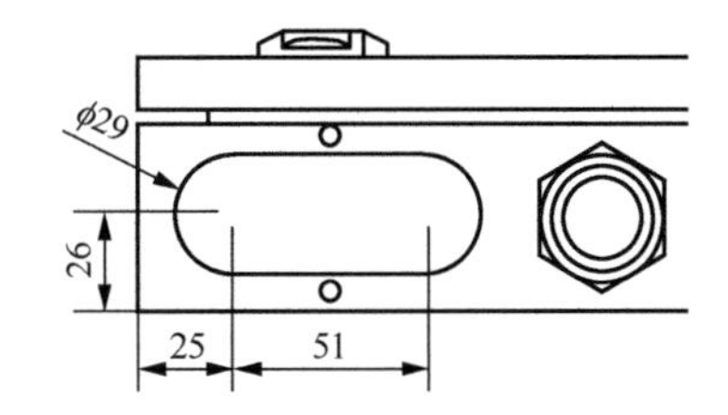

图 4-24　光缆分纤箱椭圆开孔示意图

f．光缆分纤箱应满足普通光缆和用户引入蝶形光缆的固定与保护，如表 4-13 要求。光纤熔接盘片应采用开启式，宜选用 180mm×120mm×12mm（长×宽×高）的小尺寸产品。

表 4-13　光缆分纤箱固定光缆数量

光分纤容量	12 芯	24 芯	48 芯	96 芯
固定普通光缆数量（条）	2	4	8	12
固定用户引入蝶形光缆数量（条）	12	24	48	96

g．光缆引入时其弯曲半径应大于光缆直径的 15 倍。

h．光缆光纤在箱内布放时，不论在何处转弯，其曲率半径应不小于 30mm。对于弯曲不敏感的光纤，其弯曲半径可按光纤的要求执行。

i．引入蝶形光缆固定后的最小弯曲半径不应小于 10mm，在箱体内的预留长度不应小于 0.5m。

j．光分路器应使用牢固的材料固定在箱体内，光分路器的性能指标必须符合中国电信技术规范书的要求。

k. 光分路器使用的光纤活动连接器应为SC/UPC型，其性能指标应符合 YD/T 2000.1-2009《基于平面光波导（PLC）的光功率分路器》的要求。光分路器上联端口使用的光纤活动连接器应为绿色，下联端口使用的光纤活动连接器应为蓝色，空闲端口不安装光纤活动连接器。

l. 光缆分纤箱内光纤的终端、熔接、存储应在满容量范围内方便地成套配置。

3．箱体功能结构与配置

（1）箱体功能区划分

结合目前主流产品及工程实际情况，对各种容量光缆分纤箱功能配置的要求见表 4-14。

表 4-14　光缆分纤箱功能配置

进/出线区	应支持陶接工艺
熔接区	应采用熔接盘方式熔接
盘纤区	蝶形光缆余长盘存整理
成端区	应采用 SC/UPC 适配器，实现用户引入蝶形与光分路器或跳纤对接

（2）各种光缆分纤箱功能结构配置

① 光缆分纤箱（12 芯）的功能结构示意如图 4-25 所示。

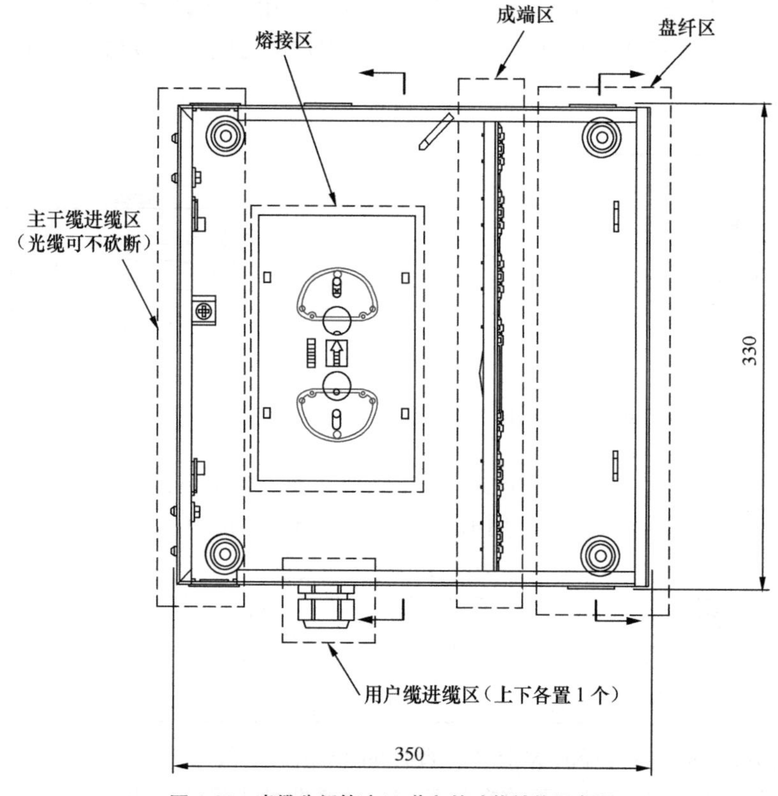

图 4-25　光缆分纤箱（12 芯）的功能结构示意图

② 光缆分纤箱（24 芯）的功能结构示意如图 4-26 所示。

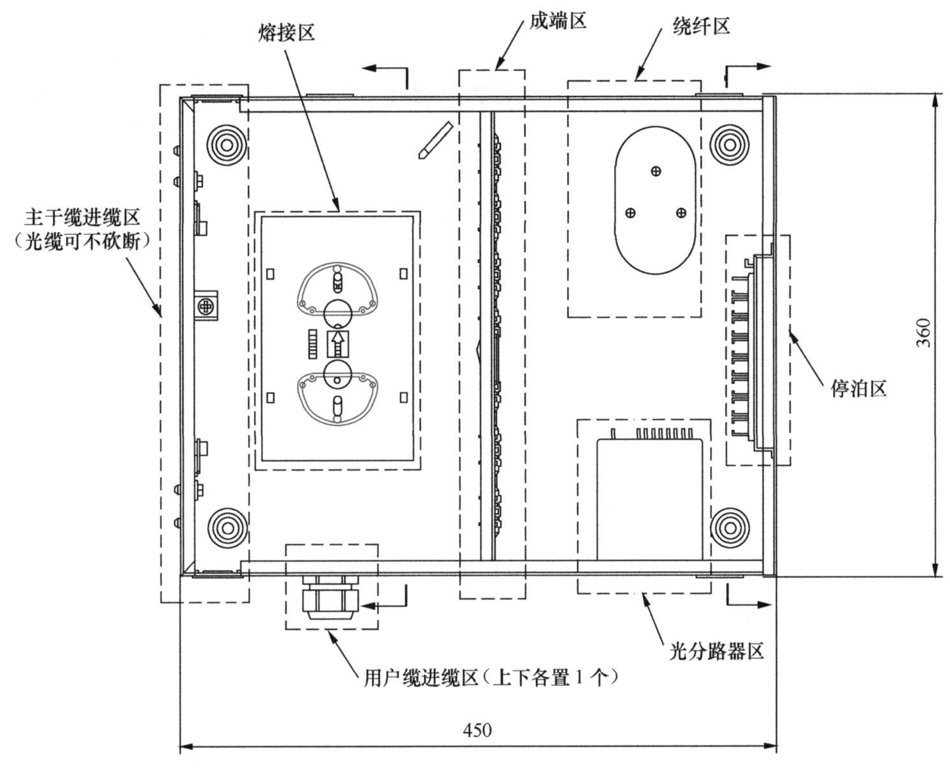

图 4-26　光缆分纤箱（24 芯）的功能结构示意图

③ 光缆分纤箱（48 芯）的功能结构示意如图 4-27 所示。

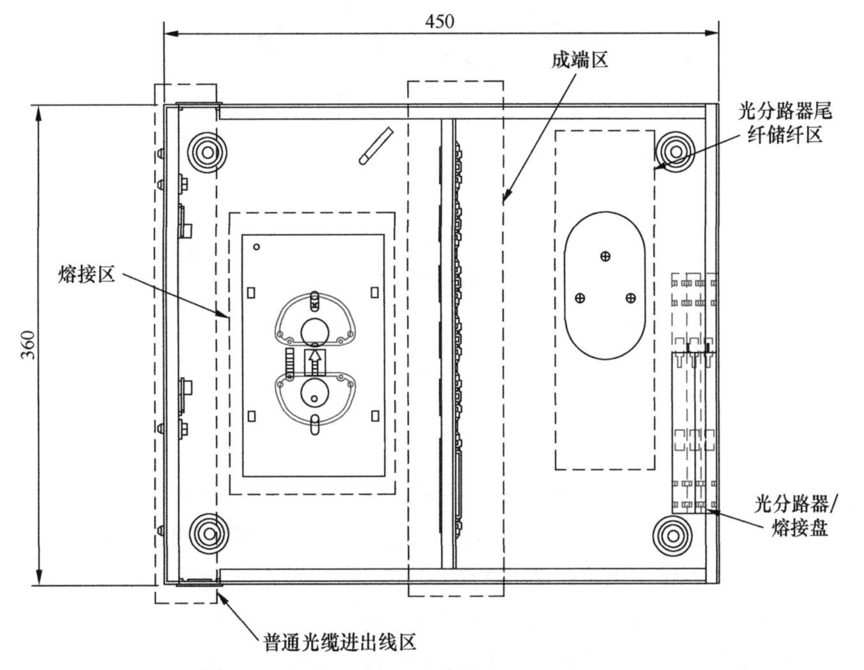

图 4-27　光缆分纤箱（48 芯）的功能结构示意图

④ 光缆分纤箱(96 芯)的功能结构和光缆分纤箱实物照片分别如图 4-28 和图 4-29 所示。

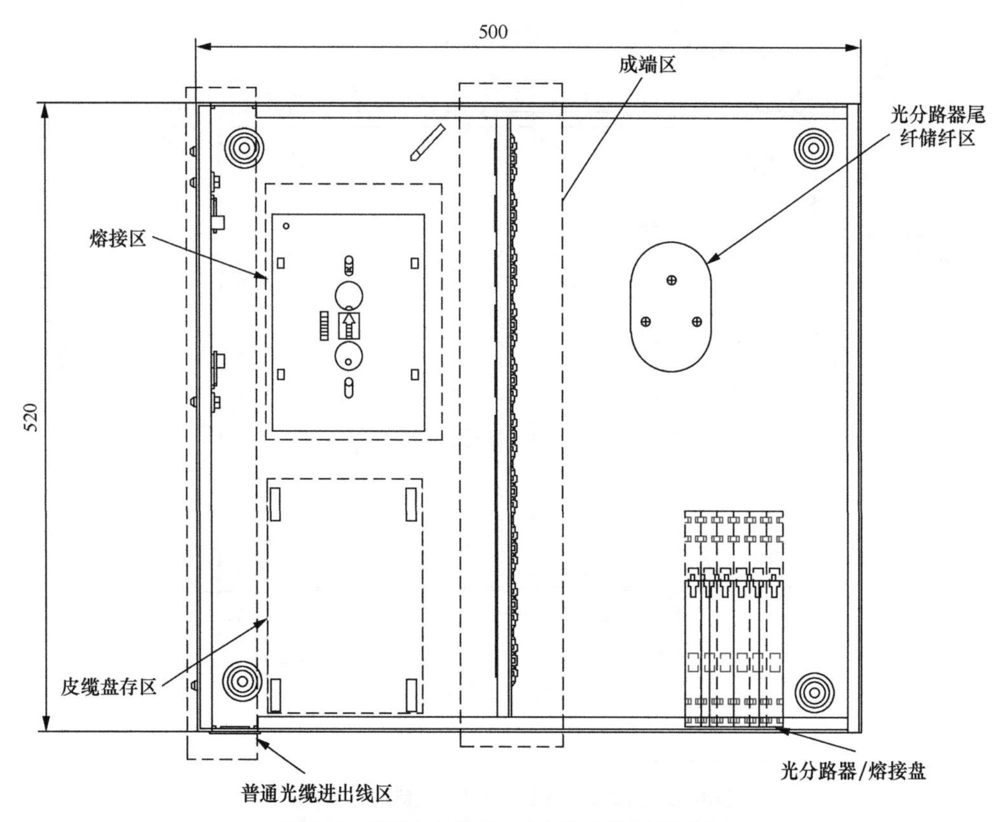

图 4-28　光缆分纤箱（96 芯）的功能结构示意图

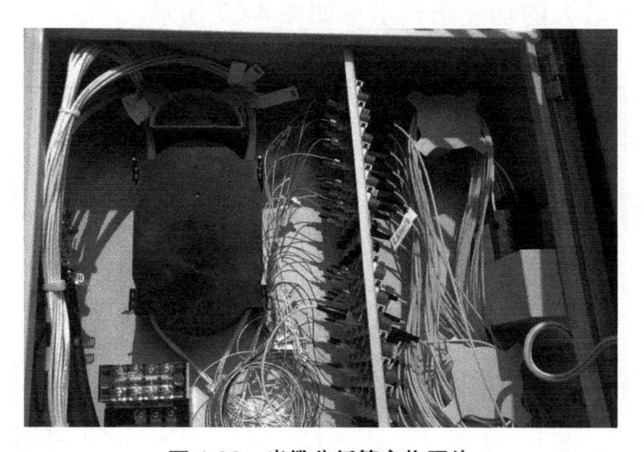

图 4-29　光缆分纤箱实物照片

4.8.6　综合布线系统与 FTTH 建设中广泛应用的蝶形光缆

在住宅小区或商住楼，当光缆从分纤箱引出之后至用户门口及从门口引入敷设至室内往往就不再需要大芯数的光缆，而且敷设方式只能是沿着墙壁或墙内的暗管进行敷设。最好是采用纤芯数不大、表面光滑、耐磨、容易弯曲、有一定的抗压强度和抗拉伸张力，并适合绝大部分敷设环境和便于施工的光缆。为了满足上述要求，各个光缆生产厂家研制出多种型号的蝶形光缆。下面就蝶形光缆的结构、性能和主要技术参数分别做简单的介绍。

1．室内布线用蝶形光缆

接入网用蝶形引入光缆（室内布线用）是将光通信单元（光纤）处于中心，两侧放置两根平行非金属加强件（FRP）或金属加强构件，最后挤制黑色或彩色聚氯乙烯或低烟无卤材料（LSZH、低烟、无卤、阻燃）护套而成（见图 4-30）。型号有：GJXH、GJXV、GJXDH、GJXFH、GJXFV、GJXFDH、GJYXCY。

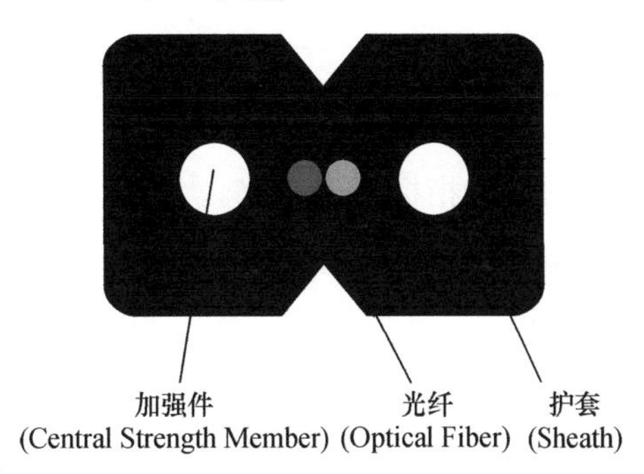

图 4-30　室内布线用蝶形光缆结构图

2．室外架空引入用蝶形光缆

接入网用蝶形引入光缆（室外架空引入用）是将光通信单元（光纤）处于中心，两侧放置两根平行非金属加强件（FRP）或金属加强构件，在外侧再附加一根钢丝加强元件，最后挤制黑色或彩色聚氯乙烯或低烟无卤材料（LSZH、低烟、无卤、阻燃）护套（见图 4-31）而成。型号有：GJYXCH、GJXDCH、GJYXFCH、GJYXFDCH。

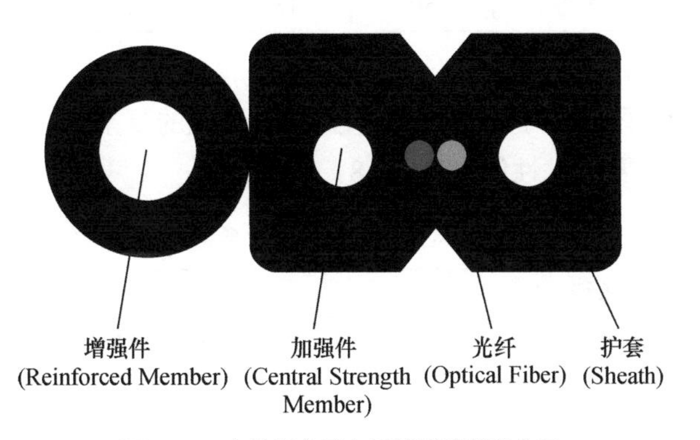

图 4-31　室外架空引入用蝶形光缆结构图

3．蝶形光缆的结构及主要技术参数

在我国南方及东南亚和非洲地区，常年处在高温、高湿的环境中，日照时间长，昼夜温差大，常规低烟、无卤护套的蝶形光缆在应用过程中有出现护套变形、开裂等情况。这表明普通的蝶形光缆不能完全适应这些环境的使用要求，因此，在这里想介绍一种由中天科技研制的一种线性低密度聚乙烯护套的蝶形光缆，型号为 GJYXCY-1B6。线性低密度聚乙烯（LLDPE）材料的特点是具有优良的气密性、耐环境应力开裂能力和最高的抗冲击强度。此外，其吸水率几乎为零，材料表面光滑、耐磨，适合绝大部分的敷设环境。同时产品的高低温性能得到了显著增强，能满足在–40℃~75℃条件下，光缆中的光纤衰减变化在 0.02 dB/km 以下。还有就是线性低密度聚乙烯材料的比重轻，使得光缆的整体质量减轻，施工、运输的安全性得到了提高。下面就该蝶形光缆的结构及主要技术参数分别介绍。

（1）蝶形光缆的结构见表 4-15。

表 4-15　蝶形光缆的结构

GJYXCY-1B6	
外径尺寸（mm）	2.2×3.2（带吊线尺寸>2.0×5.0）
加强件	推荐材料：钢丝
自承件	推荐材料：镀锌钢绞线
颜色	黑色

（2）蝶形光缆用 LLDPE 材料性能指标见表 4-16。

表 4-16　蝶形光缆用 LLDPE 材料性能指标

项目	密度（g/c m^3）	抗拉强度（MPa）	断裂伸长率	氧化诱导期（min）	炭黑含量	老化后抗拉强度（MPa）	老化后断裂延伸率
技术要求	0.915~0.94	≥14	≥600%	≥30	2.6%±0.25%	≥13	≥500%

（3）蝶形光缆 GJYXCY-1B6 的主要技术参数见表 4-17。

表 4-17　蝶形光缆 GJYXCY-1B6 的主要技术参数

拉伸力		压扁力（N/10cm）	弯曲半径（mm）		衰减系数（dB/km）		温度范围
最大允许使用张力 MAT	最大允许张力 MOT		动态	静态	1 310nm	1 550nm	
1 000	500	500	50	15	≤0.4	≤0.3	–40℃~+75℃

（4）蝶形光缆的技术特点

蝶形光缆被用于入户段最后 1 000m，考虑到敷设环境的复杂多样，应当选用 G.657 类弯曲不敏感的单模光纤，主要技术性能见表 4-18。

表 4-18　G.657A2 光纤主要技术参数

属性	详细	技术指标		
模场直径	1 310nm	（8.6~9.5）μm±0.4μm		
包层直径	—	12.5		
纤心同心度误差	最大值	0.5μm±0.7μm		
包层不圆度	最大值	1.0%		
光缆截止波长	最大值	1 260nm		
宏弯损耗	半径（mm）	15	10	7.5
	缠绕圈数	10	1	1
	1 550nm 最大值（dB）	0.03	0.1	0.5
	1 625nm 最大值（dB）	1.1	0.2	1

第5章 综合布线系统设计

城市化是社会发展的必然趋势，越来越多的人将从乡村进入到城镇居住和生活，人们对通信服务的需求也将不断扩大。随着计算机在全球的普及应用和图像数据的数字化，现代化城镇信息通信网也逐步向数字化方向发展。小区用户通信设施、建筑群网络设施、信息化应用系统、公共安全系统、建筑设备管理系统等都逐渐实现智能化。于是智能小区、智能商贸与办公大楼、智能法庭、智能交通管理系统、智能安全监控系统等层出不穷。甚至在经济较发达的地区建立大型的智能化工业园区，一些城市还提出建设智慧城市。所有这些智能化目标的实现都离不开一个有效的有线通信网络系统，而这一有线通信网络系统必须既能使语音、数据、图像通信设备和交换设备与其他信息管理系统彼此相连，又使这些设备能与外部通信网络相连。能够满足上述要求的有线通信网络系统就是综合布线系统。基于综合布线系统的重要性，同时它也属于通信线路的范畴，所以，综合布线系统设计的方法为本书的重要组成部分。

本章内容对综合布线系统设计有比较详尽的介绍，从综合布线系统的7个组成部分的构成原理、综合布线系统的工程设计方法与等级概念，到综合布线系统各个子系统的配置设计及技术要求、综合布线系统电气保护等都有细致和具体的描述。此外，为了提高综合布线系统设计内容的实用性，在介绍各个子系统的配置设计中引用了不少实际工程建设中的现场图片和实物图片，还专门列举了智能小区设计和综合布线系统设计的两个案例；最后采用实物图片展示的方式详细介绍综合布线系统常用工具与仪器和光（电）缆材料。使读者对综合布线系统设计和施工的全过程有比较直观和具体的印象，能够把学到的综合布线系统设计的原理更加容易地应用到实际的工作之中。

5.1 综合布线系统的构成

5.1.1 综合布线系统概述

综合布线系统是一个模块化、灵活性极高的建筑物或建筑群内的信息传输系统，是建筑群内的“信息高速公路”，为开放式网络拓扑结构，能支持语音、数据、图像、多媒体业务等信息的传递。它既能使语音、数据、图像通信设备和交换设备与其他信息管理系统彼此相连，也使这些设备与外部通信网络相连。在计算机技术和通信技术发展的基础上，结合现代化智能建筑设计的需要，满足建筑内信息社会化、多元化、全球化的需求，同时也是办公自动化发展的结果。它是现代建筑技术与信息技术结合的产物，将各种不同组成部分构成一个有机的整体，采取模块化结构设计、层次分明、功能强大。

5.1.2 综合布线系统常用的缩略语

为了便于阅读，将综合布线系统常用的缩略语集中列入表5-1中。

表5-1 综合布线系统常用的缩略语

英文缩写	英文全称	中文名称或解释
ACR-F	Attenuation to Crosstalk Ratio at The Far-end	衰减远端串音比
ACR-N	Attenuation to Crosstalk Ratio at The Near-end	衰减近端串音比
BD	Building Distributor	建筑物配线设备
CD	Campus Distributor	建筑群配线设备
CP	Consolidation Point	集合点
dB	dB	电信传输单位：分贝
d.c.	Direct Current Loop Resistance	直流环路电阻
ELFEXT	Equal Level Far-end Crosstalk Attenuation（Loss）	等电平远端串音衰减（损耗）
ELTCTL	Equal Level TCTL	两端等效横向转换损耗
FD	Floor Distributor	楼层配线设备
FEXT	Far End Crosstalk Attenuation（Loss）	远端串音（损耗）
ID	Intermediate Distributor	中间配线设备
IEC	International Electrotechnical Commission	国际电工技术委员会
IEEE	The Institute of Electrical and Electronics Engineers	美国电气和电子工程师学会
IL	Insertion Loss	插入损耗
IP	Internet Protocol	因特网协议
ISDN	Integrated Services Digital Network	综合业务数字网
ISO	International Organization for Standardization	国际标准化组织
LCL	Longitudinal to Differential Conversion Loss	纵向对差分转换损耗
MUTO	Multi-User Telecommunications Outlet	多用户信息插座
MPO	Multi-Fiber Push On	多芯推进锁闭光纤连接器件
NI	Network Interface	网络接口
NEXT	Near End Crosstalk Attenuation（Loss）	近端串音（损耗）
OF	Optical Fibre	光纤
POE	Power over Ethernet	以太网供电
PSACR	Power Sum Attenuation to Crosstalk Ratio	串音比功率和

续表

英文缩写	英文全称	中文名称或解释
PS AACR-F	Power Sum Attenuation to Alien Crosstalk Ratio at The Far-end	外部远端串音比功率和
PS AACR-Favg	Average Power Sum Attenuation to Alien Crosstalk Ratio at The Far-end	外部远端串音比功率和平均值
PS ACR-F	Power Sum Attenuation to Crosstalk Ratio at The Far-end	衰减远端串音比功率和
PS ACR-N	Power Sum Attenuation to Crosstalk Ratio at The Near-end	衰减近端串音比功率和
PS ANEXT	Power Sum Alien Near-end Crosstalk（Loss）	外部近端串音功率和
PS ANEXTavg	Average Power Sum Alien Near-end Crosstalk（Loss）	外部近端串音功率和平均值（损耗）
PS FEXT	Power Sum Far End Crosstalk（Loss）	远端串音功率和（损耗）
PS NEXT	Power Sum Near End Crosstalk Attenuation（Loss）	近端串音功率和（损耗）
RL	Return Loss	回波损耗
SC	Subscriber Connector（Optical Fibre Connector）	用户连接器（光纤连接器）
SFF	Small Form Factor Connector	小型光纤连接器
SW	Switch	交换机
TCL	Transverse Conversion Loss	横向转换损耗
TE	Terminal Equipment	终端设备
TO	Telecommunications out Let	信息点
TIA	Telecommunications Industry Association	美国电信工业协会
UL	Underwriters Laboratories Inc.	美国保险商实验室
Vr.m.s	Vroot.Mean.Square	电压有效值

5.1.3　综合布线系统的各子系统

综合布线系统由 7 部分组成，分别是：工作区子系统、配线子系统（水平布线）、干线子系统（垂直干线）、建筑群子系统、设备间子系统、进线间子系统和管理子系统。

1．工作区子系统

一个独立的需要设置终端设备（TE）的区域宜划分为一个工作区。工作区由配线子系统的信息插座模块延伸到终端设备处的连接缆线及适配器组成。

2．配线子系统（水平布线）

配线子系统由工作区的信息插座模块、信息插座模块至电信间配线设备的配线电缆和光缆、电信间的配线设备及设备缆线和跳线等组成。

3．干线子系统（垂直干线）

干线子系统由设备间至电信间的干线电缆和光缆、安装在设备间的建筑物配线设备（BD）及设备缆线和跳线组成。

4．建筑群子系统

建筑群子系统由连接多个建筑物之间的主干电缆和光缆、建筑群配线设备（CD）及设备缆线和跳线组成。

5．设备间子系统

设备间应为在每栋建筑物的适当地点进行配线管理、网络管理和信息交换的场地。综合布线系统设备间宜安装建筑物配线设备、建筑群配线设备、以太网交换机、电话交换机、计算机网络设备。入口设施也可安装在设备间。

6．进线间子系统

进线间是建筑物外部通信和信息管线的入口部位，并可作为入口设施和建筑群配线设备的安装场地。

7．管理子系统

管理就是对工作区、电信间、设备间、进线间的配线设备、缆线、信息插座模块等设施按一定的模式进行标识和记录。内容包括：管理方式、标识、色标、连接等。

5.1.4 综合布线系统的构成模式

1．综合布线系统的构成模式如图5-1所示。

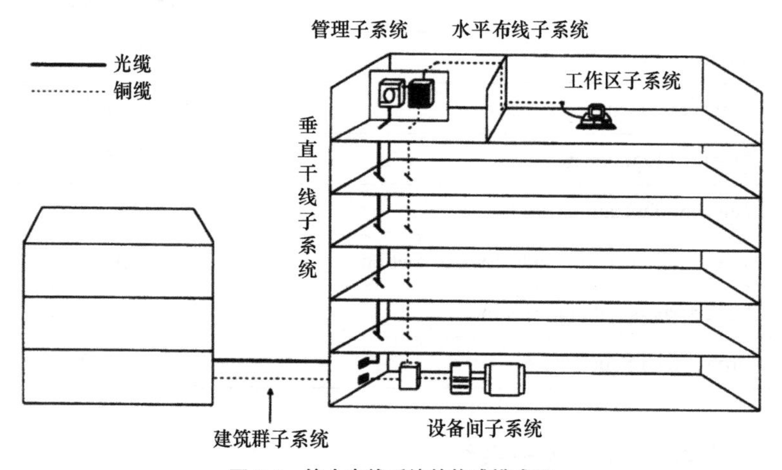

图5-1 综合布线系统的构成模式图

综合布线系统中需要用到的功能部件，一般有以下几种。

（1）建筑群配线设备（CD）。

（2）建筑群干线电缆或光缆。

（3）建筑物配线设备（BD）。

（4）建筑物干线电缆或光缆。

（5）楼层配线设备（FD）。

（6）水平电缆或光缆。

（7）转接点（选用）（TP）。

（8）信息插座（IO）。

（9）通信引出端（TO）。

2．综合布线系统基本构成应符合图 5-2 的要求。

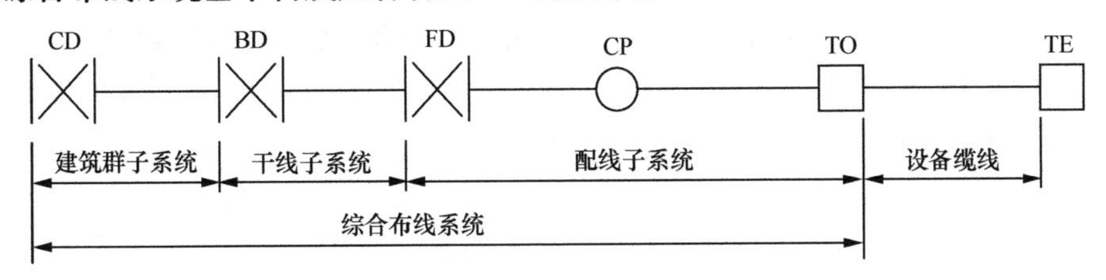

图 5-2　综合布线系统基本构成

注：配线子系统中可以设置集合点（CP 点），也可以不设置集合点。

3．综合布线子系统构成应符合图 5-3 的要求。

（1）综合布线各子系统中，建筑物内楼层配线设备（FD）之间、不同建筑物配线设备（BD）之间可建立直达路由，如图 5-3（a）所示。

（2）工作区信息插座（IO）可不经过楼层配线设备（FD）直接连接至建筑物配线设备（BD），楼层配线设备（FD）也可不经过建筑物配线设备（BD）直接与建筑群配线设备（CD）连接，如图 5-3（b）所示。

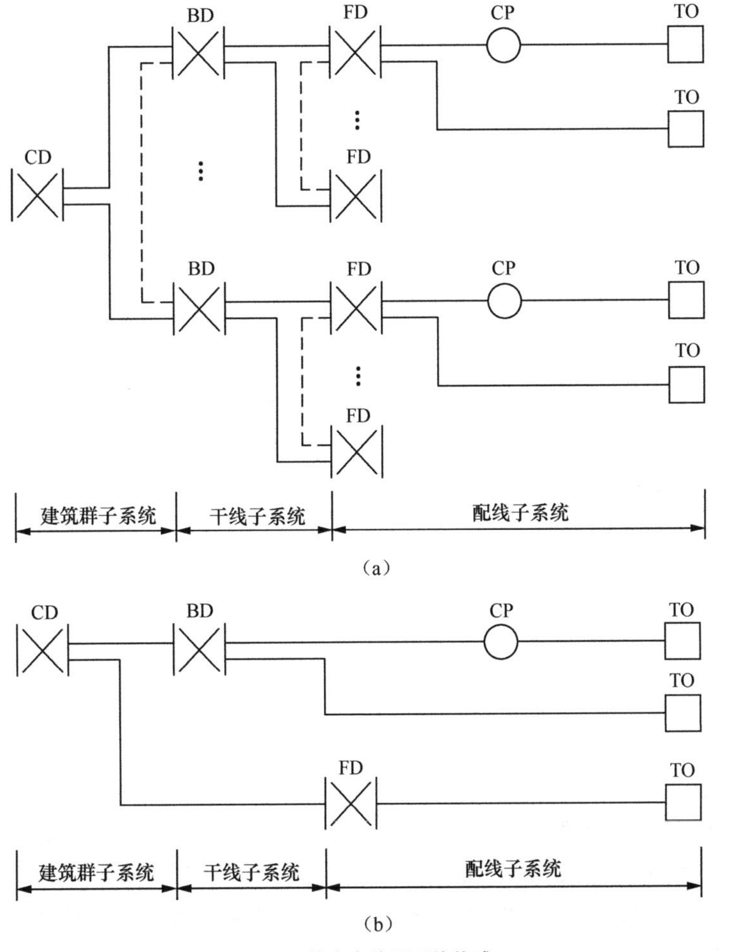

图 5-3　综合布线子系统构成

4．综合布线系统入口设施及引入缆线构成应符合图 5-4 的要求。

综合布线系统入口设施连接外部网络和其他建筑物的引入缆线，应通过缆线和 BD 或 CD 进行互连（见图 5-4）。对设置了设备间的建筑物，设备间所在 FD 可以和设备间中的 BD/CD 及入口设施安装在同一场地。

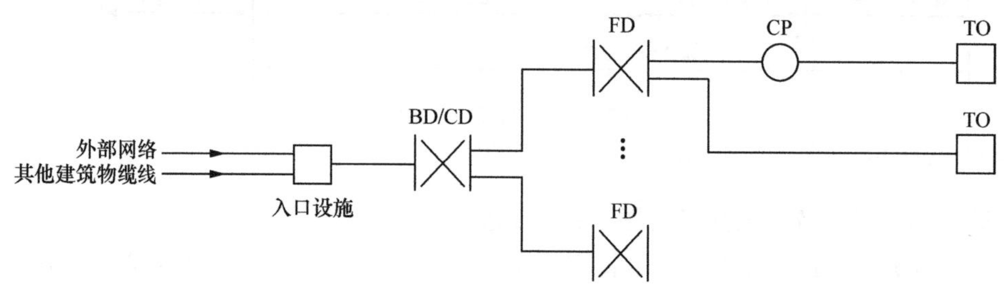

图 5-4　综合布线系统入口设施及引入缆线构成

5．综合布线系统应用典型连接与组成。

综合布线系统典型应用中，配线子系统信道应由 4 对对绞电缆和电缆连接器件构成，干线子系统信道和建筑群子系统信道应由光缆和光连接器件组成。其中 BD 和 CD 处的配线模块和网络设备之间可采用互连或交叉的连接方式，BD 处的光纤配线模块可以对光纤进行互连，如图 5-5 所示。

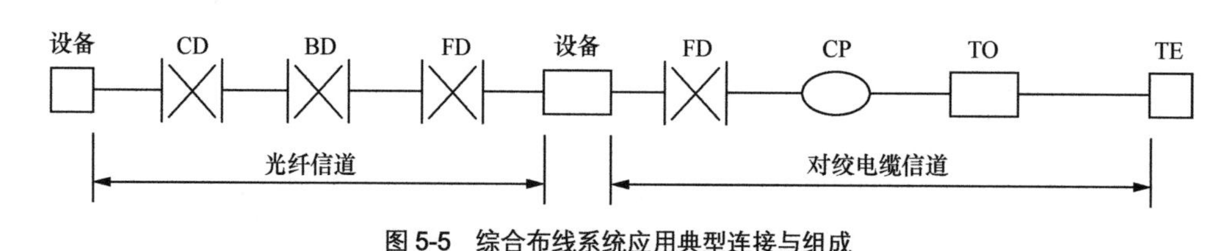

图 5-5　综合布线系统应用典型连接与组成

5.2　综合布线系统的工程设计方法与等级

5.2.1　综合布线系统的工程设计方法

（1）综合布线系统包括建筑物到外部网络或电信局线路上的连接点与工作区的语音或数据终端之间的所有光（电）缆及相关联的布线部件。

（2）综合布线系统由不同系列的部件组成，其中包括：传输介质、线路管理硬件（如配线架、连接器、插座、插头、适配器），传输电子线路、电气保护设备等硬件。

（3）一个设计良好的综合布线系统对其服务的设备应具有一定的独立性，并能互连许多不同通信设备。

（4）综合布线系统的设计应采用开放式星形拓扑结构，该结构下的每个子系统都是相对独立的。只要改变节点连接就可使网络在星形、总线型、环形等各种类型的网络拓扑间进行转换。

（5）标准化设计，综合布线系统严格按照《商业建筑电信布线标准》ANSI/TIA-568-C 及《用户建筑通用布线系统》ISO 11801-2010 标准设计系统，并连接众多满足国际网络标准的网络设备，如 IEEE802.3 系列标准等。我国目前的设计依据主要是《综合布线系统工程设计规范》GB 50311-2016。施工验收标准参考《综合布线系统工程施工验收规范》GB 50312-2016。

（6）综合布线系统的设计共分为两大类：一类是商用建筑或建筑群布线技术；另一类是住宅小区家居布线技术。

5.2.2　综合布线系统的设计等级

5.2.2.1　基本型综合布线系统

基本型综合布线系统适用于综合布线系统中配置标准较低的场合，用铜芯对绞电缆组网，是一个经济有效的布线方案。它支持语音或综合型语音/数据产品，并能够全面过渡到数据的异步传输或综合型布线系统。

1．基本配置

（1）每个工作区有 1 个信息插座。

（2）每个工作区的配线为 1 条 4 对对绞电缆。

（3）完全采用 110A 交叉连接硬件，并与未来的附加设备兼容。

（4）每个工作区的干线电缆至少有 2 对双绞线。数据：24 个信息插座配 2 对对绞线，或一个 HUB 或一个 HUB 群配 4 对对绞线；语音：每个信息插座配 1 对对绞线。

2．基本特性

（1）能够支持所有语音和数据传输应用。

（2）支持语音、综合型语音/数据高速传输。

（3）便于维护人员维护、管理。

（4）能够支持众多厂家的产品设备和特殊信息的传输。

基本型综合布线系统是一种富有价格竞争力的综合布线方案，能支持所有的语音和数据的应用，应用于语音、语音/数据或高速数据，便于技术人员管理。

5.2.2.2　增强型综合布线系统

增强型综合布线系统不仅支持语音和数据的应用，还支持图像、影像、影视、视频会议等。适用于综合布线系统中中等配置标准的场合，用铜芯电缆组网。它能为增加功能提供发展的余地，并能够利用接线板进行管理。

1．基本配置

（1）每个工作区有 2 个以上信息插座；通常一个语音，一个数据。

（2）每个工作区的配线为 2 条 4 对对绞电缆，引至楼层配线架。

（3）具有 110A 交叉连接硬件。

（4）每个工作区的干线电缆配置至少有 3 对双绞线。数据：24 个信息插座配 2 对对绞线，或一个 HUB 或一个 HUB 群配 4 对对绞线；语音：每个信息插座配 1 对对绞线。

2．基本特性

（1）每个工作区有 2 个信息插座，灵活方便、功能齐全。

（2）任何一个插座都可以提供语音和高速数据处理应用。

（3）可统一色标，按需要可利用端子板进行管理，便于管理与维护。

（4）能够为众多厂商提供服务环境的布线方案。

5.2.2.3　电缆布线系统的分级与类别

基本型与增强型综合布线系统都属于铜芯电缆布线系统，电缆布线系统的分级与类别划分应符合表5-2的要求。

表5-2　　电缆布线系统的分级与类别

系统分级	系列产品类别	支持带宽（Hz）	支持应用器件	
			电缆	连接硬件
A	—	100k	—	—
B	—	1M	—	—
C	3类（大对数）	16M	3类	3类
D	5类（屏蔽和非屏蔽）	100M	5类	5类
E	6类（屏蔽和非屏蔽）	250M	6类	6类
E_A	6_A类（屏蔽和非屏蔽）	500 M	6_A类	6_A类
F	7类（屏蔽）	600M	7类	7类
F_A	7_A类（屏蔽）	1000 M	7_A类	7_A类

注：5、6、6_A、7、7_A类布线系统应能支持向下兼容的应用。

5.2.2.4　屏蔽布线系统

（1）当综合布线区域内存在的电磁干扰场强高于3V/m时，宜采用屏蔽布线系统。

（2）用户对电磁兼容性有电磁干扰和防信息泄露等较高的要求时，或有网络安全保密的需要时，宜采用屏蔽布线系统。

（3）安装现场条件无法满足对绞电缆的间距要求时，宜采用屏蔽布线系统。

（4）当布线环境温度影响到非屏蔽布线系统的传输距离时，宜采用屏蔽布线系统。

（5）屏蔽布线系统应选用相互适应的屏蔽电缆和连接器件，采用的电缆、连接器件、跳线、设备电缆都应是屏蔽的，并应保持信道屏蔽层的连续性与导通性。

电磁干扰的强度取决于两个因素，即距离与电磁噪声发生器产生的能量。参考EN 50173-2007标准，常见电磁噪声发生设备的电磁环境等级（E1、E2、E3）评估及间距要求如表5-3所示。

表5-3　　电磁环境等级与间距要求

电磁噪声发生设备	距布线系统的距离	电磁环境等级
接触器式继电器	<0.5m	E2
	>0.5m	E1
无线发射机（<1W）	<0.5m	E2～E3
	>0.5m，且<3m	E1～E2
	>3m	E1
无线发射机（1～3W）	<0.5m	E3
	>0.5m，且<3m	E2～E3
	>3m	E1
无线发射机（电视台、无线电台、手机基站）	<1km	E3
高马力电动机	<3m	E3
	>3m	E1

续表

电磁噪声发生设备	距布线系统的距离	电磁环境等级
电动机控制器	<0.5m	E3
	>0.5m，且<3m	E2
	>3m	E1
感应式加热器（<8MW）	<0.5m	E3
	>0.5m，且<3m	E2
	>3m	E1
电阻式加热器	<0.5m	E2
	>0.5m	E1
荧光灯（<1m）	<0.5m	E2
	>0.5m	E1
恒温器开关（110～230V）	<0.5m	E2～E3
	>0.5m	E1

5.2.2.5　开放型办公室布线系统

对于办公楼、综合楼等商用建筑物或公共区域大开间的场地，由于其使用对象数量的不确定性和流动性等因素，宜按开放办公室综合布线系统要求进行设计，并应符合下列规定。

（1）采用多用户信息插座时，每一个多用户插座包括适当的备用量在内，宜能支持 12 个工作区所需的 8 位模块通用插座；各段电缆长度可按表 5-4 选用，也可按下式计算。

$$C=(102-H)/(1+D)$$

$$W=C-T$$

式中：C——工作区设备电缆、电信间跳线及设备电缆的总长度；

H——水平电缆的长度，$(H+C)\leqslant 100\text{m}$；

T——电信间内跳线和设备电缆长度；

W——工作区设备电缆的长度；

D——调整系数，对 24 号线规 D 取为 0.2，对 26 号线规 D 取为 0.5。

表 5-4　　各段电缆长度限值

电缆总长度 *H*（m）	24 号线规（AWG）		26 号线规（AWG）	
	W（m）	*C*（m）	*W*（m）	*C*（m）
90	5	10	4	8
85	9	14	7	11
80	13	18	11	15
75	17	22	14	18
70	22	27	17	21

（2）采用集合点（CP）时，集合点配线设备与 FD 之间水平缆线的长度不应小于 15m，并应符合下列规定。

① 集合点配线设备容量宜满足 12 个工作区信息点的需求。

② 同一个水平电缆路由中不应超过一个集合点（CP）。

③ 从集合点引出的电缆应终接于工作区的 8 位模块通用插座或多用户信息插座。

④ 从集合点引出的光缆应终接于工作区的光纤连接器。

（3）多用户信息插座和集合点的配线箱体应安装于墙体或柱子等建筑物固定的永久位置。

5.2.2.6　综合型布线系统

综合型布线系统适用于配置标准较高的场合，是将光缆、双绞电缆或混合电缆纳入建筑物布线的系统。在以上基本型和增强型两种配置的基础上增设光缆传输系统。

（1）基本配置：应在基本型和增强型综合布线的基础上增设光缆及相关连接器件。

垂直干线的配置：每 48 个信息插座宜配 2 芯光纤；语音或少量数据信息插座按 4∶1 配置主干，或按用户要求配置，并留有备用量。当有光纤到桌面的用户，其所用的光纤芯数不计入主干光纤芯数内。

（2）基本特性：由于引入了光缆，可以适用于规模较大、功能较多的智能建筑，其余特点与基本型和增强型相同。

（3）光纤信道分为 OF-300、OF-500 和 OF-2000 3 个等级，各等级光纤信道支持的应用长度不应小于 300m、500m 及 2 000m。

（4）综合型布线系统工程的产品类别及链路、信道等级确定应综合考虑建筑物的功能、应用网络、业务终端类型、业务的需求及发展、性能价格、现场安装条件等因素，应符合表 5-5 的要求。

表 5-5　综合布线系统等级与类别的选用

业务种类		配线子系统		干线子系统		建筑群子系统	
		等级	类别	等级	类别	等级	类别
语音		D/E	5/6（4 对）	C/D	3/5（大对数）	C	3（室外大对数）
数据	电缆	D、E、E_A、F、F_A	5、6、6_A、7、7_A（4 对）	E、E_A、F、F_A	6、6_A、7、7_A（4 对）	—	—
	光纤	OF-300 OF-500 OF-2000	OM1、OM2、OM3、OM4 多模光缆；OS1、OS2 单模光缆及相应等级连接器件	OF-300 OF-500 OF-2000	OM1、OM2、OM3、OM4 多模光缆；OS1、OS2 单模光缆及相应等级连接器件	OF-300 OF-500 OF-2000	OS1、OS2 单模光缆及相应等级连接器件
其他应用[1]		可采用 5/6/6_A 类 4 对对绞电缆和 OM1/OM2/OM3/OM4 多模、OS1/OS2 单模光缆及相应等级连接器件					

注：1. 为建筑物其他弱电子系统采用网络端口传送数字信息时的应用。

5.2.2.7　工业环境布线系统

（1）在高温、潮湿、电磁干扰、撞击、振动、腐蚀气体、灰尘等恶劣环境中应采用工业环境布线系统，并应支持语音、数据、图像、视频、控制等信息的传递。

（2）工业环境布线系统设置应符合下列规定。

① 工业级连接器件可应用于工业环境中的生产区、办公区或控制室与生产区之间的交界

场所，也可应用于室外环境。

② 在工业设备较为集中的区域应设置现场配线设备。

③ 工业环境中的配线设备应根据环境条件确定防护等级。

（3）工业环境布线系统应由建筑群子系统、干线子系统、配线子系统、中间配线子系统组成，具体如图 5-6 所示。

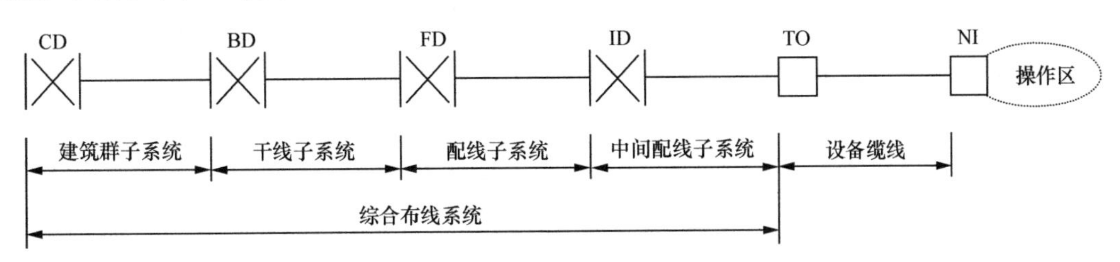

图 5-6　工业环境布线系统架构

（4）工业环境布线系统的各级配线设备之间宜设置备份或互通的路由，并应符合下列规定。

① CD 与每一个 BD 之间应设置双路由，其中 1 条应为备份路由。

② 不同的建筑物 BD 与 BD、本建筑 BD 与另一栋建筑物 FD 之间可设置互通的路由。

③ 本建筑物不同楼层 FD 与 FD、本楼层 FD 与另一楼层 ID 之间可设置互通的路由。

④ 楼层内 ID 与 ID、ID 与非本区域的 TO 之间可设置互通的路由。

（5）布线信道中含有中间配线子系统时，网络设备与 ID 配线模块之间应采用交叉或互连的连接方式。

（6）在工程应用中，工业环境的布线系统应由光纤信道和对绞电缆信道构成，如图 5-7 所示，并应符合下列规定。

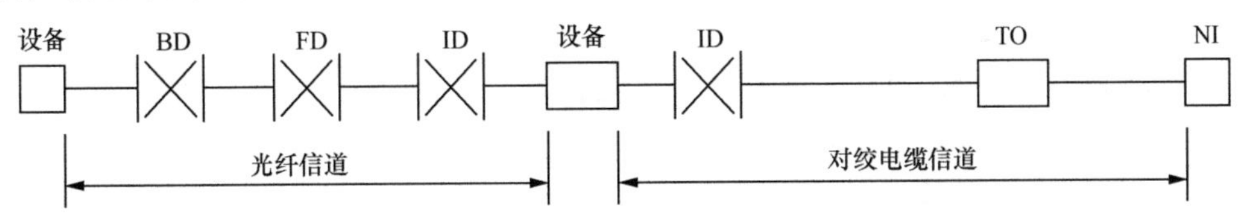

图 5-7　工业环境的布线系统由光纤信道和对绞电缆信道构成

① 中间配线设备 ID 至工作区 TO 信息点之间对绞电缆信道应采用符合 D、E、E_A、F、F_A 等级的 5、6、6_A、7、7_A 布线产品。布线等级不应低于 D 级。

② 光纤信道可分为塑料光纤信道 OF-25、OF-50、OF-100、OF-200，石英多模光纤信道 OF-100、OF-300、OF-500 及单模光纤信道 OF-2000、OF-5000、OF-10000 的信道等级。

（7）中间配线设备 ID 处跳线与设备缆线的长度应符合表 5-6 的规定。

表 5-6　跳线与设备缆线的长度

连接模型	最小长度（m）	最大长度（m）
ID-TO	15	90
工作区设备缆线	1	5
配线区跳线	2	—

续表

连接模型	最小长度（m）	最大长度（m）
配线区设备缆线[1]	2	5
跳线、设备缆线总长度	—	10

注：1. 此处没有设置跳线时，设备缆线的长度不应小于1m。

（8）工业环境布线系统设计可参照国际标准《工业环境通用布线系统》ISO/IEC 2012内容。工业级布线系统产品选用应符合IP标准提出的保护要求，国际防护（IP）定级如表5-7所示。

表5-7　　国际防护（IP）定级

级别编号	IP编号定义（两位数）[1]				级别编号
	保护级别内容		保护级别内容		
0	没有防护	对意外接触没有防护，对异物没有防护	对水没有防护	没有防护	0
1	防护大颗粒异物	防止大面积人手接触，防止直径大于50mm的大固体颗粒	防止垂直下降水滴	防水滴	1
2	防护中等颗粒异物	防止手指接触，防止直径大于12mm的中固体颗粒	防止水滴溅射进入（最大15°）	防水滴	2
3	防护小颗粒异物	防止工具、导线或异类物体接触，防止直径大于2.5mm的小固体颗粒	防止水滴（最大60°）	防喷溅	3
4	防护谷粒状异物	防止直径大于1mm的小固体颗粒	防护全方位泼溅水，允许有限进入	防喷溅	4
5	防护灰尘积垢	有限地防护灰尘	防护全方位泼溅水（来自喷嘴），允许有限进入	防浇水	5
6	防护灰尘	完全阻止灰尘进入，防护灰尘渗透	防止高压喷射或大浪进入，允许有限进入	防水淹	6
—	—	—	可沉浸在水下15cm~1m深度	防水浸	7
—	—	—	可长期沉浸在压力较大的水下	密封防水	8

注：1. 两位数用来区别防护等级，第1位针对固体物质，第2位针对液体。如IP67级别就等同于防护灰尘吸入和可沉浸在水下15cm～1m深度。

5.2.2.8　综合布线在弱电系统中的应用

（1）综合布线系统应支持具有TCP/IP通信协议的视频安防监控系统、出入口控制系统、停车库（场）管理系统、访客对讲系统、智能卡应用系统，建筑设备管理系统、能耗计量及数据远传系统、公共广播系统、信息导引（标识）及发布系统等弱电系统的信息传输。

（2）综合布线系统支持弱电各子系统应用时，应满足各子系统提出的下列条件。

① 传输带宽与传输速率。

② 缆线的应用传输距离。

③ 设备的接口类型。

④ 屏蔽与非屏蔽电缆及光缆布线系统的选择条件。

⑤ 以太网供电（POE）的供电方式及供电线对实际承载的电流与功耗。

⑥ 弱电各子系统设备安装的位置、场地面积和工艺要求。

5.3　综合布线系统的缆线长度划分与设计要点

5.3.1　综合布线系统的缆线长度划分

（1）综合布线系统水平缆线与建筑物主干缆线及建筑群主干缆线之和所构成信道的总长度不应大于 2 000m。

（2）建筑物或建筑群配线设备之间（FD 与 BD、FD 与 CD、BD 与 BD、BD 与 CD 之间）组成的信道出现 4 个连接器件时，主干缆线的长度不应小于 15m。

（3）布线系统信道应由长度不大于 90m 的水平缆线、10m 的跳线和设备缆线及最多 4 个连接器件组成，永久链路则应由长度不大于 90m 的水平缆线及最多 3 个连接器件组成。配线子系统各缆线长度应符合图 5-8 的划分以及下列要求。

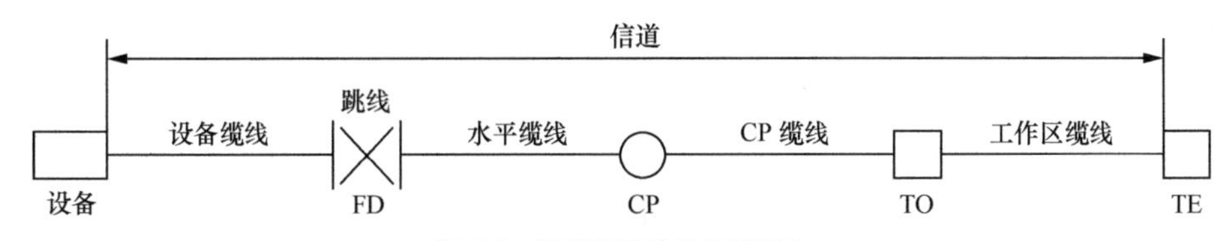

图 5-8　配线子系统各缆线划分

① 配线子系统信道的最大长度不应大于 100m。

② 工作区设备缆线、电信间配线设备的跳线和设备缆线之和不应大于 10m，当大于 10m 时，水平缆线长度（90m）应适当减少。

③ 楼层配线设备（FD）跳线、设备缆线及工作区设备缆线各自的长度不应大于 5m。

配线子系统各缆线长度如表 5-8 所示。

表 5-8　配线子系统各缆线长度

连接模型	最小长度（m）	最大长度（m）
PD-CP	15	85
CP-TO	5	—
CP-TOFD-TO（无 CP）	15	90
工作区设备缆线[1]	2	5
跳线	2	—
FD 设备缆线[2]	2	5
设备缆线与跳线总长度	—	10

注：1. 此处没有设置跳线时，设备缆线的长度不应小于 1m。

2. 此处不采用交叉连接时，设备缆线的长度不应小于 1m。

5.3.2 综合布线系统的设计要点

（1）尽量满足用户的通信要求。

（2）充分了解建筑物、建筑间的通信环境。

（3）确定合适的通信网络拓扑结构。

（4）选取适用的传输介质。

（5）以开放式为基准，尽量与大多数厂家的产品和设备兼容。

（6）将初步的系统设计和建设费用预算告知用户，在征得用户意见并订立合同书后，再制订详细的设计方案。

5.4 综合布线系统各个子系统的配置设计及技术要求

5.4.1 工作区子系统

一个独立的需要设置终端设备（TE）的区域宜划分为一个工作区。工作区由配线子系统的信息插座模块延伸到终端设备处的连接缆线及适配器组成。工作区布线随着系统终端应用设备的不同而改变，因此它是非永久的。

5.4.1.1 工作区子系统的设计概述

工作区子系统（见图 5-9）由终端设备连接到信息插座的跳线组成。它包括信息插座、信息模块、网卡和连接所需的跳线。终端设备可以是电话、计算机和数据终端，也可以是仪器仪表、传感器和探测器。

工作区适配器的选用宜符合下列规定。

（1）设备的连接插座应与连接电缆的插头匹配，不同的插座与插头之间应加装适配器。

（2）在连接使用信号的数模转换，光、电转换，数据传输速率转换等相应的装置时，采用适配器。

（3）对于网络规程的兼容，采用协议转换适配器。

（4）各种不同的终端设备或适配器均安装在工作区的适当位置，并应考虑现场的电源与接地。

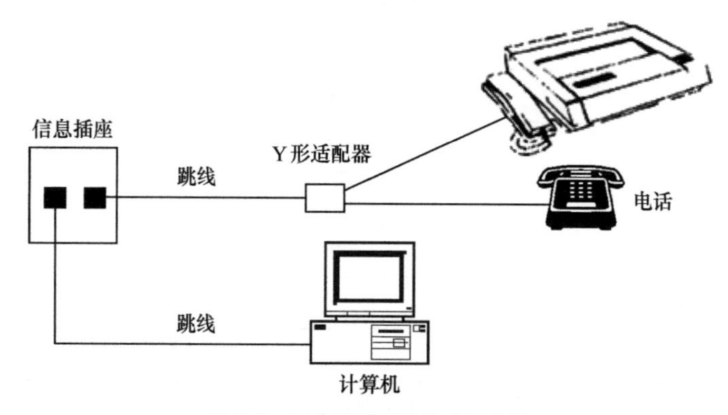

图 5-9 工作区子系统构成示意图

5.4.1.2　工作区的设计要点

（1）工作区内线槽要分布合理、美观；安装在地面上的接线盒应防水和抗压。

（2）暗装或明装在墙面或柱子上的信息插座底盒、多用户信息插座盒及集合点配线箱体的底部离地面的高度宜为 300mm。

（3）信息插座与计算机设备的距离保持在 5m 范围内。安装在工作台侧隔板面及临近墙面上的信息插座盒底距地面宜为 1.0m。

（4）购买的网卡类型接口要与线缆类型接口保持一致。信息插座模块宜采用标准 86 系列面板安装，安装光纤模块的底盒深度不应小于 60mm。

（5）所有工作区所需的信息模块、信息座、面版的数量用下述方式计算。

信息模块的需求量一般为：$m=n+n\times3\%$。

m：信息模块的总需求量。

n：信息点的总量。

$n\times3\%$：富余量。

（6）RJ45 连接头所需的数量；RJ45 连接头的需求量一般用下述公式计算。

$m=n\times4+n\times4\times15\%$。

m：RJ45 的总需求量。

n：信息点的总量。

$n\times4\times15\%$：留有的富余量。

（7）工业环境中的信息插座可带有保护壳体。

（8）工作区的电源应符合下列规定。

① 每个工作区宜配置不少于 2 个单相交流 220V/10A 电源插座。

② 工作区的电源插座应选用带保护接地的单相电源插座，保护接地与零线应严格分开。

③ 工作区的电源插座宜嵌墙暗装，高度应与信息插座一致。

（9）CP 集合点箱体、多用户信息插座箱体宜安装在导管的引入侧及便于维护的柱子及承重墙上等处，箱体底边距地面高度宜为 500mm，当在墙体、柱子的上部或吊顶内安装时，距地面高度不宜小于 1 800mm。

（10）每个用户单元信息配线箱附近水平 70～150mm 处，宜预留设置 2 个单相交流 220V/10A 电源插座，并应符合下列规定。

① 每个电源插座的配电线路均应装设保护电器，电源插座宜嵌墙暗装，底部距地面高度应与信息配线箱一致。

② 用户单元信息配线箱内应引入单相交流 220V 电源。

（11）若无特殊设计要求，前期施工的预埋管和 86 系列底盒需相匹配。光纤模块安装采用深底盒以保证光纤的预留长度和弯曲半径。

5.4.1.3　工作区的面积

目前建筑物的功能类型较多，大体上可以分为商业、文化、媒体、体育、医院、学校、交通、住宅、通用工业等类型，因此，对工作区的面积的划分应根据应用的场合做具体的分析后确定，工作区的面积需求可参照表 5-9 所示内容。

表 5-9 工作区的面积需求

建筑物类型及功能	工作区的面积（m^2）
网管中心、呼叫中心、信息中心等终端设备较为密集的场地	3～5
办公区	5～10
会议、会展	10～60
商场、生产机房、娱乐场所	20～60
体育场馆、候机室、公共设施区	20～100
工业生产区	60～200

注：1. 如果终端设备的安装位置和数量无法确定，或使用场地为大客户租用并考虑自行设置计算机网络，工作区的面积可按区域（租用场地）面积确定。

2. 对于 IDC 机房（为数据通信托管业务机房或数据中心机房）可按生产机房每个配线架的设置区域考虑工作区面积。对于此类项目，涉及数据通信设备的安装工程设计，应单独考虑实施方案。

5.4.1.4 工作区的面积划分与信息点配置

每一个工作区信息点数量的确定范围比较大，从现有的工程情况分析，从设置 1 个至 10 个信息点的现象都存在，并预留了电缆和光缆备份的信息插座模块。因为建筑物用户性质不一样，功能要求和实际需求也不一样，信息点数量不能仅按办公楼的模式确定，尤其是对于专用建筑（如电信、金融、体育场馆、博物馆等）及计算机网络存在内、外网等多个网络时，更应加强需求分析，做出合理的配置。

每一个工作区的面积划分与信息点配置可按用户的性质、网络构成和需求来确定。在《综合布线系统工程设计规范》GB 50311-2016 中对各种不同性质和功能类别的场馆工作区的面积划分与信息点配置有详细和具体的规定，如表 5-10~表 5-20 所示的内容，供设计者参考。

表 5-10 办公建筑工作区的面积划分与信息点配置

项目		办公建筑	
		行政办公建筑	通用办公建筑
每一个工作区的面积（m^2）		办公：5~10	办公：5~10
每一个用户单元区域的面积（m^2）		60~120	60~120
每一个工作区信息插座的类型与数量	RJ45	一般：2 个，政务：2~8 个	2 个
	光纤到工作区 SC 或 LC	2 个单工或 1 个双工或根据需要设置	2 个单工或 1 个双工或根据需要设置

表 5-11 商店建筑和旅馆建筑工作区的面积划分与信息点配置

项目		商店建筑	旅馆建筑
每一个工作区的面积(m^2)		商铺：20～120	办公：5～10；客房：每套房；公共区域：20～50；会议：20～50
每一个用户单元区域的面积（m^2）		60～120	每 1 个客房
每一个工作区信息插座的类型与数量	RJ45	2～4 个	2～4 个
	光纤到工作区 SC 或 LC	2 个单工或 1 个双工或根据需要设置	2 个单工或 1 个双工或根据需要设置

表 5-12　文化建筑和博物馆建筑工作区的面积划分与信息点配置

项目		文化建筑			博物馆建筑
		图书馆	文化馆	档案馆	
每一个工作区的面积（m²）		办公阅览：5~10	办公：5~10；展示厅：20~50；公共区域：20~60	办公：5~10；资料室：20~60	办公：5~10；展示厅：20~50；公共区域：20~60
每一个用户单元区域的面积(m²)		60~120	60~120	60~120	60~120
每一个工作区信息插座的类型与数量	RJ45	2 个	2~4 个	2~4 个	2~4 个
	光纤到工作区 SC 或 LC	2 个单工或 1 个双工或根据需要设置	2 个单工或 1 个双工或根据需要设置	2 个单工或 1 个双工或根据需要设置	2 个单工或 1 个双工或根据需要设置

表 5-13　观演建筑工作区的面积划分与信息点配置

项目		观演建筑		
		剧场	电影院	广播电视业务建筑
每一个工作区的面积（m²）		办公区：5～10；业务区：50～100	办公区：5～10；业务区：50～100	办公区：5～10；业务区：5～50
每一个用户单元区域的面积（m²）		60～120	60～120	60～120
每一个工作区信息插座的类型与数量	RJ45	2 个	2 个	2 个
	光纤到工作区 SC 或 LC	2 个单工或 1 个双工或根据需要设置	2 个单工或 1 个双工或根据需要设置	2 个单工或 1 个双工或根据需要设置

表 5-14　体育建筑和会展建筑工作区的面积划分与信息点配置

项目		体育建筑	会展建筑
每一个工作区的面积（m²）		办公区：5～10；业务区：每比赛场地（记分、裁判、显示、升旗等）5～50	办公区：5～10；展览区：20～100；洽谈区：20～50；公共区域：60～120
每一个用户单元区域的面积（m²）		60～120	60～120
每一个工作区信息插座的类型与数量	RJ45	一般：2 个	一般：2 个
	光纤到工作区 SC 或 LC	2 个单工或 1 个双工或根据需要设置	2 个单工或 1 个双工或根据需要设置

表 5-15　医疗建筑工作区的面积划分与信息点配置

项目	医疗建筑	
	综合医院	疗养院
每一个工作区的面积（m²）	办公：5~10；业务区：10~50；手术设备室：3~5；病房：15~60；公共区域：60~120	办公：5~10；疗养区：15~60；业务区：10~50；疗养活动室：30~50；营养食堂：20~60；公共区域：60~120

续表

项目		医疗建筑	
		综合医院	疗养院
每一个用户单元区域的面积（m²）		每一个病房	每一个疗养区
每一个工作区信息插座的类型与数量	RJ45	2 个	2 个
	光纤到工作区 SC 或 LC	2 个单工或 1 个双工或根据需要设置	2 个单工或 1 个双工或根据需要设置

表 5-16　　教育建筑工作区的面积划分与信息点配置

项目		教育建筑		
		高等学校	高级中学	初级中学和小学
每一个工作区的面积（m²）		办公：5～10； 公寓、宿舍：每一套房/每一床位； 教室：30～50； 多功能教室：20～50； 实验室：20～50； 公共区域：30～120	办公：5～10； 公寓、宿舍：每一床位； 教室：30～50； 多功能教室：20～50； 实验室：20～50； 公共区域：30～120	办公：5～10； 教室：30～50； 多功能教室：20～50； 实验室：20～50； 公共区域：30～120； 宿舍：每一套房
每一个用户单元区域的面积（m²）		公寓	公寓	—
每一个工作区信息插座的类型与数量	RJ45	2～4 个	2～4 个	2～4 个
	光纤到工作区 SC 或 LC	2 个单工或 1 个双工或根据需要设置	2 个单工或 1 个双工或根据需要设置	2 个单工或 1 个双工或根据需要设置

表 5-17　　交通建筑工作区的面积划分与信息点配置

项目		交通建筑			
		民用机场航站楼	铁路客运站	城市轨道交通站	汽车客运站
每一个工作区的面积（m²）		办公区：5～10； 业务区：10～50； 公共区域：50～100； 服务区：10～30	办公区：5～10； 业务区：10～50； 公共区域：50～100； 服务区：10～30	办公区：5～10； 业务区：10～50； 公共区域：50～100； 服务区：10～30	办公区：5～10； 业务区：10～50； 公共区域：50～100； 服务区：10～30
每一个用户单元区域的面积（m²）		60～120	60～120	60～120	60～120
每一个工作区信息插座的类型与数量	RJ45	一般：2 个	一般：2 个	一般：2 个	一般：2 个
	光纤到工作区 SC 或 LC	2 个单工或 1 个双工或根据需要设置	2 个单工或 1 个双工或根据需要设置	2 个单工或 1 个双工或根据需要设置	2 个单工或 1 个双工或根据需要设置

表 5-18　　金融建筑工作区的面积划分与信息点配置

项目		金融建筑
每一个工作区的面积（m^2）		办公区：5～10； 业务区：5～10； 客服区：5～20； 公共区域：50～120； 服务区：10～30
每一个用户单元区域的面积（m^2）		60~120
每一个工作区信息插座的类型与数量	RJ45	一般：2～4 个； 业务区：2～8 个
	光纤到工作区 SC 或 LC	4 个单工或 2 个双工或根据需要设置

表 5-19　　住宅建筑工作区的面积划分与信息点配置

项目		住宅建筑
每一个房屋信息插座的类型与数量	RJ45	电话：客厅、餐厅、主卧、次卧、厨房、卫生间各 1 个，书房 2 个； 数据：客厅、餐厅、主卧、次卧、厨房各 1 个，书房 2 个
	同轴	有线电视：客厅、主卧、次卧、书房、厨房各 1 个
	光纤到桌面 SC 或 LC	根据需要，客厅、书房：1 个双工
光纤到住宅用户		满足光纤到户要求，每一户配置一个家居配线箱

表 5-20　　通用工业建筑工作区的面积划分与信息点配置

项目		通用工业建筑
每一个工作区的面积（m^2）		办公：5~10； 公共区域：60~120； 生产区：20~100
每一个用户单元区域的面积（m^2）		60~120
每一个工作区信息插座的类型与数量	RJ45	一般：2~4 个
	光纤到工作区 SC 或 LC	2 个单工或 1 个双工或根据需要设置

5.4.2　配线子系统

配线子系统由工作区的信息插座模块、信息插座模块至电信间的配线设备（FD）的配线电缆和光缆、电信间的配线设备及设备缆线和跳线等组成。

从楼层配线架到各信息插座的布线属于配线子系统。水平电缆或水平光缆一般直接连接至信息插座。必要时，楼层配线架和每一个信息插座之间允许有一个转接点。进入和接出转接点的电缆线对或光纤应按 1 : 1 连接，以保持对应关系。转接点处的所有电缆或光缆应作机械终端。转接点处只包括无源连接硬件，应用设备不应在这里连接。转接点处宜为永久连接，不应作配线用。

5.4.2.1 配线子系统的设计概述

配线子系统设计涉及水平布线子系统的传输介质和部件集成，主要有5点。

（1）确定线路走向。

（2）确定线缆、槽、管的数量和类型。

（3）确定电缆的类型和长度。

（4）订购电缆和线槽。

（5）如果采用吊杆或托架走支撑线槽，计算需要用多少根吊杆或托架。

5.4.2.2 电缆长度的计算

电缆长度的计算公式如下：

$$A=(L+S)/2\times1.1+6\ (\text{m})$$

$$B=305/A\ (\text{条数})\text{取整数}$$

$$\text{需用电缆配线箱数}=n/B+1$$

式中：A——平均长度（m）；

B——每个配线箱可引出电缆条数；

L——最长信息点长度（m）；

S——最短信息点长度；

n——楼内语音或数据点总数；

1.1——余量参数（富余量）；

6——余量常数（富余量）。

5.4.2.3 配线子系统的布线线缆

配线子系统中常用的线缆有4种。

（1）100Ω非屏蔽双绞线（UTP）电缆。

（2）100Ω屏蔽双绞线（STP）电缆。

（3）50Ω同轴电缆。

（4）62.5/125μm 光纤光缆。

5.4.2.4 配线子系统的设计要点

（1）根据工程提出的近期和远期终端设备的设置要求，用户性质、网络构成及实际需要确定建筑物各层需要安装信息插座模块的数量及其位置，配线应留有扩展余地。

（2）配线子系统水平缆线采用的非屏蔽或屏蔽4对对绞电缆、室内光缆应与各工作区光（电）信息插座类型相适应。

（3）FD（BD、CD）处，通信缆线和计算机网络设备与配线设备之间的连接方式应符合下列规定。

① 在FD（BD、CD）处，电话交换系统配线设备模块之间宜采用跳线互连（见图5-10）。

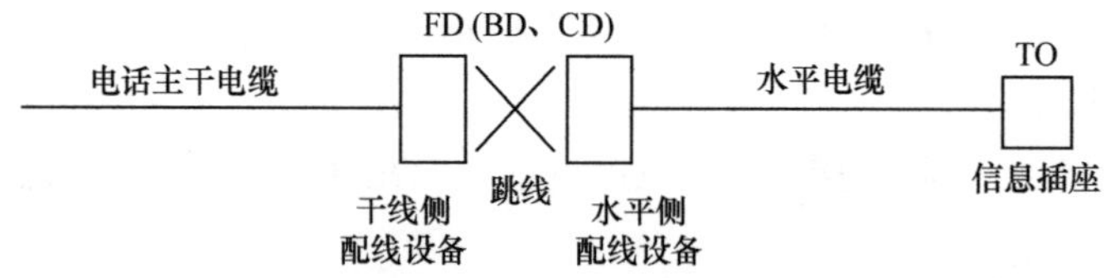

图5-10 电话交换系统中缆线与配线设备间的连接方式

② 计算机网络设备与配线设备的连接方式应符合下列规定。

A. 在 FD（BD、CD）处，计算机网络设备与配线设备模块之间宜采用跳线交叉连接（见图 5-11）。

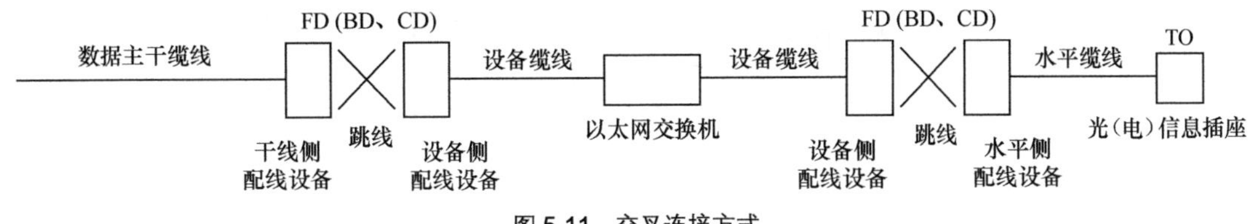

图 5-11　交叉连接方式

B. 在 FD（BD、CD）处，计算机网络设备与配线设备模块之间可采用设备缆线互连（见图 5-12）。

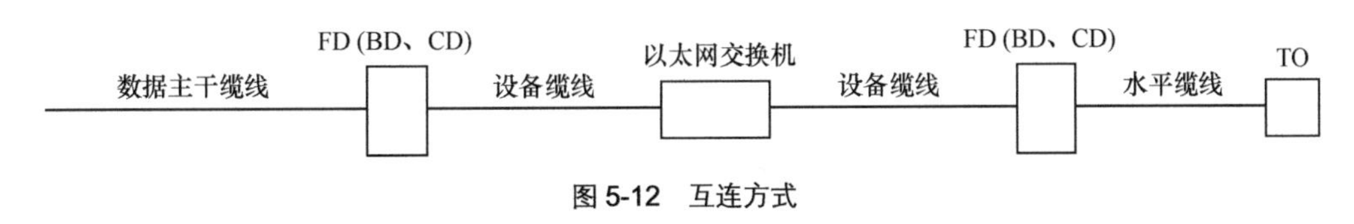

图 5-12　互连方式

（4）每一个工作区信息插座模块数量不宜少于 2 个，并应满足各种业务的需求。

（5）底盒数量应由插座盒面板设置的开口数确定，并应符合下列规定。

① 每一个底盒支持安装的信息点（RJ45 模块或光纤适配器）数量不宜大于 2 个。

② 光纤信息插座模块安装的底盒大小与深度应充分考虑水平光缆（2 芯或 4 芯）终接处的光缆预留长度的盘留空间和满足光缆对弯曲半径的要求。

③ 信息插座底盒不应作为过线盒使用。

（6）工作区的信息插座模块应支持不同的终端设备接入，每一个 8 位模块通用插座应连接 1 根 4 对对绞电缆；每一个双工或 2 个单工光纤连接器件及适配器应连接 1 根 2 芯光缆。

（7）从电信间至每一个工作区的水平光缆宜按 2 芯光缆配置，连接至用户群或大客户使用的工作区域时，备份光纤芯数不应小于 2 芯，水平光缆宜按 4 芯或 2 根 2 芯光缆配置。

（8）连接至电信间的每一根水平缆线均应终接于 FD 处相应的配线模块，配线模块与缆线容量相适应。

（9）FD 主干侧各类配线模块应根据主干缆线所需容量要求、管理方式及模块类型和规格进行配置。

（10）FD 采用的设备缆线和各类跳线宜根据计算机网络设备的使用端口容量和电话交换系统的实装容量、业务的实际需求或信息点总数的比例进行配置，比例范围宜为 25%～50%。

5.4.2.5　配线子系统的布线方案

水平布线根据建筑物的结构特点，按路由（线）最短、造价最低、施工方便、布线规范等几个方面考虑，优先选择最佳的水平布线方案。一般可采用 3 种布线方式。

（1）直接埋管式（见图 5-13）。

（2）先走吊顶内线槽，再走支管到信息出口（见图 5-14）。

（3）地面线槽方式（见图 5-15）。

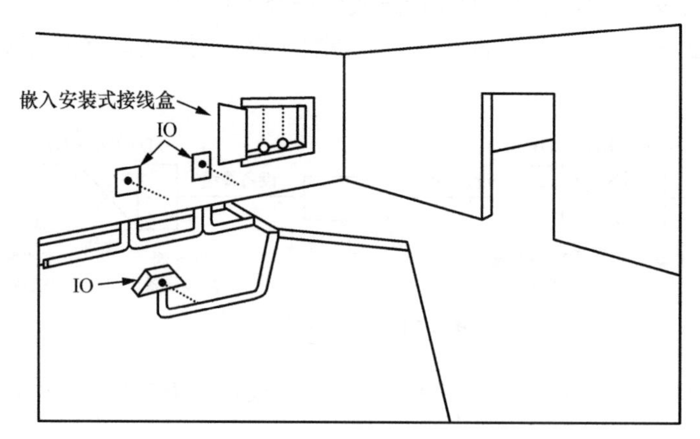

图 5-13　直接埋管式示意图

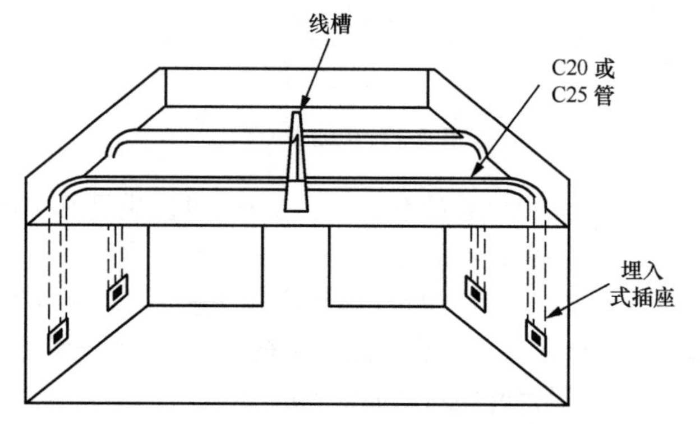

图 5-14　先走吊顶内线槽，再走支管到信息出口示意图

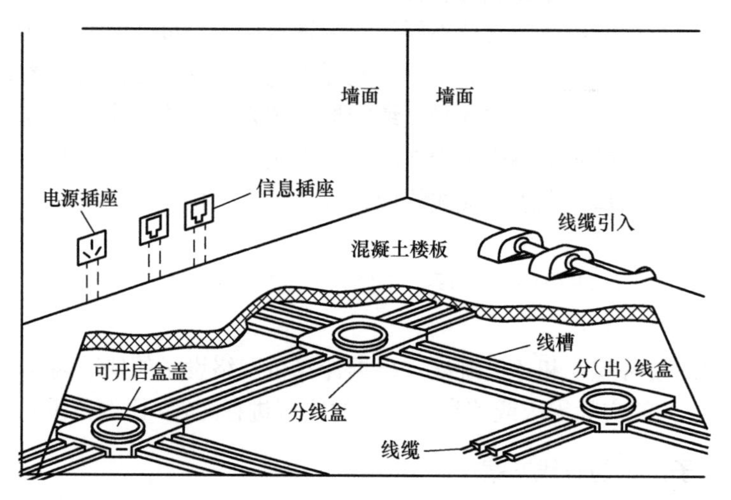

图 5-15　地面线槽方式示意图

5.4.2.6　配线模块产品选用

1．配线模块选择原则

根据现有产品情况，配线模块可按以下原则选择。

（1）多线对端子配线模块可以选用 4 对或 5 对卡接模块，每个卡接模块应卡接 1 根 4 对对绞电缆。一般 100 对卡接端子容量的模块可卡接 24 根（采用 4 对卡接模块）或卡接 20 根（采用 5 对卡接模块）4 对对绞电缆。

（2）25 对端子配线模块可卡接 1 根 25 对大对数电缆或 6 根 4 对对绞电缆。

（3）回线式配线模块（8 回线或 10 回线）可卡接 2 根 4 对对绞电缆或 8/10 回线。回线式配线模块的每一回线可以卡接 1 对进线和 1 对出线。回线式配线模块的卡接端子可以具有连通型、断开型和可插入型 3 类不同的功能。一般在 CP 处可选用连通型；在需要加装过压过流保护器时采用断开型；可插入型主要应用于断开电路做检修的情况下，布线工程中无此种应用。

（4）RJ45 配线模块（由 24 或 48 个 8 位模块通用插座组成）每 1 个 RJ45 插座应可卡接 1 根 4 对对绞电缆。

（5）光纤连接器件每个单工端口应支持 1 芯光纤的连接，双工端口则支持 2 芯光纤的连接。

2．配线模块产品选用

电信间和设备间安装的配线设备的选用应与所连接的缆线相适应，具体可参照表 5-21 的内容。

表 5-21　　配线模块产品选用

类别	产品类型	配线模块安装场地和连接缆线类型			
	配线设备类型	容量与规格	FD（电信间）	BD（设备间）	CD（设备间）
电缆配线设备	大对数卡接模块	采用 4 对卡接模块	4 对水平电缆/4 对主干电缆	4 对主干电缆	4 对主干电缆
		采用 5 对卡接模块	大对数主干电缆	大对数主干电缆	大对数主干电缆
	25 对卡接模块	25 对	4 对水平电缆/4 对主干电缆/大对数主干电缆	4 对主干电缆/大对数主干电缆	4 对主干电缆 大对数主干电缆
	回线型卡接模块	8 回线	4 对水平电缆/4 对主干电缆	大对数主干电缆	大对数主干电缆
		10 回线	大对数主干电缆	大对数主干电缆	大对数主干电缆
	RJ45 配线模块	24 口或 48 口	4 对水平电缆/4 对主干电缆	4 对主干电缆	4 对主干电缆
光缆配线设备	SC 光纤连接盘、适配器	单工/双工为 24 口	水平/主干光缆	主干光缆	主干光缆
	LC 光纤连器件、适配器	单工/双工一般为 24 口、48 口	水平/主干光缆	主干光缆	主干光缆

注：1．屏蔽大对数电缆使用 8 回线型卡接模块。

2．在楼层配线设备（FD）处水平侧的电话配线模块主要采用 RJ45 类型，以适应通信业务的变更与产品的互换性。

3．每一个机柜出入的光纤数量较大时，为节省机柜的安装空间，也可以采用 LC 高密度（48～144 个光纤端口）的光纤配线架。

5.4.2.7 信息点数量的配置

由于建筑物用户性质不一样，其功能要求和业务需求也不一样，尤其是对于专用建筑（如电信、金融、体育场馆、博物馆等建筑）及计算机网络存在内、外网等多个网络时，更应加强需求分析，做出合理的配置。每个工作区信息点数量可按用户的性质、网络构成和需求来确定。表5-22给了一些分类，供设计者参考。

表5-22 信息点数量的配置

建筑物功能区	信息点数量（每个工作区）			备注
	电话	数据	光纤（双工端口）	
办公区（基本配置）	1个	1个	—	—
办公区（高配置）	1个	2个	1个	对数据信息有较大的需求
出租或大客户区域	2个或2个以上	2个或2个以上	1个或1个以上	指整个区域的配置量
办公区（政务工程）	2~5个	2~5个	1个或1个以上	涉及内、外网络时

注：对出租的用户单元区域可设置信息配线箱，工作区的用户业务终端通过电信业务经营者提供的ONU设备直接与公用电信网互通。大客户区域也可以为公共设施的场地，如商场、会议中心、会展中心等。

5.4.2.8 各配线设备的跳线配置

（1）电话跳线宜按每根1对或2对对绞电缆容量配置，跳线两端连接插头采用IDC（110）型或RJ45型。

（2）数据跳线宜按每根4对对绞电缆配置，跳线两端连接插头采用IDC（110）型或RJ45型。

（3）光纤跳线宜按每根1芯或2芯光纤配置，光纤跳线连接器件采用ST或SC型。

5.4.2.9 电信间的配置

电信间主要为楼层安装配线设备（如机柜、机架、机箱等）和楼层信息通信网络系统设备的场地，并应在该场地内设置缆线竖井、等电位接地体、电源插座、UPS电源配电箱等设施。通常大楼电信间内还需设置安全技术防范、消防报警、广播、有线电视、建筑设备监控等其他弱电系统设备，以及光纤配线箱、无线信号覆盖系统等设备的布缆管槽、功能模块及柜、箱的安装。如上述设施安装于同一场地，亦称为弱电间。电信间的配置应满足下列事项。

（1）电信间的数量应按所服务的楼层范围及工作区面积来确定。如果该层信息点数量不大于400个，水平缆线长度在90m范围以内，宜设置一个电信间；当超出这一范围时宜设置两个或多个电信间；每层的信息点数量较少，且水平缆线长度不大于90m的情况下，几个楼层宜合设一个电信间。

（2）当有信息安全等特殊要求时，应将所有涉密的信息通信网络设备和布线系统设备等进行空间物理隔离或独立安放在专用的电信间内，并应设置独立的涉密机柜及布线管槽。

（3）电信间内，信息通信网络系统设备及布线系统设备宜与弱电系统布线设备分设在不同的机柜内。当各设备容量配置较少时，亦可在同一机柜内作空间物理隔离后安装。

（4）各楼层电信间、竖向缆线管槽及对应的竖井宜上下对齐。

（5）电信间内不应设置与安装的设备无关的水、风管及低压配电缆线管槽与竖井。

（6）根据工程中配线设备与以太网交换机设备的数量、机柜的尺寸及布置，电信间的使用面积不应小于 $5m^2$。当电信间内需设置其他通信设施和弱电系统设备箱柜或弱电竖井时，应增加使用面积。

（7）电信间室内温度应保持在 10℃～35℃，相对湿度应保持在 20%～80%之间。当房间内安装有源设备时，应采取满足信息通信设备可靠运行要求的对应措施。

（8）电信间应采用外开防火门，房门的防火等级应按建筑物等级类别设定。房门的高度不应小于 2.0m，净宽不应小于 0.9m。对超高层和 250m 以上的建筑，通常电信间防火门采用乙级及以上等级的防火门；房门净尺寸宽度应满足净宽 600～800mm 的机柜搬运通过的要求。

（9）电信间内梁下净高不应小于 2.5m。电信间的水泥地面应高出本层地面不小于 100mm 或设置防水门槛。室内地面应具有防潮、防尘、防静电等功能。

（10）电信间应设置不少于 2 个单相交流 220V/10A 电源插座盒，每个电源插座的配电线路均应装设保护器；设备供电电源应另行配置。

5.4.3　干线子系统

5.4.3.1　干线子系统的概述

干线子系统由设备间至电信间的干线电缆和光缆，安装在设备间的建筑物配线设备（BD）及设备缆线和跳线组成。干线子系统的功能是通过建筑物内部的传输电缆或光缆，把各接线间和二级交接间的信号传送到设备间，直至传送到最终接口，再通往外部网络。它必须既满足当前的需要，又能适应今后的发展。

1．干线子系统包括的内容

（1）接线间和二级交接间与设备间之间的竖向或横向光（电）缆通道。

（2）干线接线间和二级交接间之间的连接光（电）缆通道。

（3）主设备间与计算机中心间的干线光（电）缆。

2．干线子系统布线的拓扑结构

综合布线系统中干线子系统的拓扑结构主要有：星形、总线型、环形、树形和网状形。推荐采用星形拓扑结构，如图 5-16 所示。

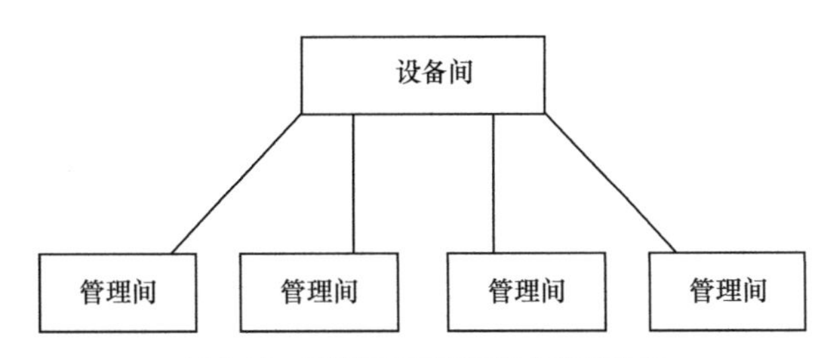

图 5-16　干线子系统的星形拓扑结构图

3．干线子系统常用的光（电）缆

（1）100Ω大对数非屏蔽电缆。

（2）150ΩFTP 电缆。

（3）62.5/125μm 多模光纤光缆。

（4）8.3/125μm 单模光纤光缆。

4．干线子系统布线的距离

干线子系统布线的最大距离，即楼层配线架到设备间主配线架之间的最大允许距离，与信息传输速率、信息编码技术以及所选的传输介质和相关连接件有关，具体长度请参考综合布线系统的缆线长度划分的规定。

5.4.3.2 干线子系统的设计要点

（1）干线子系统所需要的对绞电缆根数、大对数电缆总对数及光缆光纤总芯数，应满足工程的实际需求与缆线的规格，并应留有备份容量。

（2）干线子系统主干缆线宜设置电缆或光缆备份及电缆与光缆互为备份的路由。

（3）当电话交换机和计算机设备设置在建筑物内不同的设备间时，宜采用不同的主干缆线来分别满足语音和数据的需要。

（4）在建筑物若干设备间之间，设备间与进线间及同一层或各层电信间之间宜设置干线路由。

（5）主干电缆和光缆所需的容量要求及配置应符合下列规定。

① 对语音业务，大对数主干电缆的对数应按每 1 个电话 8 位模块通用插座配置 1 对线，并应在总需求线对的基础上预留不小于 10%的备用线对。

② 对数据业务，应按每台以太网交换机设置 1 个主干端口和 1 个备份端口配置。当主干端口为电接口时，应按 4 对线对容量配置，当主干端口为光端口时，应按 1 芯或 2 芯光纤容量配置。

③ 当工作区至电信间的水平光缆需延伸至设备间的光配线设备（BD/CD）时，主干光缆的容量应包括所延伸的水平光缆光纤的容量。

④ 建筑物配线设备处各类设备缆线和跳线的配置应符合：FD（电信间）采用的设备缆线和各类跳线宜根据计算机网络设备的使用端口容量和电话交换系统的实装容量、业务的实际需求或信息点总数的比例进行配置，比例范围宜为 25%～50%。

（6）设备间配线设备（BD）所需的容量要求及配置应符合下列规定。

① 主干缆线侧的配线设备容量应与主干缆线的容量相一致。

② 设备侧的配线设备容量应与设备应用的光（电）主干端口容量相一致或与干线侧配线设备容量相同。

③ 外线侧的配线设备容量应满足引入缆线的容量需求。

5.4.3.3 干线子系统的配置设计

1．确定每层楼的干线配置

根据配线子系统所有的语音、数据、图像等信息插座的数量以及系统的设计等级来计算干线的规模。假设建筑物的某一层共设置了 200 个信息点，计算机网络与电话各占 50%，即各为 100 个信息点。则干线的配置如下。

（1）语音主干电缆配置：语音主干的总对数按水平电缆总对数的 25%计，为 100 对线的需求；如考虑 10%的备份线对，则语音主干电缆总对数需求量为 110 对。

（2）语音干线侧配线模块配置：FD 干线侧配线模块可按卡接大对数主干电缆 110 对端子容量配置。

（3）数据干线最少量配置：以每个 HUB/SW 为 24 个端口计，100 个数据信息点需设置 5

个 HUB/SW；以每 4 个 HUB/SW 为一群（96 个端 H），组成了 2 个 HUB/SW 群；现以每个 HUB/SW 群设置 1 个主干端口，并考虑 1 个备份端 VI，则 2 个 HUB/SW 群需设 4 个主干端 1∶1。如主干缆线采用对绞电缆，每个主干端口需设 4 对线，则线对的总需求量为 16 对；如主干缆线采用光缆，每个主干光端口按 2 芯光纤考虑，则光纤的需求量为 8 芯。

（4）数据干线最大量配置：同样以每个 HUB/SW 为 24 端口计，100 个数据信息点需设置 5 个 HUB/SW；以每 1 个 HUB/SW（24 个端口）设置 1 个主干端口，每 4 个 HUB/SW 考虑 1 个备份端口，共需设置 7 个主干端口。如主干缆线采用对绞电缆，以每个主干电端口需要 4 对线考虑，则线对的需求量为 28 对；如主干缆线采用光缆，每个主干光端口按 2 芯光纤考虑，则光纤的需求量为 14 芯。

（5）数据干线侧配线模块配置：FD 干线侧配线模块可根据主干电缆或主干光缆的总容量加以配置。

以上的配置数量计算得出以后，再根据电缆、光缆、配线模块的类型、规格加以选用，做出合理配置。

2．确定整栋楼的干线配置

主要是确定干线线缆类别、数量，只要将所有楼层的干线分类相加，即可确定整栋楼的干线配置。

3．确定从楼层管理间到设备间的干线光（电）缆路由与布线方式

确定干线光（电）缆路由的原则是：路径最短、安全可靠、施工方便、经济适用。

（1）建筑物垂直干线的敷设方式

① 电缆孔方式

通常用一根或数根外径为 63～102mm 的金属管预埋在楼板内，金属管高出地面 25～50mm，也可直接在楼板上预留一个大小适当的长方形孔洞（见图 5-17）；孔洞一般不小于 600mm×400mm（也可根据工程实际情况确定）。

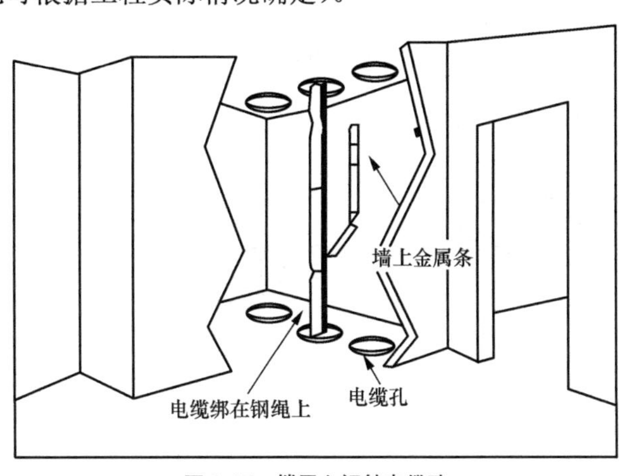

图 5-17　楼层之间钻电缆孔

② 电缆竖井方式

在新建工程中，推荐使用电缆竖井的方式（见图 5-18）。

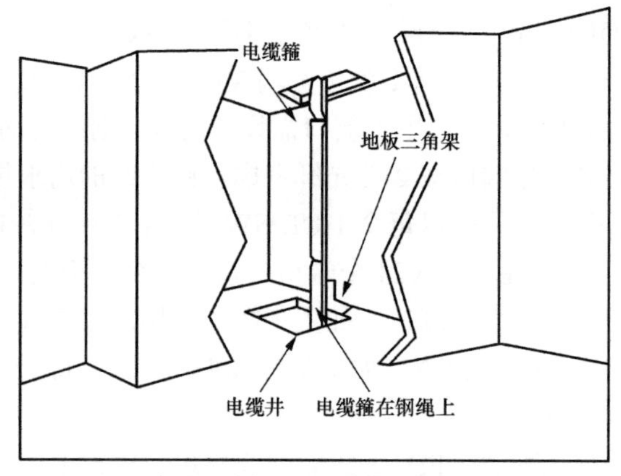

图 5-18　电缆竖井方式（利用楼层间的管井通道）

③ 管道或桥架方式

管道或桥架方式包括明管或暗管敷设方式。

（2）建筑物水平干线的敷设方式

① 金属排管法（见图 5-19）。

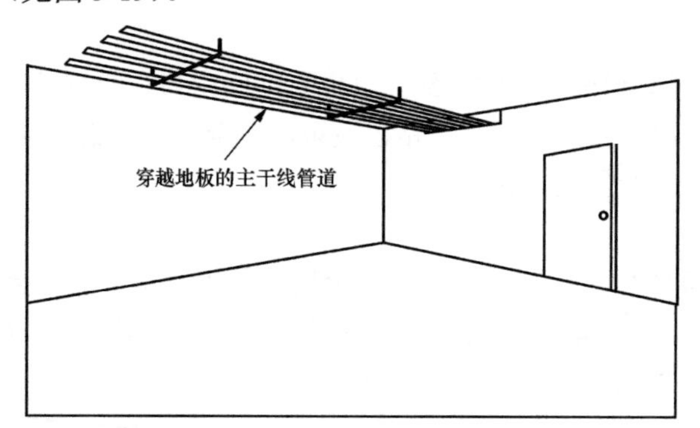

图 5-19　金属管排列方法示意图

② 金属电缆桥架法（见图 5-20）。

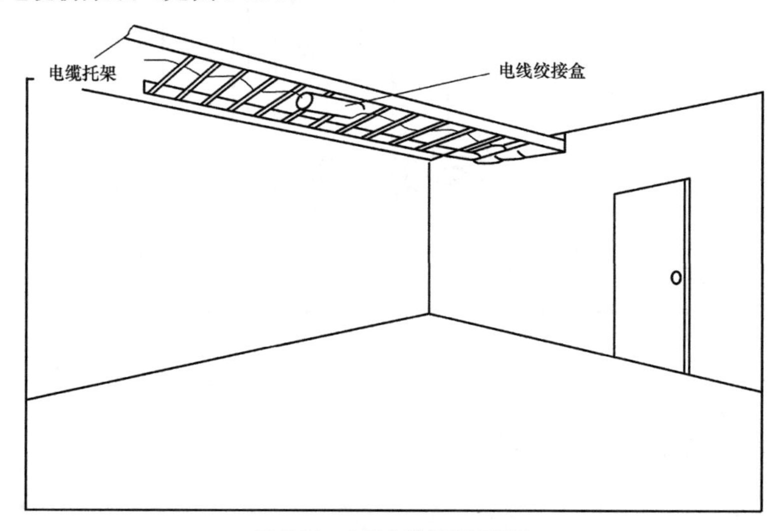

图 5-20　金属电缆托架示意图

4．确定干线接线间的连接方法

干线接线间的连接方法通常有 3 种可选择：即点对点端接法、分支接合法和端接与连接电缆法。

（1）点对点端接法（见图 5-21）

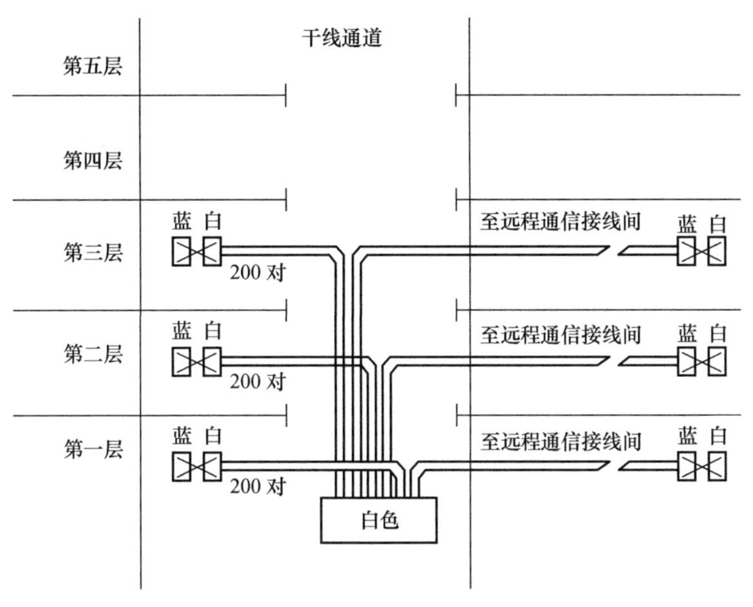

图 5-21　点对点端接法示意图

（2）分支接合法（见图 5-22）

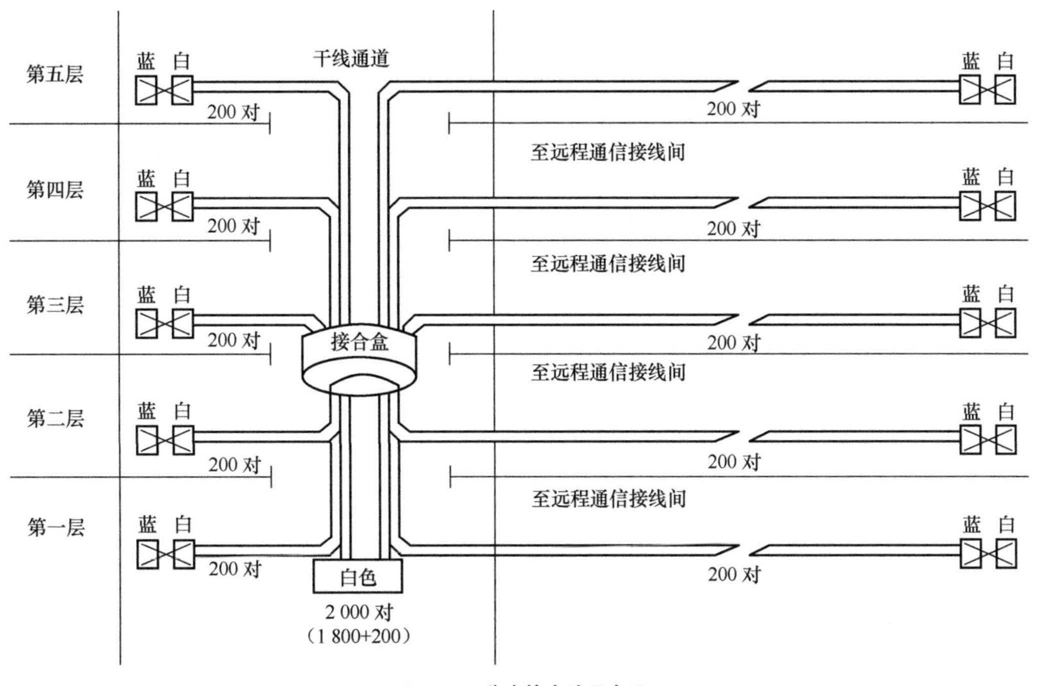

图 5-22　分支接合法示意图

（3）端接与连接电缆法（见图 5-23）

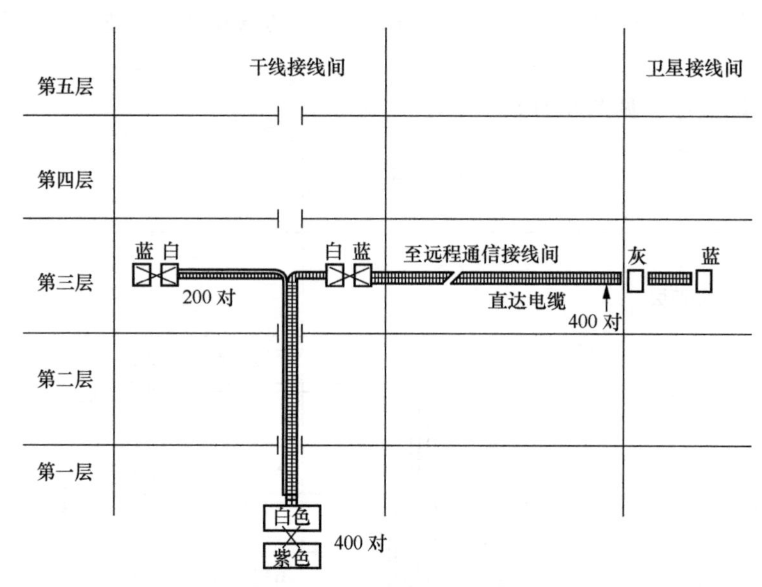

图 5-23　端接与连接电缆法示意图

5．确定干线电缆的规模

对于端接和连接电缆，需确定配线间与二级交接间之间的连接电缆规模（每个 I/O 点为 3 对线）；对于分支接合法，每个工作区应为 3 对双绞线。

（1）端接和连接电缆 3 对线数算法（见图 5-24）

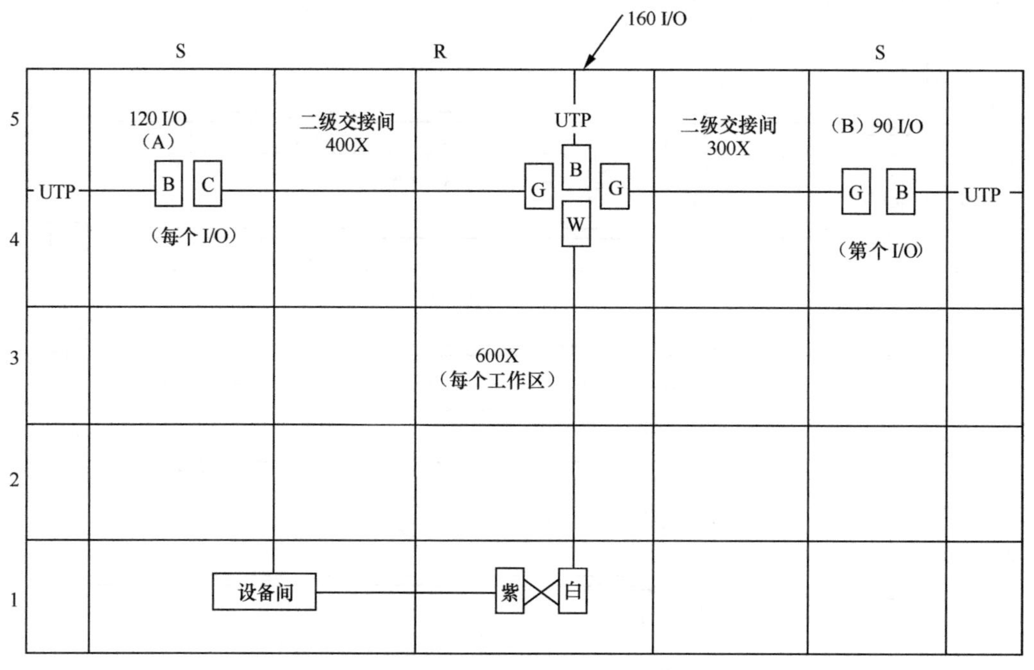

图 5-24　配线间与二级交接间之间的连接示意图

（2）分支接合法电缆 3 对线数算法（见图 5-25）

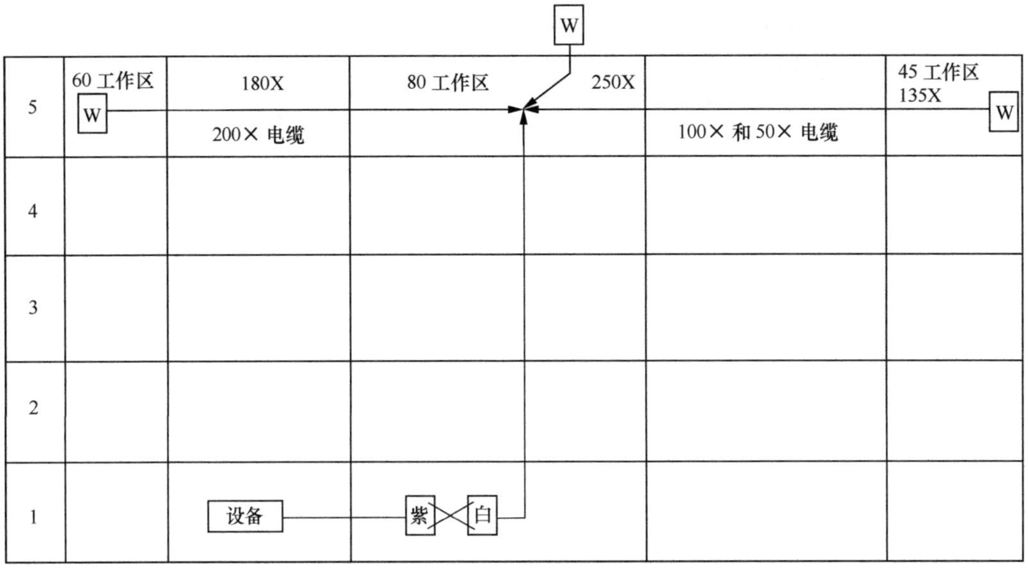

图 5-25　分支接合法电缆在工作区连接示意图

5.4.4　建筑群子系统

建筑群子系统由连接多个建筑物之间的主干电缆和光缆、建筑群配线设备（CD）及设备缆线和跳线组成。其功能是连接各建筑物之间的传输介质和各种支持设备（硬件）。

5.4.4.1　建筑群子系统的设计步骤

（1）根据小区建筑详细规划图了解整个小区的大小、边界、建筑物数量。

（2）确定电缆系统的一般参数。

（3）确定建筑物的光（电）缆入口。

（4）查清障碍物的位置，以确定电缆路由。

（5）根据前面资料，选择所需电缆类型、规格、长度、敷设方式，穿管敷设时的管材、规格、长度，画出最终的施工图。

（6）核算每种选择方案的成本。

（7）选择最经济、最实用的设计方案。

5.4.4.2　建筑群子系统的设计要点

（1）建筑群配线设备内线侧的容量应与各建筑物引入的建筑群主干缆线容量一致。

（2）建筑群配线设备外线侧的容量应与建筑群外部引入的缆线的容量一致。

（3）建筑群配线设备各类设备缆线和跳线的配置应符合：FD（电信间）采用的设备缆线和各类跳线宜根据计算机网络设备的使用端口容量和电话交换系统的实装容量、业务的实际需求或信息点总数的比例进行配置，比例范围宜为 25%～50%。

（4）入口设施。

① 建筑群主干光（电）缆、公用网和专用网光（电）缆等室外缆线进入建筑物时，应在

进线间由器件成端转换成室内、光（电）缆。缆线的终接处设置的入口设施外线侧配线模块应按出入的光（电）缆容量配置。

② 综合布线系统和电信业务经营者设置的入口设施内线侧配线模块应与建筑物配线设备（BD）或建筑群配线设备之间敷设的缆线类型和容量相匹配。

③ 进线间的缆线引入管道管孔数量应满足建筑物之间、外部接入各类信息通信业务、建筑智能化业务及多家电信业务经营者缆线接入的需求，并应留有不少于 4 孔的余量。

5.4.4.3 建筑群子系统的缆线敷设

（1）建筑群之间的缆线尽量采用地下管道或电缆沟敷设方式，如果条件允许，也可以采用架空方式，并应符合相关规范的规定。

（2）缆线应远离高温和电磁干扰的场地。

（3）光（电）缆敷设方法。

① 架空光（电）缆敷设（见图 5-26）。

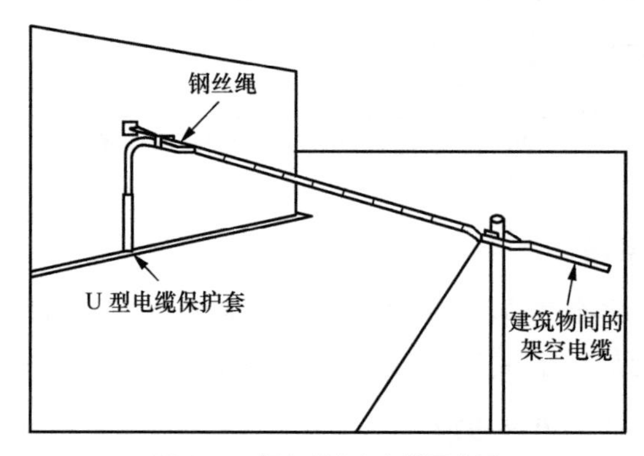

图 5-26 架空光（电）缆示意图

② 直埋光（电）缆敷设（见图 5-27）。

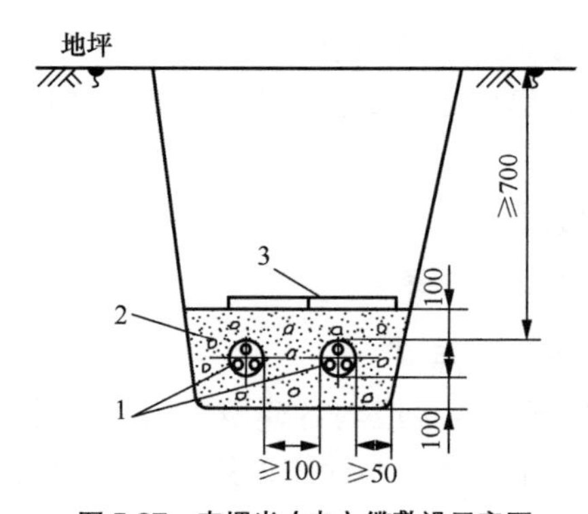

图 5-27 直埋光（电）缆敷设示意图

注：1. 直埋电缆和保护管。
2. 填充沙。
3. 红砖或保护盖板。

③ 管道光（电）缆敷设（见图 5-28）。

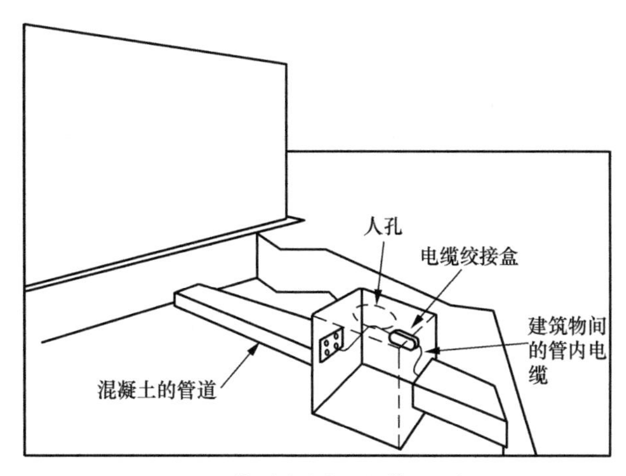

图 5-28　管道光（电）缆敷设示意图

5.4.5　设备间子系统

设备间是在每幢建筑物的适当地点进行网络管理和信息交换的场地。设备间子系统是安装公用设备（如电话交换机、计算机主机、进出线设备、网络主交换机、综合布线系统的有关硬件和设备）的场所。电话交换机、计算机主机设备及入口设施也可与配线设备安装在一起。

5.4.5.1　设备间子系统的设计要点

（1）在设备间内安装的 BD 配线设备干线侧容量应与主干缆线的容量相一致。设备侧容量应与设备端口容量相一致或与干线侧配线设备容量相同。

（2）BD 配线设备与电话交换机及计算机网络设备的连接方式与配线子系统的连接方式完全一致。

（3）对综合布线工程设计而言，设备间主要安装总配线设备。当信息通信设施与配线设备分别设置设备间时，考虑到设备电缆有长度限制的要求，安装总配线架的设备间与安装电话交换机及计算机主机的设备间之间的距离不宜太远。

5.4.5.2　设备间子系统的设计内容

设计内容包括：位置确定、面积确定、结构及环境、设备安装条件要求。

1．位置确定

（1）设备间位置确定应根据设备的数量、规模、网络构成等因素综合考虑；设备间应尽可能设在位于干线子系统的中间位置，并应考虑主干缆线的传输距离、敷设路由与数量。

（2）每幢建筑物内应至少设置 1 个设备间，并应符合下列规定。

① 当电话交换机与计算机网络设备分别安装在不同的场地、有安全要求或有不同业务应用需要时，可设置 2 个或 2 个以上配线专用的设备间。

② 当综合布线系统设备间与建筑内信息接入机房、信息网络机房、用户电话交换机房、智能化总控室等合设时，房屋使用空间应作分隔。

（3）不宜设在建筑物的顶层，宜设置在建筑物的首层或楼上层。当地下室为多层时，也可设置在地下一层。

（4）应尽量靠近建筑物电缆引入区和网络接口，宜靠近建筑物布放主干缆线的竖井位置。

（5）应在服务电梯附近，便于重设备的进出。

（6）尽量远离强噪声源和强振动源。

（7）不应设置在厕所、浴室或其他潮湿、易积水区域的正下方或毗邻场所。

（8）应远离供电变压器、发动机和发电机、X 射线设备、无线射频或雷达发射机等设备以及有电磁干扰源存在的场所。

（9）应远离粉尘、油烟、有害气体以及存有腐蚀性、易燃、易爆物品的场所。

2．面积确定

使用面积的大小主要与设备数量有关，可以按下面两种方法中任一种估算，但最小最好不小于 10m^2。

方法一：

$$S=（5\sim7）\sum S_b$$

式中：S——设备间使用面积（m^2）；

S_b——与综合布线系统有关并在设备间平面布置图中占有位置的设备面积（m^2）；

$\sum S_b$——设备间内所有设备所占面积的总和。

方法二：

$$S=KA$$

式中：S——设备间使用面积（m^2）；

A——设备间内所有设备的总台（架）数；

K——系数，一般取（4.5～5.5）m^2/台（架）。

3．结构及环境

（1）结构。

设备间梁下净高一般与使用面积有关，但不得低于 2.5m。门的高度不小于 2.0m，净宽不小于 1.5m。楼板承重一般不低于 500kg/m^2。设备间的水泥地面应高出本层地面不小于 100mm 或设置防水门槛，室内地面应具有防潮功能。

（2）温度和湿度。

设备间室内温度应保持在 10℃～35℃，相对湿度应保持在 20%～80%之间，并应有良好的通风效果。当室内安装有源的信息通信网络设备时，应采取满足设备可靠运行要求的对应措施。设备间的温度和湿度应符合表 5-23 的要求。

表 5-23　　温度和湿度的要求

级别 / 项目	A 级		B 级	C 级
	夏季	冬季		
温度	22℃±4℃	18℃±4℃	12℃~30℃	8℃~35℃
相对湿度	40%~65%		35%~70%	30%~80%
温度变化率（℃/h）	＜5 要不凝露		＜10 要不凝露	＜15 要不凝露

（3）防止有害气体与尘埃要求。

设备间应防止有害气体（如氯、碳水化合物、硫化氢、氮氧化物、二氧化碳等）侵入，并应有良好的防尘措施，尘埃含量限值宜符合表 5-24 的规定。

表 5-24　　尘埃含量限值要求表

尘埃颗粒的最大直径（μm）	0.5	1	3	5
灰尘颗粒的最大浓度（粒子数/m^3）	1.4×10^7	7×10^5	2.4×10^5	1.3×10^5

注：灰尘粒子应是不导电的，非铁磁性和非腐蚀性的。

（4）照明。

设备间内在距地面 0.8m 处，照度不应低于 300lx。还应设事故照明，在距地面 0.8m 处，其照度不应低于 5lx。

（5）噪声及电磁场干扰。

设备间的噪声应小于 70dB。设备间内无线电干扰场强，在频率为 0.15～1000MHz 范围内不大于 120dB。设备间内磁场干扰场强不大于 800A/m。

（6）供电。

频率：50Hz。

电压：380V/220V。

相数：三相五线制/单相三线制。

一般应考虑备用电源，可采用直接供电和不间断供电相结合的方式。此外，设备间应设置不小于 2 个单相交流 220V/10A 电源插座盒，每个电源插座的配电线路均应装设保护器；设备供电电源应另行配置。设备间如果安装电信设备或其他信息网络设备时，设备供电应符合相应的设计要求。

（7）在地震带的区域内，设备安装应按规定采取抗震加固措施。

（8）安全级别（见表 5-25）。

表 5-25　　安全级别表

项目	级别		
	C 级	B 级	A 级
场地选择	×	△	△
防火	△	△	△
内部装修	×	△	○
供配电系统	△	△	○
空调系统	△	△	○
火灾报警及消防设施	△	△	○
防水	×	△	○
防静电	×	△	○
防雷电	×	△	○
防鼠害	×	△	○
电磁波的防护	×	△	△

注：“×”为无要求；“△”为有要求或增加要求；“○”为严格要求。

（9）建筑物防火与内部装修。

A 类，其建筑物的耐火等级必须符合《高层民用建筑设计防火规范》GB 50045-2005 中规定的一级耐火等级。

B 类，其建筑物的耐火等级必须符合《高层民用建筑设计防火规范》GB 50045-2005 中规定的二级耐火等级。

C 类，其建筑物的耐火等级应符合《建筑设计防火规范》GB 50016-2014 中规定的二级耐火等级。

（10）地面。

地面最好采用抗静电活动地板，其系统电阻应在 1×105～1×1 010Ω之间。具体要求应符合《计算机房用地板技术条件》GB 6650-1986 标准。

（11）墙面。

墙面应选择不易产生尘埃，也不易吸附尘埃的材料。

（12）顶棚。

顶棚大多数采用铝合金或轻钢作龙骨，安装吸声铝合金板、难燃铝塑板、喷塑石英板等。

（13）隔断。

根据设备间安装的设备及工作需要，可用玻璃将设备间隔成若干个房间。隔断可以选用防火的铝合金或轻钢作龙骨，安装 10mm 厚玻璃，或从地板面至 1.2m 安装难燃双塑板，1.2m 以上安装 10mm 厚玻璃。

（14）火灾报警及灭火设施。

应根据防火等级要求按《火灾自动报警系统设计规范》（GB 50116-2013）、《气体灭火系统设计规范》（GB 50370-2005）等在设备间安装消防报警系统。

4．设备安装

设备安装应本着方便运行和维护、减轻地震破坏、避免人员伤亡、减少经济损失的设计原则，并应符合现行国家标准《建筑机电工程抗震设计规范》（GB 50981-2014）的有关规定，应注意如下事项。

（1）综合布线系统宜采用标准 19″ 机柜，安装应符合下列规定。

① 机柜数量规划应计算配线设备、网络设备、电源设备及理线等设施的占用空间，并考虑设备安装空间冗余和散热需要。

② 机柜单排安装时，前面净空不应小于 1 000mm，后面及机列侧面净空不应小于 800mm；多排安装时，列间距不应小于 1 200mm。

（2）在公共场所安装配线箱时，暗装箱体底边距地面不宜小于 1.5m，明装箱体底边距地面不宜小于 1.8m。

（3）机柜、机架、配线箱等设备的安装宜采用螺栓固定。在抗震设防地区，设备安装应采取减震措施，并应进行基础抗震加固。

5.4.6 进线间子系统

进线间是建筑物外部通信和信息管线的入口部位，并可作为入口设施和建筑群配线设备的安装场地。进线间主要作为多家电信业务经营者和建筑物布线系统安装入口设施共同使用，并满足室外光（电）缆引入楼内成端与分支及光缆的盘长空间的需要。由于光缆至大楼（FTTB）、光缆至用户（FTTH）、光缆至桌面（FTTO）的应用会使得光纤的容量日益增多，进线间就显得尤为重要。同时，进线间的环境条件应符合入口设施的安装工艺要求。在建筑物不具备设置单独进线间或引入建筑内的光（电）缆数量容量较小时，也可以在缆线引入建筑物内的部位采用挖地沟或使用较小的空间完成缆线的成端与盘长，入口设施（配线设备）则可安装在设备间，但多家电信业务经营者的入口设施（配线设备）宜设置单独的场地，以便功能分区。建筑物内如果包括数据中心，需要分别设置独立使用的进线间。

综合布线系统的进线间与通信接入网（或局站）的进线间有所不同的是，面积很难用统一的标准进行设计，因为每栋楼宇的内部结构都有所不同。一座建筑物宜设置一个进线间，一般位于地下一层。对洪涝多发地区，为了保障通信设施的安全及通信畅通，进线间可以设于建筑物的首层。外部缆线宜从两个不同的地下管道路由引入进线间，有利于路由的安全及与外部管道的沟通。进线间与建筑物红线范围内的人（手）孔采用管道或通道的方式互连。进线间因涉及因素较多，难以统一提出具体所需面积，可根据建筑物实际情况，并参照通信行业和国家的现行标准要求进行设计。

进线间设计要点如下。

（1）进线间内应设置管道入口，入口的尺寸应满足不少于 3 家电信业务经营者通信业务接入及建筑群布线系统和其他弱电子系统的引入管道管孔容量的需求。

（2）在单栋建筑物或由连体的多栋建筑物构成的建筑群体内应设置不少于 1 个进线间。

（3）进线间应满足室外引入缆线的敷设与成端位置及数量、缆线的盘长空间和缆线的弯曲半径等要求，并应提供安装综合布线系统及不少于 3 家电信业务经营者入口设施的使用空间及面积。进线间面积不宜小于 $10m^2$。

（4）进线间宜设置在建筑物地下一层临近外墙、便于管线引入的位置，其设计应符合下列规定。

① 管道入口位置应与引入管道高度相对应。

② 进线间应防止渗水，宜在室内设置排水地沟并与附近设有抽排水装置的集水坑相连。

③ 进线间应与电信业务经营者的通信机房，建筑物内配线系统设备间、信息接入机房、信息网络机房、用户电话交换机房、智能化总控室及垂直弱电竖井之间设置互通的管槽。

④ 进线间应采用相应防火级别的外开防火门，门净高不应小于 2.0m，净宽不应小于 0.9m。

⑤ 进线间宜采用轴流式通风机通风，排风量应按每小时不小于 5 次换气次数计算。

（5）与进线间安装的设备无关的管道不应在室内通过。

（6）进线间安装的信息通信系统设施应符合设备安装设计的要求。

（7）综合布线系统进线间不应与数据中心使用的进线间合设，建筑物内各进线间之间应设置互通的管槽。

（8）进线间应设置不少于 2 个单相交流 220V/10A 电源插座盒，每个电源插座的配电线路均应装设保护器。设备供电电源应另行配置。

5.4.7　管理子系统

管理子系统是对工作区、电信间、设备间、进线间的配线设备、缆线、信息插座模块等设施按一定的模式进行标识和记录。内容包括管理方式、标识、色标、连接等。这些内容的实施将给今后维护和管理带来很大的方便，有利于提高管理水平和工作效率。

管理子系统的作用是提供与其他子系统连接的手段，使整个综合布线系统及其所连接的设备、器件等构成一个完整的有机体。通过对管理子系统交接的调整，可以安排或重新安装系统线路的路由，使传输线路能延伸到建筑物内部的各工作区。管理子系统由交连、互连以及I/O组成。

5.4.7.1 管理子系统的设计要点

（1）设备间、电信间、进线间和工作区的配线设备、缆线、信息点等设施按一定的模式进行标识和记录，并应符合下列规定。

① 综合布线系统工程宜采用计算机进行文档记录与保存，简单且规模较小的综合布线系统工程可按图纸资料等纸质文档进行管理，并做到记录准确、及时更新、便于查阅，文档资料应实现汉化。

② 综合布线的每一电缆、光缆、配线设备、端接点、接地装置、敷设管线等组成部分均应给定唯一的标识符，并设置标签。标识符应采用相同数量的字母和数字等标明。

③ 电缆和光缆的两端均应标明相同的标识符。综合布线系统使用的标签可采用粘贴型和插入型。电缆和光缆的两端应采用不易脱落和磨损的不干胶条标明相同的编号。

④ 设备间、电信间、进线间的配线设备宜采用统一的色标区别各类业务与用途的配线区。

⑤ 综合布线系统工程应制订系统测试的记录文档内容。

（2）所有标签应保持清晰、完整，并满足使用环境要求。

（3）对于规模较大的布线系统工程，为提高布线工程维护水平与网络安全，宜采用电子配线设备对信息点或配线设备进行管理，以显示与记录配线设备的连接、使用及变更状况，并应具备下列基本功能。

① 实时智能管理与监测布线跳线连接通断及端口变更状态。

② 以图形化显示为界面，浏览所有被管理的布线部位。

③ 管理软件提供数据库检索功能。

④ 用户远程登录对系统进行远程管理。

⑤ 管理软件对非授权操作或链路意外中断提供实时报警。

（4）综合布线系统相关设施的工作状态信息应包括：设备和缆线的用途、使用部门、组成局域网的拓扑结构、传输信息速率、终端设备配置状况、占用器件编号、色标、链路与信道的功能和各项主要指标参数及完好状况、故障记录等，还应包括设备位置和缆线走向等内容。

（5）测试的记录文档内容可包括测试指标参数、测试方法、测试设备类型和制造商、测试设备编号和校准状态、采用的软件版本、测试线缆适配器的详细信息（类型和制造商，相关性能指标）、测试日期、测试相关的环境条件及环境温度等。

5.4.7.2 管理交接方案

管理交接方案一般有两种可供选择，即单点管理和双点管理。

单点管理位于设备间里面的交换机附近，通过线路直接连至用户间或服务接线间里面的第二个硬件接线交连区，单点管理有单交连（见图5-29）和双交连（见图5-30）两种方式。如果没有服务间，第二个交连可安放在用户房间的墙壁上。

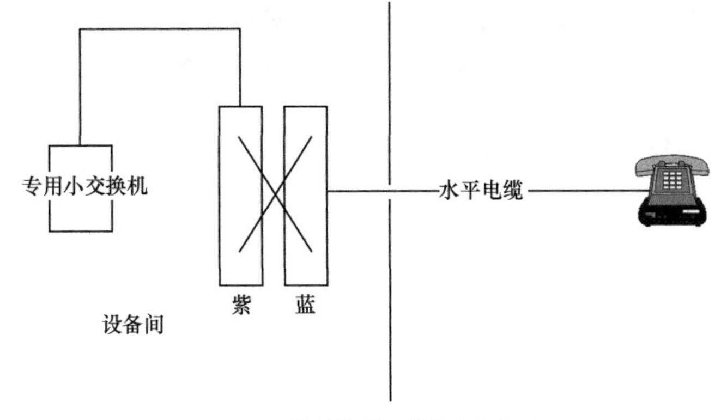

图 5-29　单点管理—单交连示意图

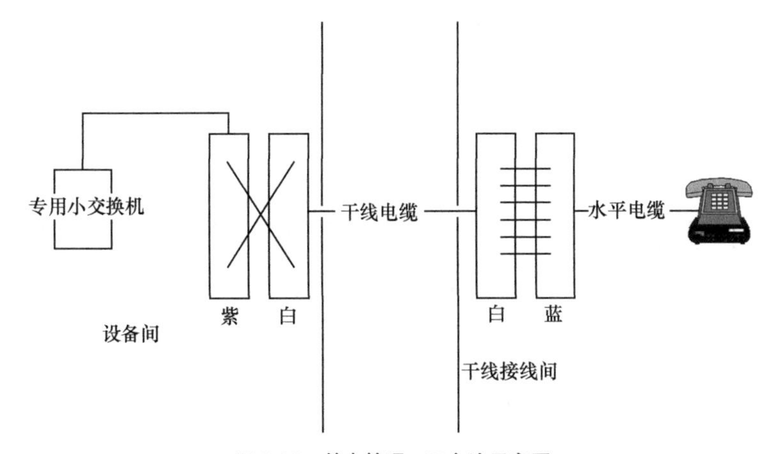

图 5-30　单点管理—双交连示意图

双点管理除了在设备间有一个管理点之外，在服务间里或用户房间的墙壁上还有第二个可管理的交连（见图 5-31）。

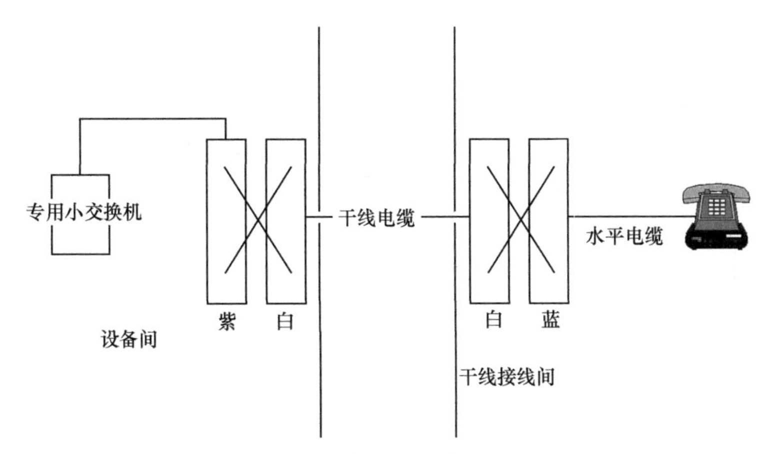

图 5-31　双点管理—双交连示意图

5.4.7.3　综合布线交连系统标记

综合布线交连系统标记是管理子系统的一个重要组成部分，标记系统能提供如下信息：建筑物名称（如果是建筑群）、位置、区号和起始点。采用色标区分干线缆线、配线缆线或设备端口等综合布线的各种配线设备种类。同时，还应采用标签标明终接区域、物理位置、编号、容量、规格等，以便维护人员在现场和通过维护终端设备一目了然地加以识别。

1．制作

综合布线系统使用了 3 种标记：电缆标记、场标记和插入标记，其中，插入标记最常用。插入标记所用的底色及含义如下。

（1）蓝色：对工作区的信息插座（I/O）实现连接。

（2）白色：实现干线和建筑群光（电）缆的连接。端接于白场的光（电）缆布置在设备间与楼层配线间及二级交接间之间或建筑群各建筑物之间。

（3）灰色：配线间与二级交接间之间的连接光（电）缆或二级交接间之间的连接光（电）缆。

（4）绿色：来自电信局的输入中继线。

（5）紫色：来自 PBX 或数据交换机之类的公用系统设备的连线。

（6）黄色：来自控制台或调制解调器之类的辅助设备的连线。

2．标记方法

（1）端口场（公用系统设备）的标记（见图 5-32）。

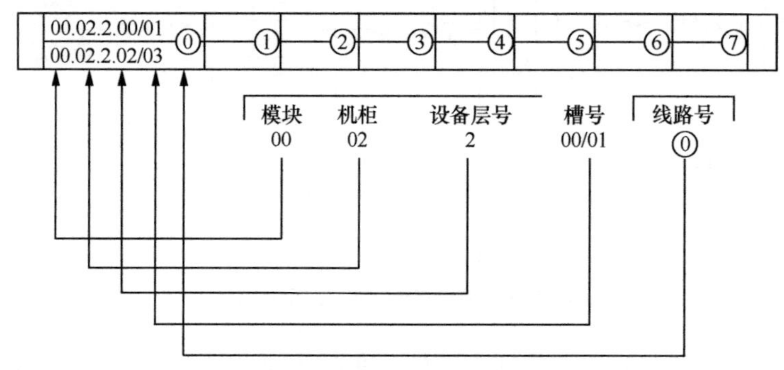

图 5-32 PBX 端口紫场插入标记

（2）设备间干线/建筑群光（电）缆（白场）的标记（见图 5-33）。

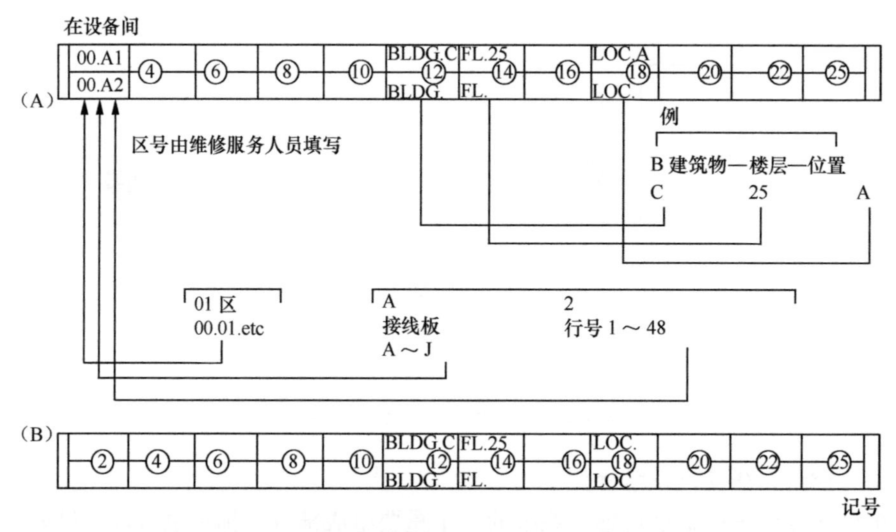

图 5-33 设备间干线/建筑群光（电）缆（白场）的标记

（3）干线接线间的干线光（电）缆（白场）的标记（见图 5-34）。

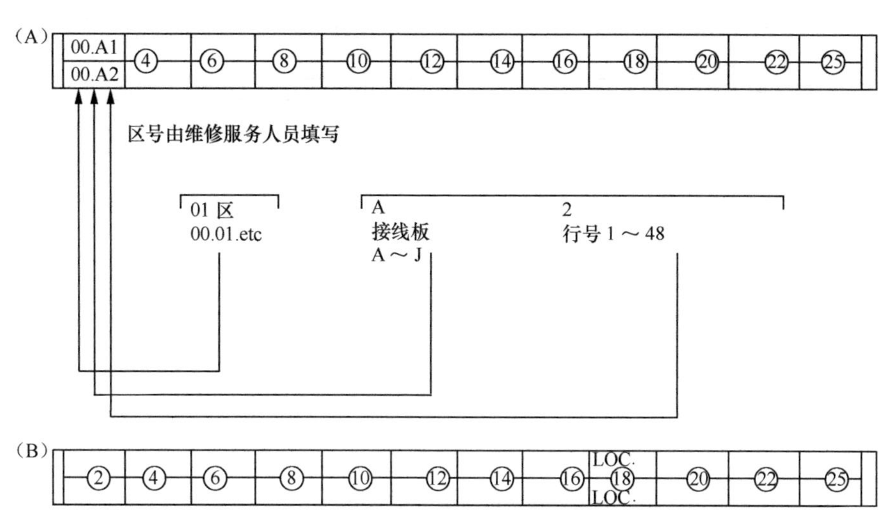

图 5-34　干线接线间的干线光（电）缆（白场）标记

（4）二级交接间的干线/建筑群光（电）缆（白场）的标记（见图 5-35）。

	A-1	A-2	A-3	A-4	A-5	A-6	A-7	A-8	建筑物
	A-9	A-10	A-11	A-12	A-13	A-14	A-15	A-16	

	F-129	F-130	F-131	F-132	F-133	F-134	F-135	F-136	建筑物
	F-137	F-138	F-139	F-140	F-141	F-142	F-143	F-144	

图 5-35　二级交接间的干线/建筑群光（电）缆（白场）的标记

（5）总机中继线场（绿场）的标记（见图 5-36）。

	1　5	10	15	20	25	
	26　31	35	40	45	50	

	551　555	560	565	570	575	
	576　580	585	590	595	600	

图 5-36　总机中继线场（绿场）的标记

（6）辅助场（黄场）的标记（见图 5-37）。

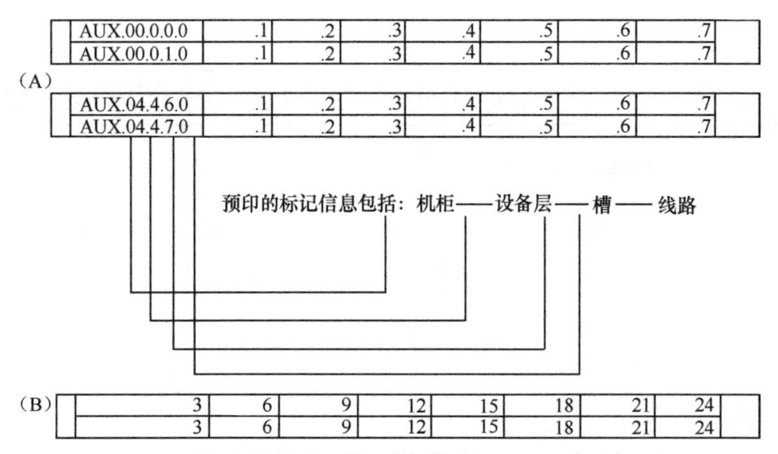

图 5-37　按 3 对线模块化系数排列的引线的黄色插入标记

（7）连接光（电）缆场（灰场）的标记（见图 5-38）。

	A-1	A-2	A-3	A-4	A-5	A-6	A-7	A-8	建筑物
	A-9	A-10	A-11	A-12	A-13	A-14	A-15	A-16	

	F-129	F-130	F-131	F-132	F-133	F-134	F-135	F-136	建筑物
	F-137	F-138	F-139	F-140	F-141	F-142	F-143	F-144	

图 5-38　连接光（电）缆场（灰场）的标记

（8）PDS 光（电）缆的标记。

PDS 光（电）缆的标记可以直接贴在连接器上和表面上，其大小与形状根据其用途的不同而异。PDS 电缆标记用于识别终端块与信息插座。

（9）信息插座的标记（见图 5-39）

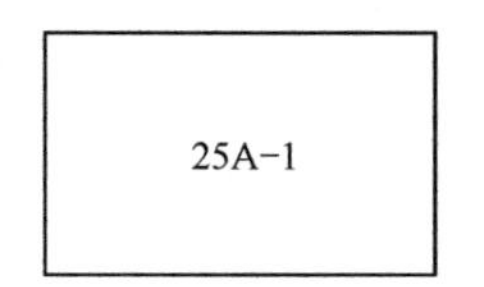

图 5-39　信息插座的标记示意图

5.4.7.4　管理子系统的设备

1．管理子系统常用的设备

（1）机柜。

（2）集线器或 110 连接块。

（3）信息点集线面板。

（4）集线器的整压电源线。

2．管理子系统的交连部件

在管理子系统中，线缆是通过 110 交连硬件进行交连、互连管理（分别见图 5-40 和图 5-41）。

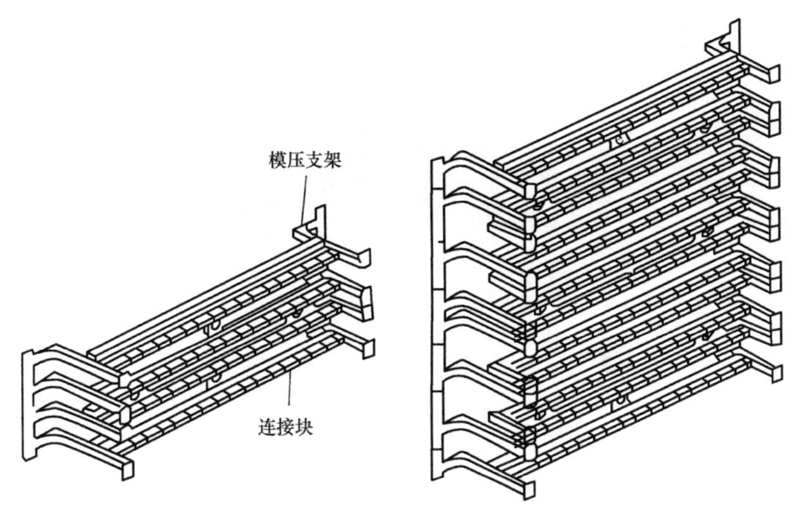

图 5-40　100 对和 300 对的 110A 接线块组装件

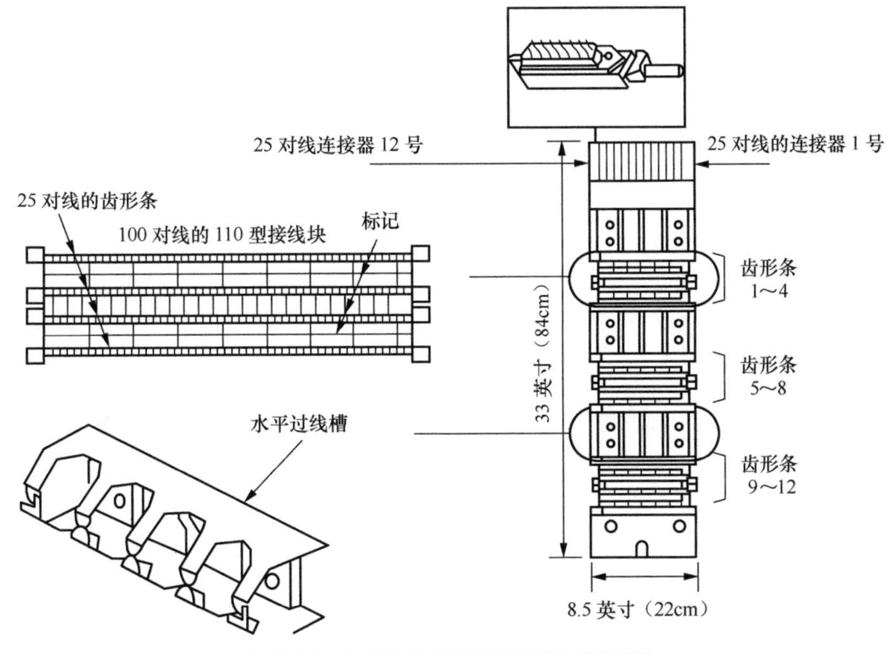

图 5-41　110P300 对线的带连接器的终端块

3．模块化配线架（见图 5-42）

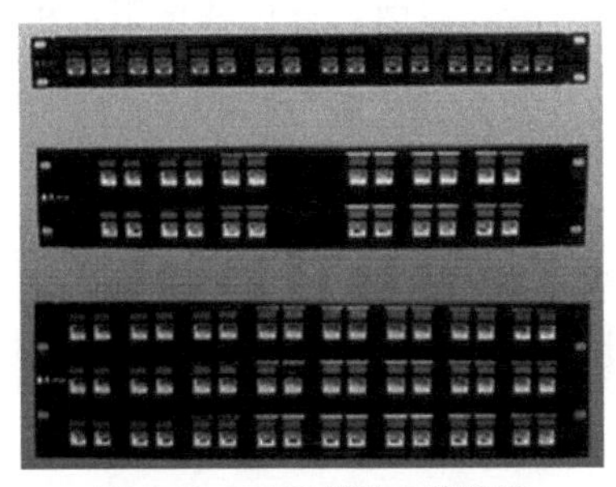

图 5-42　RJ45 模块化接插板

4．理线工具（见图 5-43）

图 5-43 MilesTek 公司的理线工具

5．机架和机柜（分别见图 5-44、图 5-45 和图 5-46）

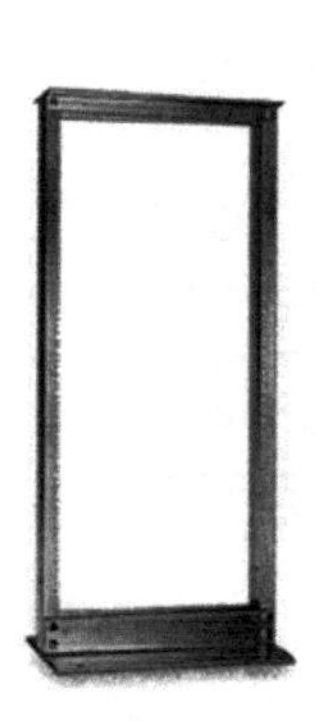

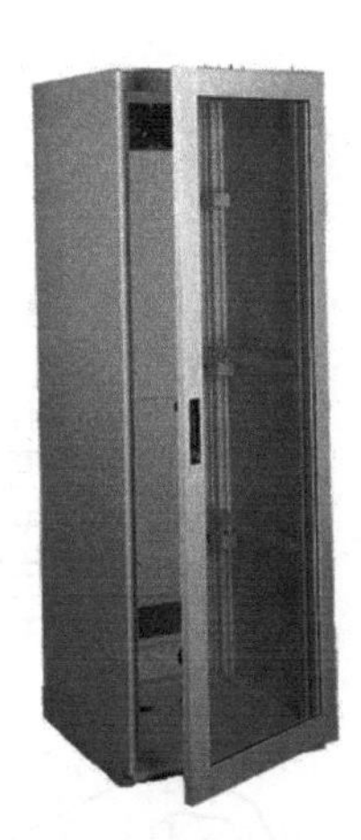

图 5-44 MilesTek 公司旋转门式墙面机架　图 5-45 19 英寸（48cm）骨架式机架　图 5-46 19 英寸（48cm）机柜

5.4.7.5 管理子系统的设计

管理子系统的设计可分为 3 个步骤：第一步，管理子系统在干线接线间和二级交接间中的应用；第二步，管理子系统在设备间的应用；第三步，标记方案的实施。

1．管理子系统在干线接线间和二级交接间中的应用

（1）选择接线间要使用的硬件类型

如果用户不想对楼层上的线路进行修改、移位或重组，可使用夹接线方式的 110A 型。如果用户今后需要经常重组线路，宜选用接插线方式的 110P 型。

（2）选择待端接线路的模块化系数

① 连接电缆端采用 3 对线。

② 基本 PDS 设计的干线电缆端接采用 2 对线。

③ 综合型或增强型 PDS 设计中的干线电缆端接采用 3 对线。

④ 工作端接采用 4 对线。

（3）二级交接间接线块数量计算

① 配线架水平布线接线块的规格数量

$$\frac{25\text{（线对最大数量）}}{\text{线路的模块化系数}}=\text{线对/行}$$

$$\text{线路数/块}=\text{行数}\times 4\ \text{对线线路数/行}$$

$$\frac{\text{I/O数}}{\text{线路数/块}}=100\text{对（或300对）的接线块}$$

② 选择在二级交接间和干线接线间端接干线电缆所需的接线块的数量

$$\frac{\text{电缆的线对数}}{300}=\text{用于端接电缆所需的300对线模块的块数}$$

例：已知增强型设计，3 对线路模块化系数，远程通信接线间需要服务的 I/O 数为 192，工作区总数为 96，干线电缆规格（增强型）是每个工作区配以 3 对线。

计算如下：

所需干线电缆所含对数为：96×3=288（对），电缆规格为 300 对线。

$$\frac{300\text{（电缆的线对数）}}{300}=1$$

2．其他要求

（1）写出墙场的全部材料清单，并画出详细的墙场结构图。

（2）利用每个接线间地点的墙场尺寸，画出每个接线间的等比例图，其中，包括如下信息。

① 干线电缆。

② 电缆和电缆孔的配置。

③ 电缆布线空间。

④ 房间进出管道和电缆孔的位置。

⑤ 根据电缆直径确定干线接线间和二级交接间之间的馈线管道。

⑥ 管道内要安装的电缆。

⑦ 110 硬件空间。

⑧ 硬件安装细节。

⑨ 其他设备如多路复用器、集线器或供电设备等的安装空间。

（3）利用为配线场和接线间准备的等比例图，从大楼的顶层和最远的二级交接区位置进行核查以下项目。

① 设备间、干线接线间和二级交接间的实际尺寸能否容纳配线场硬件。

② 电缆孔的管孔数和电缆井的大小能否保证所有的电缆穿过干线接线间。

③ 墙空间能否保证为干线接线间的电缆提供路由和分支接线盒的穿过空间。

3．管理子系统在设备间的应用

管理子系统在设备间的端接包括了设备间布线系统，以及如何把诸如 PBX 或数据交换机等公用系统设备连接到建筑物布线系统。

设备间的主布线交连场的作用是把公共系统设备的线路与干线和建筑群子系统输出的线对相连接。典型的主布线交连场包括两个色场，即白场与紫场。白场实现干线和建筑群线对的端接；紫场实现公用系统设备线对的端接。主布线场有时还可能增加一个黄场，以实现辅助交换设备的端接。

4．标记方案的实施

具体操作方案在此不做细述。

5.5 导管与桥架安装要求

常用的布线导管包括金属导管（钢管和电线管）、可弯曲金属导管、中等机械应力以上刚性塑料导管和混凝土管孔等。常用的布线桥架包括金属电缆槽盒（封闭可开启）、中等机械应力以上刚性塑料槽盒、地面槽盒（金属封闭式或中等机械应力以上刚性塑料）、网格电缆桥架（信息机房内高位明敷）等。安装工艺应满足下列要求。

（1）布线导管或桥架的材质、性能、规格以及安装方式的选择应考虑敷设场所的温度、湿度、腐蚀性、污染以及自身耐水性、耐火性、承重、抗挠、抗冲击等因素对布线的影响，并应符合安装要求。

（2）缆线敷设在建筑物的吊顶内时，应采用金属导管或槽盒。

（3）布线导管或槽盒在穿越防火分区楼板、墙壁、天花板、隔墙等建筑构件时，其空隙或空闲的部位应按等同于建筑构件耐火等级的规定封堵。塑料导管或槽盒及附件的材质应符合相应阻燃等级的要求。

（4）布线导管或桥架在穿越建筑结构伸缩缝、沉降缝、抗震缝时，应采取补偿措施。

（5）布线导管或槽盒暗敷设于楼板时不应穿越机电设备基础。

（6）暗敷设在钢筋混凝土现浇楼板内的布线导管或槽盒最大外径宜为楼板厚的 1/4～1/3。

（7）建筑物室外引入管道设计应符合建筑结构地下室外墙的防水要求。引入管道应采用热浸镀锌厚壁钢管，外径为 50～63.5mm 的钢管的壁厚度不应小于 3mm，外径为 76～114mm 的钢管的壁厚度不应小于 4mm。

（8）建筑物内采用导管敷设缆线时，导管的选用应符合下列规定。

① 线路明敷设时，应采用金属管、可挠金属电气导管保护。

② 建筑物内暗敷设时，应采用金属管、可弯曲金属电气导管等保护。

③ 导管在地下室各层楼板或潮湿场所敷设时，应采用壁厚小于 2.0mm 的热镀锌钢管或重型包塑可弯曲金属导管。

④ 导管在二层底板及以上各层钢筋混凝土楼板和墙体内敷设时，可采用壁厚不小于 1.5mm 的热镀锌钢导管或可弯曲金属导管。

⑤ 在多层建筑砖墙或混凝土墙内竖向暗敷导管时，导管外径不应大于 50mm。

⑥ 由楼层水平金属槽盒引入每个用户单元信息配线箱或过路箱的导管，宜采用外径为 20～25mm 的钢导管。

⑦ 楼层弱电间（电信间）或弱电竖井内钢筋混凝土楼板上，应按竖向导管的根数及规格预留楼板孔洞或预埋外径不小于 89mm 的竖向金属套管群。

⑧ 导管的连接宜采用专用附件。

（9）槽盒的直线连接、转角、分支及终端处宜采用专用附件连接。

（10）在明装槽盒的路由中设置吊架或支架，宜设置在下列位置。

① 直线段不大于 3m 及接头处。

② 首尾端及进出接线盒 0.5m 处。

③ 转角处。

（11）布线路由中每根暗管的转弯角不应多于 2 个，且弯曲角度应大于 90°。

（12）过线盒宜设置于导管或槽盒的直线部分，并宜设置在下列位置。

① 槽盒或导管的直线路由每 30m 处。

② 有 1 个转弯，导管长度大于 20m 时。

③ 有 2 个转弯，导管长度不超过 15m 时。

④ 路由中有反向（U 形）弯曲的位置。

（13）导管管口伸出地面部分应为 25～50mm。

5.6 缆线的敷设方式和工艺要求

5.6.1 建筑物内缆线的敷设方式

建筑物内缆线的敷设方式应根据建筑物构造、环境特征、使用要求、需求分布以及所选用导体与缆线的类型、外形尺寸及结构等因素综合确定。

（1）水平缆线敷设时，应采用导管、桥架的方式，并应符合下列规定。

① 从槽盒、托盘引出至信息插座，可采用金属导管敷设。

② 吊顶内宜采用金属托盘、槽盒的方式敷设。

③ 吊顶或地板下缆线引入至办公家具桌面宜采用垂直槽盒方式及利用家具内管槽敷设。

④ 墙体内应采用穿导管方式敷设。

⑤ 大开间地面布放缆线时，根据环境条件宜选用架空地板下或网络地板内的托盘、槽盒方式敷设。

（2）干线子系统垂直通道宜选用穿楼板电缆孔、导管或桥架、电缆竖井 3 种方式敷设。

5.6.2 建筑群之间缆线的敷设方式

（1）建筑群之间的缆线宜采用地下管道或电缆沟方式敷设。

（2）明敷缆线应符合室内或室外敷设场所环境特征要求，并应符合下列规定。

① 采用线卡沿墙体、顶棚、建筑物构件表面或家具上直接敷设的方式，固定间距不宜大于 1m。

② 缆线不应直接敷设于建筑物的顶棚内、顶棚抹灰层、墙体保温层及装饰板内。

③ 明敷缆线与其他管线交叉贴邻时，应按防护要求采取保护隔离措施。建筑物外墙垂直敷设的缆线，通常距地 1.8m 以下的部分采用钢导管保护。

④ 敷设在易受机械损伤的场所时，应采用钢管保护。当相关标准未明确间距要求或间距达不到标准的要求时，应根据绝缘、隔热、防冻等防护需要采取相应的保护隔离措施。

5.6.3 缆线的敷设工艺要求

1．综合布线系统管线的弯曲半径应符合表 5-26 的规定。

表 5-26　　管线敷设弯曲半径

缆线类型	弯曲半径
2 芯或 4 芯水平光缆	>25mm
其他芯数和主干光缆	不小于光缆外径的 10 倍
4 对屏蔽、非屏蔽电缆	不小于电缆外径的 4 倍
大对数主干电缆	不小于电缆外径的 10 倍
室外光缆、电缆	不小于缆线外径的 10 倍

注：当缆线采用电缆桥架布放时，桥架内侧的弯曲半径不应小于 300mm。

2．缆线布放在导管与槽盒内的管径利用率与截面利用率应符合下列规定。

（1）管径利用率和截面利用率应按下列公式计算。

$$管径利用率=d/D$$

式中：d——缆线外径；

D——管道内径。

$$截面利用率=A_1/A$$

式中：A_1——穿在管内的缆线总截面积；

A——管径的内截面积。

（2）弯导管的管径利用率应为 40%～50%。

（3）导管内穿放大对数电缆或 4 芯以上光缆时，直线管路的管径利用率应为 50%～60%。

（4）导管内穿放 4 对对绞电缆或 4 芯及以下光缆时，截面利用率应为 25%～30%。

（5）槽盒内的截面利用率应为 30%～50%。

3．用户光缆敷设与接续应符合下列规定。

（1）用户光缆光纤接续宜采用熔接方式。

（2）在用户接入点配线设备及信息配线箱内宜采用熔接尾纤方式终接，不具备熔接条件时可采用现场组装光纤连接器件的方式终接。

（3）每一光纤链路中宜采用相同类型的光纤连接器件。

（4）采用金属加强芯的光缆，金属构件应接地。

（5）室内光缆预留长度应符合下列规定。

① 光缆在配线柜处预留长度应为 3～5m。

② 光缆在楼层配线箱处光纤预留长度应为 1～1.5m。

③ 光缆在信息配线箱终接时预留长度不应小于 0.5m。

④ 光缆纤芯不做终接时，应保留光缆施工预留长度。

（6）光缆敷设安装的最小静态弯曲半径应符合表 5-27 的规定。

表 5-27　　光缆敷设安装的最小静态弯曲半径

光缆类型	静态弯曲半径
室内外光缆	$15D/15H$

续表

光缆类型		静态弯曲半径
微型自承式通信用室外光缆		10*D*/10*H* 且不小于 30mm
管道入户光缆	G.652D 光纤	10*D*/10*H* 且不小于 30mm
蝶形引入光缆	G.657A 光纤	5*D*/5*H* 且不小于 15mm
室内布线光缆	G.657B 光纤	5*D*/5*H* 且不小于 10mm

注：*D* 为缆芯处圆形护套外径，*H* 为缆芯处扁形护套短轴的高度。

4．缆线布放的路由中不应有连接点（注：这是规范中的强制性标准）。

5.7　综合布线系统的传输性能指标

综合布线系统产品的技术指标在工程的安装设计中有两个方面，一是机械性能指标（如缆线结构、直径、材料、承受拉力、弯曲半径等）；二是综合布线系统的传输性能指标。相应等级的布线系统信道及永久链路、CP 链路的具体指标项目，其传输性能指标包括缆线及连接器件的性能指标和系统的性能指标。

5.7.1　缆线及连接器件的性能指标

1．D 级、E 级、F 级的对绞电缆布线信道器件的标称阻抗应为 100Ω，A 级、B 级、C 级可为 100Ω 或 120Ω。

2．对绞电缆基本电气特性应符合下列规定。

（1）信道每个线对中的两个导体之间的直流环路电阻（d.c.）不平衡度对所有类别不应超过 3%。

（2）电缆在所有的温度下应用时，D、E、E_A、F、F_A 级信道每一导体最小载流量应为 0.175A（d.c.）。

（3）布线系统在工作环境温度下，D、E、E_A、F、F_A 级信道应支持任意导体之间 72V（d.c.）的工作电压。

（4）布线系统在工作环境温度下，D、E、E_A、F、F_A 级信道每个线对应支持承载 10W 的功率。

（5）对绞电缆的性能指标参数应包括衰减、等电平远端串音衰减、等电平远端串音衰减功率和、衰减远端串音比、衰减远端串音比功率和、耦合衰减、转移阻抗、不平衡衰减（近端）、近端串音功率和、外部串音（E_A、F_A）。

（6）2m、5m 对绞电缆跳线的指标参数值应包括回波损耗和近端串音。

3．对绞电缆连接器件的基本电气特性应符合下列规定。

（1）配线设备模块工作环境的温度应为−10℃～+60℃。

（2）应具有唯一的标记或颜色。

（3）连接器件应支持 0.4～0.8mm 线径导体的连接。

（4）连接器件的插拔次数不应小于 500 次。

（5）器件连接应符合下列规定。

① RJ45 8 位模块式通用插座可按 568A 或 568B 的方式进行连接（见图 5-47）。

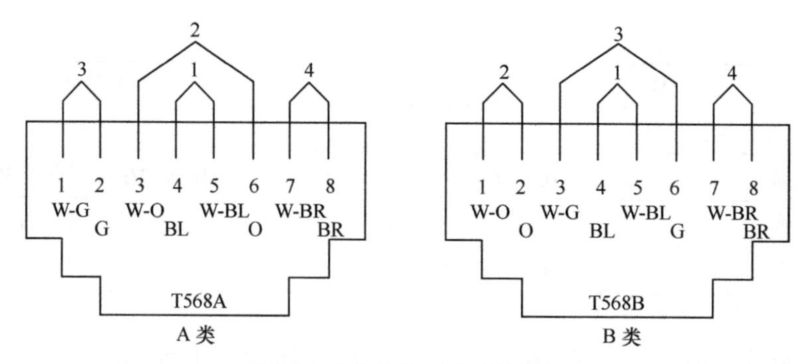

图 5-47　8 位模块式通用插座连接

注：G（Green）-绿；BL（Blue）-蓝；BR（Brown）-棕；W（White）-白；O（Orange）-橙。

② 4 对对绞电缆与非 RJ45 模块终接时，应按线序号和组成的线对进行卡接（见图 5-48 和图 5-49）。

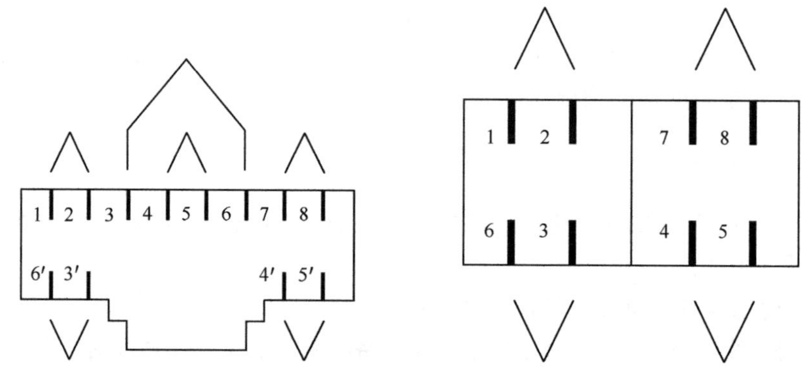

图 5-48　7 类和 7_A 类模块插座连接（正视）方式 1　图 5-49　7 类和 7_A 类插座连接（正视）方式 2

（6）连接器件的性能指标参数应包括回波损耗、插入损耗、近端串音、近端串音功率和、远端串音、远端串音功率和、输入阻抗、不平衡输入阻抗、载流量、时延、时延偏差、横向转换损耗、横向转换转移损耗、耦合衰减（屏蔽布线）、转移阻抗（屏蔽布线）、绝缘电阻、外部近端串音功率和、外部远端串音功率和。

5.7.2　系统的性能指标

5.7.2.1　综合布线系统的传输性能指标内容

综合布线系统的传输性能指标包括以下几项。

（1）对绞电缆布线系统永久链路、CP 链路及信道的回波损耗、插入损耗、近端串音、近端串音功率和、衰减远端串音比、衰减远端串音比功率和、衰减近端串音比、衰减近端串音比功率和、直流环路电阻、时延、时延偏差、外部近端串音功率和、外部远端串音功率和等性能指标参数的规定值。

（2）光纤布线系统 OF-300、OF-500、OF-2000 各等级的光纤信道衰减值。

（3）工业环境布线系统性能指标。

① 电缆布线系统的性能指标应包括回波损耗、插入损耗、近端串音、近端串音功率和、衰减串音比、衰减串音比功率和、等电平远端串音衰减、等电平远端串音衰减功率和、传播

时延、时延偏差、直流环路电阻、长度、连接正确性、导通性能。

② 光纤布线系统的性能指标应包括光衰耗、模式带宽、传播时延、长度、连接极性。

（4）对绞电缆布线系统应用在工业以太网、POE 及高速信道的情况下，还应考虑横向转换损耗、两端等效横向转换损耗、不平衡电阻、耦合衰减等屏蔽特性指标。

5.7.2.2　综合布线系统性能指标值

综合布线系统性能指标在《综合布线系统工程设计规范》GB 50311-2016 中有非常详细和明确的说明，因此，在这里只列出几项主要的而且比较常用的传输性能指标值供参考。

1．回波损耗

在布线的两端均应符合回波损耗值的要求，布线系统永久链路的最小回波损耗（RL）值应符合表 5-28 的规定。

表 5-28　　回波损耗（RL）值

频率（MHz）	最小 RL 值（dB）					
	等级					
	C	D	E	E_A	F	F_A
1	15.0	19.0	21.0	21.0	21.0	21.0
16	15.0	19.0	20.0	20.0	20.0	20.0
100	—	12.0	14.0	14.0	14.0	14.0
250	—	—	10.0	10.0	10.0	10.0
500	—	—	—	8.0	10.0	10.0
600	—	—	—	—	10.0	10.0
1 000	—	—	—	—	—	8.0

2．插入损耗

布线系统永久链路的最大插入损耗（IL）值应符合表 5-29 的规定。

表 5-29　　插入损耗（IL）值

频率（MHz）	最大 IL 值（dB）							
	等级							
	A	B	C	D	E	E_A	F	F_A
0.1	16.0	5.5	—	—	—	—	—	—
1	—	5.8	4.0	4.0	4.0	4.0	4.0	4.0
16	—	—	12.2	7.7	7.1	7.0	6.9	6.8
100	—	—	—	20.4	18.5	17.8	17.7	17.3
250	—	—	—	—	30.7	28.9	28.8	27.7
500	—	—	—	—	—	42.1	42.1	39.8
600	—	—	—	—	—	—	46.6	43.9
1 000	—	—	—	—	—	—	—	57.6

3．线对与线对之间的近端串音

线对与线对之间的近端串音（NEXT）在布线的两端均应符合 NEXT 值的要求，布线系统永久链路的 NEXT 值应符合表 5-30 的规定。

表 5-30　近端串音（NEXT）值

频率（MHz）	最小 NEXT 值（dB）							
	等级							
	A	B	C	D	E	E_A	F	F_A
0.1	27.0	40.0	—	—	—	—	—	—
1	—	25.0	40.1	64.2	65.0	65.0	65.0	65.0
16	—	—	21.1	45.2	54.6	54.6	65.0	65.0
100	—	—	—	32.3	41.8	41.8	65.0	65.0
250	—	—	—	—	35.3	35.3	60.4	61.7
500	—	—	—	—	—	29.2 27.9[1]	55.9	56.1
600	—	—	—	—	—	—	54.7	54.7
1 000	—	—	—	—	—	—	—	49.1 47.9[1]

注：1. 为有 CP 点存在的永久链路指标。

4．近端串音功率和

近端串音功率和（PS NEXT）在布线的两端均应符合 PS NEXT 值要求，布线系统永久链路的 PS NEXT 值应符合表 5-31 的规定。

表 5-31　近端串音功率和（PS NEXT）值

频率（MHz）	最小 PS NEXT 值（dB）				
	等级				
	D	E	E_A	F	F_A
1	57.0	62.0	62.0	62.0	62.0
16	42.2	52.2	52.2	62.0	62.0
100	29.3	39.3	39.3	62.0	62.0
250	—	32.7	32.7	57.4	58.7
500	—	—	26.4 24.8[1]	52.9	53.1
600	—	—	—	51.7	51.7
1 000	—	—	—	—	46.1 44.9[1]

注：1. 为有 CP 点存在的永久链路指标。

5．线对与线对之间的衰减近端串音比

线对与线对之间的衰减近端串音比（ACR-N）在布线的两端均应符合 ACR-N 值的要求，布线系统永久链路的 ACR-N 值应符合表 5-32 的规定。

表 5-32　　衰减近端串音比（ACR-N）值

频率（MHz）	最小 ACR-N 值（dB）				
	等级				
	D	E	E_A	F	F_A
1	60.2	61.0	61.0	61.0	61.0
16	37.5	47.5	47.6	58.1	58.2
100	11.9	23.3	24.0	47.3	47.7
250	—	4.7	6.4	31.6	34.0
500	—	—	−12.9 −14.2[1]	13.8	16.4
600	—	—	—	8.1	10.8
1 000	—	—	—	—	−8.5 −9.7[1]

注：1. 为有 CP 点存在的永久链路指标。

6．衰减近端串音比功率和

布线系统永久链路的衰减近端串音比功率和（PS ACR-N）值应符合表 5-33 的规定。

表 5-33　　衰减近端串音比功率和（PS ACR-N）值

频率（MHz）	最小 PS ACR-N 值（dB）				
	等级				
	D	E	E_A	F	F_A
1	53.0	58.0	58.0	58.0	58.0
16	34.5	45.1	45.2	55.1	55.2
100	8.9	20.8	21.5	44.3	44.7
250	—	2.0	3.8	28.6	31.0
500	—	—	−15.7 −16.3[1]	10.8	13.4
600	—	—	—	5.1	7.8
1 000	—	—	—	—	−11.5 −12.7[1]

注：1. 为有 CP 点存在的永久链路指标。

7．衰减远端串音比

线对与线对之间的衰减远端串音比（ACR-F）在布线的两端均应符合 ACR-F 值的要求，布线系统永久链路的 ACR-F 值应符合表 5-34 的规定。

表5-34　衰减远端串音比（ACR-F）值

频率（MHz）	最小ACR-F值（dB）				
	等级				
	D	E	E_A	F	F_A
1	58.6	64.2	64.2	65.0	65.0
16	34.5	40.1	40.1	59.3	64.7
100	18.6	24.2	24.2	46.0	48.8
250	—	16.2	16.2	39.2	40.8
500	—	—	10.2	34.0	34.8
600	—	—	—	32.6	33.2
1 000	—	—	—	—	28.8

8．衰减远端串音比功率和

布线系统永久链路的衰减远端串音比功率和（PS ACR-F）值应符合表5-35的规定。

表5-35　衰减远端串音比功率和（PS ACR-F）值

频率（MHz）	最小PS ACR-F值（dB）				
	等级				
	D	E	E_A	F	F_A
1	55.6	61.2	61.2	62.0	62.0
16	31.5	37.1	37.1	56.3	61.7
100	15.6	21.2	21.2	43.0	45.8
250	—	13.2	13.2	36.2	37.8
500	—	—	7.2	31.0	31.8
600	—	—	—	29.6	30.2
1 000	—	—	—	—	25.8

9．直流环路电阻

布线系统永久链路的直流环路电阻（d.c.）应符合表5-36的规定。

表5-36　永久链路的直流环路电阻

等级	A	B	C	D	E	E_A	F	F_A
最大直流环路电阻（Ω）	530	140	34	21	21	21	21	21

10．光纤信道衰减值

各等级的光纤信道衰减值应符合表5-37的规定。

表 5-37　信道衰减值

等级	信道衰减值（dB）			
	多模		单模	
	850nm	1 300nm	1 310nm	1 550nm
OF-300	2.55	1.95	1.80	1.80
OF-500	3.25	2.25	2.00	2.00
OF-2000	8.50	4.50	3.50	3.50

注：光纤信道包括的所有连接器件的衰减合计不应大于 1.5dB。

11．光纤衰减值

光纤衰减值应符合表 5-38 的规定。

表 5-38　光纤衰减值

光纤衰减限值（dB/km）							
光纤类型	多模光纤 OM1、OM2、OM3、OM4		单模光纤 OS1		单模光纤 OS2		
波长（nm）	850	1 300	1 310	1 550	1 310	1 383	1 550
衰减（dB）	3.5	1.5	1.0	1.0	0.4	0.4	0.4

12．多模光纤的最小模式带宽

多模光纤的最小模式带宽应符合表 5-39 的规定。

表 5-39　多模光纤的模式带宽

多模光纤类型	光纤直径（μm）	最小模式带宽（MHz·km）		
		满注入带宽		有效激光注入带宽
		波长		波长
		850nm	1 300nm	850nm
OM1	50 或 62.5	200	500	—
OM2	50 或 62.5	500	500	—
OM3	50	1 500	500	2 000
OM4	50	3 500	500	4 700

5.8　综合布线系统的电气保护

综合布线系统的线缆和设备不可避免会受到周边环境的影响，电气保护的目的是为了尽量减少电气故障对综合布线线缆和相关连接硬件的损坏，也避免电气故障对综合布线所连接的终端设备或器件的损坏。

5.8.1　综合布线系统的电气保护技术要求

5.8.1.1　综合布线电缆与干扰源的隔距要求

综合布线电缆与附近可能产生高电平电磁干扰的电动机、电力变压器、射频应用设备等电器设备之间应保持必要的间隔距离，并应符合下列规定。

（1）综合布线电缆与电力电缆的间距应符合表 5-40 的规定。

表 5-40　　综合布线电缆与电力电缆的间距

类别	与综合布线接近状况	最小间距（mm）
380V 电力电缆<2kV • A	与缆线平行敷设	130
	有一方在接地的金属线槽或钢管中	70
	双方都在接地的金属线槽或钢管中	10[1]
2kV •A≤380V 电力电缆≤5kV •A	与缆线平行敷设	300
	有一方在接地的金属线槽或钢管中	150
	双方都在接地的金属线槽或钢管中	80
380V 电力电缆>5kV • A	与缆线平行敷设	600
	有一方在接地的金属线槽或钢管中	300
	双方都在接地的金属线槽或钢管中	150

注：1. 双方都在接地的槽盒中，指两个不同的线槽，也可在同一线槽中用金属板隔开，且平行长度不大于 10m。

（2）综合布线系统缆线与配电箱、变电室、电梯机房、空调机房之间的最小净距宜符合表 5-41 的规定。

表 5-41　　综合布线缆线与电气设备的最小净距

名称	最小净距（m）	名称	最小净距（m）
配电箱	1	电梯机房	2
变电室	2	空调机房	2

（3）室外墙上敷设的综合布线缆线及管线与其他管线的间距应符合表 5-42 的规定。

表 5-42　　综合布线缆线及管线与其他管线的间距

其他管线	平行净距（mm）	垂直交叉净距（mm）
防雷专设引下线	1 000	300
保护地线	50	20
给水管	150	20
压缩空气管	150	20
热力管（不包封）	500	500
热力管（包封）	300	300
煤气管	300	20

5.8.1.2　综合布线系统采取的防护措施及技术要求

（1）综合布线系统应远离高温和电磁干扰的场地，根据环境条件选用相应的缆线和配线设备，或采取防护措施，并应符合下列规定。

① 当综合布线区域内存在的电磁干扰场强低于 3V/m 时，宜采用非屏蔽电缆和非屏蔽配线设备。

② 当综合布线区域内存在的电磁干扰场强高于 3V/m 时，或用户对电磁兼容性有较高要求时，可采用屏蔽布线系统和光缆布线系统。

③ 当综合布线路由上存在干扰源，且不能满足最小净距要求时，宜采用金属管线进行屏蔽，或采用屏蔽布线系统及光缆布线系统。

④ 当局部地段与电力线或其他管线接近，或接近电动机、电力变压器等干扰源，且不能满足最小净距要求时，可采用金属导管或金属槽盒等局部措施加以屏蔽处理。

（2）在建筑物电信间、设备间、进线间及各楼层信息通信竖井内均应设置局部等电位联结端子板。

（3）综合布线系统应采用建筑物共用接地的接地系统。当必须单独设置系统接地体时，其接地电阻不应大于 4Ω。当布线系统的接地系统中存在两个不同的接地体时，其接地电位差不应大于 1Vr.m.s。

（4）配线柜接地端子板应采用两根不等长度，且截面积不小于 $6mm^2$ 的绝缘铜导线接至就近的等电位联结端子板。

（5）屏蔽布线系统的屏蔽层应保持可靠连接、全程屏蔽，在屏蔽配线设备安装的位置应就近与等电位联结端子板可靠连接。

（6）综合布线的电缆采用金属管槽敷设时，管槽应保持连续的电气连接，并应有不少于两点的良好接地。

（7）当缆线从建筑物外面引入建筑物时，电缆、光缆的金属护套或金属构件应在入口处就近与等电位联结端子板连接。

（8）当电缆从建筑物外面进入建筑物时，应选用适配的信号线路浪涌保护器。

5.8.2　综合布线系统的电气保护措施

1．一般要求

当综合布线的周围环境存在严重的电磁干扰（EMI）时，必须采用屏蔽等防护措施，以抑制外来的电磁干扰。

综合布线的干线电缆位置应尽可能接近于接地导体（如建筑物的钢结构），并尽可能位于建筑物的中心部位。

在下列任一种情况下，线路均处于危险环境之中，应对其进行过压、过流保护。

（1）雷击引起的影响。

（2）工作电压超过 250V 的电力线碰地。

（3）感应电势上升到 250V 以上而引起的电源故障。

（4）交流 50Hz 感应电压超过 250V。

建筑物防雷接地保护伞示意如图 5-50 所示。

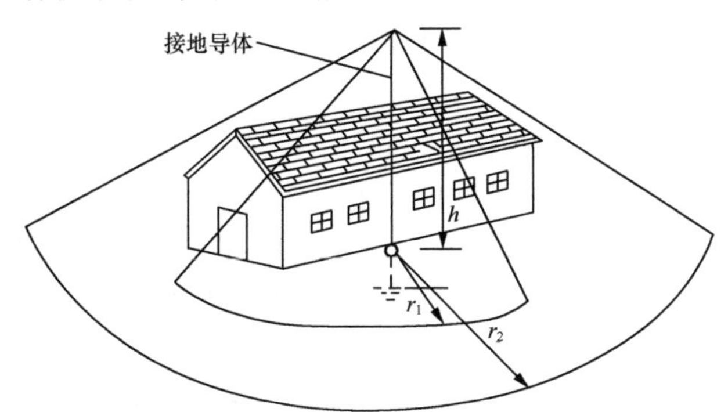

h（高度）：30m；r_1（跨距）：7.5m；r_2（跨距）：15m

图 5-50　建筑物防雷接地保护伞示意图

2．电气保护措施

（1）过压保护

综合布线的过压保护可选用气体放电管保护器或固态保护器。

（2）过流保护

过流保护器有热敏电阻和雪崩二极管，但价格较贵，也可选用热线圈或熔丝。

现代通信系统的通信线路在进入建筑物时，一般都采用过压和过流双重保护。

PBX 的寄生电流保护线路如图 5-51 所示。

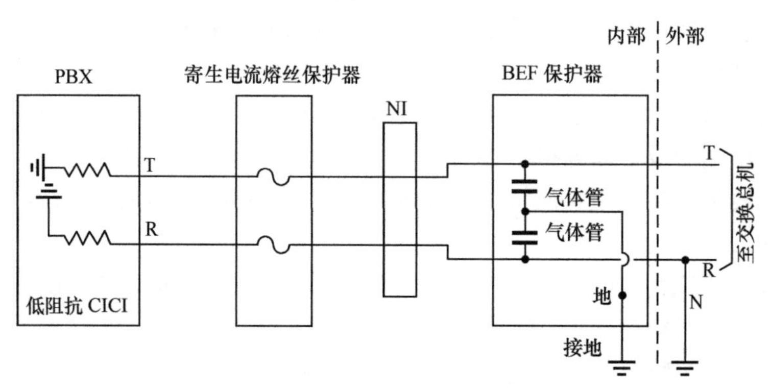

图 5-51　PBX 的寄生电流保护线路

3．屏蔽效应

屏蔽是为了在有干扰的环境下保证综合布线通道的传输性能。目前国内的综合布线系统，非屏蔽通道是主流。在设计中，遇到电磁干扰较严重的场合，一般情况下有两种解决方法，第一种方法就是采用金属桥架和金属线槽（线管）布线，金属桥架和金属线槽能容易地焊接接地，且牢固可靠，是经济实用的屏蔽技术；第二种方法就是采用光缆布线，具有最佳的防电磁干扰性能，既能防电磁泄漏，也不受外界电磁干扰影响，可以取得最佳的屏蔽效果，同时还可以得到极高的带宽和传输速率。

4．线缆与其他管线之间的距离

线缆与其他管线之间的距离，必须符合综合布线系统的电气保护技术要求中规定的各种间距，具体见表 5-40～表 5-42。

5．系统接地

（1）接地要求

综合布线接地要与设备间、配线间放置的应用设备接地系统一并考虑。

（2）电缆接地

干线电缆的屏蔽层应用截面积不小于 6mm^2 的多股铜芯接地线焊接到干线所经过的配线间或二级交换间的接地装置上，干线电缆的屏蔽层必须保持连续。建筑物引入电缆的屏蔽层必须焊接到建筑物入口区的接地装置上。光（电）缆的金属护套或金属构件的接地导线接至等电位联结端子板，但等电位接地端子板的连接部位不需要设置浪涌保护器。

（3）配线架（柜）接地

每个楼层配线架接地端子应当可靠地接到配线间的接地装置上，接地线之间并联（见图 5-52）。

（4）屏蔽布线系统的接地做法

一般在配线设备（FD、BD、CD）的安装机柜（机架）内设有接地端子，接地端子与屏蔽模块的屏蔽罩相连通，机柜（机架）接地端子则经过接地导体连至大楼等电位接地体（见图 5-53）。为了保证全程屏蔽效果，终端设备的屏蔽金属罩可通过相应的方式与 TN-S 系统的 PE 线接地，但不属于综合布线系统接地的设计范围。

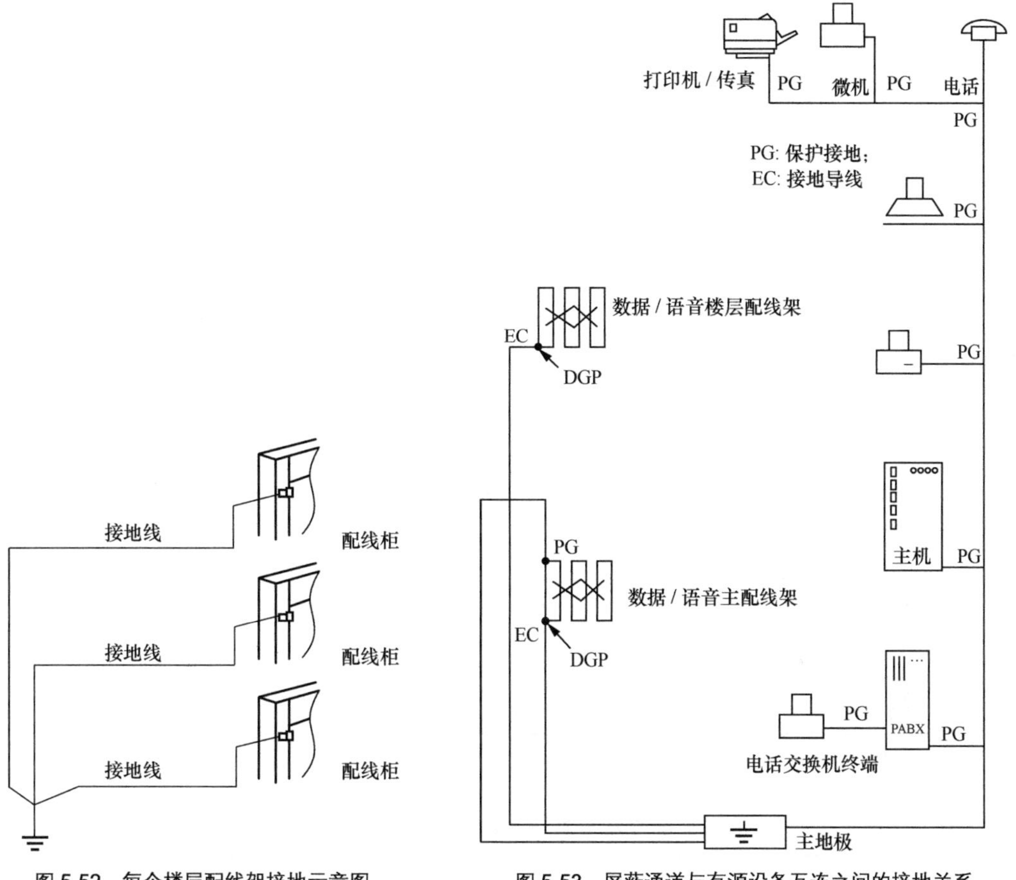

图 5-52　每个楼层配线架接地示意图

图 5-53　屏蔽通道与有源设备互连之间的接地关系

（5）接地导线的选择

综合布线系统接地导线截面积可参考表 5-43。

表 5-43　　接地导线选择表

名称	楼层配线设备至大楼总接地体的距离	
	≤30m	≤100m
信息点的数量（个）	≤75	50～450
选用绝缘铜导线的截面积（mm²）	6～16	16～50

5.9 智能小区的综合布线系统设计

5.9.1 智能小区的综合布线系统的特点

智能小区与商业大厦有着明显的不同，但是其布线的总体技术要求和商业大厦基本一致（注：智能小区与商业大厦的不同主要体现在配线子系统与干线子系统，其他子系统两者之间基本是相同的，因此，智能小区的综合布线系统设计只介绍配线子系统与干线子系统两个部分，其余子系统与商业大厦是相同的，这里不作介绍）。智能小区与商业大厦的本质区别在于：在我国，智能小区的信息流量远小于商业大厦。所以相对于商业大厦来讲，智能小区的布线相对简化。但是，由于智能小区的建筑风格种类繁多、各具特色，所以布线的设计方案往往不一而同，不能简单照搬商业大厦的布线设计方法。

一般来讲，智能小区的建筑类型有以下几种：塔楼、板楼、多层楼宇、别墅等。根据 TIA/EIA 570-A 的规定，对于小区的布线，要求必须在每户家里放置“家庭布线箱（架）”——DD（Distribuor Device）。使用布线箱主要是为住户提供灵活性、可管理性，以及为不同的应用系统提供接口。

家居布线等级和家居布线不同等级的线缆选择分别见表 5-44 和表 5-45。

表 5-44 家居布线等级

等级 应用	等级一	等级二
语音	支持	支持
电视	支持	支持
数据	支持	支持
多媒体	不支持	支持

表 5-45 家居布线不同等级的线缆选择

等级 线缆	等级一	等级二
4 对 UTP	3 类、建议用 CAT5	CAT5
75Ω同轴电缆	使用	使用
光缆	不使用	可选择

智能小区楼宇的综合布线结构如图 5-54 所示。

具体配置为：

单元配线间至每户的多媒体配线箱为 1 条或 2 条超五类线（推荐 2 条）；条件允许时可采用 4 芯或 6 芯光缆。

每户的多媒体配线箱至用户桌面的配置如下。

（1）主卧 2 个点（1 语音，1 数据），客厅 2 个点（1 语音，1 数据）；线缆全部布放到位。

（2）主卧 2 个点（1 语音，1 数据），客厅 2 个点（1 语音，1 数据）；仅客厅线缆布放到位，其他预留管道，根据用户需求进行后期布放。

（3）主卧 2 个点（1 语音，1 数据），客厅 2 个点（1 语音，1 数据）；线缆暂时不铺设，留待用户需求确定后，结合用户装修进行后期布放。

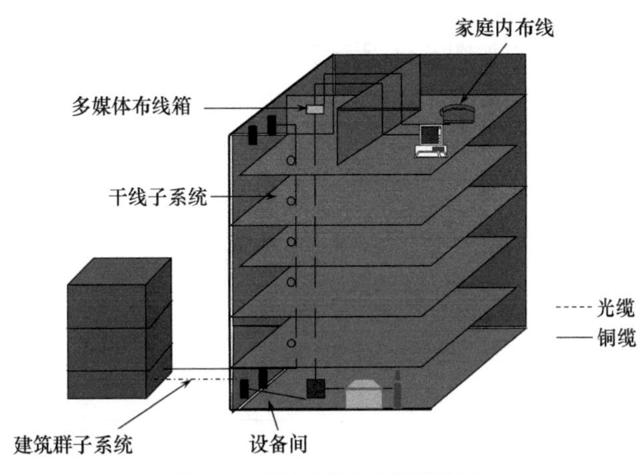

图 5-54　楼宇的综合布线结构图

5.9.2　智能小区的干线设计

智能小区的干线配置有以下 3 种方式。

1．智能小区的干线配置方式一

智能小区的干线配置方式一如图 5-55 所示。

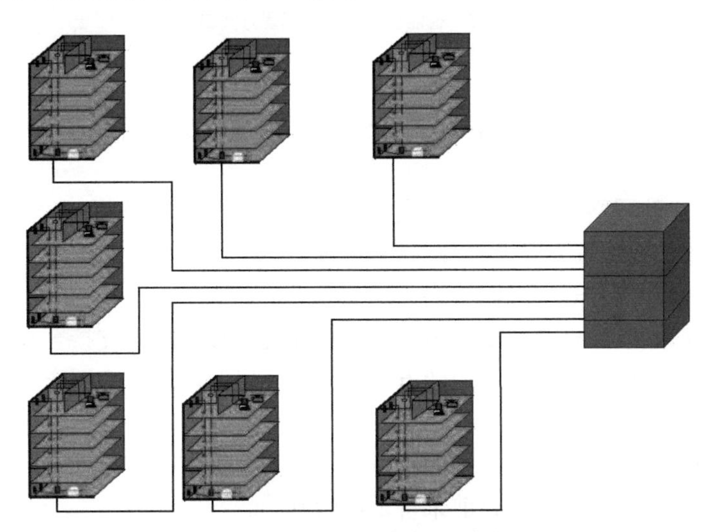

图 5-55　智能小区的干线配置方式一

具体配置如下。

数据：从小区信息中心至每栋住宅为 4 芯或 6 芯光缆，如果小区信息中心至每栋住宅的实际布线长度不超过 85m，可以采用超五类线（2 条）。

语音：三类或五类大对数电缆。按每户两对进行配置。例如，48 户/楼，则上两条 50 对五类大对数线缆。

该设计的特点如下。

优点：从根本上保证了小区现在及未来的信息化需求，以及小区的投资和业主的利益。

缺点：小区的综合布线系统和网络组网费用较贵。开发商的投入较高。

2．智能小区的干线配置方式二

智能小区的干线配置方式二如图 5-56 所示。

从物业信息中心布放一根 4/6 芯多模光缆到最近的一栋/几栋楼，然后从该楼再继续用超五类线布放到下一栋楼，以此类推，直到全部布放完毕。

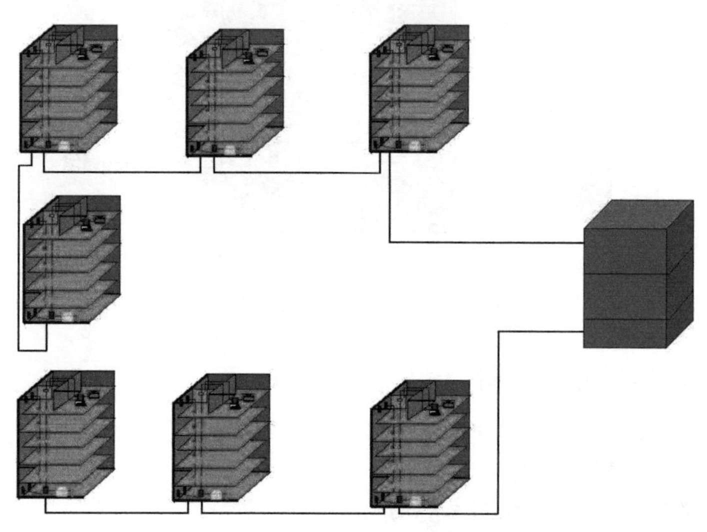

图 5-56　智能小区的干线配置方式二

该设计的特点如下。

优点：减少了小区干线光缆的用量，降低了小区综合布线系统的造价，间接降低了小区网络设备的造价。

缺点：小区用户的网络性能受到了极大的损伤，网络速度较慢。

3．智能小区的干线配置方式三（分支接合）

智能小区的干线配置方式三如图 5-57 所示。

从物业信息中心布放一根 24/48 芯多（单）模光缆到楼群的分支接合箱，引出 2/4 芯光缆到各个楼，对于每个楼各单元之间用超五类线连接。以此类推，直到全部布放完毕。

该设计的特点如下。

优点：适度地减少了小区干线光缆的用量，降低了小区综合布线系统的造价，间接降低了小区网络设备的造价。性价比在目前来讲是比较好的。

缺点：布线及网络系统结构复杂，要求设计人员具有较高的水准，才能选好干线光缆转接点（楼），较不利于管理。

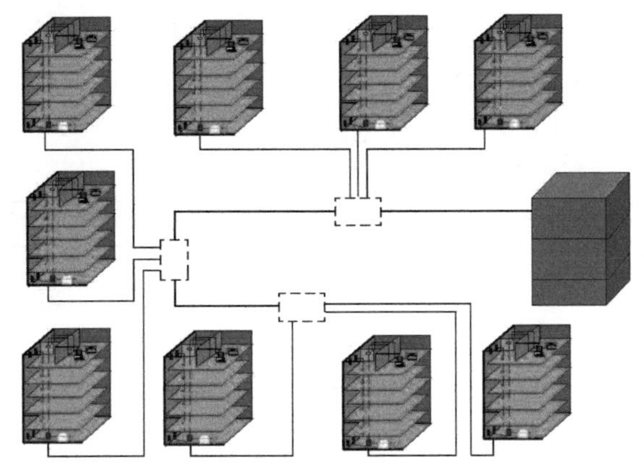

图 5-57　智能小区的干线配置方式三

5.9.3　网络数据传输的距离要求

（1）采用双绞线最远为 100m。

（2）采用多模光纤光缆为 2km（100Mbit/s）。

（3）采用 62.5/125 多模光纤光缆为 260m（850nm 波长）；500m（1 300nm 波长）；（波长传输速率为 1 000Mbit/s）。

（4）采用单模光纤光缆为大于 3km。

不同型号光纤类型传输距离见表 5-46。

表 5-46　　不同型号光纤类型传输距离表

光纤类型与传输距离 / 标准	光纤类型	光纤直径（μm）	传输距离（m）
1000Base-SX	多模	62.5/125	（160Mbit/s）≤220
1000Base-SX	多模	50/125	≤550
1000Base-SX	多模	62.5/125	≤550
1000Base-SX	多模	50/125	≤550
1000Base-SX	单模	9/125	＞3 000

5.10　综合布线系统工程设计的举例

这里举一个简单的例子，只对工程设计的几个主要的步骤做简单的介绍，并画出几张工程设计中最常用的图纸，便于读者对工程的结构方案图和施工图的画法有比较直观的认识，另外还列出了一张主要设备材料表。而实际的综合布线系统工程设计则必须对系统的 7 个组成部分都要有详细的考虑，如果把整个工程设计的过程都编写出来，必然需要很大的篇幅，所以这一案例并不能完整地描述整个综合布线系统工程设计的内容，因此，仅列出简单的轮廓供参考。

综合布线系统工程设计按如下几个步骤进行。

1．现场勘测

到现场勘测，进行用户需求调查，确定具体布线类型；确定数据和语音等信息点的具体点数和分布范围；并对各楼层的功能和使用效果全盘考虑，确定综合布线系统的等级和总体方案。

2．画出相关的平面布置及施工图

（1）综合布线结构方案图（系统图）（见图 5-58）

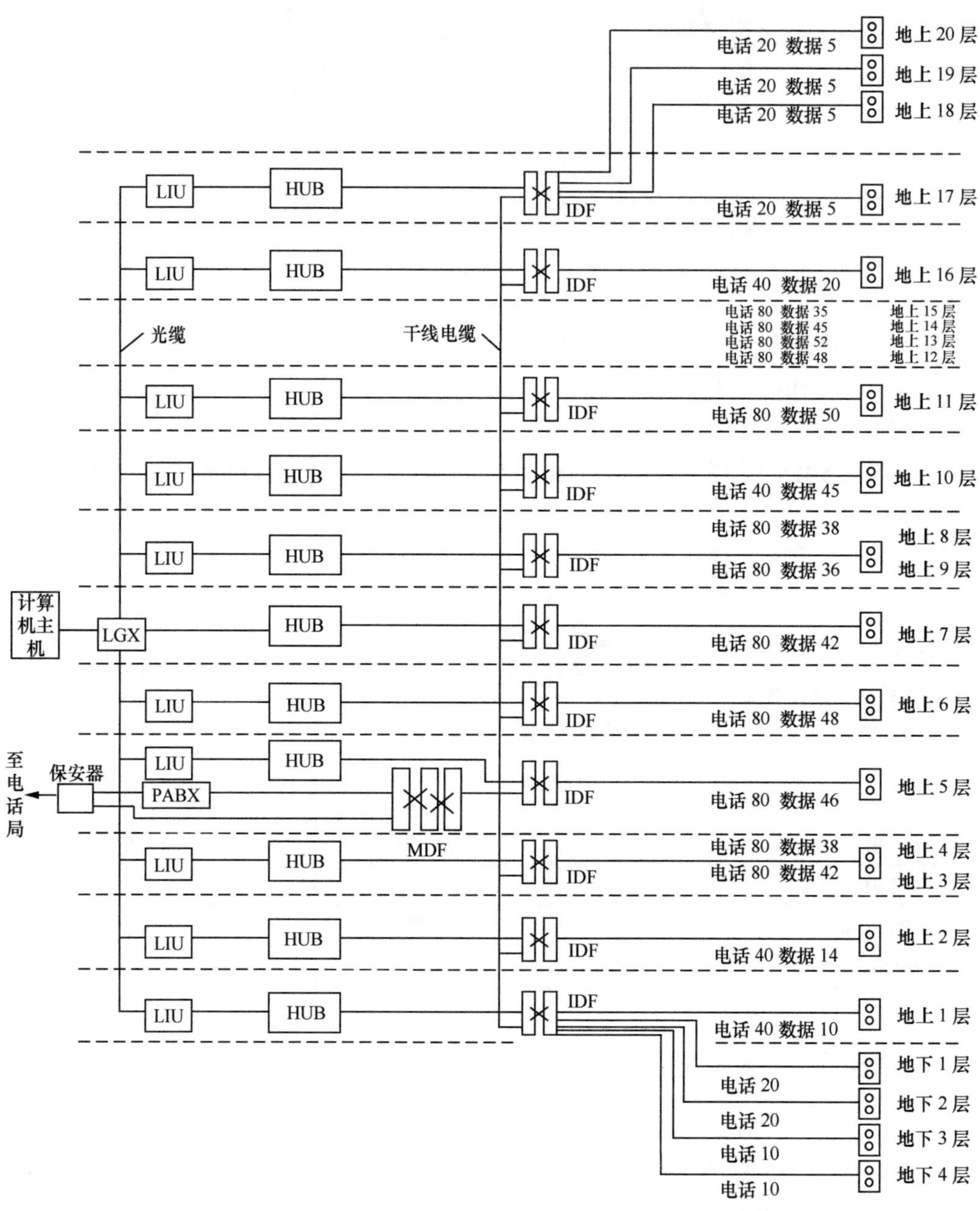

图 5-58　综合布线结构方案示意图

图例：MDF——总配线架；

IDF——分配线架；

LIU——光缆接线箱；

HUB——网络设备；

LGX——光缆配线架；

PABX——程控电话交换机。

（2）标准层布线平面图（见图 5-59）

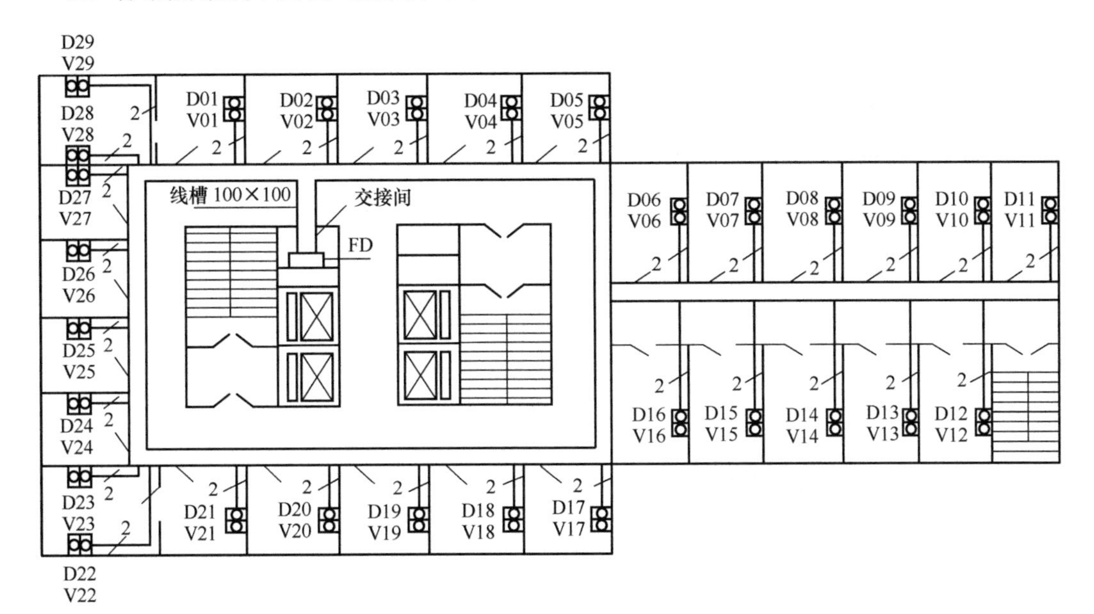

图 5-59 标准层布线平面图

图例：D——数字信息插座；

V——语音信息插座；

2——2 条 4 对对绞线穿 DN15 钢管沿吊顶、墙暗管敷设；

FD——楼层配线设备（楼层配线架）。

（3）设备间平面布置图（见图 5-60）

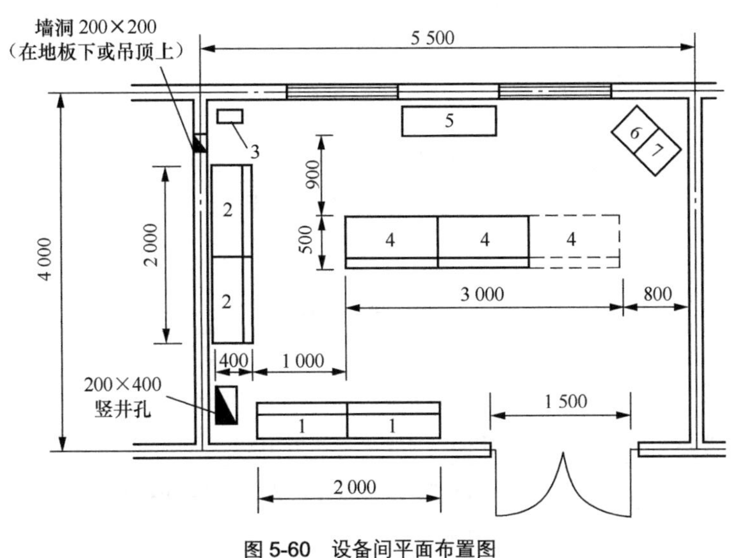

图 5-60 设备间平面布置图

图例：1——配线架（在墙面安装）；

2——网络互联设备（19 英寸机柜）；

3——接地装置；

4——计算机（虚线为扩容区）；

5——空调柜（恒温恒湿）；

6——配电柜（箱）；

7——UPS 电源（按负载计算功率确定）。

（4）楼层配线间布置平面图（见图 5-61）

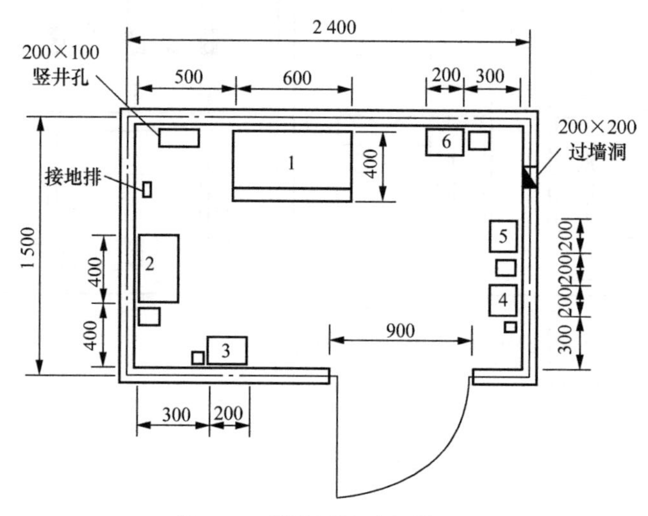

图 5-61　楼层配线间布置平面图

图例：1——壁挂式综合布线配线箱（配置 300×100 线槽）；

2——安全防范系统配线箱（配置 50×50 线槽）；

3——有线电视系统前端箱（配置 50×50 线槽）；

4——三表远传接线箱（配置 50×50 线槽）；

5——空调柜（可选，配置 50×50 线槽）；

6——火灾报警系统接线箱（配置 50×50 线槽）。

3．编制工程预算

器材的配置，设备和工程材料的选型和数量计算，根据现行预算定额统计工程量，计算出人工费、材料费、机械使用费和仪表使用费等各种费用，做出工程预算。在这里只列举简单的主要设备材料表（见表 5-47，表中材料数量按工程实际需要配置）。

表 5-47　　主要设备材料表

序号	区间	名称	型号	单位	数量
1	工作区	五类跳线	D8SA-7B	条	
2	水平区	6 类 UTP 双绞线	1061C+004CSL	箱	
3		6 类信息模块	MPS100BH-262	个	
4		插座面版	国产	块	
5	管理区	五类快接式配线架	1100CAT5PS-24	件	

续表

序号	区间	名称	型号	单位	数量
6		—	—		
7	设备间	五类跳线	D8A-4B	条	
8		—	—		
9	垂直区	光纤端接单元	100A3	只	
10		6 芯多模室内光纤	LGBC-006D-LRX	箱	
11		—	—		
12	其他	机柜	19 英寸（40U）	个	

4．编写工程说明

对工程概况、整体设想、用户分布现状及将来发展，布线类型、数据和语音等信息点的具体点数确定情况；各楼层的功能和要达到的使用效果、确定系统的设计等级、采用的技术标准与施工技术方案；设备与材料的型号与技术性能，布线系统的电气保护及防火措施；工程预算与投资规模都要做详细的说明。

5.11　综合布线系统常用的工具与仪器和光（电）缆材料

在综合布线系统设计过程中，必不可少的是对综合布线系统工程中应用到的工具、仪器、设备、配件和材料进行选择，要想做出适当的正确选择就必须对它们的规格型号和性能有所了解。因此，下面就对综合布线系统工程施工中常用的工具、仪器、设备、配件和材料的名称、型号及性能做具体的介绍。

5.11.1　综合布线施工常用的工具与仪器

常用的布线工具

在进行综合布线时要用到许多专用工具，如果工具选用恰当，不但能使布线工作顺利进行，还可极大地提高工作效率，同时保证布线的高质量和规范性。

（1）网线钳

网线钳是用来卡住 BNC 连接器外套与基座的，它有一个用于压线的六角缺口（见图 5-62）。

（2）剥线钳

剥线钳是一种轻型的用于剥去非屏蔽双绞线外护套的常用工具（见图 5-63）。它不仅能将双绞线的外衣削去，还不会对电缆的线芯有任何损伤。

图 5-62　网线钳

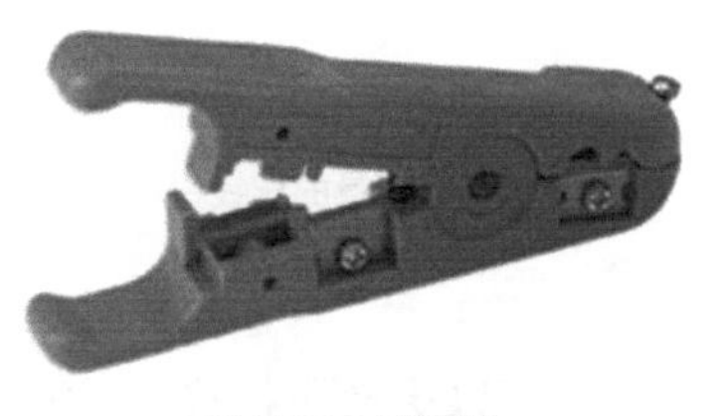

图 5-63　剥线钳

（3）同轴电缆剥线钳

同轴电缆剥线钳是一种轻型的用于剥去同轴管外护套的常用工具（见图 5-64 和图 5-65）。它不仅能将同轴管的外衣削去，还不会对同轴电缆的同轴管有任何损伤。

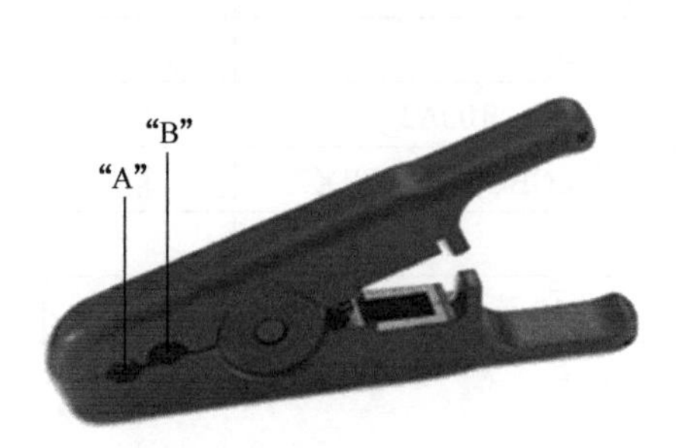

图 5-64　较廉价的同轴电缆剥线钳

图 5-65　同轴电缆剥线钳

（4）光纤剥线钳

光纤剥线钳能够剥去某层外皮而不会损伤下面纤芯的一层（见图 5-66）。

（5）切线钳

切线钳使用了曲线的刀刃而没有采用平直的刀片，能够保持电缆的外形（见图 5-67）。

图 5-66　光纤剥线钳

图 5-67　典型的切线钳

（6）压线钳

使用压线钳将模块化环箍和同轴电缆连接器与电缆相连（见图 5-68 和图 5-69）。

① 带 RJ11、RJ45 和 MMJ 模具的压线钳

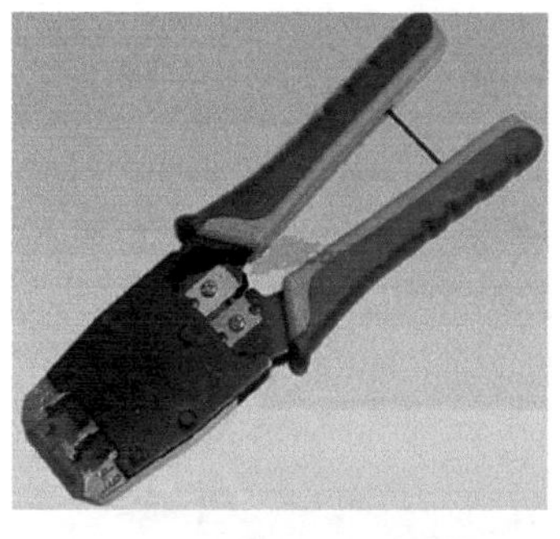

图 5-68　带 RJ11、RJ45 和 MMJ 模具的压线钳

图 5-69　8 针模块化插头（RJ45 连接器）

② 同轴电缆压线钳

IDEAL 公司的压线钳可以更换压接模具，能够压接 RG-6、RG-9、RG-58、RG-59、RG-62

和有线电视 F 型等类型的接头（见图 5-70）。

（7）冲压工具

冲压工具是带有适用于某种类型的 IDC 刀刃的手柄，IDC 有两种：66 型和 110 型（分别见图 5-71 和图 5-72）。66 型模块用于电话系统的交叉连接，110 型的 IDC 用于数据信号。

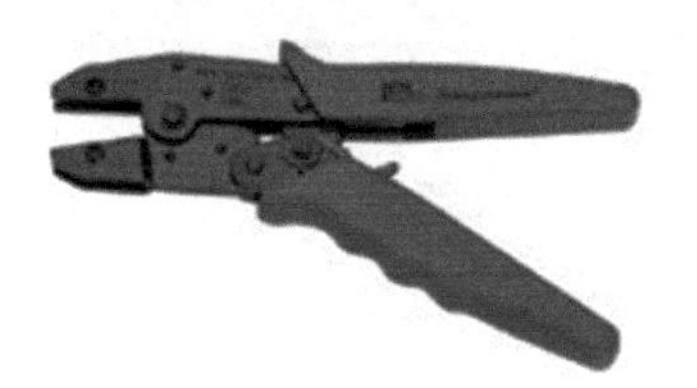

图 5-70　IDEAL 公司的压线钳

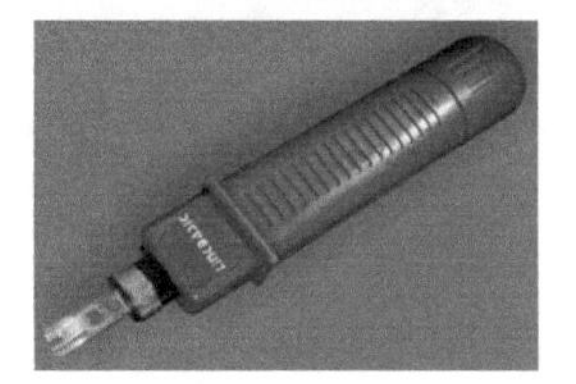

图 5-71　无弹力式的冲压工具

图 5-72　可调弹力的冲压工具

（8）打线保护装置

西蒙公司的两款掌上防护装置见图 5-73（注意，上面嵌套的是信息模块，下面部分才是保护装置）。

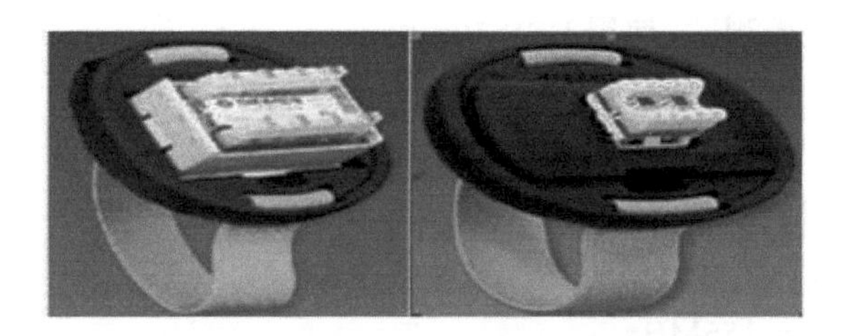

图 5-73　西蒙公司的两款掌上防护装置

（9）钓线带

钓线带是进行布线移动、添加、改变线路工作的一种辅助工具（见图 5-74）。

（10）光纤熔接机

光纤熔接机是利用高压放电的方法将两根光纤的连接点熔化并连接在一起，实现光纤的永久性连接（见图 5-75）。

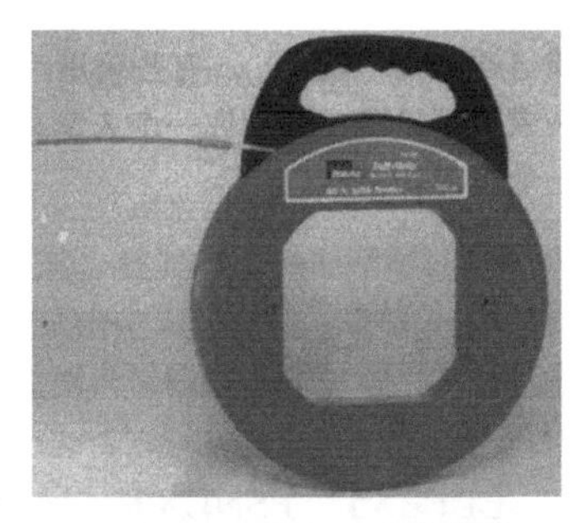

图 5-74　IDEAL 公司钓线带

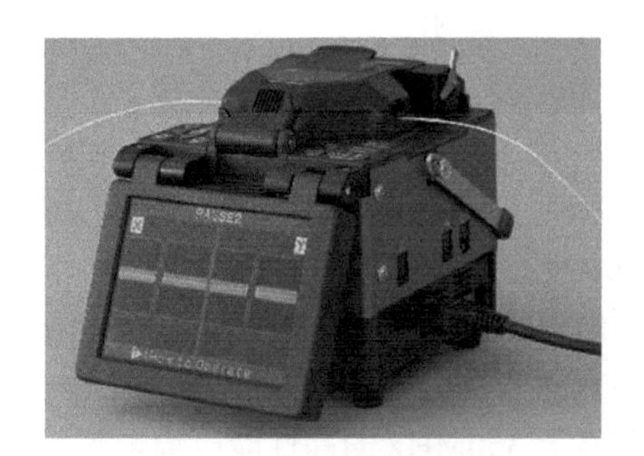

图 5-75　全自动型光纤熔接机

（11）现场安装光纤连接器

采用这种方法，在现场就可进行无研磨和无粘结的安装，从而简化并加快连接器的安装（见图5-76）。

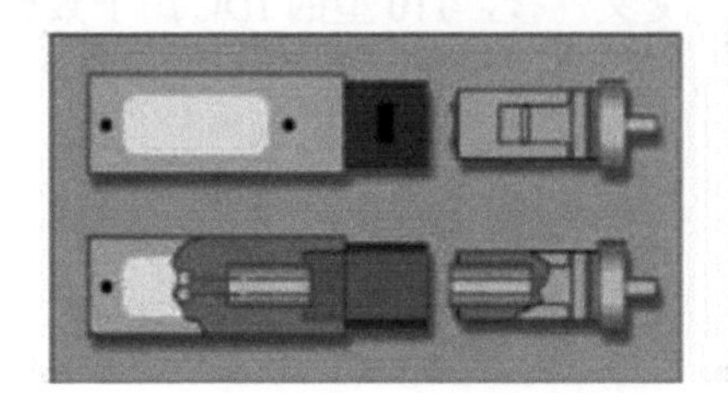
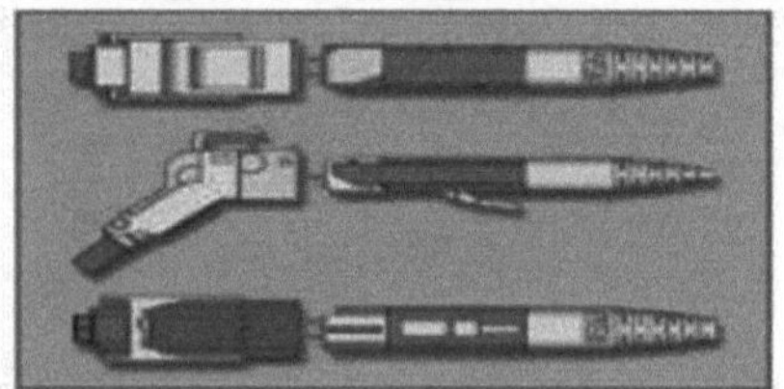

图5-76　15 SC型光纤连接器

5.11.2　常用的测试仪表和工具

从工程的角度来说，常用的测试仪表和工具可以分为两类，即光（电）缆传输链路验证测试和光（电）缆传输通道认证测试。

1．线缆测试仪

线缆测试仪的主要任务是检测线路的通断情况。

（1）DSP-100

DSP-100是Fluke网络公司推出的DSP系列数字电缆分析仪中的一员。它配有不同的选件，可满足不同应用的电缆测试。使用DSP-100可以验证布线系统是否符合五类线的标准（见图5-77）。

Fluke DSP-100具有以下功能特性。

① 经过UL认证，同时满足TIA TSB-67基本链路和通道二级精度的要求。

② 自动诊断链路故障，并通过图形和文字显示结果。

③ NEXT测试频率达155MHz。

④ 在测试NEXT时可检测和排除噪声。

⑤ 测试速度快；完整的4对线5类链路测试只需17s。

⑥ 可存储1 150个TIA TSB-67测试结果和600个ISO测试结果。

⑦ 监测10Base-T网络以确定电缆链路是否是故障源。

⑧ 支持多种局域网电缆链路系统的测试：UTP、STP、同轴电缆等。

⑨ 随仪器带有DSP-LINK软件，可帮助将测试仪中的结果快速下载至PC。

⑩ 提供背景灯照明。

（2）DSP-4000

DSP-4000数字电缆测试仪是专用于六类线和光纤布线系统的高性能测试工具（见图5-78）。

DSP-4000电缆测试仪的主要特点如下。

① 全面超越Cat5、Cat5E和Cat6的规范要求。

② 采用新的专用6类连接器。

③ 可测直至350MHz的高性能电缆，返回NEXT、ELFEXT、PSNEXT、衰减、ACR、回波损耗等参数的详细结果。

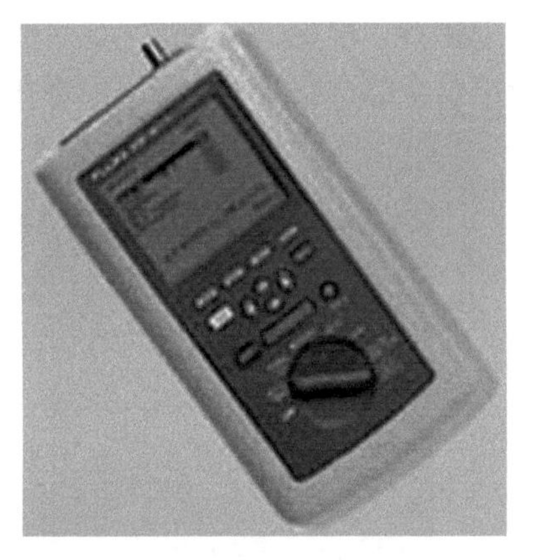

图 5-77　Fluke DSP-100 电缆测试仪

图 5-78　Fluke DSP-4000 数字电缆测试仪

④ 非常快地测试速度；完整的双向测试大约只需 10s。

⑤ 自动诊断线缆故障，以图形和文本的方式显示测试结果。

⑥ 可在 10Base-T 和 100Base-TX 以太网系统中检测网络流量，监测双绞线的脉冲噪声，定位 HUB 端口连接以及确定 HUB 端口支持的标准。

⑦ 在主机和远端之间提供内置对讲模式用于进行双向语音通信。

（3）Fluke 620 电缆测试仪

Fluke 620 电缆测试仪是一种常用的单端电缆测试仪，可以完成全部的综合布线验证测试（见图 5-79）。

图 5-79　Fluke 620 电缆测试仪

Fluke 620 的主要功能如下。

① 单人即可进行链路的连通性测试。

② 测试局域网的各种电缆：（UTP、STP、FTP、Coax）和连接方式（RJ45 和 BNC）。

③ 双绞线电缆中 2、3、4 对绞线的测试。

④ 可检测的接线故障包括：开路、短路、跨接、反接和串绕。

⑤ 接线/连接错误的定位（仪器至开路或短路的距离）。

⑥ 测量链路长度。

⑦ 简单易用，通过单一旋钮选择测试项目。

⑧ 便于携带，电池寿命长（50h）。

2．光纤测试仪

光纤的测试相对双绞线来说，测试的指标要少的多，主要是连续性和光纤衰减损耗的测试。它是通过测量光纤输入和输出的功率来分析连续性和衰减损耗的。

（1）CertiFiber 多模光缆测试仪

通过它的单键测试功能，CertiFiber 允许同时用两种波长测试两根光纤上的长度和衰减，并将结果与预先选定的工业标准比较，立即显示结果是否合乎标准（见图 5-80）。

（2）光时域反射计（OTDR）

用光时域反射计测试光纤系统可以识别出由于拼接、接头、光纤破损或弯曲及系统中其他故障所造成的光衰减的位置及大小，可以分析出整个综合布线中的故障和潜在的问题（见图 5-81）。

图 5-80 CertiFiber 多模光缆测试仪

图 5-81 光时域反射计（OTDR）

（3）光功率计

光功率计广泛应用于插入损耗测量、衰减测量、光功率测量等，这种测量可用来定量分析光纤网络出现故障的原因和对光纤网络产品进行评价（见图 5-82）。

图 5-82 光功率计

5.11.3 布线备件和工具

常见的辅助器材有：多种颜色的电工胶带；管道胶带；塑料制的扎线带；用于永久捆扎、固定的导线钩和捆线带；用于临时分类和捆扎线缆、电缆标签或专用电缆标记系统、标线机或其他做永久标记的机器、线头或扁型线连接器。

1．扎线带和电缆标记

扎线带能够使线缆看起来更加整洁和条理（见图 5-83）。

电缆标记对已经安装好的布线系统进行电缆标识是非常重要的。进行电缆标记最简单的方法是使用数码带，这些带子的数字从 0 到 9，分不同颜色，如黑色、白色、灰色、褐色、红色、橙色、黄色、绿色、蓝色和紫色等，采用这些色带在电缆的两端（配线架和墙面版）做标记，然后记录在案。

2．布线管槽

布线管槽一般可以分为金属管槽和 PVC 塑料管槽。

3．配线架

配线架一般分为主配线架和分支配线架，主配线架的一端连接于外部网络，另一端连接于建筑物内部网络；分支配线架一般用于建筑物内部的水平子系统和垂直子系统，是其所在地线缆的集中处。

沿墙壁安装的配线架见图 5-84。

图 5-83　扎线带示意图

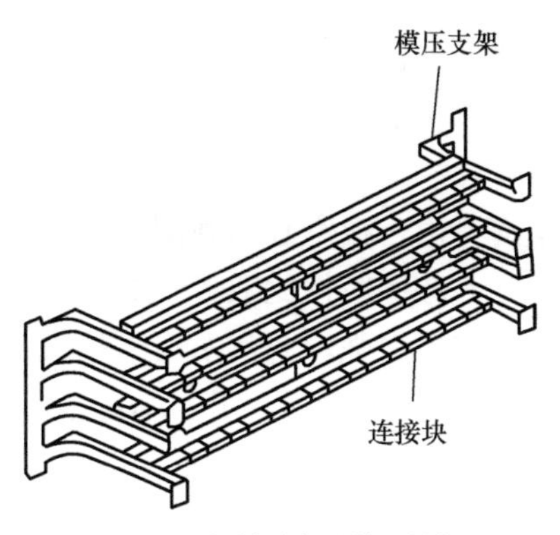

图 5-84　沿墙壁安装的配线架

5.11.4　综合布线常用的缆线材料

5.11.4.1　有线通信线路常用的缆线

有线通信线路传输缆线的选择必须考虑网络的性能、价格、使用规则、安装难易性、可扩展性及其他一些因素。

1．双绞线

双绞线（TP，Twisted Pair）是综合布线工程中最常用的一种传输缆线。双绞线由两根具有绝缘保护层的铜导线组成。把两根绝缘的铜导线按一定密度互相绞在一起，可降低信号干扰的程度，每一根导线在传输中辐射出来的干扰电波会被另一根线上发出的干扰电波抵消。双绞线一般由两根 22～26 号绝缘铜导线相互缠绕组成（见图 5-85）。

目前，双绞线可分为非屏蔽双绞线（UTP，Unshielded Twisted Pair），也称无屏蔽双绞线以及屏蔽双绞线（STP，Shielded Twisted Pair）。屏蔽双绞线电缆的外层由铝箔包裹着。

图 5-85　双绞线结构示意图

对于双绞线（无论是屏蔽，还是非屏蔽），用户最关心的是影响其传输效果的几个性能指标：衰减、近端串扰、特性阻抗、分布电容、直流电阻等。

计算机网络综合布线使用三类、四类、五类、超五类、六类。

三类：用于语音传输及最高传输速率为 10Mbit/s 的数据传输，目前已基本淘汰。

四类：用于语音传输和最高传输速率为 16Mbit/s 的数据传输。

五类：用于语音传输和最高传输速率为 100Mbit/s 的数据传输，是构建 10M/100M 局域网的主要通信介质。

超五类：用于语音传输和最高传输速率为 155Mbit/s 的数据传输。与普通五类双绞线相比，超五类双绞线在传送信号时衰减更小，抗干扰能力更强，是目前使用最广泛的类型。

六类：可以传输语音、数据和视频，足以满足未来高速和多媒体网络的需要。

2．同轴电缆

同轴电缆是由一根空心的外圆柱导体及其所包围的单根内导线组成。同轴管与导线用绝缘材料隔开，其频率特性比双绞线好，能进行较高速率的传输（见图 5-86）。由于它的屏蔽性能好，抗干扰能力强，通常多用于基带传输。

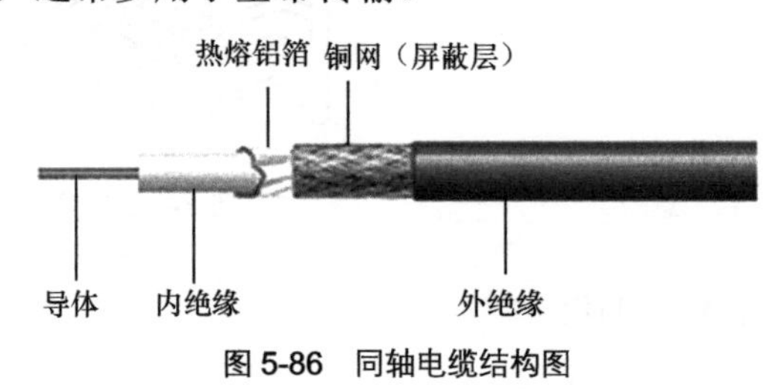

图 5-86　同轴电缆结构图

对同轴电缆进行测试的主要参数如下。

（1）导体或屏蔽层的开路情况。

（2）导体和屏蔽层之间的短路情况。

（3）导体接地情况。

（4）在各屏蔽接头之间的短路情况。

同轴电缆可分为基带同轴电缆和宽带同轴电缆两种基本类型。

3．光缆

光导纤维是一种传输光束的细而柔韧的媒质。光导纤维电缆由一捆纤维组成，简称光缆。光缆是数据传输中最有效的一种传输介质，它有以下 4 个优点。

（1）宽的频带。

（2）磁绝缘性能好。

（3）衰减较小。

（4）中继器的间隔距离较大。

常用的光纤光缆有：

8.3μm 芯、125μm 外层、单模；

62.5μm 芯、125μm 外层、多模；

50μm 芯、125μm 外层、多模；

100μm 芯、140μm 外层、多模。

5.11.4.2　双绞线的种类、性能与标准

1．双绞线的种类

双绞线被分为屏蔽双绞线与非屏蔽双绞线两大类，在这两大类中又分为：100Ω屏蔽电缆、100Ω非屏蔽电缆、双体电缆、150Ω屏蔽电缆（见图 5-87）。

2．双绞线电缆的测试数据

100Ω 4 对非屏蔽双绞线有 3 类线、4 类线、5 类线和超 5 类线之分。它们受下述指标的约束，即衰减、分布电容、直流电阻、直流电阻偏差值、阻抗特性、返回损耗、近端串扰（见表 5-48，超五类在此未列出）。

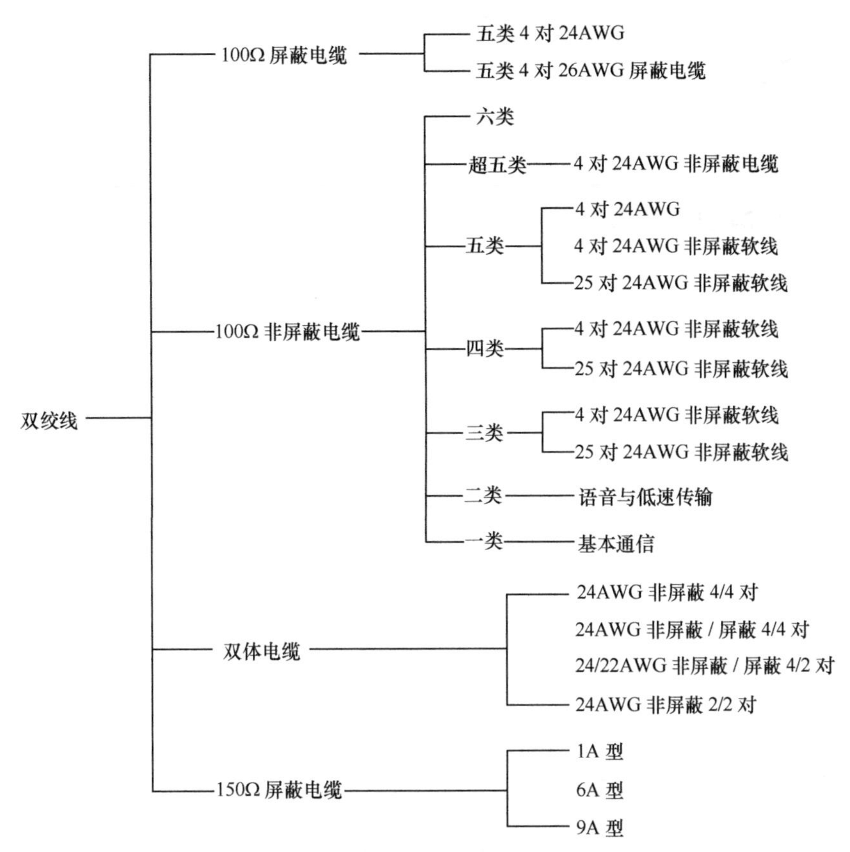

图 5-87　双绞线的分类

表 5-48　　双绞线电缆的标准测试数据表

类型	三类	四类	五类
衰减	$\leqslant \sqrt{2.320}$（f）+0.238（f）	$\leqslant \sqrt{2.050}$（f）+0.1（f）	≤1.9267（f）+0.75（f）
分布容量（以 1kHz 计算）	≤330pf/100m	≤330pf/100m	≤330pf/100m
直流电阻 20°C 测量校正值	≤9.38Ω/100m	≤9.38Ω/100m	≤9.38Ω/100m
直流电阻偏差 20°C 测量校正值	5%	100Ω±15%	5%
阻抗特性 1MHz 至最高的参考频率值	100Ω±15%	100Ω±15%	100Ω±15%
返回损耗测量长度>100m	12dB	12dB	23dB
近端串扰测量长度>100m	43dB	58dB	64dB

3．常用的双绞线电缆

（1）五类 4 对非屏蔽双绞线（见表 5-49）。

表 5-49　　五类 4 对非屏蔽双绞线色彩编码表

线对	色彩码
1	白/蓝/蓝
2	白/橙/橙

续表

线对	色彩码
3	白/绿/绿
4	白/棕/棕

（2）五类4对24AWG屏蔽电缆（见图5-88）。

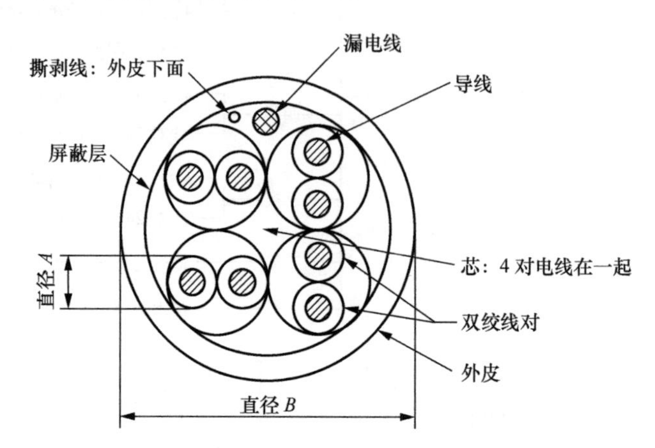

图5-88　五类4对24AWG 100Ω屏蔽电缆截面图

注：直径A：0.042in（1.07mm）；直径B：0.255in（6.47mm）。

（3）五类4对26AWG屏蔽软线（见表5-50）。

表5-50　五类4对26AWG屏蔽软线色彩编码表

线对	色彩码	屏蔽
1	白/蓝/蓝	0.02[0.051]铝/聚酯带箔内有一根26AWG TPC漏电线
2	白/橙/橙	
3	白/绿/绿	
4	白/棕/棕	

注：物理结构类似五类4对24AWG 100Ω屏蔽电缆，但它的直径A和B有所不同。直径A：0.073in（1.85mm）；直径B：0.210in（5.33mm）。

（4）五类4对24AWG非屏蔽软线（见表5-51）。

表5-51　五类4对24AWG非屏蔽软线色彩编码表

线对	色彩码
1	白/蓝/蓝
2	白/橙/橙
3	白/绿/绿
4	白/棕/棕

注：物理结构类似五类4对24AWG非屏蔽双绞线，但它的直径A和B有所不同。直径A：0.038in（0.97mm）；直径B：0.210in（5.33mm）。

（5）五类 25 对 24AWG 非屏蔽软线（见表 5-52 和图 5-89）。

表 5-52　　　　五类 25 对 24AWG 非屏蔽软线导线色彩编码表

线对	色彩码	线对	色彩码
1	白/蓝/蓝/白	14	黑/棕/棕/黑
2	白/橙/橙/白	15	黑/灰/灰/黑
3	白/绿/绿/白	16	黄/蓝/蓝/黄
4	白/棕/棕/白	17	黄/橙/橙/黄
5	白/灰/灰/白	18	黄/绿/绿/黄
6	红/蓝/蓝/红	19	黄/棕/棕/黄
7	红/橙/橙/红	20	黄/灰/灰/黄
8	红/绿/绿/红	21	紫/蓝/蓝/紫
9	红/棕/棕/红	22	紫/橙/橙/紫
10	红/灰/灰/红	23	紫/绿/绿/紫
11	黑/蓝/蓝/黑	24	紫/棕/棕/紫
12	黑/橙/橙/黑	25	紫/灰/灰/紫
13	黑/绿/绿/黑		

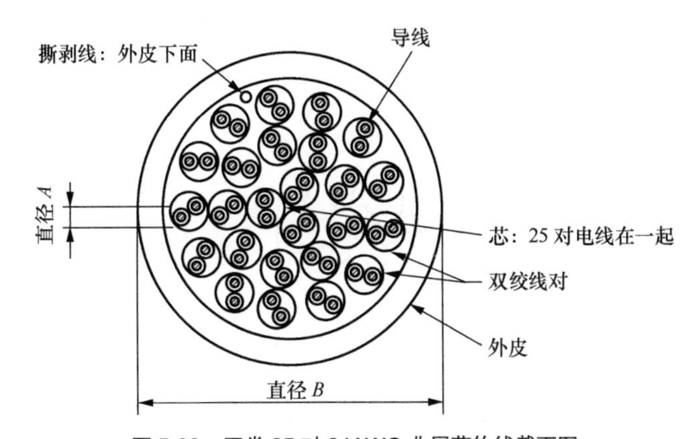

图 5-89　五类 25 对 24AWG 非屏蔽软线截面图

注：直径 A：0.036in（0.91mm）；直径 B：0.321in（8.1mm）。

（6）四类 4 对 24AWG 非屏蔽电缆（分别见表 5-53 和图 5-90）。

表 5-53　　　　四类 4 对 24AWG 非屏蔽电缆色彩编码表

线对	色彩码
1	白/蓝/蓝
2	白/橙/橙
3	白/绿/绿
4	白/棕/棕

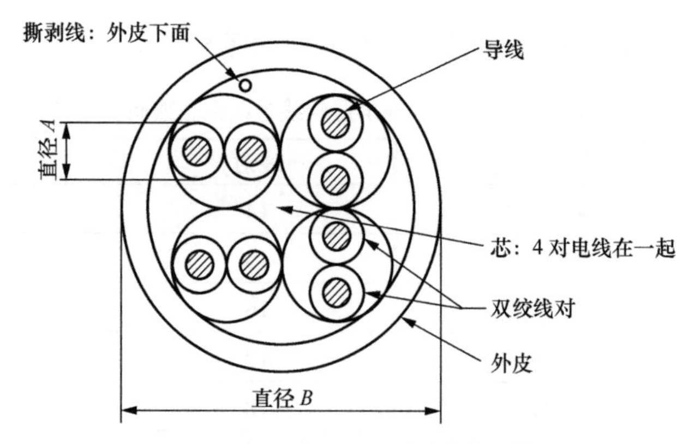

图 5-90　四类 4 对 24AWG 非屏蔽电缆截面图

注：直径 A：0.036in（0.91mm）；直径 B：0.200in（5.08mm）。

（7）三类 4 对 24AWG 非屏蔽电缆（分别见表 5-54 和图 5-91）。

表 5-54　三类 4 对 24AWG 非屏蔽电缆色彩编码表

线对	色彩码
1	白/蓝/蓝
2	白/橙/橙
3	白/绿/绿
4	白/棕/棕

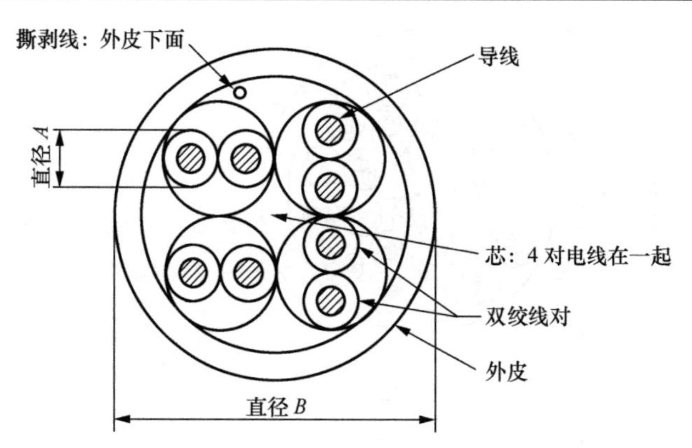

图 5-91　三类 4 对 24AWG 非屏蔽电缆截面图

注：直径 A：0.033in（0.838mm）；直径 B：0.150in（3.81mm）。

4．超五类布线系统

超五类布线系统是一个非屏蔽双绞线（UTP）布线系统，通过对它的“链接”和“信道”性能进行测试表明，它超过 TIA/EIA568 的五类线要求。

超五类布线系统具有以下优点。

（1）提供了坚实的网络基础，可以方便迁移到更新网络技术。

（2）能够满足大多数应用，并满足偏差和低串扰总和的要求。

（3）为将来的网络应用提供了传输解决方案。

（4）充足的性能余量，给安装和测试带来方便。

5.11.4.3 同轴电缆的种类、性能与标准

1．同轴电缆的主要电气参数

（1）同轴电缆的特性阻抗。

（2）同轴电缆的衰减。

（3）同轴电缆的传播速度。

（4）同轴电缆直流回路电阻。

2．同轴电缆的物理参数

同轴电缆由中心导体、绝缘材料层、网状织物构成的屏蔽层以及外部隔离材料层组成（其结构图可参考图 5-86）。

在计算机网络布线系统中，对同轴电缆的粗缆和细缆有 3 种不同的构造方式，即细缆结构、粗缆结构和粗/细缆混合结构。

（1）细缆结构（见图 5-92）。

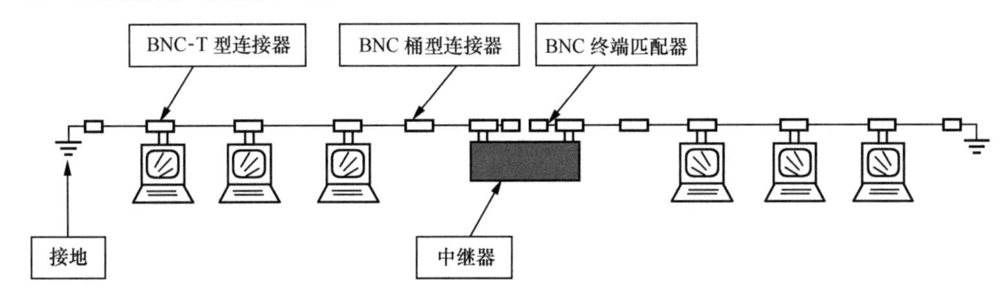

图 5-92 细缆网络结构示意图

细缆网络的硬件配置如下。

① 网络接口适配器。

② BNC-T 型连接器。

③ 电缆系统。

④ 中继器。

细缆结构的主要技术参数如下。

最大的干线电缆长度：185m。

最大的网络干线电缆长度：925m。

每条干线段支持的最大节点数：30。

BNC-T 型连接器之间的最小距离：0.5m。

（2）粗缆结构（见图 5-93）。

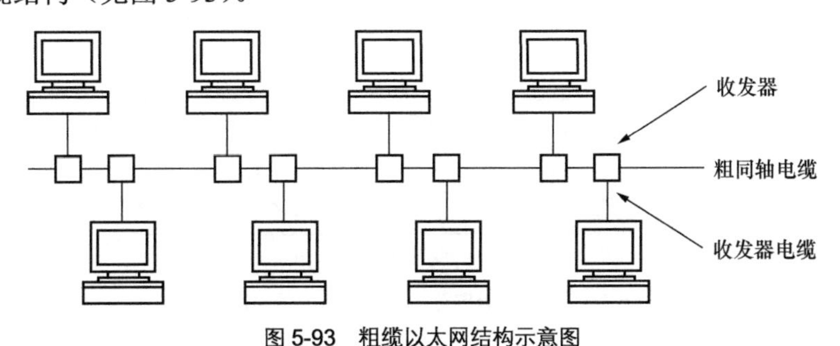

图 5-93 粗缆以太网结构示意图

建立一个粗缆以太网需要如下硬件。

① 网络接口适配器。

② 收发器（Transceiver）。

③ 收发器电缆。

④ 电缆系统。

粗缆结构的主要技术参数如下。

最大的干线段长度：500m。

最大的网络干线电缆长度：2 500m。

每条干线支持的最大节点数：100。

收发器之间最小的距离：2.5m。

（3）粗/细缆混合结构的硬件配置。

在建立一个粗/细混合以太网时，除需要使用与粗缆以太网和细缆以太网相同的硬件外，还必须提供粗缆和细缆之间的连接硬件。

粗/细缆混合结构的主要技术参数如下。

最大的干线长度：大于 185m，小于 500m。

最大的网络干线电缆长度：大于 925m，小于 2 500m。

5.11.4.4 光缆的种类、性能与标准

1．光纤的结构

光纤通常由石英玻璃制成，其横截面积很小的双层同心圆柱体，也称为纤芯，它质地脆，易断裂，由于这一缺点，需要外加保护层（见图 5-94）。

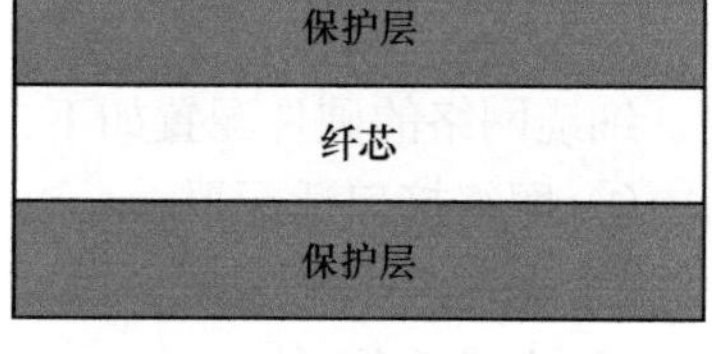

图 5-94 光纤剖面结构示意图

2．光纤的种类

光纤主要有两大类：传输点模数类和折射率分布类。

（1）传输点模数类

根据工艺不同，传输点模数光纤可分成两类：单模光纤和多模光纤。

（2）折射率分布类

折射率分布类光纤可分为跳变式光纤和渐变式光纤（见图 5-95）。

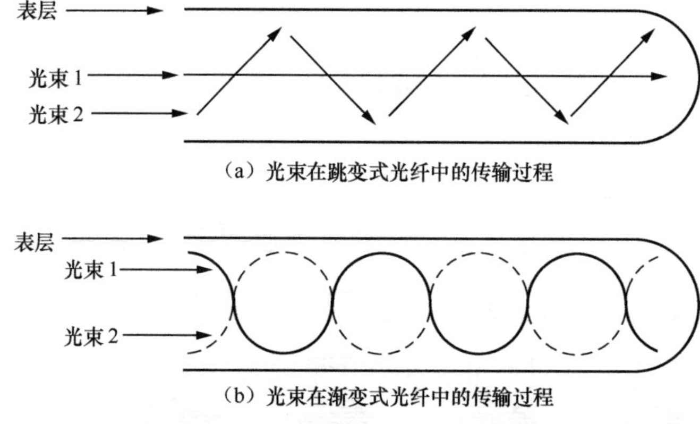

图 5-95 光在折射率分布类光纤中的传输过程

光纤的特点有：传输速度快、距离远、内容多，并且不受电磁干扰、不怕雷电击、很难在外部被窃听、不导电、在设备之间没有接地的麻烦等。

3．光纤通信系统简述

（1）光纤通信系统。

光纤通信系统是以光波为载体、光导纤维为传输介质的通信方式，起主导作用的是光源、光纤、光发送机和光接收机（见图 5-96）。

① 光源：光波产生的根源。

② 光纤：传输光波的导体。

③ 光发送机：负责产生光束，将电信号转变成光信号，再把光信号导入光纤。

④ 光接收机：负责接收从光纤上传输过来的光信号，并将它转变成电信号，经解码后再做相应处理。

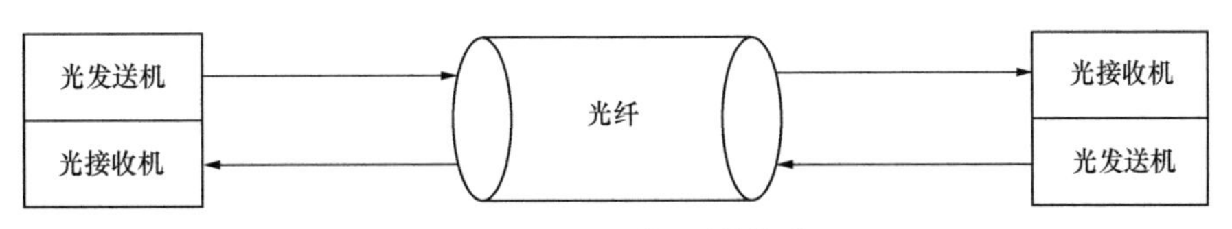

图 5-96　光纤通信系统的构成

（2）光纤通信系统主要的优点。

① 传输频带宽、通信容量大，短距离时达几千兆的传输速率。

② 线路损耗低、传输距离远。

③ 抗干扰能力强，应用范围广。

④ 线径细、质量小。

⑤ 抗化学腐蚀能力强。

⑥ 光纤制造资源丰富。

4．光缆的种类和力学性能

（1）单芯互联光缆（俗称尾纤）（见图 5-97）。

单芯互联光缆的主要应用范围如下。

① 跨接线。

② 内部设备连接。

③ 通信柜配线面板。

④ 墙上出口到工作站的连接。

⑤ 水平拉线，直接端接。

⑥ 适用于使用环氧树脂或 LightCrimp 连接头端接。

（2）双芯互联光缆（俗称蝶形光缆）（见图 5-98）。

双芯互联光缆的主要应用范围如下。

① 交连跳线。

② 水平走线，直接端接。

③ 光纤到桌。
④ 通信柜配线面板。
⑤ 墙上出口到工作站的连接。
⑥ 适于使用环氧树脂或 LightCrimp 连接头端接。

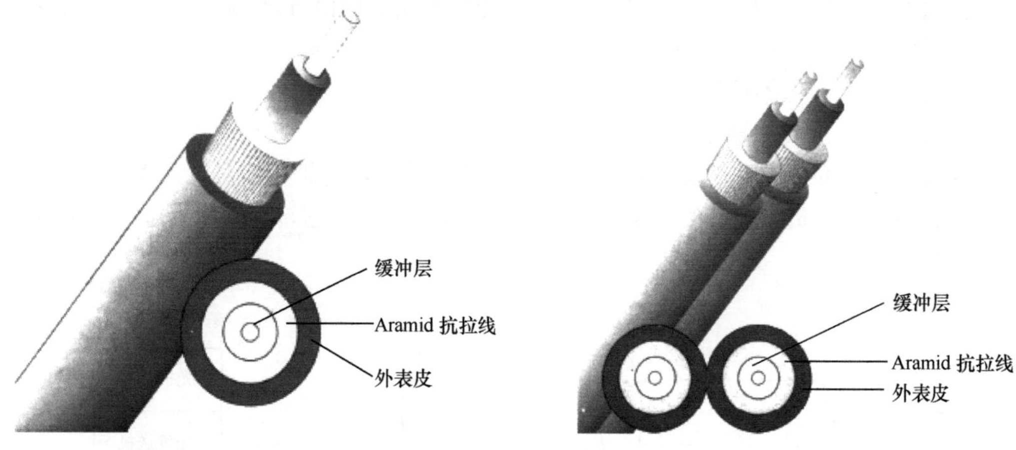

图 5-97　单芯光缆示意图　　图 5-98　双芯光缆示意图

四芯光缆示意如图 5-99 所示。

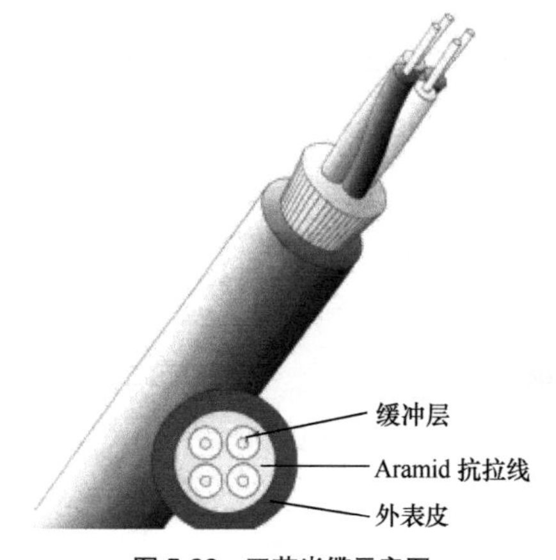

图 5-99　四芯光缆示意图

（3）分布式光缆（见图 5-100）。
分布式光缆的主要应用范围如下。
① 多点信息口水平布线。
② 垂直布线。
③ 大楼内主干布线。
④ 从设备间到无源跳线间的连接。
⑤ 从主干分支到各楼层的应用。
⑥ 适于胶水型光纤连接头以及 LightCrimp 光纤头端接。

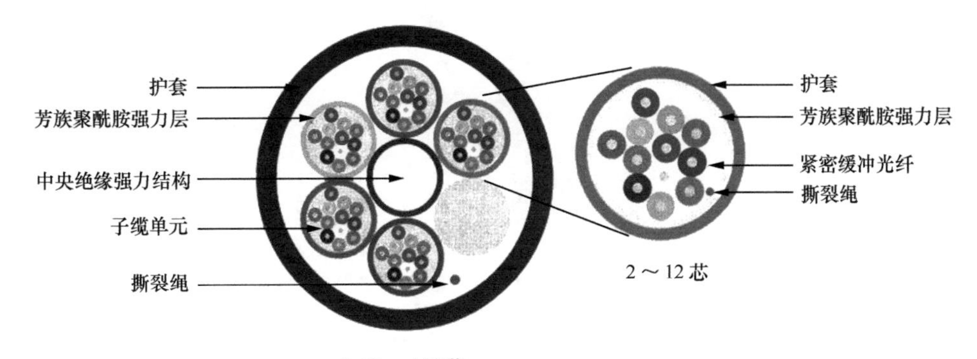

图 5-100　多纤芯分布式光缆示意图

（4）分散式光缆（分别见图 5-101 和图 5-102）。

分散式光缆的主要应用范围包括以下几点。

① 高性能的单模和多模光纤符合所有的工业标准。

② 900μm 紧密缓冲外衣易于连接与剥除。

③ 2.4mm 独立光纤辅单元，允许带套连接头端接。

④ UL/CSA 验证符合 OFNR 和 OFNP 性能要求。

⑤ 设计和测试均根据 Bellcore GR-409-CORE 及 IEC793-1/794-1 标准。

⑥ 扩展级别 62.5/125 符合 ISO/IEC11801（1995 标准）。

⑦ 走线方式灵活。

⑧ Aramid 抗拉线增强组织对光纤的保护。

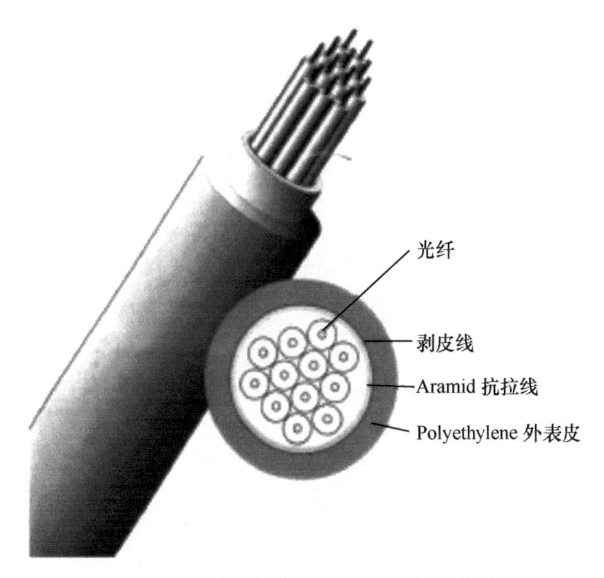

图 5-101　多单元分散型 12 芯光缆示意图

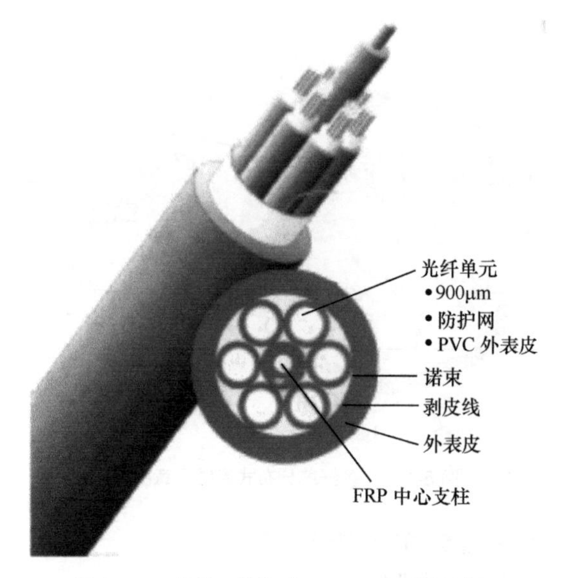

图 5-102　多单元分散型 24～72 芯光缆示意图

（5）室外光缆 4～12 芯全绝缘型与铠装型（分别见图 5-103 和图 5-104）。

室外光缆 4～12 芯全绝缘型与铠装型的主要应用范围如下。

① 园区中楼宇之间的连接。

② 长距离网络。

③ 主干线系统。

④ 本地环路和支路网络。

⑤ 严重潮湿、温度变化大的环境。

⑥ 架空连接（和悬缆线一起使用）、地下管道或直埋、悬吊缆/服务缆。

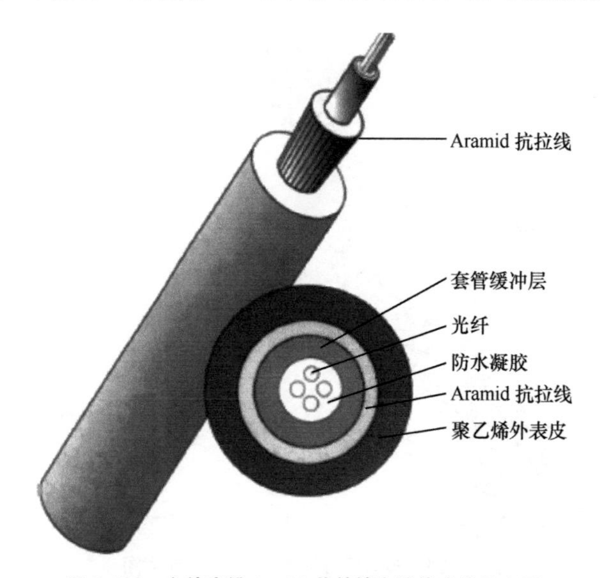

图 5-103　室外光缆 4～12 芯单管全绝缘光缆示意图

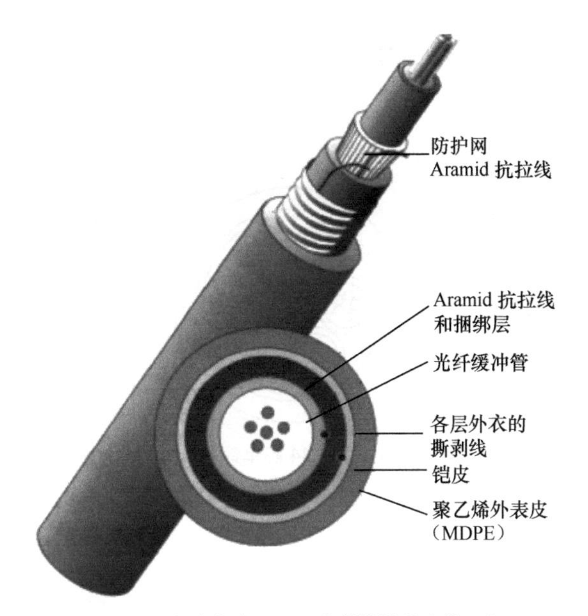

图 5-104　室外光缆 4～12 芯单管铠装光缆示意图

（6）室外光缆 24～144 芯铠装类型光缆（见图 5-105）。

室外光缆 24～144 芯铠装类型光缆的主要应用范围如下。

① 园区中楼宇之间的连接。

② 长距离网络。

③ 主干线系统。

④ 本地环路和支路网络。

⑤ 严重潮湿、温度变化大的环境。

⑥ 架空连接（和悬缆线一起使用）、地下管道或直埋。

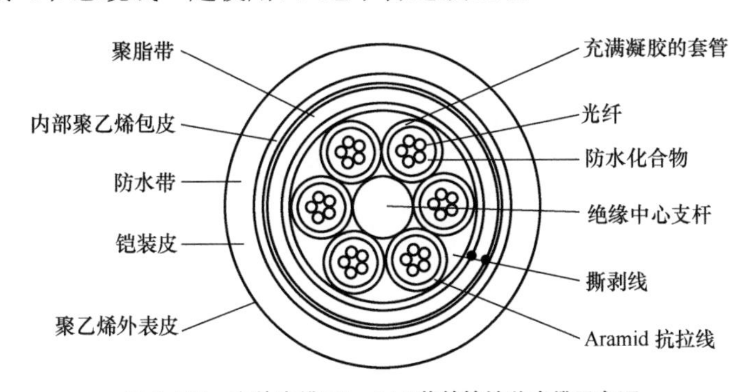

图 5-105　室外光缆 24～144 芯单管铠装光缆示意图

（7）单管全绝缘型室内/室外光缆（见图 5-106）

单管全绝缘型室内/室外光缆的主要应用范围如下。

① 在不需任何互联设备的情况下，由户外延伸到户内，缆线具有阻燃特性。

② 园区中楼宇之间的互连。

③ 本地线路和支路网络。

④ 严重潮湿、温度变化极大的环境。

⑤ 架空连接（和悬缆线一起使用时）。

⑥ 地下管道或直埋。

⑦ 悬吊缆/服务缆。

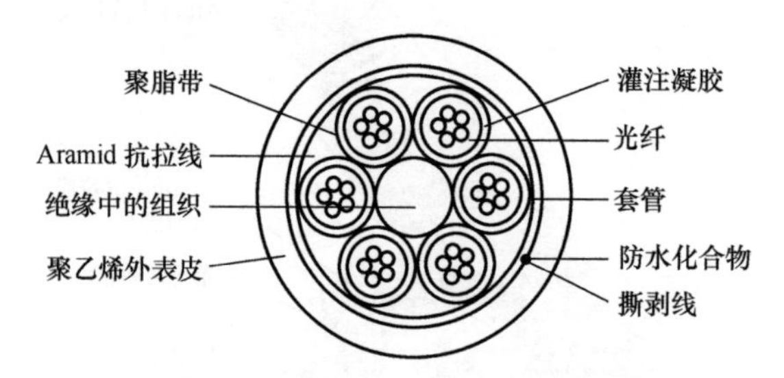

图 5-106　室外光缆 24～144 芯单管全绝缘光缆示意图

第 6 章
通信管道工程设计

通信管道根据使用功能和区域分为市话管道和长途管道。

6.1 管道路由及位置的选择

6.1.1 市话管道路由选择

在局所规划明确了线路网络中心和交换区域界线以后，为了确保线路网络规划更好地落实到实处，必须对某些道路管道的建设方案进行调查。如果在某些道路中，由于种种原因，不适于建设管道，有时可能要重新修订线路网络的规划方案。

在管道路由选择过程中，一方面要对用户预测及通信网络发展的动向和全面规划有充分的了解；另一方面要处理好城市道路建设和环境保护方面与管网安全的关系。

市话管道路由选择的一般原则可归纳为如下方面。

（1）符合地下管线长远规划，并考虑充分利用已有的管道设备。

（2）在电话线路较集中的街道，适应光（电）缆发展的要求。

（3）尽量不在沿交换区域界线、铁道、河流等地域铺设管道。

（4）选择供线最短，尚无铺设管道（包括不同运营商的管道）的路段。

（5）选择地上及地下障碍最少、施工维护方便的道路（如没有沼泽、水田、盐渍土壤和没有流沙或滑坡可能的道路）建设管道。

（6）尽可能避免在化学腐蚀，或电气干扰严重的地带铺设管道，必要时应采取防腐措施。

（7）避免在路面狭窄的道路中建管道。

（8）在交通繁忙的街道铺设管道时应考虑在施工过程中，有临时疏通行人及车辆的可能。

（9）在技术和经济的不同层面做多种方案的比较。

6.1.2 长途管道路由选择

（1）通信管道是当地城建和长、市地下通信管线网的组成部分，应与现有的管线网及其发展规划相匹配。

（2）管道应建在光（电）缆发展条数较多、距离较短、转弯和故障较少的定型道路上。

（3）不宜在规划未定、道路土壤尚未夯实、流沙及其他土质尚不稳定的地方建筑管道，必要时，可改建防护槽道。

（4）尽量选择在地下水位较低的地段。

（5）尽量避开有严重腐蚀性的地段。

（6）一般应选择在人行道上，也可以建在慢车道下，不应建在快车道下。

6.1.3 管道路由选择的安全性考虑

管道路由应选择地质稳固、地势平坦、施工少的路由进行敷设。路由选择时，一般遵循下列原则。

管道路由应选择在公路内侧敷设，尽量避开易滑坡（塌方）、水冲、开发建设等范围，以及各种易燃、易爆等威胁大的位置。一般情况下应不选择或少选择下列地点。

（1）易滑坡（塌方）新开道路路肩边，易取土、易水冲刷的山坡、河堤、沟边等斜坡、陡坡边。

（2）易水冲的山地汇水点、河流汇水点、桥涵的护坡边缘。

（3）易开发建设的经济开发区、新道路规划、市政设施规划、农村自建房用地等范围。

（4）地下大型、隐蔽的供水、供电、排污沟渠，以及易燃、易爆的其他管线。

（5）避开含有酸、碱强腐蚀或杂散电流电化学腐蚀严重影响的地段。

6.1.4 管道埋设位置的确定

在已经拟定的管道路由上确定管道的具体位置时，应和城建部门密切配合，并考虑以下因素。

（1）管道埋设位置应尽可能选择在市话杆路的同一侧。这样便于将地下电缆引出配线。减少穿越马路和与其他地下管线交叉穿越的可能。

（2）应尽可能选择在人行道下铺设，由于人行道中的交通量小，对交通的影响也小，施工管理较方便，不需破坏马路面，管道埋设的深度较浅，可以减省土方量，节省施工费用，还能缩短工期；同时在人行道中，管道承载的荷重较小，同样的建筑结构，管道有较高的安全保证。

（3）如不能在人行道下建筑时，则尽可能选在人行道与车行道间的绿化地带。但此时应注意避开并保护绿化林木花草，同时还要考虑管道建成后，绿化树木的根系对管道可能产生的破坏作用。

（4）如地区环境要求，管道必须在车行道下埋设时，应尽可能选择离中心线较远的一侧，或在慢道中建设，并应尽量避开街道的排水管线。

（5）管道的中心线，原则上应与房屋建筑红线及道路的中心线平行。遇道路有弯曲时，可在弯曲线上适当的地点设置拐弯人孔，使其两端的管道取直；也可以考虑将管道顺着路肩的形状建筑弯管道；同一段管道不能出现 S 弯。

（6）管道位置不宜紧靠房屋的基础。

（7）尽可能远离对（光）电缆有腐蚀作用及有电气干扰的地带，如必须靠近或穿过这些地段时，应考虑采取适当的保护措施。

（8）避免在城市规划将来要改建或废除的道路中埋设管道。有些道路规划和目前道路情况有较大的出入时，如按规划要求建筑管道，将穿过较多的旧房、湖沼或洼地等障碍物，从而增加额外的工程费用，又导致施工的复杂性；如无法和相关单位协商解决时，可以采取临时性的过渡措施。例如，使用直埋光（电）缆穿越或选择迂回的管道路由，待条件成熟时再进行永久性的管道建设。采用迂回路由对工程的建设费用虽有增加，但建成后增加了网络调度的安全和灵活性。

（9）硅芯塑料通信管道除沿公路敷设外，也可以在高等级公路分隔带下、路肩及边坡和路侧隔离栅以内建设。其敷设位置应便于塑料通信管道、光缆的施工和维护及机械设备的运输，且符合表 6-1 的要求。

表 6-1　　硅芯塑料通信管道敷设位置选择

序号	敷设地段	塑料管道敷设位置
1	高等级公路	中间隔离带
		边沟
		路肩
		防护网内
2	一般公路	定型公路：边沟、路肩、边沟与公路用地边缘之间，也可离开公路铺设，但距离不宜超过 200m
		非定型公路：离开公路铺设，但距离不宜超过 200m。避开公路升级、改道、取直、扩宽和路边规划的影响
3	市政街道	人行道
		慢车道
		快车道
4	其他地段	地势较平坦、地质稳固、石方量较小
		便于机械设备运达

（10）通信管道和其他管线及建筑物之间的最小净距应符合表 6-2 的要求。

表 6-2　　管道和其他管线及建筑物之间的最小净距标准

其他地下管线及建筑物名称		平行净距（m）	交叉净距（m）
已有建筑物		2	—
规划建筑物红线		1.5	—
给水管	*d*≤300mm	0.5	0.15
	300mm<*d*≤500mm	1	
	d>500min	1.5	
排水管		1.0[1]	0.15[2]
热力管		1	0.25
输油管道		10	0.5
燃气管	压力≤0.4MPa	1	0.3[3]
	0.4MPa<压力≤1.6MPa	2	
电力电缆	35kV 以下	0.5	0.5[4]
	35kV 及以上	2	
高压铁塔基础边	35kV 及以上	2.5	—

续表

其他地下管线及建筑物名称		平行净距（m）	交叉净距（m）
通信电缆（或通信管道）		0.5	0.25
通信杆、照明杆		0.5	—
绿化	乔木	1.5	—
	灌木	1	—
道路边石边缘		1	—
铁路钢轨（或坡脚）		2	—
沟渠基础底		—	0.5
涵洞基础底		—	0.25
电车轨底		—	1
铁路轨底		—	1.5

注：1. 主干排水管后敷设时，排水管施工沟边与既有通信管道间的平行净距不得小于1.5m。

2. 当管道在排水管下部穿越时，交叉净距不得小于0.4m。

3. 在燃气管有接合装置和附属设备的2m范围内，通信管道不得与燃气管交叉。

4. 电力电缆加保护管时，通信管道与电力电缆的交叉净距不得小于0.25m。

5. d为外部直径。

6.2 管道容量的确定

6.2.1 原有规范对管道容量的确定方法

在新的《通信管道与通道设计规范》（GB 50373-2006）颁布之前，管道容量的确定是以电缆的大小和数量的多少作为主要参考的，考虑到这一方法在某些地区仍有参考价值，所以把原有的管道容量的确定方法介绍给大家。

管孔数量的计算，原则上应按一条电缆占用一个管孔进行计算，一般管道建筑，都是按终局容量一次建成（尤其是局前管道），因而管孔数量的计算，也必须按终局容量来考虑。对于光缆，可参考光缆的直径和条数配置子管的规格和数量。

（1）用户管孔：计算用户管孔，除本期工程所需用户管孔数量外，对于第二期工程、第三期（终局期）工程的用户管孔数，应依据各期业务预测累计数字，并按下列原则进行计算。

当终局容量在5 000门以下时（包括5 000门在内），平均每400 对电缆占用一个管孔，不足一孔者，按一孔计算。

（2）中继线管孔：市话中继线原则上每300对电缆占用一个管孔进行计算。对于长途中继线，5 000门以下（包括5 000门在内），占用2个管孔。5 000门以上时，占用3个管孔。在考虑长途中继线管孔数量时，可根据长话局所在地的性质以及长途话务量今后增长的情况灵活掌握，必要时，可适当增加管孔，以满足今后长途业务发展的需要。

（3）专用管孔：对于长途专用光（电）缆和遥控线所需管孔，一般按照实际需要考虑。对于外单位租用管孔，如有申请者，可按申请数量考虑。以上如均无计划，应依据发展趋势，适当估算管孔数量，以备将来需要。

（4）备用管孔：所谓备用管孔，就是将来预备使用的管孔。一般考虑备用管孔数量为1～

2 孔即可。它是作为（光）电缆发生故障、无法修理或工程上更换电缆时需用的。比如一条六孔管道，最多穿放电缆 5 条，占用 5 个管孔，剩余的一个管孔，就是备用管孔。如果 5 条电缆中的一条电缆发生故障，无法修理时，则可利用备用管孔穿放电缆，通过割接后，再将故障电缆抽出，这样仍有一个管孔可作为备用管孔。

（5）局前管道管孔数等于各方向进入局前人孔的管孔数量的总和（不进局的电缆所占用的管孔除外）。以上将用户管孔、中继线管孔、专用管孔、备用管孔加起来，就是各段管道终期管孔数量。若工程一次建成，则按照这个终局期管孔数量进行建筑管道。

（6）对于小型电话局所（如县局、郊区局及较大型厂矿等），管孔计算一般按下列原则考虑。

终局容量在 1 000 门以下（包括 1 000 门）的局所，以每 200～300 对电缆占用一个管孔计算。

终局容量在 2 000 门以下的局所，以每 300 对电缆占用一个管孔计算；终局容量 2 000 门以上时，以每 400 对电缆占用一个管孔计算。

6.2.2　新的通信管道容量确定方法

（1）管道容量应按业务预测及各运营商的具体情况进行计算，各段管孔数可参照表 6-3 进行估算。

表 6-3　管孔数估算表

期别 使用性质	本期	远期
用户光（电）缆管孔	根据规划的光（电）缆条数	馈线电缆管道平均每 800 线对占用 1 孔；配线电缆管道平均每 400 线对占用 1 孔
中继光（电）缆管孔	根据规划的光（电）缆条数	视需要估算
过路进局（站）光（电）缆	根据需要计算	根据发展需要估算
租用管孔及其他	按业务预测及具体情况计算	视需要估算
备用管孔	2～3 孔	视具体情况估计

（2）管道容量按远期需要和合理的管群组合形式，并应预留适当的备用孔，水泥管道管群组合宜组成矩形体，高度宜大于其宽度，但不宜超过一倍。塑料管、钢管等宜组成形状整齐的群体。

（3）在同一路由上，应避免多次挖掘，管道应按远期容量一次建成。

（4）进局（站）管道应根据终局（站）需要量一次建成，管孔大于 48 孔时可以考虑建通道，由地下光（电）缆进线室接出。

6.3　管道材料的选择

通信管道通常采用的管材主要有：水泥管块、塑料单孔的硬质或半硬质聚氯乙烯（聚乙烯）塑料管、硅芯管、塑料多孔的栅格管、蜂窝管，以及桥上安装的钢管等，视具体情况灵活选用。当采取微控钻孔方式时，采用的是 PE 钢带复合材料管。

（1）市话管道中，一般路段选用外径ϕ98mm 和ϕ114mm PVC 塑料管（壁厚 3.5～4mm），当在桥上架设或穿越河沟、涵洞以及过街道时，PVC 管外加的保护管为ϕ125mm 热镀锌无缝钢管（壁厚 3.5mm）。

（2）长途管道一般铺设一孔 PVC 塑料管，内穿四孔子管，或选用硅芯管，ϕ33/40mm 的高密度聚乙烯硅芯管与 PVC 塑料管的主要性能要求见表 6-4 和表 6-5。

表 6-4　　高密度聚乙烯硅芯管与 PVC 塑料管的主要性能

序号	项目	主要性能
1	原材料硬度	邵氏 D61
2	耐压性	应能承受 0.5h，0.6MPa
3	拉伸强度	≥15MPa
4	断裂延伸率	≥350%
5	抗侧压强度	在 1 500N/100mm 压力下，扁径不小于硅芯管外径的 70%，卸荷后检测能恢复到硅芯管外径的 90%以上，硅芯管无裂纹
6	内壁摩擦系数	≤0.15
7	弯曲半径	ϕ33/40mm 硅芯管为 500mm

表 6-5　　高密度聚乙烯硅芯管与 PVC 塑料管规格表

规格（mm）	外径（mm）		厚度（mm）		标称长度（m）		备注
	标称值	允许偏差	标称值	允许偏差	单盘	每卷	
ϕ33/40	40	0.30	3.5	0.10	1 000	500	硅芯管
ϕ114/106	114	0.40	4	0.40	6	每条	PVC
ϕ110/102	110	0.40	4	0.40	6	每条	PVC
ϕ98/90	98	0.30	4	0.30	6	每条	PVC
ϕ75/68	75	0.30	3.5	0.30	6	每条	PVC
ϕ63/56	63	0.30	3.5	0.30	6	每条	PVC
ϕ56/49	56	0.30	3.5	0.30	6	每条	PVC
ϕ50/43	50	0.30	3.5	0.30	6	每条	PVC

注：PVC 塑料管的物理力学指标要求。

1. 外观，管壁不允许有气泡、裂口、分解变色线及明显的杂质；实壁管的内壁应光滑平整，切口内侧要求光滑。
2. 弯曲度≤2%。
3. 落锤冲击试验，（ϕ114/110/98）PVC 管落锤质量 1.0kg，冲击高度 1 000mm，ϕ≤75PVC 管落锤质量 0.5kg，冲击高度 1 000mm；试样 9/10 不破裂。
4. 扁平试验，从 3 根管材上各取 1 根 200mm±5mm 管段为试样，试样两端垂直切平，试验速度为(10±5)mm/min。垂直方向外径形变量为 40%时，立即卸荷，试样无破裂、不分层。
5. 环刚度（kN/m^2），从 3 根管材上各取 1 根 200mm±5mm 管段为试样，试样两端垂直切平，试验速度为（5±1）mm/min，SN6.3 等级：≥6.3。
6. 静摩擦系数，平放≤0.35。

敷设的硅芯管可采用不同颜色作分辨标记。敷设的硅芯管具体色管编号及颜色配置可根据工程实际情况配置。

（3）塑料多孔的栅格管、蜂窝管的规格尺寸见表 6-6 和表 6-7。

表 6-6　　栅格管（PVC-U）的型号和尺寸（mm）

型号	内孔尺寸 d	内壁厚 C_2	外壁厚 C_1	宽度 L_1	高度 L_2
SVSY28 × 3	28	≥1.6	≥2.2	≤110	≤110
SVSY42 × 4	42	≥2.2	≥2.8		
SVSY50（48）× 4	50（48）	≥2.6	≥3.2		
SVSY28 × 6	28	≥1.6	≥2.2		
SVSY33（32）× 6	33（32）	≥1.8	≥2.2		
SVSY28 × 9	28	≥1.6	≥2.2		
SVSY33（32）× 9	33（32）	≥1.8	≥2.2		

表 6-7　　蜂窝管的型号和尺寸（mm）

型号	最小内径 d	内壁厚 C_2	外壁厚 C_1	宽度 L_1	高度 L_2
SVFY28 × 3	28 × 3	≥1.8	≥2.4	≤110	≤110
SVFY33（32）× 3	33（32）× 3				
SVFY28 × 5	28 × 5				
SVFY33（32）× 5	33（32）× 5				
SVFY28 × 7	28 × 7				
SVFY33（32）× 7	33（32）× 7				

（4）双壁波纹管的规格尺寸见表 6-8。

表 6-8　　双壁波纹管的规格尺寸（mm）

标称直径	外径允许偏差	最小内径
110/100	0.4/0.7	97
100/90	0.3/0.6	88
75/65	0.3/0.5	65
63/54	0.3/0.4	54
50/41	0.3/0.3	41

（5）在我国北方地势较为平坦的地区，通常采用水泥管块，水泥管块的规格和使用范围应符合表 6-9 的要求。

表 6-9　　水泥管块的规格和使用范围

孔数 × 管径	标称	外形尺寸（长 × 宽 × 高）	适用范围
3 × 90mm	3 孔管块	600mm × 300mm × 140mm	城区主干管道、配线管道
4 × 90mm	4 孔管块	600mm × 250mm × 250mm	城区主干管道、配线管道
6 × 90mm	6 孔管块	600mm × 360mm × 250mm	城区主干管道、配线管道

（6）钢管宜在过路或过桥时使用。

6.4 管道敷设技术要求

6.4.1 市话管道的敷设要求

6.4.1.1 通信管道弯曲与段长

（1）管道段长度按人孔位置而定，在直线路由上，水泥管道的段长最大不得超过 150m；塑料管道的段长最大不得超过 200m；高等级公路上的通信管道，段长最大不得超过 250m；对于郊区光缆专用塑料管道，根据选用的管材形式和施工方式不同，段长可达 1 000m。

（2）每段管道应直线敷设；如遇道路弯曲或需要绕越地上、地下障碍物，且在弯曲点设置人孔而管道又太短时，可建弯曲管道。弯曲管道的段长应小于直线管道段长的最大允许段长。

（3）水泥管道弯曲的曲率半径不应小于 36m，塑料管道的曲率半径不应小于 10m，弯曲管道的中心夹角应尽量大。同一段管道不应有反向弯曲（S 形弯）或弯曲部分的中心夹角小于 90°的弯管道（U 形弯）。

6.4.1.2 管道的敷设要求

管道建筑参照建设部颁发的国标《通信管道与通道施工及验收规范》执行，并满足以下要求。

（1）管道段长：管道段长原则上直线段允许＜150m，拐弯地段或坡度变化地段，段长适当调整。

（2）管道坡度：平坦地段一般采用人字坡，也可按地面的自然坡度采用一字坡，但不论采用何种坡，均应有不小于 2.5‰的坡度，全段管道不能有波浪弯曲或蛇形弯曲。

（3）管道埋深：管道的埋深应根据敷设地段的土质和环境条件等因素，按表 6-10 所示的分段选定。

表 6-10　管道在不同土质环境下的埋深

<table>
<tr><th>序号</th><th colspan="2">敷设地段及土质</th><th>上层管道至路面埋深（m）</th></tr>
<tr><td>1</td><td colspan="2">普通土、硬土</td><td>≥1.0</td></tr>
<tr><td>2</td><td colspan="2">半石质（砂砾土、风化石等）</td><td>≥0.8</td></tr>
<tr><td>3</td><td colspan="2">全石质、流沙</td><td>≥0.6</td></tr>
<tr><td>4</td><td colspan="2">市郊、村镇</td><td>≥1.0</td></tr>
<tr><td rowspan="2">5</td><td rowspan="2">市区街道</td><td>人行道</td><td>≥0.7</td></tr>
<tr><td>车行道</td><td>≥0.8</td></tr>
<tr><td>6</td><td colspan="2">穿越铁路（距路基面）、公路（距路面基底）</td><td>≥1.0</td></tr>
<tr><td>7</td><td colspan="2">高等级公路中央分隔带</td><td>≥0.8</td></tr>
<tr><td>8</td><td colspan="2">沟、渠、水塘</td><td>≥1.0</td></tr>
<tr><td>9</td><td colspan="2">河流</td><td>同水底光缆埋深要求</td></tr>
</table>

注：1. 人工开槽的石质沟和公（铁）路石质边沟的埋深可减为 0.4m，并采用水泥砂浆等防冲刷材料封沟。硬路肩不得小于 0.6m。

2. 管道沟沟底宽度通常应大于管群排列宽度，且每侧不小于 0.1m。

3. 在高速公路中央分隔带或路间开挖管道沟，硅芯塑料管的埋深及管群排列宽度的确定，应避开高速公路防撞栏立柱。

管道沟深度保证管顶覆土厚度≥0.8m，穿越公路及与其他管线交越或因地下障碍物的原因，无法达到埋深时，可适当缩小，视情况采用钢管或水泥包封保护。但最小埋深不得低于表 6-11 中的要求。

表 6-11　管道最低埋深要求

管材类型	人行道下（m）	车行道下（m）	与电车轨道交越（从轨道底部算起）（m）	与铁路交越（从轨道底部算起）（m）
塑料管、水泥管	0.7	0.8	1.0	1.5
钢管	0.5	0.6	0.8	1.2

采用微控定向顶管时，管道穿越公路部分埋深不小于 1.5m。从手井至引上井之间的管道需用镀锌钢管保护。

（4）地基与基础：塑料管道一般采用碎土及沙垫层铺设管道地基与基础，根据现场土质和水位条件的不同，遵循以下原则。

① 在土质较好而且无地下水时，可将沟底地基夯平实，铺以 10cm 厚的沙子夯实。

② 在土质较好但有地下水时，应在沟底铺一层 10cm 的碎石或砖头夯实，然后夯填 10cm 厚沙。

③ 当沟底为松软填土、流沙、河塘淤泥地段，应先用块石铺垫夯实，然后敷设#150 混凝土基础，厚度为 8cm，对于部分沟底涌水量较大，土质特别差的地段基础用#150 钢筋混凝土，厚度为 10cm。

④ 当沟底为岩石或半风化石质软石时，应先铺 10cm 沙垫层基础。沙基础采用粗沙或中沙。沙中应当含有 8%～12%水分，以利于夯实。

（5）放坡挖沟：如施工现场允许，土层坚实且地下水位低于沟底，沟深不超过 3m 时，可采取放坡挖沟（坑）的方法，如图 6-1 所示。

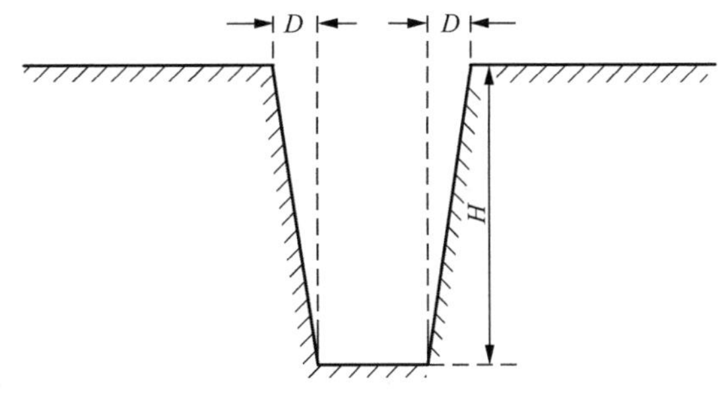

图 6-1　放坡挖沟（坑）图

放坡挖沟的坡度比（反比即为放坡系数），即沟深（H）与放坡一侧的沟宽（D）的比例，可参阅表 6-12。

表 6-12　挖沟放坡系数表

土质类别	坡度比（H:D）	
	H<2m	2m<H<3m
黏土	1:0.10	1:0.15
夹砂黏土	1:0.15	1:0.25
砂质土	1:0.25	1:0.50
瓦砾、卵石	1:0.50	1:0.75
炉渣、回填土	1:0.75	1:1.00

（6）铺管：地基及基础经检验合格后，按图 6-1 所示敷设塑料管，塑料管组群间缝隙为

2cm，接续管头必须错开，隔 2～3m 设衬垫物支撑，并保证管群的整体形状统一。管道接续采用套管接续法，必须用密封圈（或专用胶水），保证管道不漏水。

（7）管道进入人孔处应做 30cm 的混凝土包封，同一人孔两个方向的管道高程尽量一致。

（8）进入人孔处的管道群底部距人孔基础顶部不应小于 0.40m，管群顶部距人孔上覆底部不应小于 0.30m。

（9）管道沟的质量及回填土要求：在铺管完毕后，应清除沟（坑）内的遗留木料、草帘、纸袋等杂物。沟（坑）内如有泥水和淤泥，必须排除后方可进行回填土。

① 管道顶部 30cm 以内及靠近管道两侧的回填土内，不应含有直径大于 5cm 的砾石、碎砖等坚硬物。

② 管道两侧应同时进行回填土，每回填土 15cm 厚，用木夯排夯两遍。

③ 管群顶部上方 300mm 处宜加警示标示，每回填土 300mm 进行分层夯实。

④ 在市内主干道路的回土夯实，应与路面平齐。

⑤ 市内一般道路的回土夯实，应高出路面 5～10cm。

6.4.1.3 人（手）孔设置

（1）人孔的大小根据终期管群容量大小而定，人孔型号的选择可参考《通信管道人孔和手孔图集》（YD/T 5178-2009）、《通信电缆通道图集》（YD 5063-1998）和《通信电缆配线管道图集》（YD 5062-1998）。

（2）人孔有砖砌人孔和钢筋混凝土人孔等。砖砌人孔施工简便，一般情况下均可采用。钢筋混凝土人孔需用钢筋、模板等，施工期较长，但强度高于砖砌人孔。在地下水位高、土壤冻融严重的地区，均应采用钢筋混凝土人孔。

（3）人（手）孔盖丢失和损坏严重是目前普遍存在的现象，各地为防止人（手）孔盖丢失和损坏提出了很多改进和保护措施。如加锁、采用复合井盖等措施，为便于逐步统一，最新规范提出人（手）孔盖应具有防滑、防盗、防跌落、防位移、防噪声设施，井盖应有明显的用途和产权单位标识。

（4）关于人（手）孔盖材料，过去一直使用铸铁人（手）孔盖，随着技术的发展，出现了如球墨铸铁、复合材料（玻璃钢材料）等新型井盖，各地在使用中已经有很好的评价。

（5）在大桥（较长的桥梁）上的通信管道，采用安装过渡箱的办法来代替人（手）孔，过渡箱的规格和安装方法如图 6-2 和图 6-3 所示。

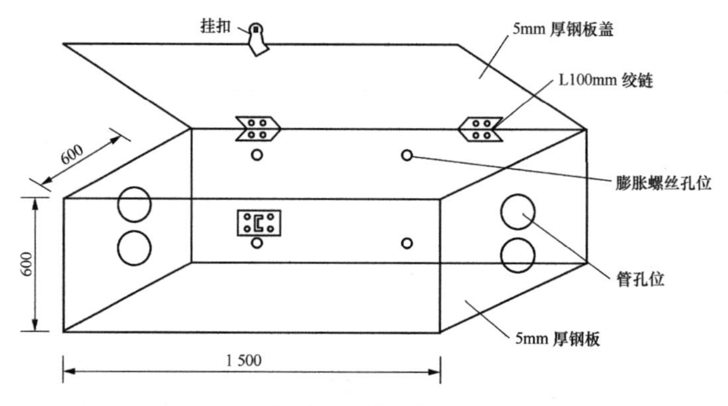

图 6-2　大桥桥间过渡箱安装示意图 A

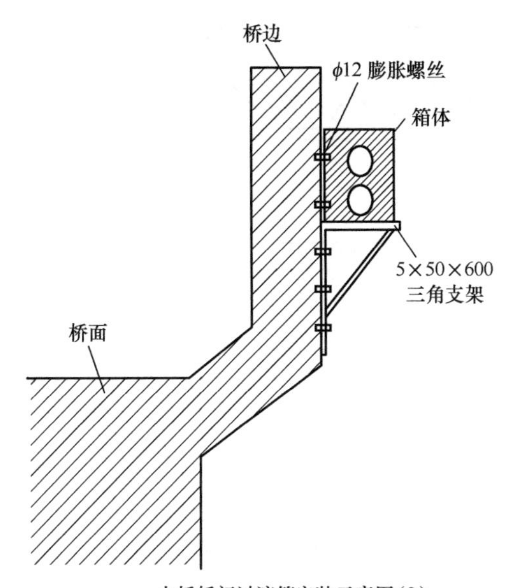

大桥桥间过渡箱安装示意图（2）

图 6-2　大桥桥间过渡箱安装示意图 A（续）

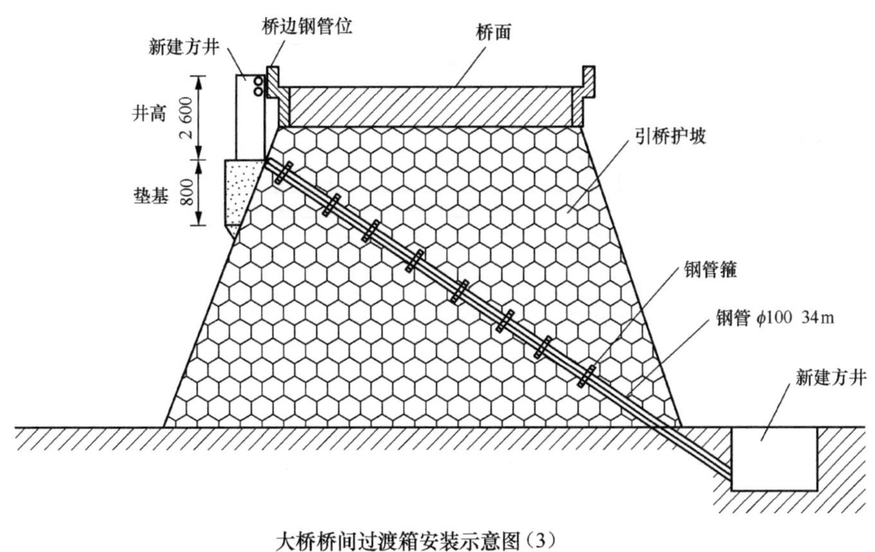

大桥桥间过渡箱安装示意图（3）

图 6-3　大桥桥间过渡箱安装示意图 B

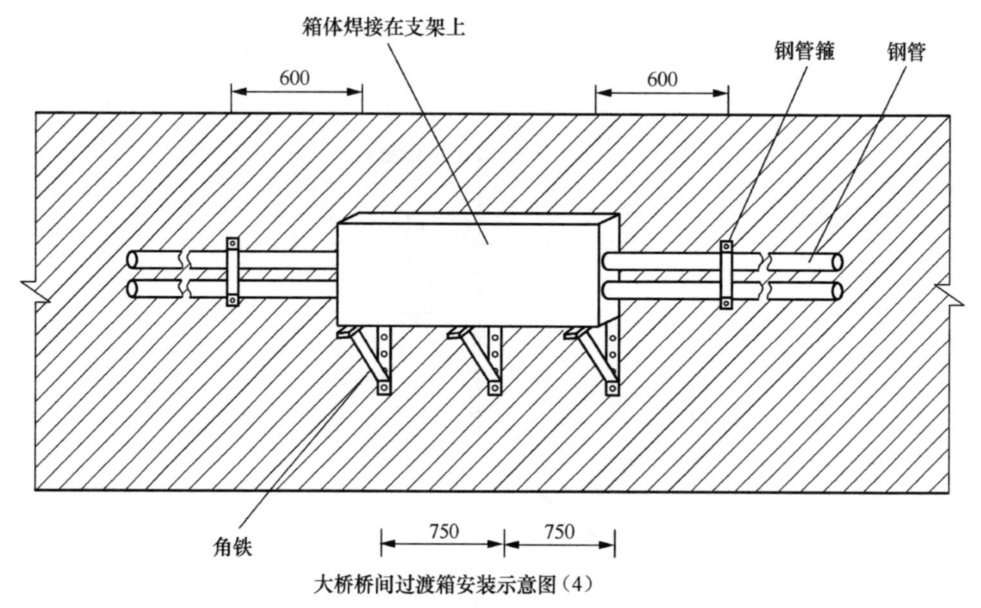

大桥桥间过渡箱安装示意图（4）

图 6-3　大桥桥间过渡箱安装示意图 B（续）

（6）通信管道过较短的桥梁时，直接安装铁架固定，无须安装过渡箱，安装方法如图 6-4 至图 6-6 所示。

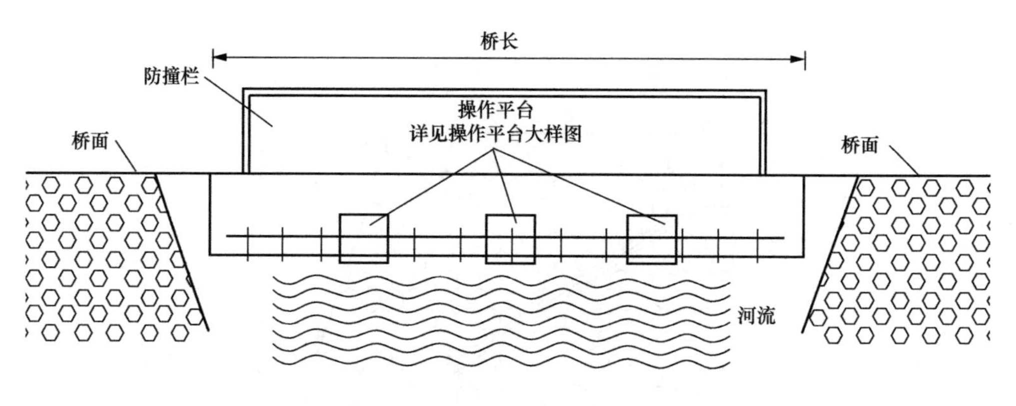

管道过桥铁架安装示意图（1）

说明：

1. 铁架由角钢 45×45×5mm 与扁钢 30×3mm 焊接而成，每隔 2m 布置一个。
2. 槽底、槽面及外侧面每隔 1m 布置一根 30×3 的扁钢与通长角钢焊接，内铺及外裹 0.35mm 的镀锌白铁皮。
3. 铁架体由二层红丹，二层油漆作防锈保护。
4. 塑料管每排隔 1.5m 用 2.2mm 的铁丝绑扎。
5. 所有钢材质量不能低于 A3 镇静钢，焊条为 E43 型，均为角焊缝满焊，所有接触面均须焊接。
6. 无防撞栏处按铁架断面图（2）制作。
7. 所有过桥铁架均同此大样做法。

图 6-4　管道过桥铁架安装示意图 A

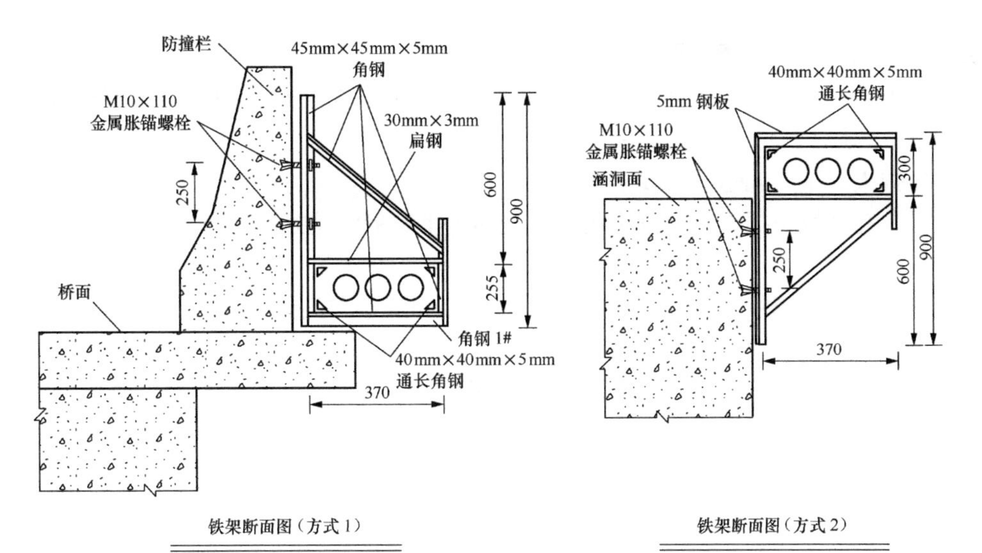

图 6-5　管道过桥铁架安装示意图 B

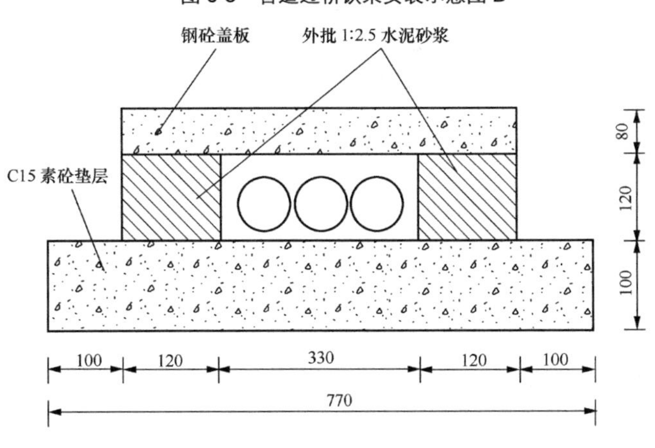

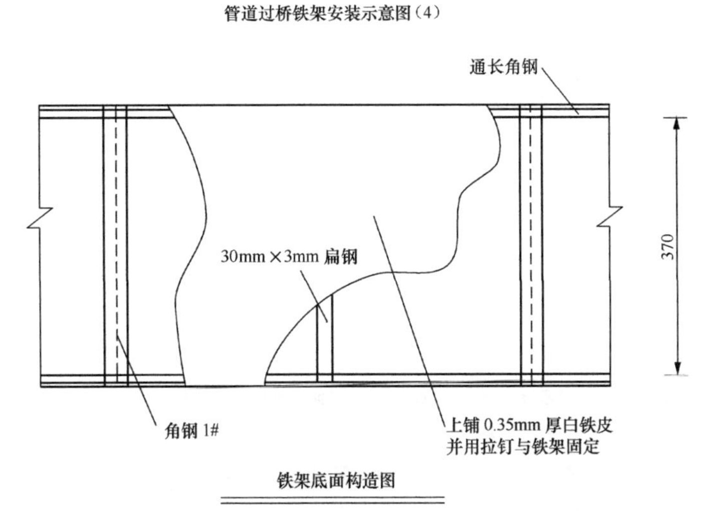

图 6-6　管道过桥铁架安装示意图 C

6.4.1.4 人（手）孔建筑要求

（1）人（手）井大小、深度等规格、质量须符合中华人民共和国通信国家标准（GB/T 50374-2018）《通信管道工程施工及验收标准》。

（2）挖掘人（手）孔基坑的要求。

人（手）孔基坑根据设计中规定的人手孔的大小和形状挖掘。

（3）底基。

管道或手孔土质为硬土时，采用夯实沟底，铺 10cm 黄沙作为垫层；松土时，采用碎石底基，铺 10cm 碎石，铺平夯实后再用黄沙填充碎石空隙拍实、抄平。人（手）孔坑底如遇土质不稳定，应加大片石料填实，再填碎石、黄沙，夯实后加铺 C15 钢筋混凝土基础并进行养护。

（4）基础标号。

人（手）孔基础采用 C15 混凝土。

（5）砂浆标号。

砌筑及填层砂浆标号均不低于 C10。

（6）砌体。

砖砌墙面应平整、美观，不应出现竖向通缝。砖砌体砂浆饱和程度应不低于 80%。砖缝宽度应为 8～12mm。砌体必须垂直，砌体顶部四角应水平一致，砌体的形状尺寸应符合图纸要求。

（7）抹内外壁要求。

用 1:2.5 水泥砂浆抹面，抹面厚度四壁外侧为 2cm 左右，内侧为 1.5cm 左右，要求严密、压实、平光、不得有中空或表面开裂现象。

（8）盖板边口用混凝土标号为 C20。

人（手）孔的荷重能力根据人（手）孔建筑的地段不同（车行道还是人行道），车行道盖板边口、上覆及盖板按荷重 20T 考虑；人行道可以按 10T 考虑。

（9）人（手）孔附属装置。

人（手）孔内须装积水罐、电缆支架和拉力环，这些附件必须在浇制混凝土基础和砌筑砖体时预埋，位置符合图纸要求。

6.4.2 硅芯管道的敷设要求

1．硅芯管道埋深要求

硅芯管道埋深要求与塑料管道相同，请参考前面有关章节的内容。

2．挖管道沟要求

（1）管道线路尽量取直。

（2）拐弯点要成弧形，最小曲率半径应不小于 40m。

（3）按当地土质达到设计的深度。

（4）沟底要平坦，不能出现局部梗阻或余土塌方减少沟深。

3．管道敷设要求

（1）管道段长：直线段不大于 1 000m，拐弯地段或坡度变化地段，段长可适当缩短。

（2）硅芯管道采用人工敷设方式。

（3）若同一工程采用多根硅芯管，每隔 10m 进行一次捆扎。

（4）硅芯管在布放之前，应先将两端管口严密封堵，防止水、土及其他杂物等进入管内。

（5）硅芯管在沟内应平整、顺直。沟坎及转角处应将光缆沟抄平和裁直，使之平缓过渡。

（6）人工抬放硅芯管时，施工人员要随时注意掌握硅芯管的弯曲半径，尽量不要小于 1m。

（7）硅芯管在沟底应松紧适度，在爬坡和转弯处更应注意，在此地段内，硅芯管应每隔 50cm 用扎带捆扎一次。

（8）硅芯管在布放完后，经检查确认符合质量标准后，方可回填土，回填土前应将石块等硬物捡出，先回填 100mm 厚的沙或碎土，回填土应高出地面 100mm。

（9）硅芯管进手孔前、后 2m 处不须捆扎。

（10）硅芯管在人（手）孔内断开，为保证气流敷设光缆时辅助管的连接，应将硅芯管分别固定在人（手）孔左右两内壁上，并使两硅芯管在孔内前后重叠 30cm。硅芯管应绑扎牢固，整齐美观，固定方法全程统一。

4．硅芯管的配盘

施工单位在管道敷设前，应根据全段中各段段长综合考虑，科学配盘，不随意开断管道，减少管材浪费和管道接续。配盘时应注意：每个人孔段长内每一根硅芯管只能有一个接头，该段总的接头数量不超过 3 个，而且接头间距应大于 10m。接头处应做水泥包封。

5．硅芯管的接续

（1）应采用配套的密封接头件接续，即使用工程塑料螺纹管加密封圈的装卸式机械密封连接件接续。管道的接口断面应平直、无毛刺。

（2）接续过程中应防止泥沙、水等杂物进入硅芯管。

（3）硅芯管道和管道连接件组装后应作气闭检查，应充气 0.1MPa，并在 24 小时内气压允许下降不大于 0.01MPa。

（4）同一段内（两个手孔间）每根硅芯管各接头应相互错开 10m。

（5）硅芯管道的接头处、气吹点、牵引点、拐弯点和埋式手孔位置等地点，应标在施工图上，并应增设线路标石。

6．硅芯管道手孔的设置

（1）硅芯塑料管道手孔的载荷与强度应符合国家相关标准与规定，手孔的规格尺寸应根据敷设的塑料管的数量进行确定。

（2）硅芯塑料管道手孔设置的位置，应根据敷设地段的环境条件和光缆盘长等因素确定，并符合以下要求。

① 在光缆接头处宜设置手孔。

② 手孔的规格应满足光缆穿放、接续和预留的需要，并根据实际情况确定预留铁件在手孔内的位置及预留光缆的固定方式。

③ 手孔间距应根据光缆盘长，考虑光缆接头重叠和各种预留长度后确定。

④ 非光缆接头处的光缆预留处宜设置手孔。

⑤ 其他需要的地点可增设手孔。

（3）手孔的建设地点应选择在地势平坦、地质稳固、地势较高的地方。避免安排在安全差、常年积水、进出不便的铁路、公路路基下。

（4）在手孔内，塑料管端口间的排列应至少保持 30mm 的间距，塑料管伸出孔壁的长度应适宜。手孔内空余及已占用的塑料管端口应进行封堵。

（5）硅芯塑料管道在市区建设手孔时，应符合 GB 50373-2019《通信管道与通道工程设计规范》的要求。

6.5 光（电）缆通道

6.5.1 需要建设光（电）缆通道的条件

（1）新建大容量通信局（站）的出局（站）段。

（2）通信管道穿越城市主干街道、铁道等今后不易进行扩建管道，且管道容量大的地段。

（3）需要建设光（电）缆通道的其他路段。

6.5.2 光（电）缆通道的规格

（1）宽度为 1.4～1.6m，净高不应小于 1.8m。

（2）埋深（通道顶至路面）不应小于 0.3m。

（3）光（电）缆通道应建筑在良好的地基上，可按土壤条件采用混凝土基础或钢筋混凝土基础。

（4）光（电）缆通道应采取有效的排水、照明、通风及防止漏水的措施。

6.6 光（电）缆进线室设计

通信局（站）应设置专用的光（电）缆进线室。

6.6.1 光（电）缆进线室设计原则

（1）进线室在建筑物中所处位置应便于光（电）缆进出局（站），应设两路进线（不同方向）。

（2）进线室的大小应按局所终局（站）容量设计，进局（站）管道容量或通道的大小亦应按终局（站）容量设计。

（3）进线室应为专用房屋，除小局的电缆充气维护设备室外，不应与其他房屋共用，电缆进线室宜设置在测量室的下面或邻近测量室。

（4）进线室在建筑物中的建筑方式，有条件时应考虑半地下建筑方式，以利于通风、防止渗漏水和排水。

（5）进线室宜靠近外墙安排，有利于整个地下层的平面布置和合理利用。

（6）进线室净高和面积应满足容量和工艺的要求。

（7）进线室的布置应便于施工和维护，各方向进线方便，并满足光（电）缆的弯曲半径的技术要求。

6.6.2　进线室的建筑要求

（1）进线室内不应有突出的梁和柱。

（2）进线室内严禁煤气管道通过，其他管道也不宜通过。若有暖气管通过进线室时，应采取防护措施，不应影响光（电）缆布置和布放。进线室不得作为通往其他地下室的走道。

（3）进局（站）管道穿越房屋承重墙时，必须与房屋结构分离，管道上不得承受承重墙的压力。

（4）进线室的建筑结构应具有良好的防水性能，不应渗漏水。进局（站）管道口所有空闲管孔有已穿放光（电）缆的管孔应采取有效的堵塞措施。在进线室内进局（站）管道口附近的适当位置设置挡水墙或积水罐。进线室应有抽水、排水用的设施。

（5）进线室应具有防火性能，采用防火铁门，门向外开，宽度不小于 1 000mm。

（6）进线室应设置上线槽或上线孔（洞）。

（7）进线室预留的孔、槽位置应准确，四壁和天花板应抹光粉刷，地表面应抹平。

（8）进线室外应设置防有害气体设施和通风装置，排风量应按每小时不小于 5 次容积计算。

6.6.3　进线室的其他要求

（1）进线室内应有白炽灯照明，除设有普通交流照明和保证照明系统外，还应设置事故照明灯，电灯应采取防潮、防爆措施。两种交流灯应相间排列，适当距离装设电源防潮插座，插座离地面 1 400mm。所有灯线、开关及插座均采用暗线。所有照明开关应设在进线室入口处。

（2）进线室内应装设地线。局（站）房屋建筑结构采用联合接地方式时，进线室四周墙柱内的钢筋应留有引出端子（每隔 8～10m 至少有一处引出端子），进线室的地气线可就近与钢筋引出端子焊接。

6.7　各种标号混凝土参考配比、人孔体积及开挖土方量

6.7.1　各种材料说明

（1）下列表格中各种强度等级的普通混凝土配比及每立方米用料的额定值，不是实际工程所用混凝土的配比及用料量实际值。鉴于全国各地砂、石料质地各异，施工单位必须按规范的要求，坚持“先试验，后定配比”的原则，确定工程用混凝土的合理配比，以便提高工程质量、降低成本和检验有据。

（2）下列表格中的数据是根据《全国统一建筑工程预算定额》编制的。

（3）下列表格中普通混凝土的合成料，均为符合规范要求的标准材料。

（4）下列表格中所列 3 种标号的水泥，其中 32.5 是普通管道工程的常用料。

6.7.2　各种标号混凝土参考配比

1．预制品用普通混凝土配合比见表 6-13。

表 6-13　　预制品用普通混凝土配合比

名称	单位	普通混凝土配合比				
		C10	C15	C20	C25	C30
32.5 水泥	kg	266	333	383	450	
砂子	kg	693	642	606	531	
5～32mm 卵石（碎石）	kg	1 231	1 245	1 231	1 239	
水	kg	170	180	180	180	
42.5 水泥	kg		281	321	375	419
砂子	kg		717	646	627	576
5～40mm 卵石（碎石）	kg		1 222	1 253	1 218	1 225
水	kg		180	180	180	180

2．一般抹灰的水泥砂浆配合比见表 6-14。

表 6-14　　一般抹灰的水泥砂浆配合比

序号	材料	配合比（体积比）	适用范围
1	石灰:砂	1:2～1:3	砖石墙（人孔、通道墙体）面层
2	水泥:石灰:砂	1:0.3:3～1:1:6	墙面混合砂浆打底
3	水泥:石灰:砂	1:0.5:2～1:1:4	混凝土顶棚抹混合砂浆打底
4	水泥:石灰:砂	1:0.3:4.5～1:1:6	用于檐口、勒脚及比较潮湿处墙面混合砂浆打底
5	水泥:砂	1:2～1:3	用于人孔、通道、墙裙、勒脚等比较潮湿处地面基层抹面砂浆打底
6	水泥:砂	1:2～1:2.5	用于地面、顶棚或封面面层压光
7	水泥:砂	1:0.5～1:1	用于混凝土地面随即压光

3．常用砌筑的水泥砂浆配合比见表 6-15。

表 6-15　　常用砌筑的水泥砂浆配合比（水泥比砂）

序号	水泥标号	砂浆强度等级		
		M10	M7.5	M5
1	27.5		1:5.2	1:6.8
2	32.5	1:4.8	1:5.7	1:7.1
3	42.5	1:5.3	1:6.7	1:8.6

4．砌筑砂浆质量比及每立方米砌体砂浆的用料量见表 6-16。

表 6-16　　砌筑砂浆质量比及每立方米参考质量

32.5 水泥:中砂:水	每立方米参考质量（kg）
M5 水泥砂浆 1:7.1:1.80	1 720
M7.5 水泥砂浆 1:5.7:1.21	1 820
M10 水泥砂浆 1:4.8:0.88	1 840

5．每立方米砌体用料量见表 6-17。

表 6-17　　每立方米砌体用料量

砌体	砖块（块）	砌块（块）	砂浆（m^3）
240mm × 115mm × 53mm	520		0.25
300mm × 250mm × 150mm		119	0.20
300mm × 150mm × 150mm		72	0.20

6．常用水泥用量换算见表 6-18。

表 6-18　　常用水泥用量换算表

水泥强度等级	32.5	42.5	52.5
32.5	1	0.86	0.76
42.5	1.16	1	0.89
52.5	1.31	1.13	1

6.7.3　人（手）孔体积及开挖土方量

1．定型人（手）孔体积见表 6-19。

表 6-19　　定型人（手）孔体积

人孔程式	体积（m^3）	人孔程式	体积（m^3）
小号直通	10.33	中号 75°斜通	18.92
小号三通	16.31	大号直通	22.09
小号四通	17.17	大号三通	37.74
小号 15°斜通	10.96	大号四通	38.08
小号 30°斜通	11.21	大号 15°斜通	22.16
小号 45°斜通	12.00	大号 30°斜通	23.78
小号 60°斜通	12.59	大号 45°斜通	24.86
小号 75°斜通	13.18	大号 60°斜通	25.94
中号直通	11.50	大号 75°斜通	27.03
中号三通	22.21	90 × 120 手孔	1.45
中号四通	23.27	120 × 170 手孔	3.26
中号 15°斜通	13.55	60 × 80 方单盖手孔	0.65

续表

人孔程式	体积（m^3）	人孔程式	体积（m^3）
中号 30°斜通	14.19	120 × 80 方双盖手孔	1.57
中号 45°斜通	15.48	180 × 80 方三盖手孔	2.33
中号 60°斜通	19.16		

2．定型人（手）孔土方量见表 6-20。

表 6-20　　定型人（手）孔土方量

人孔程式		混凝土基础无碎石地基			刨挖路面（m^2）
		挖土（m^3）	回土（m^3）	运土（m^3）	
小号	小号直通	27.82	13.40	14.42	16.32
	小号三通	41.00	18.53	22.47	20.84
	小号四通	42.87	18.90	23.97	21.65
	小号 30°斜通	32.01	14.74	17.27	18.41
	小号 45°斜通	30.38	14.23	16.15	17.62
	小号 60°斜通	32.76	14.98	17.78	18.81
中号	中号直通	32.27	14.88	17.39	17.63
	中号三通	53.37	21.87	31.50	25.99
	中号四通	55.57	22.26	33.31	26.91
	中号 30°斜通	38.78	17.13	21.65	20.99
中号	中号 45°斜通	36.77	16.29	20.48	20.53
	中号 60°斜通	43.40	17.92	25.48	23.72
大号	大号直通	50.16	21.38	28.78	24.01
	大号三通	70.51	28.54	41.97	30.05
	大号四通	72.28	28.98	44.30	31.10
	大号 30°斜通	57.12	23.41	33.71	27.05
	大号 45°斜通	58.65	23.86	34.79	27.72
	大号 60°斜通	58.93	23.94	34.99	27.82
手孔	60 × 80 方单盖手孔	3.47	1.9	1.57	2.55
	120 × 80 方双盖手孔	5.81	3.11	2.7	3.57
	180 × 80 方三盖手孔	7.38	3.64	3.74	4.56

3．定型人（手）孔各部位体积见表 6-21。

表 6-21　　定型人（手）孔各部位体积（m^3）

项目	口圈混凝土	上覆	四壁	基础	抹面
小号直通	0.05	0.624	3.471	0.732	0.505
小号三通	0.05	1.121	5.00	1.058	0.726
小号四通	0.05	1.110	4.572	0.950	0.680
小号 15°斜通	0.05	0.650	4.40	0.780	0.540
小号 30°斜通	0.05	0.660	4.110	0.750	0.580
小号 45°斜通	0.05	0.733	4.10	0.676	0.560

续表

项目	口圈混凝土	上覆	四壁	基础	抹面
小号 60°斜通	0.05	0.812	4.209	0.899	0.691
小号 75°斜通	0.05	0.838	4.547	1.105	0.607
中号直通	0.05	0.767	4.213	1.027	0.573
中号三通	0.05	1.226	8.562	1.662	0.863
中号四通	0.05	1.305	8.944	1.619	0.866
中号 15°斜通	0.05	1.122	4.458	1.026	0.607
中号 30°斜通	0.05	1.228	4.662	1.157	0.622
中号 45°斜通	0.05	1.070	4.834	1.237	0.654
中号 60°斜通	0.05	1.427	7.575	1.529	0.919
中号 75°斜通	0.05	1.368	7.90	1.383	0.708
大号直通	0.10	1.503	8.393	1.584	0.865
大号三通	0.10	1.760	11.697	1.990	1.065
大号四通	0.10	1.916	11.624	2.185	1.010
大号 15°斜通	0.10	1.480	8.544	1.628	0.762
大号 30°斜通	0.10	1.496	9.480	1.733	0.830
大号 45°斜通	0.10	1.816	9.555	1.665	0.822
大号 60°斜通	0.10	1.932	9.797	1.886	0.856
大号 75°斜通	0.10	2.070	9.807	1.925	0.880

6.8　通信管道人孔和手孔标准图

6.8.1　关于通信管道人孔和手孔标准图的说明

中华人民共和国工业和信息化部于 2009 年 5 月 1 日正式批准颁发《通信管道人孔和手孔图集》，行业标准编号是 YD 5178-2009，从此我国通信管道的人孔和手孔的规格和尺寸大小有了统一的标准。《通信管道人孔和手孔图集》由北京邮电大学出版社编制并出版发行，在国内得到了广泛应用。本书的目的是指导通信线路工程的设计与施工，而通信管道工程的建设在通信线路工程建设中占有相当大的比例，读者在阅读通信管道工程设计和施工的内容时有必要对通信管道的人孔和手孔有比较直观的认识。因此，决定选择《通信管道人孔和手孔图集》在通信管道工程中应用较多的部分图纸引用到本书中作为通信管道工程设计章节的内容部分，其中小号人孔和手孔图大部分采用，中号及大号人孔只采用较常用的直通型人孔图。

1．人（手）孔规格、型式及适用场合

人（手）孔规格及适用的管孔容量见表 6-22 和表 6-23。

表 6-22 人（手）孔及适用的管孔容量

人（手）孔规格	适用的管孔容量
手孔	6 孔以下
小号人孔	6~24 孔（不含 24 孔）
中号人孔	24~48 孔（不含 48 孔）
大号人孔	48 孔以上

表 6-23 人（手）孔型式及适用场合

人（手）孔型式	适用场合
直通型人孔	适用于直线通信管道的中间设置
三通型人孔	适用于直线通信管道上有另一方向分歧通信管道，而在其分歧点上的设置；或局前人孔
四通型人孔	适用于纵横两条通信管道交叉点上的设置，或局前人孔
斜通型人孔	适用于非直线（或称弧形、拐弯管道）折点上的设置，斜通型人孔分为 15°、30°、45°、60°、75° 共 5 种，其中斜通型人孔的角度可适用于±7.5° 范围以内
90×120、70×90 手孔	适用于直线通信管道的中间设置
120×170 手孔	适用于直线通信管道上有另一方向分歧通信管道，而在其分歧点上的设置
55×55 手孔	适用于接入建筑物前的设置

2．人（手）孔荷载

（1）人（手）孔上覆覆土厚度不大于 100mm。

（2）人（手）孔上覆最大汽车轮压 65kN。

（3）人（手）孔上覆上部活荷载标准值 4 kN/m^2，考虑最大汽车轮压时为 $2kN/m^2$。

（4）设计已考虑构件自重，选用构件时不需计入。

（5）以人孔上覆承载负荷能力划分。

① 适用于快速路上及主干路上载重卡车通过的地方设置的人孔。

② 适用于次干路及支路上载重卡车通过的地方设置的人孔。

③ 本标准图中的人孔上覆承载负荷能力是按“汽—20 级”荷载标准进行计算的，当需要“汽—15 级”荷载的人孔上覆时，只要把本图“汽—20 级”的人孔上覆主筋 HRB335（Ⅱ）级钢筋，换成等径 HRB235（Ⅰ）级钢筋即可。无须变动钢筋的排列结构与钢筋间距，其混凝土的标号、厚度等也无须改变。

3．材料要求

（1）混凝土强度等级：预制板 C25，基础 C15。

（2）钢筋 HRB235（Ⅰ）级和 HRB335（Ⅱ）级热轧钢筋。

（3）砌体结构：根据所在地区建筑材料，使用国家政策范围允许的烧结普通砖，强度等级不小于 MU10，水泥沙浆 M10。

4．其他

（1）预制上覆的钢筋混凝土保护层厚度 25mm。

（2）如场地有地下水或地表水应先降水。砌体应采取五顺一丁的防水砖墙砌法，要求砌体砂浆满铺满砌。墙体横缝、竖缝均应砂浆饱满。

（3）预制上覆制作完毕后应注明反正。

6.8.2　各种型号人孔标准图

1. 小号直通型人孔（分别见图 6-7～图 6-9）

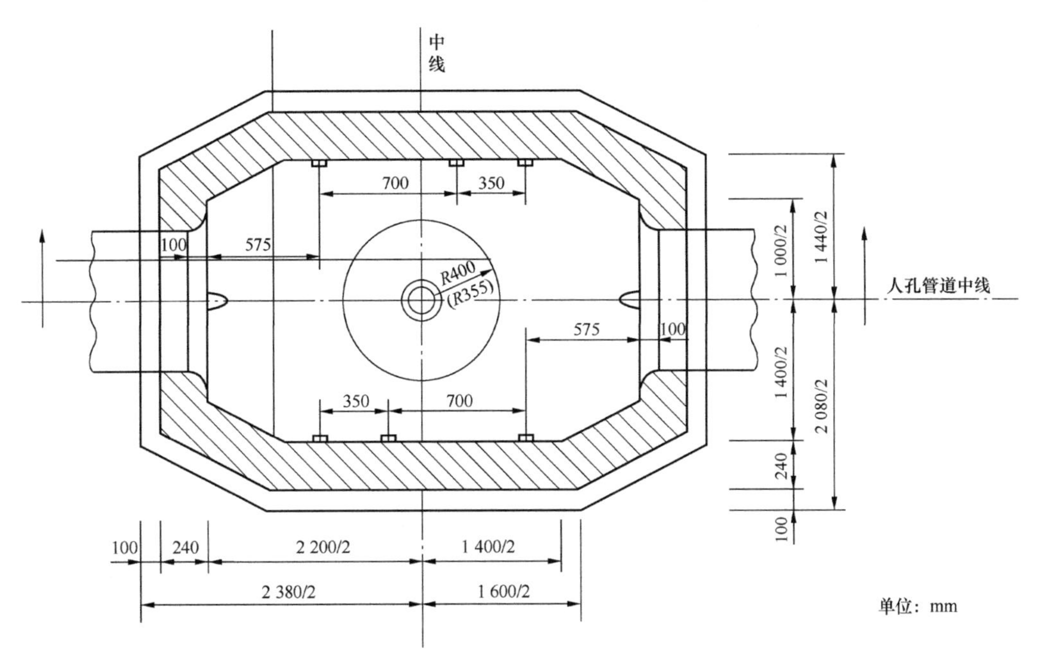

图 6-7　小号直通型人孔平面图

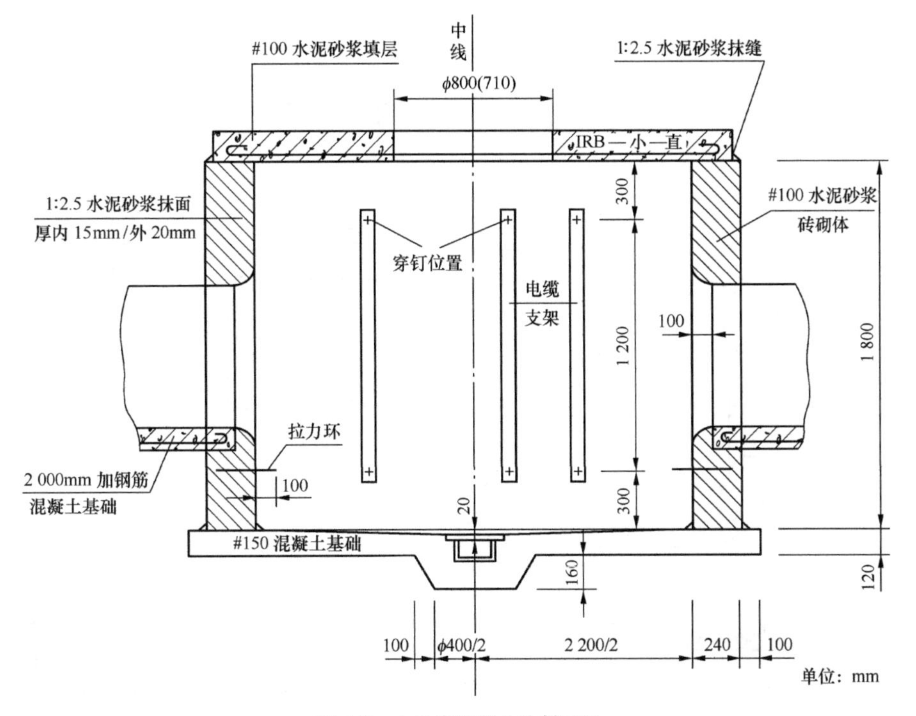

图 6-8　小号直通型人孔断面图

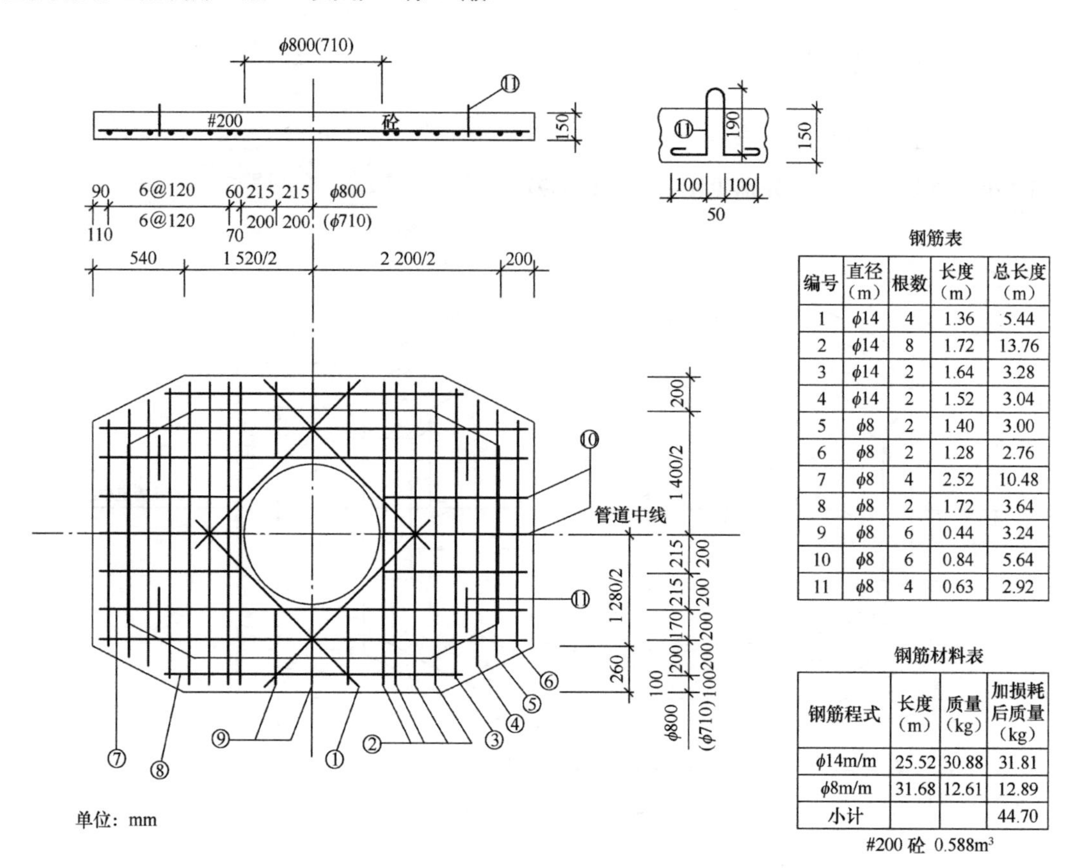

钢筋表

编号	直径（m）	根数	长度（m）	总长度（m）
1	ϕ14	4	1.36	5.44
2	ϕ14	8	1.72	13.76
3	ϕ14	2	1.64	3.28
4	ϕ14	2	1.52	3.04
5	ϕ8	2	1.40	3.00
6	ϕ8	2	1.28	2.76
7	ϕ8	4	2.52	10.48
8	ϕ8	2	1.72	3.64
9	ϕ8	6	0.44	3.24
10	ϕ8	6	0.84	5.64
11	ϕ8	4	0.63	2.92

钢筋材料表

钢筋程式	长度（m）	质量（kg）	加损耗后质量（kg）
ϕ14m/m	25.52	30.88	31.81
ϕ8m/m	31.68	12.61	12.89
小计			44.70

#200 砼 0.588m³

图 6-9 小号直通型人孔钢筋图

2. 小号三通型人孔（分别见图 6-10～图 6-14）

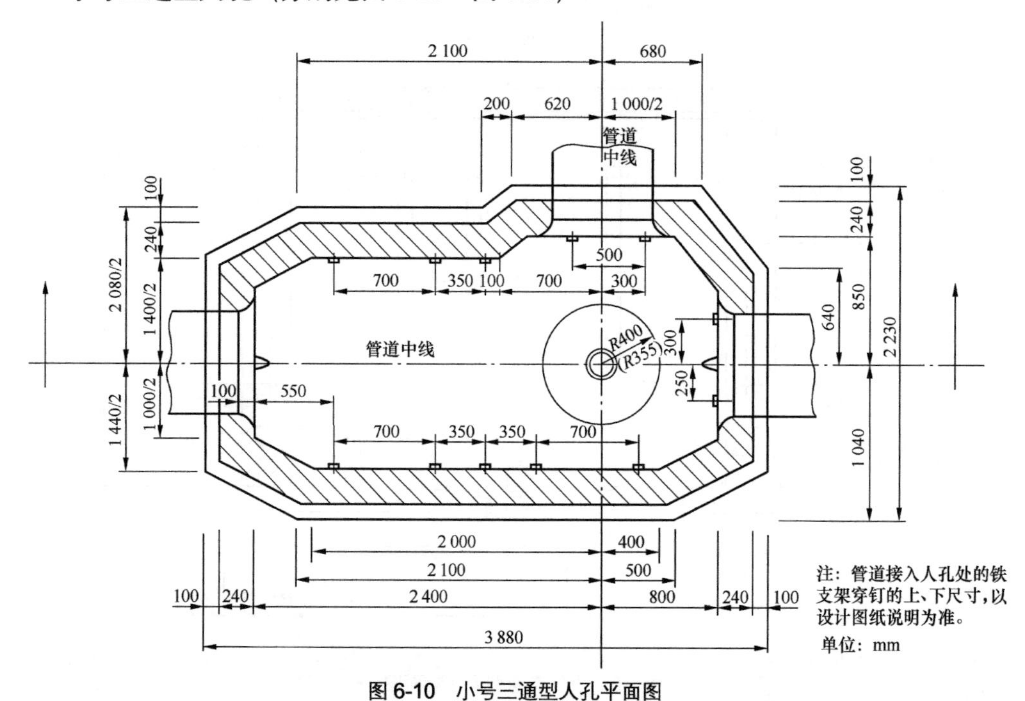

注：管道接入人孔处的铁支架穿钉的上、下尺寸，以设计图纸说明为准。

单位：mm

图 6-10 小号三通型人孔平面图

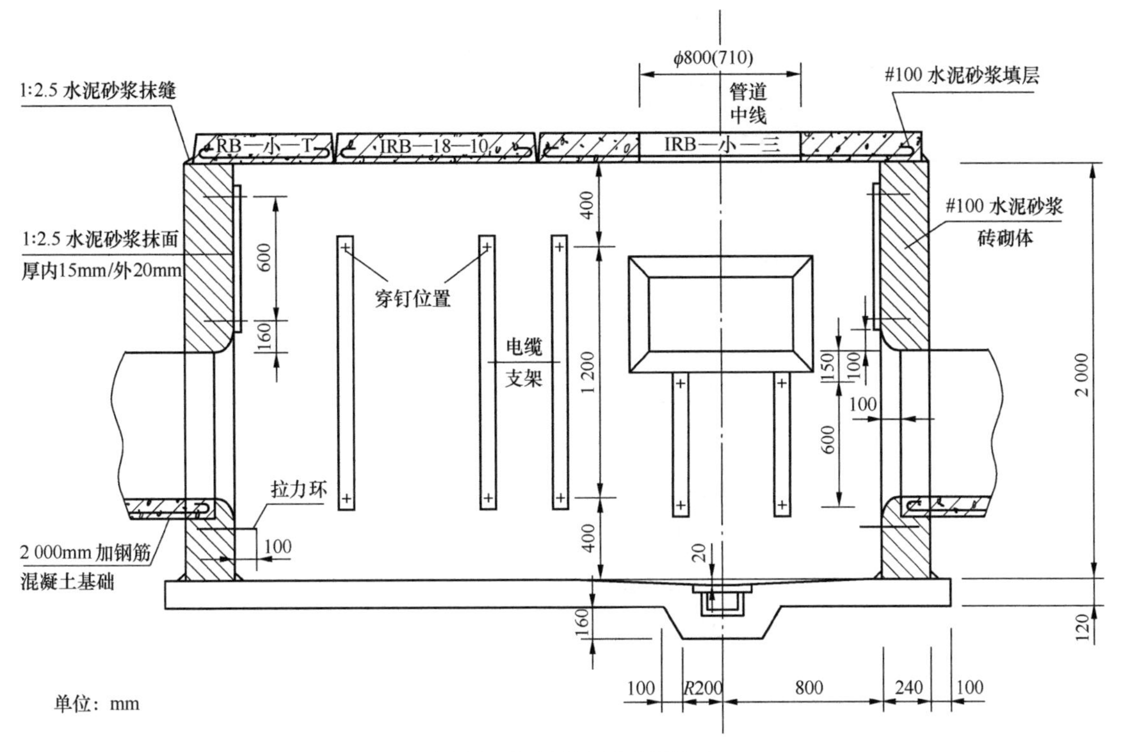

图 6-11　小号三通型人孔断面图

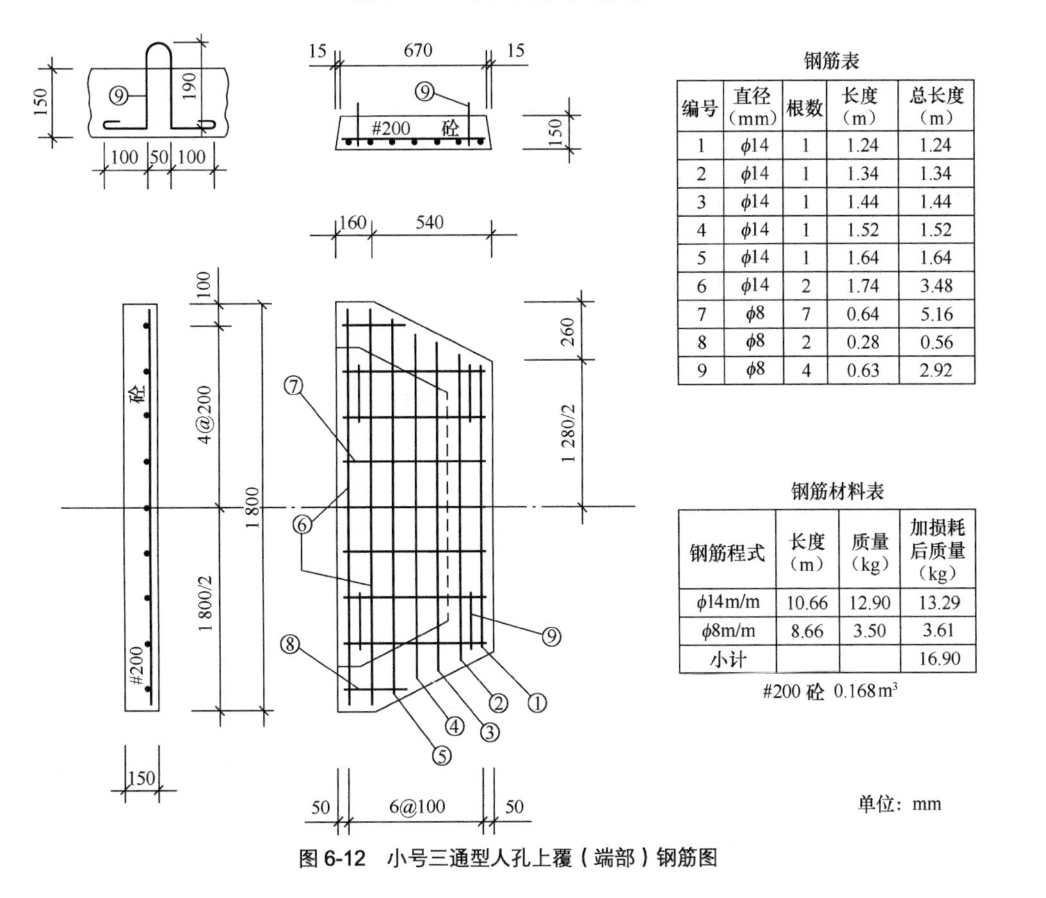

钢筋表

编号	直径（mm）	根数	长度（m）	总长度（m）
1	ϕ14	1	1.24	1.24
2	ϕ14	1	1.34	1.34
3	ϕ14	1	1.44	1.44
4	ϕ14	1	1.52	1.52
5	ϕ14	1	1.64	1.64
6	ϕ14	2	1.74	3.48
7	ϕ8	7	0.64	5.16
8	ϕ8	2	0.28	0.56
9	ϕ8	4	0.63	2.92

钢筋材料表

钢筋程式	长度（m）	质量（kg）	加损耗后质量（kg）
ϕ14m/m	10.66	12.90	13.29
ϕ8m/m	8.66	3.50	3.61
小计			16.90

#200 砼 0.168m³

图 6-12　小号三通型人孔上覆（端部）钢筋图

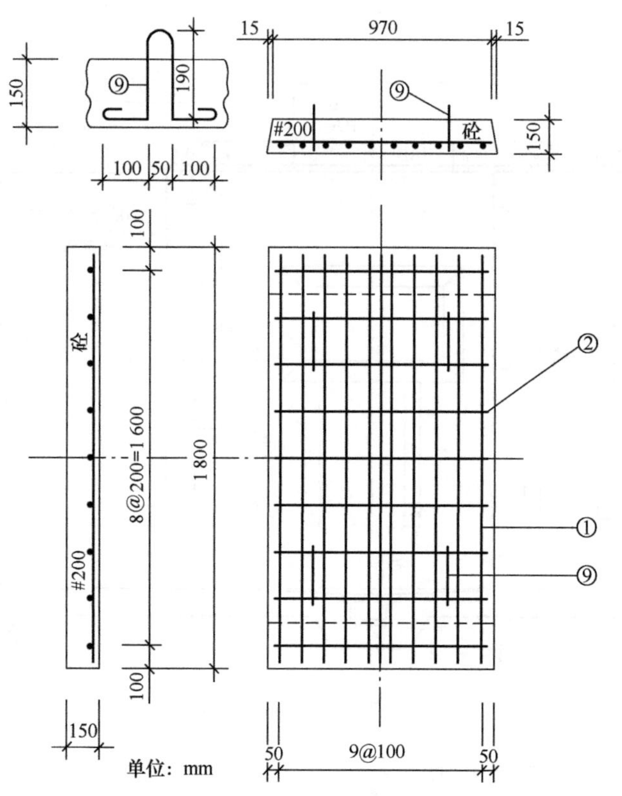

钢筋表

编号	直径（mm）	根数	长度（m）	总长度（m）
1	ϕ14	10	1.74	17.40
2	ϕ8	9	0.94	9.36
9	ϕ8	4	0.63	2.92

钢筋材料表

钢筋程式	长度（m）	质量（kg）	加损耗后质量（kg）
ϕ14m/m	17.40	21.05	21.69
ϕ8m/m	12.28	4.85	5.00
小计			26.69

#200 砼 0.270 m^3

IRB—18—10板图

图 6-13　小号三通型人孔上覆（中部）钢筋图

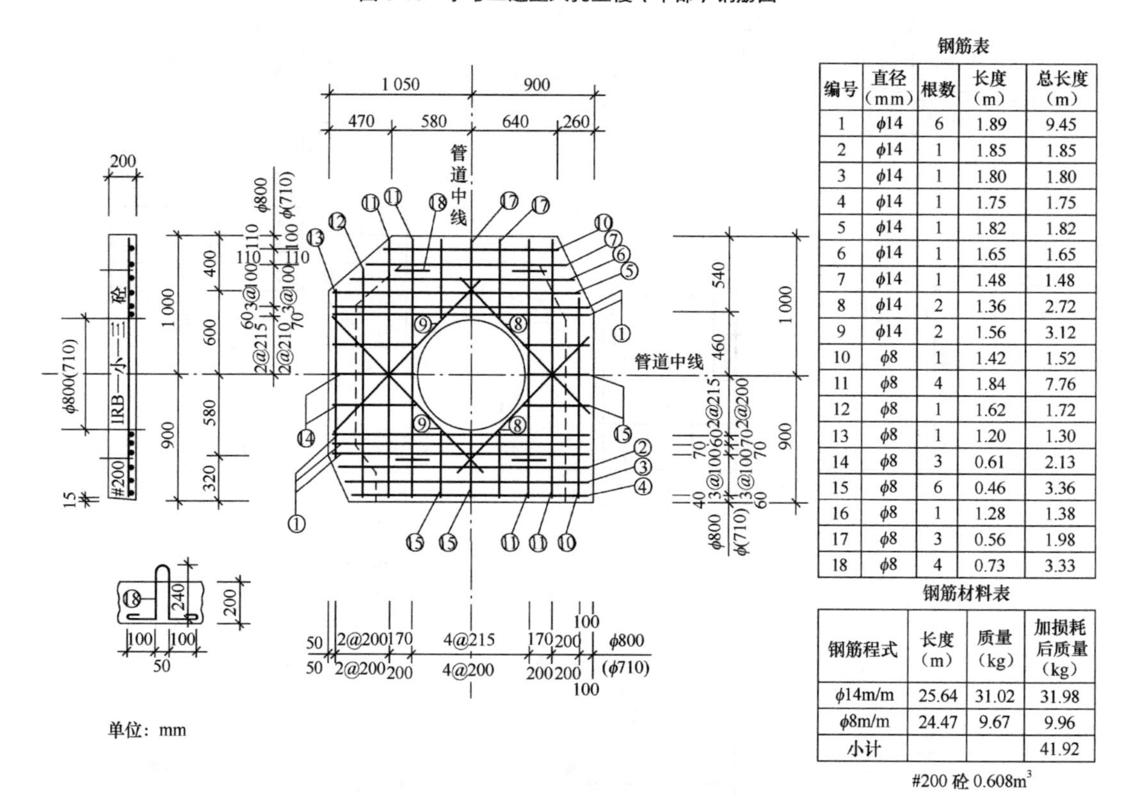

钢筋表

编号	直径（mm）	根数	长度（m）	总长度（m）
1	ϕ14	6	1.89	9.45
2	ϕ14	1	1.85	1.85
3	ϕ14	1	1.80	1.80
4	ϕ14	1	1.75	1.75
5	ϕ14	1	1.82	1.82
6	ϕ14	1	1.65	1.65
7	ϕ14	1	1.48	1.48
8	ϕ14	2	1.36	2.72
9	ϕ14	2	1.56	3.12
10	ϕ8	1	1.42	1.52
11	ϕ8	4	1.84	7.76
12	ϕ8	1	1.62	1.72
13	ϕ8	1	1.20	1.30
14	ϕ8	3	0.61	2.13
15	ϕ8	6	0.46	3.36
16	ϕ8	1	1.28	1.38
17	ϕ8	3	0.56	1.98
18	ϕ8	4	0.73	3.33

钢筋材料表

钢筋程式	长度（m）	质量（kg）	加损耗后质量（kg）
ϕ14m/m	25.64	31.02	31.98
ϕ8m/m	24.47	9.67	9.96
小计			41.92

#200 砼 0.608m^3

图 6-14　小号三通型人孔上覆（分歧端）钢筋图

3．小号四通型人孔（分别见图 6-15～图 6-19）

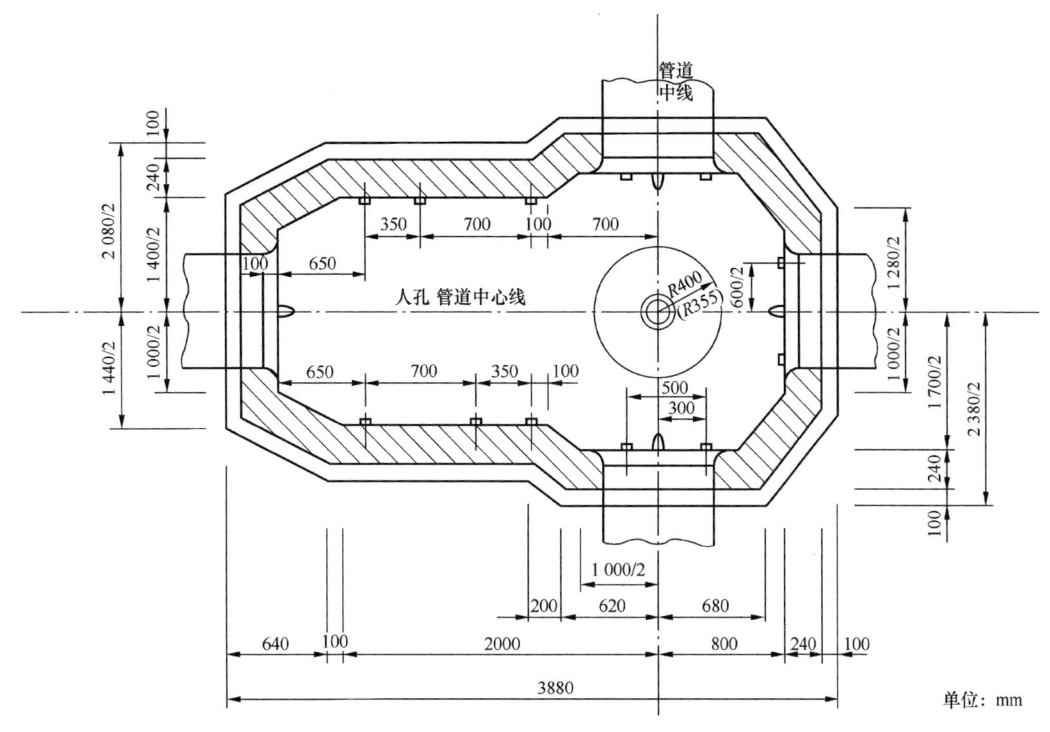

图 6-15　小号四通型人孔平面图

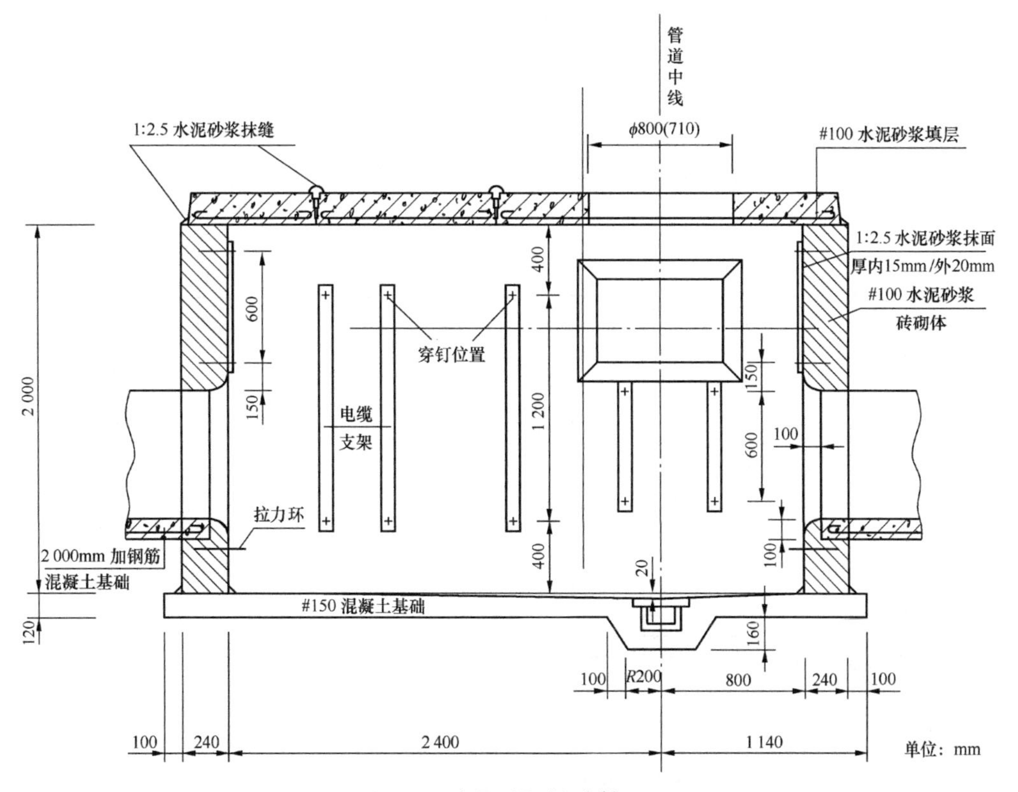

图 6-16　小号四通型人孔断面图

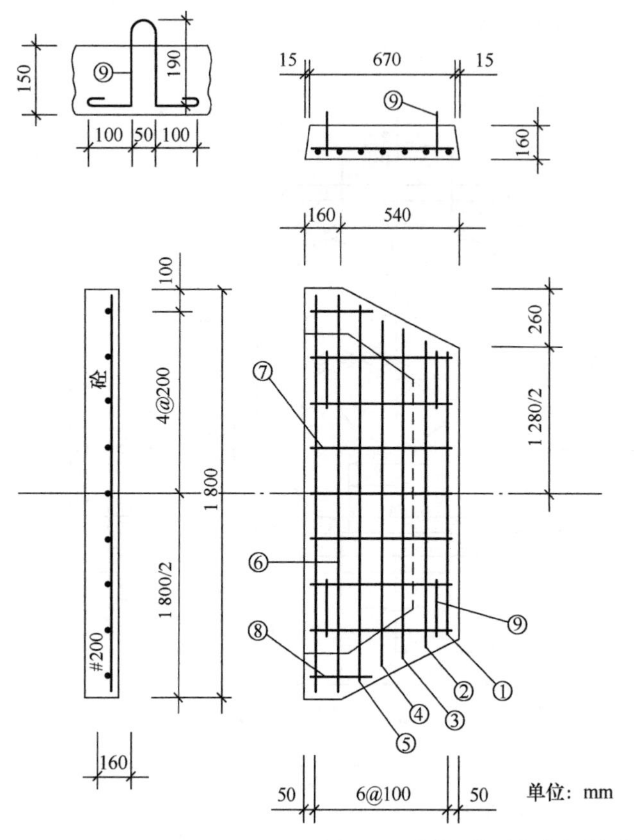

钢筋表

编号	直径（mm）	根数	长度（m）	总长度（m）
1	ϕ14	1	1.24	1.24
2	ϕ14	1	1.34	1.34
3	ϕ14	1	1.44	1.44
4	ϕ14	1	1.52	1.52
5	ϕ14	1	1.64	1.64
6	ϕ14	2	1.74	3.48
7	ϕ8	7	0.64	5.18
8	ϕ8	2	0.28	0.76
9	ϕ8	4	0.63	2.92

钢筋材料表

钢筋程式	长度（m）	质量（kg）	加损耗后质量（kg）
ϕ14m/m	10.66	12.90	13.29
ϕ8m/m	8.86	3.50	3.61
小计			16.90

#200 砼 0.168 m^3

IRB—小—T 板图

单位：mm

图 6-17 小号四通型人孔（端部）钢筋图

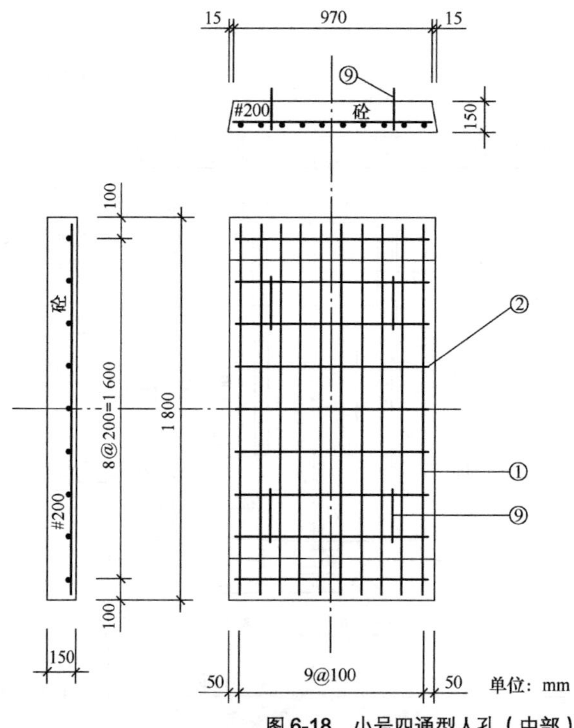

150
190
100 50 100

钢筋表

编号	直径（mm）	根数	长度（m）	总长度（m）
1	ϕ14	10	1.74	17.40
2	ϕ8	9	0.94	9.38
9	ϕ8	4	0.63	2.92

钢筋材料表

钢筋程式	长度（m）	质量（kg）	加损耗后质量（kg）
ϕ14m/m	17.40	21.05	21.69
ϕ8m/m	12.28	4.85	5.00
小计			26.69

#200 砼 0.27 m^3

IRB—18—10板图

单位：mm

图 6-18 小号四通型人孔（中部）钢筋图

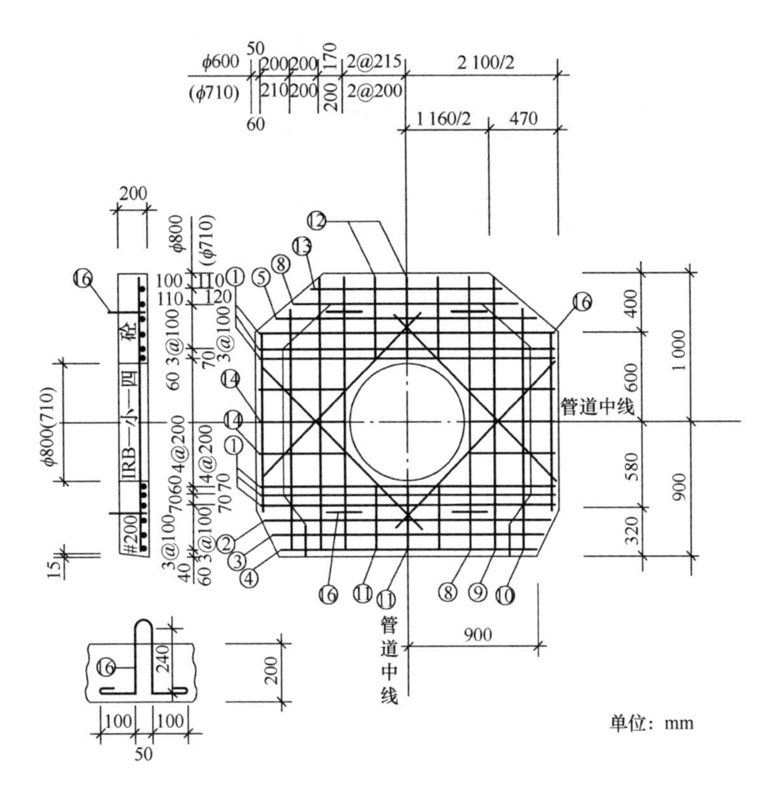

钢筋表

编号	直径（mm）	根数	长度（m）	总长度（m）
1	φ14	6	2.04	12.24
2	φ14	1	1.96	1.96
3	φ14	1	1.88	1.88
4	φ14	1	1.76	1.76
5	φ14	1	1.80	1.80
6	φ14	1	1.56	1.56
7	φ14	4	1.56	6.24
8	φ8	2	1.84	3.88
9	φ8	2	1.80	3.80
10	φ8	2	1.62	3.44
11	φ8	3	0.46	1.68
12	φ8	3	0.56	1.98
13	φ8	1	1.28	1.38
14	φ8	6	0.61	4.26
15	φ8	1	1.20	1.30
16	φ8	4	0.73	3.32

钢筋材料表

钢筋程式	长度（m）	质量（kg）	加损耗后质量（kg）
φ14m/m	27.44	32.20	34.20
φ8m/m	25.04	9.89	10.19
小计			44.39

#200 砼　0.655m³

图 6-19　小号四通型人孔（分歧端）钢筋图

4．小号 15° 斜通型人孔（分别见图 6-20～图 6-22）

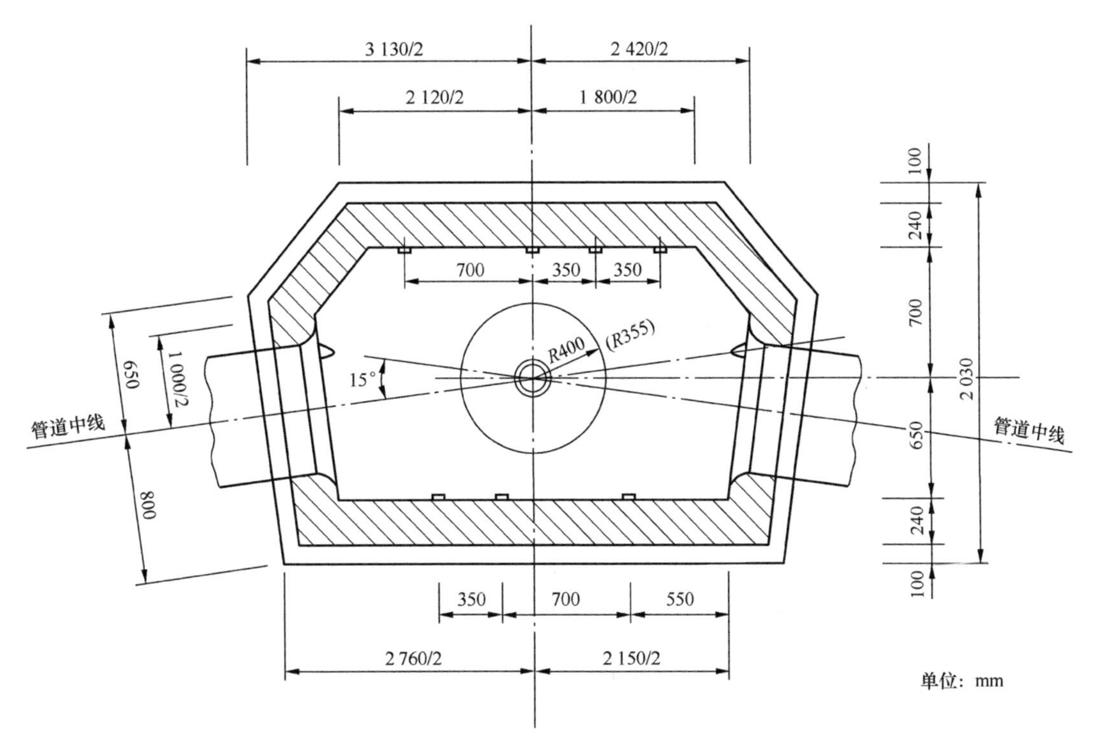

图 6-20　小号 15° 斜通型人孔平面图

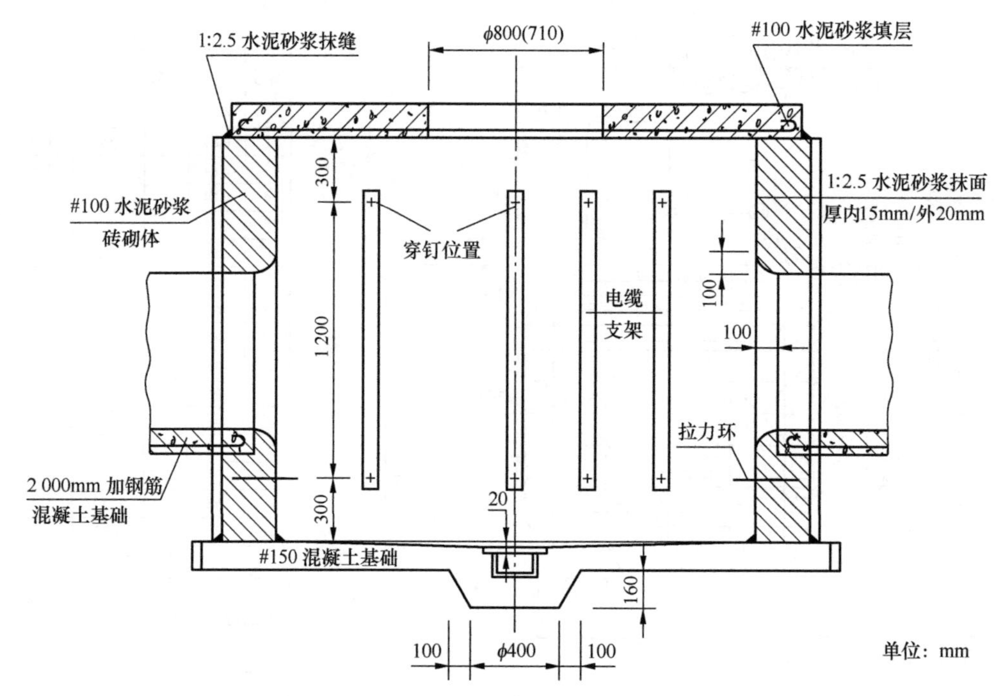

图 6-21　小号 15° 斜通型人孔断面图

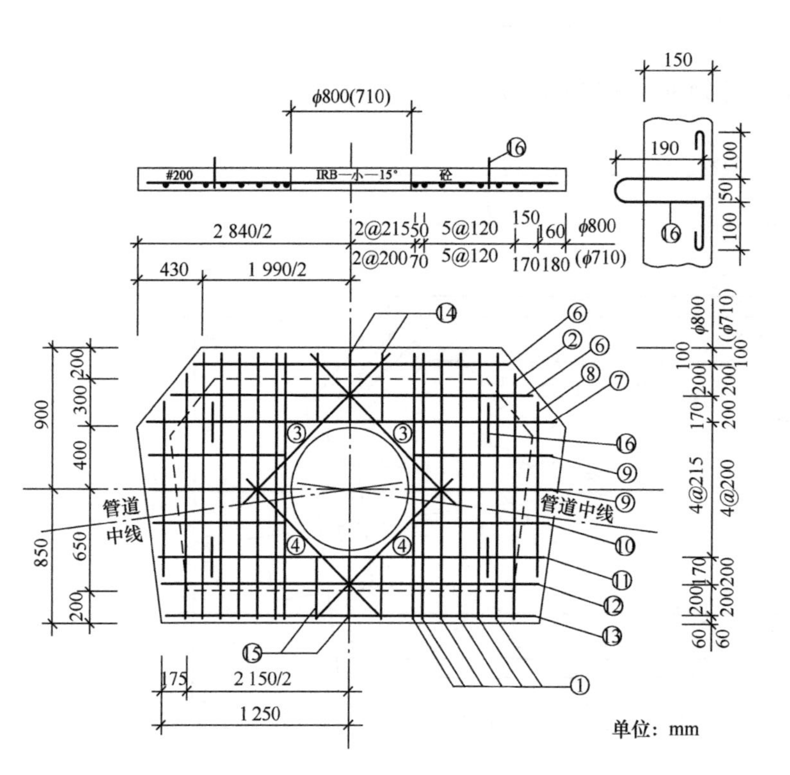

钢筋表

编号	直径（mm）	根数	长度（m）	总长度（m）
1	ϕ14	12	1.68	20.16
2	ϕ14	2	1.55	3.10
3	ϕ14	2	1.36	2.72
4	ϕ14	2	1.26	2.52
5	ϕ8	1	2.08	2.18
6	ϕ8	1	2.40	2.50
7	ϕ8	1	2.72	2.82
8	ϕ8	2	1.10	2.40
9	ϕ8	4	0.91	4.04
10	ϕ8	2	0.88	1.96
11	ϕ8	1	2.64	2.64
12	ϕ8	1	2.50	2.60
13	ϕ8	1	2.40	2.60
14	ϕ8	3	0.44	1.62
15	ϕ8	3	0.39	1.47
16	ϕ8	4	0.63	2.92

钢筋材料表

钢筋程式	长度（m）	质量（kg）	加损耗后质量（kg）
ϕ14m/m	28.50	34.49	35.52
ϕ8m/m	29.65	11.71	12.06
小计			47.58

#200 砼 0.61m³

图 6-22　小号 15° 斜通型人孔上覆钢筋图

5．小号 30° 斜通型人孔（分别见图 6-23～图 6-25）

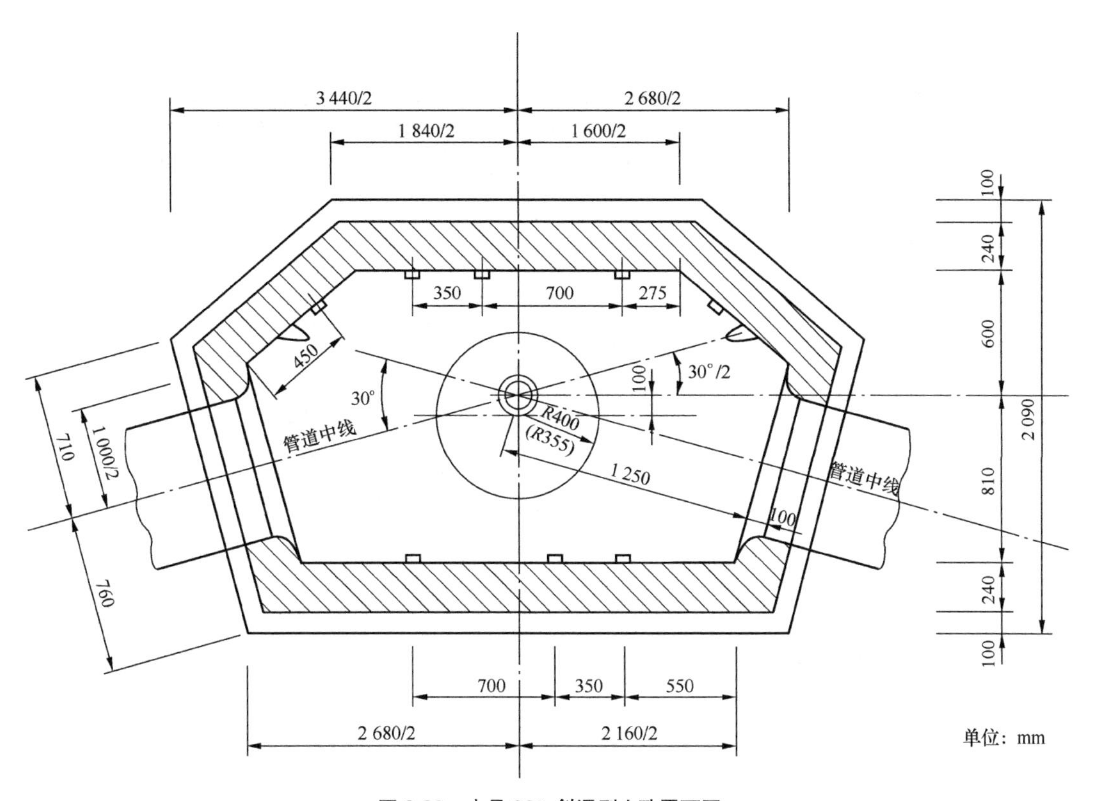

图 6-23　小号 30° 斜通型人孔平面图

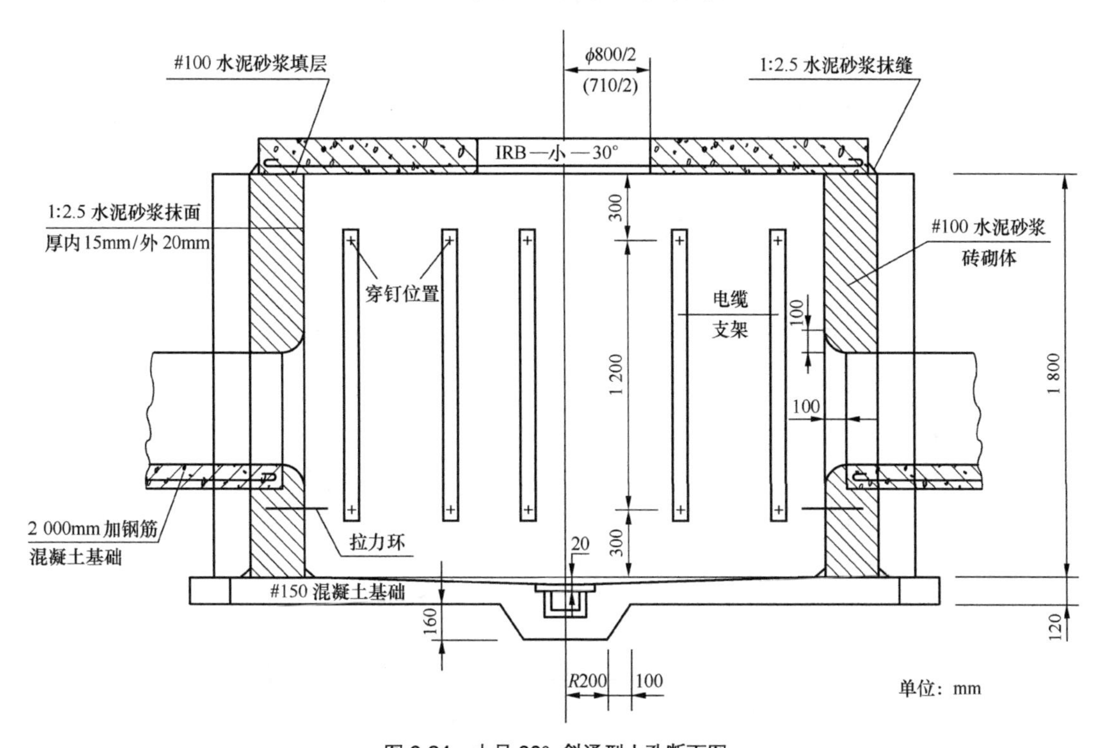

图 6-24　小号 30° 斜通型人孔断面图

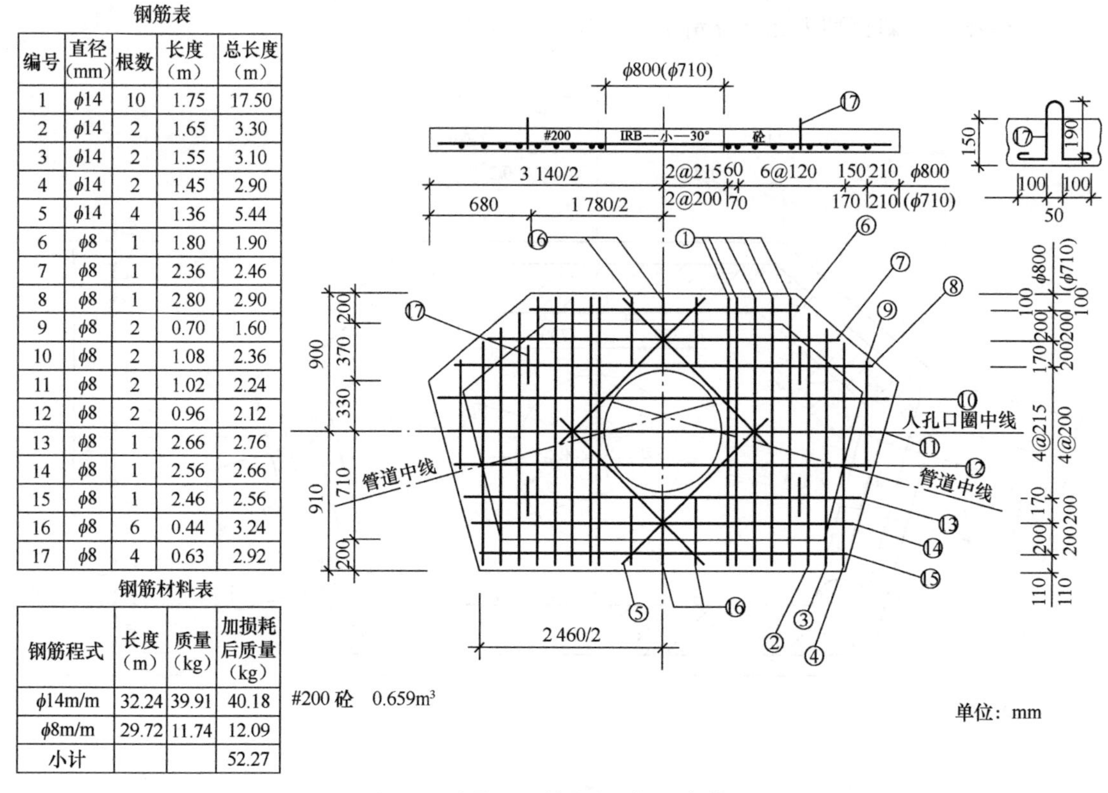

钢筋表

编号	直径（mm）	根数	长度（m）	总长度（m）
1	ϕ14	10	1.75	17.50
2	ϕ14	2	1.65	3.30
3	ϕ14	2	1.55	3.10
4	ϕ14	2	1.45	2.90
5	ϕ14	4	1.36	5.44
6	ϕ8	1	1.80	1.90
7	ϕ8	1	2.36	2.46
8	ϕ8	1	2.80	2.90
9	ϕ8	2	0.70	1.60
10	ϕ8	2	1.08	2.36
11	ϕ8	2	1.02	2.24
12	ϕ8	2	0.96	2.12
13	ϕ8	1	2.66	2.76
14	ϕ8	1	2.56	2.66
15	ϕ8	1	2.46	2.56
16	ϕ8	6	0.44	3.24
17	ϕ8	4	0.63	2.92

钢筋材料表

钢筋程式	长度（m）	质量（kg）	加损耗后质量（kg）
ϕ14m/m	32.24	39.91	40.18
ϕ8m/m	29.72	11.74	12.09
小计			52.27

图 6-25 小号 30° 斜通型人孔上覆钢筋图

6．小号 45° 斜通型人孔（分别见图 6-26～图 6-30）

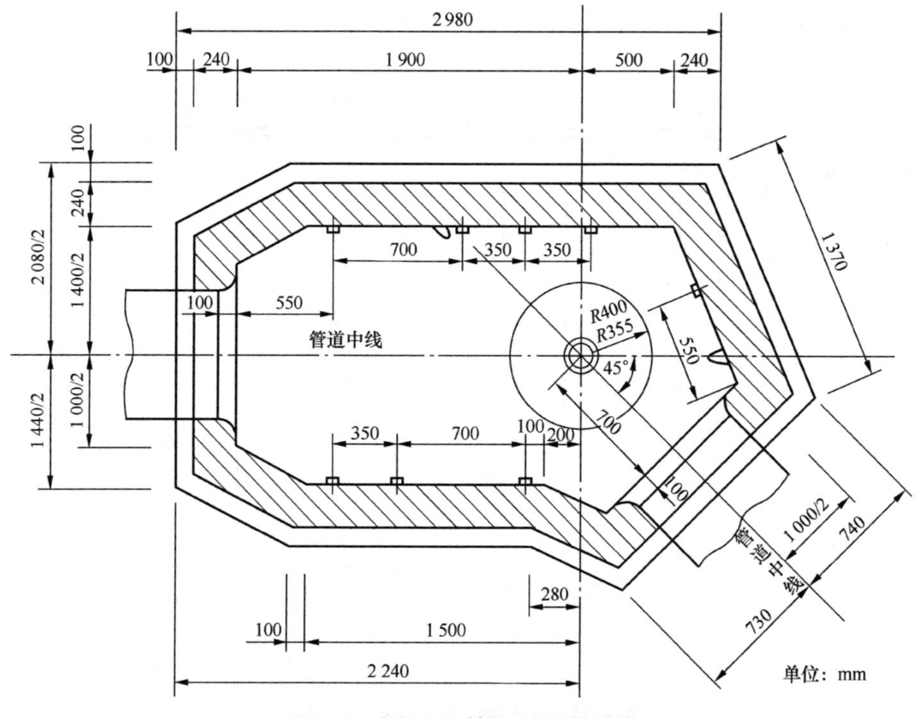

图 6-26 小号 45° 斜通型人孔平面图

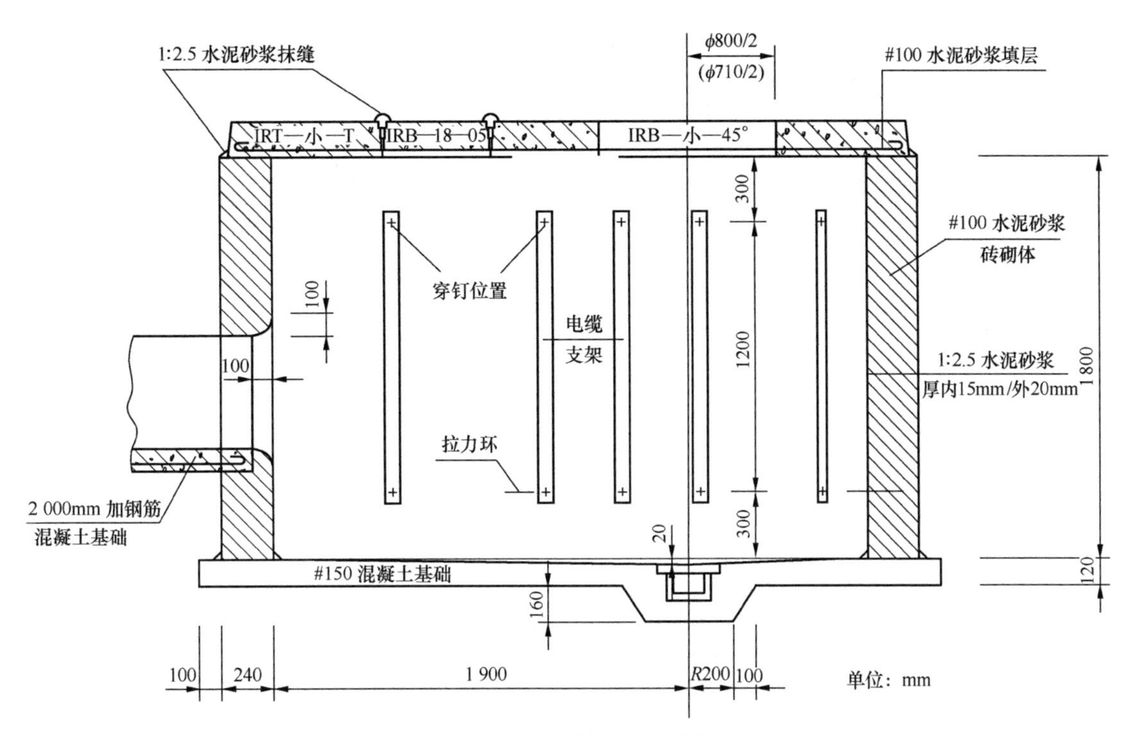

图 6-27　小号 45° 斜通型人孔断面图

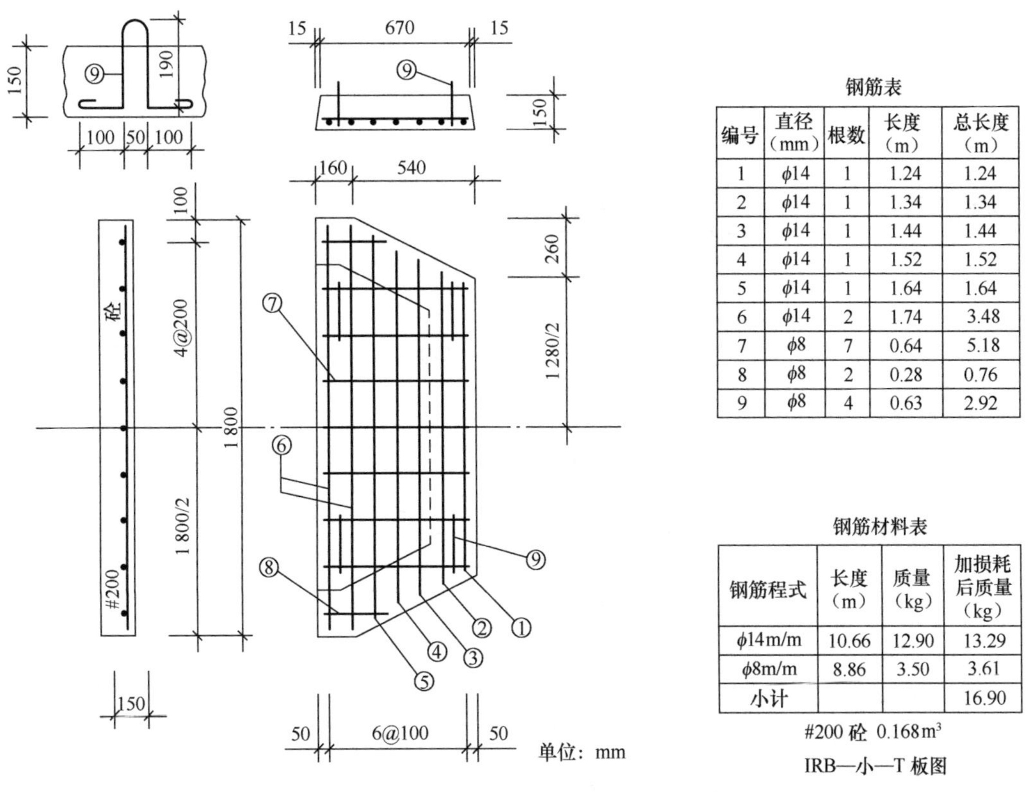

钢筋表

编号	直径（mm）	根数	长度（m）	总长度（m）
1	ϕ14	1	1.24	1.24
2	ϕ14	1	1.34	1.34
3	ϕ14	1	1.44	1.44
4	ϕ14	1	1.52	1.52
5	ϕ14	1	1.64	1.64
6	ϕ14	2	1.74	3.48
7	ϕ8	7	0.64	5.18
8	ϕ8	2	0.28	0.76
9	ϕ8	4	0.63	2.92

钢筋材料表

钢筋程式	长度（m）	质量（kg）	加损耗后质量（kg）
ϕ14m/m	10.66	12.90	13.29
ϕ8m/m	8.86	3.50	3.61
小计			16.90

#200 砼 0.168m³

IRB—小—T 板图

图 6-28　小号 45° 斜通型人孔上覆（端部）钢筋图

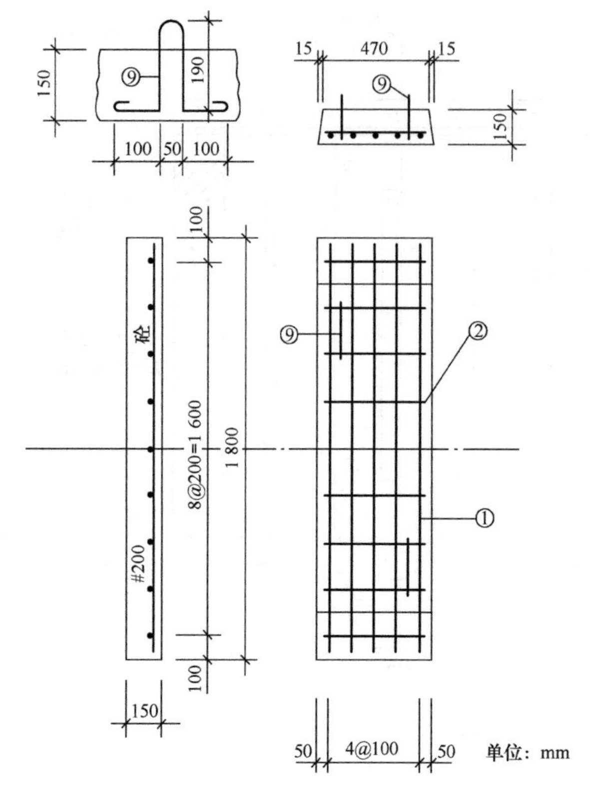

钢筋表

编号	直径（mm）	根数	长度（m）	总长度（m）
1	ϕ14	5	1.74	8.70
2	ϕ8	9	0.44	4.86
3	ϕ8	2	0.63	1.46

钢筋材料表

钢筋程式	长度（m）	质量（kg）	加损耗后质量（kg）
ϕ14m/m	8.70	10.53	10.85
ϕ8m/m	6.32	2.50	2.58
小计			13.43

#200 砼 0.135m³

IRB—18—05 板图

图 6-29　小号 45° 斜通型人孔上覆（中部）钢筋图

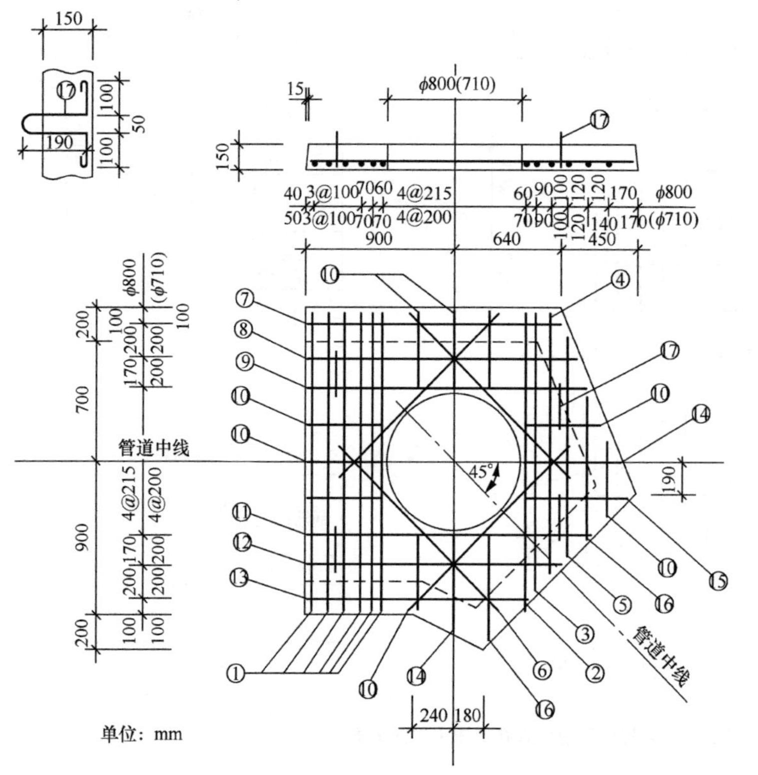

钢筋表

编号	直径（mm）	根数	长度（m）	总长度（m）
1	ϕ14	6	1.74	10.44
2	ϕ14	1	1.70	1.70
3	ϕ14	1	1.62	1.62
4	ϕ14	1	1.52	1.52
5	ϕ14	1	1.28	1.28
6	ϕ14	4	1.36	5.44
7	ϕ8	1	1.50	1.60
8	ϕ8	1	1.60	1.70
9	ϕ8	1	1.66	1.86
10	ϕ8	9	0.44	4.86
11	ϕ8	1	1.70	1.80
12	ϕ8	1	1.52	1.62
13	ϕ8	1	1.32	1.42
14	ϕ8	2	0.58	1.36
15	ϕ8	2	0.62	1.44
16	ϕ8	1	0.82	0.92
17	ϕ8	4	0.63	2.92

钢筋材料表

钢筋程式	长度（m）	质量（kg）	加损耗后质量（kg）
ϕ14m/m	22.00	26.62	27.42
ϕ8m/m	21.50	8.49	8.75
小计			36.17

#200 砼　0.394m³

图 6-30　小号 45° 斜通型人孔上覆（分歧端）钢筋图

7．小号 60° 斜通型人孔（分别见图 6-31～图 6-35）

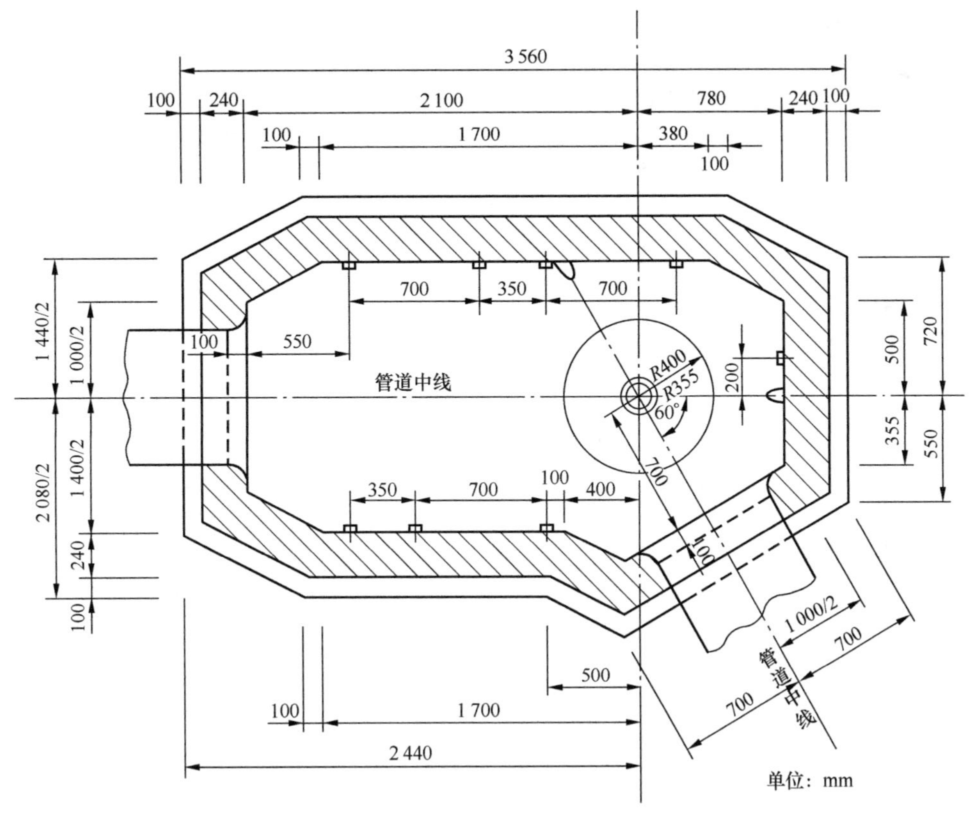

图 6-31　小号 60° 斜通型人孔平面图

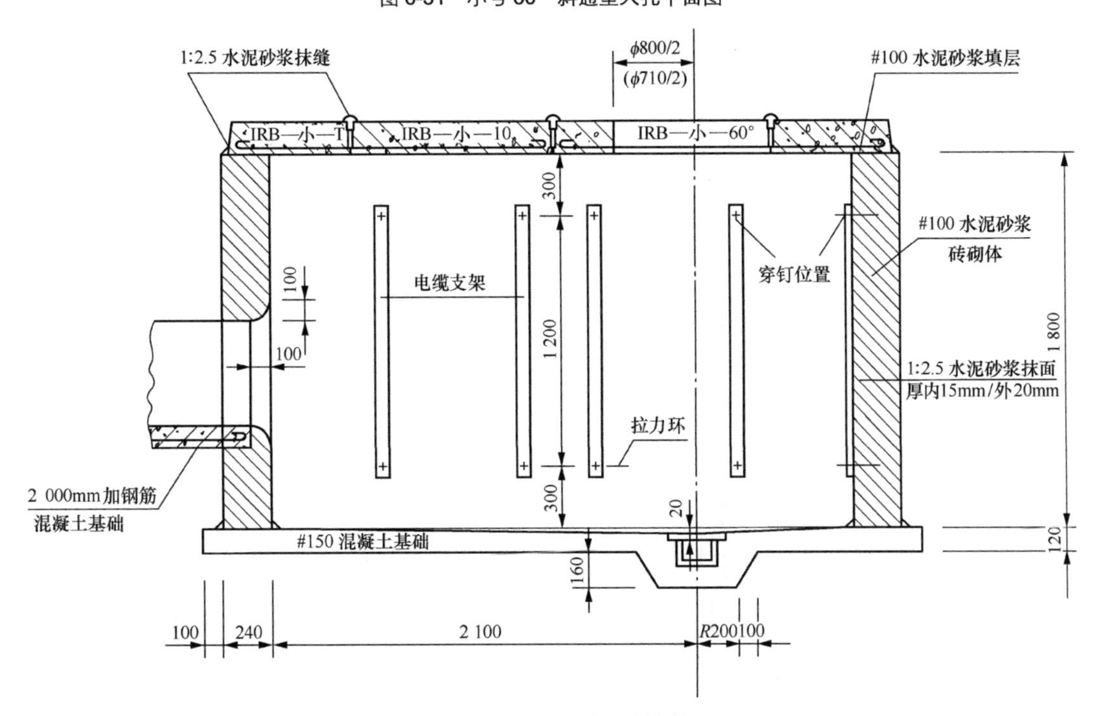

图 6-32　小号 60° 斜通型人孔断面图

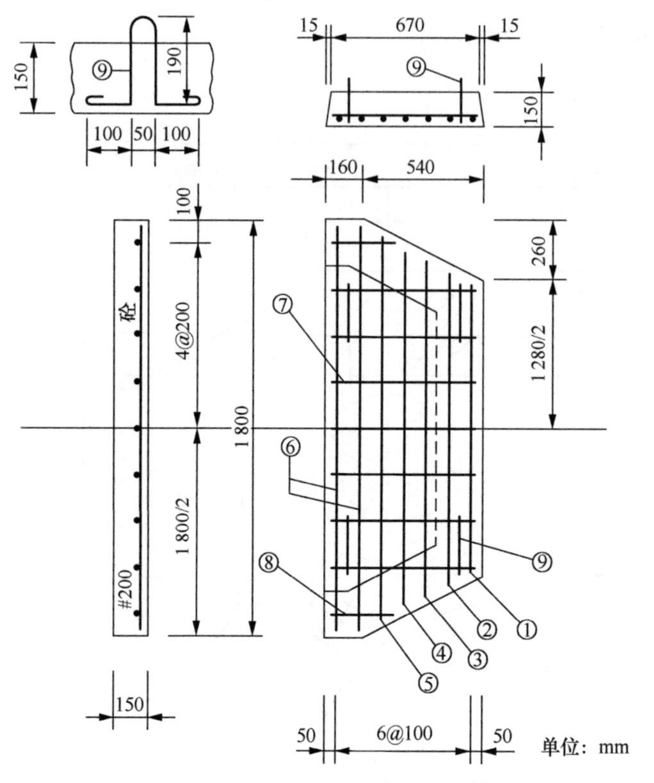

钢筋表

编号	直径（mm）	根数	长度（m）	总长度（m）
1	ϕ14	1	1.24	1.24
2	ϕ14	1	1.34	1.34
3	ϕ14	1	1.44	1.44
4	ϕ14	1	1.52	1.52
5	ϕ14	1	1.64	1.64
6	ϕ14	2	1.74	3.48
7	ϕ8	7	0.64	5.18
8	ϕ8	2	0.28	0.76
9	ϕ8	4	0.63	2.92

钢筋材料表

钢筋程式	长度（m）	质量（kg）	加损耗后质量（kg）
ϕ14m/m	10.66	12.90	13.29
ϕ8m/m	8.86	3.50	3.61
小计			16.90

#200 砼 0.168 m^3

IRB—小—T 板图

图 6-33　小号 60° 斜通型人孔上覆（端部）钢筋图

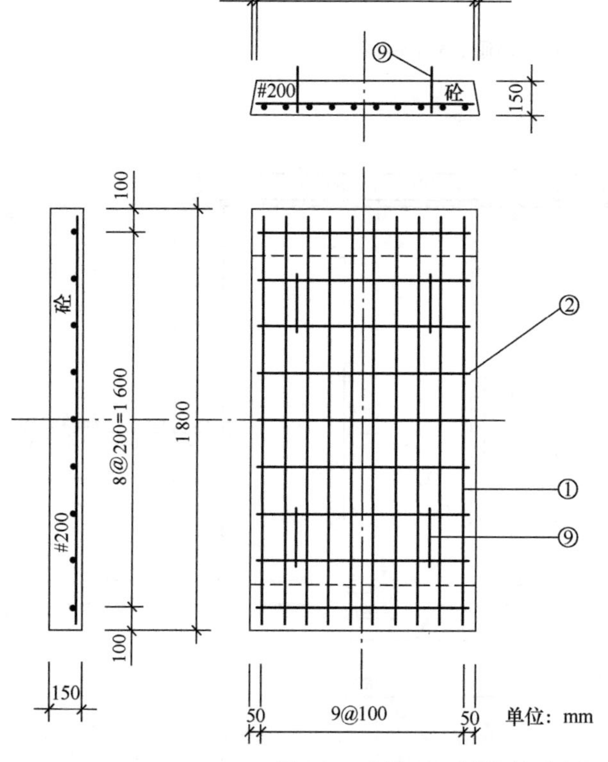

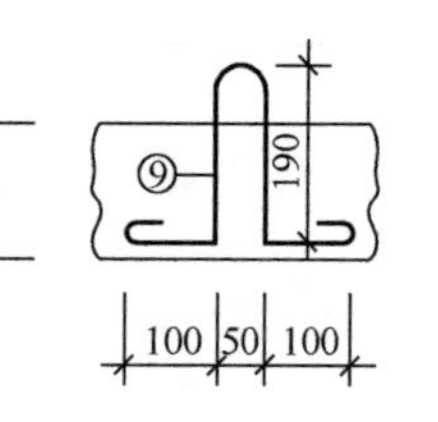

钢筋表

编号	直径（mm）	根数	长度（m）	总长度（m）
1	ϕ14	10	1.74	17.40
2	ϕ8	9	0.94	9.38
9	ϕ8	4	0.63	2.92

钢筋材料表

钢筋程式	长度（m）	质量（kg）	加损耗后质量（kg）
ϕ14m/m	17.40	21.05	21.09
ϕ8m/m	12.28	4.85	5.00
小计			26.69

#200 砼 0. 27 m^3

IRB—18—10板图

图 6-34　小号 60° 斜通型人孔上覆（中部）钢筋图

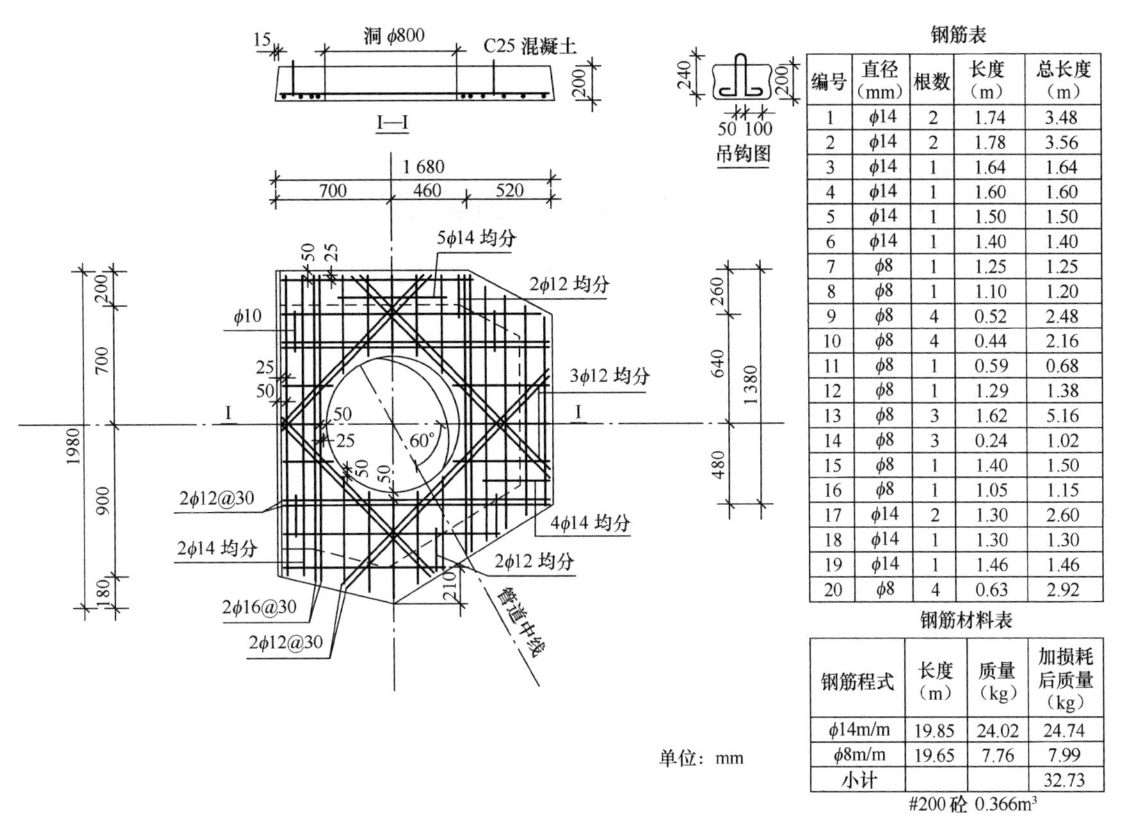

钢筋表

编号	直径（mm）	根数	长度（m）	总长度（m）
1	ϕ14	2	1.74	3.48
2	ϕ14	2	1.78	3.56
3	ϕ14	1	1.64	1.64
4	ϕ14	1	1.60	1.60
5	ϕ14	1	1.50	1.50
6	ϕ14	1	1.40	1.40
7	ϕ8	1	1.25	1.25
8	ϕ8	1	1.10	1.20
9	ϕ8	4	0.52	2.48
10	ϕ8	4	0.44	2.16
11	ϕ8	1	0.59	0.68
12	ϕ8	1	1.29	1.38
13	ϕ8	3	1.62	5.16
14	ϕ8	3	0.24	1.02
15	ϕ8	1	1.40	1.50
16	ϕ8	1	1.05	1.15
17	ϕ14	2	1.30	2.60
18	ϕ14	1	1.30	1.30
19	ϕ14	1	1.46	1.46
20	ϕ8	4	0.63	2.92

钢筋材料表

钢筋程式	长度（m）	质量（kg）	加损耗后质量（kg）
ϕ14m/m	19.85	24.02	24.74
ϕ8m/m	19.65	7.76	7.99
小计			32.73

#200 砼 0.366m³

图 6-35　小号 60° 斜通型人孔上覆（分歧端）钢筋图

8．中号直通型人孔（分别见图 6-36～图 6-38）

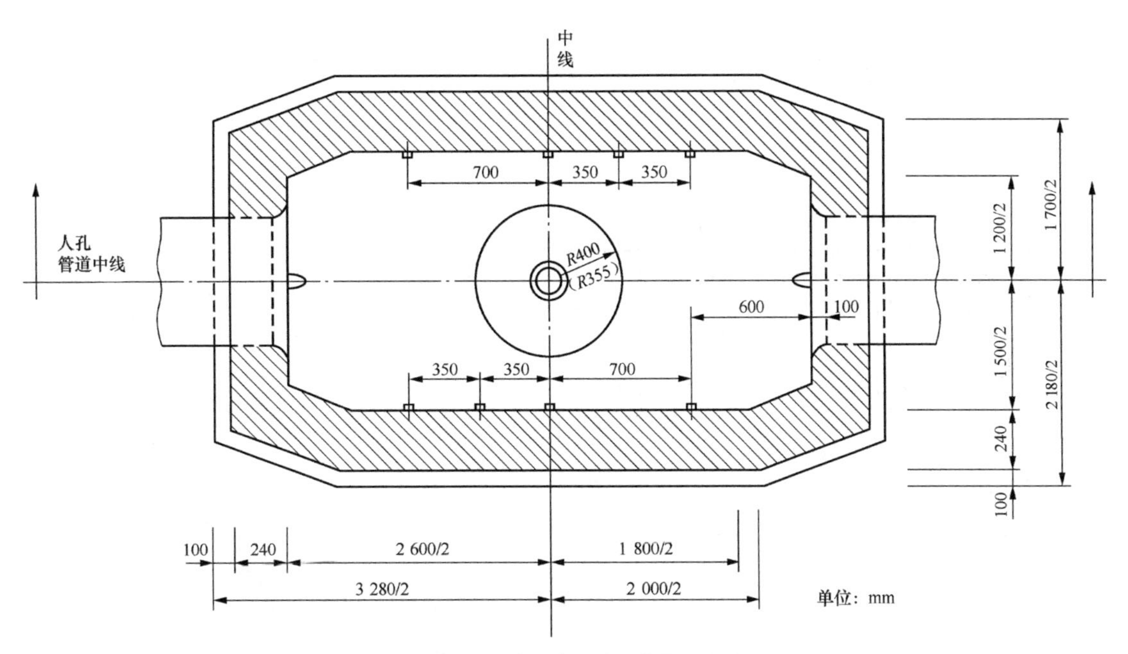

图 6-36　中号直通型人孔平面图

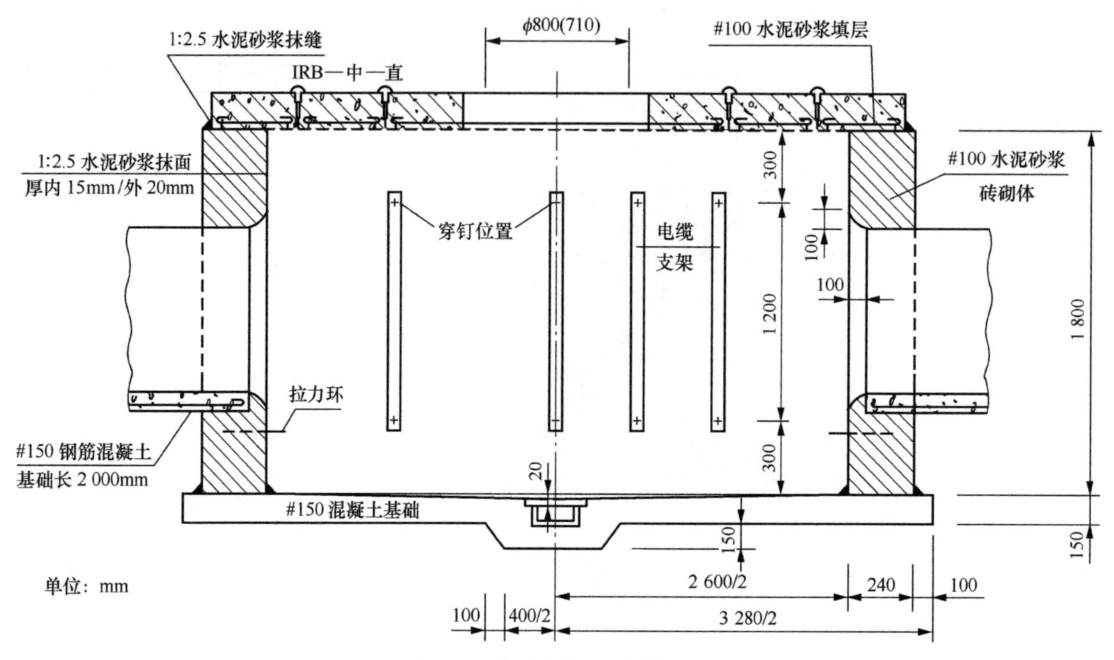

图 6-37　中号直通型人孔断面图

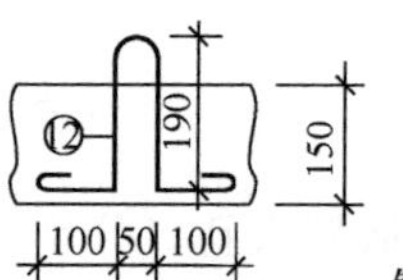

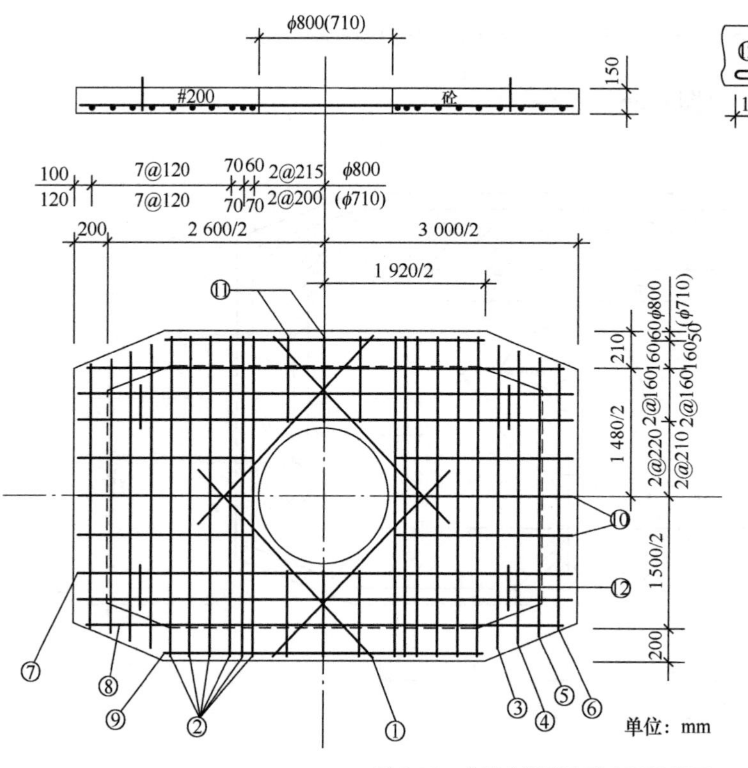

钢筋表

编号	直径（mm）	根数	长度（m）	总长度（m）
1	ϕ14	4	1.50	6.00
2	ϕ14	12	1.84	22.08
3	ϕ14	2	1.74	3.48
4	ϕ14	2	1.66	3.32
5	ϕ8	2	1.58	3.36
6	ϕ8	2	1.50	3.20
7	ϕ8	4	2.94	12.16
8	ϕ8	2	2.84	5.88
9	ϕ8	2	1.90	4.00
10	ϕ8	6	1.04	6.84
11	ϕ8	6	0.49	3.54
12	ϕ8	4	0.63	2.92

钢筋材料表

钢筋程式	长度（m）	质量（kg）	加损耗后质量（kg）
ϕ14m/m	34.88	42.20	43.47
ϕ8m/m	41.90	16.55	17.05
小计			60.52

图 6-38　中号直通型人孔上覆钢筋图

9．大号直通型人孔（分别见图 6-39～图 6-43）

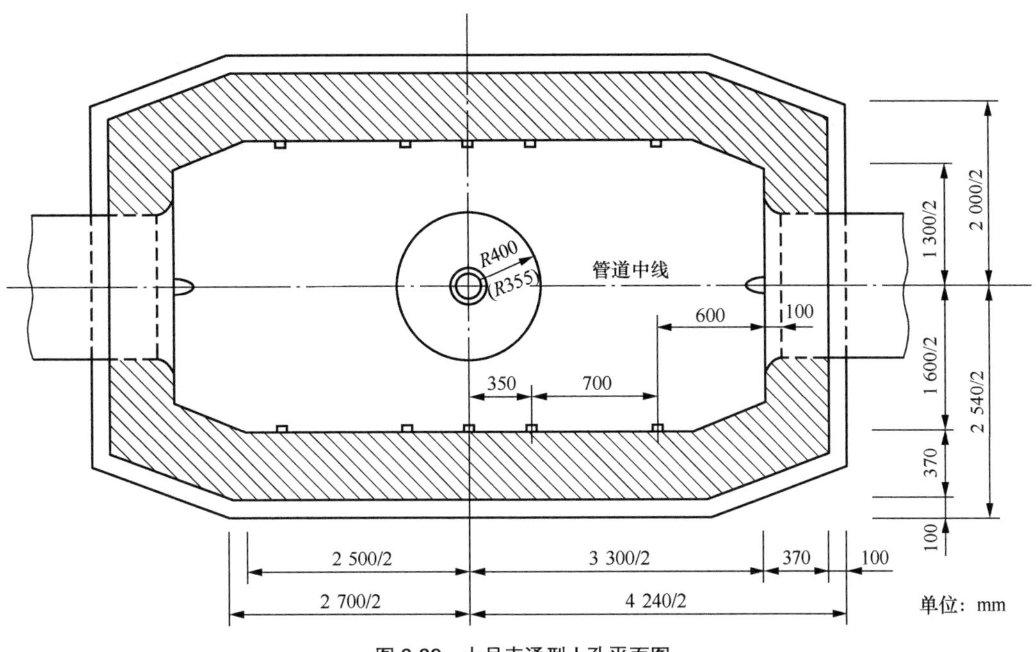

图 6-39　大号直通型人孔平面图

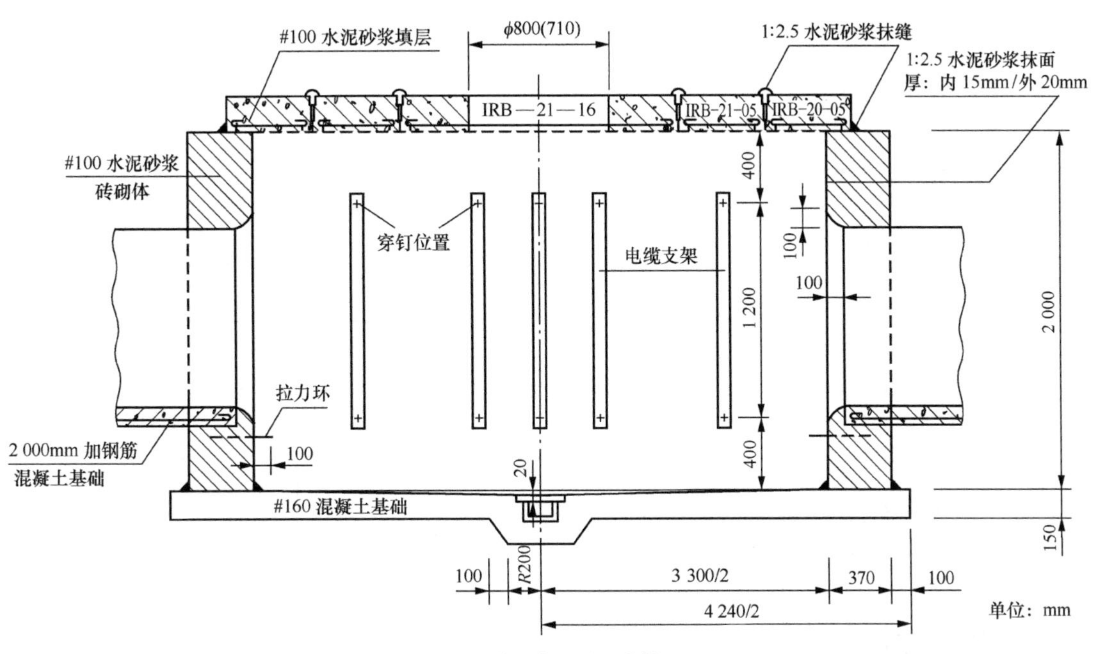

图 6-40　大号直通型人孔断面图

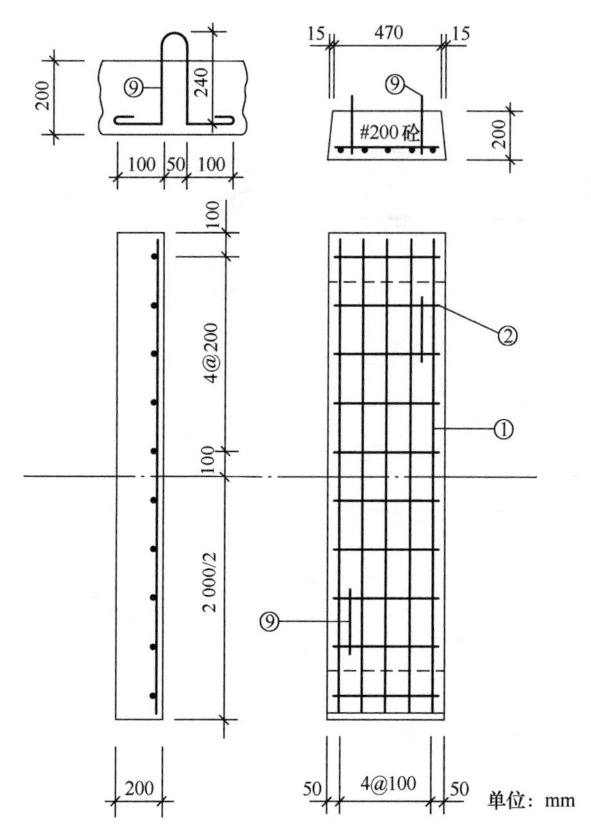

钢筋表

编号	直径（mm）	根数	长度（m）	总长度（m）
1	ϕ12	5	1.94	9.70
2	ϕ8	10	0.44	5.40
9	ϕ8	2	0.75	1.66

钢筋材料表

钢筋程式	长度（m）	质量（kg）	加损耗后质量（kg）
ϕ12m/m	9.70	8.62	8.88
ϕ8m/m	7.06	2.79	2.87
小计			11.75

#200 砼 0.2 m³

IRB—20—05 板图

单位：mm

图 6-41　大号直通型人孔上覆（两端）钢筋图

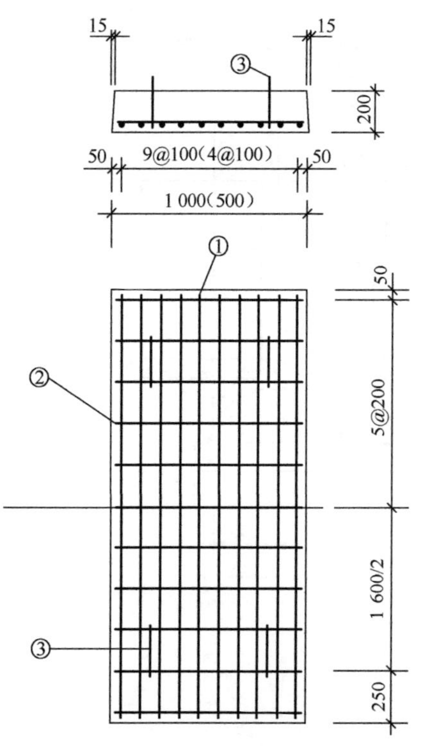

IRB21—10
IRB(21—05)

钢筋表

编号	直径（mm）	根数	长度（m）	总长度（m）
1	ϕ12	10(5)	2.04	20.4(10.2)
2	ϕ8	11	0.94(0.44)	11.44(5.94)
3	ϕ8	4	0.73	3.32

钢筋材料表

钢筋程式	长度（m）	质量（kg）	加损耗后质量（kg）
ϕ12m/m	20.4(10.2)	18.16(9.08)	18.66(9.33)
ϕ8m/m	14.76(9.26)	5.83(3.66)	6.01(3.77)
小计			24.67(13.1)

#200 砼　　0.42m³(0.21)m³

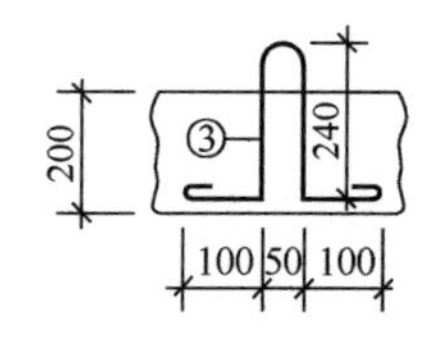

单位：mm

图 6-42　大号直通型人孔上覆（两侧）钢筋图

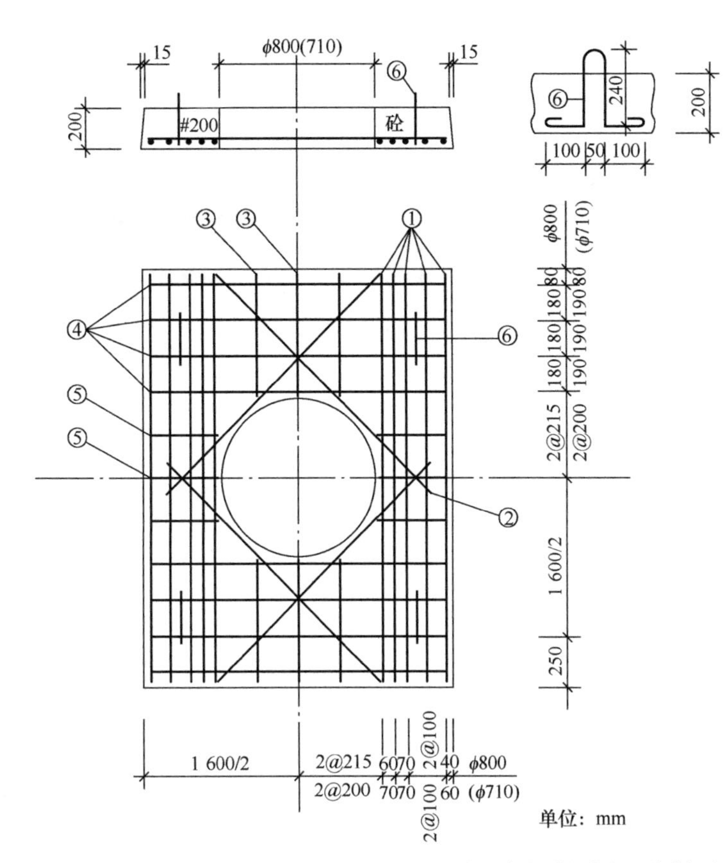

钢筋表

编号	直径（mm）	根数	长度（m）	总长度（m）
1	ϕ16	10	2.04	20.40
2	ϕ16	4	1.55	6.20
3	ϕ8	6	0.61	4.26
4	ϕ8	8	1.54	13.12
5	ϕ8	6	0.36	2.76
6	ϕ8	4	0.73	3.32

钢筋材料表

钢筋程式	长度（m）	质量（kg）	加损耗后质量（kg）
ϕ16m/m	26.60	42.03	43.29
ϕ8m/m	23.46	9.27	9.55
小计			52.84

#200 砼 0.576m³

图 6-43　大号直通型人孔上覆（中间）钢筋图

6.8.3　各种型号手孔标准图

1．圆盖 90×120 手孔（见图 6-44～图 6-46）

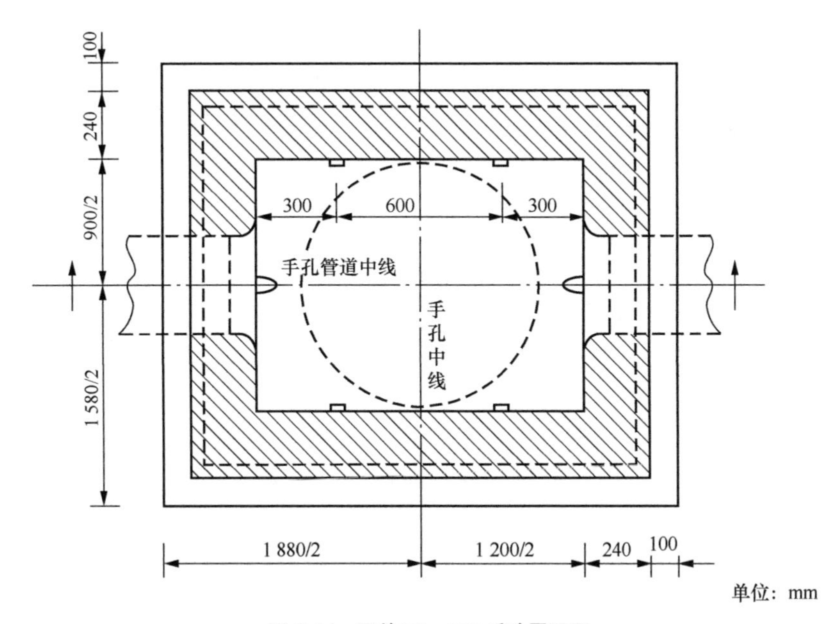

图 6-44　圆盖 90×120 手孔平面图

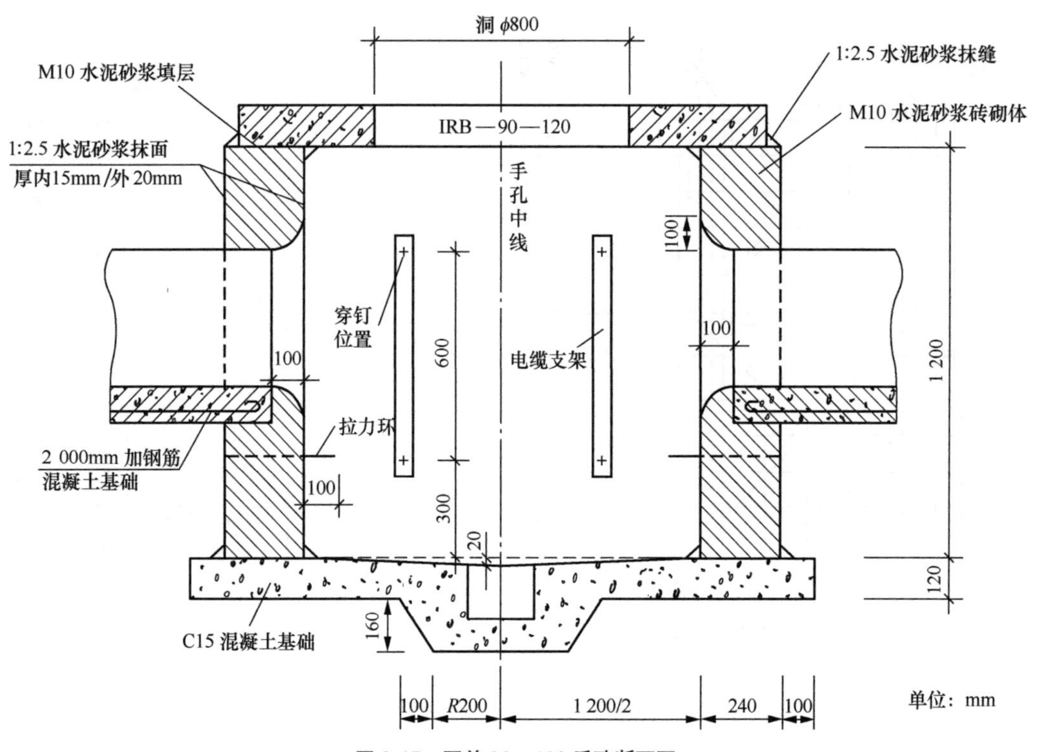

图 6-45　圆盖 90×120 手孔断面图

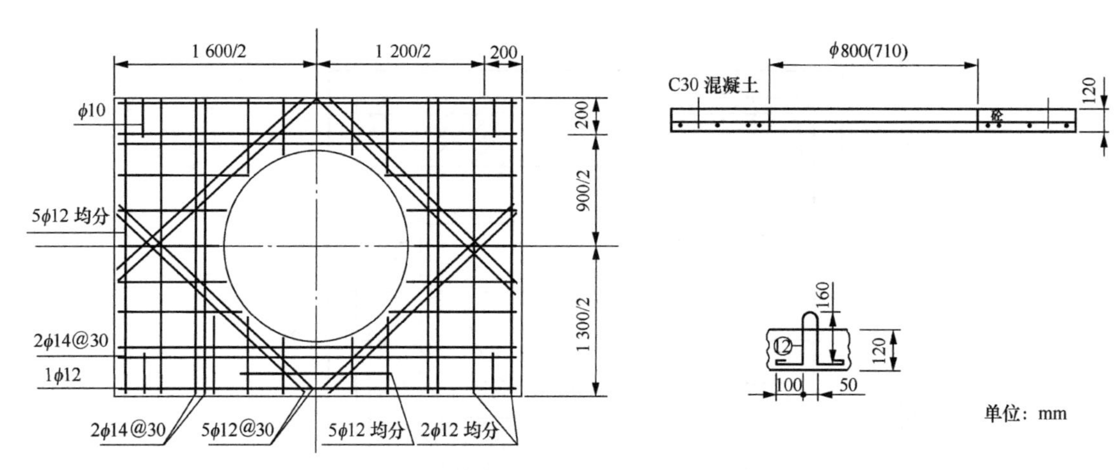

图 6-46　圆盖 90×120 手孔上覆钢筋图

2．圆盖 120×170 手孔（见图 6-47～图 6-49）

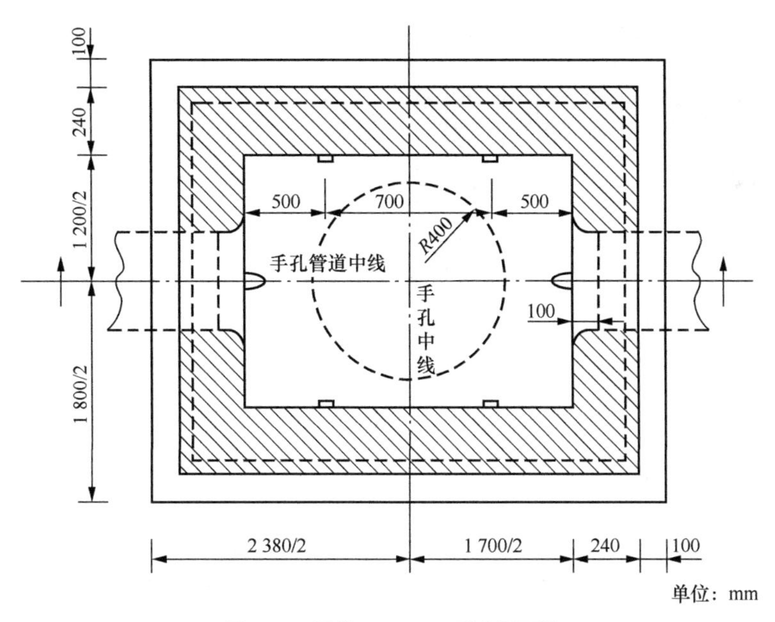

图 6-47　圆盖 120×170 手孔平面图

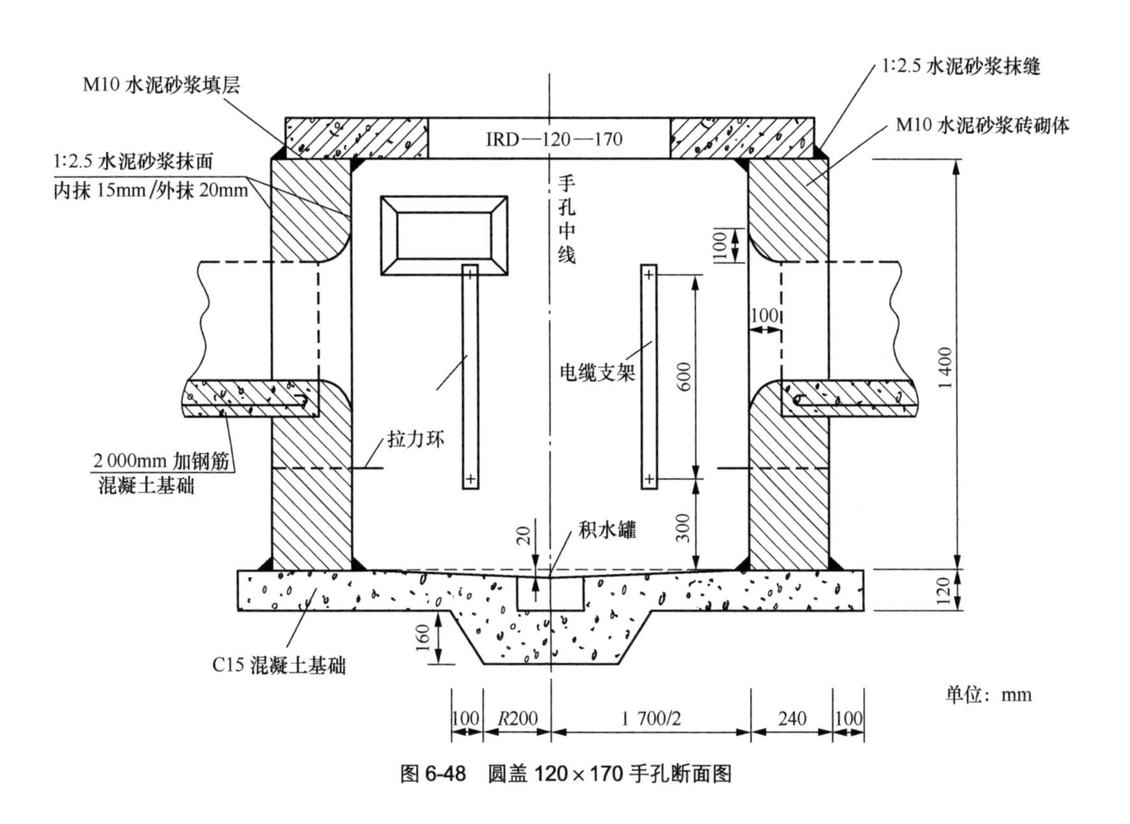

图 6-48　圆盖 120×170 手孔断面图

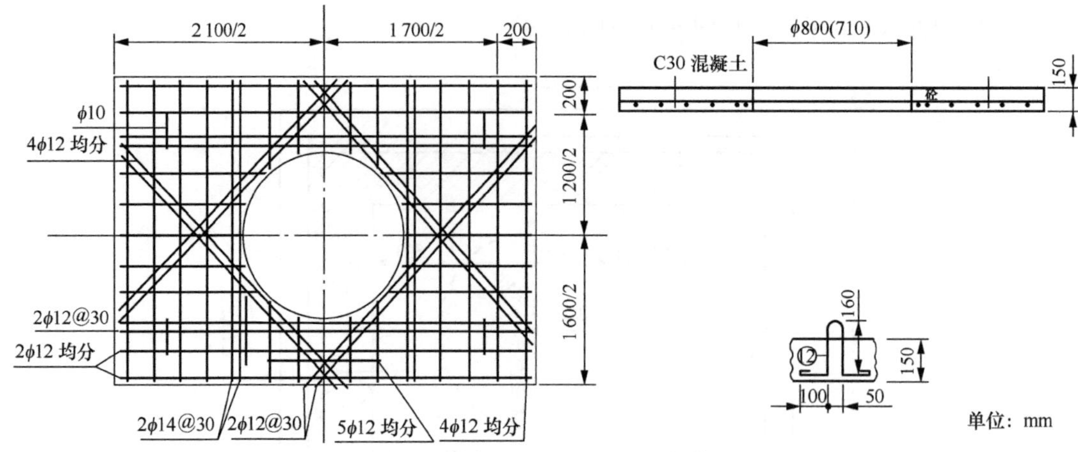

图 6-49　圆盖 120×170 手孔上覆钢筋图

3．双页方盖手孔（见图 6-50～图 6-52）

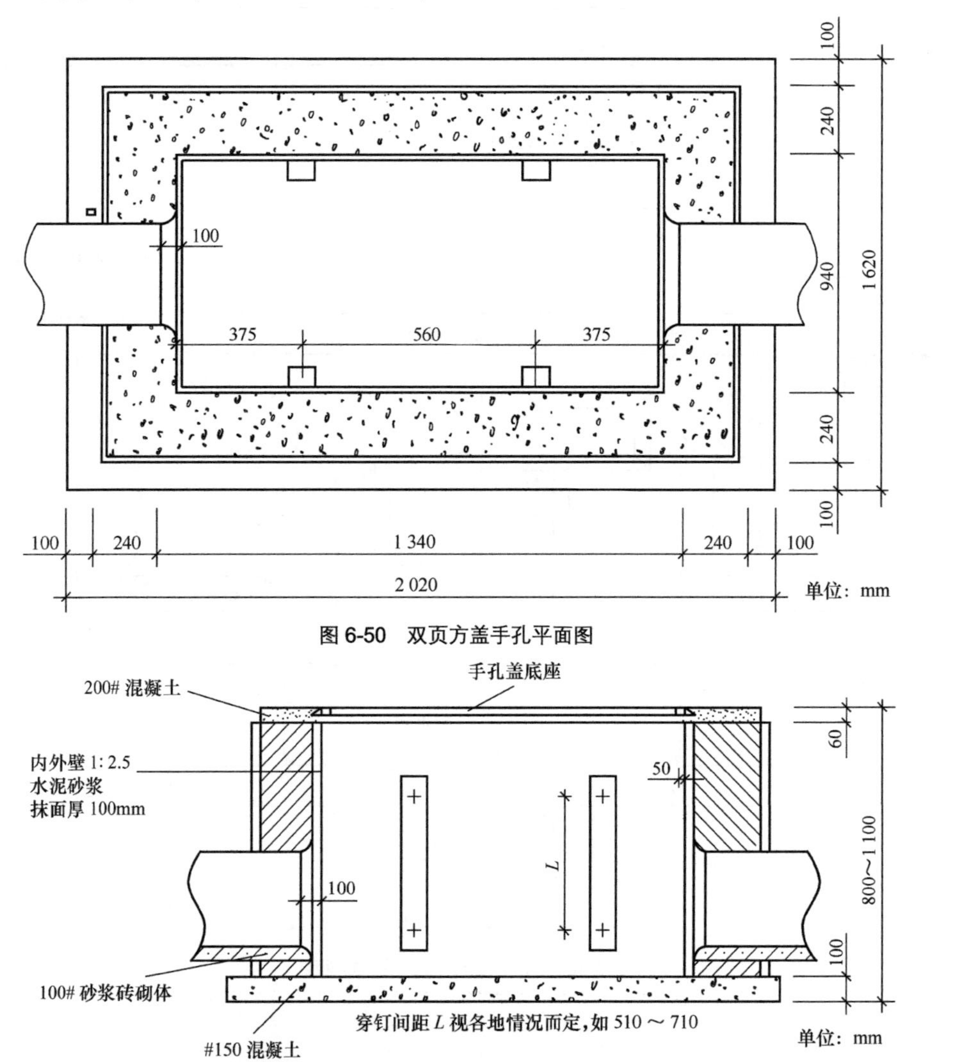

图 6-50　双页方盖手孔平面图

图 6-51　双页方盖手孔断面图

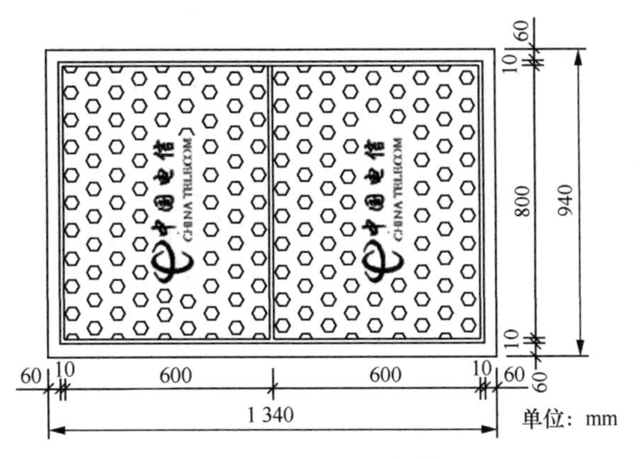

图 6-52　双页方盖手孔盖板图

4．三页方盖手孔（见图 6-53～图 6-55）

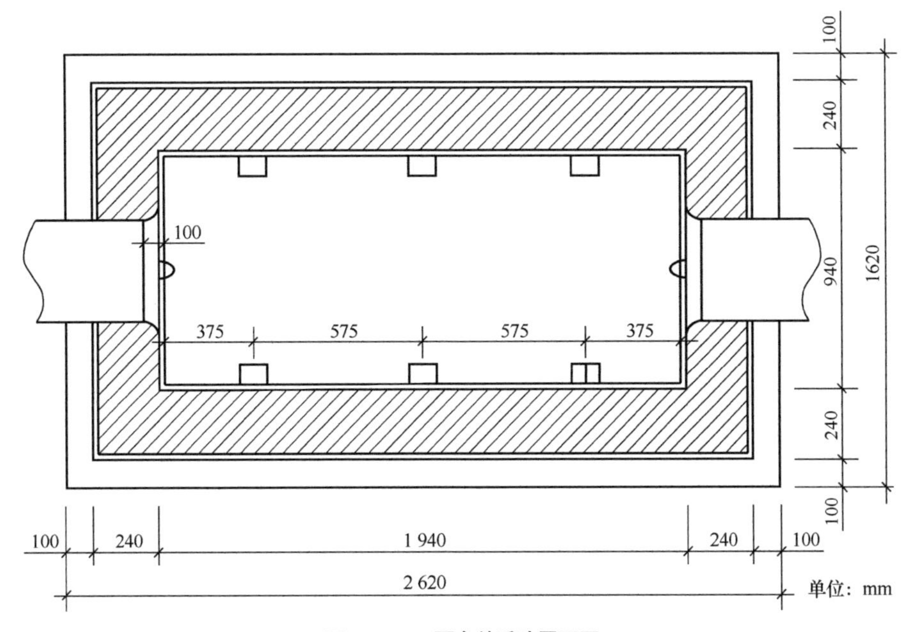

图 6-53　三页方盖手孔平面图

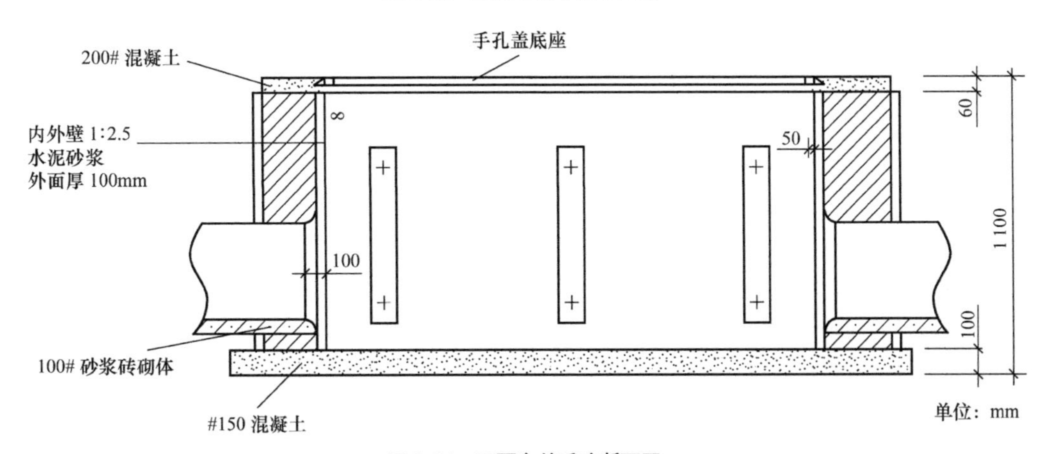

图 6-54　三页方盖手孔断面图

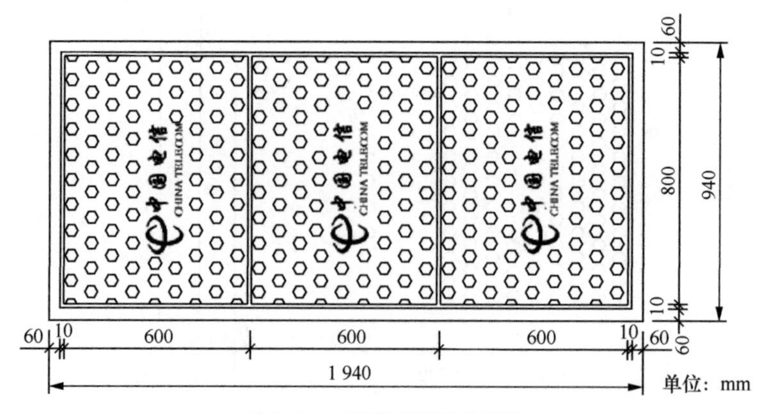

图 6-55　三页方盖手孔盖板图

第 7 章
通信线路工程施工

7.1 通信线路工程施工的基本程序和内容

通信线路工程施工是施工单位按照设计文件、施工合同和施工验收规范、技术规程的规定，通过生产诸要素的优化配置和动态管理，组织通信建设项目实施的一系列生产活动。基本程序可以分为 3 个部分：一是施工准备和组织策划；二是工程组织施工和管理；三是竣工后的工程验收。

7.1.1 工程施工准备

工程施工准备是施工的前期工作，目的是根据工程性质、内容、规模、工期、施工条件及环境，为工程全面施工做好充分准备。施工准备的主要内容有以下几个方面。

（1）参与施工图设计审查。参加施工图设计会审或审查时，要认真听取设计单位的技术交底，了解工程规模、工程预算、通信组织；领会设计意图，对技术关键、特殊要求、接口分工、割接方案等明确、清楚；对技术及经济指标进行必要的验算与核算，发现问题，提出建议和意见。

（2）现场摸底。现场摸底时要核对施工图纸与现场是否相符，核实工程量，检查设计是否存在不足或遗漏之处，研究是否具备施工条件，落实可能工期，得到建设单位认可。落实工地的工作、生活场所和仓库及临时设施，准备施工条件。

（3）签订施工合同，按照法律、法规和各种制度平等协商，明确双方关系、分工和责任。

（4）编制施工组织计划，根据任务和人力、物力情况，制订切实可行的施工工程进度、质量保障等计划和措施，统一指挥信号，确保安全，防止事故，上报审批。

（5）工程动员、申办必要的各种手续和报建，办妥各类管理卡。明确任务，交待工程内容、特点和特殊要求、工期安排、施工方案；并布置机构、人员转移、进场次序。

（6）递交开工报告，得到建设方批准后正式进场施工。

7.1.2 工程组织施工和管理

工程组织施工是施工单位对所属人员、物资、机械仪器设备、后勤供应、工序流程方法和外部环境等进行协调组织的过程，是工程施工过程中的一种管理活动。任务是正确协调施工过程中劳动力、劳动对象和劳动手段在空间布置和时间安排上的矛盾，做好人员、进度、质量、安全、成本、器械、材料和环境等各个方面的控制和管理。按照工程设计的工程规模与技术要求、工期安排，贯彻执行技术政策、技术规范、规程、标准和规章制度；调配技术装备和人员，合理使用资金，协调保障物资供应及后勤服务。疏通外部渠道，创造顺利施工条件，做到施工安全、工程质量优良，保证施工进度，按期或提前竣工、投入使用。

7.1.3 工程竣工验收

7.1.3.1 竣工文件编制

通信线路工程完工后，承包单位应及时编制工程竣工技术文件（竣工资料），一般一式 3 份。工程竣工技术文件应包括以下内容。

（1）工程说明。

（2）安装工程量总表。

（3）已安装设备明细表。

（4）工程设计变更单。

（5）开工/完工报告。

（6）停（复）工报告。

（7）重大工程质量事故报告。

（8）随工检查记录（隐蔽工程检验签证）。

（9）阶段验收报告。

（10）验收证书。

（11）竣工测试记录。

（12）竣工图纸。

（13）洽商记录。

（14）备考表。

（15）交接书。

所有竣工图纸均应加盖“竣工图章”，竣工图章的基本内容应包括：“竣工图”字样、施工单位、编制人、审核人、编制日期、监理单位、监理人等。

7.1.3.2 工程验收

1．验收程序

竣工验收的主要内容有：随工验收、单项工程验收、初步验收和竣工验收。施工单位完成施工任务后，经过自检，按规定和要求的内容、格式整理好交工文件（含随工验收的签证文件）向建设单位送出交工验收通知。建设单位接到通知后组织初验。建设单位向上级主管部门报送初步验收报告。初验完成后，建设单位根据设计文件的规定进行试运转，完成后，向上级主管部门报送试运转结果，并请求组织工程竣工验收。经上级主管部门审查上报文件，符合竣工验收条件后组织相关部门进行单项和整体竣工验收，拟出验收结论，经验收委员会讨论通过终验合格后，颁发工程验收证书。颁发工程验收证书后，即可整理资料，进行工程移交。工程项目建设结束。

2．随工验收的内容

光（电）缆线路工程在施工过程中应有建设单位委托的监理或随工代表进行巡视、旁站等方式进行检验。对隐蔽工程应由监理或随工代表签署“隐蔽工程检验签证”。

光（电）缆线路工程的质量检验过程控制可参照表 7-1。

表 7-1　　光（电）缆线路工程质量随工检验项目

项目	内容	检验方式
器材检验	光（电）缆单盘检验、接头盒、套管等质量、数量	直观检查
直埋光（电）缆	1．光（电）缆规格、路由走向（位置）	巡、旁结合
	2．埋深及沟底处理	
	3．光（电）缆与其他设施之间的间距	
	4．引上管及引上光（电）缆安装质量	
	5．回填土夯实质量	
	6．沟坎加固等保护措施质量	
	7．防护设施规格、数量及安装质量	
	8．光（电）缆接头盒、套管安装位置、深度	
	9．标石埋设质量	
	10．回填土质量	
管道光（电）缆	1．塑料子管规格、质量	巡、旁结合
	2．子管敷设安装质量	
	3．光（电）缆规格、占孔位置	
	4．光（电）缆敷设、安装质量	
	5．光（电）缆接续、接头盒或套管安装质量	
	6．人孔内光缆保护及标志吊牌	
架空光（电）缆	1．立杆洞深	巡视抽查
	2．吊线、光（电）缆规格、程式	
	3．吊线安装质量	
	4．光（电）缆敷设安装质量，包括垂度	
	5．光（电）缆接续、接头盒或套管安装及保护	
	6．光（电）缆杆上预留数量及安装质量	
	7．光（电）缆与其他设施之间的间距及保护措施	
	8．光（电）缆警示安全牌安装	
水底光（电）缆	1．水底光（电）缆规格、程式及敷设、布放轨迹	旁站检查
	2．光（电）缆水下埋深、保护措施质量	
	3．光（电）缆旱滩敷设位置埋深及预留安装质量	
	4．沟坎加固等保护措施质量	
	5．水线标志牌安装数量及安装质量	
局内光（电）缆	1．局内光（电）缆敷设位置、走向	旁站检查
	2．局内光（电）缆布放及安装质量	
	3．光（电）缆成端安装质量	
	4．局内光（电）缆标志	
	5．光（电）缆保护接地安装	

3．工程初验的内容

光（电）缆线路工程初验，应在工程施工完毕后经过自检及监理单位预检合格的基础上进行。初验可按安装工艺、电气性能和财务、物资、档案等小组分别对工程质量等进行全面的检验评议。验收小组审查隐蔽工程签证记录，可对部分隐蔽工程进行抽查。

初验工作应在审查工程竣工技术文件的基础上按表7-2的内容进行检查和抽测。

表7-2　光（电）缆线路的初验项目

项目	内容	检验方式
安装工艺	1．路由走向及敷设位置	按10%左右比例抽查
	2．埋式路段的保护，标石安装位置、规格和面向等	
	3．水底光（电）缆走向、安装质量，走向，标志规格、位置	
	4．架空光（电）缆安装质量，接头盒及预留光缆安装，杆路与其他建筑物的间距及电杆避雷线安装等	
	5．管道架空光（电）缆安装质量，接头盒及预留光缆安装，光缆与子管的标识	
	6．局内光（电）缆走向，光缆预留长度，光（电）缆标识	
	7．ODF架上光缆的接地	
主要传输特性	1．光纤平均接头衰耗及最大接头衰减值	按10%左右比例抽查
	2．中继段光纤线路曲线波段特性检查	
	3．光缆线路衰减及衰减系数（dB/km）[1]	
	4．电缆绝缘电阻	
	5．电缆的环阻测试	
	6．电缆的近端串音测试	
光缆护层完整性	在接头监测线上引上测试护层对地绝缘电阻（埋地光缆）	按15%左右比例抽查
接地电阻	1．地线位置	按15%比例抽查
	2．对地线组进行测量	

注：1. 工程设计或业主对光缆线路色散与PMD有具体要求时，应进行色散与PMD测试。

7.1.3.3　光缆竣工及验收测试

（1）光缆中继段竣工及验收测试应包括下列内容：纤序对号；中继段光纤线路衰减系数（dB/km）及传输长度（km）；中继段光纤线路总衰减（dB）；中继段光纤偏振模色散系数（ps/$\sqrt{km}$）；直埋光缆线路对地绝缘（MΩ·km）测试数值应满足设计要求。

（2）中继段光纤线路衰减测试系统参见图7-1，光缆中继段测试记录应统一格式。

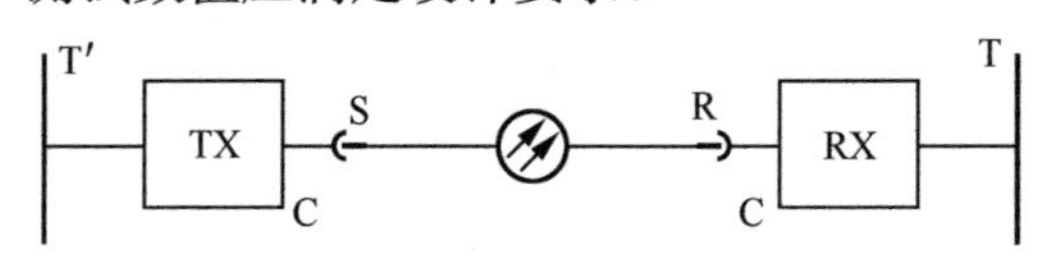

注：
T，T′——光端机与数字设备接口；
S——紧靠在发送机TX的光连接口C后面的光纤点；
R——紧靠在光接收机RX的光连接口C后面的光纤点；
光配线架（ODF）应在S、R之间。

图7-1　光缆数字线路系统示意图

（3）中继段光纤线路衰减测量，应在完成光缆成端后，采用OTDR测试仪在ODF架上测量光纤线路外线口的衰减值。

（4）中继段光纤后向散射曲线（光纤轴向衰减系数均匀性）检查，应在光纤成端、沟坎加固等路面动土项目全部完成后进行。光纤后向散射曲线应有良好线形且无明显台阶，接头部位应无异常线形。OTDR 打印光纤后向散射曲线应清晰无误，并应收录于中继段测试记录，参见表 7-3。

________至________中继段线路光纤衰减统计表

波长________中继段________

表 7-3　　中继段线路光纤衰减统计表

光缆出厂配号											损耗	
光纤长度（km）											总衰减（dB）	衰减系数（dB/km）
接头编号	纤号											
	1											
	2											
	3											
	4											
	5											
	6											
	7											
	8											
	9											
	10											
	11											
	12											
	13											
	14											
	15											
光纤衰减（dB/km）	16											
	17											
	18											
	19											
	20											
	21											
	22											
	23											
	24											
	25											
	26											
	27											
	28											
	29											
	30											
	31											
	32											

编制：________　审核：________　监理：________　日期：________

（5）中继段光纤接头损耗测试，应对中继段内所有接头的每一根光纤进行正反两个方向的测试，并做详细记录，计算出同一根光纤同一个接头正反两个方向光纤接头损耗的平均值。中继段光纤接头损耗测试记录见表 7-4。

________至________光纤接头损耗测试记录表

熔接机：　　　　　　　　ODTR：

波长：　　　　　　　　　折射率：　　　　　　温度：

表 7-4　　　　中继段光纤接头损耗测试记录表

接头编号				（　　）号							
纤长（A→B）		km				纤长（B→A）			km		
纤号	损耗（dB）			纤号	损耗（dB）			纤号	损耗（dB）		
	正向	反向	平均		正向	反向	平均		正向	反向	平均
1				33				65			
2				34				66			
3				35				67			
4				36				68			
5				37				69			
6				38				70			
7				39				71			
8				40				72			
9				41				73			
10				42				74			
11				43				75			
12				44				76			
13				45				77			
14				46				78			
15				47				79			
16				48				80			
17				49				81			
18				50				82			
19				51				83			
20				52				84			
21				53				85			
22				54				86			
23				55				87			
24				56				88			
25				57				89			
26				58				90			
27				59				91			
28				60				92			
29				61				93			
30				62				94			
31				63				95			
32				64				96			

接续人：________　测试人：________　整理：________　日期：________

（6）中继段光纤通道总衰减，包括光缆线路损耗和两端连接器的插入损耗。应采用稳定的电源和光功率计经过连接器测量。一般可测量光纤通道任一个方向（A→B 或 B→A）的总衰减。中继段光纤通道总衰减值应符合设计规定，测试值应记入中继段测试记录表，见表 7-5。

________至________中继段光纤通道总衰减测试记录表

中继段长：________km　指标：________dB　光源：________　功率计：________

表 7-5　中继段光纤通道总衰减测试记录表

光纤序号	损耗（dB）		光纤序号	损耗（dB）		光纤序号	损耗（dB）	
	dB	dB/km		dB	dB/km		dB	dB/km
1			33			65		
2			34			66		
3			35			67		
4			36			68		
5			37			69		
6			38			70		
7			39			71		
8			40			72		
9			41			73		
10			42			74		
11			43			75		
12			44			76		
13			45			77		
14			46			78		
15			47			79		
16			48			80		
17			49			81		
18			50			82		
19			51			83		
20			52			84		
21			53			85		
22			54			86		
23			55			87		
24			56			88		
25			57			89		
26			58			90		
27			59			91		
28			60			92		
29			61			93		
30			62			94		
31			63			95		
32			64			96		

测试波长：________　测试人：________　监理：________　日期：________

（7）对于 G.652、G.655 型单模光纤光缆，应按设计规定，测试中继段偏振模色散。PMD 系数（X_{PMD}）应符合设计规定值。测试值应记入中继段测试记录表，见表 7-6。

________至________中继段光纤偏振模色散系数测试记录表

中继段长：________km　　测试仪表：________

表 7-6　　中继段光纤偏振模色散系数测试记录表

光纤序号	ps/ $\sqrt{km}$	光纤序号	ps/ $\sqrt{km}$	光纤序号	ps/ $\sqrt{km}$
1		33		65	
2		34		66	
3		35		67	
4		36		68	
5		37		69	
6		38		70	
7		39		71	
8		40		72	
9		41		73	
10		42		74	
11		43		75	
12		44		76	
13		45		77	
14		46		78	
15		47		79	
16		48		80	
17		49		81	
18		50		82	
19		51		83	
20		52		84	
21		53		85	
22		54		86	
23		55		87	
24		56		88	
25		57		89	
26		58		90	
27		59		91	
28		60		92	
29		61		93	
30		62		94	
31		63		95	
32		64		96	

测试人：________　监理：________　日期：________

（8）光缆线路对地绝缘，应在监测接头标石的引出线测量金属护层的对地绝缘，测试仪

表一般采用高阻计 DC 2 分钟或 500V 兆欧表指标稳定显示值。对地绝缘电阻值应符合竣工验收指标，不低于 10MΩ·km，其中允许 10%的单盘光缆不低于 2MΩ。测试值应记入中继段测试记录表，见表 7-7。

________至________中继段光缆线路对地绝缘测试记录表

中继段长：________km　　天气　　温度________℃

表 7-7　　中继段光缆线路对地绝缘测试记录表

起止标石号	缆长（km）	测试值 MΩ	MΩ·km	测试日期	备注

测试人：________　监理：________　日期：________

7.2　器材检验

器材检验与路由复测是通信线路工程施工开始时必须进行的第一环节，这一节只介绍通信电缆和通信光缆的单盘测试。电杆、终端设备、交接设备、分线设备、吊线及杆上附属铁件、接头配件等其他器材的检验，将在通信线路工程材料和通信线路工程施工相关章节中分别介绍。

7.2.1 一般规定

（1）工程所用光（电）缆及其他器材必须有产品质量检验合格证及厂方提交的测试记录，不符合标准或无出厂产品检验合格证的光（电）缆及其他器材不得在工程中使用。

（2）光（电）缆及其他器材的规格、程式、数量应符合设计及订货合同的要求。

（3）经过检验的光（电）缆及其他器材应做好记录。

7.2.2 市话通信电缆单盘检验

（1）外观检测：电缆外护套应无损伤，随盘的各种资料应齐全完好。

（2）密封性能：综合外护铜芯电缆应有出厂气压，充入干燥气体，在气压达到 30～50kPa 稳定 3 小时，电缆气压值符合要求。

（3）市话通信电缆芯线色谱或排列端别应符合标准，电缆 A、B 端标记应正确明显。

（4）市话通信电缆的主要电气特性、绝缘指标检验应符合表 7-8 和表 7-9 的要求。

表 7-8　市话通信电缆的主要电气特性

线径（mm）	环阻（Ω/km）	工作电容（n_F/km）	固有衰减（dB/km）		
			800Hz	150Hz	1 034Hz
0.32	≤472	52±2	≤2.10	≤15.50	≤31.10
0.40	≤296	52±2	≤1.64	≤11.70	≤26.00
0.52	≤190	52±2	≤1.33	≤8.60	≤21.40
0.60	≤131.6	52±2	≤1.06	≤6.90	≤17.60

表 7-9　市话通信电缆的绝缘指标（MΩ · km）

护套（层）材料	填充式		非填充式	
	芯线与芯线间	芯线与屏蔽间	芯线与芯线间	芯线与屏蔽间
PE 护套（层）	≥3 000	≥3 000	≥10 000	≥10 000
PVC 护套（层）			≥200	≥200

注：使用 500V 高阻计测试。

7.2.3 光缆单盘检验

（1）光缆外观检测：光缆盘包装完整，光缆外皮、光缆端头应封装完好，随盘的各种资料应齐全，光缆 A、B 端标记应正确明显。

（2）单盘光缆光纤传输特性、长度应符合设计要求，单盘测试结果应与出厂检验记录一致。

（3）光缆中用于业务通信及远供的铜导线特性各项指标，应符合设计相关规定要求。

7.3 光（电）缆路由复测

（1）光（电）缆、硅芯管道敷设前应进行路由复测，路由及敷设应以规划部门及建设单位批准的建筑红线和施工图设计为依据。必要的路由变更可由监理、施工人员提出，经建设单位同意确定；对于 500m 以上较大的路由变更，设计单位应到现场与监理、施工单位共同协商，建设单位批准，并填写“工程设计变更单”。

（2）路由复测时，应核定光（电）缆、硅芯管道的路由走向、敷设位置，合理配盘，选定便于施工、维护、安全可靠的光（电）缆接头、人（手）孔位置。

（3）光（电）缆、硅芯管道路由复测时，应符合当地的建设规划和区域内的文物保护、环境保护和当地民族风俗的要求。

（4）光（电）缆、硅芯管道应按设计规定穿越河流，过河地点应选择在河道顺直、流速不大、河面较窄、土质稳固、河床平缓、两岸坡度较小的地方。

（5）光（电）缆、硅芯管道应避开受铁路、公路升级、改造、取直、扩宽和路边规划影响的地段。

（6）路由复测时，核定关于青苗、园林等赔补地段。

（7）核定“四防”（防腐蚀、防白蚁、防强电、防雷）等地段的长度、措施及实施的可能性。

（8）核定通信线路穿越铁路、公路、河流、湖泊及大型水渠、地下管线等障碍的具体位置和保护措施。

（9）通信线路与其他建筑设施隔距，应符合通信线路工程设计规范的相关规定。

（10）测量地面距离应随地形起伏变化进行，管道光（电）缆应测量人孔间的距离，线路与中心线的左右偏差不大于 50mm。

（11）高速公路的路肩、中间隔离带敷设硅芯管道时，应用仪器核定设计和公路部门给定的标高。

7.4　架空线路敷设安装技术要求

7.4.1　架空杆路路由选择

架空杆路应选择地质稳固、地势起伏变化少的山区和丘陵地区。架空光（电）缆路由应选择距离公路边界 15～50m，靠近铁路时应在铁路路界红线外。遇到障碍物时可适当绕避，但距离公路不宜超过 200m。避开坑塘、打麦场、加油站等潜在隐患位置，一般情况下应不选择或少选择下列地点。

（1）应尽量避开长距离与电力杆路平行，并避开或远离输变电站和易燃易爆的油气站。

（2）应尽量避开易滑坡（塌方）的新开道路路肩边和斜坡、陡坡边，以及易取土、易水冲刷的山坡、河堤、沟边等。

（3）应尽量避开易发生火灾的树木、森林和草丛茂盛的山地。

（4）应尽量避开易开发建设的经济开发区、新道路规划、市政设施规划、农村自建房用地等范围。在测量前和测量后，一定要征求当地村镇规范部门、村民意见。

（5）应尽量避开易发生枪击、被盗案件或赔补纠纷的村庄。

（6）应尽量避开多条干线光缆同杆路、同吊线，确实无法避免多条干线同路由时，应选择不同的吊线进行敷设。

7.4.2 架空杆路施工技术要求

7.4.2.1 负荷区的划分与选定

1．划分负荷区的气象条件标准与原则

划分负荷区的气象条件标准应按以下原则考虑。

（1）划分负荷区必须要符合国情，结合实际，根据准确的气象条件和已建线路多年使用与维护经验，深入调查研究，详细掌握有关资料，正确使用数据，恰当地划分负荷区，切忌生搬硬套。从实际气象情况来看，各地出现的最大冰凌和最大风速的机遇是不一致的，有些地方出现比较频繁，而有些地方出现的次数很少，甚至若干年只偶尔出现过一次。如以曾出现过一次最大冰凌来选定负荷区，则可能在某些地区采用较高的建筑标准，在杆路寿命期内不一定会重复出现第二次、第三次最大负荷，这在经济上是很不合理的。

（2）选定负荷区应以近二三十年来平均每10年出现一次的导线上最大冰凌厚度、风速和最低温度等气象条件为依据，掌握历年气象变化客观规律。

（3）以气象资料作为选定负荷区依据时，必须结合杆路使用年限和杆路寿命的长短来考虑，在杆路使用年限和杆线寿命期内，正确分析气象条件，灵活掌握。

（4）结冰时的最大风速超过10m/s、无冰时的最大风速超过25m/s或冰凌严重的个别地段，应根据实际气象条件，单独划段进行特殊设计，不得全线提低就高。

（5）选定负荷区时，应考虑线路便于施工、维护，简化器材品种，节省建设投资。

2．划分负荷区的气象条件

线路负荷区的划分标准见表7-10。

表7-10　线路负荷区的划分标准表

	轻负荷区	中负荷区	重负荷区	超重负荷区
导线上冰凌等效厚度（mm）	≤5	≤10	≤15	≤20
结冰时温度	−5℃	−5℃	−5℃	−5℃
结冰时最大风速（m/s）	10	10	10	10
无冰时最大风速（m/s）	25			

注：1．冰凌的密度为0.9g/cm^2，如果是冰霜混合体，可按其厚度的1/2折算为冰厚。

2．最大风速以气象台（站）自动记录10min的平均最大风速为依据。

3．气象台（站）测风仪标准高度距地面12m，而通信线平均架设高度一般为5～6m，在实际计算风速时，应按气象台（站）记载或预报的风速乘以高度系数0.88。

4．房屋屏蔽系数不予考虑。

3．冰凌调查情况说明

（1）在以往的冰凌情况记录资料中，对导线上的覆冰厚度是采用度量冰凌周长，根据图7-2，按下列公式计算。

$$b=\frac{1}{2}\left(\frac{l}{\pi}-d\right)$$

式中：b 为导线覆冰厚度（mm）；

l 为冰凌周长（mm）；

d 为导线直径（mm）。

这种计算方法对圆形冰凌比较切合实际，但对椭圆形、扁形、羽毛状等冰凌就难以准确地测量其厚度。因此，调查时对导线上的圆形冰凌才可用上式测算其厚度。

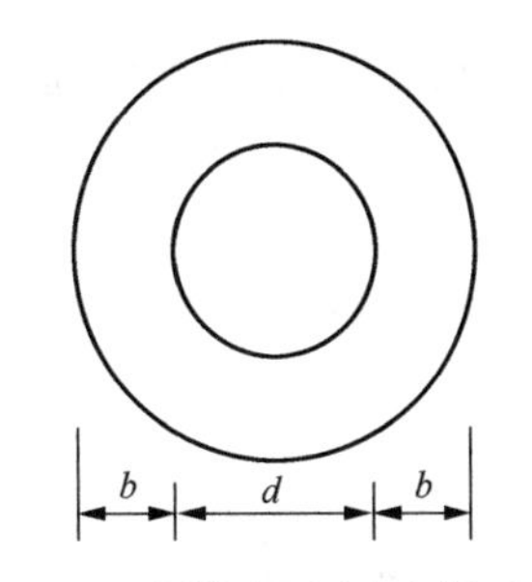

图 7-2　导线上圆形冰凌截面图

（2）结冰类型是按照冰凌、霜凌、冰霜混合凌体的外观特征来判断的，但冰霜的比重与混合体的比例都很难确定。有条件时，最好测量每米长度导线上的冰霜层质量，以确定冰霜对导线的负荷。

（3）确定冰凌时的最大风速，一般是按线路附近气象台（站）记录的资料，有一些则是按风速的基本特征估计风速大小的。由于不同地形条件的风速会有所变化，有的气象台（站）是每天定时测量的风速，其记录的最大风速不一定就是当天的最大实际风速，而真正的最大风速可能未被记录下来。而按风速的基本特征估计的风速，其误差会更大一些。因此，在调查中遇到大风和较严重的冰凌地区，应搜集原有通信线路的维护资料和冰凌、大风对地面设施与自然景物的毁坏情况进行分析研究，使选定的负荷区和建筑物规格标准比较合适。

（4）如线路路由附近或较大范围内无气象台（站）或无风速记载资料可查时，可以按表 7-11 中风力的风级表内数据、特征来判断、估计其风速的大小。

表 7-11　风力的分级

风级	风名	相当风速（m/s）	地面及水面上景物的特征
0	无风	0.0～0.2	炊烟直上，树叶不动，水面绝对的平静
1	软风	0.3～1.5	风信不动，烟能表示风向，水面很平静
2	轻风	1.6～3.3	人脸感觉有微风，树叶微响，风信开始转动
3	微风	3.4～5.4	树叶及微枝摇动不息，旗帜飘展，水有微波
4	和风	5.5～7.9	地面尘土及纸片飞扬，小树枝摇动，水波均匀
5	清风	8.0～10.7	小树摇动，水面起波
6	强风	10.8～13.8	大树枝摇动，电线呼呼作响，举伞困难，水花自浪头溅出
7	疾风	13.9～17.1	大树摇动，迎风行走感到阻力，波浪起伏，大浪之间有冒白沫的小浪
8	大风	17.2～20.7	树枝折断，迎风行走感到阻力很大，海上起大浪
9	烈风	20.8～24.4	吹落屋瓦，屋顶梢有破坏，海浪很大
10	狂风	24.5～28.4	树木被连根拔起，摧毁建筑物，陆上少见
11	暴风	28.5～32.6	有严重破坏力，陆上很少见
12	飓风	32.6 以上	摧毁力极大，陆上很少见

4．安全系数的选定

线路设备安全系数的选定，是根据气象负荷及对杆线建筑安全程度的要求，考虑杆线设备在使用中腐蚀、老化、机械疲劳等因素和寿命年限，按设备材料的特性来决定。在各种设备、器材、部件承受最大可能负荷的情况下，为使其内部结构应力不致超过它的屈服点而留有的“余量”就是安全系数。

（1）镀锌钢线用作通信导线时，安全系数为2.0。

（2）铜线用作通信导线时，安全系数为1.7～2.0。

（3）钢绞线用作普通电缆吊线及双吊线中的正吊线时，安全系数不小于3.0。

（4）钢绞线用作双吊线中的副吊线时，安全系数不小于2.0。

（5）钢绞线用作电缆线路中各种程式的拉线时，安全系数不小于 3.0；用作飞线杆上的拉线时，安全系数不小于4.0。

（6）钢绞线用作明线杆路上的各种拉线时，安全系数不小于2.0；用作飞线杆上的拉线时，安全系数不小于2.5。

（7）钢筋混凝土电杆用作普通杆，安全系数不小于2.0；用作飞线杆时，安全系数不小于2.5。

（8）防腐木杆用作普通杆时，安全系数为2.2；用作飞线杆时，安全系数为2.5。

（9）素质（未做防腐处理的）木材用作普通杆时，安全系数为2.8；用作飞线杆时，安全系数不小于3.3。

（10）铜制器材的安全系数不小于2.0。

7.4.2.2 电杆的种类与用途

电杆是通信杆路的主体，我国通信线路沿用的主要是木质电杆（简称木杆）和钢筋混凝土电杆（简称水泥杆），历史上使用最多的是木杆。进入20世纪60年代后，国家明文规定，今后不得再使用木材做通信电杆。因此，我国的通信线路建设都应采用钢筋混凝土电杆，个别盛产木材、运输困难的林区，有极少量线路可使用木杆，但所有的木杆都必须经防腐处理，不允许使用素质木杆。

1．钢筋混凝土电杆

（1）与木质电杆比较钢筋混凝土电杆具有如下优点。

① 强度高。钢筋混凝土电杆具有较高的抗压、抗拉、抗弯强度，并可以根据工程使用要求设计配筋量和混凝土截面面积。

② 使用寿命长。钢筋混凝土电杆具有耐腐蚀、不怕水、不怕火、不受上杆工具损伤等特点，使用寿命一般可达60～100年。

③ 杆路整齐美观。钢筋混凝土电杆外表光洁平整，电杆锥度及梢根径规格同一，杆身挺直，架设后的杆路整齐美观。

④ 货源充足。钢筋混凝土电杆由工厂批量加工生产，不受自然条件限制。

⑤ 维护费用低。钢筋混凝土电杆日常维护工作量比木杆小，可以减少维护费用。

钢筋混凝土电杆具有如下缺点。

① 钢筋混凝土电杆质量大，可塑性差；弹性和抗冲击能力不如木质电杆；外表易产生裂纹，运输、施工较木杆困难。

② 绝缘性能低，特别在雨季时对维护人员不利。

③ 制造工艺较复杂，技术要求高，施工费用高于木质电杆工程。

（2）钢筋混凝土电杆类型。

钢筋混凝土电杆类型较多，可根据不同需要，生产不同类型的电杆，常用的有以下类型。

① 按电杆体形（外形）分类有等径杆和锥形杆（又称拔梢杆）两种。等径杆的形状为圆柱体，其根径与梢径相同，如图 7-3 所示是等径杆和锥形杆侧视图。锥形杆的形状呈锥柱体，根径粗，梢径细，其锥度为 1/75。目前常用的是锥形杆。

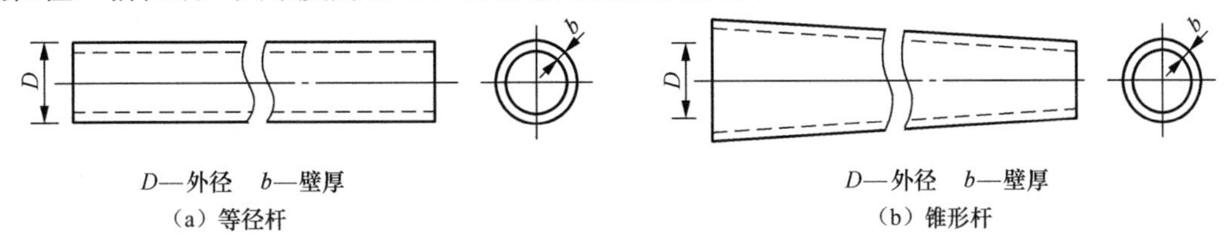

图 7-3　等径杆和锥形杆侧视图

② 按配制钢筋的强度和不同加工处理方法分类，有预应力杆和非预应力杆两种。目前常用的是预应力杆。

③ 按电杆断面形状分类，有离心式环形杆、工字形杆和双肢形杆等多种。目前常用的是离心式环形杆。等径杆及锥形杆都是离心式环形杆。

（3）常用普通非预应力环形钢筋混凝土电杆规格程式见表 7-12。

表 7-12　常用普通非预应力环形钢筋混凝土电杆规格程式

序号	电杆编号	梢径（cm）	杆长（m）	弯矩距杆底位置（m）	容许弯矩（k=2）（kN • m）	配筋（ϕ(mm)×根数）	钢材计算质量（kg）	425#水泥质量（kg）	电杆质量（kg）	电杆壁厚（cm）
1	YD-6.0-13-6.9	13	6.0	1.2	6.9	ϕ10×8	30.15	36	236	3.8
2	YD-6.5-13-7.3	13	6.5	1.2	7.3	ϕ10×8	32.86	40	263	3.8
3	YD-7.0-13-7.4	13	7.0	1.4	7.4	ϕ10×8	35.58	44	290	3.8
4	YD-7.5-13-9.5	13	7.5	1.4	9.5	ϕ10×10	43.27	49	318	3.8
5	YD-8.0-13-11.2	13	8.0	1.6	11.2	ϕ10×12	51.04	53	348	3.8
6	YD-7.0-15-11.9	15	7.0	1.4	11.9	ϕ10×12	45.28	52	343	4.0
7	YD-7.5-15-12.5	15	7.5	1.4	12.5	ϕ10×12	50.47	58	378	4.0
8	YD-8.0-15-12.7	15	8.0	1.6	12.7	ϕ10×12	52.67	63	410	4.0
9	YD-8.5-15-13	15	8.5	1.6	13	ϕ10×12	55.41	68	445	4.0
10	YD-9.0-15-13.4	15	9.0	1.8	13.4	ϕ10×12	58.81	74	483	4.0
11	YD-10.0-15-16.4	15	10.0	1.8	16.4	ϕ10×14	74.31	85	555	4.0
12	YD-11.0-15-19.5	15	11.0	2.0	19.5	ϕ10×16	92.28	96	633	4.0
13	YD-12.0-15-20.8	15	12.0	2.0	20.8	ϕ10×16	100.09	109	715	4.0
14	YD-7.0-15-14.1	15	7.0	1.4	14.1	ϕ12×10	58.88	52	343	4.0
15	YD-7.5-15-17.2	15	7.5	1.4	17.2	ϕ12×12	70.92	58	378	4.0
16	YD-8.0-15-17.5	15	8.0	1.6	17.5	ϕ12×12	75.56	63	410	4.0
17	YD-8.5-15-20.8	15	8.5	1.6	20.8	ϕ12×14	89.64	68	445	4.0

续表

序号	电杆编号	梢径（cm）	杆长（m）	弯矩距杆底位置(m)	容许弯矩（k=2）（kN·m）	配筋（ϕ(mm)×根数）	钢材计算质量（kg）	425#水泥质量（kg）	电杆质量（kg）	电杆壁厚（cm）
18	YD-9.0-15-21.3	15	9.0	1.8	21.3	ϕ12×14	95.28	74	483	4.0
19	YD-10.0-15-22.7	15	10.0	1.8	22.7	ϕ12×14	105.23	85	555	4.0
20	YD-11.0-15-23.9	15	11.0	2.0	23.9	ϕ12×14	119.68	96	633	4.0
21	YD-12.0-15-28.7	15	12.0	2.0	28.7	ϕ12×16	139.85	109	715	4.0
22	YD-7.0-17-15.8	17	7.0	1.4	15.8	ϕ12×10	59.42	63	403	4.2
23	YD-7.5-17-16.3	17	7.5	1.4	16.3	ϕ12×10	63.26	67	440	4.2
24	YD-8.0-17-19.5	17	8.0	1.6	19.5	ϕ12×12	75.13	73	478	4.2
25	YD-8.5-17-20	17	8.5	1.6	20	ϕ12×12	79.00	79	518	4.2
26	YD-9.0-17-20.5	17	9.0	1.8	20.5	ϕ12×12	84.66	85	560	4.2
27	YD-10.0-17-25	17	10.0	1.8	25	ϕ12×14	104.46	98	643	4.2
28	YD-11.0-17-29.5	17	11.0	2.0	29.5	ϕ12×16	128.73	112	733	4.2
29	YD-12.0-17-34.9	17	12.0	2.0	34.9	ϕ12×18	152.60	125	823	4.2
30	YD-7.5-17-24.2	17	7.5	1.4	24.2	ϕ14×12	95.37	67	440	4.2
31	YD-8.0-17-24.5	17	8.0	1.6	24.5	ϕ14×12	100.52	73	478	4.2
32	YD-8.5-7-25.3	17	8.5	1.6	25.3	ϕ14×12	106.88	79	518	4.2
33	YD-9.0-17-28.4	17	9.0	1.8	28.4	ϕ14×14	125.36	85	560	4.2
34	YD-10.0-17-31.9	17	10.0	1.8	31.9	ϕ14×14	142.34	98	643	4.2
35	YD-11.0-17-33.3	17	11.0	2.0	33.3	ϕ14×14	156.34	112	733	4.2
36	YD-12.0-17-38.5	17	12.0	2.0	38.5	ϕ14×16	186.11	125	823	4.2

注：1. 电杆编号 YD-6.0-13-6.9 代表邮电—杆长—梢径—容许弯矩。

2. 电杆单根长度超过 12m 时可选用相应的电力杆。

（4）常用预应力环形钢筋混凝土电杆规格程式见表 7-13。

表 7-13　　常用普通预应力环形钢筋混凝土电杆规格程式

序号	电杆编号	梢径（cm）	杆长（m）	弯矩距杆底位置（m）	容许弯矩（k=2）（kN·m）	配筋（ϕ(mm)×根数）	钢材计算质量（kg）	500#水泥质量（kg）	电杆质量（kg）	电杆壁厚（cm）
1	YD-7.0-15-11	15	7.0	1.40	11	ϕ6×16	28.00	73	400	4.0
2	YD-7.5-15-12	15	7.5	1.40	12	ϕ6×16	28.52	79	419	4.0
3	YD-8.0-15-14	15	8.0	1.60	14	ϕ6×16	30.64	87	459	4.0
4	YD-8.5-15-14.4	15	8.5	1.60	14.4	ϕ6×16	33.10	90	486.4	4.0
5	YD-9.0-15-15	15	9.0	1.80	15	ϕ6×16	35.86	99	525	4.0
6	YD-10.0-15-16	15	10.0	1.80	16	ϕ6×16	38.31	1110	584	4.0
7	YD-7.5-17-15.1	17	7.5	1.40	15.1	ϕ6×16	28.20	86.6	440	4.2
8	YD-8.0-17-15.7	17	8.0	1.60	15.7	ϕ6×16	31.10	94.5	478	4.2
9	YD-8.5-17-16.2	17	8.5	1.60	16.2	ϕ6×16	33.10	103.4	518	4.2

常用环形钢筋混凝土等径标准检验弯矩杆要求见表 7-14。常用木电杆的长度与梢径要求见表 7-15。

表 7-14　　常用环形钢筋混凝土等径标准检验弯矩杆要求（kN・m）

直径（mm）	长度							
	4.5m；6.0m；9.0m							
ϕ300	20	25	30	35	40	45		
ϕ400	40	45	50	55	60	70	80	90
ϕ500	70	75	80	85	90	95	100	105
ϕ650	90	115	135	155	180			

表 7-15　　常用木电杆的长度与梢径要求

木电杆长度（m）	6.0 或 6.5	7.0 或 7.5	8.0 或 8.5	9.0 或 10.0	11.0 或 12.0
木电杆梢径（m）	14～16	14～18	16～20	18～22	20～26

（5）预应力钢筋混凝土电杆与非预应力钢筋混凝土电杆的比较，具有以下优点。

① 少用钢材 40%～50%。

② 减轻电杆质量约 10%。

③ 提高抗裂性能 1 倍以上，消除了水纹和裂纹。

④ 简化了配筋与品种，简化了加工工序，减少了生产场地的面积。

⑤ 降低生产成本 10%～15%。

（6）钢筋混凝土电杆的一般技术要求。

① 环形钢筋混凝土电杆的材料质量、制造工艺、强度要求等均应符合国家标准。

② 电杆锥度为 1/75。

③ 电杆纵向主筋不小于 6 根（等径杆不得小于 8 根）。

④ 电杆壁厚：梢径为 13cm 时，壁厚不小于 3.8cm；梢径为 15cm 时，壁厚不小于 4.0cm；梢径为 17cm 时，壁厚不小于 4.0cm。

⑤ 电杆架立圈和螺旋筋的混凝土保护层厚度：外护层不小于 10mm，内护层不小于 8mm。

⑥ 电杆表面、内腔都不得有露筋和混凝土脱落现象。

⑦ 电杆预留孔洞，一般不采用焊接法。预留孔四周的混凝土不应有损伤。

⑧ 电杆杆身表面光滑、平直，每米长度的局部麻面和粘皮面积应小于 5%。

⑨ 电杆制造钢模的合缝处不应漏浆。如有漏浆，其深度应小于混凝土的保护层，每处漏浆的连续长度不应超过 30cm，累计漏浆长度不应超过杆长的 10%；杆身两侧钢模合缝漏浆的对称搭接程度不应大于 10cm。

⑩ 电杆杆身不应有纵向、环向裂缝（小于 0.03mm 的网状、龟裂、水纹等不在此限）。

⑪ 杆梢、杆根不应碰伤或漏浆，如有碰伤或漏浆，其程度不得超过周长 25%，纵向长度不得超过 50mm，碰伤的深度不得大于钢筋的混凝土保护层，如有此情况，不得修复使用。

⑫ 电杆接杆用的法兰盘或钢板圈与杆身的接合面不应漏浆，如有漏浆，其漏浆部分的长度不得大于其周长的 25%，纵向漏浆长度不大于 50mm，如有此情况，不得修复使用。

⑬ 钢筋混凝土电杆外形允许的偏差见表 7-16。

表 7-16　　钢筋混凝土电杆外形允许偏差

	名称			允许偏差（mm）
杆长（*L*）	整根电杆			符合设计要求
	组装杆杆段			±10
壁厚				+8、−2
外径				+4、−2
弯曲度	梢径≤190mm			*L*/800
	梢径＞190mm			*L*/1 000
端部倾斜	杆根			5
	钢板圈			3
	法兰盘			2
预埋件	预留孔	纵向两孔间距		±4
		横向偏差	固定式	2
			埋管式	3
		直径偏差		+2
	钢板圈	内径≤400mm		±2
		内径＞400mm		±3
	法兰盘	内径		±2
		外径		±2
		螺孔中心距		±0.5
		高度		±2
		厚度（铸造）		+1.5、−0.5
钢板圈及法兰盘轴线与杆段轴线偏差				2

⑭ 杆顶须用水泥砂浆封顶。

（7）市话杆路钢筋混凝土电杆程式的选用原则。

市话架空光（电）缆杆路，一般应采用预应力环形杆，按以下原则选择电杆程式。

① 选择钢筋混凝土电杆程式时，应根据光（电）缆、线条等设备的负载及气象条件等因素，计算出杆路负荷，再参照现行电杆产品系列进行选择。预应力钢筋混凝土电杆允许线路负荷情况见表 7-17。

表 7-17　　市话用预应力钢筋混凝土电杆允许线路负荷情况

电杆程式（杆长×梢径）	电杆容许的杆路负荷情况	电杆容许弯矩 *K*=2N・m
6.0m×13cm	两条电缆，杆距 40m	7 000～7 500
7.0m×13cm	1．两条电缆，杆距 40m 2．三层线担，杆距 50m	7 500～8 500
7.5m×15cm	1．四条电缆，杆距 40m 2．两条电缆，杆距 50m	12 000～12 500

续表

电杆程式（杆长×梢径）	电杆容许的杆路负荷情况	电杆容许弯矩 K=2N·m
8.0m×15cm	1．四条电缆，杆距 40m 2．两条电缆，杆距 50m 3．四层线担，杆距 50m	12 500～13 000
9.0m×15cm	1．四条电缆，杆距 40m 2．四层线担，杆距 50m	13 000～13 500

注：1．电缆每条按其质量不超过 2.13kg/m 考虑。
2．电缆杆路及电缆、其他线路合设杆路负荷，按无冰凌时最大风速 25m/s 计算，其他情况下的负荷均小于此值。
3．电缆距地面最小净距按 4.5m 考虑。
4．计算时未考虑风压屏蔽系数（包括建筑物屏蔽系数及线条间互相屏蔽系数）。

② 钢筋混凝土电杆寿命较长，在选择电杆程式时，必须考虑较长时间内的负荷要求。

③ 在选用钢筋混凝土电杆时，应注意到电杆有抗裂性能差的缺点。由于杆路中有一部分是角杆和终端杆等，这些电杆常受不平衡张力的作用，因此，电杆在使用中很可能会出现裂纹，甚至会出现较大裂纹而影响杆路安全。故在选用电杆容许弯矩时，应按负荷等因素计算出弯矩，再适当留有余地，考虑增加一个抗裂系数。实践证明，非预应力普通环形钢筋混凝土电杆，使用弯矩超过其容许弯矩 40%后即开始出现不超过 0.1mm 宽的细裂纹，以后还将逐渐扩大。在同样容许弯矩条件下，预应力钢筋混凝土电杆比非预应力钢筋混凝土电杆可以承受较大的弯矩，因此，预应力钢筋混凝土电杆的抗裂系数取 1.01～1.31。

2．木质电杆

通信用的木杆分素质木杆和防腐木杆（注油木杆）两类，工程中一般不准直接使用未经防腐处理的素质木杆，而采用经防腐处理后的防腐木杆。

（1）素质木杆的材质要求

木杆材质的基本要求是木质坚韧、纹理直、强度高、不开裂、杆身挺直。

① 木杆梢部不允许内部有腐烂现象，木杆根部允许的内部腐烂程度，对于一等材不超过检尺径的 20%，对于二等材不超过检尺径的 40%。

② 木杆梢部和根部均不允许有外部腐烂、漏节和虫害现象（表皮上有虫沟或小虫眼可以使用）。

③ 用作电杆的树木应全部剥净外皮（树皮），杆身无硬伤、劈裂，表面无高出 2cm 以上的残留节疤。

④ 用作电杆的木材其锥度有一定要求，对于松木杆每米径差按 0.8cm 计算，对于杉木杆每米径差按 1.1cm 计算。

⑤ 木杆弯曲度（指杆身最大弓形凹处距杆梢与杆根间连线的垂直距离），一等材不超过 2%，二等材不超过 4%。

⑥ 木杆不得有通身裂纹（从杆梢一直裂到杆根）。

（2）防腐木杆（注油木杆）的质量要求

防腐木杆的材质要求与素质木杆的材质要求相同，防腐木杆的注油深度应符合表 7-18 的规定。

表 7-18　　防腐木杆的注油深度要求

树种	防腐剂浸注最低深度（mm）	
	油质防腐剂	水质防腐剂
杉木	≥15	≥15
红松	≥15	≥15
落叶松	≥13	≥13

（3）木杆程式选用原则

从技术上考虑，木杆程式的选用，原则上与钢筋混凝土电杆要求相同。结合木杆的特点，在选用时，应注意如下情况。

① 因故不得不采用木杆时，必须使用防腐木杆，严禁滥用素质木杆。

② 防腐木杆在市区内往往污及行人的衣服，故在行人拥挤的繁华街道上不宜采用。

③ 木杆承受的负荷及抵抗外力的强度，主要决定于其地面的弯矩大小。电杆梢部因需安装抱箍、架挂吊线、电缆及装设拉线等，故对电杆梢径应有一个最低限度的要求，一般规定电杆梢径为 14～16cm，最小不得小于 12cm。角深较大的角杆、终端杆和其他受力较大的电杆，应选用较大梢径。根据杆路容量、负荷、气象条件、埋深及线路与其他建筑设施应保持的隔距等要求来选择电杆长度。

（4）我国部分主要树种木材物理力学性能

我国部分主要树种木材物理力学性能见表 7-19，供选材时参考。

表 7-19　　我国部分主要树种木材物理力学性能

树种	产地	气干容量（g/cm^3）	顺纹抗压强度（MPa）	顺纹抗拉强度（MPa）	顺纹抗剪强度（MPa）		抗弯强度（弦向）（MPa）	弯曲弹性模量（弦向）（MPa）	树种别名
					径面	弦面			
冷杉	四川	0.433	38.8	97.3	5.0	5.5	70.0	9.8	泡杉
杉木	湖南	0.371	38.8	7.2	4.2	4.9	63.8	9.5	东湖木、西湖木、元杉、红木、刺杉、正杉、建木、南木
	四川	0.416	39.1	93.5	6.0	5.9	68.4	9.4	
	安徽	0.394	38.1	79.1	6.2	6.4	73.7	9.5	
	广西	0.390	38.6	72.4	5.1	7.5	72.5	0.2	
	浙江	0.426	42.8	81.6	7.1	7.4	86.3		
	福建	0.383	35.6	86.1	6.1	6.8			
云杉	四川	0.478	41.9	98.4	6.5	6.4	82.9	10.5	杉木、白几松
铁杉	四川	0.511	49.6	117.8	8.3	9.2	91.5	11.1	仙柏、刺柏
	湖北	0.508	40.0	106.2	7.7	6.4	82.7	10.3	
兴安落叶松	东北	0.641	55.7	129.9	8.5	6.8	109.4	14.1	黄花松
	内蒙古	0.969	52.4	132.3	9.1	9.2	117.0	12.9	
长白落叶松	东北	0.594	52.2	122.6	8.8	7.1	99.3	12.6	黄花落叶松

续表

树种	产地	气干容量（g/cm^3）	顺纹抗压强度（MPa）	顺纹抗拉强度（MPa）	顺纹抗剪强度（MPa）		抗弯强度（弦向）（MPa）	弯曲弹性模量（弦向）（MPa）	树种别名
					径面	弦面			
马尾松	湖南	0.519	46.5	104.9	7.5	6.7	91.0	12.1	青松、松树、松柏山松、枞树
	江西	0.476	32.9		7.5	7.4	76.3	10.6	
	安徽	0.533	41.9	99.0	7.3	7.1	80.7	10.5	
	广东	0.574	50.3	141.2	9.0	10.1	111.2	16.4	
	福建	0.568	43.7	97.2	9.9	9.4			
	湖北	0.510	48.1	92.5	8.1	7.3	71.0	13.2	
	浙江	0.555	37.4	76.0	7.5	7.6	77.4		
	广西	0.449	31.5	66.8	7.4	6.7	66.5	8.8	
云南松	云南	0.588	45.5	120.5	8.1	7.7	95.3	12.9	青松、飞松
	四川		47.8	123.1	9.0	8.3	98.1	3.2	
红松	东北	0.440	32.8	98.1	6.3	6.9	65.3	9.9	海松、果松

注：1．表列部分主要树种是指可用作电杆的部分树种。
2．本表摘自《建筑材料手册》。
3．表中数据已换算成法定计量单位。

7.4.2.3　电杆受力与电杆强度计算

1．电杆可能承受最大弯力计算

直线杆路的中间杆承受水平弯力的情况如图 7-4 所示。

由于风雪的作用，杆路的中间杆必须承受水平方向的弯曲力，为使木杆在地面部分各点的弯距平衡，接近地面处的直径应是杆顶直径的 1.5 倍。但通常使用的木杆 $\frac{D_1}{D_0}<\frac{1}{1.5}$，所以木杆本身最危险的断面位于地面处。木杆的负载能力决定于近地面部分的直径，其可能承受的最大的水平弯力 T 由下面公式表示。

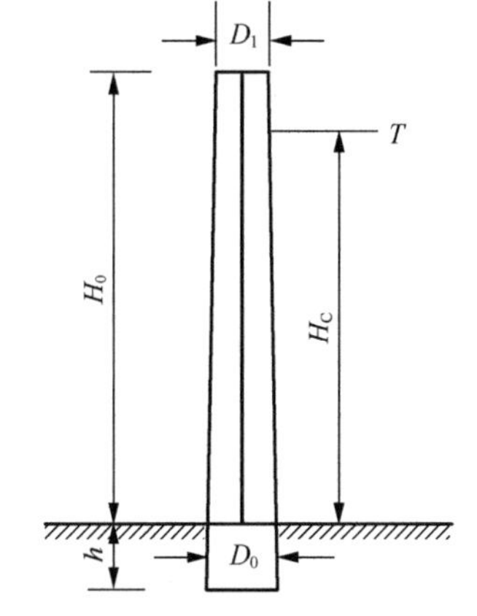

图 7-4　中间杆承受水平弯力

$$T=\frac{B\cdot D_0}{S_b\cdot H_C}$$

式中：B——各式木杆的抗弯强度（见表 7-19）；

S_b——杆路建筑采用的安全系数；

D_0——木杆在地面部分的直径；

H_C——木杆从地面至负荷中心的高度。

设有电杆地面部分的直径为 0.2m，地面至负荷中心的高度 H_C=6m，选取安全系数 S_b=3；如使用我国东北红松，其抗弯强度为 65.3MPa，代入计算公式得：

$$T=29\ 022.22\text{N}$$

反之，如已知木杆可能承受的最大水平压力，使用计算公式可以求 D_0。

2．电杆强度的计算方法

（1）通信用电杆强度是指电杆出土位置的负载弯距，按以下公式计算：

$$M=M_1+M_2+M_3$$

式中：M——电杆出土处的负载弯距（N・m）；

M_1——由于杆上架挂的光（电）缆及吊线上风压产生的弯矩（N・m）；

M_2——由于电杆自身上风压产生的弯矩（N・m）；

M_3——由于 M_1 作用电杆产生挠度而产生的弯矩（N・m）。

（2）电杆负载弯矩计算应符合下列要求。

① 电杆分压作用力如图 7-5 所示。

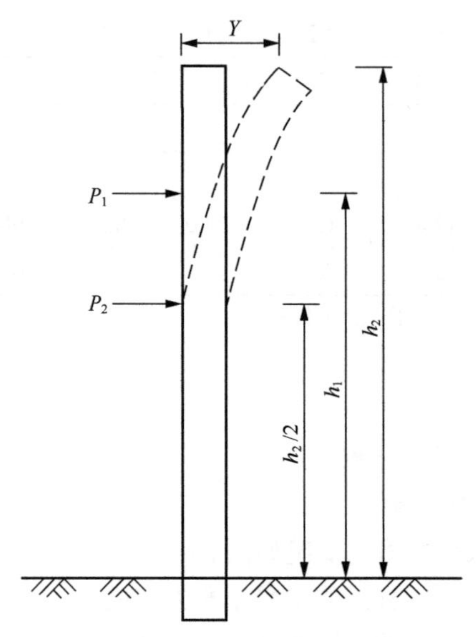

图 7-5　电杆风压作用力示意图

② 杆上光（电）缆及吊线风压负载弯矩 M_1 按以下公式计算：

$$M_1=P_1\times h_1\text{（N・m）}$$

$$P_1=K_1\times\frac{(h_3\times V)^2}{16}[n_1\times(d_1+2b)+n_2\times(d_2+2b)]\times L\times10^{-2}$$

式中：P_1——电杆上光（电）缆及吊线上风压的水平合力（N）；

K_1——空气动力系数，对于杆上架设的圆形体，K_1=1.2；

h_3——风速高度折算系数，按杆上架挂高度 6m 折算，h_3=0.88；

V——风速（m/s）；

b——冰凌厚度（mm）；

n_1——电杆上架挂光（电）缆数量；

n_2——电杆上架挂吊线数量；

d_1——电杆上架挂光（电）缆外径；

d_2——电杆上架挂吊线外径；

h_1——水平合力点距地面高度（m）；

L——计算杆距（m）。

③ 杆身风压负载弯矩 M_2 按以下公式计算：

$$M_2 = P_2 \times \frac{h_2}{2} \text{（N·m）}$$

$$P_2 = K_2 \times \frac{(h_3 \times V)^2}{16} \times \frac{(d_0 + d_g)}{2} \times h_2 \times 10$$

式中：P_2——电杆风压的水平合力（N）；

h_2——电杆的地面杆高（m）；

K_2——电杆杆身的空气动力系数，K_2=0.7；

d_0——电杆梢径（mm）。

④ M_3 按以下公式计算：

$$M_3 = Y_1 \times G_1 + Y_2 \times G_2 \text{（N·m）}$$

式中：Y_1——由 M_1 作用使电杆产生的挠度（m）；

Y_2——由 M_2 作用使电杆产生的挠度（m）；

G_1——杆上架挂质量（N）；

G_2——电杆自身质量（N）。

7.4.2.4 新立杆路技术要求

1．杆间距离

市话杆路的杆间距离（简称杆距），应根据线路负荷、气象条件、线路交叉制式、用户下线以及地形、地物和今后通信发展、扩容、改建等因素确定。

（1）正常情况下，市话杆路的基本杆距按表 7-20 取定。

表 7-20　　正常情况下基本杆距

杆路类别	市区杆距（m）	郊区杆距（m）
电缆杆路	35～40	40～45
光缆杆路	35～45	45～55

注：1．郊区不包括工业区的边缘、林区和矿区等，其光缆杆路杆距为 45～55m；厂区内杆距为 35～45m。
2．如光缆与电缆同杆架设，则按电缆杆路的杆距标准考虑。

（2）引入用户的线路，如杆距超过 35m 时，一般应加设电杆，但如果第一个支点很坚固，且易于维护，其杆距可容许到 40m。

（3）市区内采用钢筋混凝土电杆时，对无冰和轻负荷区杆路，其杆距可增至 50m；在中、重负荷区，按 40～45m 考虑。

（4）电缆杆路与其他低压电力线、电车线同杆架设时，应服从电车线路的杆距。

（5）杆路在轻负荷区超过 60m，中负荷区超过 55m，重负荷区超过 50m 时，应按长杆档或飞线建筑标准架设。

2．电杆位置的勘定

电杆位置应根据已定的杆路路由、地形、地物等实际情况来勘定。

（1）电杆位置必须能保证线路安全畅通。

（2）电杆位置不应妨碍交通和行人的安全。

（3）电杆位置不得影响主要建筑物的立面美观和市容。

（4）电杆位置不得过于靠近机关、工厂、消防单位和公共场所及居民住宅的门口两侧。在房屋建筑边立杆不应靠近窗户，不影响各种宣传橱窗等设施。

（5）电杆的位置应便于电缆引上、引入用户，并便于施工及维护。

（6）角杆、终端杆以及分线杆等的位置，应考虑有无设立拉线或撑杆的地方。

（7）在街道路口或分线处，电杆的位置应考虑线路转弯、引线或分支等措施能否符合技术规范的要求；如不宜立杆时，可将前后杆距适当调整，或采取其他线路建筑方法。

在道路、桥梁下坡拐弯处，常发生车祸的地方不应设立电杆。

3．合杆设线

随着社会的发展，城市中各种线路星罗棋布、错综复杂，其中有市话交换缆线、长途进局缆线、交通安全系统的信息控制线、电力线、电车供电线以及有线广播电视线等。为了缓解市区杆路建设的复杂现象，必须对设线单位统筹安排，对于性质近似的传输线应尽量采用合杆设线或租杆挂线；对于传送电平相差悬殊的线路，如能在技术措施上得到保证，亦可与相关单位协商采取适当的措施，合杆设线。图7-6所示是在日本拍摄的合杆设线。

图7-6　日本拍摄的合杆设线现场照片

市话光（电）缆与低压线路同杆架设时，应符合以下规定。

（1）市话架设光（电）缆因故要与电力线同杆架设时，只允许与10kV以下（不包括二线一地式电力线）的电力线同杆架设，但仍必须采取防护技术措施，精心设计，并与有关部门签订协议。与1～10kV电力线合杆时，电力线在上，电话线在下，两线间净距不得小于2.5m；与1kV电力线合杆时，电力线也应在上，通信缆线在下，两线间净距不得小于1.5m。

（2）市话光（电）缆与供电线及无轨电车线（750V以下的直流电）可以协商组成三合一电杆。其中，供电线在最高层，电车线居中，市话光（电）缆在最低层。

（3）市话架空缆线与有线电视线路如再无法分设，一定要求同杆架设时，有线电视线路应架设在电杆的上层，与通信缆线之间净距不得小于1.2m。

4．电杆埋深

（1）立杆前必须检验杆洞是否符合规定，如杆洞不够深，应先修正。电杆洞深符合表7-21和表7-22的要求，洞深偏差应小于+50mm。

表 7-21　　水泥电杆洞深标准（m）

电杆类别		普通土	硬土	水田、湿地	石质
水泥电杆	6	1.2	1.0	1.3	0.8
	6.5	1.3	1.0	1.3	0.8
	7	1.3	1.2	1.4	1.0
	7.5	1.3	1.2	1.4	1.0
	8	1.5	1.4	1.6	1.2
	9	1.6	1.5	1.7	1.4
	10	1.7	1.6	1.7	1.6
	11	1.8	1.8	1.9	1.8
	12	2.1	2.0	2.2	2.0

表 7-22　　木质电杆洞深标准（m）

电杆类别		普通土	硬土	水田、湿地	石质
木质电杆	6	1.2	1.0	1.3	0.8
	6.5	1.3	1.1	1.3	0.8
	7	1.4	1.2	1.5	0.9
	7.5	1.5	1.3	1.6	0.9
	8	1.5	1.3	1.6	1.0
	9	1.6	1.4	1.7	1.1
	10	1.7	1.5	1.8	1.1
	11	1.7	1.6	1.8	1.2
	12	1.8	1.6	2.0	1.2

注：1．重负荷区电杆埋深按表 7-22 增加 0.1～0.2m。
2．比表 7-22 中更松软的土壤，电杆根部若不采用加固措施，其埋深可增加 0.1m。
3．12m 以上特种电杆的埋深，应按特殊设计。
4．普通土，系按土壤耐压强度 0.2MPa 计算。
5．石质，系指坚石、碎石或覆有 30cm 厚土的半石坑。
6．杆位地面上如有临时堆积的浮土时，应从浮土下边缘作为计算深度的起点。

（2）斜坡上的电杆洞深应符合图 7-7 的要求。

（3）撑杆的埋设深度。

撑杆的埋设深度在普通土及松土地带≥1.0m；硬土和石质地带≥0.6m；距高比≥0.5，并加设杆根横木。

（4）高桩拉杆的埋设深度。

高桩拉杆的埋设深度一般按下列规定。

① 高桩拉杆上装有副拉线时，一般普通土地区≥1.2m；石质地区≥0.8m。

② 高桩拉杆不装副拉线时，高桩拉杆的埋设深度与被拉电杆埋设深度相同。

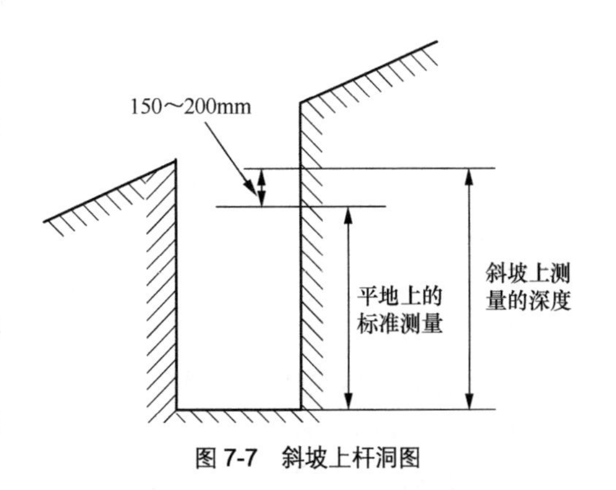

图 7-7　斜坡上杆洞图

5．电杆质量检查

水泥杆在立杆前，应检查核对电杆规格是否符合设计规定，不符合规定应调换，预应力钢筋混凝土电杆有下列情况时都不允许使用。

（1）环向裂缝宽度大于 1.0mm。

（2）纵向裂缝宽度大于 0.5mm。

（3）混凝土破碎长度超过电杆 1/3 周长。

（4）混凝土已明显断裂为两段以上。

（5）混凝土破碎部分总面积达 $20cm^2$。

6．立杆

（1）立杆杆位、规格程式和杆距应符合设计要求。

（2）电杆树立后应达到下列要求。

① 直线线路的电杆位置应在线路的中心线上，电杆中心线与杆路中心线的左右偏差不大于 50mm。杆身上下要垂直杆面，不得错位。

② 用拉线加固的角杆，木杆根部应向转角内移约一个根径，水泥杆根部应向转角内移约半个根径。拉线收紧后，杆梢应向外角倾斜，木杆为 200～300mm，水泥杆为 100～150mm。使角杆梢位移于两侧直线杆路杆梢连线的交叉处。

③ 终端杆杆梢应向拉线侧倾斜 100～200mm。

7．电杆加固

（1）电杆加固的原则

电杆有以下情况之一时，应采取加固措施，以保证杆路的稳固与安全。

① 作为转角杆、终端杆或引上杆时。

② 跨越铁路、公路、河流、广场及其他障碍物的跨越杆。

③ 穿越输电线路的两端电杆。

④ 电杆前后方向受力不平衡。前后电缆或明线线条数量不等，电缆递减点，或不同线径的导线连接处的电杆。

⑤ 电杆上有较多的电缆或分支时。

⑥ 电杆前后杆距相差较大时。

⑦ 地形急剧变化和土质松软地带的电杆。

⑧ 对较长距离的直线路由杆路中的适当中间杆上安装防风、防凌拉线等装置时。

（2）电杆加固措施

可采取以下几种基本措施。

① 装设各种拉线或撑杆。

② 在电杆根部装设加固装置，如木杆采用固根横木，水泥杆采用卡盘、底盘等。水泥杆卡盘安装如图 7-8 所示。

③ 采用特种型电杆，如 A 型杆、H 型杆等，电杆防腐处理。

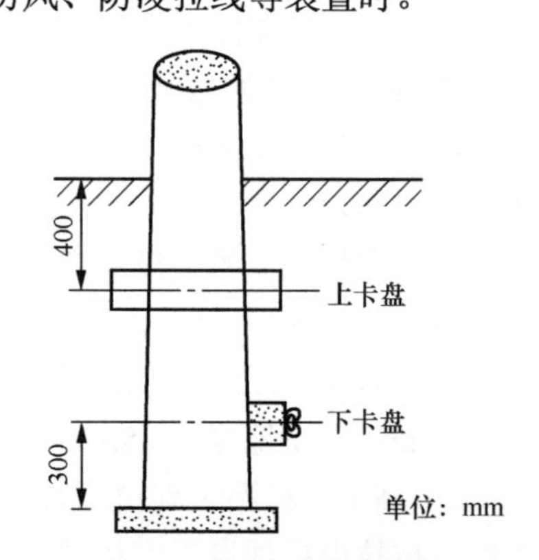

图 7-8　水泥杆卡盘装置图

8．电杆立正后应达到下列要求

（1）直线线路上要成一条直线，不得有眉弯或 S 弯。电杆竖立要垂直，直线线路上个别电杆的杆根偏差左右不得超过 5cm，前后偏差不得超过 30cm。杆梢前、后、左、右倾斜不得超过半个梢径，杆梢应向外倾斜 5～10cm。以便吊线收紧后，杆梢回到原转角点上（两直线的交点），用撑杆加固的角杆不必内移。

（2）终端杆应向外略倾斜，以便在吊线收紧后接近垂直，但不得有向内倾斜现象。

（3）电杆的周围培土坚实牢固成馒头型，高 10～15cm，宽 15～25cm（从杆边算起），周围无杂草。

（4）杆路不准有急转变，避免角杆直接穿越公路、铁路。遇到角深大于规定值时，可将一个角杆平分成两个相等转角。测量时要用标杆对标，角杆有角深记录，角杆要向内移 10～20cm。

（5）角杆 7m 以上角深双吊线或双层吊线；跨越杆超过 80m；四方拉电杆是担山、吊档；终端杆及泄力杆在以上情况时应更换为 15cm 以上尾径的水泥杆。

7.4.2.5　电杆编号

1．长途光缆架空杆路电杆的编号

（1）电杆的编号宜由东向西或由北向南。

（2）杆路宜以起讫点地点名称独立编号。

（3）同一段落有两趟或以上杆路时，可将各路杆分别编号。

（4）中途分支的线路宜单独编号，编号从分支点开始。

2．本地光（电）缆架空杆路电杆的编号

（1）市区杆路宜以街道及道路名称顺序编号；同一街道两端都有电杆而中间尚无杆路衔接时，应视中间段距离长短和街道情况预留杆号。

（2）里弄、小街、小巷及用户院内杆路杆号，以分线杆分线方向编排副号。

（3）市郊及郊区的杆路宜以起讫点地点名称独立编号。

3．电杆编号方法

（1）电杆编号以大局一端方向为开始，用户方向为终端；号杆应按设计规定进行，电杆序号按整个号码填写，不得增添虚零；在电杆编写的杆号最后一个字的下边沿距地面不少于 2.5m，特殊地段可酌情提高或降低；高装拉与撑杆不编写杆号。

（2）杆号应面向街道和公路，杆号表示的内容及方法应符合设计规定和建设单位要求。

（3）水泥电杆编号可用喷涂或直接书写的号杆方式，木杆用钉杆号牌方式。

（4）在原有线路上增设电杆时，在增设的电杆上采用前一根电杆的杆号，并在它的下面加上分号。在原有杆路中间减少个别电杆时，一般可保留空号，不另外重新编号。

4．电杆杆号的编写内容

电杆杆号编写的主要内容应符合下列规定。

（1）业主或资产归属单位。

（2）电杆的建设年份。

（3）中继段或线路段名称的简称或汉语拼音。

（4）市区线路的道路及街道名称。

7.4.2.6　扶正及更换电杆的方法

1．扶正电杆的方法

（1）侧面歪：挖开杆歪的方向反侧 40～50cm 深，用正杆机顶正或用绳索拉正，然后埋土夯实。

（2）顺线歪：先将吊线夹板川钉螺母松开，遇有杆根严重断裂的，要求采取措施防止倒杆，然后挖开杆歪方向的反侧 40～50cm 深，用绳索拉正，埋土夯实，再把夹板川钉螺母拧紧。

（3）角杆、终端杆歪：实践证明，角杆、终端杆歪有 5 种原因。

① 杆上吊线增加，拉线未随同加强，拉力不够，电杆逐渐倾斜。

② 拉线地锚石太小。

③ 拉线地锚石埋深不够。

④ 工程施工时杆根内移不够。

⑤ 地势变化等引起杆歪。

解决方法是：属于前 3 种原因的，应更换拉线、更换地锚、更换大地锚石埋深；属于工程施工时对杆根内移不够和地势变化电杆上凸的，应拨正电杆。

2．更换普通杆的方法

（1）装有拉线的电杆，先将旧杆根挖出，拨到线路侧面并适当调整拉线，再将新杆立到原杆位培固。然后将旧杆与新杆用新绳索绑在一起，将杆上设备倒到新杆上并拧紧夹板川钉螺母，解开拉线中把，缓慢松绳将旧杆放倒。

（2）无拉线的电杆，先在旧杆的前后贴杆挖坑，再把新杆立起来看正埋固，然后用绳子将新旧杆捆在一起，将杆上设备倒到新杆上并将吊线夹板川钉螺母拧紧，最后将旧杆顺线路放倒。

3．更换角杆的方法

（1）更换角杆前要详细检查拉线和地锚，如需换时先换地锚后换电杆。

（2）根据吊线多少和角深大小先设临时拉线，临时拉线可利用新地锚或远方临时固定，但必须牢固。

（3）在原杆角深内侧挖坑，坑深要稍深于原杆根。将旧杆拨到角内，然后清理好原杆位，立起、看正、埋固。

（4）根据具体情况，在新杆上打好固定拉线或临时拉线，然后倒过所属配件。杆上设备倒完后，将旧杆上拉线拆除，用绳索牵引顺线路放倒，扶正新杆，调好拉线，紧固吊线夹板川钉螺母。

（5）在换杆的同时要测量一下角深，检查原杆位线位置是否正确，如有误差，要同时调整。

7.4.3 拉线的种类与安装技术要求

7.4.3.1 拉线的种类及选择

1．拉线的种类及其使用条件

电杆拉线根据其作用不同，分角杆拉线、顶头（终端）拉线、抗风拉线、防凌拉线、跨越杆拉线、平衡拉线等。

按拉线建筑结构分类，有高桩拉线、吊板拉线、杆间拉线和地桩拉线等。

按拉线建筑形式分类，有单方拉线、双方拉线、三方拉线和 V 形拉线等。

一般拉线装置是拉线上部捆扎在电杆上部，拉线下部连接拉线地锚，埋入地下，这些叫作落地拉线。拉线的组成部分及名称如图 7-9 所示。

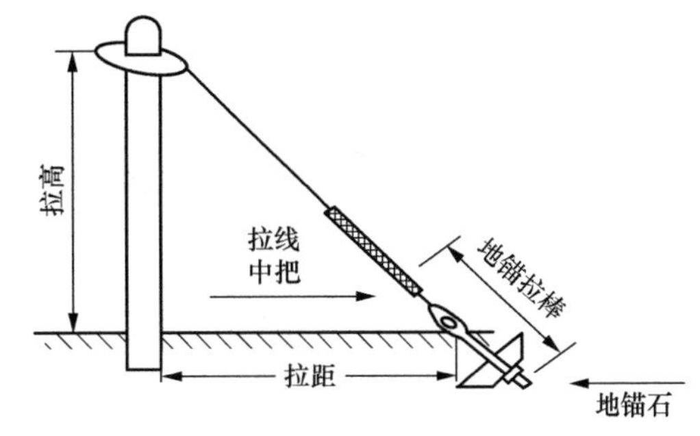

图 7-9　拉线的组成部分及名称图

（1）角杆拉线

用于线路转弯处的电杆，其作用在于抵消转弯杆内角两边线条或电缆吊线的水平拉力。其装置如图 7-9 所示。电杆所受张力与所架挂缆线的程式、数量和角深大小有关。角深较小、线路负荷不很大的角杆，在其内角平分线反侧装一条拉线即可，如图 7-10 所示；角深较大、负荷也较大的角杆，需在其内角反侧装设两条拉线，两拉线出土内移 60cm，如图 7-11 所示。

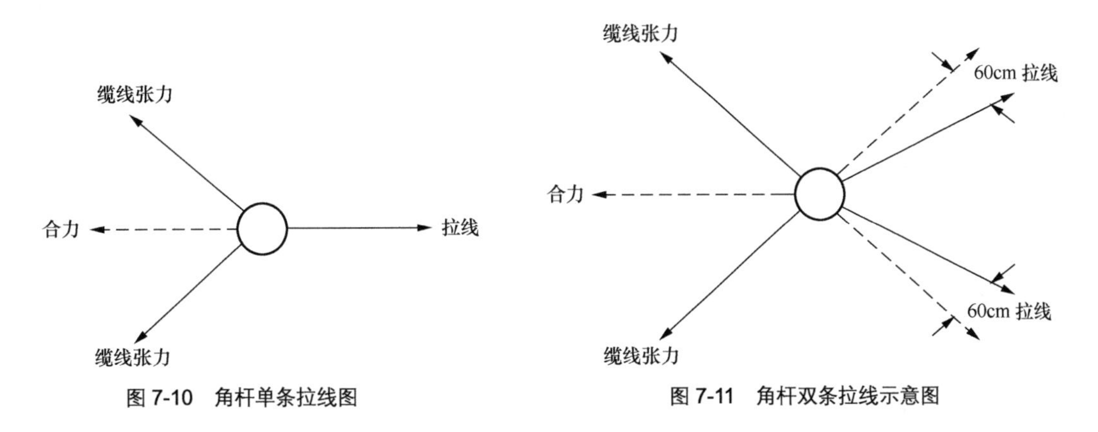

图 7-10　角杆单条拉线图　　图 7-11　角杆双条拉线示意图

（2）顶头拉线

① 又称终端拉线，顺向拉线也可归入此类，可用于线路终端杆上，其作用在于抵消终结缆线或吊线加在终端杆上的水平张力，如图 7-12 所示。

② 用于直线杆路前后两杆档距离差别较大的电杆上，其作用在于抵消相邻两杆档杆距相差较大时的不平衡张力，如图 7-13 所示。

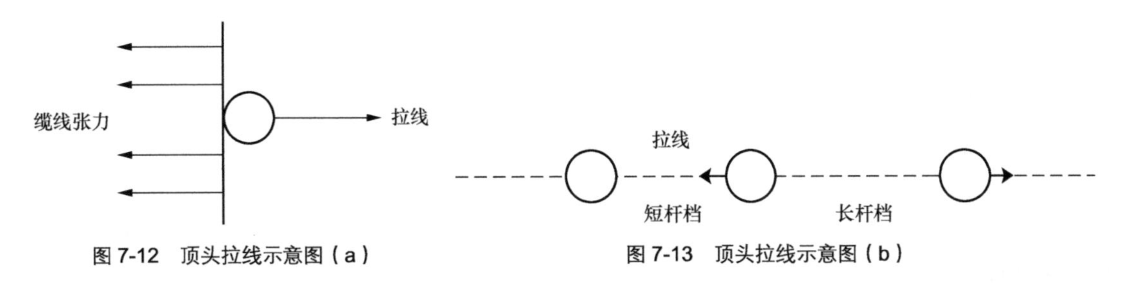

图 7-12　顶头拉线示意图（a）　　图 7-13　顶头拉线示意图（b）

③ 用于直线杆路前后杆路缆线负荷相差较大，或电缆递减点的电杆上，其作用在于抵消电杆前后因此而产生的不平衡力，如图 7-14 所示。

④ 用于十字转弯电杆上，以抵消十字转弯终端、分支电杆承受的不平衡张力，如图 7-15 所示。

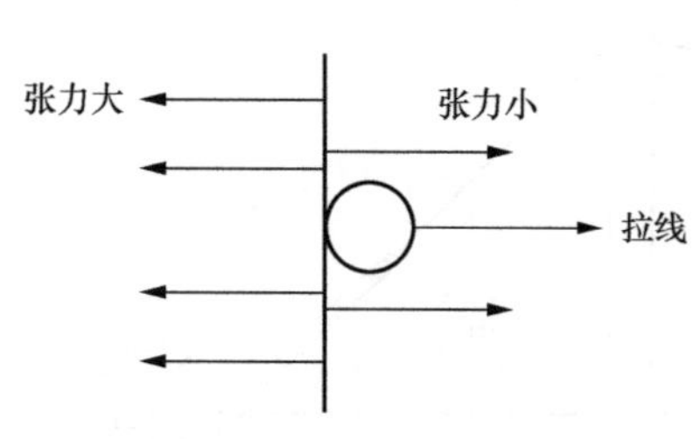

图 7-14　顶头拉线示意图（c）

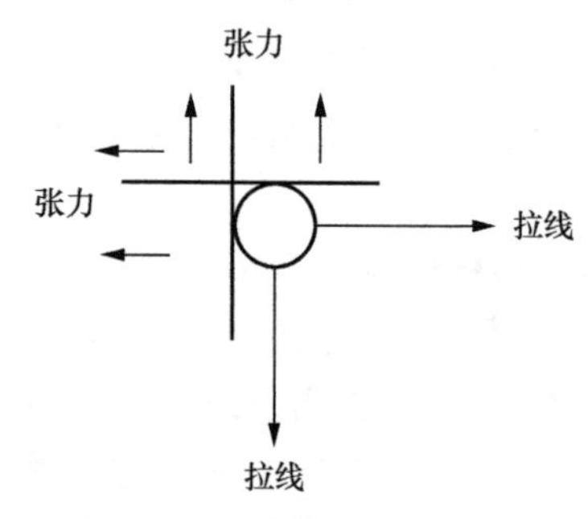

图 7-15　顶头拉线示意图（d）

（3）抗风拉线

又称双方拉线，用于直线杆路上每隔一定距离的电杆两侧。其作用在于抵御风暴袭击加于电缆两侧的水平压力，以保持杆路平稳，如图 7-16 所示。

（4）防凌拉线

又称四方拉线，用于直线杆路上每隔一定距离（注：非直线杆路上每隔 1km 距离）的电杆两侧除装设双方拉线外，又在电杆前后方向各装设一条顺线拉线（注：吊线在设有四方拉线的电杆要做假终结），组成四方拉线。其作用除有双方拉线外，还防止由于冰凌或风暴引起断线而倒杆，如图 7-17 所示。

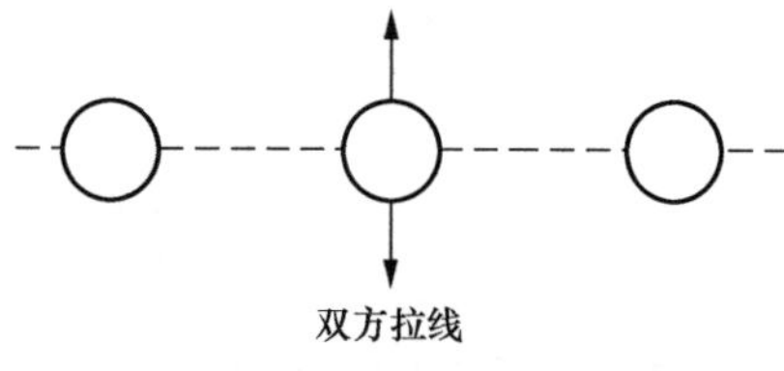

图 7-16　抗风拉线示意图

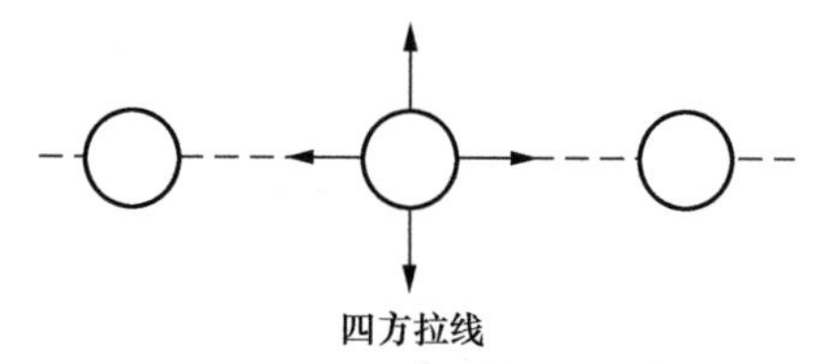

图 7-17　防凌拉线示意图

（5）跨越杆拉线

又称三方拉线，用于跨越铁路、河流等处的跨越杆上。其作用主要为抵消跨越档的不平衡张力，并保持电杆两侧平稳，如图 7-18 所示。跨越杆拉线如受地形限制使用小跨越杆档，顶头拉线与侧面拉线呈 90° 角，如图 7-18（a）所示称“T”形拉线：如地形不受限制时，采用大跨越杆档，顶头拉线与侧面拉线呈 120° 角，又称“Y”形拉线，如图 7-18（b）所示。

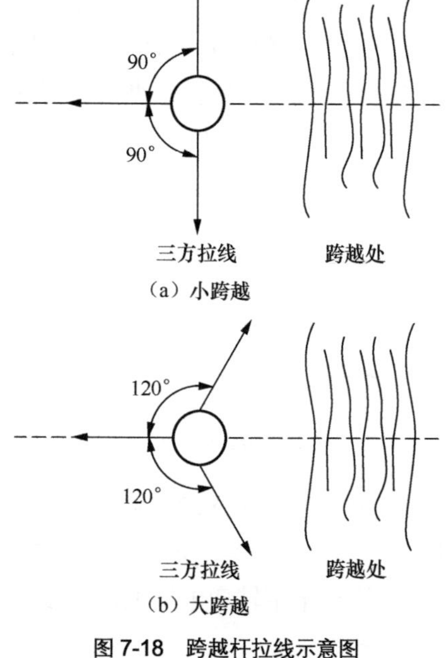

图 7-18　跨越杆拉线示意图

（6）平衡拉线

用于建筑在坡度变化较大的杆路上，呈仰角的电杆所采用的拉线叫平衡拉线，其作用在于抵消仰角电杆上缆线向上的张力；呈俯角的电杆则采用撑杆，以抵消俯角电杆上缆线向下的压力，如图 7-19 所示。

（7）高桩拉线

在杆路中由于街道及其他建筑物等障碍的限

制，不能直接装设落地拉线时，拉线需跨越过街道或其他建筑物等障碍设置高桩，从高桩上装设落地拉线。同样起到抵消线路不平衡张力的作用，如图 7-20 所示。

（8）吊板拉线

杆路中由于地形限制，不便设置正规落地拉线时（如线路负荷较小，角深不大，电杆高度又较低），可采用一种特殊结构的拉线。其作用同样是为了抵消线路不平衡张力，如图 7-21 所示。

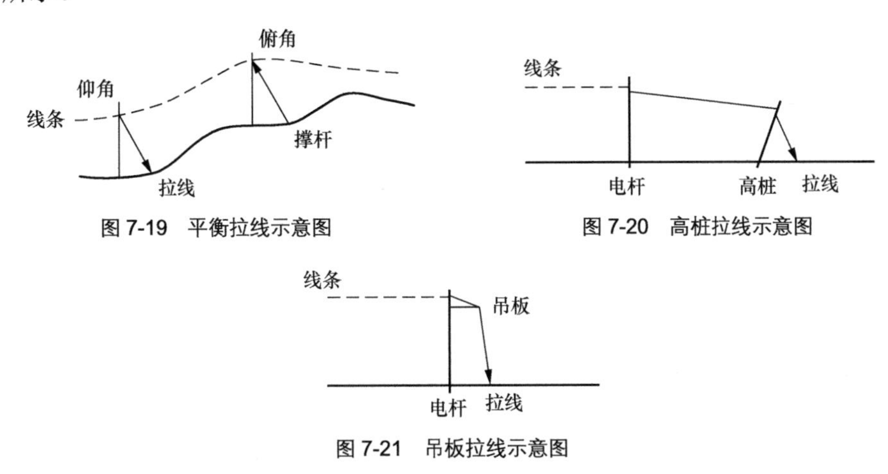

图 7-19　平衡拉线示意图

图 7-20　高桩拉线示意图

图 7-21　吊板拉线示意图

（9）杆间拉线

在杆路直线路由上，由于相邻杆档线路负荷不同，或杆距不等，或因地形受到限制不能设置落地拉线或临时拉线时，利用杆间装设拉线，以抵消线路不平衡张力，如图 7-22 所示。

（10）地桩拉线

在有较严重化学腐蚀的地区，为防止拉线埋设部分被腐蚀，采用木桩埋入地下，以代替拉线地锚，起到一般拉线抵消不平衡张力的作用，如图 7-23 所示。

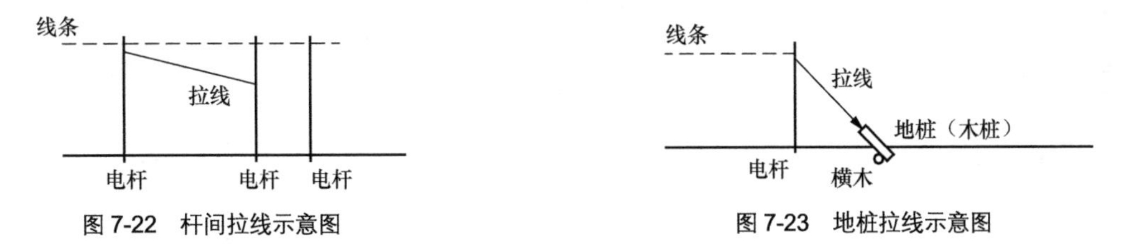

图 7-22　杆间拉线示意图

图 7-23　地桩拉线示意图

（11）V 形拉线

对负荷过大、电杆甚高，承受张力很强的电杆，应装设两条同方向拉线，而地形受到限制时，可以将两条拉线的下部并拢一起，合用一组地锚埋入地下，呈 V 形，以抵消电杆承受的较大不平衡张力，如图 7-24 所示。

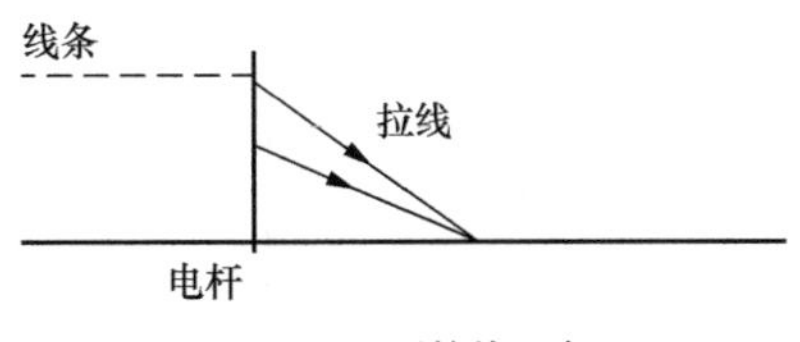

图 7-24　V 形拉线示意图

2．拉线程式选择

（1）制作拉线用材料

架空杆路的各种拉线，一般都用 7 股镀锌钢绞线制作，常用的主要有 7/2.2、7/2.6 和 7/3.0 3 种规格。

这 3 种镀锌钢绞拉断力如下。

① 7/2.2 拉断力，31 920N。

② 7/2.6 拉断力，44 640N。

③ 7/3.0 拉断力，59 400N。

（2）架空电缆杆路拉线程式选择

① 架空电缆杆路拉线程式选择的基本要求。

架空电缆杆路拉线程式选择，主要应根据杆路负荷、气象条件以及制作拉线用的钢绞线允许最大拉断力来考虑。一般可按以下基本要求。

A．线路转角小于 30° 时，拉线程式可与电缆吊线程式相同。

B．线路转角为 30°～60° 时，拉线程式应比电缆吊线程式加一级。

C．线路转角大于 60° 时，需装设的两条拉线，其程式均应比电缆吊线程式加大一级。

D．线路中间杆由于前后线路负荷不均或杆距不等，需装设的拉线程式应与线路张力大的一侧电缆吊线程式相同。

E．高桩拉线程式一般与电缆吊线程式相同，如线路转角角度小于 10° 且角杆上负荷较小，其拉线程式可比电缆吊线程式减小一级。

② 角深与转角角度的换算关系。

角杆的负荷程度是以"角深"大小表示，在计算选择拉线程式时，将线路转角角度换算成角深。其换算关系如图 7-25 所示和表 7-24 所示。

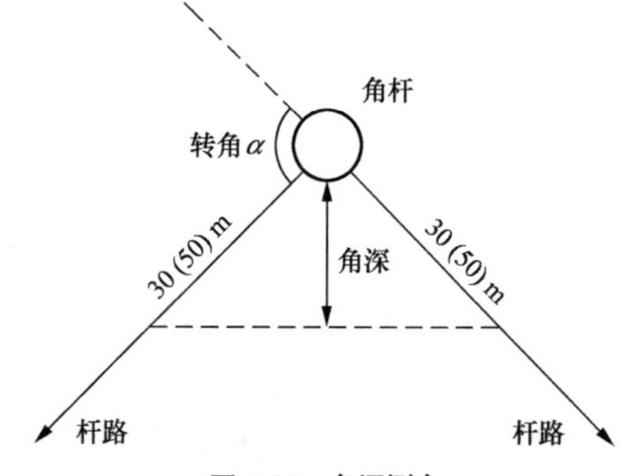

图 7-25　角深测定

③ 架空电缆杆路拉线程式选择。

A．架空电缆杆路拉线程式一般可按表 7-23 选择。

表 7-23　架空电缆杆路拉线程式选择

电缆吊线架设情况	吊线程式	角深（m）	拉线程式
单层单条	7/2.2	>0～7	7/2.2
	7/2.2	>7～15	7/2.6
	7/2.6	>0～7	7/2.6
单层单条	7/2.6	>7～15	7/3.0
	7/3.0	>0～7	7/3.0
	7/3.0	>7～15	7/3.0
单层双条	7/2.2	>0～7	2×7/2.2 或 7/3.0
	7/2.2	>7～15	2×7/2.2
	7/2.6	>0～7	2×7/2.2 或 7/3.0
	7/2.6	>7～15	2×7/2.6
	7/3.0	>0～7	2×7/2.6
	7/3.0	>7～15	2×7/3.0

注：角深大于 15m 时，应按两条终端拉线设计；双层吊线情况时，可按表 7-23 中的两种吊线情况综合使用。

B．架空杆路角深的定义是：自角杆两侧（市话杆路）各取 30m（长途杆路取 50m）处用直线连接起来，从电杆向该直线作垂直线，此垂直线的长度就是角深，单位为 m（注：表 7-24 中是传统角深与转角角度的换算关系，这种换算比较直接、准确。新的《架空光（电）缆通信杆路工程设计规范》（YD 5148-2007）公布的角深与转角角度的换算关系见表 7-25，是以 50m 为标准杆距）。

表 7-24　　传统角深与转角角度的换算关系

转角	角深（m）		转角	角深（m）		转角	角深（m）	
	边长 30m	边长 50m		边长 30m	边长 50m		边长 30m	边长 50m
1°	0.26	0.44	31°	8.02	13.36	61°	15.23	25.38
2°	0.52	0.87	32°	8.27	13.78	62°	15.45	25.75
3°	0.79	1.31	33°	8.52	14.20	63°	15.68	26.12
4°	1.05	1.75	34°	8.77	14.62	64°	15.90	26.50
5°	1.31	2.18	35°	9.02	15.04	65°	16.12	26.86
6°	1.57	2.62	36°	9.27	15.45	66°	16.34	27.23
7°	1.83	3.05	37°	9.52	15.87	67°	16.56	27.60
8°	2.09	3.49	38°	9.77	16.28	68°	16.78	27.96
9°	2.35	3.92	39°	10.01	16.69	69°	16.99	28.32
10°	2.61	4.36	40°	10.26	17.10	70°	17.21	28.68
11°	2.88	4.79	41°	10.51	17.51	71°	17.42	29.04
12°	3.14	5.23	42°	10.75	17.92	72°	17.63	29.39
13°	3.40	5.66	43°	11.00	18.33	73°	17.84	29.74
14°	3.66	6.09	44°	11.24	18.73	74°	18.05	30.09
15°	3.92	6.53	45°	11.48	19.13	75°	18.26	30.44
16°	4.18	6.96	46°	11.72	19.54	76°	18.47	30.78
17°	4.43	7.39	47°	11.96	19.94	77°	18.68	31.13
18°	4.69	7.82	48°	12.20	20.34	78°	18.88	31.47
19°	4.95	8.25	49°	12.44	20.73	79°	19.08	31.80
20°	5.21	8.68	50°	12.68	21.13	80°	19.28	32.14
21°	5.47	9.11	51°	12.92	21.53	81°	19.48	32.47
22°	5.72	9.54	52°	13.15	21.92	82°	19.68	32.80
23°	5.98	9.99	53°	13.39	22.31	83°	19.88	33.13
24°	6.24	10.04	54°	13.62	22.70	84°	20.07	33.46
25°	6.49	10.82	55°	13.85	23.09	85°	20.27	33.78
26°	6.75	11.25	56°	14.08	23.47	86°	20.46	34.10
27°	7.00	11.67	57°	14.31	23.86	87°	20.65	34.42
28°	7.26	12.09	58°	14.54	24.24	88°	20.84	34.73
29°	7.51	12.52	59°	14.77	24.62	89°	21.03	35.05
30°	7.76	12.94	60°	15.00	25.00	90°	21.21	35.36

表 7-25　　标准杆距 50m 时角深与转角、内角关系对照（YD 5148-2007）

角深（m）	转角	内角（180°转角）	角深（m）	转角	内角（180°转角）
1	2°	178	13.5	31.5°	148.5
1.5	3.5°	176.5	14	32.5°	147.5
2	4.5°	175.5	14.5	34°	146
2.5	6°	174	15	35°	145
3	7°	173	15.5	36°	144
3.5	8°	172	16	37°	143
4.	9°	171	16.5	38.5°	141.5
4.5	10°	170	17	40°	140
5	11.5°	168.5	17.5	41°	139
5.5	12.5°	167.5	18	42°	138
6	14°	166	18.5	43°	137
6.5	15°	165	19	44°	136
7	16°	164	19.5	46°	134
7.5	17°	163	20	47°	133
8	18.5°	161.5	20.5	48.5°	131.5
8.5	19.5°	160.5	21	49.5°	129.5
9	21°	159	21.5	51°	129
9.5	22°	158	22	52°	128
10	23°	157	22.5	53°	127
10.5	24°	156	23	55°	125
11	25.5°	154.5	23.5	56°	124
11.5	26.5°	153.5	24	57°	123
12	28°	152	24.5	59°	121
12.5	29°	151	25	60°	120
13	30°	150			

注：当线路转角角深超过 25m 时，可以分测为两个角杆，两个角杆的角深和角杆前后的杆距宜相等或相近。

C．抗风拉线（双方拉线）程式，按角深>0～7m 的拉线程式选用。

D．防凌拉线（四方拉线中的顺线拉线）程式，按角深>7～15m 的拉线程式选用。

（3）7 股镀锌钢绞线与 4.0mm 径镀锌钢线换算关系见表 7-26。

表 7-26　　7 股镀锌钢绞线与 4.0mm 径镀锌钢线换算关系

钢绞线程式（股数/mm）	7/2.0	7/2.2	7/2.6	7/3.0
相当于 4.0mm 径镀锌钢线股数	5	7	9	12

7.4.3.2　拉线的安装方法与长度计算

拉线长度主要决定拉线的距高比，在相同线路负荷条件下，拉线所受应力与其距/高成反比，故在装设拉线时，尽量使距高比接近于 1，最小不得小于 0.75。

1．拉线总长度=（上把附加长度）+（上部拉线的全长）+（中把附加长度）−（地锚出土长度）

一般拉线长度的计算：在距高比为 1 时，长度 = 拉距×1.4。

例如，拉高 6m，拉距为 6m 时的拉线全长度 = 6×1.4 = 8.4m，再加上上、中把附加长度减去地锚出土长度，就是拉线的实际长度。

当距高比为 2/3 时，其拉线长度 = 拉距×1.2；在距高比为 1.75 时，其拉线长度 = 拉距×1.7，计算方法同上。

2．拉线总长度计算所需参考数据

（1）拉线上把附加长度

拉线在电杆上的上把附加长度见表 7-27。

（2）拉线中把附加长度

拉线中把附加长度见表 7-28。

（3）一般拉线地锚出土长度为 30～60cm（特殊情况为 80cm）

拉线在电杆上的上把另缠法规格（可计算附加长度）见表 7-27。

表 7-27　拉线在电杆上的上把另缠法规格（mm）

电杆种类	拉线程式	缠扎线径	首节长度	间隙	末节长度	留头长度	留头处理
木杆或水泥杆	1×7/2.2	3.0	100	30	100	100	1.5mm 铁线另缠 5 圈扎固
	1×7/2.6	3.0	150	30	100	100	
	1×7/3.0	3.0	150	30	150	100	
	2×7/2.2	3.0	150	30	100	100	
	2×7/2.6	3.0	150	30	150	100	
	2×7/3.0	3.0	200	30	150	100	

拉线上把的安装如图 7-26 所示。

拉线上把另缠法的安装如图 7-27 和图 7-28 所示。

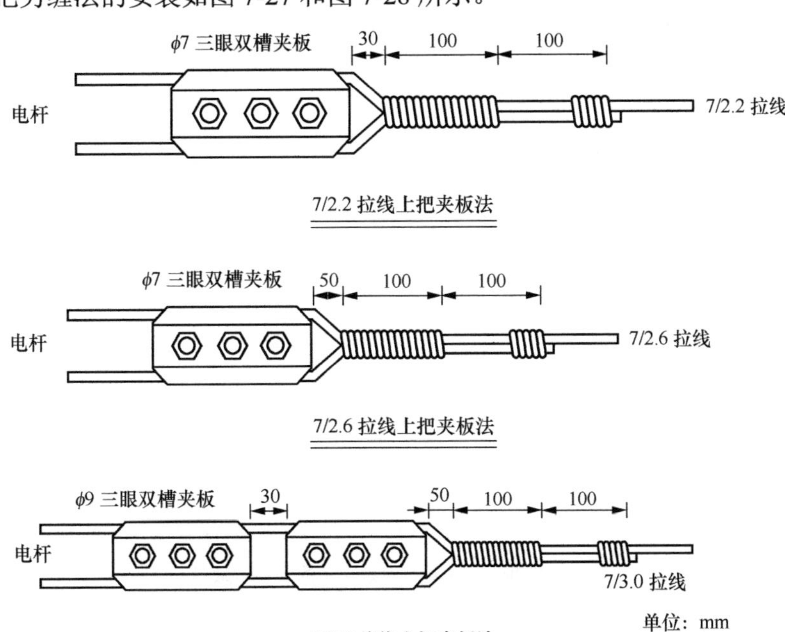

图 7-26　拉线上把的安装图

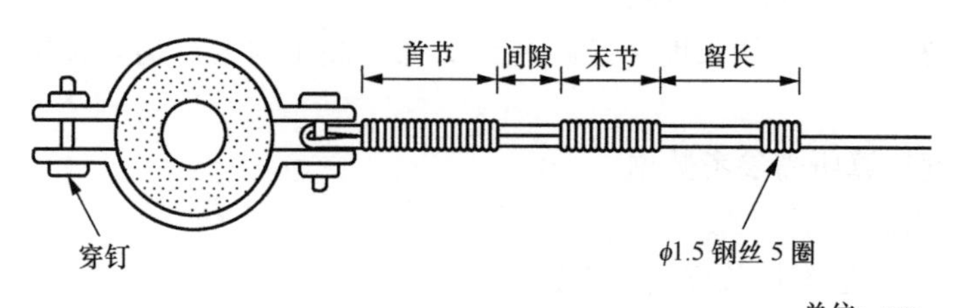

图 7-27　拉线上把另缠法的安装图

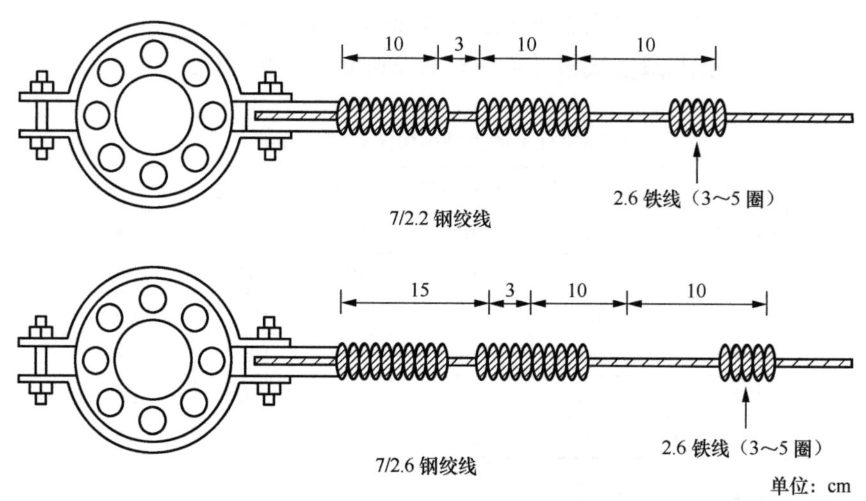

图 7-28　拉线上把另缠法安装示意图

拉线上把采用钢绞线卡子的安装如图 7-29 所示。

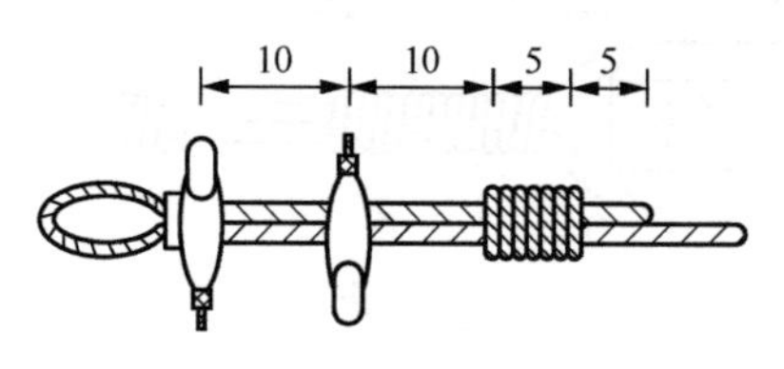

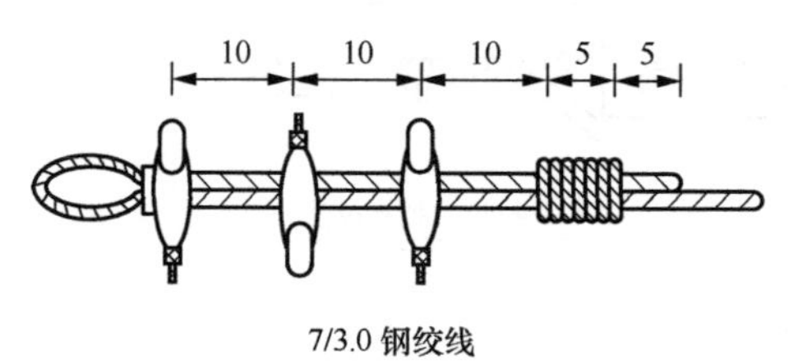

图 7-29　拉线上把采用钢绞线卡子的安装示意图

拉线中把的安装如图 7-30 所示。

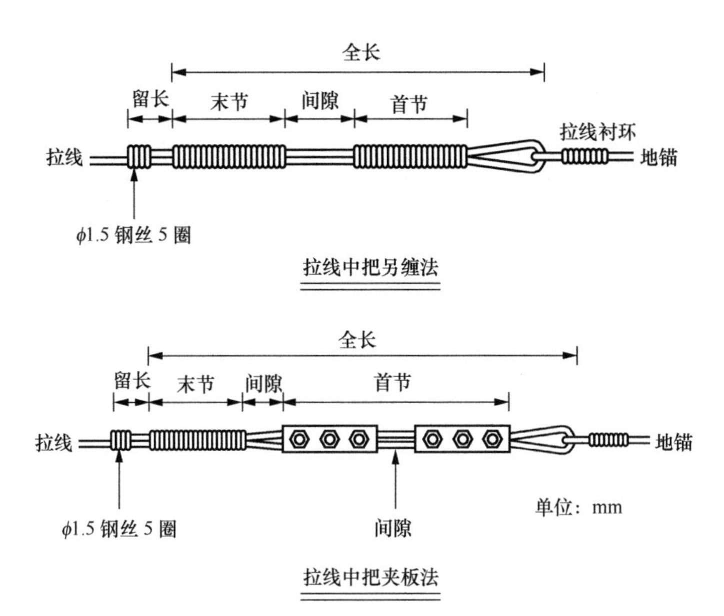

图 7-30　拉线中把的安装示意图

拉线中把夹板及另缠法规格（可计算附加长度）见表 7-28。

表 7-28　　拉线中把夹板及另缠法规格（mm）

类别	拉线程式	夹、缠物类别	首节长度	间隙	末节长度	全长	留头长度
夹板法	1×7/2.2	ϕ7 夹板	1 块	280	100	600	100
	1×7/2.6	ϕ7 夹板	1 块	230	150	600	100
	1×7/3.0	ϕ7 夹板	2 块中间隔 30	100	100	600	100
另缠法	1×7/2.2	3.0 钢线	100	330	100	600	100
	1×7/2.6	3.0 钢线	150	280	100	600	100
	1×7/3.0	3.0 钢线	150	230	150	600	100
	2×7/2.2	3.0 钢线	150	260	100	600	100
	2×7/2.6	3.0 钢线	150	210	150	600	100
	2×7/3.0	3.0 钢线	200	310	150	800	150
	V 形 2×7/3.0	3.0 钢线	250	310	150	800	150

7.4.3.3　拉线受力计算

1．角杆拉线受力分解

（1）线条作用于电杆的合力 T_W

如图 7-31 所示，若线路拐弯的角度为α_1，杆上线条数量为 n，某线条的截面积为 S_i（cm^2），线条的应力为 σ_i（kgf/cm^2），则：

$$T_{\mathrm{W}}=2\cos\frac{180^{\circ}-\alpha_1}{2}\sum_{i=1}^{n}\sigma_i\cdot S_i(\mathrm{kgf})$$

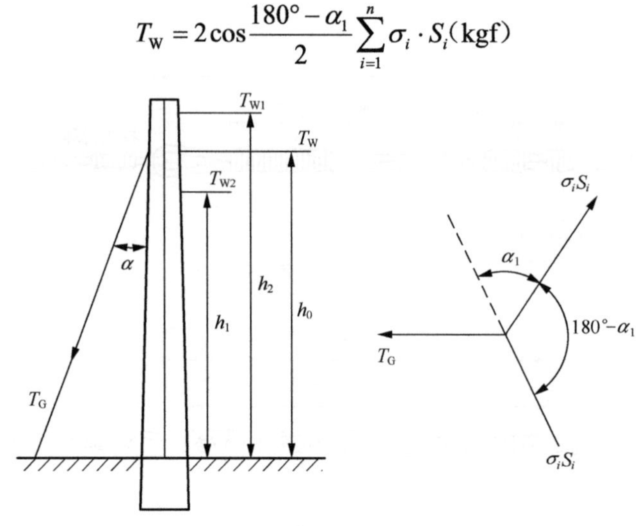

图 7-31　角杆拉线受力的情况

（2）作用于拉线的力 T_{G}

设拉线与电杆的夹角为α，线条吊挂点到地面高度为 h_i（m），拉线的拉固点到地面的高度为 h_0（m），则：

$$T_{\mathrm{G}}=\frac{1}{\sin\alpha}\times\frac{2\cos\frac{180^{\circ}-\alpha_1}{2}\sum_{i=1}^{n}\sigma_i\cdot S_i\cdot h_i}{h_0}(\mathrm{kgf})$$

（3）拉线地锚横木可能带出的土重 G

若土壤的容量为 V（kg/m^3），见表 7-29，地锚横木的直径和长度分别为 a 和 b（m），横木的埋深为 t（m），则：

$$G=V\cdot t[a\cdot b+0.6(a+b)t+0.5t^2]\ (\mathrm{kgf})$$

表 7-29　　各类土壤单位体积的质量表

土壤名称		单位体积的质量（T/m^3）
淤泥夹沙		1.98
稠黏泥		1.8
粉沙	中等紧密的	1.92
	紧密的	2.0
细沙	中等紧密的	1.92
	紧密的	2.0
中粒沙	中等紧密的	1.94
	紧密的	2.0
粗沙	中等紧密的	1.98
	紧密的	2.05

续表

土壤名称		单位体积的质量（T/m³）
砾沙	中等紧密的	2.0
	紧密的	2.1
黏土		1.9～2.15
流动状态的黏土		<1.8
砂质黏土		1.85～2.15
流动状态的砂质黏土		<1.8
砂质垆坶		1.85～2.05
流动状态的砂质垆坶		<1.8

（4）拉线的稳定系数

$$K = \frac{G}{T_{\mathrm{G}}}$$

（5）拉线拉固点对木杆的弯曲力矩 M

设某线条距拉固点的距离为 h_i（cm），则：

$$M = 2\cos\frac{180^\circ - \alpha_1}{2}\sum_{i=1}^{n}\sigma_i \cdot S_i \cdot h_i$$

（6）拉固点电杆的弯曲 W

若拉线拉固点电杆的直径为 D_2（cm），则：

$$W = 0.1D_2^3(\mathrm{kgf \cdot cm})$$

（7）拉固点电杆应力 σ

$$\sigma = \frac{M}{W}$$

2．各式拉线的拉力计算

以下各式拉线的拉力按所承受外力情况计算的。具体运用时，尚须增加必要的安全系数。

（1）顶头拉线

顶头拉线受力情况如图 7-32 所示。

$$T_{\mathrm{G}} = \frac{T_{\mathrm{W}}}{\sin\beta}$$

（2）拉桩拉线

拉桩拉线受力情况如图 7-33 所示。

$$T_{\mathrm{G}} = \frac{T_{\mathrm{W}}\cos\alpha}{\sin\beta}$$

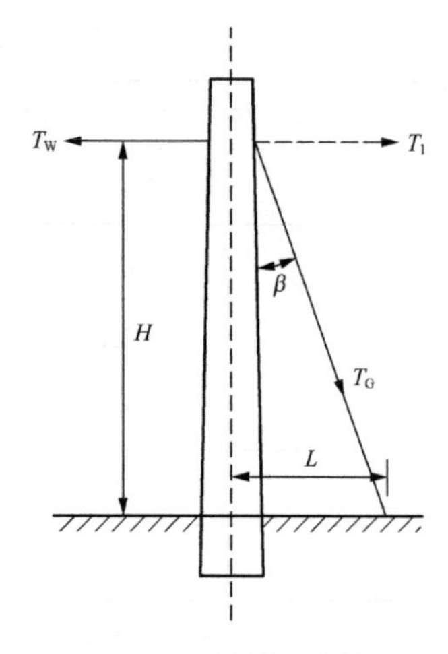

图 7-32　顶头拉线受力情况

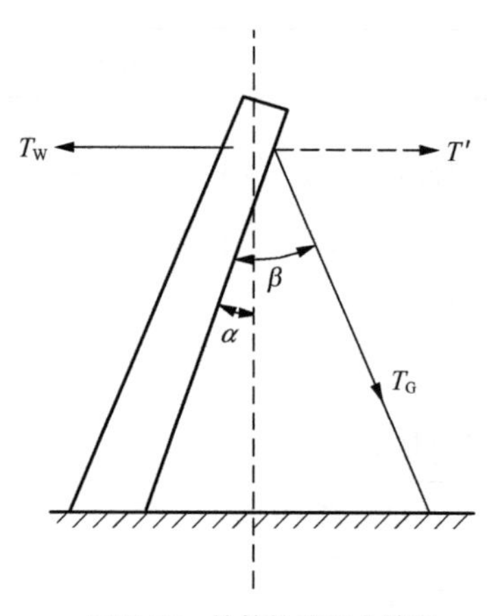

图 7-33　拉桩拉线受力情况

（3）V 形拉线

V 形拉线受力情况如图 7-34 所示。

$$T_{\mathrm{G}}=\frac{T_{\mathrm{W}}}{\sin\beta}$$

$$T_1=\frac{T_{\mathrm{W}}\sin\alpha_1}{\sin\beta\sin(\alpha_1+\alpha_2)}$$

$$T_2=\frac{T_{\mathrm{W}}\sin\alpha_2}{\sin\beta\sin(\alpha_1+\alpha_2)}$$

（4）双拉线

大角度角杆用双拉线受力情况如图 7-35 所示。

$$T_{\mathrm{G1}}=T_{\mathrm{G2}}=\frac{T_{\mathrm{W}}}{2\sin\beta\cos\theta}$$

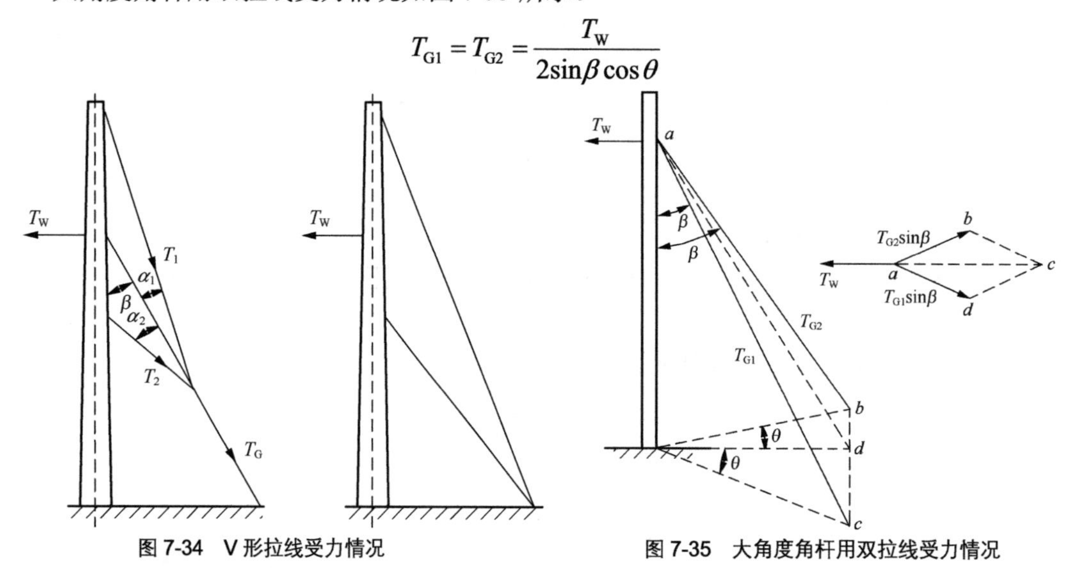

图 7-34　V 形拉线受力情况　　图 7-35　大角度角杆用双拉线受力情况

（5）角杆拉桩拉线

角杆拉桩拉线受力情况如图 7-36 所示。

$$T_{\mathrm{G1}}=T_{\mathrm{G2}}=\frac{T_{\mathrm{W}}\cos\alpha}{2\sin\beta\cos\theta}$$

（6）高桩拉线

高桩拉线受力情况如图 7-37 所示。

$$T_G' = \frac{T_W}{\sin\beta_1}$$

$$T_G = \frac{T_W \sin(\beta_1 + \alpha)}{\sin\beta_1 \sin\beta_2}$$

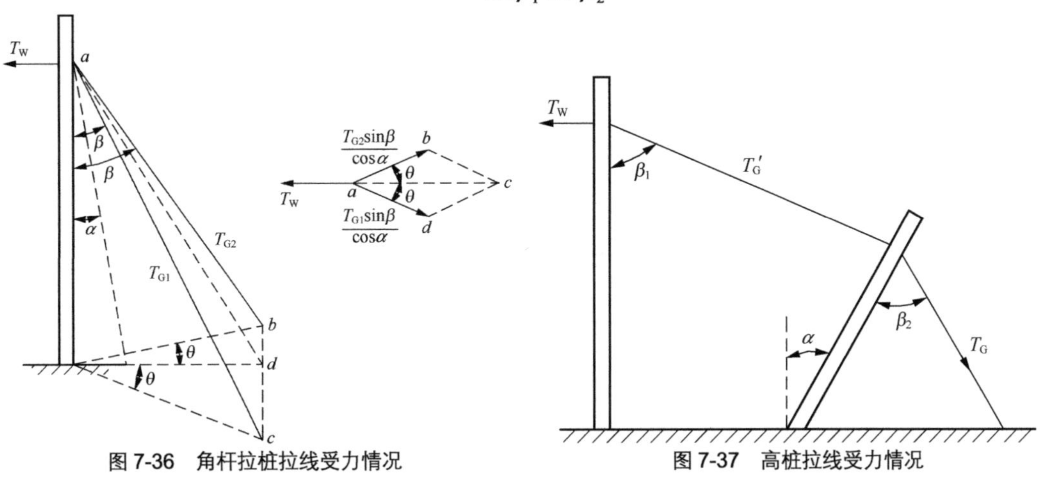

图 7-36　角杆拉桩拉线受力情况　　图 7-37　高桩拉线受力情况

（7）拐弯杆拉线

线路拐弯的角度不大，或线条数量不多时，在角杆上装设一条拉线足以平衡线条的拉力。拐弯杆拉线受力情况如图 7-38 所示。

$$T_G = \frac{T_W}{\sin\beta}$$

3．撑杆受力计算

撑杆受力情况如图 7-39 所示。

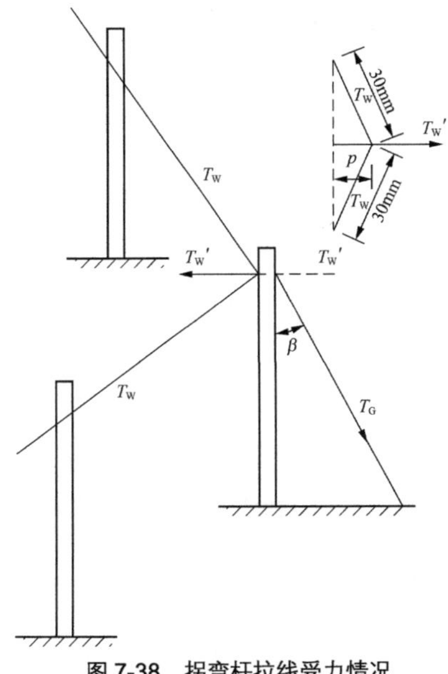

图 7-38　拐弯杆拉线受力情况

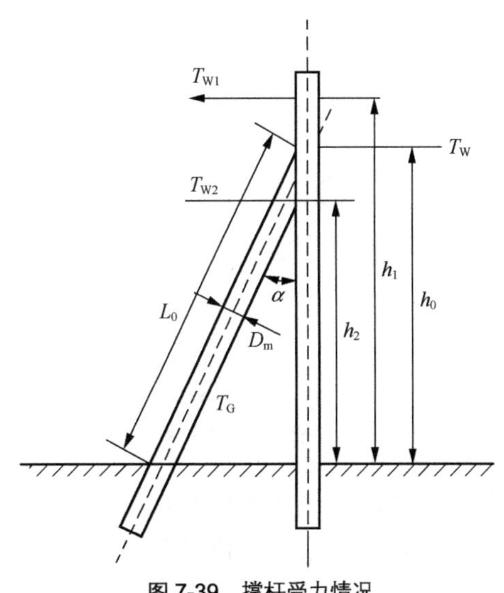

图 7-39　撑杆受力情况

（1）压力降低系数 Ψ

斜撑杆在受到线条的压力时，产生纵向弯曲压缩应力。纵弯压缩应力的大小与撑杆的斜度有关。压缩应力的降低系数为

$$\psi = 1 - 0.028\frac{l_0}{D_m}$$

式中：D_m 表示撑杆中部的直径（cm）；

l_0 表示撑杆的被压长度（cm）。

（2）纵弯曲时撑杆的压缩应力 σ_s

$$\sigma_s = \frac{T_G}{F_m\psi}$$

式中：T_G 为撑杆所承受的压力（与拉线受力的计算方法相同）；

F_m 为撑杆中部的横截面积（cm^2）。

（3）撑杆根部对土壤的压缩力 σ_k

$$\sigma_k = \frac{T_G}{F_k} \quad (\mathrm{kgf/cm^2})$$

式中：F_k 为撑杆根部横截面积（cm^2）。

如果土壤的承压能力小于 σ_k，则撑杆的根部应采取加固措施，如设置横木等措施。

（4）撑杆在支撑点的弯曲应力 σ

$$\sigma = \frac{M}{W}$$

M 和 W 的计算方法与拉线拉固点的弯曲力矩相同。

7.4.3.4　拉线安装技术要求

1．拉线一般选用比吊线大一型号的镀锌钢绞线，拉线的制作应符合要求（拉线上把、中把制作采用另缠法）；拉线盘的质量应符合预制品的质量要求；埋设地锚时，应分层（约 30cm 一次）填土夯实，钢柄地锚的出土长度为 30～60cm。钢柄地锚出土如图 7-40 所示。

2．单条吊线时拉线在电杆上的安装位置如图 7-41 所示。

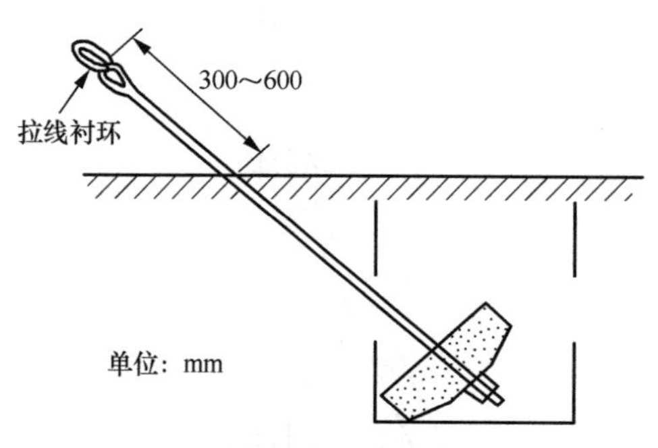

图 7-40　钢柄地锚出土示意图

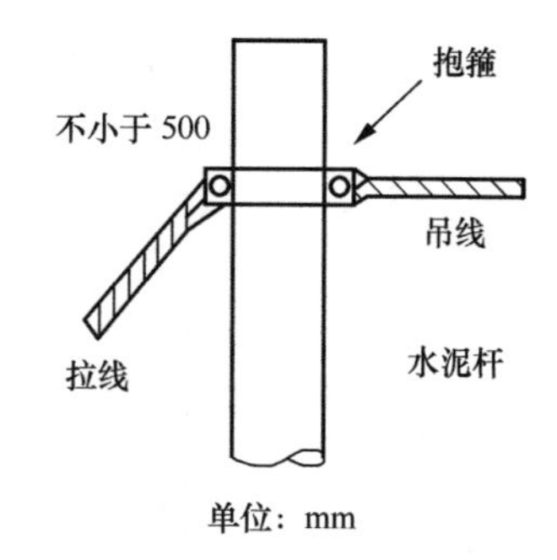

图 7-41　单条吊线时拉线在电杆上的安装位置示意图

3．双条吊线时拉线在电杆上的安装位置如图 7-42 所示。

4．吊板拉线的规格要符合图 7-43 的要求。

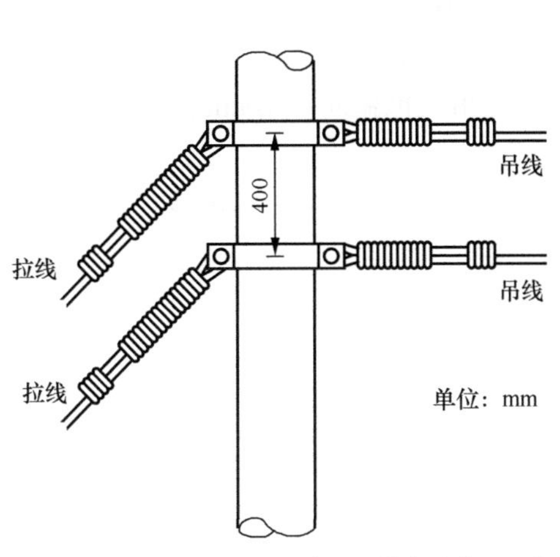

图 7-42　双条吊线时拉线在电杆上的安装位置示意图

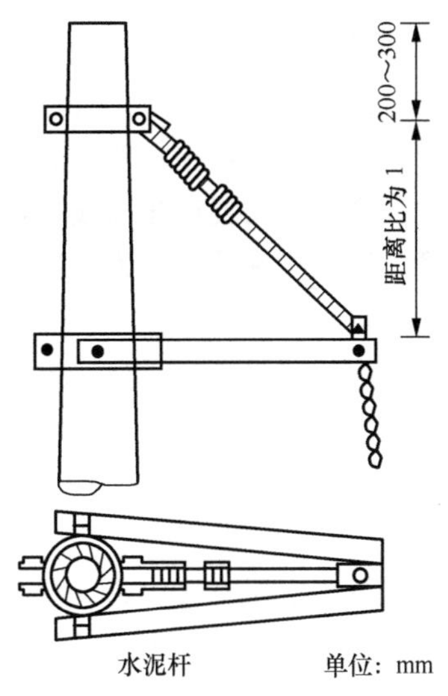

图 7-43　吊板拉线的规格示意图

5．拉线技术要求

（1）双方拉线，拉线与电缆吊线的规格可以相同。

（2）其余种类的拉线宜采用比电缆吊线规格大一级的钢绞线。

（3）线路角深较大时，应设顶头拉线。

（4）架空电缆长杆档应设杆间顶头拉线。

（5）靠近电力设施及热闹市区的拉线，应依据设计规定加装绝缘子，如图 7-44 所示。

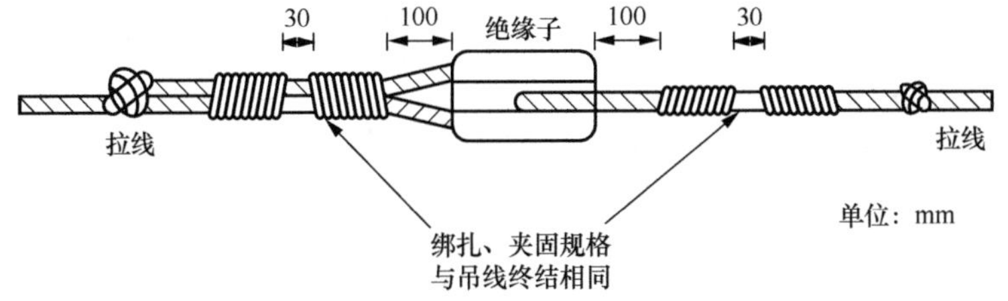

图 7-44　吊线、拉线安装绝缘子示意图

6．对于土质松软地带的角杆、跨越杆、终端杆等杆底必须垫底盘，以加强杆路的强度及稳定性。架空通信线路应相隔一定杆数交替设立抗风杆和防凌杆，其隔装数应符合表 7-30 的要求。

表 7-30　抗风杆和防凌杆隔装数　单位：根

风速	架空光电缆条数	轻、中负荷区		重、超重负荷区	
		抗风杆	防凌杆	抗风杆	防凌杆
一般地区（风速≤25m/s）	≤2	8	16	4	8
	＞2	8	8	4	8
25m/s＜风速≤32m/s	≤2	4	8	2	4
	＞2	4	8	2	4
风速＞32m/s	≤2	2	8	2	2
	＞2	2	4	2	2

7．拉线安装质量要求

（1）拉线方位角深一定要用皮尺测定，丈量角深以50m标准杆距为测定依据。

（2）拉线抱箍在电杆的位置，终端拉、顶头拉、角杆拉、顺线拉线一律装设在吊线抱箍的上方，侧面拉线装设在吊线抱箍的下方，拉线抱箍与吊线抱箍间距10cm±2cm，第一道拉线与第二道拉线抱箍间距为40cm。

（3）7×2.2钢绞线主吊线，角深在7.5m以下，拉线应采用7/2.2钢绞线；角深在7.5m以上，拉线应采用7/2.6钢绞线；顶头拉线采用7/2.6钢绞线。

（4）15m以上角深的角杆，应做人字拉线。拉线距离比1:1，但不得少于0.75，防风拉为8根杆一处，四方拉一般32杆左右设一处（最长不得大于48根杆距）；四方拉必须做辅助线装置。

（5）拉线不得有接头、无松弛锈蚀、地锚出土位置正确，不偏位，上、中、下把缠绕符合要求，所有铁件涂黑色防锈油漆或柏油。地锚出土30～60cm，拉线培土同电杆。

（6）拉线柄和地锚安装质量要求如下。

① 钢柄地锚及水泥拉线盘，地锚坑横木的规格见表7-31。

表7-31　钢柄地锚及水泥拉线盘，地锚坑横木的规格（mm）

拉线程式	水泥拉线盘（长×宽×厚）	钢柄地锚直径	地锚钢线程式	横木（根×长×直径）	备注
1×7/2.2	500×300×150	16	7/2.6	1×1 200×180	
1×7/2.6	600×400×150	20	7/3.0	1×1 500×200	
1×7/3.0	600×400×150	20	7/3.0 单条双下	1×1 500×200	
2×7/2.2	600×400×150	20	7/2.6 单条双下	1×1 500×200	2条或3条拉线合用一个地锚时的规格
2×7/2.6	700×400×150	20	7/3.0 单条双下	1×1 500×200	
2×7/3.0	800×400×150	22	7/3.0 双条双下	2×1 500×200	
V形2×7/3.0+1×7/3.0	1 000×500×150	22	7/3.0 三条双下	3×1 500×200	

② 凡角杆顺线拉线应用2 100mm×16mm钢柄地锚，防风拉线侧面拉线应用1 800mm×14mm钢柄的地锚，特殊杆应用2 400mm×19mm钢柄地锚，钢柄地锚出土为30～60cm，角杆拉线方位允许偏差5cm，其他钢柄地锚出土方位允许偏差10cm。八字拉钢柄地锚出土方位应向内移60～70cm。钢柄地锚出土如图7-40所示。

③ 埋设钢柄地锚斜口要深、要斜，上部拉线与钢柄成直线，回土要夯实，吊板拉线钢柄地锚原则上用混凝土浇注。拉线地锚埋深标准见表7-32。

表 7-32　　拉线地锚埋深标准

拉线程式	拉线地锚埋深（m）				
	普通土	硬土	水田	旱地	石质
7/2.2	≥1.3	≥1.2	≥1.4	≥1.4	≥1.0
7/2.6	≥1.4	≥1.3	≥1.5	≥1.5	≥1.1
7/3.0	≥1.5	≥1.4	≥1.6	≥1.6	≥1.2
2×7/2.2	≥1.6	≥1.5	≥1.7	≥1.7	≥1.3
2×7/2.6	≥1.8	≥1.7	≥1.9	≥1.9	≥1.4
2×7/3.0	≥1.9	≥1.8	≥2.0	≥2.0	≥1.5
上 2V 形×7/3.0 下 1	≥2.1	≥2.0	≥2.3	≥2.3	≥1.7

8．高桩拉线安装质量要求

（1）拉线桩

① 水泥杆线路用水泥杆拉桩。

② 高拉桩杆梢应向拉线合力方向反侧倾斜 60～80cm（见图 7-45）。

③ 拉桩根部应加底盘或拉线盘。

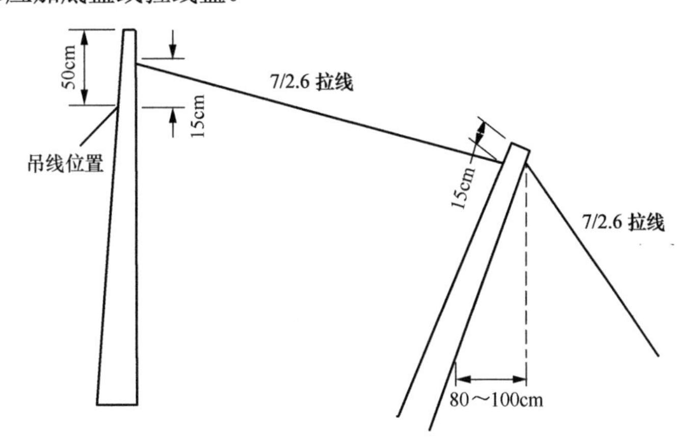

图 7-45　高桩拉线安装示意图

（2）副拉线

① 副拉线出土点与高拉桩的间距约等于高拉桩在地面的垂直高度。

② 副拉线的方向应和正拉线及电杆在一垂直面上。

③ 副拉线装置位置在高拉桩上采用拉线包箍固定，距杆梢不小于 15cm。

④ 副拉线采用另缠法，与一般拉线相同。

（3）正拉线

① 正拉线在高拉桩上与副拉线用同一副抱箍。

② 正拉线在电杆、拉桩上采用另缠法，规格与一般拉线上、中把相同。

9．撑杆安装质量要求

（1）不得在角深 7m 以上角杆装设撑杆。

（2）撑杆方应该在角杆内角平分线上，撑杆杆根要埋深40～60cm（见图7-46）。

（3）撑杆抱箍装在离杆顶15cm，水泥电杆抱箍装在吊线下10cm处。

（4）线路终端杆装置撑杆时在终端杆前一、二根电杆上装泄力拉线。

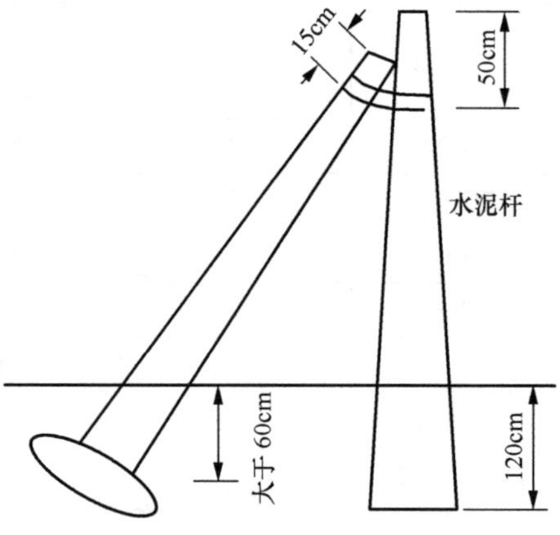

图7-46　撑杆安装示意图

7.4.3.5　收紧和更换拉线

1．收紧拉线

安装角杆拉线时，先做上把，再收紧拉线做中把。收紧双方、四方等不承受导线不平衡张力的拉线，都可以先解开拉线中把。用紧线钳收紧拉线并校正杆身，利用原线重缠中把并涂柏油。

2．更换拉线

更换角杆、顶头等承受不平衡张力的拉线时，应先做好临时拉线。更换双方、四方拉线，可先拆后装。

3．更换地锚

更换角杆、顶头拉线地锚时，应先做好八字形临时拉线，以便让出开挖地锚的位置。当临时拉线做好后，拆中把和挖地锚的操作可同时进行。在挖出旧地锚重埋新地锚时，如发现原地锚方向有偏差、洞深不够或拉距不合格，应加以改正。然后收紧拉线、做中把，拆除临时拉线。双方、四方拉线地锚更换，一般可不做临时拉线。

7.4.4　吊线装置

（1）吊线程式的选择

吊线程式可按加高地区不同的负荷区、光缆荷重、标准杆距等因素经计算确定。一般情况下常用杆距为50m，不同钢绞线在各种负荷区的杆距见表7-33。

表7-33　吊线规格选用

吊线规格	负荷区别	杆距（m）	备注
7/2.2	轻负荷区	≤150	
7/2.6	中负荷区	≤100	
7/3.0	重负荷区	≤65	

注：当杆距超过表7-33的范围时，宜采用辅助吊线跨越装置。

（2）吊线的规格程式和性能

吊线的规格程式和性能见表7-34。

表7-34　吊线的规格程式和性能表

规格程式（股数/单根线径）mm	外径（mm）	截面积（mm^2）	钢绞线自重（kg/km）	钢绞线总拉断力不小于（N）	弹性伸长系数	温度膨胀系数	钢绞线拉力强度极限（N/mm^2）
7/1.8	4.8	18.0	148.3	21 600	50×10^{-6}	12×10^{-6}	1 200
7/2.0	6.0	22.0	183.1	26 400	50×10^{-6}	12×10^{-6}	1 200

续表

规格程式（股数/单根线径）mm	外径（mm）	截面（mm^2）	钢绞线自重（kg/km）	钢绞线总拉断力不小于（N）	弹性伸长系数	温度膨胀系数	钢绞线拉力强度极限（N/mm^2）
7/2.2	6.6	26.6	221.5	31 920	50×10^{-6}	12×10^{-6}	1 200
7/2.6	7.8	37.2	309.3	44 640	50×10^{-6}	12×10^{-6}	1 200
7/3.0	9.0	49.5	413.4	59 400	50×10^{-6}	12×10^{-6}	1 200

（3）电缆吊线布放前，应装好吊线固定物，吊线应用三眼单槽夹板固定在电杆或吊线杆上；按先上后下、先难后易的原则确定吊线的方位；一条吊线必须在杆路的同一侧，不能左右跳；原则上架设第一条吊线时，吊线宜选择在人行道一侧或有建筑物的一侧。吊线夹板在电杆上的位置宜与地面等距，坡度变化不宜超过杆距的 2.5%，特殊情况不宜超过杆距的 5%。

（4）吊线夹板至杆梢的距离一般不小于 50cm，如因特殊情况，可略微缩短，但不得小于 25cm，各电杆上吊线夹板装设高度应力求一致，如遇有障碍物或上下坡时，可适当调整。

（5）布放电缆吊线时，发现吊线有跳股、纽绞和松散等有损吊线机械强度的伤、残，应剪除，剪除后重新接续再行布放。

（6）架设的吊线，在一档杆内不得有一个以上的接头。

（7）吊线接续可采用钢绞线卡子、夹板或另缠法，但衬环两端必须采用同一种方法接续。另缠法吊线接续方法如图 7-47 所示。（7/2.2 与 7/2.6）吊线接续示意如图 7-48 所示。

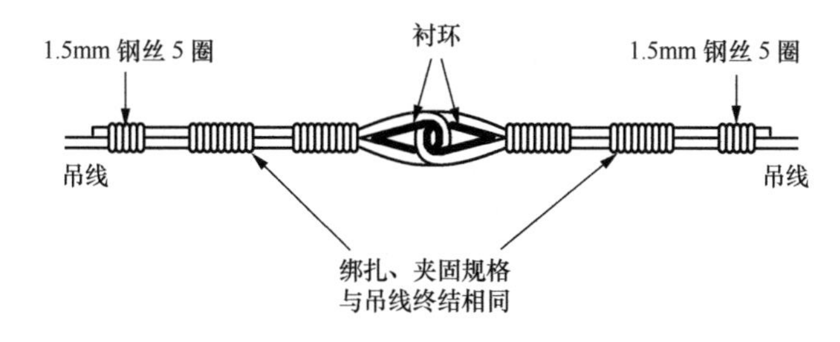

图 7-47　吊线接续示意图

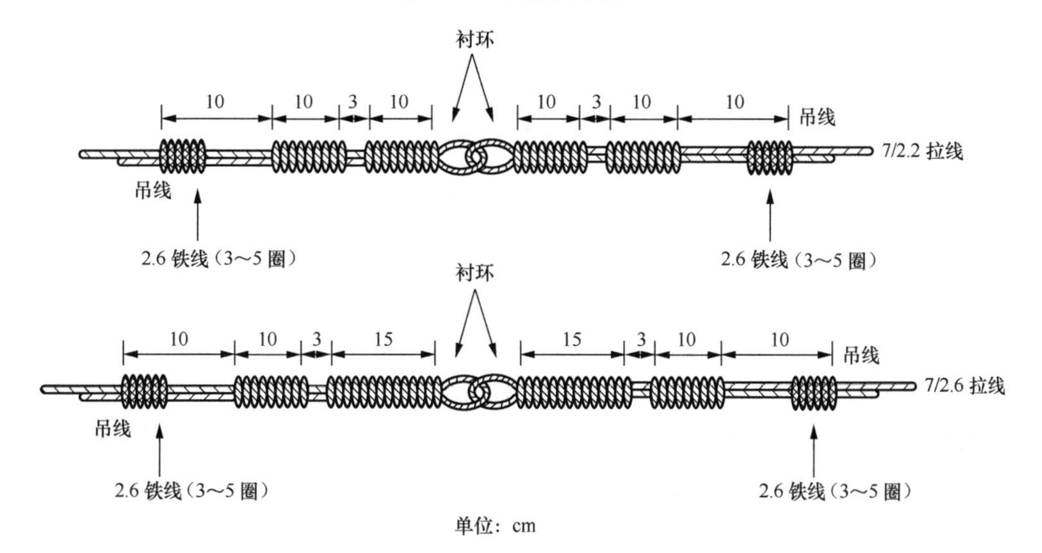

图 7-48　（7/2.2 与 7/2.6）吊线接续示意图

（8）吊线必须置于吊线夹板的槽中，夹板槽必须置在上方。

（9）吊线夹板唇口、直线杆夹板唇口应向电杆或支持物；角杆的夹板唇口应背向吊线的合力方向。

（10）吊线收紧后，对于角杆上的吊线，应根据角深的大小加装吊线辅助装置；角深为 5～10m 时（偏转角为 20°～40°）加装吊线辅助装置；角深为 10～15m（偏转角为 20°～60°）时，另缠法木杆角杆辅助装置如图 7-49 所示，水泥杆加装吊线辅助装置如图 7-50 所示；角深大于 15m 时，要做吊线终结并安装双条拉线。

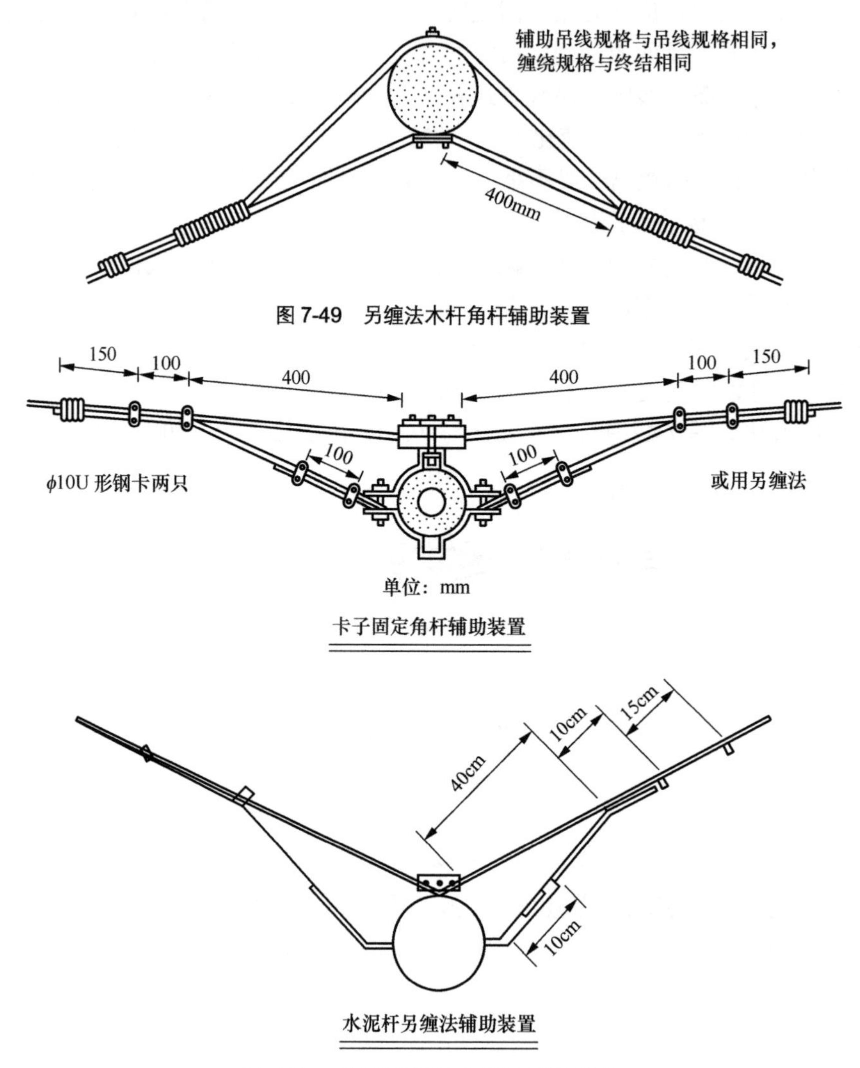

图 7-50　水泥杆加装吊线辅助装置示意图

（11）吊线在终端杆及角深大于 15m（偏转角大于 60°）的角杆上应做终结。吊线终结可采用钢绞线卡子、夹板或另缠法。

夹板法吊线终结如图 7-51 所示。

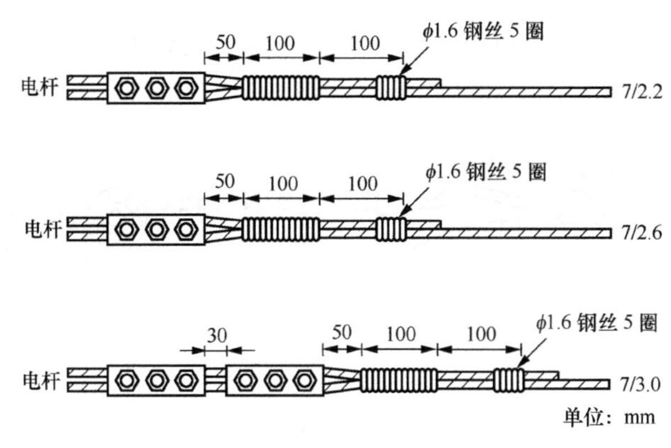

图 7-51　夹板法吊线终结示意图

另缠法吊线终结如图 7-52 所示，采用钢绞线卡子做吊线终结如图 7-53 所示。

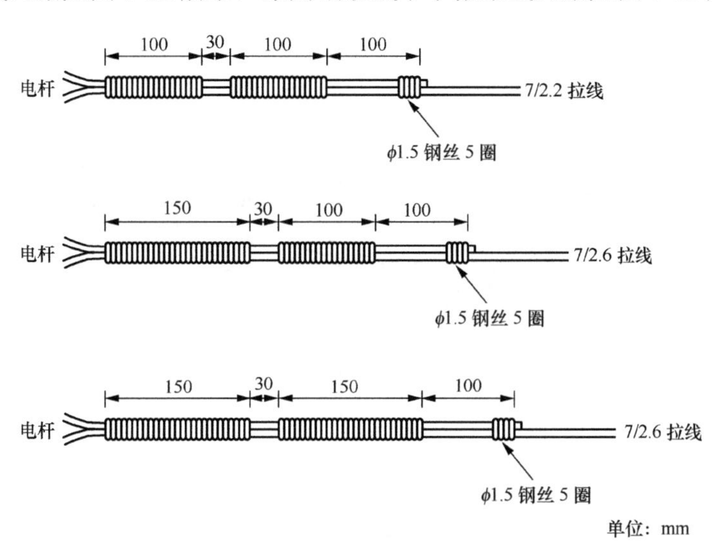

图 7-52　另缠法吊线终结示意图

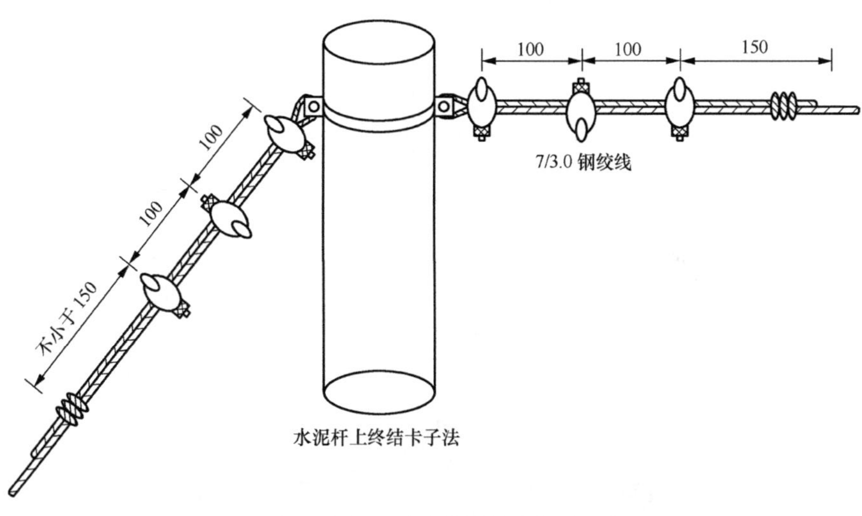

图 7-53　钢绞线卡子做吊线终结安装示意图

（12）收紧架空杆路吊线时，每段紧线距离最多不得超过 1 000m。如转角较多或吊线坡度变化时，可适当减少紧线距离。吊线收紧方法如图 7-54 所示。

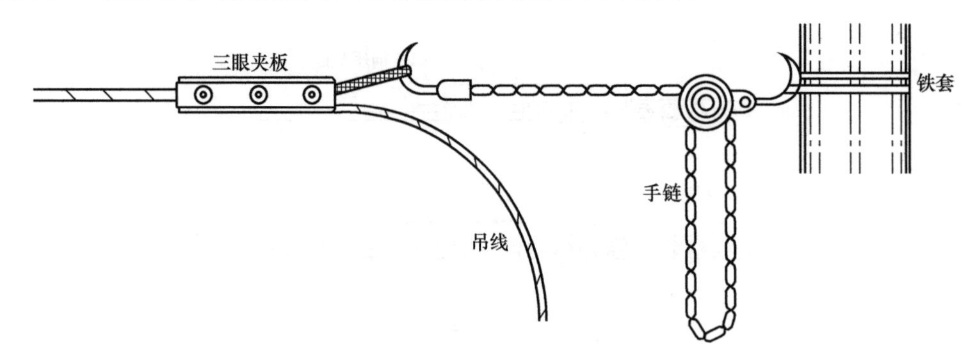

图 7-54　吊线收紧方法示意图

（13）吊线在电杆上的坡度大于杆距的 20%时，应加装（吊档）吊线仰角辅助装置或（担山）吊线俯角辅助装置，如图 7-55 和图 7-56 所示。

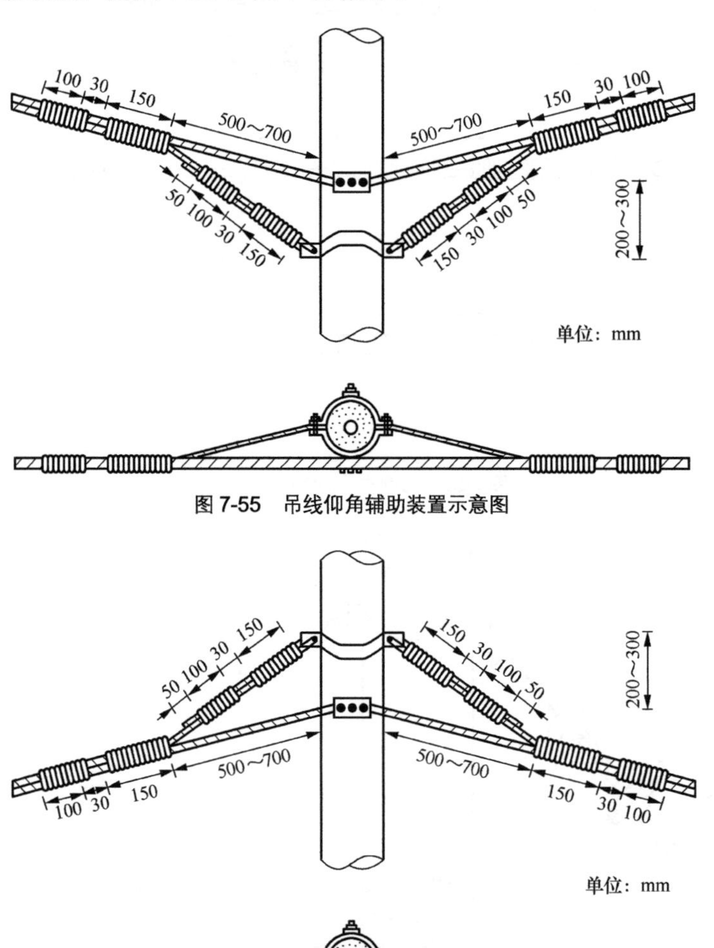

图 7-55　吊线仰角辅助装置示意图

图 7-56　吊线俯角辅助装置示意图

（14）相邻杆档光（电）缆吊线负荷不等，或在负荷较大的线路终端杆前，一条杆应按设计要求做泄力杆，光（电）缆吊线在泄力杆做辅助终结（假终结）。辅助终结（假终结）安装示意如图 7-57 所示。

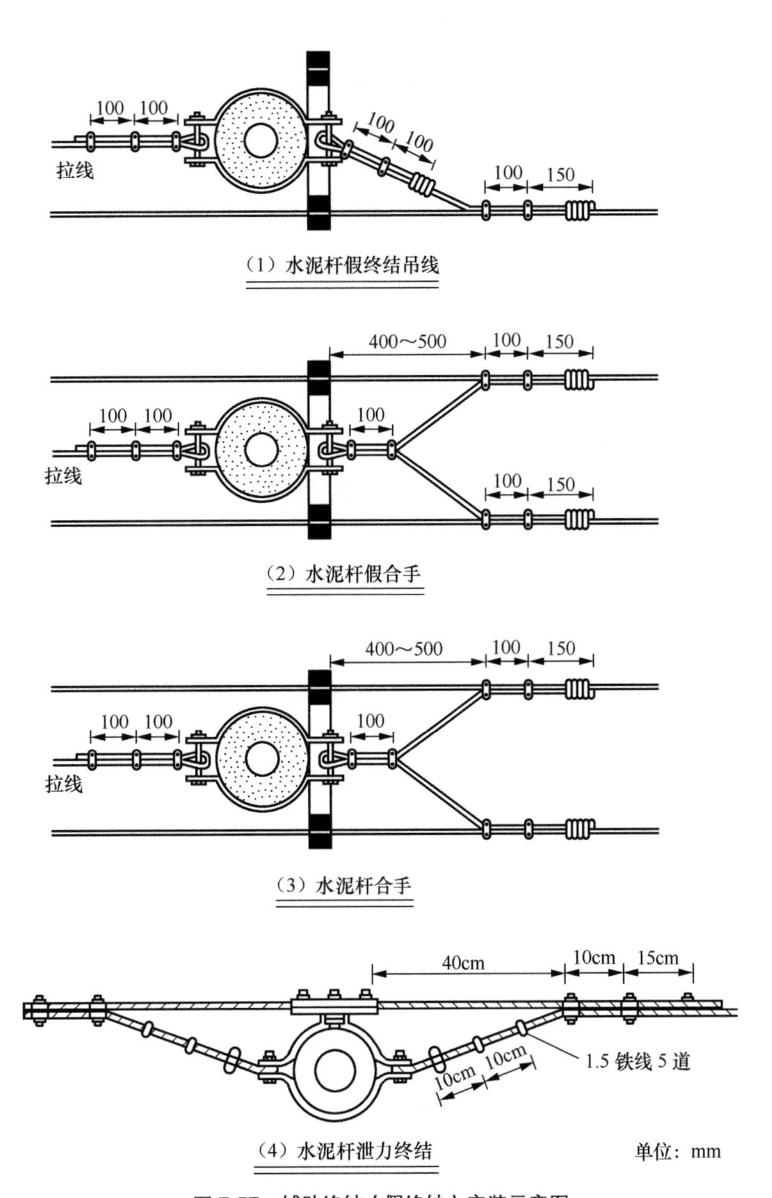

图 7-57　辅助终结（假终结）安装示意图

（15）两条十字交叉的吊线高度相差小于 40cm 时，应做十字吊线；两条吊线程式不同时，主干线路吊线应置于交叉的下方或程式大的吊线置于交叉的下方。十字吊线安装如图 7-58 所示。

（16）丁字路口两条吊线相交处不宜立杆时，可以做丁字结，丁字结规格如图 7-59 所示。

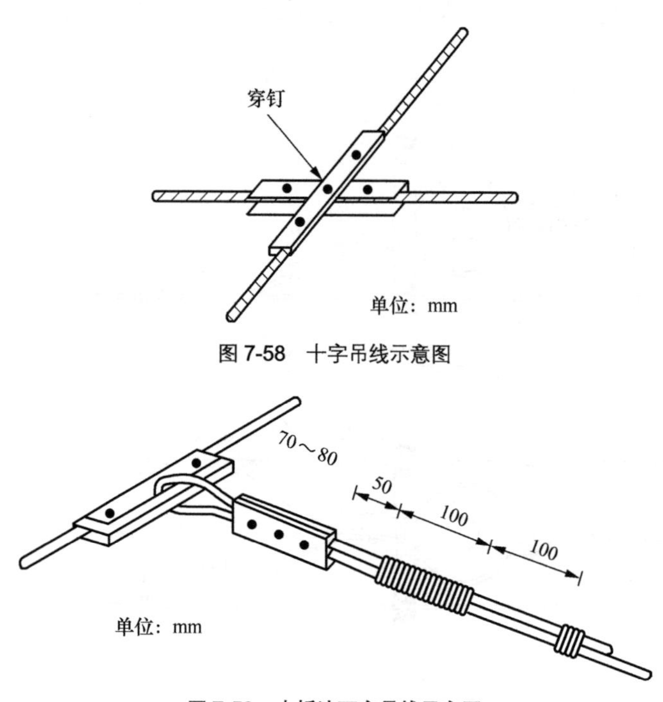

图 7-58　十字吊线示意图

图 7-59　夹板法丁字吊线示意图

（17）杆档距离过长、负荷较大时宜装设辅助吊线；长杆档辅助吊线的安装如图 7-60 所示。如果跨越较大河流，杆档距离超长（300m 以上）时，可以采用 H 杆并装设超长杆档辅助吊线（飞线）；超长杆档飞线 H 杆辅助吊线的安装如图 7-61 所示。飞线跨越杆距应符合表 7-35 中的要求。

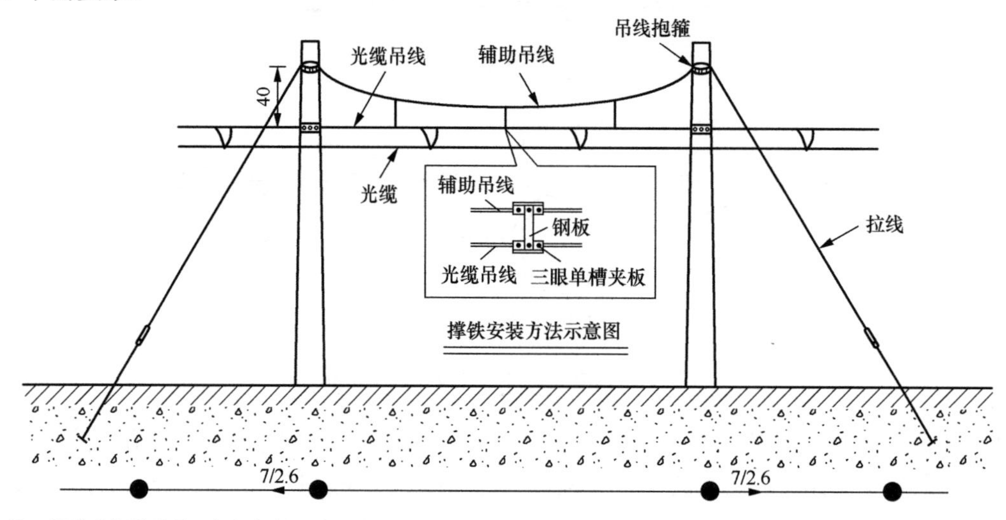

注：吊线夹板的数量可根据杆挡距离及荷载情况来确定，一般为奇数个。100m 以内的辅助吊线，每两个吊线夹板间间隔为 20~30m；100m 以上的辅助吊线，每两个吊线夹板间间隔为 30～50m。

图 7-60　长杆档辅助吊线施工示意图

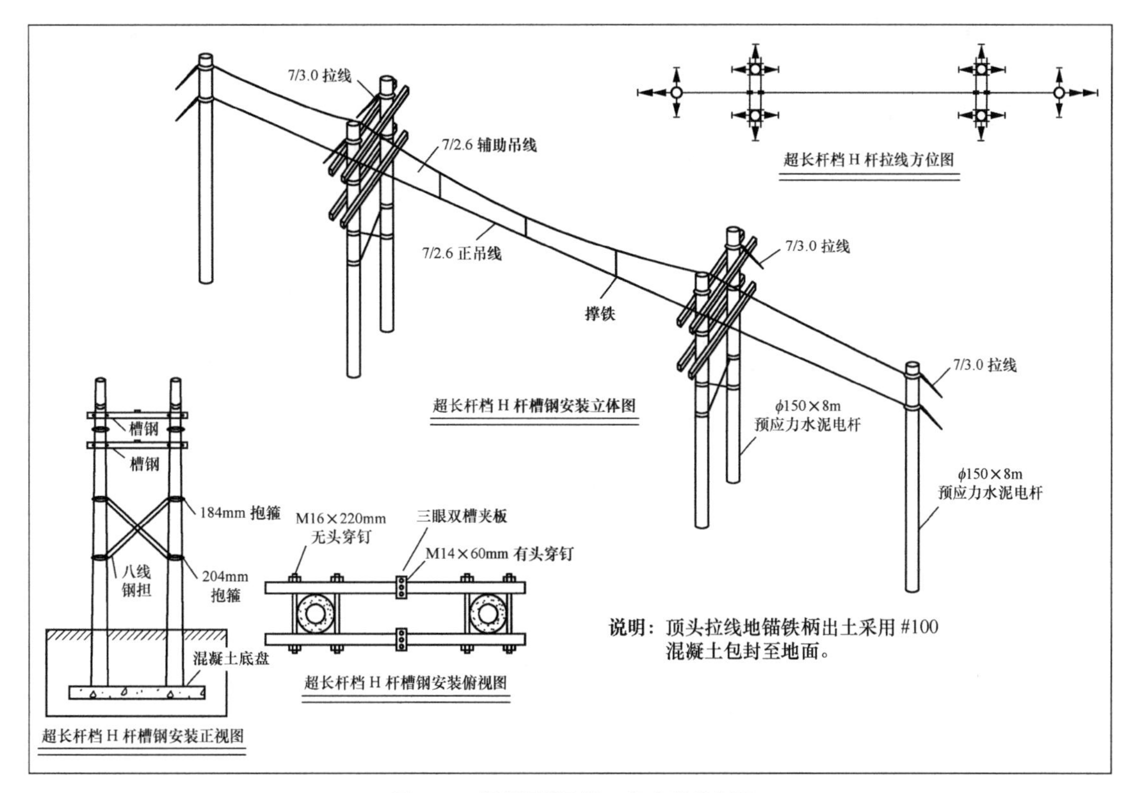

图 7-61　超长杆档飞线 H 杆安装示意图

表 7-35　　飞线跨越杆距范围（m）

负荷区	无冰及轻负荷区	中负荷区	重负荷区
无辅助吊线	≤150（100）	≤150（100）	≤100（65）
有辅助吊线	≤500（300）	≤300（200）	≤200（100）

注：1．超重负荷区不宜做飞线跨越，需要时应做特殊设计。
2．当每条吊线架挂的电缆质量大于 250kg/km 时，采用表中括号内的数值范围，质量大于 500kg/km 时不宜做架空飞线跨越。

飞线跨越档正吊线和辅助吊线的程式按光（电）缆质量、跨越杆距、气象条件等来设计，应符合表 7-36 中的要求。

表 7-36　　飞线跨越档吊线用钢绞线程式

负荷区	无冰及轻负荷区		中负荷区			重负荷区		
最大跨距（m）	150	500	100	150	300	65	100	150
正吊线（mm）	7/2.2	7/2.2	7/2.2	7/3.0	7/3.0	7/2.2	7/3.0	7/3.0
辅助吊线（mm）	—	7/3.0	—	—	7/3.0	—	—	7/3.0

（18）长杆档及飞线设计要求

① 飞线跨越杆距

飞线跨越杆距范围的限值主要考虑杆距加长后吊线及光（电）缆的垂度加倍增加而造成杆高设计困难。

② 飞线跨越杆高

飞线跨越杆高的选择应以杆路最终负载、最下层光（电）缆在最大垂度时来计算，飞线吊线的原始安装垂度应符合施工验收规范的要求。飞线跨越杆高计算示意如图 7-62 所示。

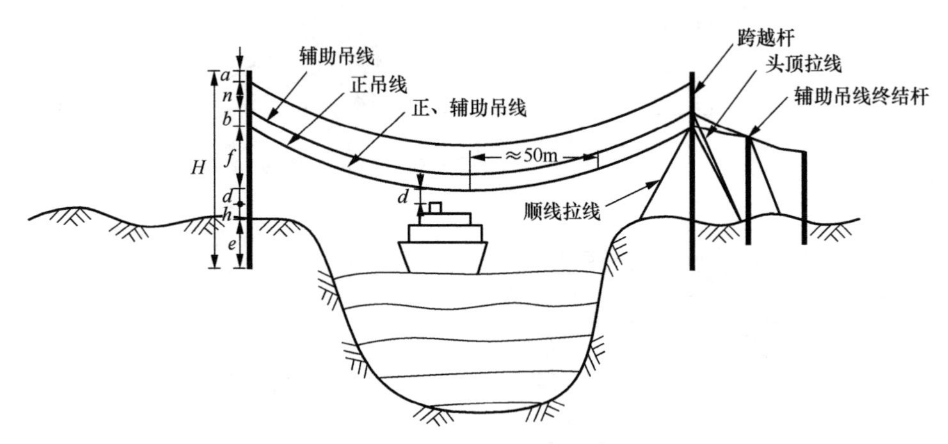

图 7-62　飞线跨越杆高计算示意图

图中：a——距杆梢的距离（0.5m）；

n——（光（电）缆层数−1）×0.6m；

b——正、辅助吊线间距（一般取 0.4～0.5m，也可用三眼双槽钢绞线夹板）；

f——最下层吊线和光（电）缆垂度（m）；

d——间距要求（m）；

h——最高水位航行时的最高船顶（桅）与立杆地面的高程差（m）；

e——电杆埋深（m）。

跨越杆高 $H=a+b+f+d+h+e$。

（19）吊线的安全系数

选用吊线钢绞线规格时必须考虑设计安全系数 K，K 值按表 7-37 取定。

表 7-37　吊线钢绞线安全系数

使用场合	安全系数
一般杆距	≥3.0
飞线双吊线中的正吊线	≥3.0
吊线上有人悬空作业	≥2.0
飞线双吊线中的副吊线	≥2.0

7.4.5　架空光（电）缆线路吊线原始安装垂度

7.4.5.1　架空光（电）缆线路吊线原始安装垂度

架空光（电）缆线路吊线原始安装垂度见表 7-38。

表 7-38　　架空光（电）缆线路吊线原始安装垂度表（mm）

吊线程式	7/2.2							7/2.6							7/3.0						
悬挂电缆质量 W（kg/m）	W≤2.12					W≤1.46		W≤3.02					W≤2.182		W≤4.15					W≤3.02	
气温 \ 杆距	25	30	35	40	45	50	55	25	30	35	40	45	50	55	25	30	35	40	45	50	55
−20℃	20	30	44	61	84	90	114	20	31	47	54	89	95	122	21	31	46	65	91	97	126
−15℃	21	31	45	64	89	94	120	21	32	49	67	93	99	128	22	33	48	68	96	102	132
−10℃	22	33	48	57	94	98	126	22	34	51	70	99	104	135	22	34	50	72	102	107	139
−5℃	23	34	50	71	100	103	132	23	35	54	74	105	109	142	23	36	58	76	108	112	147
0℃	24	36	53	75	106	108	140	24	37	57	78	111	115	150	24	38	55	80	115	118	156
5℃	25	38	55	79	112	114	147	25	39	60	83	112	122	159	26	40	58	85	128	125	165
10℃	26	40	59	84	120	121	157	27	41	64	88	127	129	169	27	42	62	91	132	133	176
15℃	27	42	62	90	129	128	166	28	43	68	94	137	137	180	28	44	66	97	143	141	187
20℃	29	44	66	96	138	136	178	30	46	73	101	148	146	193	30	47	70	104	155	151	201
25℃	30	47	71	103	151	145	189	31	49	78	109	160	156	206	32	50	75	113	169	162	217
30℃	32	50	76	112	156	156	205	33	58	84	118	175	168	224	34	53	81	122	185	174	234
35℃	33	53	82	122	171	168	221	36	56	91	123	192	182	243	36	57	88	133	205	188	255
40℃	37	58	89	133	189	181	239	38	60	99	140	212	197	254	39	62	95	149	225	205	277

注：在 20℃以下安装吊线时，偏差不大于标准垂度的 10%；20℃以上安装吊线时，偏差不大于标准垂度的 5%。

7.4.5.2 轻负荷区吊线原始垂度标准

轻负荷区吊线原始垂度标准见表 7-39。

表 7-39 轻负荷区吊线原始垂度标准（mm）

吊线程式	7/2.2							7/2.6							7/3.0						
悬挂电缆质量 W（kg/m）	W≤2.12					W≤1.46		W≤3.02					W≤2.182		W≤4.15					W≤3.02	
杆距／气温	25	30	35	40	45	50	55	25	30	35	40	45	50	55	25	30	35	40	45	50	55
−20℃	24	36	53	75	106	108	133	24	37	54	78	111	115	150	24	38	57	81	116	118	155
−15℃	25	36	56	80	114	114	141	25	39	57	83	119	122	159	25	40	59	85	124	125	164
−10℃	26	40	59	85	121	121	149	27	41	61	88	127	129	169	27	42	62	91	133	133	175
−5℃	27	42	62	90	129	128	159	28	43	65	94	137	137	180	28	44	66	97	143	141	187
0℃	29	45	66	96	140	136	169	30	46	69	101	148	146	193	30	47	71	105	155	151	200
5℃	31	47	71	104	151	146	182	32	49	73	109	160	156	207	32	50	76	113	169	162	218
10℃	33	50	76	112	165	156	195	34	52	79	118	175	168	224	34	53	81	122	185	174	233
15℃	35	54	82	122	180	168	211	26	56	87	128	192	182	243	36	57	83	134	203	188	253
20℃	37	58	89	133	200	182	229	38	60	93	140	212	197	264	39	62	96	147	225	205	276
25℃	40	63	97	147	219	197	249	41	66	101	155	235	214	288	42	67	104	162	250	223	302
30℃	43	69	106	162	243	215	272	45	71	111	171	260	234	315	45	73	115	180	277	245	331
35℃	47	75	118	180	270	235	298	49	78	123	191	289	257	345	50	81	128	201	305	270	362
40℃	52	83	131	202	300	258	327	53	87	137	213	321	283	370	54	89	143	225	341	297	398

7.4.5.3　中负荷区吊线原始垂度标准

中负荷区吊线原始垂度标准见表 7-40。

表 7-40　　中负荷区吊线原始垂度标准（mm）

吊线程式	7/2.2						7/2.6						7/3.0					
悬挂电缆质量 W（kg/m）	W≤1.32			W≤1.224			W≤3.02			W≤1.82			W≤4.15			W≤2.98		
杆距 / 气温	25	30	35	40	45	50	25	30	35	40	45	50	25	30	35	40	45	50
−20℃	23	34	53	86	86	124	24	37	56	94	341	119	24	38	56	88	906	131
−15℃	24	36	56	92	91	131	25	39	59	101	88	126	26	40	59	94	95	139
−10℃	25	38	59	99	961	140	27	41	63	108	937	133	27	52	62	101	100	143
−5℃	27	40	63	106	101	150	28	43	67	117	987	142	28	44	66	109	106	158
0℃	28	42	67	115	108	160	30	46	72	128	104	152	30	47	71	118	113	170
5℃	30	45	71	125	115	173	31	49	77	140	111	167	32	50	76	128	121	184
10℃	32	48	77	137	123	137	33	53	83	154	113	176	34	53	81	140	129	200
15℃	34	51	83	150	132	204	36	56	90	172	127	190	36	57	88	154	139	218
20℃	36	54	90	167	143	223	38	61	98	190	137	207	39	62	96	171	151	238
25℃	39	59	98	186	155	245	40	66	107	213	147	227	42	67	105	191	164	262
30℃	42	63	108	209	168	270	45	72	118	239	159	246	45	73	115	213	179	288
35℃	45	69	120	234	185	298	49	79	132	267	174	272	49	81	128	238	196	319
40℃	49	76	133	264	204	330	54	87	147	297	191	300	54	89	143	267	217	351

7.4.5.4　重负荷区吊线原始垂度标准

重负荷区吊线原始垂度标准见表 7-41。

表 7-41　　重负荷区吊线原始垂度标准（mm）

吊线程式	7/2.2						7/2.6						7/3.0					
悬挂电缆质量 W（kg/m）	W≤1.48			W≤0.57			W≤2.52			W≤1.224			W≤3.89			W≤2.31		
杆距 / 气温	25	30	35	40	45	50	25	30	35	40	45	50	25	30	35	40	45	50
−20℃	22	39	69	64	93	139	24	40	72	67	100	153	23	40	70	68	101	156
−15℃	23	41	74	67	98	148	25	42	78	71	106	165	24	42	75	71	108	167
−10℃	25	43	79	70	104	159	26	45	84	75	113	178	25	44	30	75	115	180
−5℃	26	46	86	74	111	171	27	48	91	79	121	193	26	47	87	80	122	195
0℃	27	49	93	79	119	185	28	51	99	84	130	209	28	50	94	85	131	212
5℃	29	52	102	83	127	201	30	54	109	89	140	228	29	53	103	90	141	232

续表

吊线程式	7/2.2						7/2.6						7/3.0					
悬挂电缆质量 W（kg/m）	W≤1.48			W≤0.57			W≤2.52			W≤1.224			W≤3.89			W≤2.31		
杆距 / 气温	25	30	35	40	45	50	25	30	35	40	45	50	25	30	35	40	45	50
10℃	30	56	112	89	137	220	32	59	120	95	151	251	31	57	113	96	153	255
15℃	32	60	125	95	149	241	34	63	134	100	164	276	33	62	126	103	167	280
20℃	34	66	139	102	162	266	30	69	150	110	180	300	35	67	140	111	182	309
25℃	37	72	157	110	176	293	39	75	170	119	198	335	38	73	158	121	201	341
30℃	40	79	178	119	194	324	42	83	191	130	218	307	40	80	178	132	222	375
35℃	43	88	202	130	215	357	45	92	217	142	242	405	44	89	220	144	246	411
40℃	47	98	228	143	238	393	49	100	245	157	268	443	48	99	228	159	273	448

7.4.6 光缆敷设安装的一般要求

（1）光缆在敷设安装中，应根据敷设地段的环境条件，在保证光缆不受损伤的原则下，因地制宜地采用人工或机械敷设方式。

（2）施工中应保证光缆外护套的完整性，并无扭转、打小圈和浪涌的现象发生；直埋光缆金属护套对地绝缘电阻应符合设计规范中的规定。

（3）光缆在敷设安装中最小曲率半径应符合表7-42中的规定。

表7-42　　光缆在敷设安装中最小曲率半径

光缆外护层形式	无外护层或04型	53型、54型、33型、34型	333型、43型
静态弯曲	10D	12.5D	15D
动态弯曲	20D	25D	30D

注：D是光缆外径。

（4）光缆线路的走向、端别应符合设计要求，分歧光缆的端别应服从主干光缆的端别；光缆在敷设前应先进行合理配盘。

（5）光缆敷设完毕，应保证缆线或光纤良好，缆端头应做密封防潮处理，不得浸水。对有气压维护要求的光缆应加装气门端帽，充干燥气体进行单段光缆气压检验维护。

7.4.7 架空光缆敷设安装要求

（1）架空光缆新杆路采用穿钉，旧杆路采用双吊线抱箍（或单吊线抱箍）固定吊线。吊线距杆梢下不小于40cm处。

（2）光缆吊线采用7/2.2镀锌钢绞线，挂钩采用25mm、35mm塑托挂钩，每隔50cm安装一只，允许偏差±3cm。挂钩在吊线上的搭扣方向应一致，挂钩托板应安装齐全、整齐。

（3）在电杆两侧的第一只挂钩各距离电杆25cm，允许偏差±2cm。

挂钩隔距及架空光缆在电杆上安装如图7-63所示。

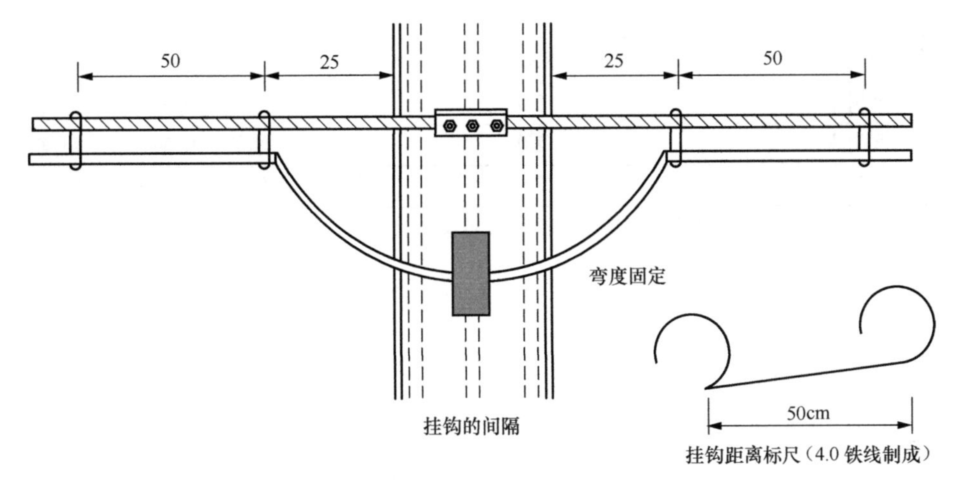

图 7-63　挂钩隔距及架空光缆在电杆上安装示意图

（4）架空光缆也可以采用缠绕方式进行敷设，利用捆扎式钢丝将光缆与吊线缠绕在一起。目前我国还没有捆扎式钢丝标准和定型产品，表 7-43 是参考美国吉美通机械有限公司产品的资料。

表 7-43　　捆扎式钢丝规格

钢丝型号	主要成分	抗张强度（MPa）	延伸率	破裂强度（N）	适用地区
430 合金	含铁地碳（12%）、磁性铬（14%～18%）和钢合金	480	15%～20%	500（线径 1.14mm）	一般地区
302 合金	含铁铬（18%）和镍（8%）的奥氏体合金	689	40%	720（线径 1.14mm） 513（线径 0.97mm）	近海、污染空气、酸雨
316 合金	含铁铬（18%）和镍（8%）及钼（2.5%）的奥氏体合金	827	35%	860（线径 1.14mm）	沿海、腐蚀性气体、污染地区

（5）吊线抱箍采用 D134、D164、D184（根据不同杆径配置）双吊线抱箍，吊线与抱箍采用三眼单槽夹板固定，固定穿钉采用ϕ12×50 规格的有头穿钉。

（6）吊线垂度应根据所在地区负荷等级（一般分无冰凌区、轻、中、重 4 个等级），满足相关国家规范要求。

（7）杆路与其他设施的最小水平净距，应符合表 7-44 的规定。

表 7-44　　杆路与其他设施的最小水平净距

其他设施名称	最小水平净距（m）	备注
消火栓	1.0	指消火栓与电杆距离
地下管、缆线	0.5～1.0	包括通信管、缆线与电杆间的距离
火车铁轨	地面杆高的 4/3 倍	
人行道路边石	0.5	
地面上已有其他杆路	地面杆高的 4/3	以较长标高为基准

续表

其他设施名称	最小水平净距（m）	备注
市区树木	0.5	缆线到树干的水平距离
郊区树木	2.0	缆线到树干的水平距离
房屋建筑	2.0	缆线到房屋建筑的水平距离

注：在地域狭窄地段，拟建架空光缆与已有架空线路平行敷设时，若间距不能满足以上要求，可以杆路共享或改用其他方式敷设光缆线路，并满足隔距要求。

（8）架空光（电）缆在各种情况下架设的高度，应不低于表 7-45 的规定。

表 7-45　　架空光（电）缆架设高度

名称	与线路方向平行时		与线路方向交越时	
	架设高度（m）	备注	架设高度（m）	备注
市内街道	4.5	最低缆线到地面	5.5	最低缆线到地面
市内里弄（胡同）	4.0	最低缆线到地面	5.0	最低缆线到地面
铁路	3.0	最低缆线到地面	7.5	最低缆线到轨面
公路	3.0	最低缆线到地面	5.5	最低缆线到路面
土路	3.0	最低缆线到地面	5.0	最低缆线到路面
房屋建筑物			0.6	最低缆线到屋脊
			1.5	最低缆线到房屋平顶
河流			1.0	最低缆线到最高水位时的船桅顶
市区树木			1.5	最低缆线到树枝的垂直距离
郊区树木			1.5	最低缆线到树枝的垂直距离
其他通信导线			0.6	一方最低缆线到另一方最高线条
与同杆已有缆线间隔	0.4	缆线到缆线		

注：与 10kV 以下（含 10kV）电力线同杆架设光缆时，电力线与光缆的最小垂直净距应不小于 2.5m（电力线在上，光缆在下）。

7.4.8　墙壁光（电）缆敷设安装要求

1．墙壁光（电）缆敷设安装要求

（1）不宜在墙壁上敷设铠装或麻油光（电）缆。

（2）墙壁光（电）缆距离地面高度应不小于 3m，跨街坊、院内通道等应采用钢绞线吊挂，其缆线最低点距地面高度应符合设计规范的要求。

（3）墙壁光（电）缆与其他管线的最小间距应符合设计规范的要求。

2．敷设吊线式墙壁光（电）缆要求

（1）吊线式墙壁光（电）缆使用的吊线程式应符合设计规范的要求，水平敷设的吊线在墙壁上的终端固定，中间支撑装置应安装牢固。

（2）墙上支撑的间隔应为 8～10m，终端固定物与第一只中间支撑的距离不大于 5m。

（3）垂直敷设的吊线在墙壁上，其终端装置应符合图 7-64 的要求。

（4）中间支撑 L 形支架、凸出支架、终端固定材料三眼拉攀（#1 拉攀）、U 形拉攀（#2 拉攀）分别如图 7-65 至图 7-68 所示。

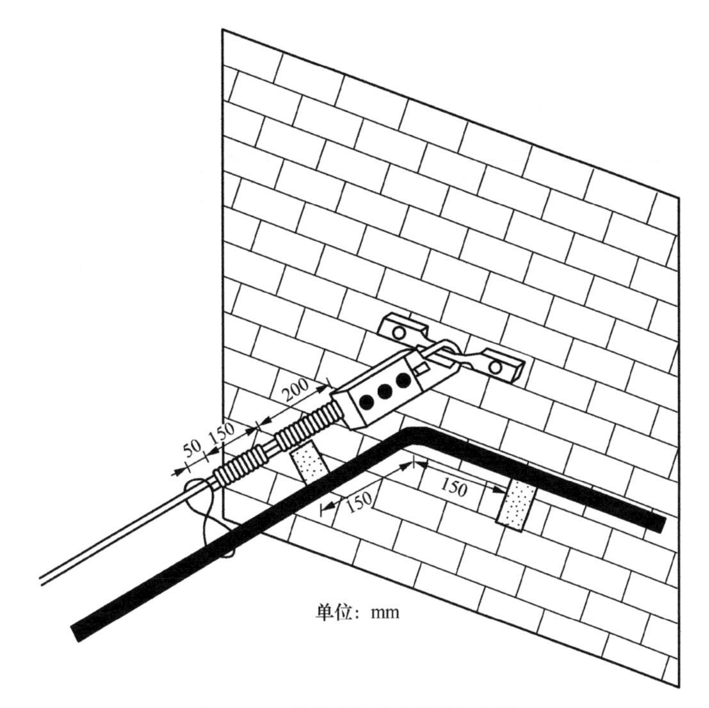

图 7-64　吊线在墙壁上终端示意图

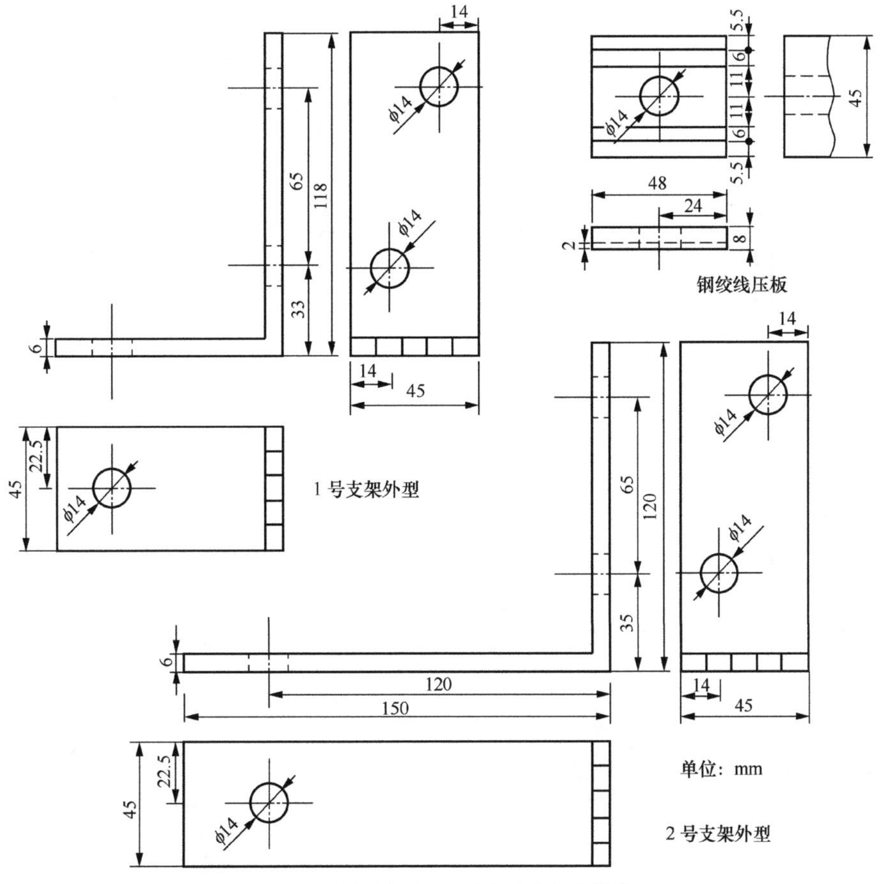

图 7-65　墙壁电缆 L 形支架（卡担）规格

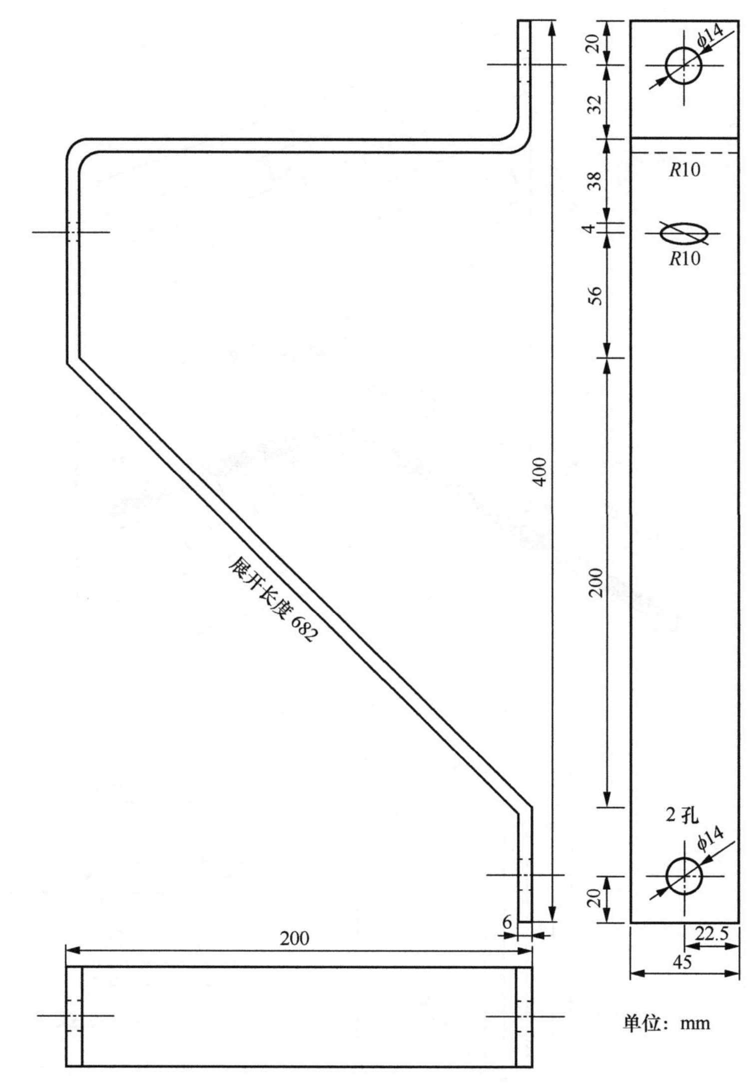

图 7-66　凸出支架规格示意图

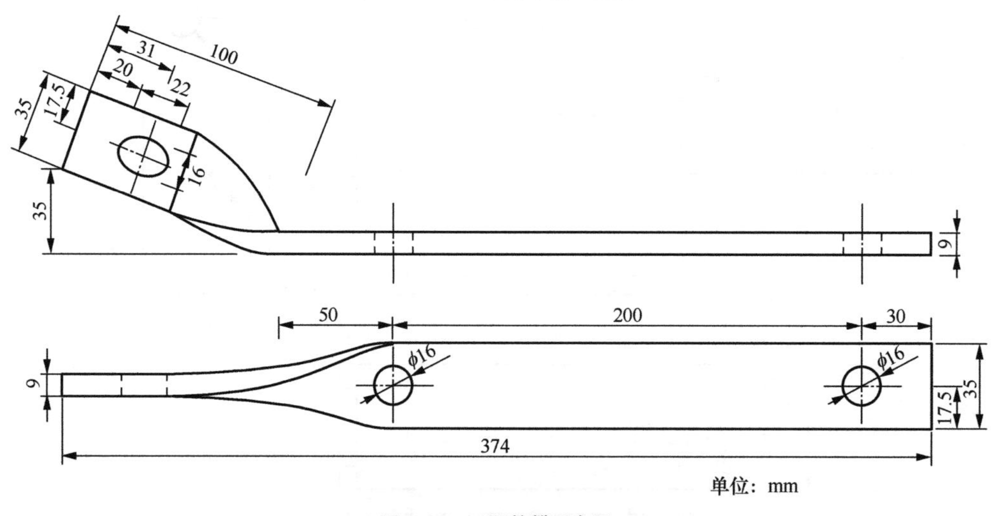

图 7-67　三眼拉攀示意图

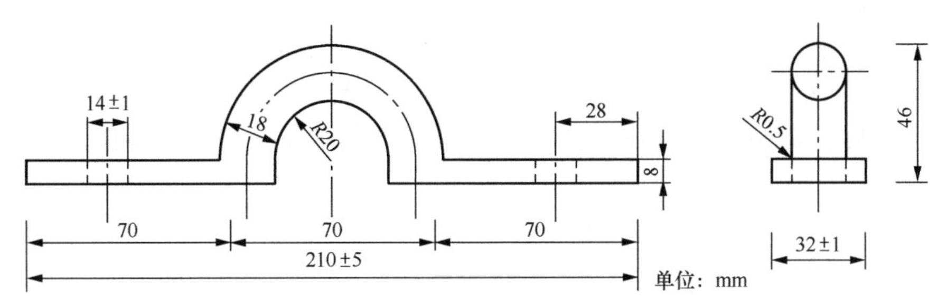

图 7-68　U 形拉攀（垂直拉攀）示意图

3．敷设卡钩式墙壁光（电）缆要求

（1）光缆以卡钩式沿墙壁敷设时，应在上外套塑料管加以保护。

（2）应根据设计要求选用卡钩，卡钩必须与光（电）缆保护管外径相配套。

（3）墙壁架空光（电）缆的卡钩间隔要求与杆路架空的挂钩间距要求相同。墙壁架空光（电）缆转弯两侧的卡钩间隔应为 150～250mm，两侧距离应相等。

4．敷设钉固式墙壁光（电）缆要求

（1）严禁在外墙使用木塞钉固光（电）缆。

（2）钉固螺丝必须在光（电）缆的同一侧。

5．日本的墙壁光（电）缆安装（采用走线槽）如图 7-69 所示。

图 7-69　在日本拍摄的墙壁光（电）缆安装现场照片

7.5　管道光缆及局内光缆敷设安装技术要求

7.5.1　管道光缆敷设安装要求

（1）敷设管道光缆的孔位应符合设计要求。

（2）管道光缆按人工敷设方式考虑，有条件时也可采用机械牵引敷设。在一个管孔内先穿放子管（一般在外径 98 大管内为 4 根ϕ30/25mm 子管、110 大管内可穿放 5 根子管），光缆穿放在子管内，子管口用自粘胶带塞子封闭。子管在人孔中应伸出管道 5～20cm（注：验收规范要求 20～40cm，根据施工经验，子管在人孔中伸出太长会妨碍其他缆线的穿放），本期工程不用的子管，管口应安装塞子。同一工程光缆应尽量穿放在同色的子管内。

（3）光缆在人（手）孔内用纵剖聚乙烯螺旋管或网状塑料管保护（螺旋管伸入子管内 5cm），并用尼龙扎带绑固在电缆托板上，做好预留。为便于维护，光缆在人（手）孔内应挂上小标志牌。

（4）距离较长的本地网光缆也有采用硅芯管穿放的，硅芯管内壁摩擦系数较小，可采用先进的气流穿放方法。

（5）硅芯管应具有良好的密封性，管内充气压力达到 80～100psi（5.5～6.9bar）的情况下，2 分钟内的压降应不大于 20psi（1.38bar）。

（6）光缆在各类管材中穿放时，管材的内径应不小于光缆外径的 1.5 倍。

（7）子管敷设要求

① 连续布放子管的长度不宜超过 300m，牵引子管的最大拉力不应超过材料的抗张强度，牵引速度要求均匀。

② 同一管孔中子管颜色应为不同色谱。布放子管前，应将 4 根子管用铁线捆扎牢固。子管不得跨人（手）孔敷设，子管在两人（手）孔间的管道段内不应有接头。

（8）光缆敷设要求

① 光缆出管孔 150mm 内不得做弯曲处理，在敷设过程中不能出现小于规定曲率半径的弯曲以及拖地、牵引过紧现象。

② 穿放光缆前，所用管孔必须清刷干净。穿放光缆后在人（手）孔内、子管外的光缆应按设计要求保护。

③ 管道落差大的地方不能采用机械牵引布放光缆。

④ 光缆穿入管孔或管道拐弯或有交叉时，应采用导引装置或者喇叭口保护管，不得损伤光缆外皮，根据需要可在光缆周围涂中性润滑剂。

⑤ 光缆一次牵引长度一般不超过 1 000m，超长时应采取盘倒“8”字分段牵引或中间加辅助牵引。不允许断缆布放。气流敷设一般单向长度不超过 2 000m。

⑥ 光缆占用的子管或硅芯管应用专用堵头封堵管口。

⑦ 在每个人（手）孔内的光缆上，均应按照设计要求或建设单位的规定安装识别标志。

（9）当光缆在公路管道中（该管道建筑在软土地基上）敷设时，公路沉降对光缆线路的危害比较突出，特别是在路桥接合部的不均匀沉降会导致管道变形，人手孔开裂等问题，其他大孔径管道和光缆管道同沟时也存在类似的问题。因此，应尽量在沉降稳定后的管道中敷设光缆。

7.5.2 引上光缆的敷设安装要求

（1）引上保护管的材质、规格、安装地点应符合设计要求。

（2）引上管采用ϕ100mm 镀锌钢管，内穿ϕ34/28mm 子管 4 根，引上光缆布放在子管内。子管应尽量延伸至光缆吊线下 50cm 处并绑扎在电杆上。引上钢管的上端用油麻和自黏物等封堵。光缆在电杆上安装引上光缆及保护管如图 7-70 所示。

在墙壁上安装引上光缆及保护管如图 7-71 所示。

（3）根据广东目前情况，如果采用钢管作为引上保护管，在引上光缆安装完毕后需要采取混凝土包封防盗。

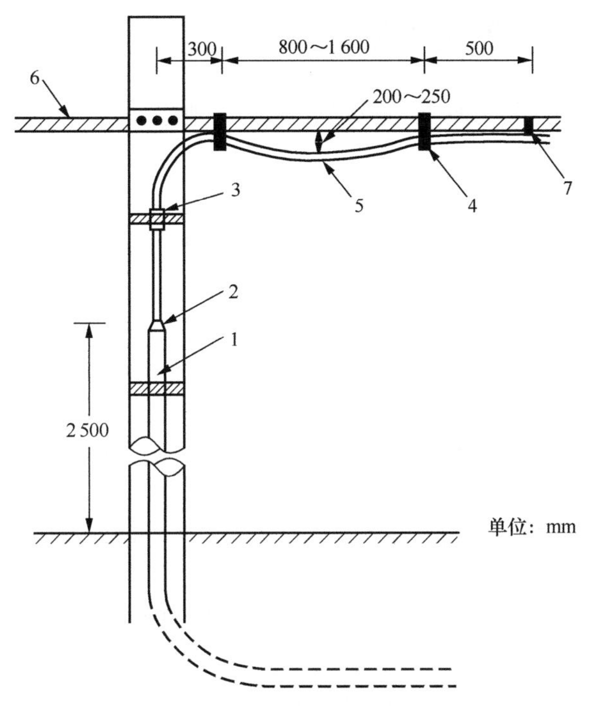

1—引上保护管；2—子管；3—胶皮垫；4—扎带；
5—伸缩弯；6—吊带；7—挂钩

图 7-70　光缆在电杆上安装引上光缆及保护管示意图

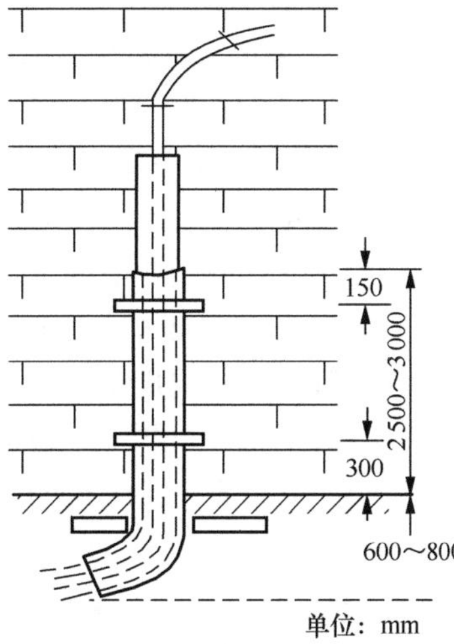

图 7-71　在墙壁上安装引上光缆及保护管示意图

7.5.3　光缆交接箱安装要求

7.5.3.1　光缆交接箱安装方式的选择

光缆交接箱安装方式应根据线路情况和环境条件选定，且应满足下列条件。

1．具备下列条件时可设落地式交接箱。

（1）地理条件安全平整、环境相对稳定。

（2）有建设手孔和交接箱基座的条件，并与管道人（手）孔距离较近，便于沟通。

（3）接入交接箱的馈线（主干）光缆和配线光缆为管道方式或埋式。

2．具备下列条件时可设架空交接箱。

（1）接入交接箱的配线光缆为架空方式。

（2）郊区、工矿区等建筑物稀少的地区。

（3）不具备安装落地式交接箱的条件。

3．交接设备也可以安装在建筑物内。

7.5.3.2　光缆交接箱的安装要求

（1）室外落地式交接箱应采用混凝土底座，底座与人（手）孔间宜采用管道连通，不得采用通道连通。底座与管道、箱体间应有密封防潮措施。安装的位置、高度应符合设计要求，箱体安装必须牢固、可靠、安全，箱体的垂直度偏差应不大于 3mm。

（2）交接箱必须单独设置地线，接地电阻不得大于 10Ω。

（3）交接箱位置的选择应符合下列要求。

① 符合城市规划，不妨碍交通并不影响市容观瞻的地方。

② 靠近人（手）孔便于出入线的地方。

③ 无自然灾害、安全、通风、隐蔽、便于施工维护、不易受到损伤的地方。

（4）下列场所不得设置交接箱。

① 高压走廊和电磁干扰严重的地方。

② 高温、腐蚀、易燃易爆工厂仓库、容易淹没的洼地附近及其他严重影响交接箱安全的地方。

③ 其他不适宜安装交接箱的地方。

（5）交接箱位置设置在公共用地的范围内时，应获得有关部门的批准文件；交接箱设置在用户院内时，应得到业主的批准。

（6）交接箱编号应与出局馈线（主干）光缆编号相对应，应符合电信业务经营者有关本地线路资源管理的相关规定。

（7）光缆及尾纤、跳纤、适配器在光缆交接箱内的安装位置、路由走向及固定方式应符合设计要求，并符合交接箱说明书的要求。

（8）架空交接箱应安装在 H 杆的工作平台上或建筑物的墙壁上，工作平台的底部距地面应不小于 3m，且不影响地面通行。

（9）交接箱装备零件应齐全，接头排无损坏，端子牢固，编扎好的成端应在箱内固定，并进行对号测试和绝缘测试，漆面应该完好。

（10）光缆引入交接箱应排列绑扎整齐，弯曲处满足曲率半径的要求，交接箱号、光缆编号、纤序的漆写（印）应符合设计要求。

（11）交接箱内跳纤应布放合理、整齐、无接头，且不影响模块支架开启。

7.5.4 局内光缆的敷设安装要求

（1）光缆进局及成端应符合下列要求。

① 室内光缆应采用非延燃外护套光缆，如果采用室外光缆直接进入机房，必须采用严格的防火处理措施（一般采取缠绕阻燃胶带的方法）。

② 具有金属护层的室外光缆直接进入机（楼）房时，应在光缆进线室对金属护层做好接地处理。

③ 在大型机楼内布放光缆需跨越防震缝时，应在该处留有适当余量光缆。当光缆处于容易受外界损伤的位置时，应采取保护措施。

④ 光缆在室内应做好防雷措施（请参阅“通信线路的防护措施”章节的相关内容）。

（2）由于局内光缆路由各局站的情况不同，有些比较复杂，因此，宜采用人工布放方式施工。布放时，每层楼及拐弯处均应设置专人负责，统一指挥牵引，牵引时应保持光缆呈松弛状态，严禁出现打小圈或死弯，安装的曲率半径应符合规范要求。

（3）局内光缆应直接放至传输机房的光纤配线架上，光缆应敷设在进线室托架及机房走线架和槽道中，敷设的位置应符合设计要求。光缆在室内要排放整齐，不重叠、不交错、不上下穿越或蛇行；并每隔一定的距离进行必须的绑扎和系上标志牌。上、下走道或爬墙的绑扎部位应垫胶管或塑料垫片，避免光缆承受过大的侧压力。

（4）光缆进局预留长度一般为 15～20m，预留位置为进线室，做好固定绑扎挂牌。

（5）局内光缆敷设。

① 光缆进局管孔进入进线室，进线室管孔需要堵塞严密，避免渗漏。

② 进入机房到 ODF 架需经过竖井、室内槽道，机房内线槽和 ODF 顶上无光缆余留，架（槽）内光缆布放排列整齐、无悬空、固定安全，出入缆的线孔有防火、防鼠封堵措施。光缆在槽道的位置应尽量靠边走，以减少其他施工对光缆造成损伤，绑扎牢靠。

③ 弯曲半径符合要求，一般不小于光缆直径的 15 倍（见图 7-72 和图 7-73）。

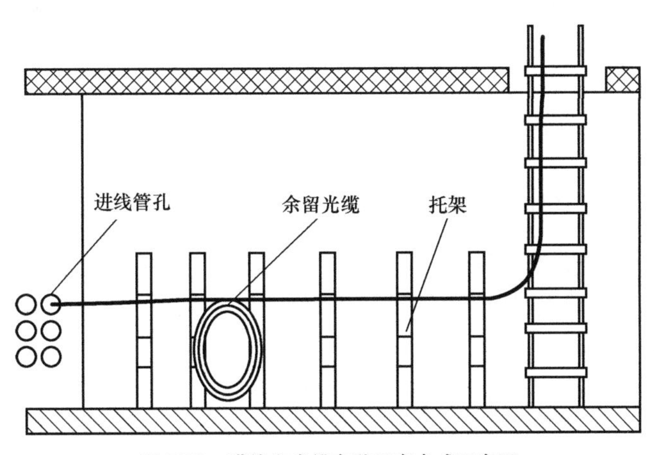

图 7-72　进线室光缆安装固定方式示意图

（6）进局光缆的外护层应完整，无可见的损伤；横放的光缆接头应依次排列，接头任一端距光缆转弯处应不小于 2m。光缆在 ODF 架上的固定和接地装置要规范，光缆开剥后用软管保护，保护软管在明显位置粘贴标签。

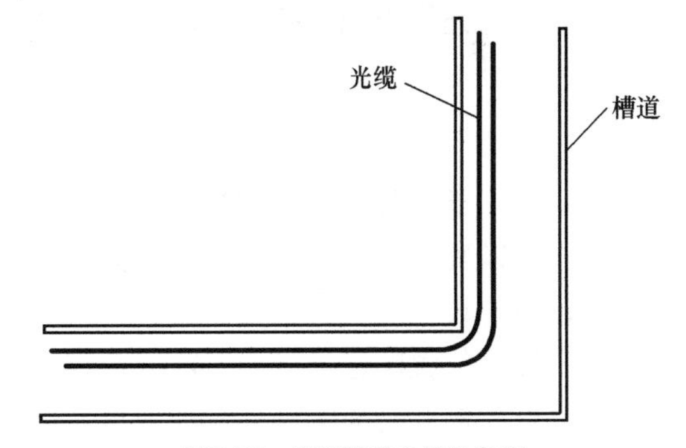

图 7-73　光缆槽道走线示意图

（7）机房内干线 ODF 架不得与本地网混用，光缆终端安装位置应平稳安全，远离热源，ODF 架上尾纤捆绑整齐，标签标示清楚、内容准确，备用纤芯尾纤连接器有端帽。

（8）ODF 架光缆成端处所有的金属构件（金属铠装层和加强芯）必须良好接地；并用不少于 25mm^2 的铜线接到机房地线排。

（9）光纤成端应按纤序规定与尾纤熔接，预留在 ODF 架盘纤盒中的光纤及尾纤应有足够的盘绕半径，并稳固、不松动。光纤成端后，纤号应用明显的标志，尾纤在机架内盘绕应大于规定的曲率半径。自终端接头引出的尾巴光缆或单纤光缆所带的连接器，应按设计要求插入光配线架，暂时不插入的连接器应盖上塑料帽。

（10）局内光缆标志牌设置及色谱排列。

① 光缆的标志明显，内容清楚、准确、无错挂，多缆同走线排列布放时，同一点应并列

挂牌。

② 一条光缆两个方向，要标明来去方向及端别。在易动、踩踏等不安全部位，应对光缆做明显标志，如缠扎有色胶带，提醒人们注意，避免外界损伤。

③ ODF 架面板有标注纤序分配，纤芯全色谱顺序统一为：蓝、橙、绿、棕、灰、白、红、黑、黄、紫、粉红、天蓝，终端裸纤预留 130cm 以上，盘纤要安全、整齐。

④ ODF 尾纤的纤芯编号及 ODF 面板标签必须使用标签打印机打印并一一对应，不得手写。标签纸颜色为一干红色、二干黄色，黑色黑体字（如图 7-74 所示）。

说明：

制作规格和材料要求如下。

A. 材料：普通纸、过塑材料。

B. 制作工艺：电脑制版、打印过塑。

C. 字体：五号黑色黑体。

使用范围和要求：机房 ODF 线路侧尾纤。

○ 光缆名称：	纤芯号：

一干用红色标签、二干用蓝色标签，
字体为五号黑色黑体字

图 7-74 ODF 面板标签示意图

7.5.5 光纤与光缆的接续要求

7.5.5.1 光缆接续的基本内容

（1）根据设计的规定选择光缆程式、纤序、端别、接头两端的光缆预留长度及接头盒的安装位置和固定方式。

（2）光缆接续的基本内容包括：光纤接续、铜导线、金属护层、加强芯的安装；接头衰减测量和接头盒封装。

7.5.5.2 光缆接续前的准备工作

（1）应根据接头盒（套管）的工艺尺寸开剥光缆外护层，不得损伤光纤。

（2）对填充型光缆，接续时应采用专用清洁剂去除填充物，严禁用汽油清洁。

（3）光纤、铜导线应编号，并做永久性标记。

（4）光缆接续前应检查两端的光纤、铜导线的质量，合格后方可进行接续。

7.5.5.3 接头位置选择和接续方法

（1）光缆宜采用密封防水结构，并具有防腐蚀和一定的抗压力、张力和冲击力的能力的接头盒，符合设计要求。

（2）接头位置的选择：施工前，应根据复测路由计算出光缆敷设总长度以及光纤全程传输质量要求，进行光缆配盘；光缆应尽量做到整盘敷设，以减少中间接头。配盘后直埋接头应选择在地势平坦和地质稳定的地点，应避开水塘、河流、沟渠及道路等；管道和架空光缆接头应避开交通要道口和角杆；架空光缆接头应落在杆上或杆旁 1m 左右，每个接头处，光缆与光纤均应留有一定的余量，以备日后抢修或二次接续用。

（3）接续方法：长途和本地网光缆光纤接续采用熔接法，中继段内同一根光纤的熔接衰减平均值不应大于 0.06dB/个（1 310nm 波长，OTDR 双向测试，取平均值）。光缆接续前应核对光缆程式和端别；检查两段光缆的光纤质量，合格后方可进行接续并作永久性标记。对不具备熔接的环境可采用冷接法。光纤接头衰减限值应满足表 7-46 的规定。

表 7-46　　光纤接头衰减限值

光纤类别＼接头衰减	单纤（dB）		光纤带光纤（dB）		测试波长（nm）
	平均值	最大值	平均值	最大值	
G.652	≤0.06	≤0.12	≤0.12	≤0.38	1 310/1 550
G.655	≤0.08	≤0.14	≤0.16	≤0.55	1 550
G.651	≤0.04	≤0.10	≤0.10	≤0.25	850/1 310

注：1．单纤平均值的统计域为中继段光纤链路的全部光纤接头损耗。
2．光纤带光纤平均值的统计域为中继段内全部光纤接头损耗。
3．单纤冷接衰减应不大于 0.1dB/个。

（4）操作环节注意事项

① 光缆接续必须认真按照操作工艺的要求执行；光缆各连接部位及工具、材料应保持清洁，确保接续质量和密封效果。

② 光纤接续严禁用刀片去除一次涂层或用火焰法制备端面；对填充型光缆，接续时应采用专用清洁剂去除填充物，禁止用汽油清洁；应根据接头套管的工艺尺寸要求开剥光缆外护层，不得损伤光纤。

③ 光缆接续应连续作业，以确保接续质量，当日确实无法完成的光缆接头应采取措施，不得让光缆受潮。

④ 光缆接头两侧的光缆金属构件均不连通，同侧的金属构件相互间也不连通，均按电气断开处理。在各局站内，光缆金属构件间均应互相连通并连接保护地线排接地。

⑤ 光纤预留在接头盒内的光纤盘片上时，应保证其曲率半径不小于 30mm，且盘绕方向应一致，无挤压、松动。带状光缆的光纤接续后应理顺，不得有“S”弯。

⑥ 接头盒内应放置防潮剂和接头责任卡。

⑦ 热可缩套管热缩后应保持外形美观、无变形、无褶皱、无烧焦，熔合处无空隙、无脱胶、无杂质等不良状况。

⑧ 封装完毕后，应测试检查并做好记录；有气门的接头盒应做充气试验。需要做接地引出线的应符合设计要求。接头盒密封后应保持良好的水密性和气密性。

（5）光缆与设备的连接：光缆与设备的连接采用活接头方式，活接头插入衰耗要求（0.5dB，反射衰耗），缆间接续采用固定熔接方式接头。

7.5.5.4　接头盒的安装

接头盒应设置在安全和便于维护抢修的地点。

（1）直埋光缆接续前、后均应测量光缆金属护层对地绝缘，以确认单盘光缆的外护层是否完整，接头盒封装是否密封良好。直埋光缆对地绝缘监测缆应按设计规定引接，接头盒按设计规定安装在接头坑内（注：直埋光缆接头盒在接头坑内的安装图见“直埋光缆敷设”相关章节内容），并采用水泥盖板保护。

（2）架空光缆从两侧进光缆的接头盒可安装在电杆附近的吊线上，立式接头盒可安装在电杆上，安装在电杆上时，应不影响上杆；接头盒安装必须固定牢靠、整齐，两侧必须做预留伸缩弯。架空光缆接头盒安装固定如图 7-75 所示。

光缆接头盒在人（手）孔内宜安装在常年最高积水水位以上的位置，采用保护托架、爆炸螺丝或其他方法承托，并采取保护措施。光缆接头盒在人（手）孔内安装方式如图 7-76 所示。

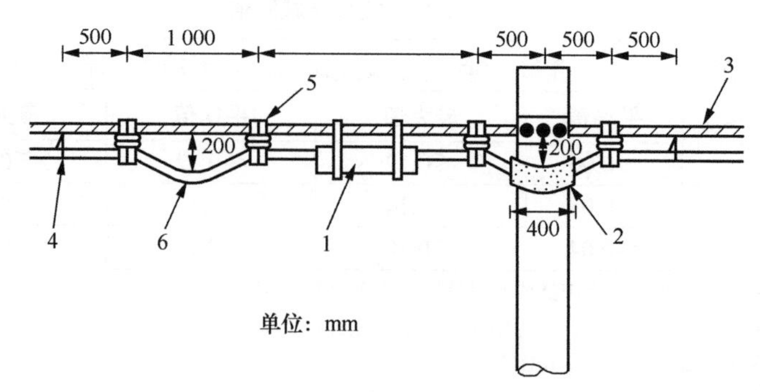

1—光缆接头盒；2—聚乙烯管；3—吊线；4—挂钩；5—扎带；6—伸缩弯

（a）架空光缆接头盒水平安装示意图

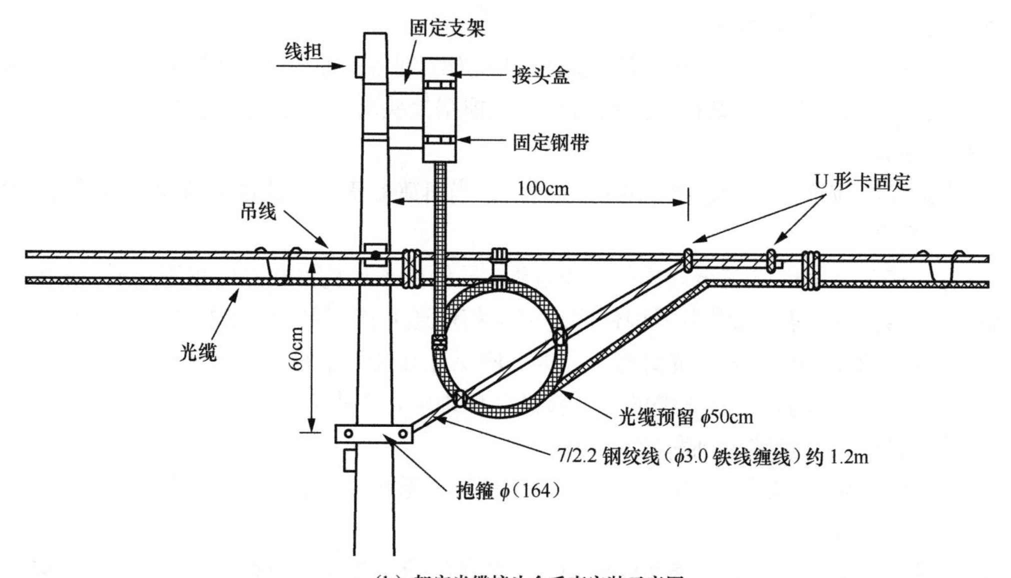

（b）架空光缆接头盒垂直安装示意图

图 7-75　架空光缆接头盒安装示意图

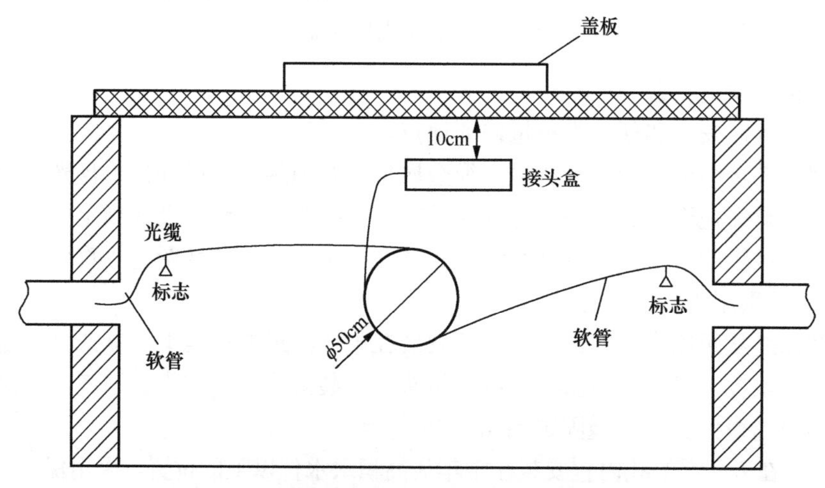

图 7-76　光缆接头盒在人（手）孔内固定示意图

7.5.6　光缆的预留处理

（1）对于有进线室的局所，光缆进出局所时在进线室进行预留，预留长度为 10～20m；对于无进线室的局所，光缆预留在局前第二个人井内，预留长度为 15～20m，基站的引接架空光缆可以预留在末端杆上，预留长度为 20m（亦可以预留走线架上）。

（2）管道光缆在接头及引上处作适当预留，预留长度为 6～10m，管道光缆在人(手)孔内弯曲增长度考虑为 0.5～1m/人（手）孔。

（3）架空光缆在接头处两侧电杆作适当预留，预留长度为 10m，架空光缆可适当地在电杆上做“U”形预留，每处预留长度为 0.2m。架空光缆预留支架安装如图 7-77 所示。

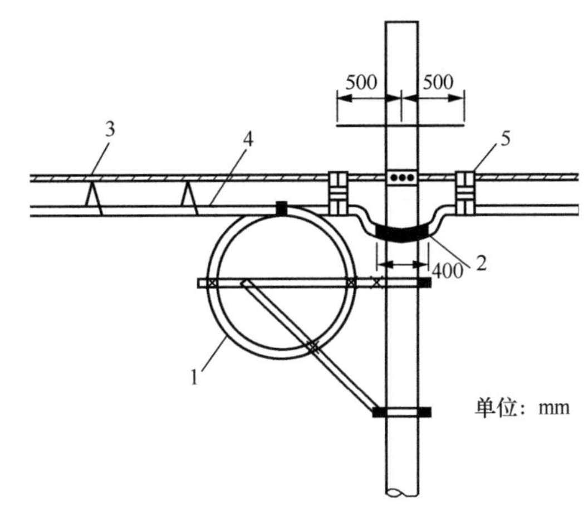

1—预留光缆；2—聚乙烯管；3—吊线；4—挂钩；5—扎带

图 7-77　架空光缆预留支架光缆安装示意图

架空光缆利用吊线预留安装如图 7-78 所示。

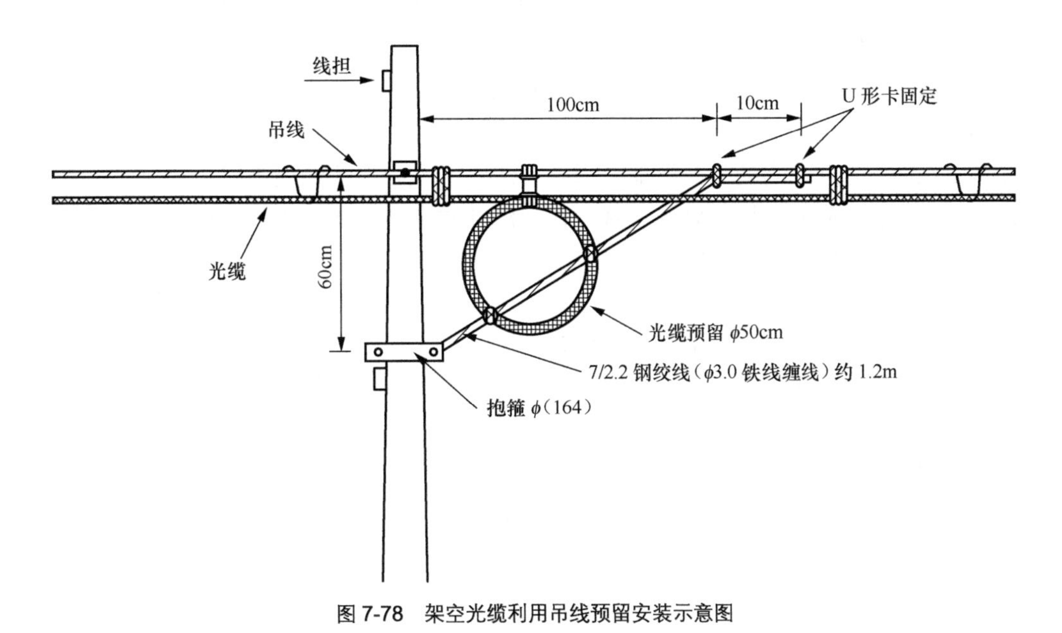

图 7-78　架空光缆利用吊线预留安装示意图

（4）光缆穿越河流、跨越桥梁、穿越公路等特殊地段，每处应预留 5～30m 的光缆。

（5）光缆须盘成 60cm 直径的缆圈，并绑在电缆托架或加固在井壁、引上杆路等适当位置。

（6）光缆敷设安装的重叠、增长及预留长度可结合工程实际情况参照表 7-47 进行确定。

表 7-47　　光缆敷设安装的重叠、增长及预留长度参考值

项目	敷设方式			
	直埋	管道	架空	水底
接头每侧预留长度	5～10m	5～10m	5～10m	
人（手）孔内自由弯曲长度		0.5～1m		
光缆沟或管道内弯曲长度	7%	10%		
架空光缆弯曲增长			7%～10%	
地下局站内每侧预留	5～10m，可按实际需要调整			
地面局站内每侧预留	10～20m，可按实际需要调整			
因水利、道路、桥梁等建设规划导致的预留	按实际需要			

注：上述数据是引用 YD 5102-2010 中的数据，根据多年的实践经验，管道内及架空光缆弯曲增长不需要那么多，5%～7%比较合适。

7.6　直埋光缆敷设技术要求

7.6.1　直埋光缆路由选择

直埋路由应选择地质稳固、地势平坦的丘陵地区或平原地区耕地、山地，一般情况下应不选择或少选择下列地点。

（1）易滑坡（塌方）地点：应减少或远离新开道路边，易取土、易水冲刷的山坡、河堤、沟边等斜坡、陡坡。

（2）易水冲的地点：应减少在山地汇水点、河流汇水点、桥涵边缘、山区河（沟）。

（3）易开发建设范围：尽量离开或减少在经济开发区、新道路规划、市政设施规划、农村自建房和鱼塘、果树用地等范围。

（4）威胁大的各种设施：现有地下管线、高压干线、输变电站、独立大树等，应符合隔距要求。当确实无法满足隔距要求时，要进行加固保护。

（5）避开含有酸、碱强腐蚀或杂散电流电化学腐蚀严重影响的地段。

7.6.2　光缆埋深要求

光缆的埋深直接影响到光缆的安全、寿命，对光缆传输系统正常运行至关重要，在工程中应严格执行相关规范对光缆埋深的有关条款。光缆埋深应符合表 7-48 的规定。

表 7-48　　光缆埋深标准表

敷设地段及土质	埋深（m）
普通土、硬土	≥1.2
砂砾土、半石质、风化石	≥1.0
全石质、流沙	≥0.8
市郊、村镇	≥1.2
市区人行道	≥1.0

续表

敷设地段及土质		埋深（m）
公路边沟	石质（坚石、软石）	边沟设计深度以下 0.4
	其他土质	边沟设计深度以下 0.8
公路路肩		≥0.8
穿越铁路（距路基面）、公路（距路面基底）		≥1.2
沟渠、水塘		≥1.2
农田排水沟（沟深 1m 以内）		≥0.8
河流		按水底光缆要求

注：1．边沟设计深度为公路或城建管理部门要求的深度。

2．石质、半石质地段应在沟底和光缆上方各铺 100mm 厚的细土或沙土，此时光缆的埋深相应减少。

3．上表中不包括冻土地带的埋深要求，其埋深在工程设计中应另行分析取定。

7.6.3　直埋光缆与其他建筑设施间的最小净距

直埋光（电）缆与其他建筑设施间的最小净距应符合表 7-49 的要求。

表 7-49　直埋光（电）缆与其他建筑设施间的最小净距

名称		平行时（m）	交越时（m）
低压电力杆、通信杆、广播杆及拉线		1.5	
通信管道边缘（不包括人孔）		0.75	0.25
非同沟的直埋通信线路		0.5	0.25
埋式电力电缆	电压<35kV	0.5	0.5
	电压≥35kV	2	
供水管	管径小于 30cm	0.5	0.5
	管径 30～50cm	1	
	管径大于 50cm	1.5	
高压石油管、高压天然气管		10	0.5
油（气）库、加油站、加油罐、天然气	市内	15	钢管保护可减至 10m
	郊外	30	
热力管、下水管、排水管		1.0	0.5
高压热力管		5.0	0.8
煤气管	压力小于 0.3MPa	1	0.5
	压力 0.3～1.6MPa	2	0.5
一般公路、土路、桥梁、砖瓦窑		3.0	
排水沟		0.8	0.5
房屋建筑红线（或基础）和棚房（不包括农田保温棚）		1	
树木	市内、村镇、果树、路旁行树	0.75	
	市外	2	
水井、坟墓、猪圈、粪坑、厕所、积肥地、沼气池、氨水池		3	

续表

名称		平行时（m）	交越时（m）
高压电力杆塔的接地装置		50	
发电厂、变电站的地网边缘		200	
易燃和可燃品的堆场、贮罐、库房或生产车间		35	
易爆危险品（如炸药等）仓库	库存容量≤2t	160	
	库存容量＞2t	220	

注：1. 直埋光缆采用钢管保护时，与水管、燃气管、输油管交越时的净距可降低为 0.15m。
2. 对于杆路、拉线、孤立大树和高耸建筑，还应考虑防雷要求。
3. 大树指直径 300mm 及以上的树木。
4. 穿越埋深与光缆相近的各种地下管线时，光缆宜在管线下方通过。
5. 隔距达不到上表要求时，应采取保护措施。

7.6.4 直埋光缆的敷设要求

7.6.4.1 直埋光缆的敷设

（1）光缆沟线路尽量取直。

（2）按当地土质达到设计的深度，直埋光缆线路埋设深度符合规定，其埋深一般土质不小于 1.2m，因砂砾土、坚石等条件限制时，或小于规定埋深的 2/3，需有相应的水泥封沟或其他保护措施。

（3）直埋光缆沟宽度适宜，一般上宽 60cm，底宽 30cm，沟底平整无碎石；石质、半石质沟底应铺 10cm 厚的细土或沙土。光缆沟要求见图 7-79。

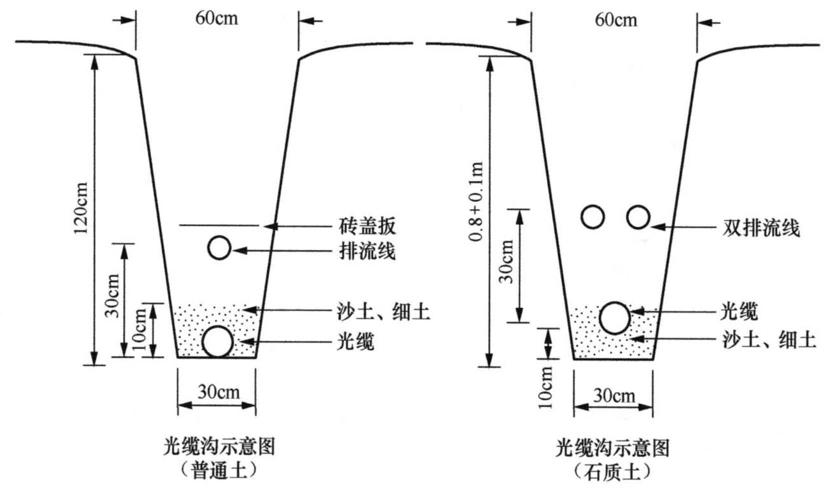

图 7-79 光缆沟要求示意图

（4）拐弯点要成弧形，最小曲率半径应不小于规范要求值。两转弯点间的光缆沟应成直线，与中心的偏差不应超过±50cm，不应挖成蛇弯，直线上遇有障碍物时可以绕开，但在绕开后仍应回到原来的直线位置上，否则应按转弯处理。

（5）光缆宜采用人工敷设方式。光缆在敷设过程中不能出现小于规范要求的曲率半径的弯曲以及拖地、牵引过紧现象。

（6）光缆敷设在坡度大于 20°、坡长大于 30m 的斜坡上时，宜采用“S”形敷设；在坡度大于 30°、较大坡长的斜坡地段敷设时，宜采用特殊结构光缆（一般为钢丝铠装光缆）。光缆“S”形敷设方式如图 7-80 所示。

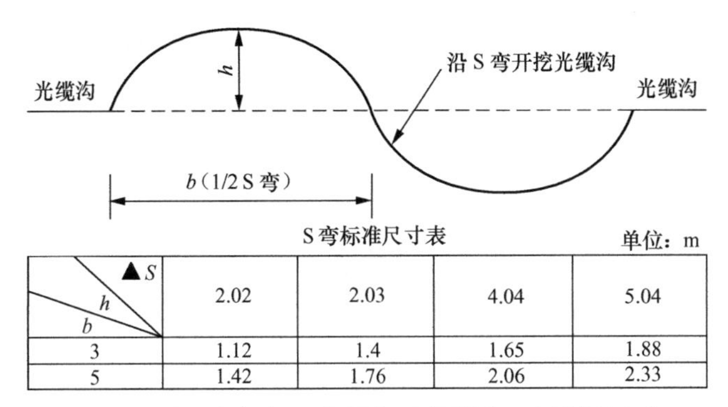

▲S / h / b	2.02	2.03	4.04	5.04
3	1.12	1.4	1.65	1.88
5	1.42	1.76	2.06	2.33

注：一个 S 弯预留长度▲S 根据实际需要设定，比例参见上表。

图 7-80　光缆“S”形敷设方式图

（7）若同一工程采用两条或多条光缆同沟敷设，隔距应不小于 10cm，同沟敷设光缆不得交叉、重叠。

（8）在石质沟底敷设光缆时，应在其上、下方各铺 10cm 厚的碎土或沙。在石质公路边沟如减少埋深，造成排流线与光缆间无法达到 300mm 隔距要求时，排流线与光缆隔距可以适当减小，但排流线不得与光缆直接接触。

（9）沟底要平坦、顺直，不能出现局部梗阻或余土塌方减少沟深。光缆必须平放沟底，不得腾空和拱起。沟坎及转角处应将光缆沟抄平和裁直，使之平缓过渡。

（10）直埋光缆穿越保护管的管口处应封堵严密。

（11）埋式光缆进入人（手）孔处应设置保护管，光缆铠装保护层应延伸至人孔内距第一个支撑点约 100mm 处。

（12）直埋光缆在桥上敷设时，环境比较特殊，除剧烈温度变化、车辆通过振动外，根据安装位置的不同，还可能受到风摆、紫外线辐射和桥梁伸缩等因素的影响，工程中应综合考虑。

（13）光缆在布放完后，经检查确认符合质量标准后，方可回填土，回填土前应将石块等硬物捡出，先回填 100mm 厚的沙或碎土，严禁将石块、砖头等推入沟中，应采用人工踏平，然后每回填 30cm 应采用人工踏平一次，回填土应高出地面 100mm。

（14）埋设后的单盘光缆，应检测金属外护层对地绝缘电阻，使用高阻计 500V DC 2 分钟或在兆欧表指针稳定后显示值指标应不低于 10MΩ·km，其中允许 10%的单盘光缆不低于 2MΩ。

7.6.4.2　直埋光缆接头盒安装

（1）光缆接头盒的埋深应符合施工设计要求。

（2）光缆接头盒平放在街头坑底部，接头盒与光缆走向保持平行。

直埋光缆接头盒埋设如图 7-81 所示。

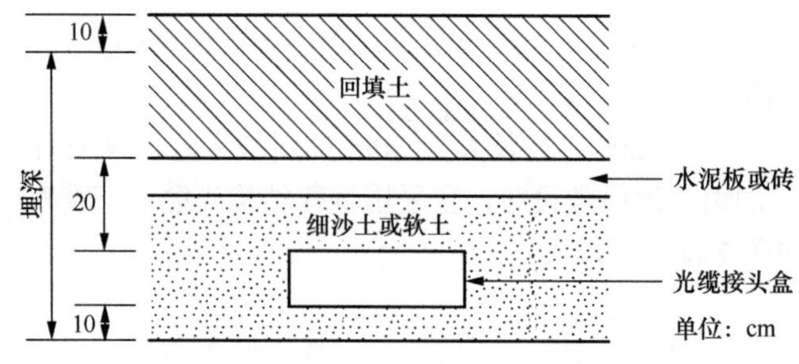

图 7-81　直埋光缆接头盒埋设示意图

预留光缆在接头盒一侧、两侧、两端盘放示意如图 7-82～图 7-84 所示。

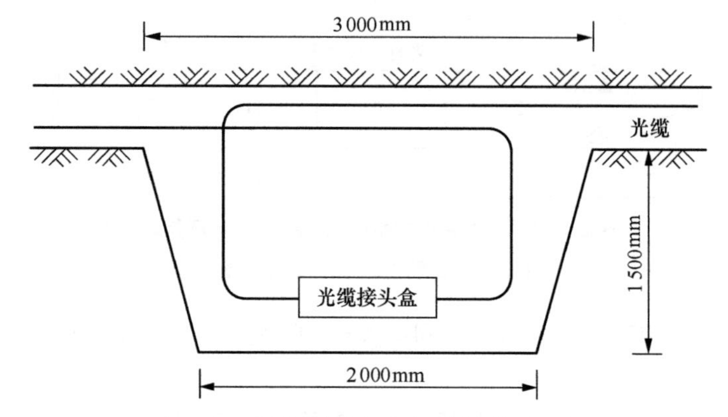

图 7-82　预留光缆在接头盒一侧盘放示意图

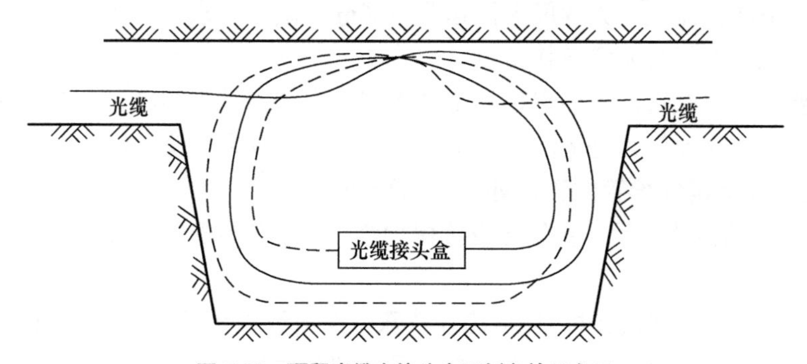

图 7-83　预留光缆在接头盒两侧盘放示意图

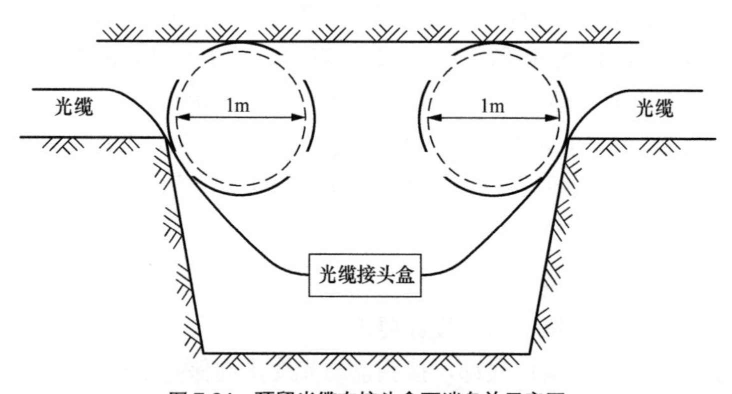

图 7-84　预留光缆在接头盒两端盘放示意图

7.6.5　直埋光缆路由施工后的维护标准

直埋光缆线路工程竣工时移交维护的光缆路由应达到如下要求。

1．路由路面要求

（1）敷设在村前村后、山坡地、荒地、果园等的光缆路由，应根据实际条件，在其正上方培土成垅，确保路由清晰，土垅规格：高出地面 15cm（高）以上（见图 7-85），并有适当排水点，确保无水直冲路由。

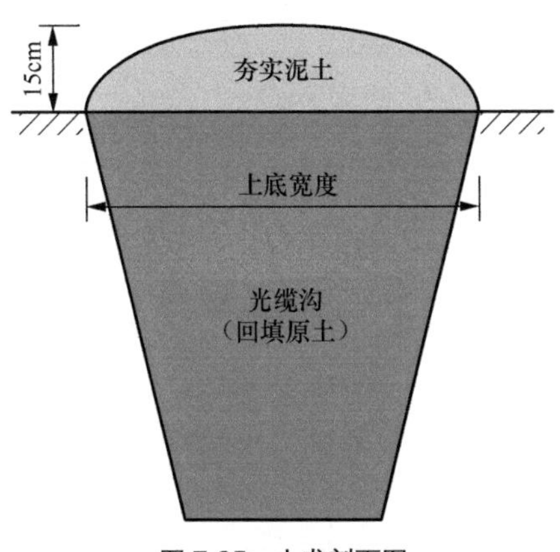

图 7-85　土垄剖面图

（2）光缆路由应按需砍青，保持路由无高大杂草或针棘遮挡，行走自如。

（3）光缆路由要定期开（修）维护路，路面宽度不少于 1m，且有适当的梯级。

2．路由标桩（标志）、宣传牌的设置

（1）路由标桩埋设原则，以站在线路上方任一点能看清路由走向为准，如站在路由上任一点无法看清路由，且无法利用其他物体做标志时，必须增设光缆标桩（见标桩的制作与编号的相关章节）或宣传牌（见图 7-86 至图 7-88）。

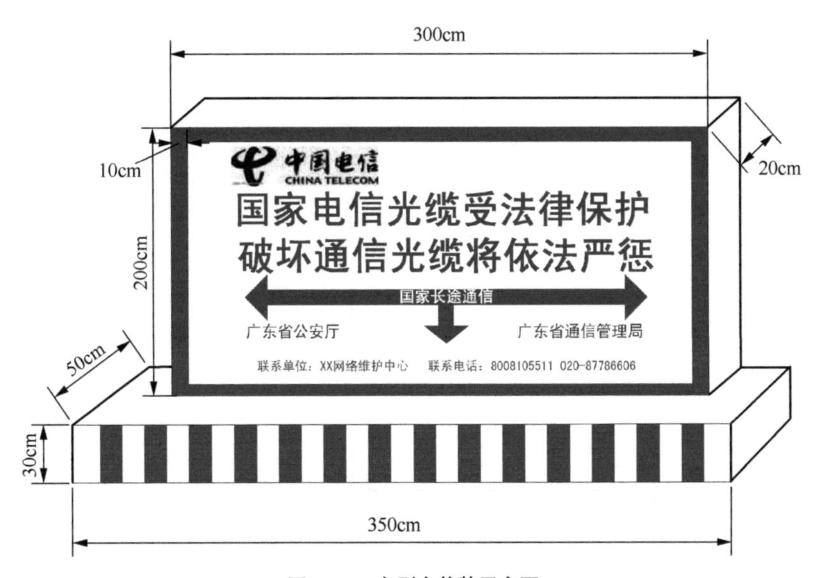

图 7-86　大型宣传牌示意图

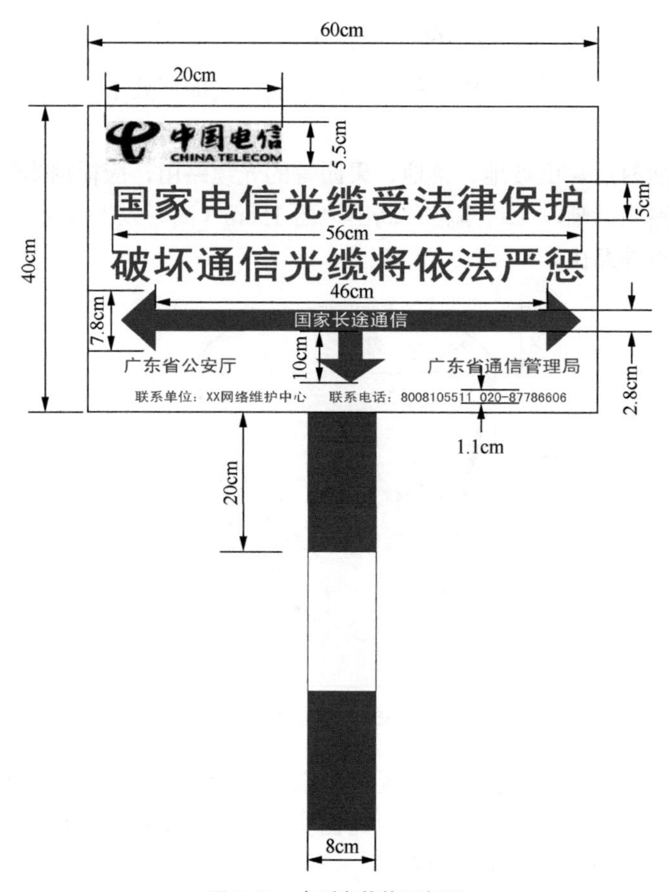

图 7-87　中型宣传牌示意图

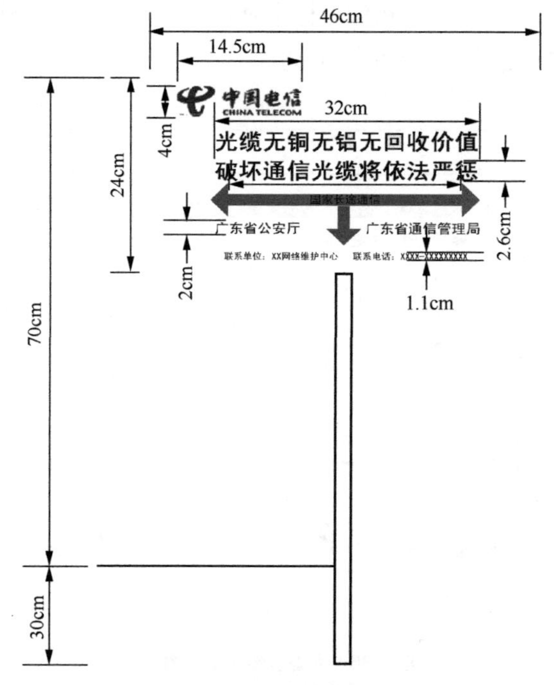

图 7-88　小型宣传牌示意图

说明如下。

① 制作规格要求

A．小型宣传牌采用长方形，外形尺寸：标志牌长 46cm，宽 24cm，立柱高度为标志牌最上端距地面 70cm，地下 30cm。标志牌采用厚度为 3mm 的三合板，立柱采用 4cm×3cm×100cm 的木棍，三合板与立柱接合处采用长为 5cm 的铁钉钉入。标志牌贴纸颜色：标志牌背景颜色为黄色，中国电信标志和边框为蓝色、辅助标志的文字和数字为黑色。标志牌辅助标志内容格式：中国电信标志和联系电话、光缆材料说明和警告标语、光缆内部结构介绍、维护单位名称。

B．中型宣传牌采用白底红字，电信标志高 5.5cm，宣传牌上面书写“国家电信光缆受法律保护，破坏电信光缆将依法严惩”字样（字高 5cm），红色箭头指示光缆埋设方向（内书写“国家长途光缆”），字高 2.8cm，在宣传牌上印制广东省公安厅、广东省通信管理局（字高 2.8cm）、联系单位名称和联系电话（字高 1.1cm）。宣传牌规格和材料：宣传牌为 600mm×400mm，采用玻璃钢制作。立柱为 6cm×8cm 的水泥方柱（150cm 长），水泥柱里面用 4 根钢筋加固。宣传牌设立要求：埋深 60cm，出土 90cm。

C．大型宣传牌主体尺寸（长×宽×高：300cm×20cm×200cm），四周喷涂 10cm 红色边框，边框内喷涂宣传标语；基座尺寸（长×宽×高：350cm×50cm×30cm），喷涂红白警示色。大宣传牌整体用砖块、水泥砌成，所有字体样式大小是中型宣传牌的 5 倍。

② 使用范围和要求

A．在村庄前后的线路路由、郊外人井与人井之间、有外力施工地段，在光缆路由适当位置上设立（永久或临时的防外力施工、防被盗、防枪击光缆等）宣传牌，架空光缆线路在适当段落的杆上绑挂防盗、防撞的宣传牌。大宣传牌在村庄前后、重要路口、城乡结合部等有条件的位置竖立 1 块。

B．宣传牌字迹清楚、埋设正直、高度适中、稳固，不影响交通和行人安全。

C．在外力施工工地、光缆线路隐患点可使用临时宣传牌（木牌）标清路由走向。

（2）直线路由标桩埋设距离一般为 80～100m，转弯、接头、预留、跨越其他管线（物体）、村前村后等特殊地点必须埋设标桩。

（3）直埋光缆路由宣传牌分大、中、小 3 种规格，村前村后、易建设、开发、取土、农田水利的地段，按实际需要埋设。

（4）标桩、小宣传牌必须埋在路由正上方，与路由偏离不超过 10cm。标桩必须正直，与地面垂直，倾斜度小于 15°，埋深约 70cm，出土为（80±5）cm；根部培土成直径 60cm 的馒头形，高出地面 5cm 左右，也可按此规格用水泥砂浆包封馒头成形。

（5）标桩、宣传牌面向一般与光缆路由走向一致，近路边的要面向道路。

（6）标桩编号必须正确，字迹清楚，光缆接头、光缆预留的标桩编号应分别面向接头、预留点，转弯标桩编号应面向转弯内角，直线标桩编号一般应与光缆路由平行（近道路除外）。

3．路由跨越障碍物处理

光缆路由跨越围墙、障碍物，有阻碍路由视线的或无条件设置标桩（宣传牌）的，必须借助其他的墙体、物体喷涂醒目“光缆”字样，并用箭头示意光缆位置，用数字标明距离，距离以箭头尖端点与地下光缆的实际距离计算（见图 7-89）。

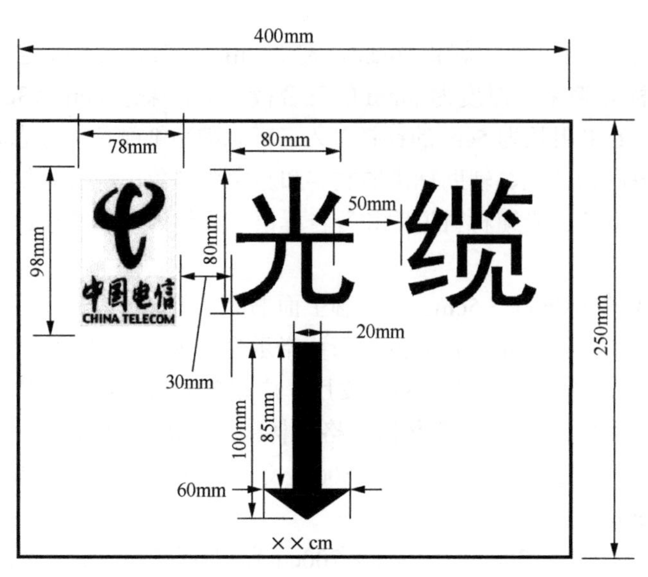

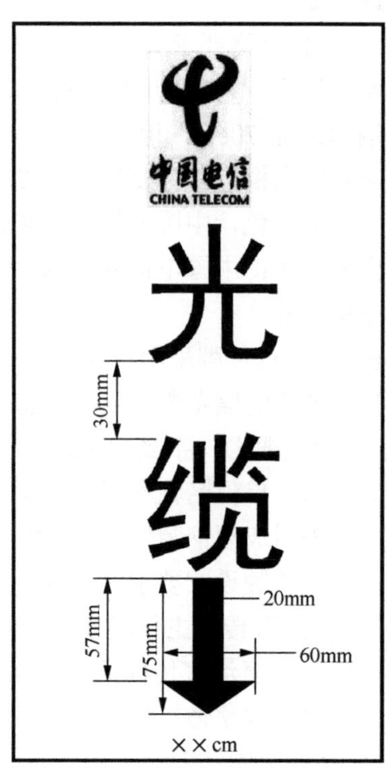

图 7-89　墙壁喷字示意图

说明如下。

（1）制作规格

A．制作底色：用白色油漆做铺底，因地制宜涂成横向长方形或竖向长方形，长 40cm，宽 25cm，底漆晾干再喷字。

B．使用预制好的模具，红色字体进行喷涂，不得手写，中国电信标志应该使用标准的蓝色，“光缆”字体为 8cm×8cm 加粗黑体，大小和间距间隔 5cm。

C．箭头标志，面对箭头右边喷“××cm”字样，字体大小 2cm×2cm 标识实际光缆线路埋深，埋深必须经过实测，准确无误。

（2）使用范围和要求

A．喷涂地段：有碍路由视线的围墙、护坡、护坎、障碍物上。喷涂点相对稳定，不会上下和左右移动，以免影响标识的准确性。

B．可以作为线路的永久标识，也可以作为施工地段的临时路由标识，但作为临时路由标识时，在施工结束或线路变更后应清除。

C．必须喷在路由的正上方，箭头指向位置准确。

D．作为永久标识时，应保持整洁、清晰，重新喷涂时应清除干净后再实施，以免重影，影响美观。

E．按实际路由清晰度需要喷涂，不作距离间隔要求。

4．路由跨河（沟）及护坎时标志设置

（1）光缆跨越河（沟），当落差超过 1.5m、跨度超过 3m 以上时，且远离道路，有条件的在河沟上应吊挂宣传牌。

（2）路由护坎表面要用水泥光面，涂底色白漆后，在护坎上镶嵌或喷与标桩标识基本一致的红色黑体“光缆”字样，单个字体大小一般为 20cm×20cm，具体可视现场情况确定（见图 7-90）。

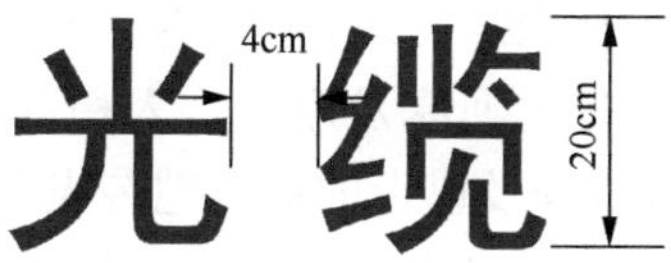

图 7-90　护坎、护坡、地面喷字示意图

说明如下。

① 制作规格

A．制作底色：用白色油漆做铺底，因地制宜涂成横向长方形或竖向长方形，长 50cm，宽 25cm，底漆晾干再喷字。

B．使用预制好的模具，红色字体进行喷涂，不得手写，“光缆”字体为 20cm×20cm 加粗黑体，大小和间距间隔 4cm。

② 使用范围和要求

A．喷涂地段：护坡、护坎、地面上。喷涂点相对稳定，不会上下和左右移动，以免影响标识的准确性。

B．可以作为线路的永久标识，也可以作为施工地段的临时路由标识，但作为临时路由标识时，在施工结束或线路变更后应清除。

C．必须喷在路由的正上方。

D．作为永久标识时，应保持整洁、清晰，重新喷涂时应清除干净后再实施，以免重影，影响美观。

E．按实际路由清晰度需要喷涂，字体可根据实际调整大小。

5．路由水泥包封块标志设置

在路由上无法埋设标桩、宣传牌的，又无法借助其他物体标明路由的，可采用隔距为 5m 左右的水泥包封块进行明晰路由，水泥包封块上镶嵌或喷红色黑体字“光缆”，大小一般为 20cm×20cm，具体可视现场情况确定（见图 7-90）。

7.6.6　冻土层直埋光缆的敷设

（1）在高原高寒的冻土地带开挖光缆沟非常困难，目前的办法是采用火烧地面，烧一段挖一段，进展缓慢。

（2）在高原高寒地域，光纤熔接机因温度太低而无法正常工作。目前的办法是在现场搭建帐篷，将帐篷内的温度上升到光纤熔接机能正常工作时再接续。

7.6.7　水底光缆敷设要求

7.6.7.1　水底光缆的选择

1．水底光缆的规格型号

短期抗张力强度为 20 000N 及以上的钢丝铠装光缆（GYTA 33——单细圆铠装光缆，GYTA 333——双细圆铠装光缆）。

短期抗张力强度为 40 000N 及以上的钢丝铠装光缆（GYTS 333——双细圆铠装光缆，GYTS 43——单粗圆铠装光缆）。

钢丝直径：单细圆 0.8～2.9mm，单粗圆 3.0～4.0mm；另外，还有特殊设计的加强型钢丝铠装光缆。

2．水底光缆规格型号选用原则

（1）河床及岸滩稳固、流速不大但河面宽度大于 150m 的一般河流或季节性河流，采用短期抗张强度为 20 000N 及以上的钢丝铠装光缆。

（2）河床及岸滩不太稳固，流速大于 3m/s 或主要通航河道等，采用短期抗张强度为 40 000N 及以上的钢丝铠装光缆。

（3）河床及岸滩不稳定、冲刷严重，以及河宽超过 500m 的特大河流，河流采用特殊设计的加强型钢丝铠装光缆。

（4）穿越水库、湖泊等静水区域时，可根据通航情况、水工作业和水文地质状况综合考虑决定。

（5）河床稳定、流速较小、河面不宽的河道，在保证安全且不受未来水工作业影响的前提下，可采用直埋光缆过河。

（6）如果河床土质及水面宽度能够满足定向钻孔施工设备的要求，也可选择定向钻孔施工方式，此时可采用钻孔中穿放直埋光缆或管道保护光缆过河。

7.6.7.2　水底光缆过河位置的选择

水底光缆过河位置，应选择在河道顺直、流速不大、河面较窄、土质稳定、河床平缓无明显冲刷、两岸坡度较小的地方。下列地点不宜敷设水底光缆。

（1）河流的转弯与弯曲处、汇合处，水道经常变动的地方以及险滩沙洲附近。

（2）水流情况不稳定、有漩涡产生，或河岸陡峭不稳定增长，有可能遭受猛烈冲刷导致坍塌堤岸的地方。

（3）凌汛危害段落。

（4）有扩宽和疏浚计划，或未来有抛石、破堤等导致河势可能改变的地点。

（5）河床土质不利于光缆布放、埋设施工的地方。

（6）有腐蚀性污水排泄的水域。

（7）附近有其他水下管线、沉船、爆炸物、沉积物等的水域。

（8）码头、港口、渡口、桥梁、锚地、船闸、避风港和水上作业区附近。

7.6.7.3　水底光缆接头位置选择及水底光缆埋深要求

（1）水底光缆应尽量避免在水中设置光缆接头。

（2）特大河流、重要的通航河流等可根据干线光缆的重要程度设置备用水底光缆。主、备用水底光缆应通过连接器箱或分支接头盒进行人工倒换，也可进行自动倒换。为此可设置水线终端房。

（3）水底光缆的埋深，应根据河流的水深、通航情况、河床土质等具体情况分段确定。

水底光缆的埋深应符合表 7-50 的要求。

表 7-50　　水底光缆的埋深要求

河床情况	埋深要求（m）
岸滩部分	1.2
水深小于 8m（年最低水位）的水域： 1．河床不稳定，土质松软； 2．河床稳定、硬土	 1.5 1.2

续表

河床情况	埋深要求（m）
水深大于 8m（年最低水位）的水域	自然掩埋
有疏浚规划的区域	在规划深度以下 1m
冲刷严重、极不稳定的区域	在变化幅度以下
石质和风化石河床	>0.5

7.6.7.4 水底光缆的敷设长度

1．水底光缆的敷设长度要求

（1）有堤的河流，水底光缆应伸出取土区，伸出堤外不宜小于 50m。无堤的河流，应根据河岸的稳定程度、岸滩的冲刷程度确定，水底光缆伸出岸边不宜小于 50m。

（2）河道、河流有拓宽或有改变规划的河流，水底光缆应伸出规划堤 50m 以外。

（3）土质松散易受冲刷的不稳定岸滩部分，光缆应有适当预留。

（4）主、备用水底光缆的长度宜相等，如有长度偏差，应满足传输要求。

2．水底光缆长度估算

穿越河流的水底光缆长度，根据河宽的地形情况可按表 7-51 进行估算。

表 7-51 水底光缆长度估算

河床情况	为两终点间丈量长度的倍数
河宽小于 200m，水深、岸陡、流急、河床变化大	1.15
河宽小于 200m，水较浅、流缓、河床平坦变化小	1.12
河宽为 200～500m，流急、河床变化大	1.12
河宽大于 500m，流急、河床变化大	1.10
河宽大于 500m，流缓、河床变化小	1.06～1.08

注：实际应用中，应结合施工方法和技术装备水平综合考虑取定。

水底光缆长度计算公式：

$$L=(L_1+L_2+L_3+L_4+L_5+L_6)\times(1+a)$$

式中：L——水底光缆长度（单位为 m）；

L_1——水底光缆两终点间丈量长度；

L_2——终端固定、过堤、“S”形敷设、岸滩及接头等项增加的长度；

L_3——两端间各种预留增加的长度；

L_4——布放平面弧度增加的长度（见表 7-52）；

L_5——水下立面弧度增加的长度，应根据河床形态和光缆布放的断面计算确定；

L_6——施工余量，根据不同施工工艺考虑取定，其中拖轮布放时，可为水面宽度的 8%～10%；抛锚布放时，可为水面宽度的 3%～5%；埋设犁布放时，应另据实计算；人工抬放时一般可不加余量；

a——自然弯曲增长率，根据地形起伏情况，取 1%～1.5%。

表 7-52　　布放平面弧度增加的长度比例

f/L_{ba}	6/100	8/100	10/100	13/100	15/100
增加的长度	$0.010L_{ba}$	$0.017L_{ba}$	$0.027L_{ba}$	$0.045L_{ba}$	$0.060L_{ba}$

注：表中 L_{ba} 代表布放平面弧度的弦长，f 代表弦线的顶点至弦的垂直高度，f/L_{ba} 代表高弦比。单盘水底光缆的长度不宜小于 500m。

7.6.7.5　水底光缆的施工方式和方法

工程设计应根据现场勘察的情况和调查的水文资料，规定水底光缆的最佳施工时间和可靠的施工方法。

（1）水底光缆的施工方式，应根据光缆规格、河流水文地质状况、施工技术装备和管理水平以及经济效益等因素进行选择，可采用人工或机械挖沟敷设（现行定额中挖沟敷设分为水泵冲槽、人工截流挖沟和挖冲机 3 种手段）、专用设备冲槽敷设等方式。对于石质河床，可视情况采取爆破成沟方式。水底光缆敷缆分为拖轮布放、抛锚布放、人工布放和挖冲机布放 4 种，其中，挖冲机作业时挖沟与敷缆一次性完成。

（2）光缆在河底的敷设位置，应以测量时的基线为基准向上游按弧形敷设。弧形敷设的范围，应包括洪水期间可能受到冲刷的岸滩部分，弧形顶点应设在河流的主流位置上，弧形顶点到基线的距离，应按弧形弦长的大小和河流的稳定情况确定，一般可为弦长的 10%，根据冲刷情况和水面宽度可将比率适当调整。如受敷设水域的限制，按弧形敷设有困难时，可采取“S”形敷设。

（3）布放两条及以上水底光缆，或同一区域有其他光缆或管线时，相互间应保持足够的安全距离。

（4）水底光缆接头处金属护套和铠装钢丝的接头方式，应能保证光缆的电气性能、密闭性能和必要的机械强度要求。

（5）靠近河岸部分的水底光缆，如有可能受到冲刷、塌方、抛石护墩和船只靠岸等危害时，可选用下列保护措施。

① 加深埋设。

② 覆盖水泥板。

③ 采用关节形套管。

④ 砌石质光缆沟（应采取防止光缆磨损的措施）。

（6）光缆通过河堤的方式和保护措施，应保证光缆和河堤的安全，并符合以下要求。

① 保证光缆和河堤的安全，并严格符合相关堤防管理部门的技术要求。

② 光缆穿越河堤的位置应在历年最高洪水位以上，对于呈淤积态势的河流应考虑光缆寿命期内洪水可能到达的位置。

③ 光缆在穿越土堤时，宜采用爬堤敷设方式，光缆在堤顶的埋深不应小于 1.2m，在堤坡的埋深不应小于 1.0m，堤顶部分兼为公路时，应采取相应的防护措施。若达到埋深要求有困难时也可采用局部垫高堤面的方式，光缆上垫土的厚度不应小于 0.8m。河堤的复原与加固应按照河堤主管部门的规定处理。

④ 穿越较小的、不会引起次生灾害的防水堤，光缆可在堤基下直埋穿越，但应经河堤主管单位同意。

⑤ 光缆不宜穿越石砌或混凝土河堤，必须穿越时，其穿越位置与保护措施应与河堤主管

部门协商确定。

（7）水底光缆的终端固定方式，应根据不同情况分别采取下列措施。

① 对于一般河流，水陆两段光缆的接头，应设置在地势较高和土质稳固的地方，可直接埋于地下，为维护方便也可设置人（手）孔。在终端处的水底光缆部分，应设置 1～2 个“S”弯作为锚固和预留的措施。

② 较大河流、岸滩有冲刷的河流，以及光缆终端处的土质不稳定的河流，除上述措施外还应对水底光缆进行锚固。

（8）水线标志牌的设置。

敷设水底光缆的通航河流，在过河段的河堤或河岸上设置标志牌。标志牌的数量及设置方式应符合海事及航道主管部门的规定。无具体规定时，可按以下要求执行。

① 水面宽度小于 50m 的河流，在河流一侧的上下游堤岸上，各设置一块标志牌。

② 水面较宽的河流，在水底光缆上下游河道两岸均设置一块标志牌。

③ 河流的滩地较长或主航道偏向河槽一侧时，需在近航道处设置标志牌。

④ 有夜航的河流可在标志牌上设置灯光设备。

（9）禁止抛锚区的设置。

敷设水底光缆的通航河流，应划定禁止抛锚区域，其范围应根据航政及航道主管部门的规定执行。无具体规定时，可按以下要求执行。

① 水面宽度小于 500m 的河流，上游禁区距光缆弧度顶点 50～200m，在下游禁区距光缆路由基线 50～100m。

② 河宽为 500m 及以上时，上游禁区距光缆弧度顶点 200～400m，在下游禁区距光缆路由基线 100～200m。

③ 特大河流，上游禁区距光缆弧度顶点大于 500m，在下游禁区距光缆路由基线大于 200m。

7.7　本地网电缆线路工程施工技术要求

7.7.1　电缆线路传输指标设计

（1）电缆线路传输设计应确定传输设备（包括电缆和终端）的形式和种类，并在电缆线路上采取有效的技术措施，以满足 YDN 088-1998《自动交换电话（数字）网技术体制》中有关电话传输质量标准及信号电阻限值的要求。

（2）交换局至用户之间的用户电缆电路传输损耗不应大于 7.0dB。

（3）用户电缆线路传输损耗大于 7.0dB 时，应采取其他技术措施解决。

（4）对于少数边远地区的用户电缆线路，当采取其他技术措施将引起投资过大时，其传输损耗可以允许超出限值，但其超过值不得大于 2.0dB，且在一个用户电缆线路网中，此类用户数不得超过用户总数的 10%。

（5）用户电缆环路电阻应不大于 1 800Ω（包括话机电阻）；特殊情况下允许不大于 3 000Ω；馈电电流应不大于 18mA。

（6）由于热杂音和线对间串音在用户线上引起杂音，其话机端测量值不超过 100pW（≈70dBmp）。

（7）同一配线点的两对用户线之间，用户电缆线对对于 800Hz 的串音衰减应不小于 70dB。

（8）用户电缆的线径必须同时满足传输损耗分配和交换设备的用户环路电阻限值两个要素。用户电缆的线径品种应简化和统一。基本线径为 0.4mm，特殊情况下可使用 0.6mm。

① 对于超过传输标准的用户，可采用光缆传输技术。

② 不同距离下使用 0.4mm 线径电缆，以及 0.4mm 和 0.6mm 线径电缆组合使用参见表 7-53。

表 7-53　0.4mm 和 0.6mm 线径电缆使用参考

距离（km）		线径（mm）	衰耗（dB）	环阻（不含话机，Ω）
≤4		0.4	≤7.08	≤1 184
≤8	0～4	0.4	≤11.80	≤1 710
	4～8	0.6		
	0～8	0.4	≤14.16	≤2 368

7.7.2 电缆的选择

（1）用户电缆设计应首选全塑电缆，全塑电缆具有绝缘好、质量轻、防腐蚀、施工方便、维护工作量少等特点。

（2）室内配线电缆及成端电缆绝缘及护套的材质宜选用聚氯乙烯，因为聚氯乙烯具有不延燃性。

（3）主干电缆容量大，宜采用地下敷设为主，电缆应有良好的防潮性能。

（4）在大城市市话网的主干电缆容量大，对全网通信至关重要，管道中人孔容易积水，宜采用充气型电缆并实行充气维护。

（5）埋式电缆一般处在没有管道的城市边远地区，线路较长，比较隐蔽安全，宜采用带铠装的填充型电缆。

（6）架空配线电缆数量多、分布较广，宜采用非填充型电缆。只要处理好电缆接头，在气候干燥地区可以不采用充气维护。交接箱出来的配线电缆，采用管道或直埋方式敷设时，宜采用填充型电缆。

（7）成端电缆不宜采用填充型电缆，因为电缆芯线绝缘层的混合物很难去除干净，会沾污终端设备，积落灰尘后会影响芯线绝缘和色谱的辨认。

（8）自承式电缆是一种新型结构的塑料电缆，具有敷设方便、吊线耐腐蚀、建设费用及维护费用较低等优点。当采取架空方式敷设电缆时宜优先选用。

（9）选择电缆的容量时应考虑电缆芯线使用率，设计用户电缆线路网时，各段落的电缆芯线设计使用率宜参照表 7-54。

表 7-54　工程设计电缆芯线使用率

电缆敷设段落	电缆芯线使用率
电缆交换局—交接箱	85%～90%
交接箱—不复接的终端配线设备	50%～70%
电缆交换局—终端配线设备	40%～60%

7.7.3　电缆路由的选择

（1）电缆线路路由的选择，除了应符合光缆路由的选择原则外，还应符合城市建设部门的相关规定。

（2）城区内的电缆路由宜采用管道敷设方式。在城区新建管道时应与相关市政建设和地下管线规划相结合进行，尽量减少对铺装路面的破坏，以及对沿线交通和居民生活的干扰。

（3）城区内新建管道的容量、新建杆路的负载能力应提前规划，并应充分考虑已有管道、杆路等资源的共享。

（4）电缆线路路由的选择，应结合网络系统的整体性，将主干电缆路由与中继线路路由一并考虑，充分合理利用原有设施，确保便捷安全、经济灵活，并便于施工和维护。

（5）电缆线路不可避免穿越有化学和电气腐蚀的地区时，应采取必要的防护措施，不宜采用金属外护套电缆。

（6）电缆线路路由不可避免与高压输电线路、电气化铁道长距离平行接近时，强电对通信电缆线路的危险影响和干扰影响不得超过规范的相关规定。

7.7.4　架空电缆敷设技术要求

（1）一般电缆吊线程式选用参考标准见表 7-55。

表 7-55　　普通杆档架空电缆吊线规格

负荷区别	杆距 L（m）	电缆质量 W（kg/m）	吊线程式线径（mm）×股数
轻负荷区	$L\leqslant45$ $45<L\leqslant60$	$W\leqslant2.11$ $W\leqslant1.46$	2.2×7
	$L\leqslant45$ $45<L\leqslant60$	$2.11<W\leqslant3.02$ $1.46<W\leqslant2.18$	2.6×7
	$L\leqslant45$ $45<L\leqslant60$	$3.02<W\leqslant4.16$ $2.18<W\leqslant3.02$	3.0×7
中负荷区	$L\leqslant40$ $40<L\leqslant55$	$W\leqslant1.82$ $W\leqslant1.224$	2.2×7
	$L\leqslant40$ $40<L\leqslant55$	$1.82<W\leqslant3.02$ $1.22<W\leqslant1.82$	2.6×7
	$L\leqslant40$ $40<L\leqslant55$	$2.11<W\leqslant3.02$ $1.82<W\leqslant2.98$	3.0×7
重负荷区	$L\leqslant35$ $35<L\leqslant50$	$W\leqslant1.46$ $W\leqslant0.574$	2.2×7
	$L\leqslant35$ $35<L\leqslant50$	$1.46<W\leqslant2.52$ $0.87<W\leqslant1.22$	2.6×7
	$L\leqslant35$ $35<L\leqslant50$	$2.52<W\leqslant3.98$ $1.22<W\leqslant2.32$	3.0×7

注：架空电缆线路负荷区划分应同架空光缆线路相一致；超重负荷区吊线应特殊设计。

（2）工程中电缆的挂钩间距为 60cm。

（3）架空电缆的架设高度。

架空电缆在各种情况下架设的高度，不应低于表 7-56 的规定。

表 7-56　　架空电缆架设高度

名称	与线路方向平行时		与线路方向交越时	
	架设高度（m）	备注	架设高度（m）	备注
市内街道	4.5	最低缆线到地面	5.5	最低缆线到地面
市内里弄（胡同）	4.0	最低缆线到地面	5.0	最低缆线到地面
铁路	3.0	最低缆线到地面	7.5	最低缆线到轨面
公路	3.0	最低缆线到地面	5.5	最低缆线到路面
土路	3.0	最低缆线到地面	5.0	最低缆线到路面
房屋建筑物			0.6	最低缆线到屋脊
			1.5	最低缆线到房屋平顶
河流			1.0	最低缆线到最高水位时的船桅顶
市区树木			1.5	最低缆线到树枝的垂直距离
郊区树木			1.5	最低缆线到树枝的垂直距离
其他通信导线			0.6	一方最低缆线到另一方最高线条
与同杆已有缆线间隔	0.4	缆线到缆线		

注：与 10kV 以下（含 10kV）电力线同杆架设电缆时，电力线与光缆的最小垂直净距应不小于 2.5m（电力线在上，电缆在下）。

① 架空电缆与其他建筑物接近或交越时的最小空间垂直距离见表 7-57。

表 7-57　　架空电缆与其他建筑物接近或交越时的最小空间垂直距离

其他设施名称	最小水平净距（m）	备注
消火栓	1.0	指消火栓与电杆距离
地下管、缆线	0.5～1.0	包括通信管、缆线与电杆间的距离
火车铁轨	地面杆高的 4/3	
人行道边石	0.5	
地面上已有其他杆路	地面杆高的 4/3	以较长标高为基准
市区树木	0.5	缆线到树干的水平距离
郊区树木	2.0	缆线到树干的水平距离
房屋建筑	2.0	缆线到房屋建筑的水平距离

注：在地域狭窄地段，拟建架空电缆与已有架空线路平行敷设时，若间距不能满足以上要求，可以杆路共享或改用其他方式敷设电缆线路，并满足隔距要求。

② 架空电缆交越其他电气设施的最小垂直净距见表 7-58。

表 7-58　　架空电缆交越其他电气设施的最小垂直净距

其他电气设备名称	最小垂直净距（m）		备注
	架空电力线路有防雷保护设备	架空电力线路无防雷保护设备	
1kV 电力线	1.25	1.25	最高线条到供电线条
1～10kV 电力线	2.00	4.00	最高线条到供电线条
35～110kV 电力线	3.00	5.00	最高线条到供电线条
110～220kV 电力线	4.00	6.00	最高线条到供电线条
220～330kV 电力线	5.00		
330～500kV 电力线	8.50		
供电线接户线	0.60		带绝缘层
霓虹灯及其铁架	1.60		
电车滑接线	1.25		两通信线最近线之间

注：通信线应敷设在电力线路的下方位置。

③ 电缆挂钩的选用见表 7-59。

表 7-59　　电缆挂钩的选用

电缆外径（mm）	挂钩程式（mm）
12 以下	25
12～18	35
19～24	45
25～32	55
32 以上	65

注：电缆外径指单条电缆的外径。

④ 电缆挂钩的托挂间距为 60cm，偏差为±3cm。

⑤ 支持物两侧的第一个挂钩距吊线夹板或其他固定物间距为 25cm，偏差为±2cm。

⑥ 电缆挂钩要求托挂整齐，在吊线上的托挂方向应一致，挂钩的托板必须齐备并无锈蚀。

⑦ 电缆托挂后应平直无蛇形弯曲现象，并无机械损伤。

（4）墙壁电缆施工技术要求

① 新设的电缆墙吊均为 7/2.2 镀锌钢绞线，最大承受的拉断力为 1 200N/mm^2，吊线在墙壁上应水平架设，其终端应固定在有眼拉攀和 L 形卡担上，吊线终端采用 U 形卡子法。

② 电缆吊线放设前，应装好吊线固定物，吊线应用三眼单槽夹板固定在支持物上。

③ 吊线在墙壁上的安装位置，应能保证架设电缆后在最高温度或最大负荷时，电缆垂度与地面的最小净距必须符合“与其他建筑设施的隔距要求”。

④ 墙壁电缆与其他管线的最小净距见表 7-60。

表 7-60　　墙壁电缆与其他管线的最小净距

管线种类	平行净距（m）	交叉净距（m）	备注
避雷线接地引线	1.0	0.3	引线为绝缘线时可为 0.05m
工作保护地线	0.2	0.1	
电力线	0.2	0.1	
热力管（不包封）	0.5	0.5	
热力管（包封）	0.3	0.3	
煤气管	0.3	0.1	
通信电缆线路	0.15	0.1	
供水管	0.15	0.1	

注：如达不到上表要求时，应采取相应的保护措施。

（5）架空电缆杆线强度应符合 YD 5148-2007《架空光（电）缆通信杆路工程设计规范》的相关规定。利用现有杆路架挂电缆时，应对杆路强度进行核算，保证建筑安全。

（6）新建杆路应采用钢筋混凝土电杆，杆路应设在较为定型的道路一侧，以减少立杆后的变动迁移。

（7）杆路上架挂的电缆吊线不宜超过 3 条，在保证安全系数的前提下，可适当增加。一条吊线上宜挂设一条电缆；如距离很短，电缆对数小，可允许一条吊线上挂设两条电缆。

（8）自承式全塑电缆钢绞线的终端和接续紧固铁件，其破坏强度应不低于钢绞线强度的 110%。

（9）凡装设 30 对及以上的分线箱或交接箱的电杆，应装设杆上工作站台。

（10）市区内架空电缆线路应有统一的走向和位置规划，尽量减少和电力架空线路的交越。

（11）架空电缆线路不宜与电力线全杆架设。在不可避免时，允许和 10kV 以下的电力线全杆架设，且必须采取相应的技术防护措施，此时电力线与通信电缆间净距不应小于 2.5m，且通信电缆应架设在电力线路的下方。

（12）架空线路设备应根据有关的技术规定进行可靠的保护，以免遭受雷击、高电压和强电流的电气危害，以及机械损伤。

7.7.5　管道电缆敷设安装技术要求

（1）打开人孔盖应立即围上铁栅（夜间要守装警示信号），不经常打开的人孔，在下孔工作之前必须对人孔内的气体进行检查。

（2）选用管孔时总的原则是按先下后上、先两侧后中央的顺序安排使用。大对数电缆和长途电缆一般应敷设在靠下和靠侧壁的管孔。

（3）一个管孔一般只穿放一条电缆。

（4）管道电缆在管孔内不应有接头。

（5）为确保电缆能穿过管孔，设计过程中选择电缆的外径一般不宜超过管孔内径尺寸的 90%（注：根据本人经验，由于塑料管孔或多或少存在变形和弯曲，选择电缆的外径最好不超过管孔内径尺寸的 80%，2006 年在韶关市，事先计算出电缆的外径是管孔内径尺寸的 82%，结果把电缆拉断了）。

（6）对选中的管孔应先进行清洗，以便电缆能顺利穿放。敷设管道电缆的弯曲半径必须大于电缆直径的 15 倍，应符合表 7-61 的要求。

表 7-61　　电缆允许弯曲半径

电缆线径（mm） 电缆对数	0.32	0.40	0.60
5		27	37
10		38	50
20	37	50	63
30	44	62	70
50	59	71	85
80	69	85	100
100	76	95	115
150	88	110	135
200	103	126	170
300	128	155	255
400	150	190	275
500	174	250	320
600	190	280	370
700	216	302	426
800	238	334	480
900	260	366	540
1 000	280	398	580
1 200	316	466	650

（7）全塑电缆可以连续穿越几个人孔布放。穿放时，人孔内要有专人托起电缆，辅助布放。牵引过程中，要求牵引速度均匀缓慢，尽可能避免间断顿挫。

（8）为减少电缆外护层与管孔内壁的摩擦，穿放电缆时应使用润滑剂，管孔出口处及人孔上口处均应垫以铜口，以防止电缆擦伤。

（9）穿越多段人孔的电缆，在人孔内应留有足够的余长，放置于正确的位置上，并用扎带绑扎在托板上。

（10）绑扎在托板上的电缆要求排列整齐，不允许上下重叠，互相交叉或从人孔中间直接穿过。

（11）电缆接头应安置在相邻两铁架的托板中间，接头的远端距离管道出口的电缆长度至少为 40cm。电缆敷设安装后，管口应封堵严密。

（12）管道使用原则：管孔的使用原则按由下到上，由两边向中间的顺序，一般主干电缆尽可能敷设在下层靠壁的管孔，分歧电缆或小对数电缆敷设在上层或靠中间的管孔。

（13）引上电缆。

① 为防止机械损伤，引上电缆应按设计规定，用钢管或塑料管加以保护。

② 引上电缆引出保护管后，第一个固定点距管口 15cm，以后每隔 50cm 固定一次。空闲不用的引上管应加堵头堵塞，以防进水或掉进杂物。

③ 引上电缆与架空电缆相接时，电缆接头一般应放在水平位置。

7.7.6 埋式电缆敷设安装技术要求

（1）埋式电缆线路应避免敷设在未来将建筑道路、房屋和挖掘取土的地点，不宜敷设在地下水位较高或长期积水的地点。

（2）电缆在已建成的铺装路面下敷设时，不宜采用埋式敷设。

（3）埋式电缆的埋深应不小于 0.8m。埋式电缆上方应加覆盖物保护，并设标志。

（4）埋式电缆与其他地下设施间的净距应符合《通信线路工程设计规范》的有关规定。

（5）埋式电缆接头应安排在地势平坦和地质稳固的地方，应避开水塘、河渠、沟坎、快慢车道等施工和维护不方便的地点，电缆接头盒可采用水泥盖板或其他适宜的防机械损伤措施进行保护。

（6）埋式电缆在转弯、直线和接头的适当位置设置标石。

7.7.7 交接箱安装及室内成端电缆

7.7.7.1 交接区的设置和容量的确定

1．交接区是用户电缆线路网的基础，其划分应符合以下要求。

（1）按照自然地理条件，结合用户密度与最佳容量、原有线路设备的合理利用等因素综合考虑，将集中分布在就近的用户划分在一个交接区内。交接区的最佳容量参考见表 7-62。

表 7-62　　交接区的最佳容量参考

σ N L	30	50	100	200	300	400	500	600	700	800	900	1 000
500	100	127	178	258	310	354	388	460	478	493	521	564
1 000	197	250	354	514	618	705	774	918	954	984	1 041	1 126
1 500	294	374	530	770	926	1 056	1 160	1 376	1 430	1 475	1 560	1 688
2 000	391	498	705	1 020	1 234	1 408	1 545	1 833	1 906	1 966	2 079	2 250
2 500	488	622	881	1 282	1 542	1 659	1 931	2 291	2 382	2 457	2 598	2 812
3 000	585	746	1 056	1 538	1 850	2 010	2 316	2 743	2 857	2 974	3 118	3 374

注：1. L 为由电话局至所设计区域的距离，单位为 m。

2. N 为交接区的最佳容量即最佳收容用户数，单位为户。

3. σ 为用户密度，单位为户/km。

（2）交接区的边界以河流、湖泊、铁道、干线公路、城区主要街道、公园、高压走廊及其他妨碍线路穿行的大型障碍物为界，交接区的地理界线力求整齐。

（3）城市统建住宅小区的交接区、结合区间道路、绿地、小区边界划分，视用户密度可一个小区划一个交接区，也可以几个小区合成一个交接区，或一个小区划分多个交接区。

（4）市内已建成区的交接区根据用户的发展，结合原有配线区和配线电缆的分布和路由走向划分。

（5）对于已建成的街区的交接区以满足远期需要进行划分；对于未建成的街区或待发展地区的交接区的划分则采取远、近期相结合。

2．交接区容量的确定应符合以下要求。

（1）交接区的容量按最终进入交接箱（间）的主干电缆所服务的范围确定。一般主干电缆分为 300、400、600、800、1 000、1 200 等对数。

（2）根据业务预测，引入主干电缆在 100 对以上的机关、企事业单位，可单独设立交接区。

（3）交接区容量的确定要因地制宜，不得拼凑用户数以保持交接区的相对稳定。

（4）进入交接内的主干电缆、配线电缆的用户预测阶段和满足年限，均应以电缆开始运营时作为计算起点，近期为 5 年，中期为 10 年，远期为 15～20 年。

3．在新建小区或用户密度大的高层建筑和建筑群，应设置交接间。交接间的容量可根据交接区终期所需要的电缆总对数，结合房屋、管道等条件确定。

7.7.7.2　交接设备安装方式的选择

交接设备的安装方式应根据线路状况和环境条件选定，且应满足以下条件。

1．具备以下条件的可设落地式交接箱。

（1）进入交接箱主干电缆在 600 对，交接箱容量在 1 200 对以上。

（2）地理条件安全平整，环境相对稳定。

（3）有建手孔和交接箱基座的条件并能与管道人孔沟通。

（4）接入交接箱的主干电缆和配线电缆为管道式或埋式。

2．具备下列条件的可设架空式交接箱。

（1）接入交接箱的配线电缆为架空方式。

（2）郊区、工矿区等建筑物稀少的地区。

（3）不具备安装落地式交接箱的条件。

7.7.7.3　交接箱安装的技术要求

（1）室外落地式交接箱应采用混凝土底座，底座与人（手）孔间应采用管道连通，不得采用通道连通。底座与管道、箱体之间应有密封防潮措施。落地式交接箱安装示意如图 7-91 所示。

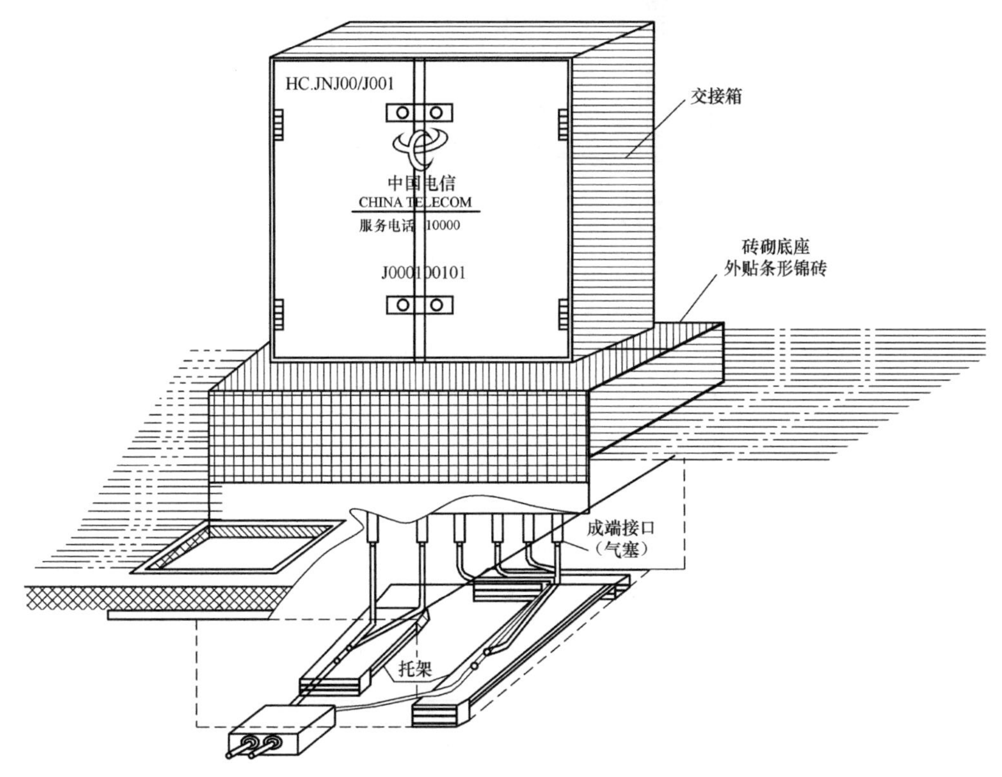

图 7-91　落地式交接箱安装示意图

（2）600 对及以上的交接箱，架空安装时应安装在 H 杆上或建筑物的墙壁上。架空式交接箱的安装方法如图 7-92 和图 7-93 所示。

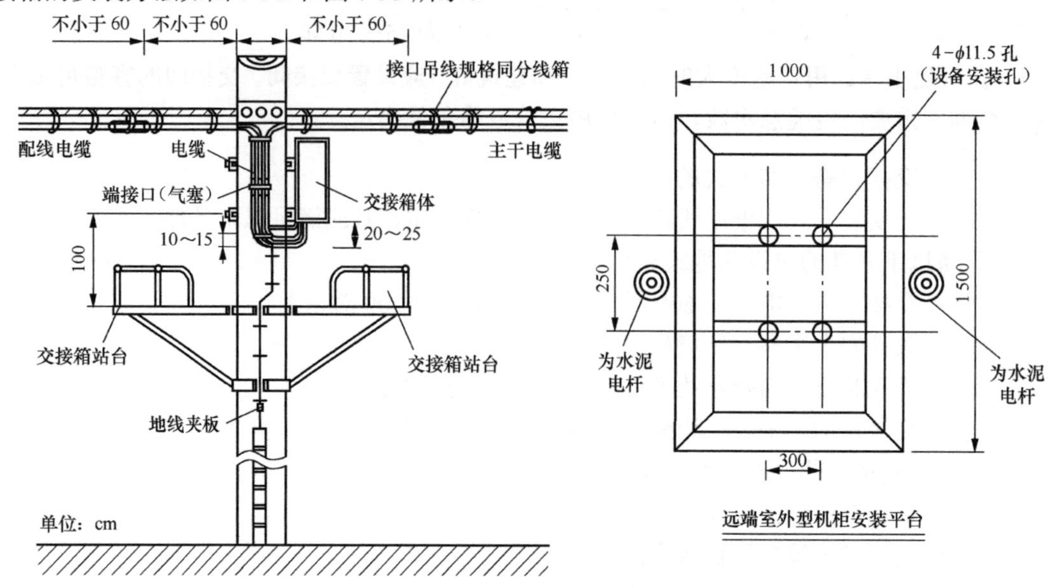

图 7-92　架空式交接箱安装示意图（方法 1）

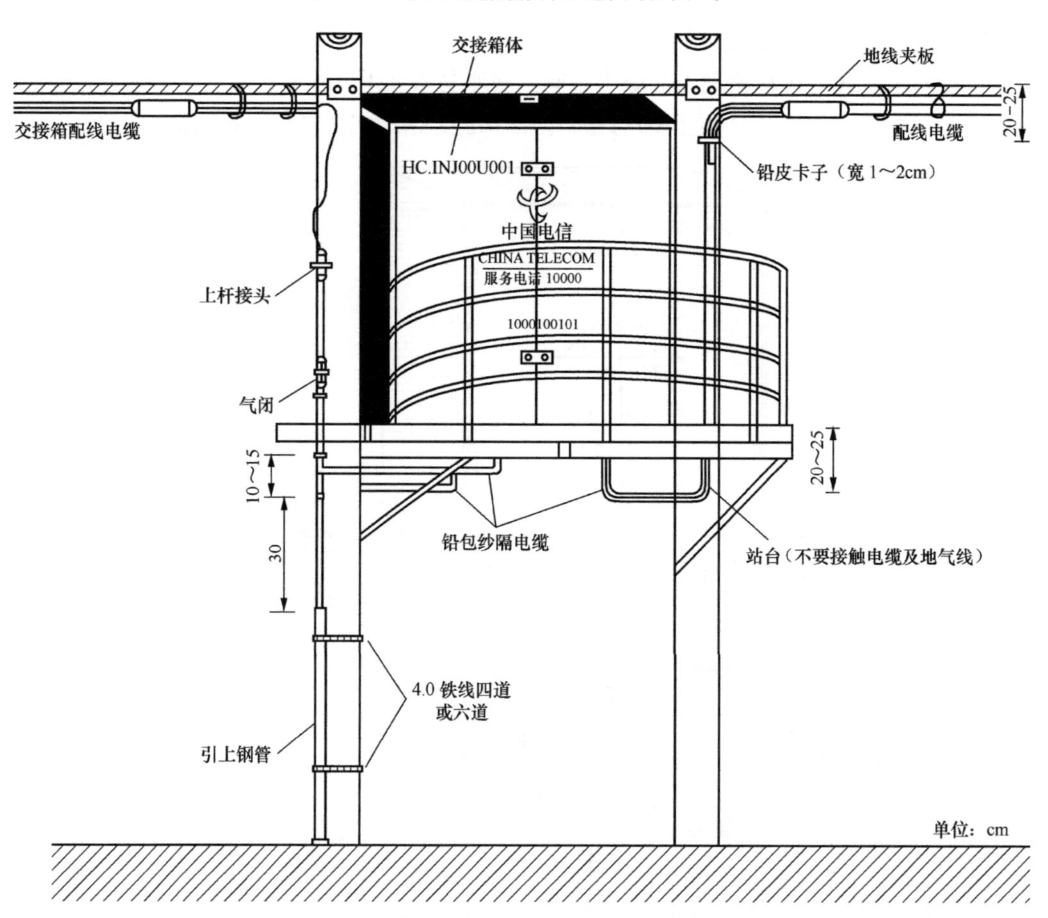

图 7-93　架空式交接箱安装示意图（方法 2）

（3）交接箱必须设置地线，接地电阻不得大于 10Ω。

（4）落地式交接箱直接上列的电缆应加做气塞。架空式交接箱直接上列的电缆中，凡采用充气维护的应做气塞。

（5）交接箱编号应与主干电缆编号相对应，或与本地线路资源系统统一。

7.7.7.4　交接箱及进局成端电缆

（1）交接箱成端电缆进入箱后，要求编扎整齐再上列。

（2）交接箱的主干电缆与配线电缆应优先使用相同的线序，配线电缆的编号应与交接箱的列号、配线方向统一编排。

（3）引上电缆在墙壁和电杆处穿上保护钢管时，电缆弯曲处应用塑料管加以保护，引上电缆架设完毕后管口需用防火泥封好。

（4）爬线梯、人（手）孔内电缆应固定在铁架托板上，并挂好标志牌，写明电缆号以便识别。

（5）成端电缆屏蔽层引线应接在测量室总配线架的接地端子上。

（6）电缆进入交接箱时，电缆屏蔽层应接交接箱地线端子上，也可与交接箱共用一条地线，但接地电阻必须符合交接箱接地电阻的要求。

（7）电缆进局应从不同观点方向引入，对于大型交接局（6 万以上）应至少有两个进局方向，进局电缆应采用大容量电缆。

（8）大对数电缆进局时，宜采用大容量产品配线架，其每列直列容量可为 800～1 200 回线。

（9）成端电缆必须采用非延燃外护套及非填充型的电缆。测量室内成端电缆的引入孔洞，应使用不燃烧材料严密封堵，本期工程未使用的孔洞也必须使用不燃烧材料严密封堵。

（10）每列直列成端电缆不宜超过两条。在原有总配线架上新做直列成端电缆，其绑扎方法、位置、式样应与原直列成端相同。

（11）全色谱的成端电缆，必须按照色谱、色带的编排次序出线，不得颠倒或错接。线把的出线位应均匀，应与端排对应，并且出线的余弯一致。线对应直接与总配线架直列端子连接，中间不得有接头。成端电缆的芯线接续应按“一”字形接续。

7.7.8　配线区和分线设备安装与防雷接地装置

7.7.8.1　配线区的设置要求

1．配线区的划分应符合以下要求。

（1）高层住宅宜以独立建筑物为一个配线区，其他住宅以 50 对、100 对电缆为基本单元划分配线区。

（2）用户电话交换机、接入网设备所辖范围内的用户单独设配线区。

2．小区配线电缆的建筑方式宜采用管道敷设方式，局部也可以采用沿墙壁架设、立杆架设和直埋敷设等方式。

3．采用墙壁敷设方式，其路由选择应满足以下要求。

（1）沿建筑物横平竖直，不影响房屋建筑美观。路由选择不妨碍建筑物的门窗启闭，电缆接头不宜选在门窗部位。

（2）安装电缆的高度应尽量一致，住宅与办公楼以 2.5～3.5m 为宜，厂房、车间外墙以 3.5～5.5m 为宜。

（3）避开高压、高温、潮湿、容易腐蚀和强烈震动的地区；无法避开时采取保护措施。

（4）避免选择在影响住房日常生活或生产使用的地方。

（5）避免选择在陈旧的、非永久性的、经常需要修理的墙壁。

（6）墙壁电缆应尽量避免与电力线、避雷线、暖气管、锅炉及油机的排气管等容易使电缆受损害的管线设备交叉和接近。

（7）配线电缆采用架空方式时，相关要求应与架空电缆线路相同。

7.7.8.2 分线设备安装与防雷接地

（1）在室外墙壁上安装分线盒时，其下端离地面为 2.8～3.2m；杆路的分线箱安装固定穿钉眼离吊线（30～50 对）100cm、（10～30 对）80cm；盒体上端距吊线 72cm；站台应装在分线箱的正下方，后面与固定穿钉眼距离 100（+5）cm。电杆安装分线盒时，应衬垫背板或背压件。

（2）分线设备安装在电杆上时，应装在电杆的局方侧；同杆设有过街分线设备时，其过街的分线设备应装在电杆的局反方向侧。

（3）分线设备的地线必须单设，地线的接地电阻应满足表 7-63 的要求。

表 7-63　　架空电缆吊线接地电阻、光（电）缆金属屏蔽层接地电阻

土质		普通土	砂砾土	黏土	石质地
土壤电阻率（Ω·m）		100 以下	101～300	301～500	501 以上
吊线、光（电）缆接地电阻（Ω）		20	30	35	45
电杆避雷线接地电阻（Ω）		80	100	150	200
分线箱接地电阻（Ω）	10 对以下	30	40	50	67
	10～20 对	16	20	30	37
	21 对以上	13	17	24	30

（4）用户保安器接地电阻：不大于 50Ω；交接设备接地电阻：不大于 10Ω。

（5）分线设备安装后应将其编号写在分线设备的表面，字体应端正，大小均匀。

（6）上杆钉（条）宜装在线路方向一侧，以不妨碍交通为原则，应面向分线设备，在电杆上的上杆钉夹角应为 120°。

（7）电杆上及墙壁分线设备尾巴电缆固定工艺应符合规范要求，分线设备电缆芯线应与端子连接牢固。

（8）全塑电缆金属屏蔽的两端必须接地，接头两侧电缆的金属必须连通完好。

（9）架空杆路的防雷地线一般采用拉线式、直埋式两种。凡装设双方拉线处，均采用拉线式地线，用 4.0 铁线装设；雷电较多地区、地势较高等地方可以采用直埋式地线，用 4.0 铁线及地线棒装设。电杆避雷线接地电阻及延伸线（地下部分）长度见表 7-64。

表 7-64　　电杆避雷线接地电阻及延伸线（地下部分）长度

土质	一般电杆避雷线要求		与 10kV 电力线交越避雷线要求	
	接地电阻（Ω）	延伸（m）	接地电阻（Ω）	延伸（m）
沼泽地	80	1.0	25	2
黑土地	80	1.0	25	3
黏土地	100	1.5	25	4
砂砾土	150	2	25	5
砂土	200	5	25	9

（10）电杆上安装分线箱的方法，请参照图 7-94。

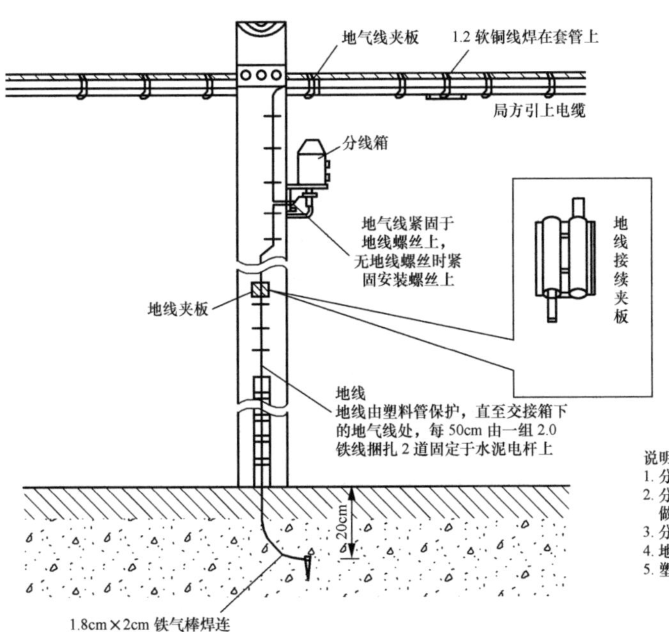

分线箱地线接地电阻

土质	分线箱类别 / 地线电阻值（Ω） / 土壤比阻（Ω·m）	分线箱对数		
		10 对及以下	11～20 对	21 对及以上
普通土	100 以下	30	16	13
夹砂土	100～300	40	20	17
砂土	301～500	50	30	24
石质	500 以上	67	37	30

说明：
1. 分线箱的地线必须单设接地体，严禁借用拉线或避雷线入地；
2. 分线箱的地线接地电阻应符合上表，设计无特殊规定，一般做一根地气棒入地；
3. 分线箱的地线应与吊线及电缆金属外护层连接；
4. 地线应在电杆较隐蔽侧布设；
5. 塑料电缆的分线箱的地线应与吊线及电缆屏蔽层相连。

图 7-94　分线箱接地系统安装示意图

（11）分线盒的安装方法。

分线设备是配线电缆的终端设备。分线设备在电杆及墙壁上安装，不论采用木质还是金属背架，均要求牢固、端正、接地良好。

① 各种室外分线盒的安装

分线盒在水泥杆上安装（采用金属背架）及墙式室外分线盒的安装如图 7-95 所示。

② 室外分线盒的选用

室外分线盒的选用见表 7-65。室外分线盒的电缆、箱号、线序应漆写在箱盖正面。

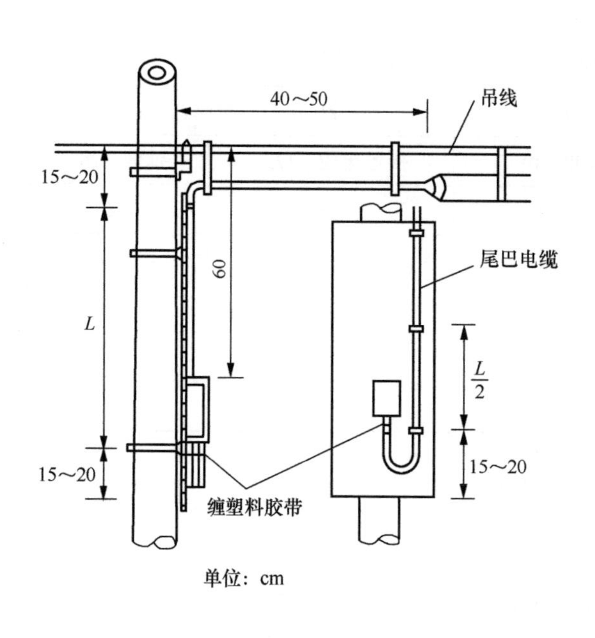

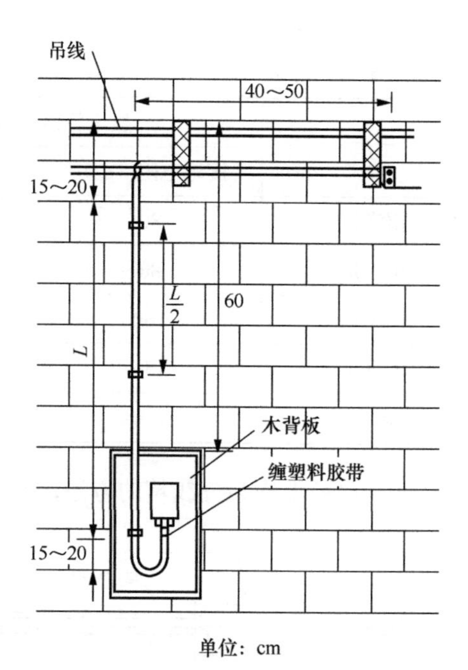

图 7-95　分线盒在水泥杆上安装及墙式室外分线盒安装的示意图

表 7-65　　室外分线盒的选用

型号	箱体外形尺寸（长×宽×高）(mm)	容量（回线）	安装尺寸（mm）
XF-Ⅱ10	200×188×115	10	180×50
XF-Ⅱ20	300×188×115	20	280×50

③ 室内分线设备的安装

室内分线盒一般只有墙式。

A. 安装在走道墙边的分线盒，其安装高度在画框线上方或盒底部距地面（楼板）2 500mm，如图 7-96 所示。

B. 安装在室内墙壁的分线盒，可安装在地脚线的上方，盒底距地脚线 50mm。

C. 安装在电缆上升房内的分线盒，应采取竖装，其下部距地面（楼板）1 500mm，如图 7-97 所示。

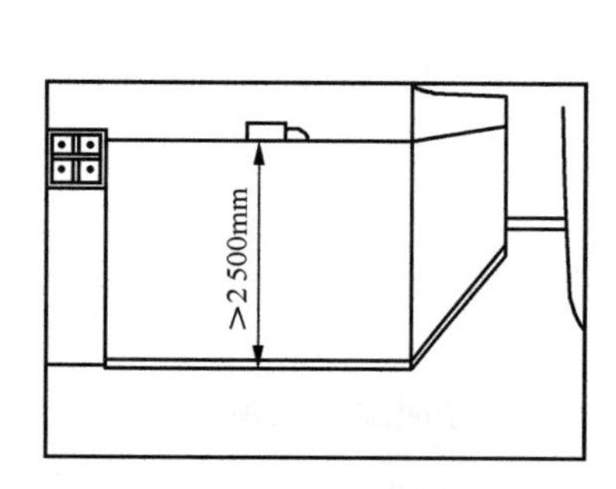

图 7-96　安装在走道墙面的分线盒

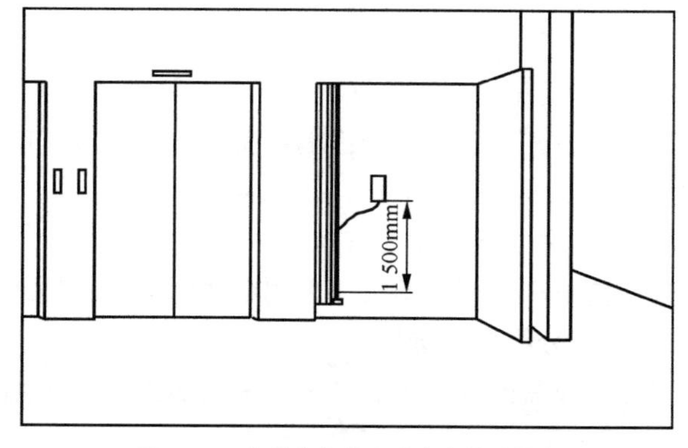

图 7-97　安装在电缆上升房内的分线盒

④ 墙式室内分线盒安装采用木托板、木螺钉。

7.7.9　电缆接续与割接技术要求

7.7.9.1　电缆接续前的准备工作及接头套管选择

（1）施工前，施工单位应对工程所用器材质量进行核查，器材规格、程式、质量不符合标准的不得在工程中使用，并检验电缆外护层有无机械损伤及腐蚀现象，气闭是否损坏；检查电缆芯线有无断线、混线及地气等不良线对。如有故障应查明原因，及时修复后再进行敷设；电缆芯线对数应符合设计要求，每百对芯线有一对良好的备用线对。

（2）电缆敷设完毕，应按实际需要留足余长，电缆端头应用热缩套管端帽封好，防止电缆进水或受潮。

（3）电缆接续前，应保证电缆的气闭性良好（填充式电缆除外），并应核对电缆程式、对数端别；如有不符合规定的应及时处理，合格后方可进行电缆接续。

（4）电缆芯线接续采用接线模块或接线子卡接方式，接线子的型号及技术指标符合 YD/T 334-1987《市内通信电缆接线子》的规定；接线子的规格应能满足芯线接续的要求。

（5）电缆护套的接续套管宜采用热可塑套管或可开启式套管。填充型全塑电缆的接续采用具有填充物的接续器材。

（6）根据电缆结构、电缆容量、敷设方式、人孔规格、环境条件以及套管价格等综合考虑进行选择接头套管的规格型号。接头套管的型号及技术指标应符合相关标准，接头套管的规格能满足电缆接续形式的要求。

（7）采用充气维护的非填充型电缆必须选用耐气压型的接头套管；自承式架空电缆接头套管应能包容吊线与电缆。具有重复使用性能的接头套管，在技术经济合理时优先选用。

7.7.9.2　电缆接续技术要求

（1）电缆接续应保证质量，芯线接续完毕后，应先测试对号，同时连通电缆接头两侧的金属屏蔽层，与交接箱的地线连通，再封热缩套管，防止断线、混线等人为障碍。

（2）全塑电缆接续必须采用压接法，按设计要求的型号选择卡接式接线子或压接式接线模块。电缆芯线的直接、复接线序必须与设计要求相符，全色谱电缆必须按色谱、色带对应接续。所接续的电缆芯线不应有混、断、地、串、错及接触不良等现象，芯线绝缘应合格。接续后应保证电缆的标称全部合格。

（3）使用扣式接线子（一般 50 对及以下电缆）接续应满足以下规定。

① 针对电缆芯线线径，应按设计要求的型号选用扣式接线子。

② 接续芯线重叠长度应为 50mm，并扭绞 2～3 个花。

③ 接线子应排列整齐、均匀，每 5 对（同一小组色谱）为一组，分别倒向两侧的电缆切口。

（4）使用压接式接线模块（一般 50 对以上电缆）接续应满足以下规定。

① 根据电缆对数及芯线线径，应按设计要求的型号选用接线模块。

② 接续配线电缆芯线时，模块下层应接局端线，上层接用户端线；接续不同线径的芯线时，模块下层应接细线径芯线，上层接粗线径芯线。

③ 模块应排列整齐、芯线应松紧适度，线束不得交叉。

（5）电缆分线箱（盒）线序安排是电缆由近至远进行由小到大的编号排列。

7.7.9.3 电缆割接基本方法

1．局内跳线改接

（1）环路改接法

新旧纵列与横列构成环路，改线时先上好新纵列保安器，使局外新旧电缆或分线设备成环路，听一对线改一对线，测试无误后再正式绕接新跳线，拆除旧跳线。

（2）直接改接法

先布放好新跳线位置，并连接好新纵列，上好新纵列保安器。改线时与局外配合，同时改动，横列上切断旧跳线，改连新跳线。这种方法只适用于少量普通用户线对。

2．局外电缆芯线割接

（1）切断割接法

此法是将新电缆布放至两处割接点，新、旧电缆对好号后，切断一对线改接一对线，短时间地造成用户阻断通话，采用这种方法时新旧芯线对号必须准确，改线各点要密切配合，同时割接。这种方法适用于一般的用户。

（2）扣式接线子复接改接法

将新电缆布放至两处割接点，新、旧电缆对好号后，先采用 HJK4 或 HJK5 扣式接线子进行搭接，然后再剪断要拆除的旧电缆的芯线，此种方法适用于较小对数的电缆，尤其适用于个别重要用户的改接。

（3）接线模块复接改接法

不需要联络电缆，复接时不影响用户通话，不影响业务发展（装机），割接时障碍极少，安全可靠，此种方法适用于大对数电缆的割接。

7.7.9.4 电缆割接前准备工作和割接技术要求

（1）电缆割接前必须将电缆线序及用户资料调查清楚，做好用户割接方案，注意割接工作顺序和步骤，新旧电缆采用的割接方法和割接方案确定后，应报请当地局审批，方可进行割接工作，割接完毕后对旧电缆进行拆旧上盘回收。

（2）电缆割接方法和相关技术要求。

① 施工前必须了解整个割接方案和设计要求，掌握新旧线路设备的状况，认真细致地制定保证通信、便于施工的割接方案。

② 电缆割接采用电缆复接方式割接，用户皮线割接采用测量室—交接箱—分线盒—皮线 4 点同时进行割接和在用户话机接线盒皮线复接割接方式。材料按每用户 30m 计列，一般情况下，要求尽量少换或不换用户皮线。

③ 施工中应以不影响用户通信为原则，对于重要用户必须事先联系，了解其通信需要和具体要求，对于金融和数据专线，割接前必须取得用户的同意。

④ 在线路割接前后，应向用户进行宣传和解释工作。割接后一段时间内，要求能够播放改号录音通知，以方便用户。

⑤ 在局内测量室和各线路割接处之间必须密切联系，可装设联络电话。割接过程中和完毕后，应进行电气测试，保证线路通畅和割接工作正确无误。对于公安、消防等重要部门的专线、特种服务台（如 110、119、113 等）以及长话、农话等重要线对，应有色别标志，以

示醒目和便于区分。

⑥ 在新、旧电缆的两端，新、旧电缆与局内总配线架之间，应根据新、旧线路割接对照表逐对进行对号，以防错接。

⑦ 局外各线路割接处，除有专人负责看管外，还应备有照明电源及防雨等防护措施，以便应急之用。

⑧ 割接完毕后，首先要通过测试，把重要用户开通。然后再根据线路的分布情况，对事先选出的有代表性的用户线路进行测试，以判断线路割接后的开通情况。

⑨ 为了减少费用，部分地区要求割接采用瞬间中断方式，因此割接时间应该选择在通话较少的时候进行，建议在凌晨零时到 5 时进行。

7.7.9.5　电缆接头的封合

1．全塑电缆热可缩套管封合的技术要求

（1）全塑电缆屏蔽层必须用专用屏蔽连接，并按设计要求做好分段、全程测试。

（2）热可缩套管的铝内衬套筒包在缆芯接续部位，且应置于接头中间，两端用胶布缠包固定（胶布重合尺寸不小于 40cm）。

（3）电缆接头两端封合部位和电缆外护套应用砂布打磨，擦拭干净，以便套管封合，保证质量良好。

（4）电缆接头两端应纵包隔热铝箔胶带，其重合相压的宽度不小于 20mm，纵包全长不小于 60cm。

（5）用喷灯预热或加热热可缩套管时，要求有步骤由中间到两端加热，均匀且频繁移动，使套管正常收缩。

（6）热可缩套管的拉链导宜置于电缆的上方；分支电缆宜在大对数电缆的下方，也可平放。

（7）热可缩套管管口端距分歧电缆一侧的 15cm 处应将主干和分支电缆绑扎在一起。

（8）热可缩套管应平整、无褶皱、无烧焦；充气热可缩套管在热缩冷却后应做封密试验。

2．纵包装备式套管封合的技术要求

（1）电缆、底板、盖板应黏合紧密。

（2）套管螺栓应坚固，套管端部包扎应整齐。

（3）密封应良好、外形应平直。

3．热注塑套管封合的技术要求

（1）选用的套管规格应正确，两端电缆开口距离应满足套管说明书的要求。

（2）套管缝合注塑应一次完成，注塑缝应完整、饱满、无气泡。

（3）端帽、套管应端正，端帽与电缆应垂直。

（4）密封应良好。

7.7.10　电缆线路施工安全措施

7.7.10.1　电缆施工安全管理

（1）电缆线路施工、维护操作过程应严格执行国家、行业有关施工作业安全技术规范和施工及验收技术规范。

（2）起重工、电工、电焊工、高空作业等特殊工种作业人员必须接受培训，考试合格后持有效证件上岗，严禁未取得有关部门颁发的《特种作业人员岗位操作证》和未经上岗前培训的人员上岗作业。

（3）施工单位在施工前应对施工作业环境进行检查，并制定相应的安全生产、文明施工的措施。

7.7.10.2 管道电缆线路工程施工安全措施

（1）在下列地点进行作业时，必须设立安全标志，白天用红旗，晚上用红灯，以便引起行人和各种车辆的注意；必要时设立护栏或请交通民警协助，以确保施工安全。

① 街道或公路拐弯处。

② 有碍行人或车辆通行处。

③ 跨越道路架线，需要车辆暂时停止通行处。

④ 行人车辆有可能陷入的沟、坑等处。

⑤ 揭开盖的人手孔处。

⑥ 安全标志应随工作地点的变动而转移，工作完成后要立即拆除。

⑦ 凡需要阻断交通时，必须经有关部门批准。

⑧ 在铁路、桥梁及有船只通航的河道附近，不得使用红旗或红灯，以免引起误会造成意外，应按有关部门规定设置标志。

（2）开启人孔盖必须使用专用钥匙。人孔盖上面如有堆积物，开启前必须先清除。

（3）打开人孔盖后必须立即用机械通风，进入人孔作业之前应预先检查人孔内有害气体的情况，人孔中存在毒气时，应进行处理，杜绝毒性气体来源后，方可进行下一步施工。

（4）在施工维护过程中，应做好人孔上面周围的安全措施。当打开人孔盖时，应立即围上人孔铁栅，铁栅上要插上小红旗，夜间施工还要安置红灯以做警示信号。

（5）在人孔内作业严禁吸烟，如感到头晕、呼吸困难，必须立即离开人孔，采取通风措施。不准把汽油带进人孔，不准在人孔内点燃喷灯，点燃的喷灯不准对着电缆和井壁放置。

（6）人孔内有积水时，应用抽水机或水泵先排除积水，抽水机的排气管不得靠近人孔口，应放在人孔口的下风方向。排除积水后经检测无有害气体，方可进入人孔作业。

7.7.10.3 架空电缆线路工程施工安全措施

（1）在下列地点进行作业时必须设立安全标志，白天用红旗，晚上用红灯，以便引起行人和各种车辆的注意；必要时设立护栏或请交通民警协助，以确保施工安全。

① 街道或公路拐弯处。

② 有碍行人或车辆通行处。

③ 跨越道路架线，需要车辆暂时停止通行处。

④ 行人车辆有可能陷入的沟、坑等处。

⑤ 安全标志应随工作地点的变动而转移，工作完成后要立即拆除。

⑥ 凡需要阻断交通时，必须经有关部门批准。

⑦ 在铁路、桥梁及有船只通航的河道附近不得使用红旗或红灯，以免引起误会造成意外，应按有关部门规定设置标志。

⑧ 在道路上挖沟、坑、洞，除设立标志外，必要时采用钢板盖好或搭建临时便桥以保证正常通行。

（2）挖杆洞、拉线坑时，遇有煤气管、自来水管或电力电缆等其他地下设施应立即停止作业。

（3）在靠近房屋或围墙处挖杆坑、拉线坑时，如有倒塌危险，应采取防护措施。

（4）采用爆破法挖杆坑、拉线坑，必须经有关部门批准。

（5）立杆必须保证足够的人力、吊车，并由有经验的人员负责、明确分工、统一指挥、各负其责。立杆前应检查工具是否齐全、安全牢靠。

（6）立杆时，非施工人员一律不准进入施工现场，在房屋附近立杆时，不要触碰屋檐和电灯线等，在铁路、公路、厂矿附近及人烟稠密的地区立杆时，要有专人维护现场。

（7）新立起的电杆，未回土夯实前不准上杆工作。

（8）拆除旧线时，要先检查杆根是否牢固，如发现杆根强度不够时，应采取临时支撑措施，以免发生倒杆事故。

（9）拆除电杆必须首先拆除杆上线条，再拆除拉线。拆除线条时，由下层两边逐渐向上拆；保持张力平衡，不得一次将一边线条全部拆除，防止倒杆事故。

（10）拆除跨越供电线路、公路、街道、河流、铁路的线条，应将其跨越部分先拆除，并设专人指挥杆上人员注意安全。

（11）上杆前必须认真检查杆根埋深和有无折断危险，如发现已折断、腐烂或不牢固的电杆，在未固定前切勿攀登。

（12）上杆前必须仔细检查脚扣、安全带各部位有无伤痕，脚扣应适合杆径大小，严禁将脚口拉大或缩小。

（13）在杆上升高或降低吊线时，必须使用紧线器，不许肩杠或推拉。

（14）沿吊线使用吊板或竹梯作业时，必须先检查电杆是否会倾倒，吊线、夹板、线担是否松脱，确认安全后方可进行作业。

（15）严禁站立或蹲坐在窗台上和阳台的边缘上，如必须在窗台上作业时，一定要系好安全带并将围杆绳系于室内的牢靠物体上，严禁从窗户向外抛掷线条及杂物。

（16）不准两人上下同一电杆进行作业，上杆后应系好安全带。杆上作业时，杆下需采取防护措施或专人监护。

（17）上杆时不得携带任何笨重工具和材料，杆上与地面人员间不得扔抛工具、材料。

（18）紧线时，杆上不准有人作业，必须紧妥后才能上杆作业。在角杆上作业时，应站在与线条拉力相反方向的一边，以防线脱落将人弹下摔伤。

（19）在电力线下方或附近作业时必须严防与电力线接触。进行架线、紧线和打拉线等作业时，应与高压线保持最小空距：35kV以下线路为2.5m，35kV以上线路为4m。

（20）在作业过程中遇有不明用途性质的线条，一律按电力线处理。

（21）在高压线下方架设线条，应将线条干燥绳控制在不超过杆顶，防止布放或紧线时，线条蹦起导致高压放电事故或触电事故。

（22）在电力用户线上方架设线缆时，严禁将线缆从电力线上方抛过，必须在跨越处做保护架，将电力线罩住，施工完毕后再拆除。

（23）架空线路跨越高等级公路施工时，必须在公路两旁做保护棚架进行敷设，必要时请交通警察进行协助，临时停止来往车辆通行。

（24）为保护施工、维护操作人员的人身安全，在线路与强电设施较接近的地方施工或检修时，应将电缆金属构件做临时接地。

第 8 章 通信线路的防护措施

8.1 防强电

8.1.1 危险影响的容许标准

电缆线路及有金属构件的光缆线路，当其与高压电力线路、交流电气化铁道接触网平行，或与发电厂、变电站的地线网、高压电力线路杆塔的接地装置等强电设施接近时，应主要考虑强电设施在故障状态和工作状态时由电磁感应、地电位升高等因素在光（电）缆金属线对或构件上产生的危险影响。

强电设施在故障状态时，光（电）缆金属线对或构件上的感应纵向电动势或地电位升高应不大于光（电）缆绝缘外护层介质强度（直流 15kV/2min）的 60%。强电设施在正常运行状态时，光（电）缆金属线对或构件上的感应纵向电动势不大于 60V。

（1）高压输电线路在短期故障状态或正常工作状态，对接近的通信光（电）缆线路，因电磁感应产生的纵电动势（E）的有效值，可按下列公式计算：

$$E = \sum 2\pi f \times M_i \times L_i \times I \times S_i$$

式中：f 为高压线电流频率，大小一般为 50，单位为 Hz；

M_i 为第 i 接近段高压线与通信光（电）缆的互感系数，单位为 H/km，取 f 为 50Hz 的数值；

L_i 为第 i 接近段通信光（电）缆线路在高压线路上的投影长度，单位为 km；

I 为输电线路一相接地或两相在不同地点同时接地的短路电流，单位为 A；

S_i 为第 i 接近段高压线与通信光（电）缆线路的综合屏蔽系数（取 f 为 50Hz 的数值）。综合屏蔽系数一般是指 3 个屏蔽系数的乘积，以下列公式表示：

$$S_i = k_1 \times k_2 \times k_3$$

式中：k_1 为高压线屏蔽系数；k_2 为通信线路屏蔽系数，光缆取 1，也可以通过生产厂家取得该值；k_3 为城市屏蔽系数，一般取 0.7～0.85，郊外取 1。

（2）交流电气化铁道接触网在短期故障状态或正常工作状态，对接近的通信光（电）缆线路，因电磁感应产生的纵电动势（E）的有效值，可按下列公式计算：

$$E = \sum 2\pi f_k \times M_i \times L_i \times I_k \times S_{ki}$$

式中：f_k 为交流电气化铁道接触网电流频率，单位为 Hz，我国电气化铁路的供电制式是单相工频（50Hz）25kV 交流制；

M_i 为第 i 接近段交流电气化铁道接触网与通信光（电）缆的互感系数，取 f_k 频率时的数值，单位为 H/km；

L_i 为第 i 接近段通信光（电）缆线路在交流电气化铁道的投影长度，单位为 km；

I_k 为影响电流，单位为 A；

S_{ki} 为第 i 接近段交流电气化铁道接触网与通信光（电）缆线路的综合屏蔽系数（取 f_k 频率时的数值）。综合屏蔽系数一般是指以下 4 个系数的乘积，以下列公式表示：

$$S_{ki} = \lambda_E \times k_1 \times k_2 \times k_3$$

式中：λ_E 为钢轨屏蔽系数；

k_1 为牵引变电站供电臂特设回流线的屏蔽系数，当通信线路与供电臂的距离在 30m 以内时，对于单线铁道，其屏蔽系数取 0.75；对于双线铁道，其屏蔽系数取 0.6；

k_2 为通信线路屏蔽系数，光缆取 1，也可以通过生产厂家取得该值；

k_3 为城市屏蔽系数，一般取 0.7～0.85，郊外取 1。

（3）输电线路的危险影响，一般有人身、通信线路及设备安全 3 个方面。由于某种原因，设备本身一般已经采取了必要的防护措施，因此，主要应考虑人身与线路的安全。表 8-1 为危险影响的容许标准。

表 8-1　　危险影响的容许标准

序号	强电线路状态	光缆类别及使用状态	容许的纵电动势有效值 *E*/V 不大于
1	短路故障状态	无金属芯有金属护套光缆	$0.6U$
		有金属芯光缆（有远供）	$0.6U_s - \frac{U_g}{2\sqrt{2}}$
		有金属芯光缆（无远供）	$0.6U_s$
2	正常运行状态	通信线路系统的一个中继段内	60

注：1．表内 U_s 为光缆线路中继段铜线之间，铜线（金属芯）与外护套间的直流实验电压值，一般为 2 000V；
2．U_g 为实际加在线路计算段内芯线上的远供电压值；
3．U 为光缆护套绝缘耐压值，一般为 2 000V。

8.1.2　强电危险影响的防护措施

通信光（电）缆线路对强电影响的防护，可选用下列措施。

（1）在选择光（电）缆路由时应与现有强电线路保持一定的隔距，当与之接近时，应计算在光（电）缆金属线对或构件上产生的危险影响不应超过规范规定动作的容许值。

（2）光（电）缆线路与强电线路交越时，宜垂直通过；在困难情况下，其交越角度不应小于 45°。

（3）光缆接头处两侧金属构件不做电气连通，也不接地。

（4）当上述措施无法满足要求时，可增加光缆绝缘外护层的介质强度，采用非金属加强芯或无金属构件的光缆。

（5）在与强电线路平行地段进行光（电）缆施工或检修时，应将光（电）缆内的金属构件做临时接地。

（6）本地光缆网一般选用无铜导线、塑料外护套耐压强度为 15kV 的光缆，并考虑将各单盘光缆的金属构件在接头处做电气断开，将强电影响的积累段限制在单盘光缆的制造长度（一般为 3km）内，光缆线路沿线不接地，仅在各局站内接地。

（7）对有金属回路的光缆，可选用以下防护措施。

① 增加屏蔽性能，改变光缆外护套的铠装材料，提高光缆屏蔽系数。

② 缩短受影响区段的积累长度，在系统容许距离范围内，调整远供环回路站位置。

③ 接入防护滤波器。

④ 安装放电器。

⑤ 安装分隔变压器或屏蔽变压器。

（8）7/2.2 钢绞线吊线可视为光缆吊线的防电、防雷的良导体，故吊线采取每 1 000m 接地一次；对土壤为普通土、硬土、砂砾土，电阻率$\rho \leqslant 100\Omega\cdot m$ 的地带，采用拉线式地线与吊线相接；土壤质为岩石、砾石、风化石，电阻率$\rho > 100\Omega\cdot m$ 的地带，采用角钢接地体，引线采用 7/2.2 钢绞线。接地电阻应小于 20Ω。在与电力线交叉的情况下，应做好绝缘处理。

（9）架空光（电）缆线路与强电线路交越的防护措施。

① 通信线应在输电线下方通过并保持规定的安全隔距（见 YD 5148-2007 架空光（电）缆通信杆路工程设计规范附录 B)；交越档两侧的架空光（电）缆杆上吊线应做接地，杆上地线在离地高 2.0m 处断开 50mm 的放电间隙，两侧电杆上的拉线应在离地高 2.0m 处加装绝缘子，做电气断开。

② 光缆吊线应每隔 300～500m 利用电杆避雷线或拉线接地，每隔 1km 左右加装绝缘子进行电气断开。

③ 光缆在架空电力线路下方交越时，应对光缆吊线在交越处前后 25～50m 加装高压绝缘子进行电气断开。高压绝缘子不应加装在杆档中间，宜在杆档两边的电杆附近加装绝缘子。绝缘子的安装方法如图 8-1 所示。

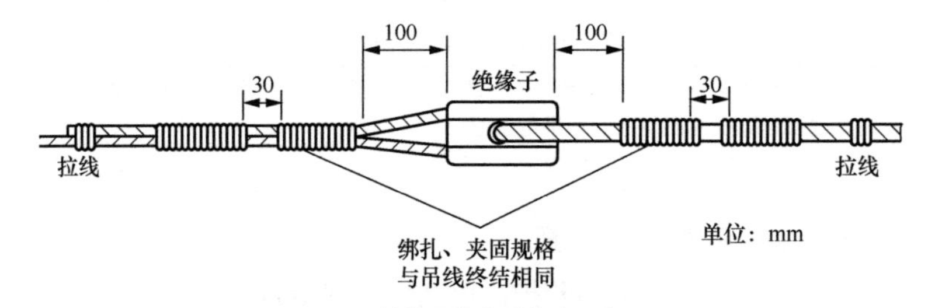

图 8-1　绝缘子的安装方法示意图

注：绝缘子按其结构形式分为蛋形、四角形和八角形 3 种。J-5、J-10 和 J-20 为蛋形；J-45 和 J-54 为四角形；J-70、J-90 和 J-160 为八角形，建议选用型号为 J-90 的绝缘子。绝缘子的规格、型号与尺寸见本书第 11 章“11.1.9　绝缘子的规格、型号与尺寸”。

8.1.3　通信线路与其他电气设备间的最小垂直净距

通信线路与其他电气设备间的最小垂直净距见表 8-2。

表 8-2　　通信线路与其他电气设备间的最小垂直净距

其他电气设备名称	最小垂直净距（m）		备注
	架空电力线路有防雷保护设备	架空电力线路无防雷保护设备	
35～110kV 电力线（含 110kV）	3.0	5.0	最高缆线到电力线条
110～220kV 电力线（含 220kV）	4.0	6.0	最高缆线到电力线条

续表

其他电气设备名称	最小垂直净距（m）		备注
	架空电力线路有防雷保护设备	架空电力线路无防雷保护设备	
220～230kV 电力线（含 230kV）	5.0		最高缆线到电力线条
230～500kV 电力线（含 500kV）	8.5		最高缆线到电力线条
供电线接户线[1]	0.6		
霓红灯及其外铁架	1.6		
电气铁道及电车滑接线[2]	1.25		

注：1．供电线为被覆线时，光（电）缆也可以在供电线上方交越。
2．光（电）缆必须在供电线上方交越，跨越档两侧电杆及吊线安装应做加强保护措施。
3．通信线应架设在供电线路的下方位置和电车滑接线的上方位置。

8.2　防雷

8.2.1　雷电的基本概念及活动规律

8.2.1.1　雷电的基本概念

大气中的水蒸气是雷云形成的内因；雷云的形成也与自然界的地形以及气象条件有关。根据不同的地形及气象条件，雷电一般可分为热雷电、锋雷电（热锋雷电与冷锋雷电）、地形雷电三大类。

（1）热雷电是夏天经常在午后发生的一种雷电，经常伴有暴雨或冰雹。热雷电形成很快、持续时间不长，1～2 小时；雷区长度不超过 200～300km，宽度不超过几十千米。热雷电形成必须具备以下条件。

① 空气非常潮湿，空气中的水蒸气已近饱和，这是形成热雷电的必要因素。

② 晴朗的夏天、烈日当头，地面受到持久暴晒，靠近地面的潮湿空气的温度迅速提高，人们感到闷热，这是形成热雷电的必要条件。

③ 无风或小风，造成空气湿度和温度不均匀。无风或小风的原因可能是这里气流变化不大，也可能是地形的缘故（如山中盆地）。

上述条件逐渐形成云层，同时云层因极化而形成雷云。出现上述条件的地点多在内陆地带，尤其是山谷、盆地。

（2）强大的冷气流或暖气流同时侵入某处，冷暖空气接触的锋面或附近可产生冷锋（暖）雷电。

① 冷锋雷（或叫寒潮雷）的形成是强大的冷气流由北向南入侵时，因冷空气较重，所以冷气流就像一个楔子插到原来较暖而潮湿的空气下面，迫使暖空上升，热而潮的空气上升到一定高度，水蒸气达到饱和，逐渐形成雷云。冷锋雷是雷电中最强烈的一种，通常都伴随着暴雨，危害很大。这种雷雨一般沿锋面几百千米长、20～60km 宽的带形地区发展，锋面移动速度为 50～60km/h，最高可达 100km/h。

② 暖锋雷（或叫热潮雷）的形成是当暖气流移动到冷空气地区，逐渐爬到冷空气上面所

引起的。它的发生一般比冷锋雷缓和，很少发生强烈的雷雨。

（3）地形雷电一般出现在地形空旷地区，它的规模较小，但比较频繁。

8.2.1.2 雷电活动的规律

1．雷电活动的一般条件如下

（1）地质条件：土壤电阻率的相对值较小时，就有利于电荷很快聚集。局部电阻率较小的地方容易受雷击；电阻率突变处和地下有导电矿藏处容易受雷击；实际上接地网电阻率会增大雷击概率。

（2）地形条件：山谷走向与风向一致，风口或顺风的河谷容易受雷击；山岳靠近湖、海的山坡被雷击的概率较大。

（3）地物条件：有利于雷雨云与大地建立良好的放电通道。空旷地中的孤立建筑物，建筑群中的高耸建筑物容易受雷击；大树、接收天线、山区输电线路容易受雷击；符合尖端放电的特性，基站铁塔建成后也会增大雷击的概率。

2．根据工程经验，下列可能是雷害发生概率较高的地点

（1）10m 深处的土壤电阻率ρ_{10}发生突变的地方。

（2）在石山与水田、河流交界处，矿藏边界处，进山森林的边界处，某些地质断层地带。

（3）面对广阔水域的山岳阳坡或迎风坡。

（4）较高、孤立的山顶。

（5）以往曾累次发生雷害的地点。

（6）孤立杆塔及拉线，高耸建筑群及其他接地保护装置附近。

8.2.2 室外光（电）电缆线路防雷

8.2.2.1 防雷措施

1．光（电）缆防雷措施如下

（1）室外光（电）缆线路在年平均雷暴日数大于 20 天的地区及有雷击历史的地段，应采取防雷措施；光（电）缆线路应尽量绕过或避开雷暴危害严重地段的孤立大树、杆塔、高耸建筑、行道树木、树林等容易引雷的目标，无法避开时应采用消弧线、避雷针等保护措施（掌握雷电活动规律）；光（电）缆内的金属构件在局（站）内或交接箱处终端时，必须做防雷接地。

（2）在考虑充分利用光缆特点的前提下，提出以下防雷措施。

① 除各局站外，沿线光缆的金属构件均不接地。

② 光缆的金属构件，在接头处不做电气连通，各金属构件间也不做电气连通。

③ 局站内的光缆金属构件相互连通并接保护地线。

2．无金属线对、有金属构件的光缆线路的防雷保护可选用下列措施

（1）直埋光缆线路防雷线的设置应符合以下原则。

① 土壤电阻率$\rho_{10} \leqslant 100\Omega\cdot m$ 的地段，可以不设防雷线。

② $100\Omega\cdot m < \rho_{10} \leqslant 500\Omega\cdot m$ 的地段，设一条防雷线。

③ $\rho_{10} > 500\Omega\cdot m$ 的地段，设两条防雷线。

（2）当光缆在野外硅芯塑料管中敷设时，可参照下列防雷线的设置原则。

① 土壤电阻率$\rho_{10} \leqslant 100\Omega\cdot m$ 的地段，可以不设防雷线。

② ρ_{10}>100Ω•m 的地段，设一条防雷线。

③ 防雷线的连续布放长度一般应不小于 2km。

3．架空线路防雷可采取以下措施

（1）光（电）缆架挂在明线线条的下方。

（2）光（电）缆吊线连接拉线接地，如图 8-2 所示。

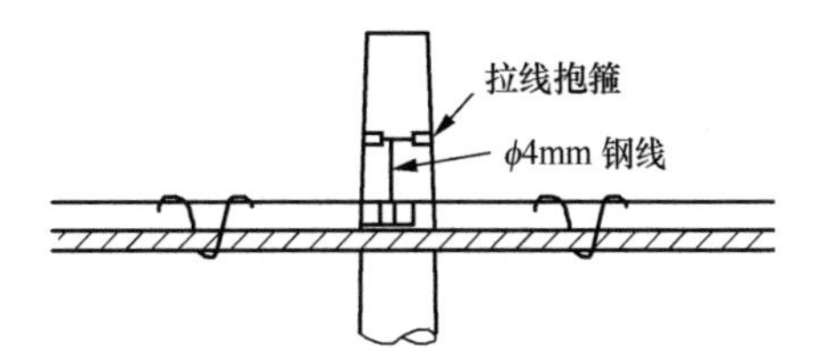

图 8-2　光（电）缆吊线利用拉线做接地安装图

（3）电缆金属屏蔽层的线路两端必须接地，接地点可在引上杆、终端杆或其附近。

（4）水泥电杆无预留避雷线穿钉的，水泥电杆避雷线的安装如图 8-3 所示。

水泥电杆有地线预留穿钉的，吊线利用预留地线穿钉安装避雷线如图 8-4 所示。

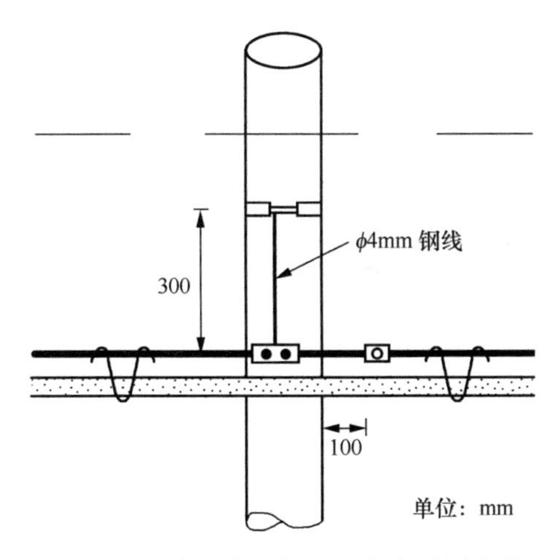

图 8-3　水泥电杆避雷线（无预留避雷线穿钉的水泥电杆避雷线安装示意图）

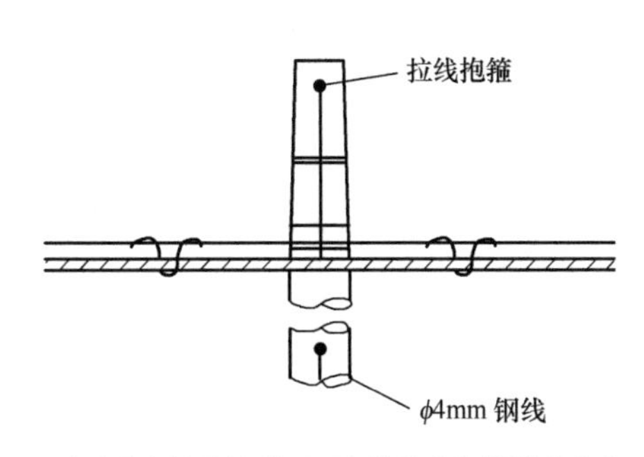

图 8-4　光（电）缆吊线利用预留地线穿钉做地线安装示意图

（5）有拉线的电杆安装拉线式地线，拉线式地线的安装方法如图 8-5 所示。

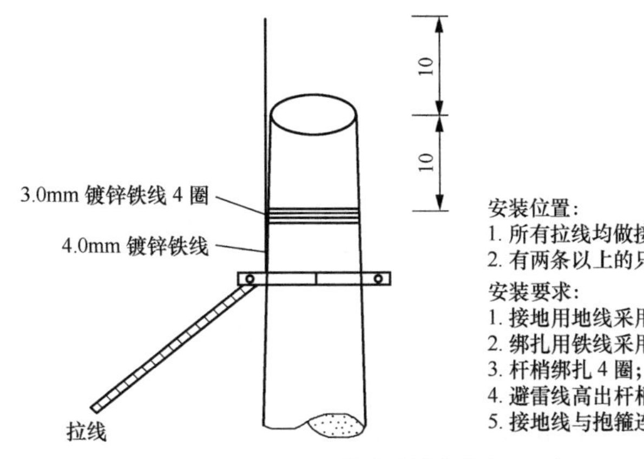

图 8-5　拉线式地线的安装示意图

（6）每隔适当的距离，在没有拉线的电杆安装直埋式地线，直埋式地线的安装方法如

图 8-6 所示。

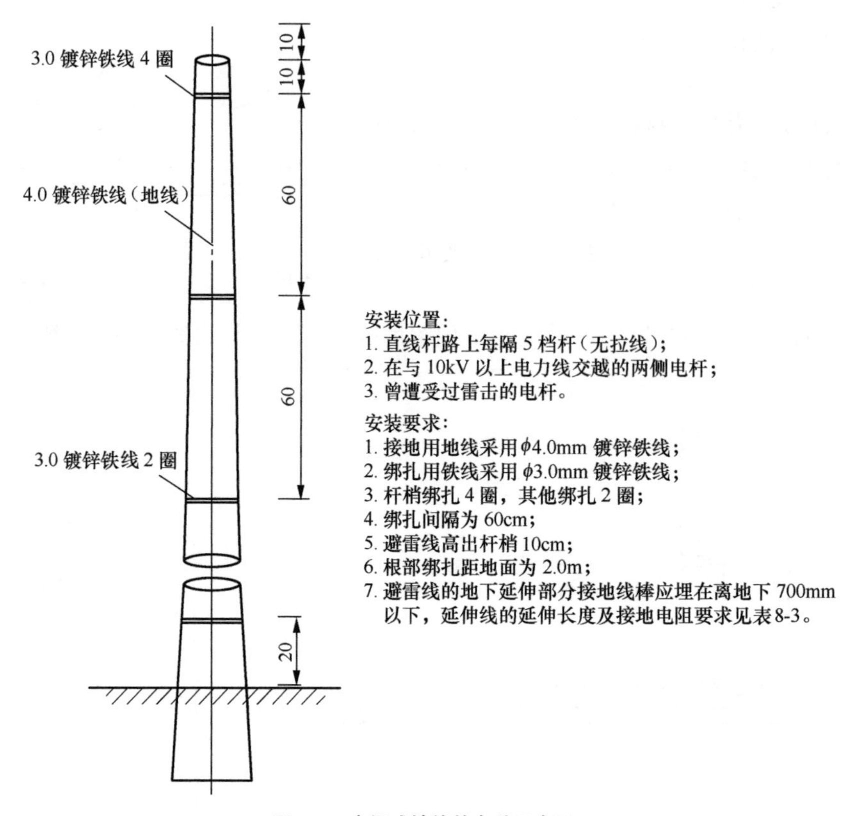

图 8-6　直埋式地线的安装示意图

表 8-3　　避雷线接地电阻及延伸线（地下部分）参考长度

土质	一般电杆避雷线要求		与 10kV 电力线交越杆避雷线要求	
	电阻（Ω）	延伸（m）	电阻（Ω）	延伸（m）
沼泽地	80	1.0	25	2
黑土地	80	1.0	25	3
黏土地	100	1.5	25	4
砂黏土	150	2	25	5
砂土	200	5	25	9

（7）雷害特别严重地段，应装设架空地线。

4．雷害严重地段，光缆可采用非金属加强芯或无金属构件的结构形式

5．光缆交接箱防雷接地

采用室外机柜时，防雷措施宜围绕机柜半径 3m 范围设置封闭环形接地体，一般接地电阻不得大于 10Ω，如果达不到要求，可在环形接地体四角敷设 10～20m 辐射形水平接地体。

8.2.2.2　接地装置、消弧线、避雷针安装方法

1．防雷接地装置安装

（1）接地装置与电缆之间的连线，接地装置应尽可能与电缆垂直安装，电缆与接地装置间的连接线采用 35mm^2 铜芯塑料线。交接箱接地体示意如图 8-7 所示。

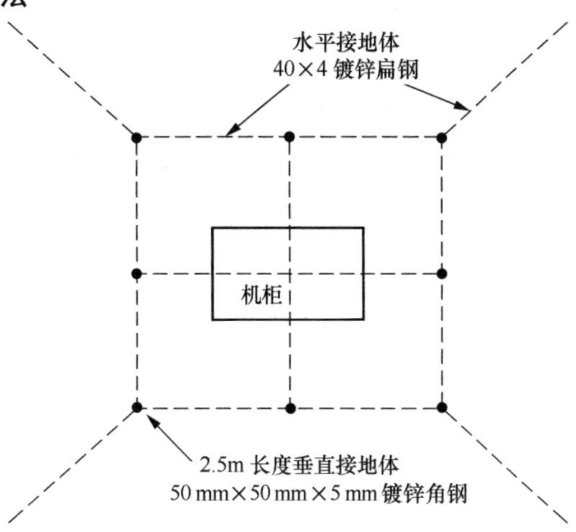

图 8-7　交接箱接地体示意图

（2）大地电阻率较小地区接地装置安装的规定，大地电阻率较小（ρ＜500Ω・m）的地区，一般采用角钢接地，如图 8-8 所示。安装应符合以下规定。

① 接地装置采用 50mm × 50mm × 5mm 的角钢，长度为 2m，用 40mm × 4mm 的扁钢焊接，角钢的根数由设计确定。

② 角钢垂直打入地下，顶端埋深应不小于 0.7m。接地体第一根角钢距电缆的垂直距离不小于 15m，角钢之间的距离为 4m。

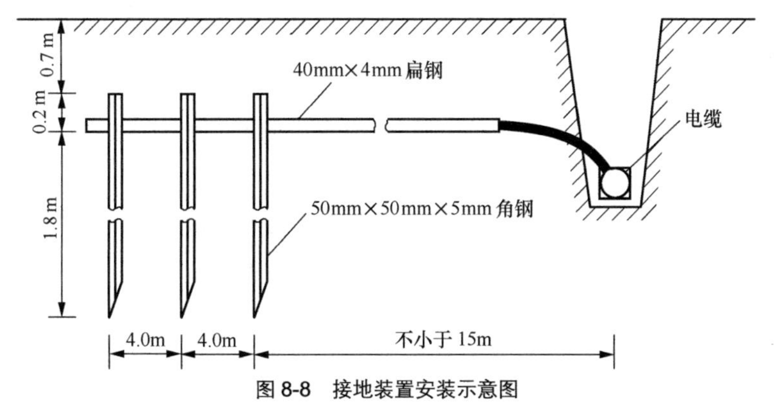

图 8-8　接地装置安装示意图

③ 对接地装置的接地电阻要求。

A．接地装置的接地电阻，一般应不大于 5Ω；土壤电阻率大于 100Ω・m 的地区，一般不大于 10Ω。

B．对地线的接地电阻的测试。

地线安装完毕，应进行接地电阻测试，并做好记录。如达不到要求时，应增加接地体的数量，或采取其他措施。50mm × 50mm × 5mm 单根角钢对不同土壤电阻系数的接地电阻见表 8-4。

表 8-4　　50mm × 50mm × 5mm 单根角钢对不同土壤电阻系数的接地电阻

土壤电阻系数（Ω・m）／接地电阻（Ω）／角钢长度（m）	100	200	300	400	500	600	800	1 000
2	38.5	77.1	116	154	193	231	308	385
3	28.2	56.5	84.7	113	141	169	226	282

C．接地电阻的测量电极之分布：根据经验，接地电阻的测量电极，应布放在与地线扁钢成一字型相反方向为好。

2．直埋电缆安装防雷排流线

（1）防雷排流线的敷设地线与长度应符合设计规定。

（2）排流线一般用两条 7/2.2mm 镀锌钢绞线（也有采用铜色钢线的），间距为 0.3～0.6m，平行埋于电缆上方，与电缆距离 0.3m 左右，如图 8-9 所示。

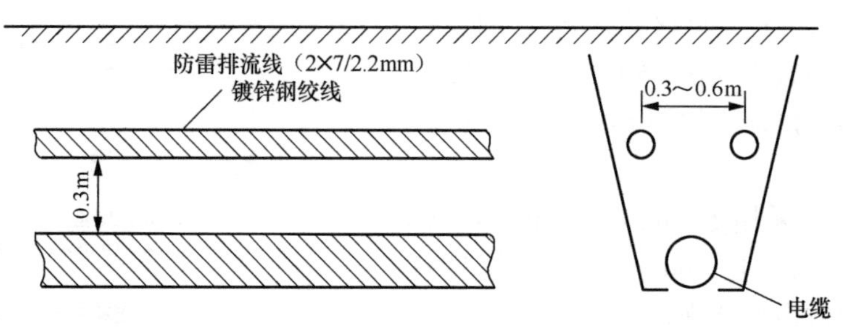

图 8-9　防雷排流线埋设示意图

（3）排流线不与电缆连接，也不加装接地装置，两条防雷之间也无须相互连接。

（4）排流线接头应按设计要求涂沥青保护。

3．安装消弧线和避雷针

地下电缆离电杆、高耸建筑物或单棵大树的净距小于表 8-5 的规定而又无法搬迁时，应按设计规定安装消弧线或避雷针。

表 8-5　　地下电缆离电杆、高耸建筑物、单棵大树间的防雷净距

大地电阻系数（Ω·m）	净距（m）	
	电杆或高耸物建筑	单棵大树
≤100	≥10	≥15
101～500	≥15	≥20
＞500	≥20	≥25

注：表中净距要求是按树根半径为 5m 考虑的，对于树根半径大于 5m 的大树，则应按实况加大距离。

（1）安装消弧线

消弧线用 2 根 7/2.2mm 钢绞线（或 40mm×4mm 扁钢）在高耸建筑物和电缆之间弯成半圆状，其中一根与电缆埋深相同，另一根为电缆埋深的 1/2，两根钢绞线的两端都焊接在接地装置上，如图 8-10 所示，其中，*b* 值与 *a* 值的关系见表 8-6。

（2）安装避雷针

① 避雷针的支撑物为木杆或树木。

② 避雷针用直径为 8～10mm 圆钢或 40mm×4mm 扁钢制成，长度为 1.5m。顶端为三叉形，引雷针伸出支撑物的顶端 0.7m 左右。

③ 引雷针和接地体间用 7/2.2mm 钢绞线连接（架空引流导线也用 2 根 4.0mm 铁线），引流导线在支撑物上每隔 0.5～1.0m 用卡钉钉固一次。

④ 当以电杆为支持物，大树与电缆的净距不小于 8m 时，或者以大树为支持物，大树与电缆的净距不小于 10m 时，可直接引雷入地，如图 8-11 所示。否则，应通过辅助杆架空导线引雷入地，如图 8-12 所示。

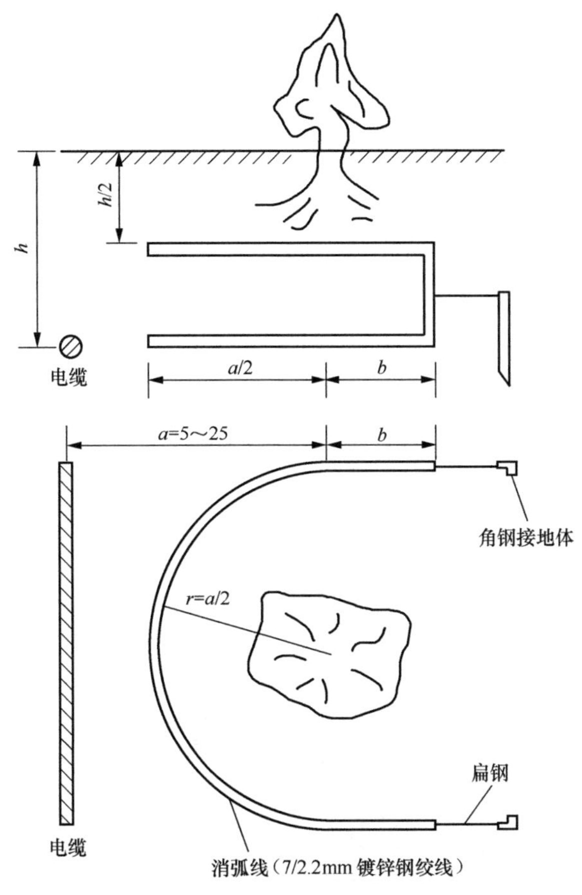

图 8-10　消弧线安装示意图

表 8-6　　**b 值与 a、ρ_2 的关系表**

ρ_2(Ω・m)	a(m)	b(m)
≤100	≥13	2
	＜13	15－a
≤500	≥18	2
	＜18	20－a
＞500	=23	2
	＜23	25－a

⑤ 接地体与电缆的隔距应大于 15m，接地体地下延伸长度见表 8-3。

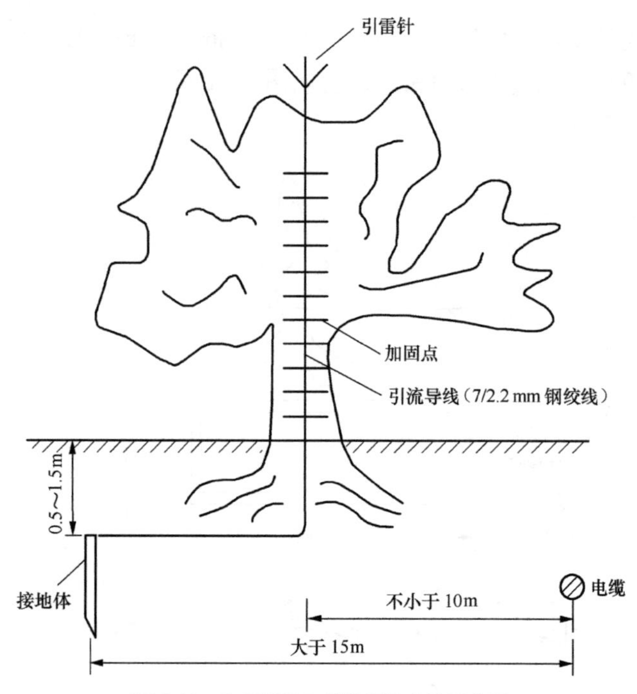

图 8-11　直接引雷入地避雷针安装示意图

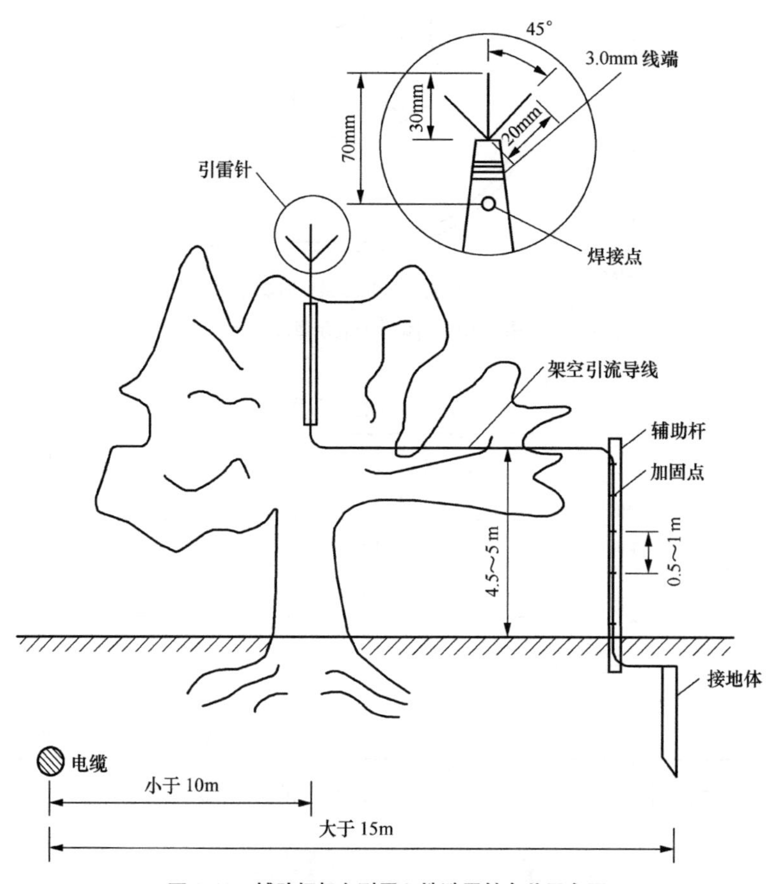

图 8-12　辅助杆架空引雷入地避雷针安装示意图

8.2.2.3　降低接地电阻的方法

当接地装置的接地电阻高于规范要求值时，就必须采取措施降低接地电阻，在实际施工中，降低接地电阻的方法有以下几种。

1．换土法

换入黏土、泥炭、黑土等电阻率低的土壤，换入后应分层夯实。换土时也可以加入焦炭、木炭屑等。

新换入的土壤与原有土壤的电阻率的比值小于 1/6 时， 接地电阻可以减少到原来的 40%～60%。

2．食盐层叠法

运用食盐层叠法降低接地电阻时，每千克食盐可用水 1～2L。安装时每层均应浇水夯实。此方法用于砂质土壤时，可将接地电阻降至原来的 20%～15%。用于砂砾土时，可将接地电阻降至原来的 4%～30%。但随着时间的推移，食盐将溶化流失，接地电阻将增大，一般应每隔 2～3 年处理一次。

3．食盐溶液灌注法

食盐溶液灌注法适用于钢管型接地体。预先将接地钢管每隔 10～15cm 钻一个直径 1cm 的小孔；管子打入地下后，用漏斗将饱和食盐溶液（每千克食盐可用水 1～2L）灌入管内，食盐溶液由小孔流入大地中，从而降低接地电阻。

灌注法与层叠法效果基本相同，接地钢管管顶用木塞塞紧，应每隔 2～3 年补充一次食盐溶液。

4．化学降阻剂法

（1）化学降阻剂的作用

化学降阻剂的电阻率很低，一般都小于 5Ω·m。施工时，把降阻剂包在接地体周围，和外围的土壤电阻率相比，降阻剂的电阻率要小两个数量级，因而可忽略降阻剂的电阻，把降阻剂视为金属导体，这相当于扩大了电极尺寸。此外，降阻剂对金属有亲和力，使金属接地电极与土壤间的有效接触面增加，既减小接触电阻，又能抗击氧的渗透腐蚀。

施工时，降阻剂以浆体状态注入电极周围，向土壤渗透，改善了附近土壤的导电性，使土壤的电阻率降低，又增大了接地体尺寸，使得电流泄放，改善了地电位分布。

（2）化学降阻剂的配方及配制方法

① 炭素粉降阻剂的配方见表 8-7。

表 8-7　炭素粉降阻剂的配方

序号	名称	用量（kg）	作用
1	炭素粉	6	主剂
2	生石灰	3	硬化剂
3	水泥	6	黏结剂
4	氯化钠	3	电解质
5	水	12	溶剂

② 水玻璃降阻剂的配方见表 8-8。

表 8-8　　水玻璃降阻剂的配方

序号	名称	用量（kg）	作用
1	水玻璃	5	主剂
2	水泥	10	黏结剂
3	氯化钠	2.5	电解质
4	水	12	溶剂

除了上述降阻剂，还有石膏类降阻剂、脲醛树脂降阻剂、丙烯酰胺降阻剂、聚丙烯酰胺降阻剂等，在此就不一一介绍了。

（3）高效固体长效降阻剂

目前，全国各地电力、广播电视、铁道、石油、通信等部门，都广泛地采用高效固体长效降阻剂来降低地网的接地电阻。这种降阻剂以炭素为导电材料，辅以防腐剂、扩散剂、不含腐蚀性的盐酸盐。这种降阻剂导电性能稳定，不受气候干湿影响，不腐蚀金属，还可以提高电极的防腐性。它具有吸潮性，可保持电极附近土壤潮湿，还含有起固化作用的水泥，因此，增大了接地电极与土壤的接触面积，使接地电阻降低。

接地网的接地电阻近似与地网面积的平方根成反比，与土壤电阻率成正比，因此，在砂砾、岩石、砂石、干土等土壤电阻率的地区（例如，高于 500～1 000Ω・m 时），要求接地电阻降低时，用传统的方法就很困难，甚至不可能做到。另外，在拥挤的都市中，一般没有宽大的地域做人工地网，在精密电子设备要求良好接地的情况下，特别是某些进口电子设备要求接地电阻达到 0.5～1Ω 甚至更低时，采用高效固体长效降阻剂是最有效的措施。精电-200 降阻剂的接地电阻率接近或小于 1Ω・m。

8.2.3　进局光（电）缆线路防雷措施

在光（电）缆终端时进行防雷接地可以有效避免雷电击坏通信设备，破坏传输系统正常运行或危及维护人员的人身安全。因此，金属构件终端接地是安全生产的重要保障之一。

1．入局光（电）缆线路防雷措施

各类缆线入局应从地下引入，避免架空入局；具有金属护套/层的光（电）缆入局前应将金属护套/层接地；无金属护套/层的光（电）缆宜穿钢管埋地引入，钢管两端做好接地处理。

2．局房内防雷措施

光缆内的金属构件，在局（站）内或交接箱处线路终端时必须做防雷接地。

光缆金属加强芯或护套/层应在终端盒或 ODF 架内可靠连通，并与机架绝缘后使用面积大于 25mm^2 的多股铜芯线引到本机房内的接地汇流排，可靠连接。光缆进入 ODF 的终端防雷接地，应根据不同的局（站）和不同的等电位接地方式（环形或星形）进行不同的处理。

（1）当采用环形等电位连接（机房内沿走线架和墙壁设置环形接地汇集线，且环形接地汇集线多点就近与地网连通）时，光缆金属加强芯与接地排连接后引入就近的接地端子，如图 8-13 所示。

（2）当采用星形等电位接地连接（总接地汇流排，应设在配电箱和第一级电源 SPD 附近，如果设备机架距总接地汇流排较远，机房内可设两级汇流排）时，光缆金属加强芯与接地排连接后应引到总接地汇流排，如图 8-14 所示。

（3）其他局内光缆接地方式，如图 8-15 至图 8-17 所示。

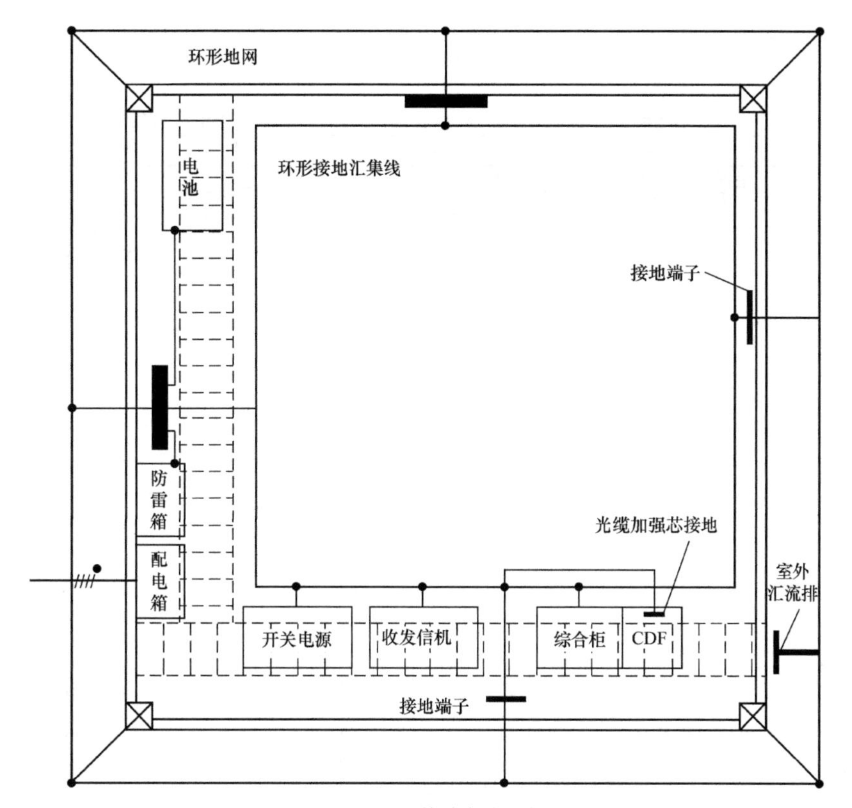

图 8-13　环形接地方式示意图

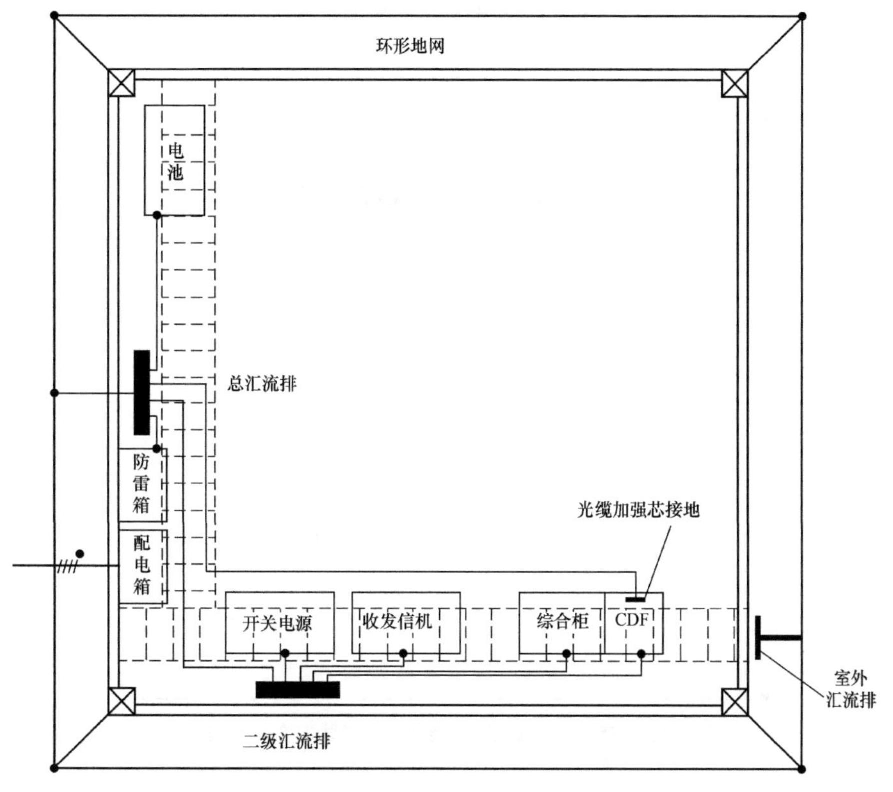

图 8-14　星形接地汇集线与光缆金属加强芯防雷接地示意图

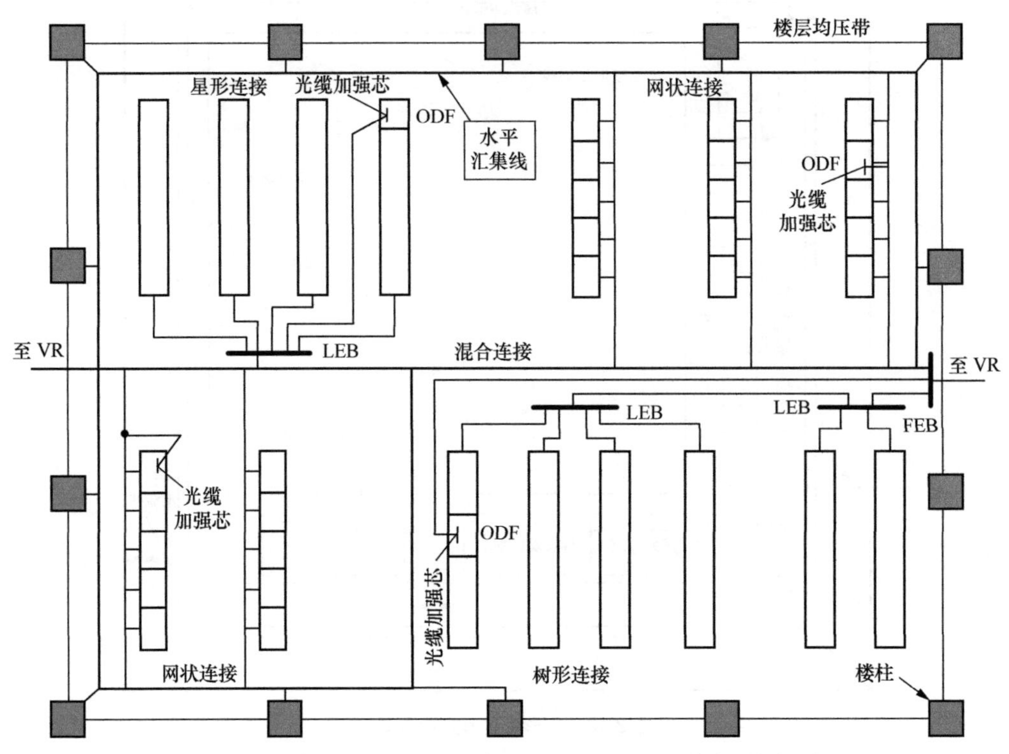

图 8-15　综合楼层接地混合结构连接方式的光缆金属加强芯防雷接地示意图

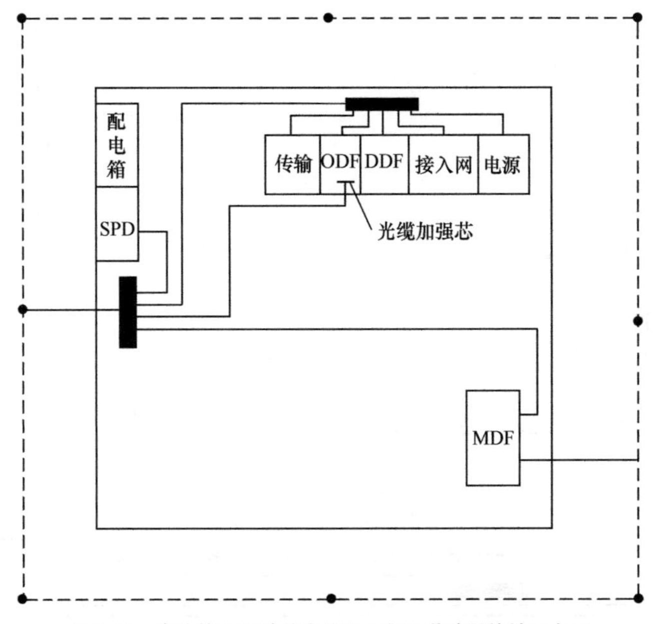

图 8-16　有线接入网站的光缆金属加强芯防雷接地示意图

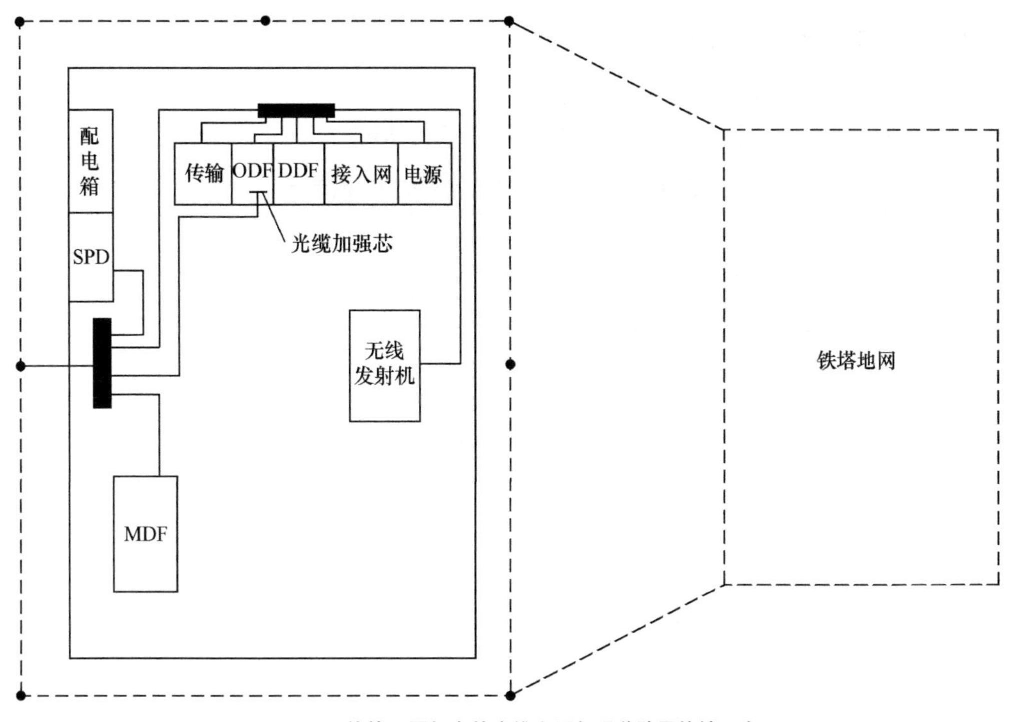

图 8-17　无线接入网机房的光缆金属加强芯防雷接地示意图

8.3　防腐蚀、防潮

8.3.1　光缆腐蚀的分类

因外界化学、电化学等的作用而使光缆护层的金属遭到损害的现象叫光缆腐蚀。根据腐蚀的过程中物理、化学性质的不同，腐蚀可分为以下几种：化学腐蚀、电化学腐蚀、晶间腐蚀及微生物腐蚀等。

（1）金属与介质间的纯粹化学作用的过程称为化学腐蚀。光缆的金属外护套在高温和干燥的空气中氧化形成金属氧化层而脱落，或在非电解液中的金属腐蚀都叫化学腐蚀。但对于埋式光缆腐蚀的整体来衡量，化学腐蚀部分是微不足道的，一般不予考虑。

（2）以各种化学反应为基础的腐蚀过程称为电化学腐蚀。这种腐蚀过程的重要标志是在金属被破坏的同时有电流存在。其腐蚀原理一为电解原理，二为原电池原理。电化学腐蚀既能使光缆产生长距离、大范围的腐蚀，也能产生小范围、多点腐蚀，进而引起在通信光缆维护中发生长距离换缆和多点维修现象。电化学腐蚀是整个地下光缆防腐蚀的重点。

（3）晶间腐蚀是由于光缆的护套在制造或工程施工中发生机械损伤，加上光缆在土壤中经常受到震动以及冻土内光缆受冻土膨胀、收缩作用，使光缆的金属护套产生晶间破裂而引起的。如果加上电化学腐蚀，那么这种腐蚀将是十分危险的。由于这种腐蚀具有偶然性，因此，目前还没有很好的防护方法。

（4）由于微生物腐蚀较轻微，一般也不予考虑。

8.3.2 地下光缆的腐蚀程度

1．土壤电阻率对铝包光缆的腐蚀程度

用土壤电阻率估量对铝包通信光缆的腐蚀程度见表8-9。

表8-9 用土壤电阻率估量对铝包通信光缆的腐蚀程度

腐蚀程度	很弱	弱	中	强	很强
土壤电阻率（Ω·m）	100以上	20～100	10～20	5～10	5以下

2．土壤电阻率对光缆钢铠装的腐蚀程度

土壤电阻率对光缆钢铠装的腐蚀程度见表8-10。

表8-10 土壤电阻率对光缆钢铠装的腐蚀程度

腐蚀程度	弱	中	强
土壤电阻率（Ω·m）	50以上	23～50	23以下

3．pH值对光缆钢铠装的腐蚀程度

pH值对光缆钢铠装的腐蚀程度见表8-11。

表8-11 pH值对光缆钢铠装的腐蚀程度

腐蚀程度	弱	中	强
pH值	6.5～8.5	6.0～6.5	6.0以下，8.5以上

4．水对光缆铝护套的腐蚀程度

水对光缆铝护套的腐蚀程度见表8-12。

表8-12 水对光缆铝护套的腐蚀程度

腐蚀程度	指标			
	pH值	氯离子 Cl^-/(mg/L)	硫酸根 SOi^{2-}/(mg/L)	铁离子 Fe^{3+}
弱	6.0～7.5	小于5	小于30	小于1
中	4.5～6 7.5～8.5	5～50	30～150	1～10
强	小于4.5 大于8.5	大于50	大于150	大于10

8.3.3 地下光缆电化学防护指标

光缆对地的防护电位值应介于表8-13和表8-14所列范围内。大地漏泄电流时，光缆的金属护套容许的漏泄电流数值不应在表8-15所列数值范围外。

表8-13 光缆对地容许防护电位上限值

光（电）缆护套材料	按氢电极计算（V）	按硫酸铜电极计算（V）	介质性质
钢	−0.55	−0.57	酸性或碱性

表 8-14　　光缆对地容许防护电位下限值

光（电）缆护套材料	防腐覆盖层	按氢电极计算（V）	按硫酸铜电极计算（V）	介质性质
钢	有	−0.9	−1.22	在所有介质中
钢	部分损坏	−1.2	−1.52	在所有介质中
钢	无	由对相邻金属设备的有害影响来确定		在所有介质中

表 8-15　　光缆金属护套容许的漏泄电流密度

光缆护套材料		容许的漏泄电流密度值（mA/dm^2）
钢		0.35
铝	交流	50～100
	直流	0.2～0.7

注：面积是指在光缆两测试电流点长度间光缆金属护套表面与大地的接触面积。

8.3.4　地下通信光缆防腐蚀措施

防止地下通信光缆金属护套遭受土壤腐蚀、漏泄电流腐蚀、晶间腐蚀的防护措施可以归纳如下。

1．光缆金属护套防止电化学腐蚀、晶间腐蚀的防护措施见表 8-16。

表 8-16　　光缆金属护套防止电化学腐蚀、晶间腐蚀的防护措施

<table>
<tr><td rowspan="11">防护措施</td><td rowspan="3">非电气防护法</td><td colspan="2">选择免腐蚀的光缆路由</td></tr>
<tr><td colspan="2">采用绝缘外护层保护</td></tr>
<tr><td colspan="2">改变腐蚀环境</td></tr>
<tr><td rowspan="8">电气防护法</td><td rowspan="3">直接保护</td><td>直接排流法</td></tr>
<tr><td>极性排流法</td></tr>
<tr><td>强迫排流法</td></tr>
<tr><td rowspan="2">阴极保护</td><td>牺牲阴极保护</td></tr>
<tr><td>外电源阴极保护</td></tr>
<tr><td colspan="2">绝缘套与绝缘节</td></tr>
<tr><td colspan="2">均压法</td></tr>
<tr><td colspan="2">防蚀地线</td></tr>
</table>

2．防止土壤和水引起腐蚀的防护措施见表 8-17。

表 8-17　　防止土壤和水引起腐蚀的防护措施

土壤防蚀性强弱（土壤变化情况）	腐蚀段落长度	防腐蚀措施	备注
强腐蚀地段	长段落	1．采用具有二级防腐蚀性能的塑料护层光缆； 2．采用外电源阴极保护或牺牲阳极保护	根据现场电源条件
局部腐蚀地段（小型积肥坑、污水塘等）	短段落	1．采用牺牲阳极保护； 2．在光缆上包沥青油、沥青玻璃丝带或塑料带 30#胶等防蚀层，采取绕避填迁腐蚀源法	
中等腐蚀地段（土壤干湿变化较大的交界地段）	中等段落	包覆防蚀层或安装牺牲阳极保护	

3．防止地下通信光缆遭受漏泄电流腐蚀的措施。

光缆敷设于存在漏泄电流腐蚀的区域内，光缆上将出现阳极区或变极区，漏泄电流值超

过容许值时，可以根据现场条件，采用排流器或外电源阴极保护。

总的来说，由于光缆外护套为 PE 塑料，具有良好的防蚀性能。光缆缆心设有防潮层并填有油膏，因此除特殊情况外，不再考虑外加的防蚀和防潮措施。但为避免光缆塑料外护套在施工过程中局部受损伤，以致形成透潮进水的隐患，施工中要特别注意保护光缆塑料外护套的完整性。

8.3.5 直埋电缆防腐蚀

1．在可能受土壤腐蚀的电缆上，可根据设计安装监测线，以观测电缆表面电位及电流密度。

2．监测线可用双股多芯塑料线，一组监测线由两条不同颜色的导线组成，一端焊接在电缆上，另一端引至监测标石，两条导线在电缆上的位置相距 1m 左右。

（1）监测导线接在北（东）侧的称 a 线，用白色（或浅色）引线；接在南（西）侧的称 b 线，用蓝色（或深色）引线。

（2）电缆接头处的监测线，a、b 导线分别接在接头两端；电缆上的监测线，在电缆相距 1m 开两处“天窗”，分别引出 a、b 线。

（3）a、b 线分别用长 4.5～5m 的双股多芯塑料线并联。

（4）监测线的埋深不得小于 0.8m。

8.3.6 防潮、充气维护系统

对于非填充型光（电）缆，最常见的防潮措施就是采取充气维护，采取充气维护就需要有完善而合理的充气维护系统。

8.3.6.1 充气维护的基本常识

一般把高于大气压强（单位面积上的大气垂直压力）的干燥空气（或氮气）充入电缆，可防止潮气和水进入电缆。用气压传感器遥测气压或人工测量气体压强，监视护套内的气体情况，叫作气压维护或称为充气维护。

1．电缆充气维护的主要性能要求

电缆采用充气维护方法必须满足表 8-18 所列的主要性能要求。

表 8-18　电缆充气维护的主要性能要求

序号	主要性能要求	应采取的措施和设置	备注
1	在局内能及时了解各条电缆的气压数据，分析电缆的气闭性能状态	局内应有监视和测试气压的设备	根据设备情况采取人工布气或自动充气设备
2	当电缆发生漏气等障碍时，能及时向局内发出告警信号	局内应有接受告警信号的装置	
3	正确地测试和判断电缆漏气的障碍所在地段	局内设测试装置	
4	如不能及时进行修理障碍时，能够向电缆补充气流，保持一定的气压	局内或附近设有补充充气的设备	
5	修复障碍后，能迅速恢复和维持标准的气压	局内或附近设有补充充气的设备	

2．电缆充气对气体的要求

（1）充气气体应干燥、清洁、绝缘、无毒、不爆炸、不燃烧，对电缆材料不起化学腐蚀作用。

（2）不会降低电缆的电性能。

（3）充入电缆内的气体必须经过过滤和干燥处理（干燥剂可以采用氯化钙、硅胶或分子筛）。

3．气压标准的名词

在电缆充气维护中，常用的几个衡量气压标准的名词见表 8-19。

表 8-19　　气压标准的名词

气压标准的名词	说明
强充气压（又称充气端的瞬间气压或最高充气气压）	在向电缆充气时，充气端一段电缆内气压首先上升，这时的气压是暂时性的，它的气压值应在电缆外护层允许承受的压力范围内
稳定气压（又称保持气压或日常保持气压）	经过一定时间的充气后，把气源切断，停止充气，电缆内的气体逐渐均匀分布，压强也逐渐均衡，这时的气压是持久性的。在电缆内充气维护中的气压标准，主要是指保持一定时间的稳定气压
开始补充的气压	当稳定气压经过一段时间，由于电缆本身质量或外界温度等影响，在电缆内的气体会逐渐外泄，而使稳定气压下降到一定的数值。为了保证通信质量，应对电缆及时补充气体，这一数值是稳定气压的最低数值
告警气压	由于电缆气闭性能差，即使补气尚未达到稳定气压标准，还不断继续下降，为了迅速发现和修复电缆障碍，当稳定气压下降到告警气压值时，通过信号向维护人员告警，以便及时修复电缆故障

4．气压的一般标准

充气维护中的气压标准就是指保持一定的稳定气压，各级气压标准如下。

（1）自动充气站采用高压与低压二级贮气，高压为 0.4～0.6MPa，低压为 0.2～0.3MPa。

（2）采用低压一级贮气，气压在 0.2MPa 以下。

（3）充入电缆内的气压，在充气点的最高气压规定如下。

① 自动充气站充气点的最高气压不高于 0.8MPa。

② 流动充气量（包括人工打气筒）充气端最高气压，地下电缆不高于 0.15MPa，架空电缆不高于 0.1MPa。

（4）电缆内经常保持气压为：地下电缆为 40～70kPa，架空电缆为 30～60kPa。

（5）告警气压。

在电缆上已采用充气维护后，为保证地下和架空电缆安全，应加装低压信号告警设备，其报警气压值为：地下电缆不低于 30kPa，架空电缆不低于 20kPa。

5．电缆的充气段及充气网的构成

（1）充气段

习惯上，不论何种程式和长度，凡为一个共同充气单元即为一个充气段，如一条中继电缆，一条地下馈线电缆（包括全部分歧及引上电缆），一条引上电缆连接的全部配线电缆等。但是，如果一个共同充气单元电缆的总长度不足 1 000m 时，可并入其附近的电缆中，而不单独设立一个充气段。每个充气段电缆的各部分成端（如分线设备及交接箱等成端接口及引上电缆等）全要做堵塞，并达到表 8-20 规定的气压标准，然后按一定方式供气，这就构成了充气维护电缆的充气段。

表 8-20　　气塞气压允许下降值

气塞电缆长度（m）	24 小时允许下降值标准（kPa）
15 以下	2
15 以上	1

注：充入气压为 70kPa。

架空及地下电缆均应达到保气标准，它们可连通由地下电缆供气，连通后的地下电缆出气气门的气压值不得低于其保气标准。

（2）充气网

凡有自动充气站或输气管气源的充气段，可以不受数量限制，将其附近的充气段全部相互连通构成充气网。

8.3.6.2　充气系统及自动充气设备简介

1．充气系统的主要设备

充气系统的结构比较复杂，大体可分为局内和局外两种充气系统结构，这里只介绍局内充气系统结构。局内充气系统的主要设备如图 8-18 所示。

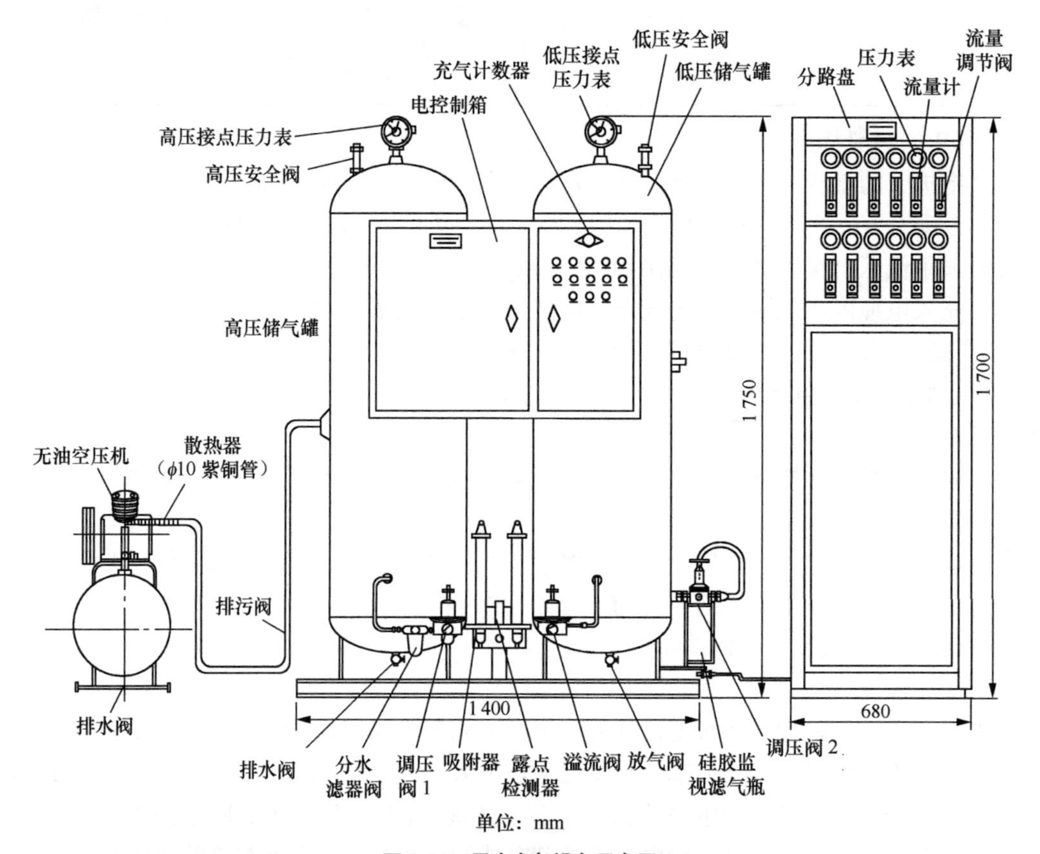

图 8-18　局内充气设备示意图

（1）充气设备

目前各地采用的充气设备，有汽油或电动空气压缩机等。局内电动空气压缩机大都采用 380V 电源供电。在电源缺乏的地方，可采用汽油充气机，用作流动充气。不论是局内还是局外使用的充气设备，有条件的都要采用无油润滑空气压缩机（图 8-18 中简写为无油空压机）。

（2）储气罐

储气罐是气压维护中充气设备的重要组成部分，它可以减少压缩机的工作频数，延长充气机工作间隙时间，压缩机故障时，还可以降低压缩空气的温度，除去部分水分。储气罐一般最大压强为 1MPa，罐上装有电接点压力表和安全阀。高压罐的电接点压力表调在 0.4～0.6MPa，低压干燥罐调在 0.2～0.3MPa。在压缩机本身的高压罐上，也装有压力表和安全阀，同时装有压力开关。当压缩机工作，失控气压超规定压力时，将自动切断交流电源，起到安全保护的作用。

（3）滤气设备（干燥设备）

滤气的目的是把压缩空气中的水分降低到保证充入电缆内的气体达到干燥标准的范围内。充入电缆气体的标准是：温度为 20℃时，露点在−40℃以下，最高不应高于露点−18℃±2℃，超出范围应停止供气。

① 分子筛吸附器

分子筛吸附器（或称吸附器）是滤气设备的主要器件，它由两只盛装分子筛的干燥罐及两只三通电磁阀、回洗节流孔、单向阀及露点监视器等部件组成。两只三通电磁阀受转换电路的控制，每 30s 转换一次，使两只干燥罐交替进行吸附和脱附。

作为滤气物质的分子筛，具有自动再生能力，如果维护合理，可连续使用 5 年以上。

② 分子筛自动再生方式

分子筛自动再生方式是采用压力转换循环的方法，对水分进行吸附和脱附，即在加压的情况下，使分子筛对水分进行吸附，然后减压使分子筛所吸附的水分再释放出来，再通过少量干燥气体回洗，使之更加干燥。所以通过加压、减压、回洗等过程，可使分子筛自动再生。

2．自动充气设备的组成

自动充气设备主要由气路和电路两大部分组成。这里只介绍气路部分，其工作原理如图 8-19 所示。

当高压储气罐气压达到规定低值时（0.4MPa），空气压缩机开始工作。气体由压缩机气罐通过散热器降温，存入高压储气罐。高压储气罐工作压力在 0.4～0.6MPa，即气压到 0.6MPa 时压缩机停止工作。当低压储气罐气压到规定低值时（0.2MPa），分子筛吸附器开始工作。此时高压储气罐的气体经气水分离器（分水滤气器）可滤掉一部分水，通过分子筛吸附器，使气体达到干燥目的，经过露点监视器（由变色硅胶的颜色可直接观察判断吸附器工作的好坏），干燥气体在低压储气罐存储，当气压达到规定高值时，吸附器停止工作，即到 0.3MPa 时吸附器停止工作，同时启动气水分离器的电磁阀自动排出积水。调压阀 2 是给湿度传感器调整出一个湿度测试的压力环境，当湿度超过规定值时告警。分路盘调压阀是控制电缆输出压力调试的，一般塑缆为 0.06MPa。

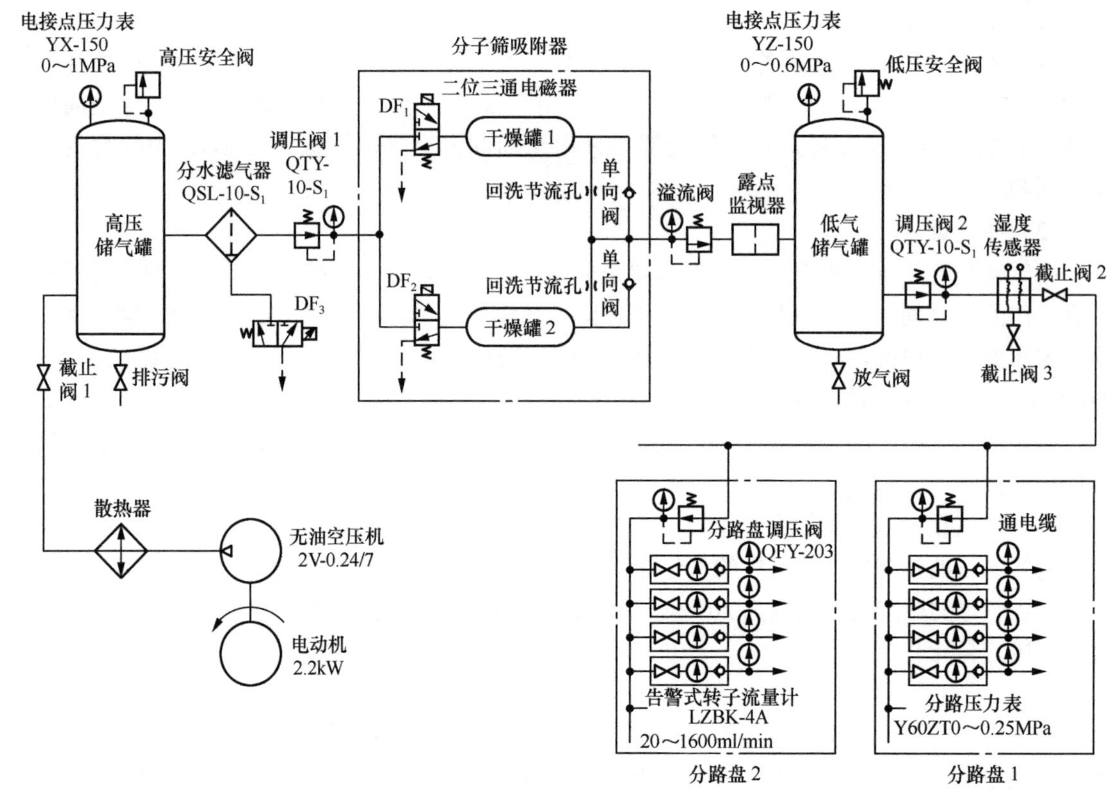

图 8-19　自动充气气路图

分子筛吸附器的工作过程如下。

吸附器在停止工作时，两只转换电磁阀均处于断电状态，主通道关闭，排湿气孔开通，故高压湿空气不能进入干燥罐内。当吸附器启动时，两只转换电磁阀中的某一只先通电，设此时 DF1 先通电，则其主通道开通，排湿气孔关闭。于是，存储在高压储气罐中的高压湿空气经一级气水分离器，通过调压阀 1 进入干燥罐 1，这时高压湿空气中的水分被干燥罐中的分子筛所吸附而成为干燥空气。从干燥罐 1 出来的干燥空气，大部分经单向阀和溢流阀进入低压储气罐中，与此同时，从干燥罐 1 出来的少量干燥空气，经回洗节流孔减压，从而使气体的干燥度增高，然后进入干燥罐 2，对干燥罐 2 中在前一个吸附过程中已吸附了水分的分子筛进行吹洗脱附。从干燥罐 2 出来的湿空气经转换电磁阀 DF2 的排湿气孔排入大气。当干燥罐 1 中的分子筛还未完全达到吸附饱和之前，通过电磁阀的自动转换，使干燥罐 2 中的分子筛进入吸附状态，而对干燥罐 1 中的分子筛进行吹洗脱附。如此循环，使潮湿空气不断变成干燥空气，直至低压储气罐中的压力升高到额定值为止。

8.3.6.3　充气维护系统的一般规定

（1）充气维护设备及气压监测系统设备的型号、规格、安装位置应符合设计要求，设备安装牢固，充气机组接地装置良好、有效。

（2）充气系统及信号告警系统的性能应符合下列要求。

① 充气机自动、手动、启、停性能。

② 充气机超时运行的自动保护控制性能。

③ 气、水分离器应能及时自动排水。

④ 充气机断相和过流告警。

⑤ 高压罐过压告警，低压罐不充气告警。

⑥ 超湿告警。

（3）充气型电缆应按照设计要求在电缆进线室内及引上位置做堵塞，堵塞所用材料应符合设计要求，电缆开口长度应满足堵气套管的要求。

8.3.6.4　充气系统设备的安装

（1）电缆线路充气网的组成和充气段的划分以及气塞地点、安装位置、气门规格等应符合设计要求。

（2）充气系统（不包括低压配电盘柜）全套设备安装完毕后应进行联动试运转，联动试运转检验项目及要求如下。

① 分子筛吸附器每次停水、放水，电磁阀能自动排水。

② 自动充气设备应具有以下性能。

A. 空压机运转超时告警。

B. 充气机断相和过流告警。

C. 高压罐过压告警，低压罐不充气告警。

D. 超湿告警。

③ 当低压罐压力表指针低至或高至某指定值时，能自动开、停吸附器。

④ 当高压罐压力表指针低至（400±25）kPa 时，空压机应能自动开机，当指针高至（600±25）kPa 时，应能自动关机。

⑤ 应能自动记录。

⑥ 当高压罐压力表指针高至（800±25）kPa 时，高压罐安全阀应动作。

⑦ 当低压罐压力表指针低至（400±25）kPa 时，低压罐安全阀应动作。

（3）充气系统的输出气压，对全塑电缆应不大于 70kPa。

（4）充气系统的气压告警器的低压告警值：地下电缆应不小于 30kPa，架空电缆应不小于 20kPa。

（5）全塑电缆气塞制作完毕后，应在静止状态 8 小时以后进行充气检验、气塞气闭试验，24 小时内允许下降的气压标准见表 8-21。

表 8-21　　全塑电缆在 24 小时内允许下降的气压标准（kPa）

长度 电缆种类	小于 0.3km	0.3～1km	1～3km	3～5km	5～40km
地下电缆（不带分歧）	1.8	1.2	0.84	0.72	0.6
地下电缆（带分歧和气塞）	2.4	1.96	1.32	0.96	0.72

注：充入气压为 40～50kPa（20℃）。

8.3.6.5　光（电）缆气压监测系统的安装

（1）气压监测系统的的监测设备型号、规格、安装地点及环境条件应符合设计要求。

（2）光（电）缆线路的气压及检验。

① 光（电）缆气压分为单段光（电）缆、成端尾巴堵塞光（电）缆、全程光（电）缆气

压 3 个检验阶段。

② 新设地下非填充型全塑电缆及充气型光缆的保持气压在气压平稳后，应保持在 40～50kPa。气温相同的情况下，24 小时的气压下降值应不劣于表 8-21 的要求。

③ 新旧光（电）缆割接前应分别进行气压维护，气压合格后方能开剥割接。

8.4 特殊地质条件下的光缆防护

8.4.1 对山体滑坡灾害的防护措施

我国南方及西南地区，山体滑坡、泥石流、山体崩塌等地质灾害频繁暴发，后果是冲断或冲走直埋光缆。防护措施和方法有：（1）选择路由时避开滑坡山体；（2）直埋改架空；（3）采用抑制山体滑坡的措施有排水法、减重法、反压法、支挡法、锚桩法，同时沿公路边沿的线缆可以考虑采用钢管保护。

8.4.2 对泥石流灾害的防护措施

泥石流灾害的诱发因素是：暴雨活动、冰雪融化等造成大量水体渗入斜坡岩体，诱发滑坡，产生泥石流灾害。后果是冲断或冲走直埋光缆。防护措施和方法有：（1）选择路由时避开容易发生泥石流的地区（利用国家泥石流普查成果，掌握统计编目的泥石流沟）；（2）直埋改架空；（3）植被覆盖、沿公路边沿的线缆可以考虑采用钢管保护。

8.4.3 对膨胀土壤危害通信线路的防护措施

西南地区膨胀土壤（高岭土、黏土）较多，据统计，广西有 1/4～1/3 的土地是膨胀土壤。膨胀土壤的特点是遇水膨胀、变软、位移，干燥后又开裂，变得非常坚硬。造成的故障现象是：在膨胀土壤与普通土壤的交接处，容易产生弯曲力，导致损耗增加，严重的会发生断纤或产生衰减大台阶。防护措施和方法有：（1）避开膨胀土壤；（2）直埋改架空；（3）将光缆穿入硬塑料中后再埋；（4）在回填土中加入大量河沙来解决；（5）采用 S 形走线埋设光缆；（6）在光缆两边打桩固定路由；（7）在光缆干线地表种植被、草坪。

8.4.4 对冻土层光缆的防护措施

故障现象：（1）在高原高寒地带的路段，入冬季节河水往下冻，永冻层往上冻，中间形成活动层，正好处于光缆埋深带；在土质不同的河流中，如水和土、黏土和砂砾土结合部位，它们受冻时产生的应力不同，造成光缆受力不均匀，容易形成剪切力，使其变形，严重时光缆会形成一个死弯，造成光缆中的光纤全部阻断；（2）在冻土层架空光缆，由于每年循环结冻、消融，使得电杆逐渐往上冒，严重时电杆根部会冒出地面。

防护措施和方法：（1）高原高寒地带过河光缆一定要用重铠装水缆，严禁使用非铠装光缆直埋于冻土地带；（2）光缆在穿入塑料管后再穿入钢管，钢管伸出河道超过河坝 1m 以上；（3）端口应采用有热熔胶的热缩套管密封；（4）加深光缆埋深，要求低于河床 1.8m 以上；（5）对重要的线路，可以架设一条备用的过河光缆；（6）在冻土地带冰层凸胀严重的地带，尽量采用绕开的办法处理；（7）冻土层架空光缆冬天电杆升高，夏天电杆下降，可改架空为直埋。

8.4.5 对温差悬殊影响通信线路的防护措施

1．光纤套管伸缩的问题

故障现象：（1）故障多数发生在日温差较大的春夏之间（4～6 月）和秋天（9～10 月），日温差达 50℃以上；（2）由于温差变化大，致使松套管伸缩变化严重，伸长时最大可达 5～6cm，造成光纤补顶成“死弯”；收缩时套管缩进护套部分的长度最多可达 30cm；（3）接头盒处的光纤套管收缩跳出盘纤板，或伸长顶到加强螺丝上形成死弯，虽然未造成光纤断裂，但造成光纤传输性能急剧下降或通信阻断；（4）出现白天误码而晚上通信正常，或晚上误码而白天通信正常的现象。

材料原因：（1）光缆结构不合理，结构较松，松套管结构比较硬，表面比较光滑，与缆中其他构件之间摩擦力小，容易伸缩；（2）接头盒内盘留处理不当，松套管伸缩长度不够，无伸缩空间。

防护措施和方法：（1）将架空改为直埋敷设；（2）架空应选用层绞式、钢塑复合带紧护套光缆；（3）架空光缆接头采用两端盘留处理，增大套管与护套内壁的摩擦系数；（4）接头盒内松套管预留 10cm 以上，端口应处于盘纤板的中间位置；（5）选择盘纤板结构合理的光缆接头盒（盘留光纤能有自由伸、缩空间）。

对光缆生产制造的要求：敷设在日温差变化较大地区的架空光缆，建议光缆生产厂商应注意如下几个方面：（1）制作松套管的材料尽量选用非结晶聚合物材料；（2）在设计光缆结构时，应适当提高光缆结构的松紧度；（3）减小松套管的挤出速度；（4）挤松套管时，充分而缓慢地实施冷却。

2．外护套收缩与老化问题

现象 1：我国西北地区，夏季高温、冬季严寒，日照时间较长，紫外线强烈，光缆外护套长期受热胀冷缩影响逐渐发生收缩，出现外护套从接头盒中缩出、缆芯和其他构件露出的现象，严重时露出 1m 多。

现象 2：施工过程中拖动光缆时，外护套未连同金属加强芯一起受力，仅牵扯外护套，使外护套受力形成一定的弹性变形而伸长，待光缆架设好后外力消失，弹性变形有恢复的趋势，外护套发生回缩。回缩的程度与施工过程中所受牵扯力的大小以及光缆结构的松紧程度有关。另外一种原因是制作光缆外护套的材料选用不合理引起回缩。

危害是：严重影响光缆的使用寿命，造成光缆接头盒进水。

防护措施和方法：（1）将架空改为直埋敷设；（2）建议制作外护套原材料的生产厂家对西部环境使用的高分子材料进行研究和改良；（3）提醒施工单位注意光缆拖放的方法，光缆拖放完毕后，静置一段时间后再接续；（4）注意接头盒型号的选择和安装方法（主要考虑防水问题）。

8.4.6 对盐碱地腐蚀通信线路的防护措施

危害现象：（1）西部土壤多属内陆盐碱土，对金属材料腐蚀非常明显，镀锌铁线排流线在沼泽盐碱地，一般在 3～5 年后就被腐蚀断掉；在干性盐碱地镀锌铁线寿命可达 8 年，一般土壤 12 年，沙漠 20 年；（2）直埋光缆接头盒中密封固定的不锈钢螺钉也有出现严重腐蚀的现象；一般情况下，使用过的不锈钢螺钉发生滑丝无法再用；盐碱地带接头盒进水大都含有碱性成分，因而增加了腐蚀性；（3）架空杆路的金属部件（拉线、吊线、附属铁件）腐蚀严重，水泥电杆埋入地下部分腐蚀严重，呈粉状脱落。

防护措施和方法：（1）沼泽盐碱地可将直埋改为架空敷设；（2）电杆拉线入土部位必须外套塑料管（见图 8-20）；（3）水泥电杆下部涂抹一层沥青或在根基部垒石头保护。

图 8-20　拉线入土部位外套塑料管示意图

8.4.7　对风沙暴影响通信线路的防护措施

危害现象：（1）沙漠地带直埋光缆，大风吹走流沙形成大坑，使得本来埋深 1.2m 的光缆露出悬空达 2m；（2）埋地光缆的标石因被风沙吹刮，露出钢筋；（3）沙丘移动可以使得标桩被埋在沙丘下面；（4）强烈的风沙将木电杆在距离地表 50cm 及以下部分直径被吹蚀掉 1/2；（5）强烈的风沙将水泥电杆在距离地表 50cm 及以下部分被吹打得露出钢筋；（6）风沙影响无人站房，使站内金属生锈，设备腐蚀；（7）风沙摩擦架空线路产生电压，铝线 1 140V，4.0 铁线 720V，3.0 铜线 550V。

防护措施和方法：（1）沙漠地带一般采用直埋敷设方式；（2）沙漠地带光缆路由应采取插芦苇、其他农作物的梗或野生灌木的荆棘条等办法来固沙；将芦苇埋入沙内 0.3～0.4m，露出沙面内 0.3～0.4m，制作成 1m × 1m 的草方格固沙；（3）如果采用架空方式，电杆下半部分用铁皮包裹或采用槽钢电杆。

8.4.8　对地层沉陷段落的防护措施

光缆穿越有地层沉陷段落的矿区时，应对沉降的范围、程度和发展趋势进行评估，以确定正确的保护措施。当沉降严重且发展迅速时，不应采用管道方式敷设，以防管道错位造成对光缆施加剪切力。采取局部架空也是一种临时解决的方案。

8.5　防鼠害、啄木鸟和白蚁

8.5.1　防鼠害

1．管道光缆防鼠害措施

鼠类对光缆的危害现象多发生在管道中，但因管道光缆均穿放在直径较小的子管中，且端头处又有封堵措施，故不再考虑外加防鼠措施。

2．机房尾纤防鼠害措施

机房尾纤可采用不锈钢铠装尾纤缆。

3．山区和郊外光缆防鼠害措施

（1）硬护套防鼠塑料光缆

在有鼠害的地区，光缆最好采用硬质聚氯乙烯作护层。与一般聚乙烯塑料相比，硬质聚氯乙烯配方中增塑剂减少很多，硬度大大提高，从而达到防鼠害的目的。这种光缆也可以防止白蚁蛀咬。

（2）药物泡沫塑料护套防鼠光缆

在光缆的外护层外面粘包一层含有驱鼠药物的泡沫塑料，可以起到防鼠害的作用。所含的驱鼠药物为三硝基苯—福美双络合物或三硝基苯—环己胺络合物。试验证明用这两种驱鼠药物制成的防鼠光缆，防鼠效果良好。

（3）光缆路由选择与施工中的防鼠害措施

鼠类活动及栖息都有一定的规律，在我国南方地区，鼠类常在公路边、桥墩、涵洞、甘蔗地、甘薯地、河堤、竹林、田基等处活动和栖息。在北方，鼠类喜欢在黄沙土质地带、沙土丘地带和种植花生、豆类、高粱、小麦等旱田作物区及防洪河堤处活动和栖息。据实际调查，埋设在上述地区的塑料光缆常遭受鼠类咬损。因此，选择光缆埋设路由和施工中的防鼠害措施有以下几种。

① 在选择光缆路由时，应尽量避开鼠类经常活动及栖息的地方。

② 光缆路由必须经过鼠类经常活动及栖息的地带时，可采用水泥管、硬塑料管、钢管等保护光缆。

③ 光缆沟在复土时，应将泥土夯实，或在光缆上部回填 10～15cm 细沙。

④ 光缆表面包裹防鼠、驱鼠药物护套，也有一定的防鼠害效果。

⑤ 采用内加一层薄钢带或细钢丝的铠装防鼠光缆，既可提高光缆的防护强度，也可防鼠害。

⑥ 松鼠出没较严重的架空路由地段，可将光缆改为采用纵包皱纹钢带铠装（53 型）光缆，或采用单圆钢丝铠装（33 型）光缆。

8.5.2　防啄木鸟

在啄木鸟出没较严重的架空路由地段，可将光缆外护套做成红颜色，或将光缆改为采用纵包皱纹钢带铠装（53 型）光缆，也可以采用单圆钢丝铠装（33 型）光缆。

8.5.3　防白蚁

白蚁蛀蚀严重危害光缆及接头盒等地下通信设施，已经成为造成长途地下直埋光缆及接头盒故障的主要原因（尤其在南方地区）。目前我国采用的白蚁防治方法主要有生态防蚁、毒土处理和结构防蚁等。

1．生态防蚁

所谓生态防蚁，就是选择白蚁不能生长活动的地方敷设光缆，主要方法有以下几种。

（1）让光缆从水浸地通过，由于该环境不适合白蚁生存，所以可以免蚁害。

（2）把光缆埋深在 1.5m 以下，蚁害可以大大减少。

（3）将光缆埋于沙滩内，或在光缆四周回填 10cm 以上黄沙，因为白蚁在沙中难以构筑蚁路，所以采用这种方法，防蚁效果也很好。

2．毒土处理

所谓毒土处理，就是使光缆周围的土壤含有防蚁药物，使白蚁接触后死亡（注：新的规范规定不能采用破坏生态的长效剧毒农药毒土）。在白蚁危害特别严重的地区，即使采用防蚁光缆，为确保通信光缆安全，也需进行毒土处理。

防蚁药物通常有以下几种，光缆防蚁剂及用量见表 8-22。

表 8-22　　光缆防蚁剂及用量

序号	防蚁药物	防蚁剂浓度	备注
1	狄氏剂	0.2%～0.5%	推荐使用
2	艾氏剂	0.2%～0.5%	
3	林丹	2.0%～5.0%	
4	氯丹	2.0%～5.0%	禁止使用
5	七氯	2.0%～5.0%	
6	五氯粉	5.0%～10.0%	
7	亚砷酸类	5.0%～10.0%	剧毒、严格控制使用

这些防蚁剂有油剂、乳剂、粉剂 3 种形态。乳剂容易流失，粉剂需要拌土处理，其粉尘对人体毒性较大，劳动强度也较大，故不推荐使用。因此，毒土处理通常采用油剂。

油剂可以自己配制。溶剂采用防腐油、水柏油、煤焦油、炼油均可；按表 8-22 所列浓度将防蚁药物徐徐倒入溶剂中，并搅拌均匀即可。

毒土处理的方法很简单，在敷设的光缆上覆盖 5～10cm 细土，再将配好的药剂浇洒（或喷洒）在上面，使缆线四周 5cm 的土壤渗湿即可。同时要注意，对于塑料光缆，因所用溶剂对塑料有溶胀作用，用量不宜过多。

必须强调的是，毒土处理用防蚁剂对人畜均有不同程度的毒性，除了药物的领用应严格管理外，在配制药剂和施工过程中，还需遵守下述安全事项。

（1）操作人员应带好口罩和手套，并穿工作服。

（2）操作过程中不要吸烟，严禁食用食物。

（3）室内操作要注意通风，野外操作应注意风向，不要逆风操作。

（4）操作后要用肥皂洗手、洗脸、洗澡。

（5）防蚁剂沾污皮肤后，应立即用肥皂洗涤。

20 世纪 80 年代国际上已经有禁用氯丹协定，一般应限制或禁用氯丹等合剂。

3．结构防蚁

（1）采用聚酰胺外护套。为了防蚁，在光缆外包覆一层标称厚度 0.5mm（最小 0.3mm）的聚酰胺外护套（也称尼龙）。

（2）聚乙烯外护套。在光缆原 PE 护套外再包一层半硬 PVC，既加强了防机械损伤能力，也提高了防蚁效果。

（3）光缆接头盒的密封材料。光缆接头盒的壳体是金属和硬塑料，均不受白蚁蛀蚀。但上下体合缝及光缆入口均用橡胶作密封材料，硅橡胶的硬度为邵氏 40～50，从橡胶带试片看，受白蚁蛀蚀是很严重的。为了防止白蚁蛀蚀，应设法把橡胶外露部分用硬材料外包封，或在施工中用硬化材料（如环氧树脂）涂抹外露胶带，或者再套上内含热熔胶的热缩套管。同时改进结构及安装工艺，白蚁头部宽度约 1mm，接头盒壳体合拢处尽可能紧密无缝隙。光缆进入口应依缆径钻孔，不露或尽量少露胶带。

8.6　架空光缆防护

8.6.1　杆路保护措施

（1）防撞电杆护墩的砌筑。立在路边、岩石或其他电杆坑挖深不能满足要求的必须砌石护墩或混凝土护墩，护墩尺寸为上底直径：70～100cm；下底直径：100～120cm；高度：100～150cm；下挖深度：20cm（如果不是硬土，应增加下挖深度）；水泥砂浆抹面，从上往下每间隔 15cm 涂上红白油漆作为警示（见图 8-21）。目前定额材料用量为毛石：1.74m^3；粗砂：910kg；#325 水泥：150kg（注：如果是非标准尺寸，应适当增加材料用量）。

（2）光缆距公路及机耕路面高度大于 5.5m，担山吊档缆线距地面高度大于 3.5m。吊线垂度符合规范，光缆与吊线无交叉。架空光缆与其他物体最小净距离应符合规范要求。

（3）架空光缆铁件无锈蚀，涂柏油保护。

（4）架空路由防盗。

① 在易发生被盗现象的地段，电杆和拉线应安装带铁刺防盗措施，喷有防盗标语（见图 8-22）。

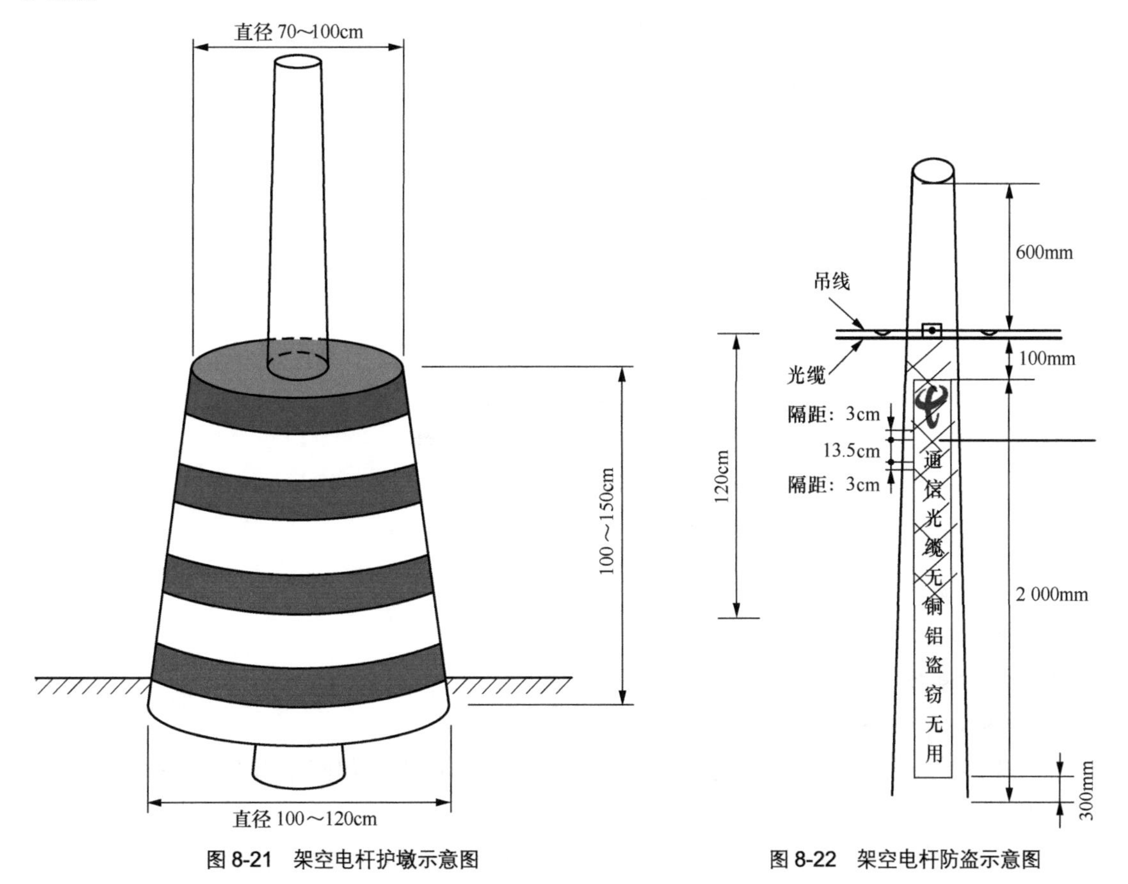

图 8-21　架空电杆护墩示意图

图 8-22　架空电杆防盗示意图

制作规格如下。

A. 护线宣传标语喷涂：先涂一个以光缆吊线下 10cm，杆号牌顶部以上 30cm 的区域为长，宽为 16.5cm 的白底长方形，要求喷涂区与杆号牌同一垂直中轴线，再在白底上部用蓝色油漆喷涂中国电信标志，隔 3cm 接着用黑色的油漆喷涂宣传标语。

B. 标语要用制作好的模板竖向喷涂，不得用手写，字与字之间的间隔为 3cm，7m 杆以下（含 7m）每字高为 13.5cm，8m 杆以上（含 8m）每字高为 16.5cm，字体为宋体。根据电杆的高度变化，间距可做适当调整。

C. 宣传标语内容：通信光缆无铜铝盗窃无用；严禁向通信光缆射击打鸟；举报盗窃破坏通信光缆重奖；破坏盗窃通信光缆设施要严惩。

② 架空杆路的引上（下）位置，缆线要有钢管保护，并对钢管用混凝土包封保护（见图 8-23）。

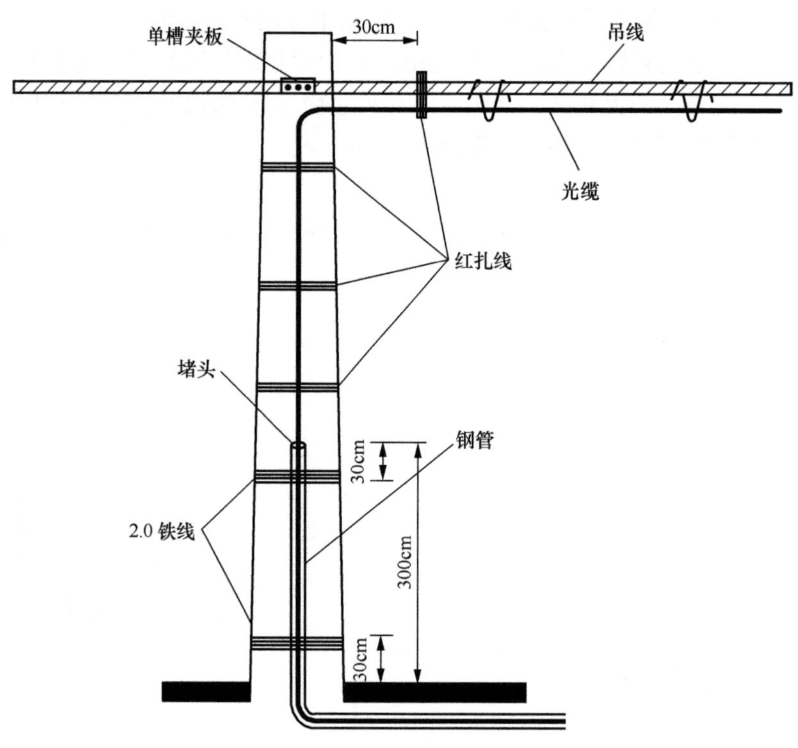

图 8-23　架空光缆引上示意图

说明：架空光缆引上钢管部分需用混凝土包封。

（5）架空路由警示牌的制作和安装。

架空路由警示牌样式如图 8-24 所示。

制作规格和材料要求如下。

① 材料：用铝合金或搪瓷制作，表面具有反光功能。

② 铝合金护线警示牌制作工艺：采用进口油墨、电脑制版、丝网印刷工艺，字体：黑体、115 号大小。

③ 双面印刷，警示牌外观尺寸：300mm × 150mm，厚度：0.5mm，中国电信标志大小：

67mm × 19mm。

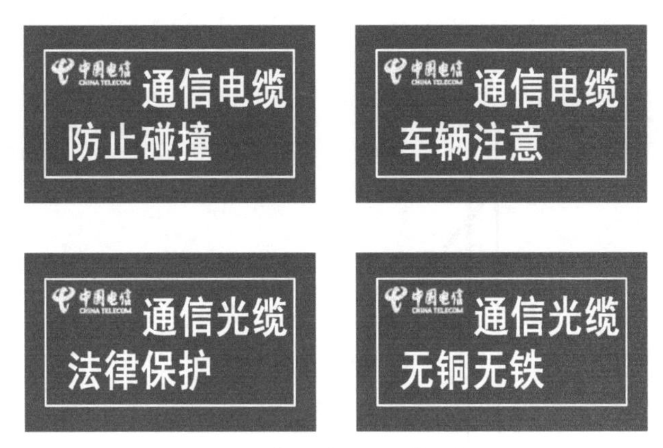

图 8-24　架空路由警示牌示意图

使用范围和要求如下。

① 在架空光缆中使用，主要用于跨公路、跨建筑物、山区、鸟类经常出没地段、容易引发偷盗和破坏的地段等。

② 架设在吊线上时，须在顶部钻两个小孔，用铁线绑扎固定在吊线上，跨公路地段，须挂在车道正上方，当车辆经过时，起到提醒驾驶员预测光缆的高度，避免光缆被超高车辆刮断。

③ 非跨公路地段，可以把警示牌挂在杆边，有三角辅助线的电杆上，可以三角固定。

8.6.2　拉线、吊线及架空光（电）缆保护

（1）城区内人行道上的应套保护管，保护管的材质、规格及警示颜色应满足设计要求。

（2）吊挂式架空吊线与电力线交叉时，一般应从电力线的下方通过，与电力线交叉部分的吊线应外套电力线保护管。吊线与电力线间的隔距应符合《通信线路工程验收规范》的相关要求，安装的电力线保护管的材质、规格、长度应满足设计要求。

（3）光（电）缆不可避免跨越邻近有火险隐患的建筑设施时，应采取防火保护措施。

8.6.3　杆根加固措施

1．固根横木的装设

固根横木是用来加固木杆根部（或用来配合拉线或撑杆），使其更加稳固的装置。

木杆线路的终端杆、跨越杆、抗风防凌杆、引入杆和角杆（一般指角深超过 5m 的），常受台风袭击的电杆，以及土质松软处要求装设单横木和双横木。单横木和双横木的装设情况见图 8-25 和图 8-26，石质土和坚石地带不装固根横木。

（1）直线线路上横木装置方向的规定。

上横木——当两边杆距相等且无固定风向时，应与线路方向相同；如直线线路上电杆连续装设横木时，应轮流装在电杆的两侧；多风地带装在向风的反侧；当一边为较长杆档（超过标准杆距 20%～50%）时，上横木应装在长杆档的一侧。下横木——一律装在杆面的一侧，与线路方向垂直。角深在表 8-23 规定的范围以内的角杆，如受地形限制不能装设拉

线或撑木时，可装设两根横木（夹扛式横木），如图 8-27 所示，这时电杆必须选择比较粗壮的木杆。

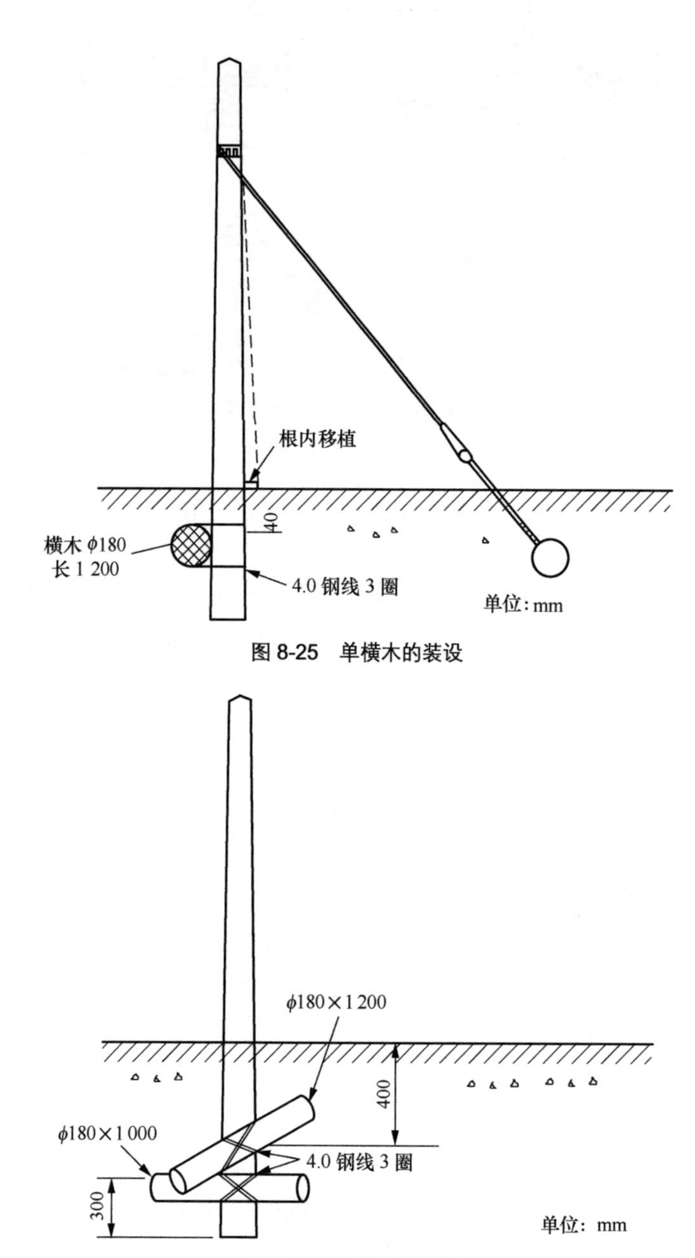

图 8-25　单横木的装设

图 8-26　双横木的装设

表 8-23　　装设固根横木的要求

电杆种类	松土	普通土	硬土
角杆角深在 5m 及以下	单横木	单横木	—
角杆角深在 5m 及以上	双横木	单横木	单横木
抗风杆	单横木	单横木	—

续表

电杆种类	松土	普通土	硬土
防凌杆	双横木	双横木	—
一般直线杆	单横木	—	—
经常受台风袭击的电杆	双横木	单横木	—
其他装双担的电杆	双横木	双横木	单横木

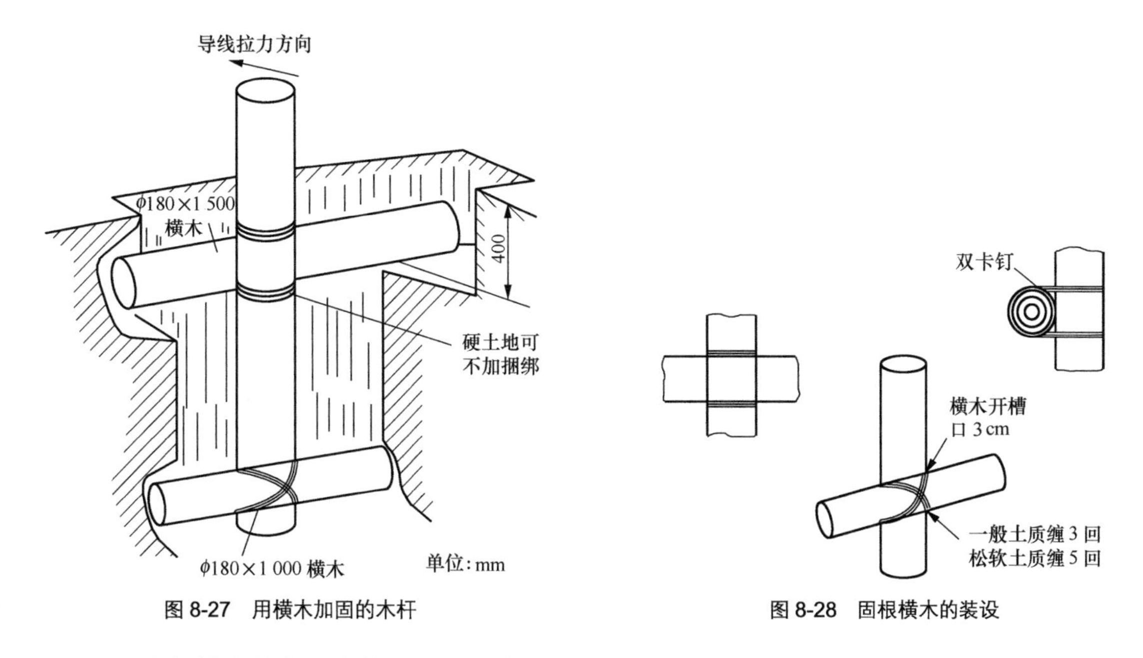

图 8-27　用横木加固的木杆

图 8-28　固根横木的装设

（2）电杆横木的装设应符合如下要求。

① 横木应采用坚实无腐朽的木材。如用旧木杆截制，应选其良好部分。所有上横木以及注油杆的下横木应全身涂防腐油。

② 横木梢径一般不小于 16cm，上横木长度为 1.2m，下横木为 1m。

③ 装横木时应将横木贴于电杆的部分削成 3cm 深的弧行槽，使与电杆吻合，并用 4.0 钢线缠绕 3 回（一般土质）或 5 回（松软土质），用卡钉钉固，如图 8-28 所示。

④ 捆绑下横木是在立杆前做好的，将 4.0 钢线线头折转 3cm 钉入杆根，按图示方法紧密捆绑 3 回或 5 回，余头折转 3cm 钉入电杆，再用卡钉钉固。

⑤ 捆绑上横木，一般是在立杆以后用 4.0 钢线在洞口进行的。因此，捆绑时应捆得松一点，捆好后，用扁铁箍把横木连同钢线打到规定的位置。

2．卡盘和底盘的装设

水泥杆基础的加固，一般采用卡盘和底盘。在松土处立的水泥杆和个别埋深没有达到规定的水泥杆应装设卡盘，防止电杆倾倒和下沉，装设情况如图 8-29 所示。

一般情况下，松土处电杆、角深≥5m 的角杆（硬土和石质土除外）、跨越杆、长杆档杆（硬土和石质土除外）、飞线跨越兼终端杆、飞线终端杆、终端杆和分线杆（硬土和石质土不装）等，为了加大电杆根部与土壤的接触面积，防止电杆下沉，杆底需要加垫底盘（坚石地除外），具体如图 8-30 所示。

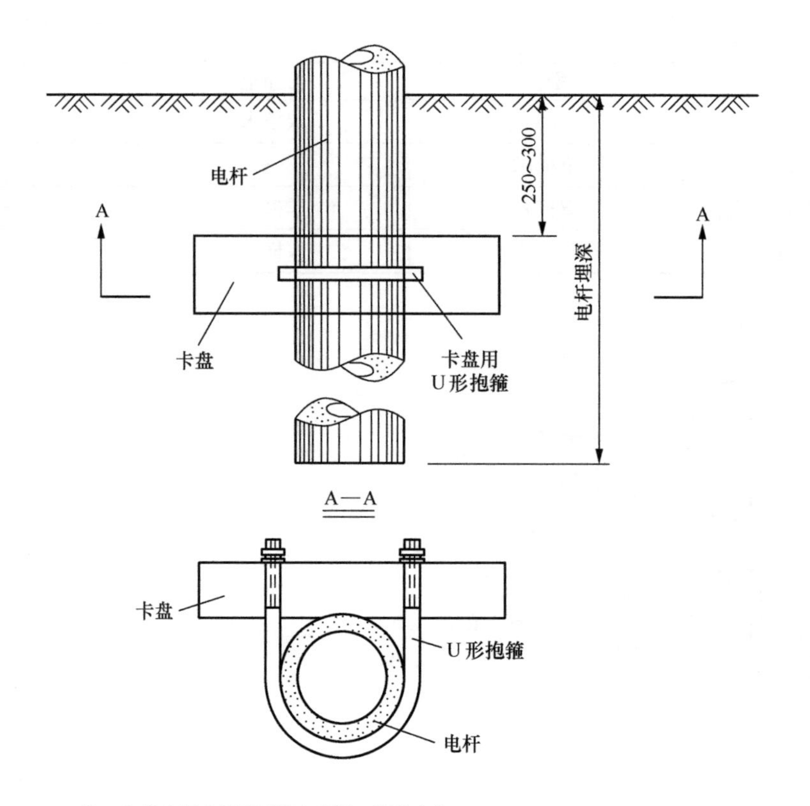

注：1. 待电杆立好后再挖卡盘洞，洞底夯实；
2. 卡盘周围应加强夯实，但切忌损伤卡盘。　单位：mm

图 8-29　卡盘装设示意图

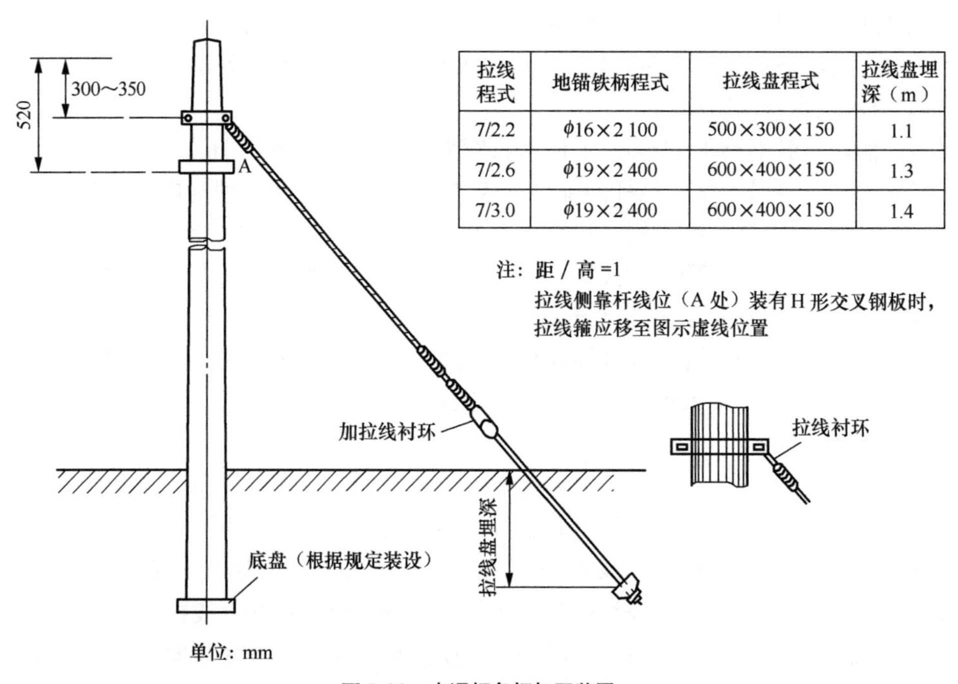

拉线程式	地锚铁柄程式	拉线盘程式	拉线盘埋深（m）
7/2.2	ϕ16×2 100	500×300×150	1.1
7/2.6	ϕ19×2 400	600×400×150	1.3
7/3.0	ϕ19×2 400	600×400×150	1.4

注：距 / 高 =1
拉线侧靠杆线位（A 处）装有 H 形交叉钢板时，拉线箍应移至图示虚线位置

图 8-30　水泥杆角杆加固装置

3．电杆在松土及河滩上的加固

用木围桩和石笼加固电杆：在泥上易于坍塌陷落的地点和有被水冲掉杆根泥土的地方（如堤岸下、坡地、水塘边、溪沟附近等）立杆时，应采用木围桩（木杆）或石笼（木杆和水泥杆）来加固，如图 8-31 所示。

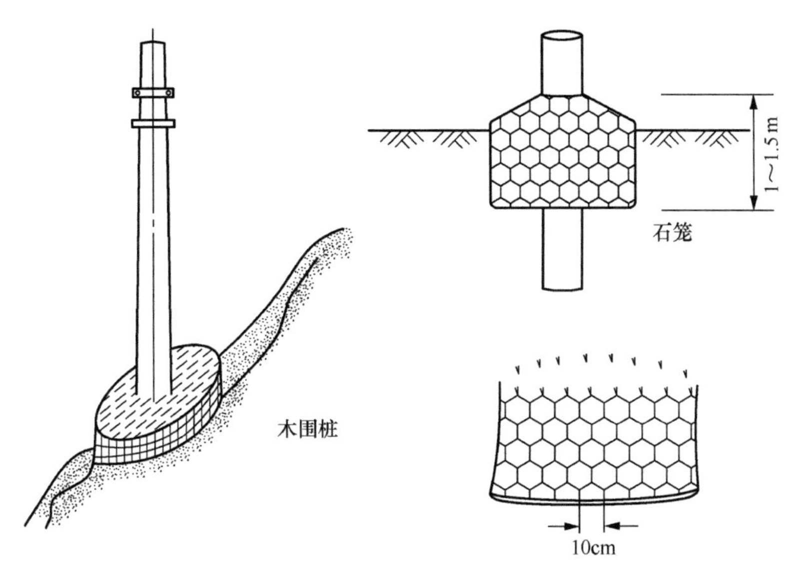

图 8-31　木围桩与石笼示意图

（1）木围桩的做法：木桩下部削成斜面，使其打入时向一边靠紧，打入（或埋入）土中的深度约为 1m，高出土面或水面 1m 左右。围桩的直径为 1.2～1.5m。围桩外面用 4.0mm 钢线捆绕两道，每道四圈，上面一道离桩约 15cm，下面一道离地面上约 30cm。在四周泥土都不稳固的地点，可以沿电杆周围打木桩，成为圆状。如果只有半边的土壤有塌陷危险时，也可以只做半边围桩。围桩里边的泥土必须夯实。如系稀泥或泥土可能被水冲刷掉的，应当在围桩内部四周填放装土的草包。围桩一般不必用新料。

（2）石笼的做法：其直径一般为 1～1.5m，先在电杆周围挖坑，用两股 4.0mm 钢线绕成圆圈，在圆圈上，每隔 10cm 扎 4.0mm 钢线一根，长度一般为 4m，扎好后，使每两根钢线互扭二转，编成网孔状，如图 8-31 所示。已扭好部分达到与地面齐平时，便可在中间填石块，把圆坑填满、填紧，然后继续编织，每编织一层就堆一层石块，直到要求高度为止，一般为 1～1.5m。在临近编织完成的几层，要把编织孔逐步缩小，再把剩余的线头并拢贴合在杆上，连同电杆一起扎紧，最后在电杆周围填平土坑并夯实。

4．其他加固措施

水泥杆立于淤泥或易陷地区时，需作水泥沙浆抹缝的石砌基础。基础上部直径为 1.0～1.2m，底部直径为 0.8～1.0m。其深度不小于规定埋深，如图 8-32 所示。

在市区或交通道边立杆时，应加设护杆桩，如图 8-33 所示。护杆桩一般可用旧杆制作。如果受地势限制，或这样做影响交通行人时，可以将护杆桩紧贴电杆装设，或者用槽钢（或角钢）贴在电杆靠马路一侧加以保护。

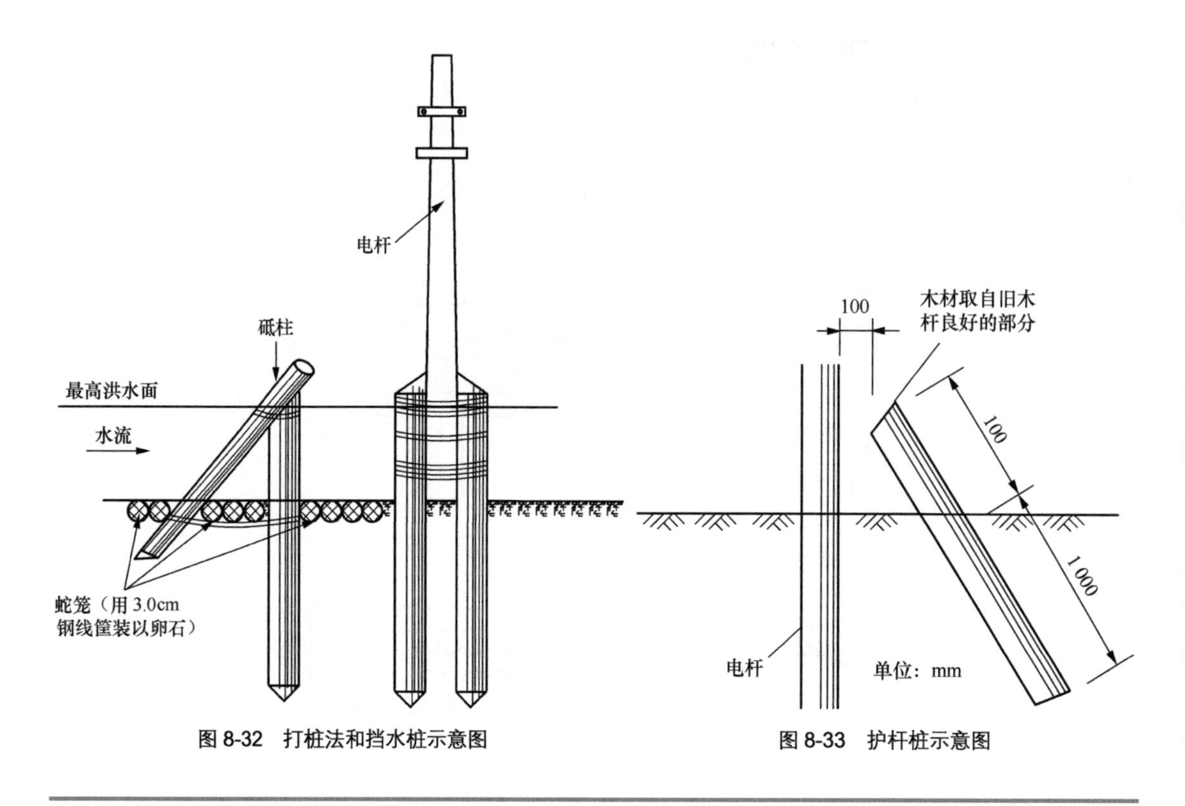

图 8-32　打桩法和挡水桩示意图

图 8-33　护杆桩示意图

8.7　管道光缆防护

8.7.1　管道光缆路由防护

（1）管道光缆路由上无违章建筑，管线无外露、悬空（非跨越桥涵）、塌方，左右 3m 范围内无取土，无超过 40cm 深的坑洼，外露管线有保护处理。

（2）管道与其他固有设施（如地下管线）平行或交越时，要根据地下管线的类型，符合隔距标准，并有钢管或水泥包封保护。管道与其他管线最小净距标准见表 8-24。

表 8-24　　管道与其他管线最小净距标准表

其他管线类别		最小平行净距（m）	最小交越净距（m）
给水管	直径≤300mm	0.5	0.15
	直径 300～500mm	1.0	
	直径＞500mm	1.5	
排水管		1.0	0.15
热力管		1.0	0.25
煤气管	压力＜294.20kPa（3kgf/cm²）	1.0	0.3
	压力为 294.20～784.55kPa（3～8kgf/cm²）	2.0	
电力电缆	35kV 以下	0.5	0.5
	35kV 以上	2.0	

（3）管道经过落差较大的坡度位置，要根据坡的陡峭程度，用增设井的方法处理，确保

管道无大弯曲，并对陡、斜坡进行砌石或堵塞、打桩等加固，预防塌方、水土流失。

（4）管道跨越河流（沟）时，独立悬挂跨越的，跨越管道要有水泥钢筋砼制梁保护管道，并能预防最高水位的水冲危害。管道敷设在河流（沟）底的埋深标准达到 2m 以上，必要时有加固保护。

（5）管道附挂在桥涵边跨越的，要从防火、防盗、防水冲角度，用水泥或铁皮涂柏油包封，加固保护管道，并保持桥涵边无易燃的垃圾、杂物（见图 8-34 至图 8-37）。

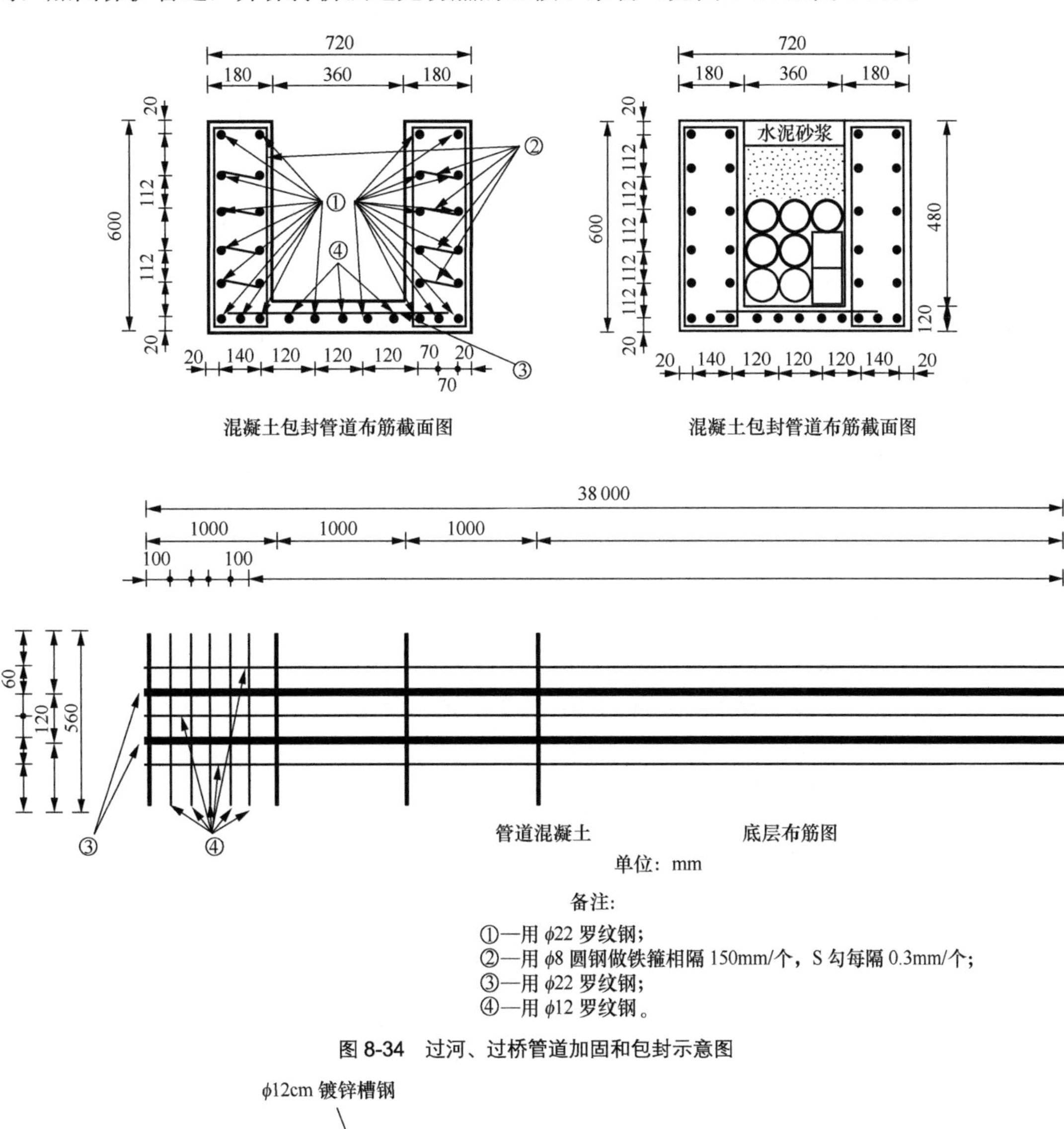

图 8-34　过河、过桥管道加固和包封示意图

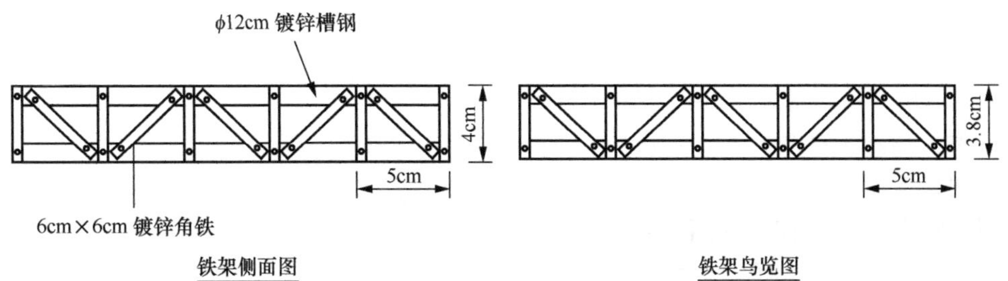

图 8-35　跨桥受力钢架结构示意图

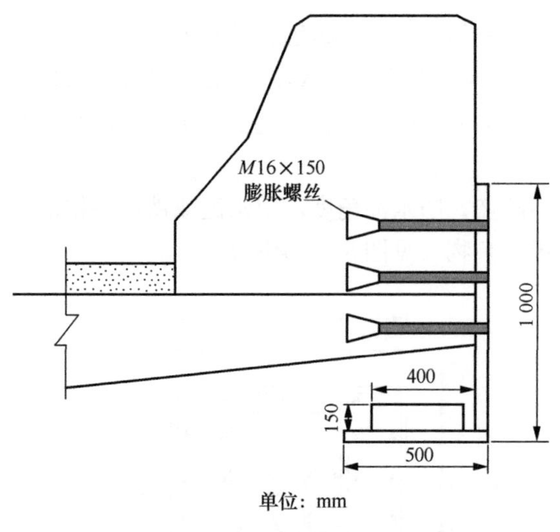

图 8-36 桥侧支架结构及固定示意图

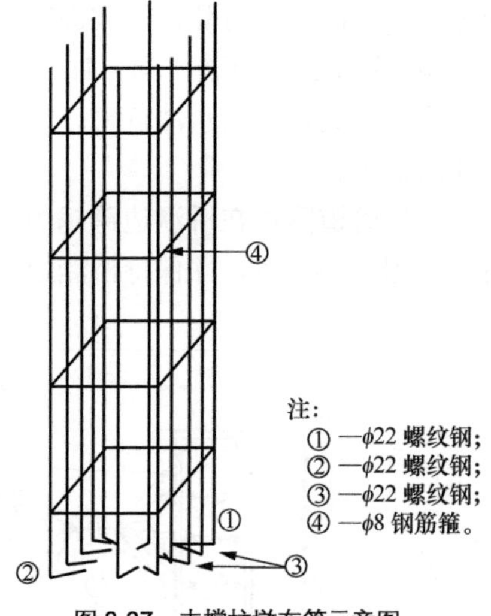

图 8-37 支撑柱墩布筋示意图

（6）管道跨越铁路、高速、国道等高等级公路、普通道路、隧道的，一般情况下要用钢管跨越，其埋深要达到 1.5m 以上。

（7）管道引上（下）的位置，要从防被盗、火烧角度对其进行水泥包封处理，且无堆放易燃物品、垃圾等杂物。

（8）管道（含人孔）因各种施工建设、水冲等原因，使地形地貌、环境发生变化，当埋深不足或埋深特别大时，要进行降坡或升高处理；当极易在暴雨或洪水季节引发大面积崩塌和冲毁路由危险的，要视现场情况，提前加固（拉钢绞线、预设架空、护坡等）或迁移管道，避开危险地点，保证管线安全。

（9）光缆敷设在靠近跨越较大河流、山塘、水库，或落差较大坡度的人孔，要根据河流、山塘、水库的宽度、深度、落差，在井内预留适当的光缆余线。

8.7.2 人孔内光缆设施防护要求

（1）光缆要尽量选择管群底层中间管孔布放，并选择同一管孔内的同一色子管。

（2）孔内的光缆要绑扎在靠井内固定物下方，光缆在人孔管孔出口边、中间各挂一牌，手井在中间挂牌。当多缆同人（手）井时，缆与缆上下排列的间隔为 5～7cm，排列整齐。

注 1：标志牌制作规格和材料要求。

① 光缆标志牌用 PVC 材料制作（也可以采用不锈钢制作），大小为长 8cm，宽 5.5cm，厚度为 0.08cm，中国电信企业标志居左上，高度 1cm，深蓝色字色（见图 8-38）。

② 标志牌标明线路的光缆名称、中继段、芯数。字体用红颜色、三号大小的黑体字。全部做成凹字，褪颜色后仍

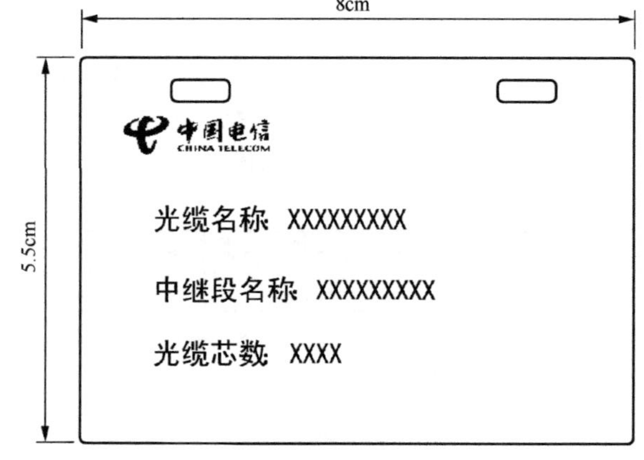

图 8-38 光缆挂牌示意图

可辨识。

注 2：标志牌使用范围和要求。

① 人/手孔内的光缆必须绑扎标志牌，标志牌必须用 1.0mm 双绞铜芯线绑扎在光缆上，线尾留 1cm 后剪平整，绑扎点位于管孔口两端转弯处和中间部位（见图 8-39 和图 8-40）。

② 地下进线室和机房应按标准，直线段 5m 挂一个，转弯转角必须加挂的原则。

③ 标志牌的光缆名称要按集团命名规范，在光缆建设设计阶段就应该编好，做标志牌时统一制作，以防造成因为维护段落的划分，维护单位的不同而使标志牌不统一。

④ 机房、进线间及必要人孔均应在光缆明显位置上挂标志牌。

⑤ 光缆标志牌应防止错挂。红底白字，扎线用铁芯扎线。

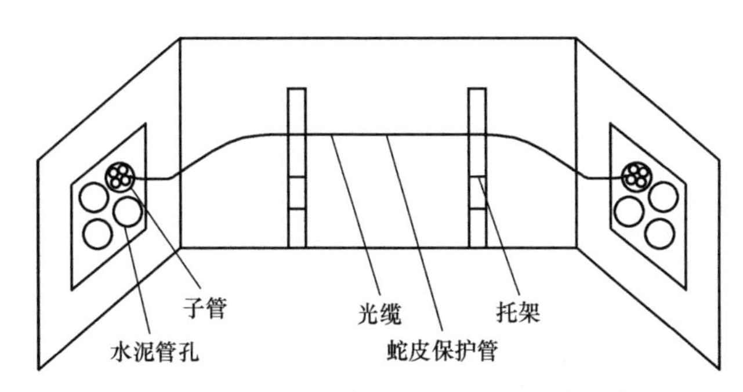

图 8-39　人孔光缆的固定和保护（1）（用托架固定）

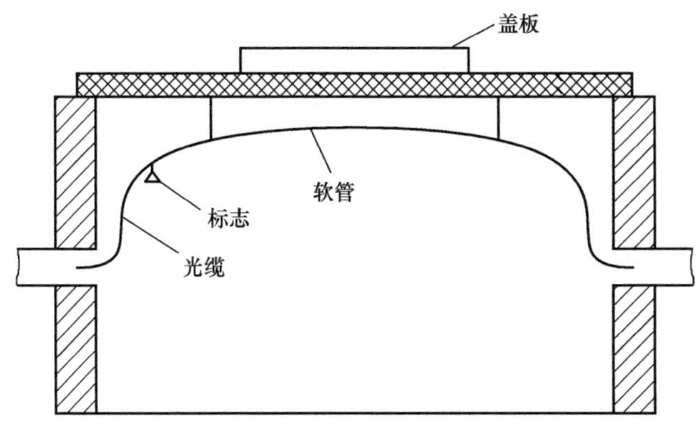

图 8-40　人孔光缆的固定和保护（2）（用爆炸螺丝固定）

（3）人孔内子管出管孔长度为 10～15cm，空余的子管和塑料管要有端帽堵塞。

（4）人孔内的光缆接头盒要牢固固定在人孔壁上方，光缆预留圈直径为 50～60cm，无间隙绑扎 3 处，且整齐、美观，并有挂牌（见图 8-41）。

（5）郊外独立的长途人孔，特别是近路的人孔要做填沙保护（一般不要用沙包装沙）。

（6）人孔内外标有井号，有接头的人孔内应标注接头号，且编号明显、清晰。人孔外贴瓷片，人孔内用油漆喷，字体大小参照图 8-42。

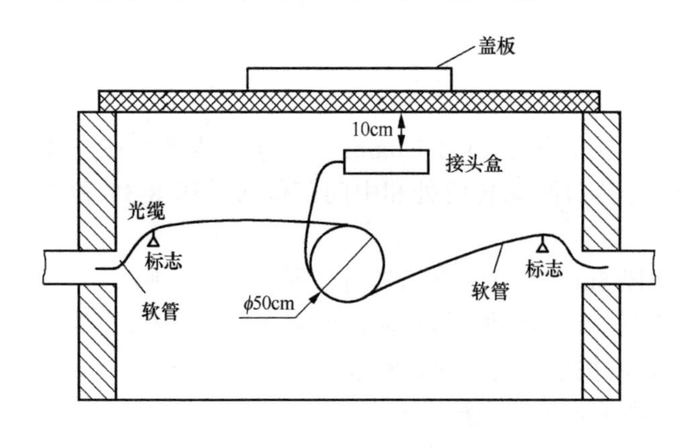

图 8-41 光缆接头盒在人孔内固定图

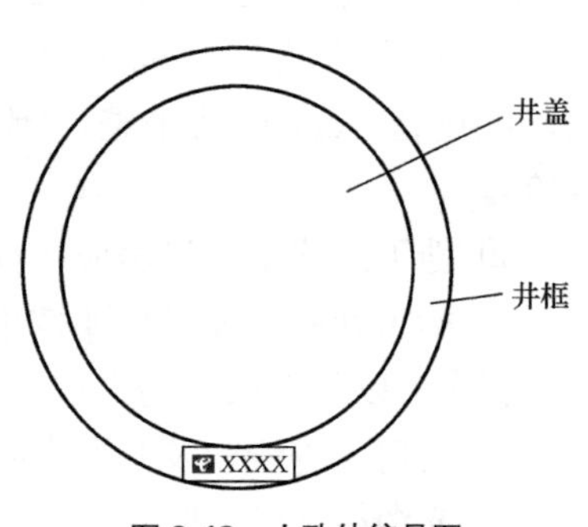

图 8-42 人孔外编号图

说明如下。

① 制作规格和材料要求

A. 人孔号采用瓷片制成，长为 15cm，宽为 5cm。

B. 字体用电信蓝，字高为 3cm。

② 使用范围和要求

A. 郊外、市内适当位置。

B. 人行道边线侧，面向马路。

8.7.3 管道光缆路由防护及警示

1．管道路面防护

管道路由上方任一点能看清路由走向，如在路由上任一点无法看清路由，必须加设路由标志。

（1）城乡结合部、村前村后的管道光缆路由，应根据实际条件，在其正上方培土成垅，土垅规格：30cm（宽）× 15cm（高）以上。路由无法培土的要在路由上加设标桩、标志（水泥块包封）或宣传牌。

（2）公路路肩、公路水沟管道路由，无法加设标桩、宣传牌的，要根据现场条件，用预制标志砖、现场包封水泥块进行清晰路由。

（3）绿化带的管道光缆路由，应根据实际条件加设标桩、宣传牌。

（4）在城区的管道路由应采用金属牌（见图 8-43）、水泥预制块（见图 8-44）、镶字（见图 8-45）等其他材料预制块嵌入管道路由上方。

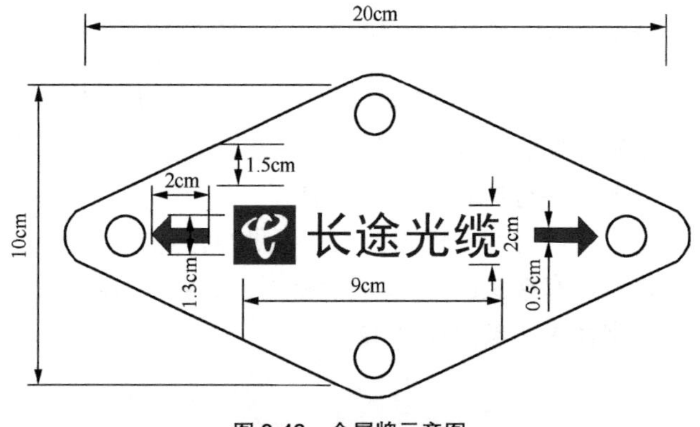

图 8-43 金属牌示意图

说明如下。

① 制作规格

A．规格：总长为 20cm，总宽为 10cm，最短的边长为 2cm，制成不规则的棱形牌（有利于与电力和燃气标志牌分开），用不锈钢片制作，全部采用凸字制作。

B．“长途光缆”字体为黑体，字宽为 2cm。

② 使用范围和要求

A．使用地段：城镇水泥或广场砖、彩砖铺设不可开凿的道路。

B．标牌的装设：先用冲击钻按实际孔距和孔径的大小打好 4 个小孔，小孔最好用木销（塑料销强度差一些）钉实，然后用 4cm 以上的木纹螺丝拧紧不锈钢牌，钢牌应紧贴地面。

C．视线路的走向及相关道路的情况，每隔 10～15m 设立一个。遇与电力和燃气及其他运营商的管道交越点上方，应多设立一个。

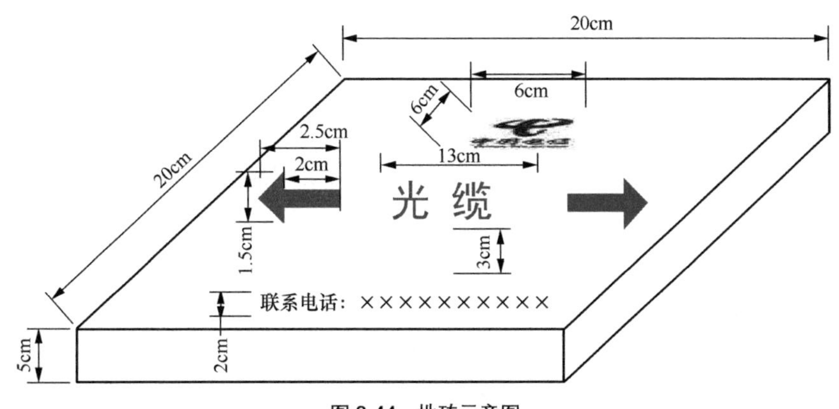

图 8-44　地砖示意图

说明如下。

① 制作规格

A．地砖规格：长为 20cm，宽为 20cm，高为 5cm，也可根据实际情况采用在不可凿的水泥面上喷字（用白色油漆做铺底，红色字喷涂，使用预制好的模具进行喷涂，不宜用手写）的方法，上面喷涂电信企业标志、“地下光缆注意保护”字样和联系电话，字体大小要求距离该点较远位置能看到为准，清晰标识光缆路由。

B．地砖制作材料可以是水泥预制做成凹字，也可以用高强度塑料制成。

C．砖面字体大小：“光缆”字高为 3cm，黑体红色字，居中。中国电信企业标志高度为 6cm，蓝色。联系电话字高为 2cm，黑体红字。

② 使用范围和要求

A．使用地段：不可树立高标桩以免影响行人通行的道路上、水田田坎，绿化草地等。

B．在绿化草地安装时，须高出草地泥土平面 2cm，在行人的道路、田坎上，则应与路面平齐。

C．底面应铺水泥沙浆固定平整，不得随意放置（箭头指向以光缆实际路由走向为准），以免移位影响路由指向的准确度。

D．应设立在路由的正上方，不得偏离实际路由 10cm 以上；遇特殊情况，亦不得偏离 20cm，并须在砖上方标明偏差。

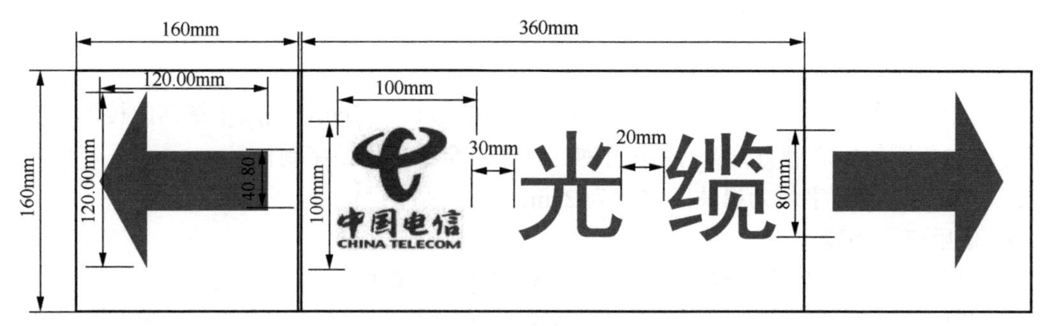

图 8-45　镶字标志版示意图

说明如下。

① 制作规格

A．“光缆”字样主体方框，长为 36cm、宽为 16cm、厚度为 2～3cm，中国电信企业标志宽度为 10cm，使用标准的蓝色；“光缆”字体为加粗黑体红色字，宽度为 8cm，两字间隔为 2cm，与电信标志间距为 3cm。箭头外框长为 16cm、宽为 16cm，箭头长为 12cm。

B．制作材料和方法：陶瓷烧制、高强度塑料制、玻璃钢制或瓷砖切割成型后钳入水泥沙浆中均可。表面字体不宜印刷，应直接用不褪色的材料制成。

C．箭头与“光缆”字样主体分开，以便做不同方向指示组合。

② 使用范围和要求

A．使用地段：城市非机动车道路、转角转弯人井的两边、包封路由上方、绿化的草地。

B．底部铺水泥浆固实，上面与固定点的平面平齐，不要高出路面，以免影响行人安全。

C．两边箭头指向线路路由方向，可以根据线路的走向做任意组合，达到指向准确的目的，同时也要注意美观。

D. 在城市非机动车道路上装设时，隔距在 20m 左右一个为宜，不宜过密或过疏，特殊地段除外。

（5）郊外的管道人（手）孔盖的标识方法可采用郊外人井盖标识，具体方法是在井盖正中间油白底漆后，在其上方喷涂“光缆”字样和联系电话（见图 8-46）。

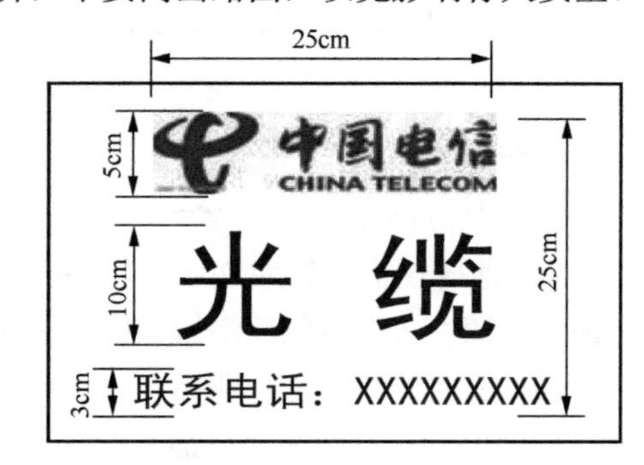

图 8-46　郊外人井盖标识示意图

说明如下。

① 制作规格

A. 制作底色：用白色油漆做铺底，因地制宜涂成横向长方形或竖向长方形，长为 40cm，宽为 30cm，底漆晾干再喷字。

B．使用预制好的模具，红色字体进行喷涂，不得手写，“光缆”字体为 10cm × 10cm 加粗黑体，大小和间距间隔 5cm。

② 使用范围和要求

A．喷涂地段：郊外人井上。

B．必须喷在井盖的中间。

C．作为永久标识时，应保持整洁、清晰，重新喷涂时应清除干净后再实施，以免重影，影响美观。

2．管道路由标桩、宣传牌

（1）郊外管道路由标桩埋设距离一般为 50m 左右，转弯、接头、预留、跨越其他管线（物体）等特殊地点必须埋设标桩。一般情况下宣传牌的设置距离为 0.5km 左右，但村前村后、城乡结合部、易开发建设和动土等施工的地段，按实际需要埋设。

（2）市内管道路由宣传牌埋设距离一般为 20m 左右，可根据现场实际条件设置。

（3）标桩、宣传牌必须埋在管道正上方，与管道路由偏离不超过 10cm。标桩与地面垂直，倾斜度小于 15°，埋深为 70±5cm，出土为 80±5cm；根部培土成直径 50cm 的馒头形，高出地面 5cm 左右，也可按此规格用水泥砂浆包封馒头成形。

（4）标桩、宣传牌的面向，一般应与光缆路由走向一致，近路边的要面向道路。

（5）标桩编号与井号对应，编号正确、字迹清楚，直线标桩编号一般应与光缆路由平行（近道路除外）。

3．路由跨越障碍物的处理

（1）光缆路由跨越围墙、障碍物，有阻碍路由视线的或无条件设置标桩（宣传牌）的，必须借助其他的墙体、物体喷涂醒目“光缆”字样，并用箭头示意光缆位置，用数字标明距离，以箭头尖端点与地下光缆的实际距离计算。

（2）光缆跨越河（沟），当落差超过 1.5m、跨度超过 3m 以上时，且远离道路，有条件的在河沟上应吊挂宣传牌。

4．路由沟坎护坡标志

路由护坎表面要用水泥光面，涂底色白漆后，在护坎上镶嵌或喷与标桩标识基本一致的红色黑体“光缆”字样，单个字体大小一般为 20cm × 20cm，具体可视现场情况确定。

5．路由水泥包封块标志

在路由上无法埋设标桩、宣传牌的，又无法借助其他物体标明路由的，可采用隔距为 5m 左右的水泥包封块进行明晰路由，水泥包封块上镶嵌或喷红色黑体字“光缆”，大小一般为 20cm × 20cm，具体可视现场情况确定。

6．人孔盖标志标准

（1）城区管道人孔盖一般不考虑加标识。

（2）郊外管道或长途独立管道人孔盖，要根据条件采用水泥进行包封，水泥包封后的井盖表面要用水泥光面，涂白色漆后，在其上方喷涂与标桩字体基本一致的“光缆”字样，字体大小为 10cm × 10cm（见图 8-46）。

8.8 直埋光缆防护

8.8.1 直埋光缆防护措施

8.8.1.1 铺砖、钢管、塑料管及顶管等保护措施

（1）直埋光缆路由上无违章建筑，无光缆外露，路由左右 3m 范围内无取土、崩塌，且路由正上方无超过 40cm 深的坑洼。

（2）普通光缆路由与其他固有设施（如地下管线）交越时，要符合规范要求的隔距标准，

并根据地下管线的类型，采用钢管或塑料管等方式保护。

（3）光缆穿越可以开挖的区间公路时，埋深能满足要求时，可直接埋设塑料管保护穿越公路。光缆穿越需疏浚或取土的沟渠、水塘时，采用在保护塑料管上方 20～30cm 处铺水泥砂浆袋（注：水泥砂浆袋每包 50kg，用 400 号水泥 10kg，配粗砂 40kg）或水泥盖板保护。光缆通过市郊、村镇等可能动土且危险性较大的地段，可采用大长度塑料管或视情况铺红砖，采用铺钢管或混凝土包封保护。

（4）当地形高差小于 1m 时宜采用三七土或砌石护坎；高差大于 1m 采用石砌护坎保护，砌石处应用 100＃混凝土包封。水流较急、容易冲刷的小河及沟渠应砌漫水坝保护。坡度较大的斜坡地段砌堵塞保护。容易塌方的地段砌挡土墙保护。

（5）光缆保护管埋深不足 0.5m 时，采用无缝钢管保护。

（6）光缆线路穿越铁道以及公路时，应采用顶管或定向钻孔敷管保护，钢管应伸出路边排水沟≥1m。

埋地光缆保护钢管规格见表 8-25。

表 8-25　埋地光缆保护钢管规格表

规格	内径（mm）	外径（mm）	质量（kg/m）	长度（m）	备注
1.5 寸	40	48	3.84	4～9	适合穿一条光缆
2 寸	50	60	4.88	4～9	
2.5 寸	63	75.5	6.64	4～9	可放 2 根子管
3 寸	79	88.5	10.58	4～9	可放 2～3 根子管

8.8.1.2　护坎、堵塞、漫水坝及挡土墙等防护措施

（1）光缆穿越田坎、梯田、斜坡等落差在 0.8m 以上的地段或可能易塌方斜坡、陡坡边，要根据土质和陡峭程度，用石砌护坎或护坡保护（见图 8-47）；在坡度较大（大于 20°）的坡地的光缆沟可能受水冲刷时用石砌堵塞加固（见图 8-48）、打桩加固，并保持无孔洞，预防水土流失。

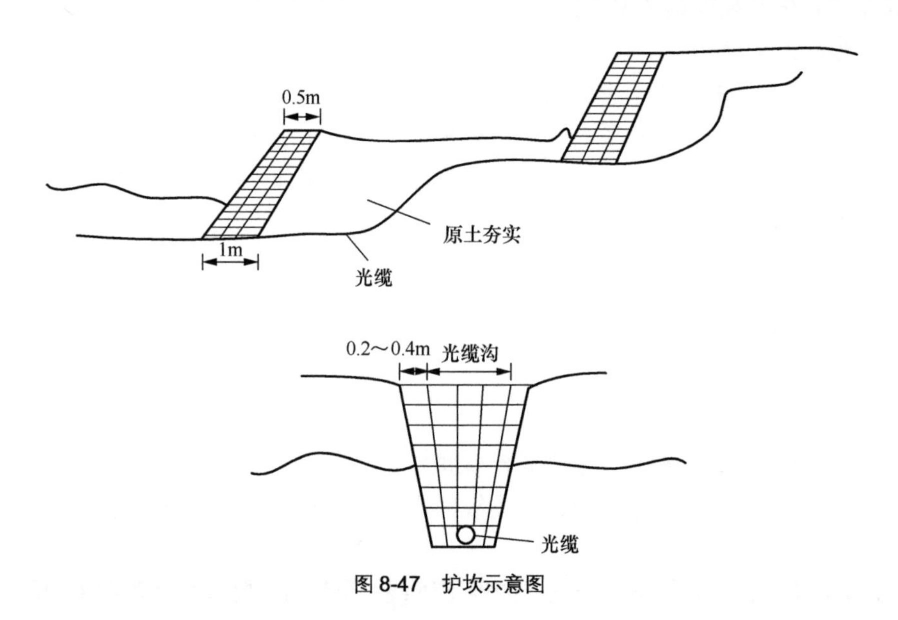

图 8-47　护坎示意图

护坎用料见表 8-26。

表 8-26　　护坎用料

每 m^3 护坡用料表				每 m^3 勾缝用料表			
名称	单位	数量	备注	名称	单位	数量	备注
400 号水泥	kg	74	50 号水泥砂浆	400 号水泥	kg	2.8	1:1 水泥砂浆
毛石	m^3	1.1		毛石	m^3		
沙	m^3	0.5	50 号水泥砂浆	沙	m^3	0.003	1:1 水泥砂浆

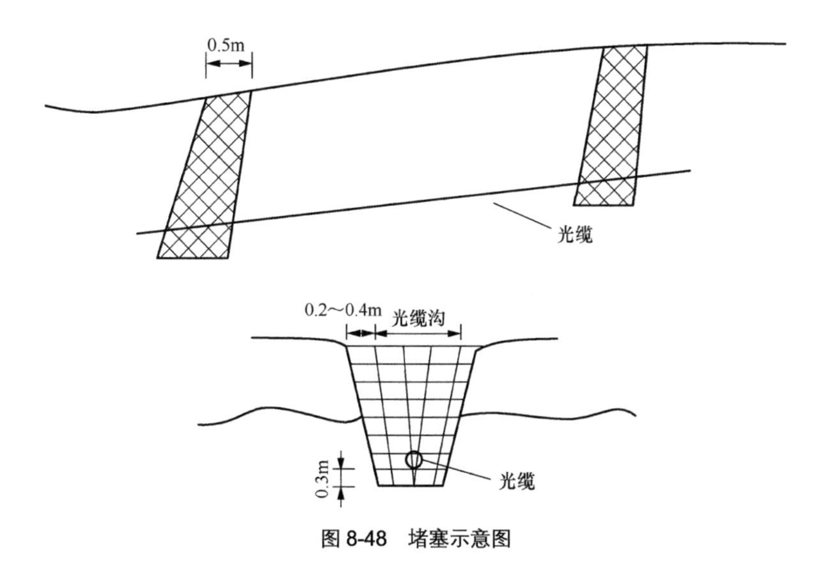

图 8-48　堵塞示意图

堵塞用料见表 8-27。

表 8-27　　堵塞用料

名称	单位	数量		备注
		高 1.2m	高 1.5m	
400 号水泥	kg	90	128	用料按标准沟宽计算，遇有特殊情况时可先计算出加固的石立方数，然后用护坡用料表计算用料数量
毛石	m^3	1.1	1.6	
沙	m^3	0.55	0.73	

（2）光缆穿越或河流（沟）的光缆路由，要用水泥封沟或盖板保护，对河（沟）堤、坎要进行砌石保护；对光缆跨越较大河流的要根据河流宽度、深度，预留适当的光缆余线。跨河光缆截面见图 8-49。

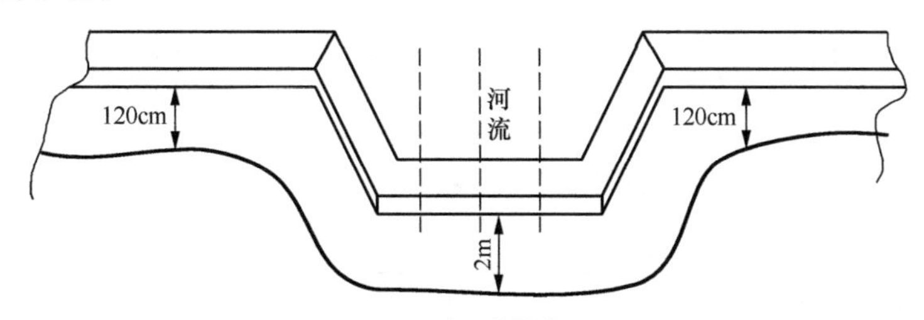

图 8-49　跨河光缆截面图

说明：跨河直埋光缆河底埋深 2m 以上。

（3）洪水灾害的防护措施：光缆穿越河流、沟渠的光缆路由，河床冲刷严重，河床结构容易发生变化的，可用木桩加固或在光缆路由的下游砌漫水坝，或采用深埋处理，埋深不小于2m（见图8-50）。

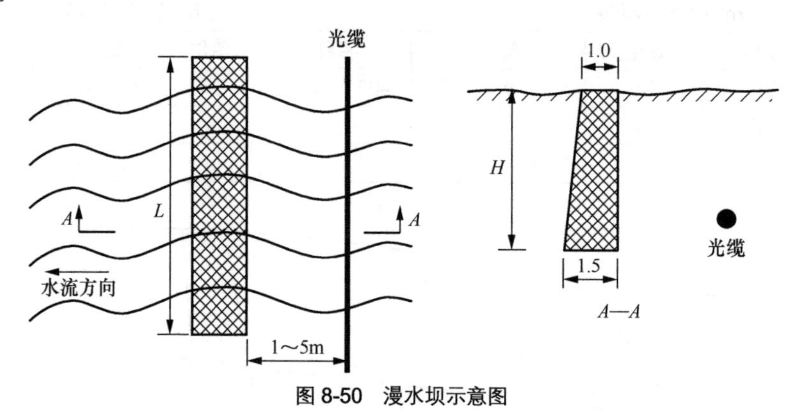

图8-50　漫水坝示意图

说明：

（1）图8-50是用于埋式光缆穿越冲刷比较严重的山区河流地带。

（2）漫水坝深度 *H* 一般应略大于光缆埋深，长度 *L* 一般应略大于河床宽，具体数值由工程设计确定。

（3）漫水坝与光缆一般相隔为1～1.5m，河道落差大时，间隔应小些，反之，应大些。光缆沟回填后应夯实。

表8-28中所列水泥及砂均包括勾缝所需材料。

表8-28　　漫水坝长度 *L* 每米所需材料

序号	名称	单位	数量		备注
			H=1.5m	*H*=2.0m	
1	400号水泥	kg	150	195	每 m^3 用料（50号水泥砂浆） 400号水泥，74kg
2	毛石	m^3	2.06	2.48	毛石 $1.1m^3$ 砂 $0.5m^3$
3	砂	m^3	0.97	1.17	每 m^3 勾缝（1:1水泥砂浆） 400号水泥2.8kg，砂 $0.003m^3$

（4）光缆穿越新建公路路肩的，特别是山区公路建设，因改变了地形地貌，原有地理水文环境将发生变化（如汇水点变大、泄水涵洞小等），极易在暴雨或洪水季节引发大面积崩塌和冲毁路由危险的，要视现场情况，可采取砌挡土墙保护光缆；或提前加固及迁移光缆，避开危险地点，保证光缆的安全。挡土墙每立方米所需材料见表8-29。砌挡土墙的砌筑方法如图8-51所示。

表8-29　　挡土墙每立方米所需材料

序号	名称	单位	数量	备注
1	毛石	m^3	1.173	每 m^3 勾缝（1:1水泥砂浆） 425号水泥2.6kg，砂 $0.003m^3$ 每 m^3 砌墙（50#水泥砂浆） 毛石 $1.173m^3$，425#水泥90kg，砂 $0.55m^3$
2	425#水泥	kg	99	
3	砂	m^3	0.561	

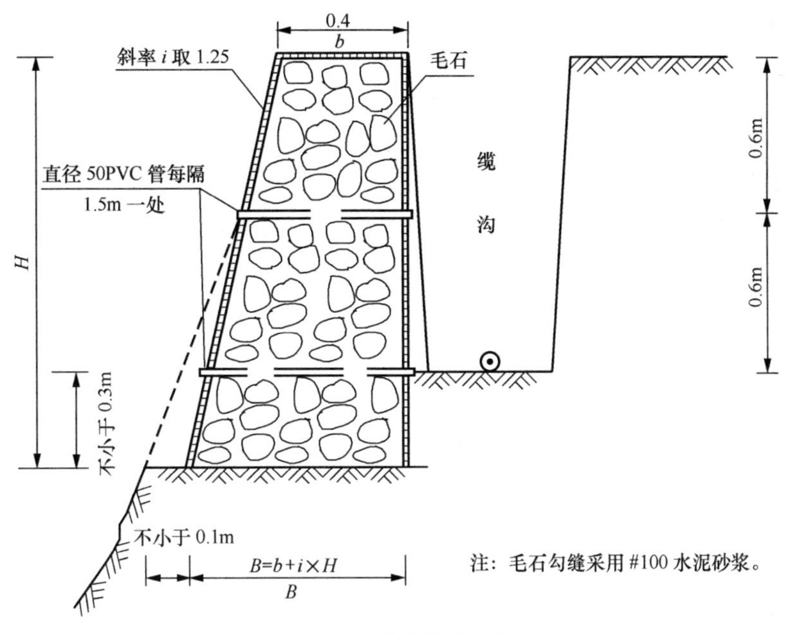

图 8-51　挡土墙截面图

（5）直埋光缆接头和余留需要挖接头坑，加水泥盖板保护，如果用砖砌接头人（手）孔，则具体要求参见管道施工中对人（手）孔的相关规定。

8.8.2　标石埋设

8.8.2.1　标石设置要求

（1）在直线段和大长度弯道段，原则上按照每 100m 以内设置 1 根。

（2）线路拐弯处必须设置标石。

（3）光缆接头处、预留点，适用于气流敷设的长途塑料管道的开断点及接头点必须埋设标石。光缆接头处如需要监测标石，则设置监测标石。

（4）光缆与其他线路交越点必须埋设标石。

（5）光缆穿越河流、公路、村庄等障碍点，必须设置标石。

（6）郊外每个人（手）孔处必须埋设标石。

（7）敷设防雷排流线、同沟敷设光（电）缆的起止点、架空光（电）缆与直埋或长途硅芯管道光（电）缆的交接点必须设置标石。

8.8.2.2　标石埋设要求

（1）光缆路由标石必须埋在光缆的正上方，接头处的标石埋设在线路接头处的路由上。

（2）拐弯处的标石，应埋设在转角两侧直线段延长线的交点，而不应在圆弧顶点上（在交点无法埋设标石时，可用三点定位方式并在竣工图纸上标示清楚交点距三点的具体尺寸）。

（3）标石应当埋设在不易变迁、不影响交通与耕作的位置；如选择的埋设位置不宜埋设标石，可在附近增设辅助标记，以三角定标方式确定光（电）缆位置。

（4）标石有字的一面应面向公路；监测标石应面向光（电）缆接头；转弯标石应面向光（电）缆弯角较小的方向。

（5）标石按不同规格确定埋设深度，一般普通标石埋深为 0.6m、出土部分为 0.8m；长标石埋深为 0.8m、出土部分为 0.7m（注：目前广东基本上采取长标石埋深为 0.7m 的办法）；标石周围的土壤应夯实。

8.8.3 标石制作与编号方法

（1）标石一般采用钢筋混凝土制作，长标石规格为 150mm × 150mm × 1 500mm，短标石规格为 140mm × 140mm × 1 000mm（注：广东采用 150mm × 150mm × 1 000mm）的水泥丁字标石。

（2）标石的颜色、字体应满足设计要求，字体应端正；编号以中继段为编号单位，按传统方向由 A 端向 B 端编排。

（3）标石出土部分靠顶部 15cm 应刷水泥漆，下部 75cm 一般刷白底色，并用水泥漆正楷书写表示标号，顶部以水泥漆的箭头表示光缆路由方向。

（4）标石类型区分直线标、拐弯标、交越标，并在标号面用不同符号标记，直线标用“—”表示，拐弯标石用“<”表示，交越标石用“×”表示。

（5）标石正面用水泥漆书写“××光缆”字样。

（6）标石的符号、编号应该一致，编排格式参见图 8-52。

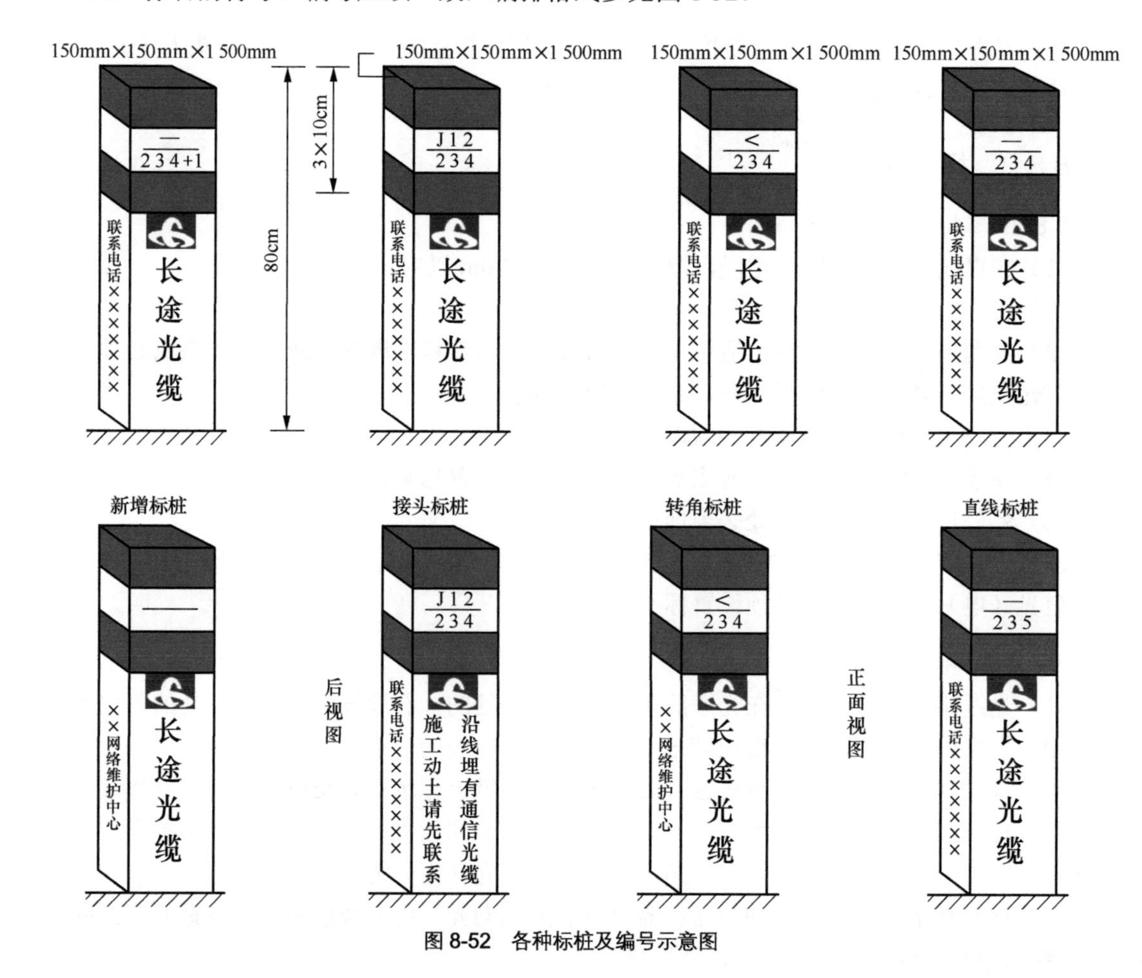

图 8-52 各种标桩及编号示意图

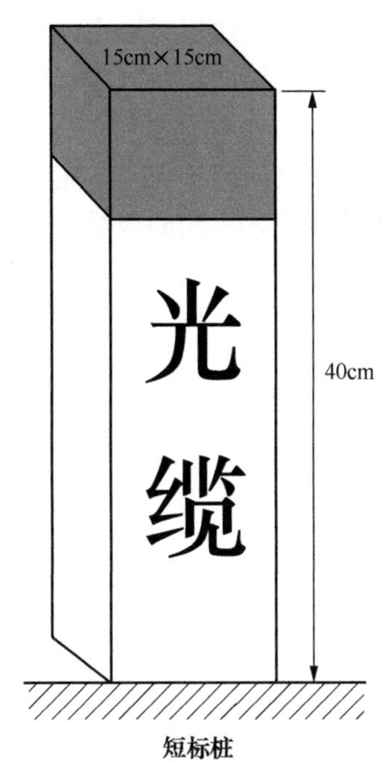

短标桩

图 8-52　各种标桩及编号示意图（续）

说明如下。

① 标桩规格标准

采用水泥加钢筋预制的方型标桩，可根据需要制作为内部空心以减少质量，方便安装。长标桩规格可为：15cm × 15cm × 150cm（截面的长和宽分别为 15cm，标桩的长度为 150cm）。短标桩规格可为：15cm × 15cm × 100cm。

② 标桩标志油漆标准

标识：长标桩顶部往下第一环是 10cm 的红色环（接头标桩喷涂为黄色），红色和黄色均采用标准色。第二环是 10cm 的白环，白环内编标桩符号。第三环是 10cm 的蓝环，蓝环内编中国电信企业标识，高度值为 6cm 左右。短标桩顶部往下只是 10cm 的红色环。

③ 标桩喷字标准

A. 长标桩在标桩蓝环下 2cm 处，自上往下用黑色漆喷黑体字“长途光缆”，字体大小为 6cm × 6cm，字间距为 2.5cm。

B. 长标桩正面的左侧喷涂维护单位名称“××传送网络维护中心”（字体大小为 3cm × 3cm），正面的右侧喷涂客响值班联系电话（字体大小为 3cm × 3cm）。背面喷涂“地下埋有光缆，施工动土请先联系”等标语。

C. 短标桩正面喷涂黑体字“光缆”，字体大小为 6cm × 6cm，字间距为 2.5cm。

8.9　水线防护与水线牌制作安装

8.9.1　水线防护措施

1．水线区的划定

（1）在通航的河流中设置水线须划定水线区域，以保护区域内的水线安全。水线区内严禁来往船只抛锚捕鱼，吸沙挖泥，并禁止两边岸滩取土、采石等，因此，水线区范围的划定需要与江河航运管理部门及堤防部门共同协商，做到既能保证水线安全，又对航运及堤防影响最小。一般在选定水线路由后，就应与各相关部门联系，洽商水线区域范围及要求。在水线划定后，应该将具体位置绘制成图，交航运等部门备案。

（2）水线区的划定要考虑河流的状况、水线的数量、相关部门的规定及水线敷设要求等多种因素，这里仅给出在不同的河宽、单条水线一般所要求的水线区范围。

对于多条水线及一些特殊要求，应根据具体情况参照表 8-30 来确定水线区范围。

表 8-30　　水线区范围

江面宽度 L(m)	上游边界距弧顶 a(m)	下游边界距基线 b(m)	备注
500 以下	50～200	50～100	参见图 8-53
500 以上	200～400	100～200	
特大江河	＞400	＞200	

2．水线区的保护

（1）水线的保护措施主要考虑划定合适的水线区域，设立显著的水线标志牌以及进行日常的水面监视维护，以防止过往船只及人员在无意中损坏线路。

（2）水线区标志牌的设置。

水线区域划定后，就需在区域边界处设置水线标志牌。标志牌应设在两岸上的醒目位置，用于提醒过往船只注意。水线区标志牌的设置如图 8-53 所示。

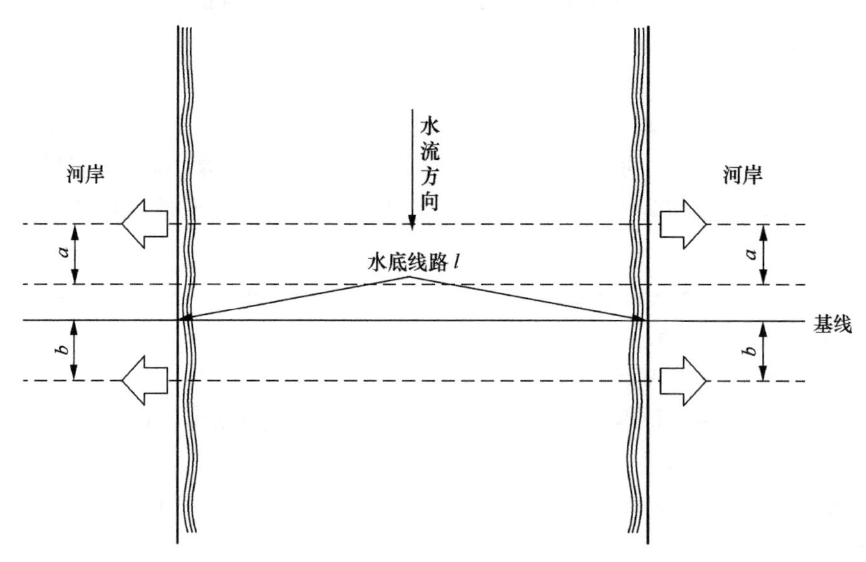

图 8-53　水线区标志牌的设置图

一般情况下，标志牌在河流两岸设立，以便河中的船只都能看得到。但当河流一侧浅滩很长或滩内长有茂密的树林时，该侧的水线标志牌就不能发挥作用，这种情况下，可将这一侧的标志牌移设到对面一侧。这时同侧的两块标志牌应前后设置，如图 8-54 所示。

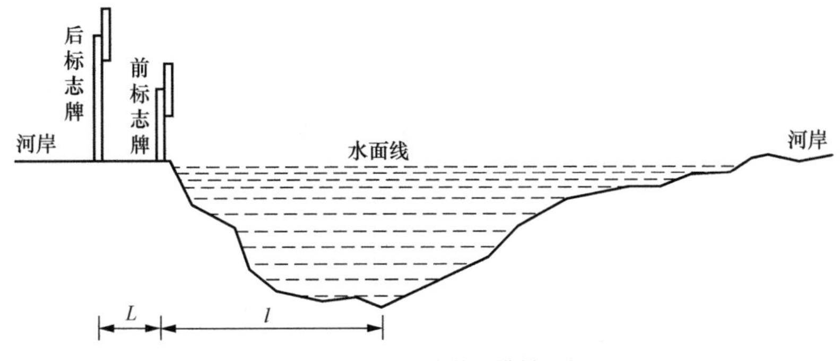

图 8-54　装设前后标志牌的横断面表示图

前后标志牌间的距离可按下列公式计算：

$$L \geqslant \frac{lc}{B}$$

式中：L——前后两标志牌间的距离（m）；

l——前标志牌至河流航道间的距离（m）；

B——允许偏离导线的距离（一般为 30～50m）；

c——标志牌的外侧三角形边长（m）。

前后两块标志牌同侧放置，要求后面的标志牌高出前面达 2m 以上，以便两块标志牌都能发挥作用。

对于河宽小于 50m 的河道，只需要在河道一侧的水线区上下边缘各放置一块标志牌，就可以起到明确指示的作用。

8.9.2　水线标志牌的形式、制作与安装

1．标志牌的形式

标志牌具有警示来往船只的作用，因此，要求标志牌颜色醒目，容易辨认。另外，为避免与其他部门的标志牌相混淆，也要求水线标志牌形式具有独特的统一要求。目前，标准的水线标志牌采用三角形牌面，白底黑字，印有“禁止抛锚”字样。支撑电杆红白螺旋相间。根据河流宽度大小，水线标志牌具有 3 种规格、型号。I 型标志牌为三角形，边长为 1.2m，通常采用单杆支撑，适用于河宽小于 500m 的场合；II 型标志牌为三角形，边长为 2.0m，采用双杆支撑，适用于河宽 500～2 000m 的场合；III型标志牌为三角形，边长为 3.0m，亦采用双杆支撑，适用于河宽大于 2 000m 或一些特殊需要的地点。3 种型号的水线标志牌结构如图 8-55 所示。

对于有夜航的河流，标志牌应能夜间发出灯光警示。当周围有市电可以利用的情况下，可将 25～60W 的白炽灯泡装于标志牌上。如果江河很宽，岸边灯光较多，最好能用红色霓虹灯在牌上组成“禁止抛锚”字样，则可达到更好的效果。如果没有市电可以利用，则可以用煤油点燃航标用环视灯或三色闪光灯代替，闪光灯电源可由电池提供。

2．标志牌的制作与安装

标志牌有铁质和木质两种。铁质标志牌坚固耐用，不易损坏。其制作加工规格如图 8-56 所示。

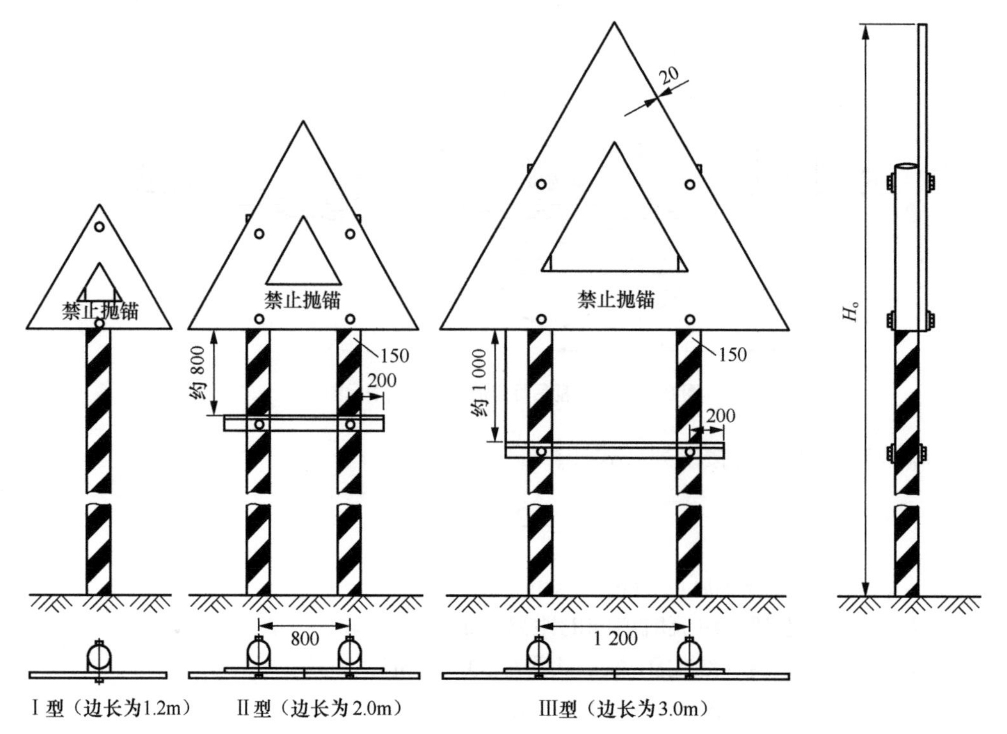

图 8-55　3 种型号的水线标志牌结构图（图中未明确标注的数值单位都为 mm）

3 种型号的铁质标志牌的加工尺寸见表 8-31。

表 8-31　　铁质标志牌的加工尺寸

符号	长度（mm）		
	Ⅰ型	Ⅱ型	Ⅲ型
L	1 200	2 000	3 000
a		800	1 200
b	250	400	500
c	335	612	1 270
d	289	462	577

制作铁质标志牌所需的主要材料、数量见表 8-32。

表 8-32　　铁质标志牌所需主要材料、数量

序号	名称	单位	数量			备注
			Ⅰ型	Ⅱ型	Ⅲ型	
1	50 × 50 × 5 角钢	kg/m	15.85/4.2	24.9/6.6	36.2/9.6	外框
2	30 × 30 × 3 角钢	kg/m	4.2/3	6.35/4.61	10.05/7.3	内框
3	1mm 厚钢板	kg/m²	5.62/0.72	15.7/2	33.5/4.5	
4	*M*4 × 2 六角镀锌螺栓	套	45	70	100	
5	40 × 4 扁钢	kg/m	1.3/1.0	1.3/1.0	1.3/1.0	灯钩

铁质标志牌的三角框架采用焊接连固。焊接时要注意正面平整，以利于贴放牌面。安装螺栓孔位视选用的支撑电杆确定，孔位间距最好能适应水泥电杆的情况。牌面采用薄钢板，用螺栓连固；在框边折转以增加三角框强度。如果需要设置标志灯，可参考图中挂钩来制作灯钩，也可自行设计安装霓虹灯管。铁件加工完毕后涂刷防锈漆，然后在标志板上喷涂白漆，上写“禁止抛锚”黑字，板周围漆黑边，边宽为 2cm，并在背面写明设立年月和所属局名。

木质水线标志牌虽然比铁质耐久性差，但因取材方便、制作简单、费用较省，故也经常被采用。其制作加工规格如图 8-56 所示。

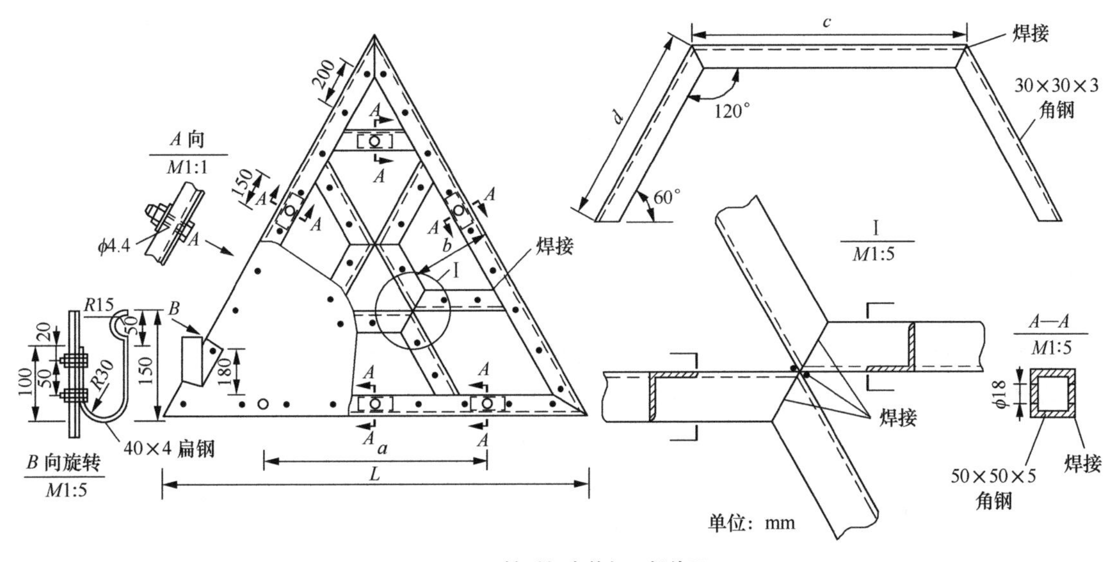

图 8-56　铁质标志牌加工规格图

8.10　长途干线光缆的维护

光缆线路是整个光纤通信网的重要组成部分，使通信网络不中断并延长使用寿命的有效措施就是加强对光纤线路的维护和管理。

8.10.1　光缆线路维护的基本任务

光缆线路维护的基本任务就是保持通信线路和设备正常使用及传输质量良好，预防并尽快排除障碍。

维护工作人员应贯彻“预防为主、防治结合”的维护方针。维护工作要做到精心细致、科学管理。一方面，维护工作人员应对光缆线路进行正常的维护，不断地消除外界环境影响带来的事故隐患，同时，不断地改进设计和施工不足的地方，避免或减少不可预防的事故（如山洪、地震）带来的影响。另一方面，当出现意外故障时，维护人员应能及时处理，尽快排除故障，修复线路，以提供稳定、优质的传输线路。

8.10.2　维护方法与周期

1．维护方法

长途光缆线路的实际维护工作主要包括路面维修、充气维护、防雷、防强电、防腐蚀等，一般分为日常维护和技术维修两大类。

（1）日常维护工作主要由维护段（站）担任，主要内容包括：定期巡回、特殊巡回、护线宣传和对外配合；消除光缆线路上堆放的易燃物品和腐蚀性物质，制止妨碍光缆安全的建筑施工、栽树、种竹、取土和修渠等；对受冲刷挖掘地段的路由进行培土加固、砌护坎和护坡（挡土墙）、砌堵塞；标石、标志牌的描写喷漆、扶正培固；人（手）孔、地下室、水线房的清洁，光缆托架、光缆标志牌及地线的检查与修理；架空杆路的检修加固，吊线、挂钩的检修更换；结合徒步巡回，进行光缆路由探测，建立健全光缆路由资料。

（2）技术维修工作由机务站光缆维护中心负责，主要内容包括：光缆线路的光电特性测试、金属护套对地绝缘测试以及光缆障碍的测试判断；光缆线路的防雷、防强电、防腐蚀设施的维护和测试；防止白蚁、鼠类危害措施的制定和实施；预防洪水危害措施的制定与实施，光缆升高、降低和局部迁改技术方案的制定和实施；光缆线路的故障抢修。

维护工作必须严格按操作程序进行。一些复杂的工作应事先制订周密的计划和方案，并报上级主管部门批准方可执行。实施中应与相关的机务部门联系，主管人员应亲临现场指挥。务必注意各项安全操作规定，防止发生人身伤害和设备仪表损坏安全事故。

2．维护项目和周期

要使线路经常处于良好状态，维护工作就必须根据质量标准，按周期有计划地进行。长途光缆线路日常维修工作的主要项目和周期见表 8-33 和表 8-34。

表 8-33　光缆线路日常维护项目和周期

<table>
<tr><th>序号</th><th>敷设方式</th><th>项目</th><th>周期</th><th>备注</th></tr>
<tr><td>1</td><td>直埋光缆</td><td>线路巡查、路由探测、砍青培土、标石加固、描写喷漆</td><td rowspan="3">周</td><td rowspan="4">根据季节和路由环境变化增加巡查次数</td></tr>
<tr><td>2</td><td>管道光缆</td><td>线路巡查、人井清洁、检查</td></tr>
<tr><td>3</td><td>架空光缆</td><td>线路巡查、杂物树枝清理、吊线、挂钩及挂钩托板检修</td></tr>
<tr><td>4</td><td>水底光缆</td><td>线路巡查、水线标志牌和保护设施检查</td><td>半月</td></tr>
</table>

表 8-34　光缆线路维护技术指标和测试周期

<table>
<tr><th>序号</th><th colspan="2">项目</th><th>技术指标</th><th>周期</th><th>备注</th></tr>
<tr><td>1</td><td colspan="2">中继段通道后向散射信号曲线测试</td><td>≤竣工值+0.1dB/km（最大变动量≤5dB）</td><td></td><td>主用光纤：按需；备用光纤：半年</td></tr>
<tr><td rowspan="3">2</td><td rowspan="3">防护接地装置地线电阻</td><td>$\rho \leq 100\Omega\cdot m$</td><td>≤5Ω</td><td rowspan="3">半年</td><td rowspan="3">雷雨季节前、后各 1 次</td></tr>
<tr><td>$100 < \rho \leq 500\Omega\cdot m$</td><td>≤10Ω</td></tr>
<tr><td>$\rho > 500\Omega\cdot m$</td><td>≤20Ω</td></tr>
<tr><td rowspan="2">3</td><td rowspan="2">铜芯直流电阻（20℃）</td><td>线径 0.9mm</td><td>≤28.5Ω/km</td><td rowspan="2">1 年</td><td rowspan="2">光/电综合光缆</td></tr>
<tr><td>线径 0.5mm</td><td>≤95.0Ω/km</td></tr>
</table>

续表

序号	项目		技术指标	周期	备注
4	铜芯绝缘电阻		≥5 000MΩ/km		
5	对地绝缘电阻	金属护套	一般不少于 2mm		在监测标石上测试
		金属加强芯	≥500MΩ/km		
		接头盒	≥5MΩ		

8.10.3　光缆线路维护要求

光缆线路维护要求如下。

（1）认真做好技术资料整理。

（2）严格制订光缆线路维护计划。

（3）加强维护人员的组织与培训。

（4）做好线路巡视记录。

（5）定期测量。

（6）及时检修和紧急修复。

8.10.4　光缆线路维护机构

（1）新建长途干线光缆时，宜根据工程实际情况确定合适可行的维护方式，并视需要配备维护机器和仪表。长途干线光缆线路维护机构包括维护段和巡房、水线房等。对于采用分散维护、集中抢修方式的，宜设置维护段、巡房；对于采取集中维护、集中抢修方式的，宜设置维护段；有重要水线时，应设置水线房。通常情况下每个维护段负责维护 150～250km 光缆线路，巡房负责维护 20～30km 光缆线路，可根据沿线地形特点和行政区划等因素综合取定。

（2）长途干线光缆维护机构用地指标参考《通信工程项目建设用地指标》和实际工程情况取定，一般情况下不得突破，采取集中维护方式时不配置巡房。

（3）长途干线光缆维护机构和人员配置可参照表 8-35 取定。

表 8-35　　光缆维护机构和人员配置

项目	用地指标（m^2）	建筑面积（m^2）	维护人员配置（人）
新建集中维护段房	≤3 000	760	9
新建分散维护段房	≤2 670	650	7
新建巡房和大型水线房	≤330	80	2
新建一般水线房	≤67	20	

8.10.5　光缆线路维护器材

（1）光缆线路维护工器具应根据工程维护抢修特点及方式按需配备，当无特殊要求时，可参照表 8-36 配置相应的维护机具和仪表，并视实际情况适当取舍。

表 8-36　　维护机具和仪表的配置

序号	仪表及工器具名称	单位	配备标准（处）			
			整线务段	半线务段	集中维护段	巡房
1	大型光缆探测仪	部	1	1	1	
2	小型光缆探测仪	部				1
3	高阻计	部	1	1	1	
4	兆欧表	块	1	1	1	
5	数字万用表	部	1	1	1	
6	手抬机动消防泵 10～25 马力（马力约为 735W）	台	1	1	1	
7	液压式千斤顶带大轴（5 000kg）	套	1	1	1	
8	光缆盘	个	1	1	1	
9	绞盘	个	1	1	1	
10	环链手拉葫芦	个	1	1	1	
11	电子交流稳压器	台	1	1	1	
12	汽油发电机组 1.5kW	台	1	1	1	
13	汽油桶 53 加仑	个	1	1	1	
14	塑料桶 10dm^3	个	1	1	1	
15	小型帐篷	个	1	1	1	
16	电话机	台	1	1	1	1
17	线务段常用维护工具（公用）	套	1	1	1	
18	线务段常用维护工具	套	3	2	5	1
19	维护用仪表车	辆	1		1	
20	维护用客货两用车	辆	1	1	1	
21	维护用自行车	辆	2	2	2	1
22	稳定光源	套	1	1	1	
23	光功率计	套	1	1	1	
24	光时域反射仪（双窗口）	套	1	1	1	
25	光纤熔接机（含光纤切割工具）	套	1	1	1	

（2）当无特殊要求时，主要维护材料的配备数量可参照表 8-37 取定。

表 8-37　　光缆线路维护材料

项目	数量
直埋光缆维护材料	直埋光缆工程用料长度的 2%
管道光缆维护材料	管道光缆工程用料长度的 3%～5%
架空光缆维护材料	架空光缆工程用料长度的 2%

续表

项目	数量
水底光缆维护材料	按维护段内最长的一条水底光缆计列
气流法敷设段落维护材料	工程用料长度的 3%～5%
光缆接头盒维护材料	光缆接头盒工程用料的 5%～10%

注：以上数量按维护段落适当取整。

（3）架空光缆线路工程中存在临时过渡方案，后期改线需要使用维护料时，可以不按表 8-37 的要求，可根据实际需要配备维护材料。

（4）对于大型河流，水底光缆故障后若重新敷设，工程实施难度和投资数额较大，因此有时采用接续中断光缆的维护抢修方式，此时维护材料的用量应根据实际需要配备。

第 9 章 通信线路工程安全风险评估与施工安全技术规程

通信线路工程安全风险是指在工程项目寿命周期内引发安全事件、导致项目损失的各种不确定性。通信线路工程具有施工环境不安全因素多、建设周期长、对原通信网络操作频繁等特点，通信线路工程安全风险具有普遍性、客观性、多样性、损失性、不确定性等特点。2009 年，中国电信股份有限公司为了加强通信建设工程的安全管理，制定了《通信建设工程安全风险评估实施指引》。通信工程安全风险包括人身安全和网络运行安全、设备安全、业务安全、公司财产安全、各类信息安全等各种各样的安全风险。而《通信建设工程安全风险评估实施指引》主要考虑通信工程实施期间发生人身及网络安全事故两方面的风险。具体的实施办法分为 4 个步骤：（1）安全风险识别；（2）安全风险评估；（3）安全风险处置；（4）安全风险监控。下面将对上述 4 个步骤逐点进行论述。

另外，要想避免或减少安全事故的发生，就必须对工程施工作业制定相应的安全规章制度，并在工程实施过程中严格遵守和执行。因此，制定与通信线路工程施工相关的安全规章是很有必要的。在对安全风险进行识别、评估、处置和监控的基础上，再结合一套切实可行的“通信线路工程施工安全技术规程”，整个工程施工的安全体系就更完整了。所以，9.5 节将介绍“通信线路工程施工安全技术规程”。

9.1 通信线路工程安全风险识别

9.1.1 通信线路工程安全风险类别

通信线路工程安全风险主要考虑人身安全风险和网络安全风险。

（1）人身安全风险（M 类风险）是指通信线路工程实施期间发生的人身伤亡事故，人员死亡、人员受伤的可能性（见表 9-1）。参照安全事故等级，人身安全风险分为 6 个损失等级，即 M9、M8、M7、M6、M5、M4。

表 9-1 人身安全风险（M 类风险）

风险类别	风险损失	损失等级
人身安全风险（M 类风险）	灾难，多人死亡	M9
	非常严重，一人死亡	M8

续表

风险类别	风险损失	损失等级
人身安全风险（M 类风险）	严重，多人重伤	M7
	重大，一人重伤	M6
	中度，多人受轻伤	M5
	引人注目，不利于基本的安全卫生要求	M4

（2）网络安全风险（N 类风险）是通信线路工程实施期间因项目而发生的网络通信非计划性阻断事故的可能性，具体包含网间通信、传输网、交换网、数据网、无线网、业务平台、计算机系统、动力与空调系统等通信网络或系统的中断风险（见表 9-2）。参照网络故障的分级，网络安全风险又分为 6 个损失等级，即 N9、N8、N7、N6、N5、N4。

表 9-2　　人身安全风险表（N 类风险）

风险类别	网络专业	阻断等级	损失等级
网络安全风险（N 类风险）	网间通信（G） 传输网（T）	A++级	N9
	交换网（S） 数据网（D）	A+级	N8
	无线网（W）	A 级	N7
	业务平台（B）	B 级	N6
	计算机系统（C）	C 级	N5
	动力与空调系统（P）	D 级	N4

9.1.2　通信线路工程安全风险的预评估

在项目启动后，根据项目实施的组织规模、所处环境和可影响的范围，对项目安全风险进行粗略评估。项目负责人可组织设计单位对项目安全风险预评估。对于肯定不存在关键或重大安全风险因素的项目，风险评估不需要进入初评估环节；对于无法确定风险因素是否存在，或已知存在一定安全风险的项目，项目负责人应在设计勘察时，向设计单位明确提出风险评估要求，以及向设计单位进行关键风险因素的勘察交底。

9.2　通信线路工程安全风险评估

9.2.1　通信线路工程安全风险评估的依据

风险是在某一特定环境下和某一特定时间段内，某种损失发生的可能性。风险是由风险因素、风险事故和风险损失三要素组成的。风险的大小取决于这 3 个要素，通信线路工程安全风险评估的依据来自安全风险的 3 个要素。

（1）风险因素出现的频繁程度：人员、网络暴露于危险环境的频度越大、次数越多，风险越大。

（2）风险事故发生的可能性：人员、网络处于危险环境中，发生安全事故的可能性越大，风险越大。

（3）风险损失：风险事故发生，导致的事故损失越严重，风险越大。

9.2.2　通信线路工程安全风险量化评估的方法

（1）作业条件危险性评价法（LEC 法）是一种定量的风险评价方法，是用与项目风险有关的 3 种要素指标值之积来评价系统风险大小的。

（2）作业条件危险性评价法的公式是：$D=L\times E\times C$。其中，L 代表风险事故发生的可能性，E 代表风险因素出现的频繁程度，C 代表风险损失。

9.2.3　通信线路工程安全风险量化计算的原则

为了对风险因素可能导致的多种多样的风险事故进行定量评价，根据下面两个原则确立风险事故等级。

（1）最大危险原则：如果项目的一个风险因素可能造成多种事故等级，且事故后果相差大，则按后果最严重的事故等级考虑。

（2）概率求和原则：如果项目的一个风险因素可能造成多种事故等级或种类，且它们的事故后果相差不大，则按统计平均原理估计事故后果。

最大危险原则、概率求和原则适用于风险事故发生的可能性（L）、风险因素出现的频繁程度（E）、风险损失（C）3 值的评估。

9.2.4　工程项目安全风险评估的具体步骤

9.2.4.1　风险因素辨识

（1）设计单位在现场勘察和设计过程中，对通信线路工程可能存在的风险因素进行勘察或辨识，对风险评估表所列风险因素进行筛选或补充。

（2）参与设计、会审的各单位依据经验对项目安全风险因素进行辨识。

（3）维护部门、设计单位、施工单位、监理单位在项目实施过程中，动态辨识风险因素，施工单位对关键或重大风险因素的增减应立即报告给监理人员及项目负责人员。

9.2.4.2　风险因素的种类

根据通信线路的不同敷设方式，主要风险因素大致归纳如下。

1．通信管道施工安全风险因素

（1）开挖管道沟及人孔坑塌方。

（2）作业环境存在毒气或腐蚀性液体。

（3）井下作业，井面无保护措施。

（4）电动工具使用前未做检查。

（5）电动工具漏电。

（6）大型机械操作失误。

（7）缺乏安全围蔽措施。

（8）管坑靠近现有危险市政设施。

（9）附近敷设重要通信光（电）缆。

（10）管材堆放或装设不当。

（11）危险地段施工不佩戴安全防护用品。

（12）顶管未探明地下电力、煤气、供水、通信、排污等管线。

（13）高温天气下作业。

（14）施工中发生意外事故（被动伤害）。

2．室内线路安全风险因素

（1）未采用阻燃光（电）缆或缭绕阻燃胶带。

（2）光缆金属加强芯未连接防雷地线。

（3）室内通信线路靠近电力线。

（4）光（电）缆穿楼层和墙壁孔洞未堵塞防火泥。

（5）室内光（电）缆标识不够清晰。

（6）室内通信设备安装未做抗震设计。

3．架空光（电）缆施工安全风险因素

（1）电力线路下进行立杆作业。

（2）立杆开挖范围存在重要光（电）缆或其他地下管线设备。

（3）倒杆伤人。

（4）三线交越触电伤害。

（5）高空作业无可靠安全防护。

（6）高温环境超负荷工作。

（7）特种高空作业无证上岗。

（8）特种高空作业缺乏安全防护。

（9）在焊接作业时，没有配备消防设备导致火灾。

（10）雷雨天气高空作业。

（11）吊线上违章使用滑车。

（12）违章（割接）作业。

4．管道光（电）缆施工安全风险因素

（1）作业环境存在毒气或腐蚀性液体。

（2）井下作业，井面无保护措施。

（3）井内存在易燃易爆气体。

（4）施工作业踩（拉）断邻近光（电）缆。

（5）揭人孔盖没有设置警示和留人职守。

（6）靠近现有危险市政设施。

（7）夜间作业，因环境或人员因素，接错光（电）缆导致通信阻断。

（8）违章（割接）作业。

5．直埋光（电）缆安全风险因素

（1）直埋光（电）缆路由旁存在着现有光（电）缆或其他地下管线设备。

（2）开挖光缆沟及接头孔坑塌方。

（3）光缆沟坑靠近现有危险市政设施。

（4）作业环境存在毒气或腐蚀性液体。

（5）直埋光（电）缆未做防雷措施。

（6）直埋光（电）缆地面没有明显标识，造成其他施工意外损坏。

9.2.4.3 安全风险的量化计算

1．评估风险因素的 *L* 值

各地市传送中心作为评估责任单位，依据本地风险评估标准，结合项目所处的具体环境，评估在风险因素持续出现的情况下，发生安全事故的可能性（*L* 值）。评估风险因素的 *L* 值参考取值见表9-3。

表9-3　评估风险因素的 *L* 值参考取值

危险环境下事故发生的可能性	级别	评估参考值（*L* 值）
几乎一定	L9	10
相当可能	L8	6
有可能，但不经常	L7	3
可能性小，完全意外	L6	1
很不可能，可以设想	L5	0.5
极不可能	L4	0.2
实际不可能	L3	0

2．评估风险因素的 *E* 值

建设方评估责任单位根据现场实际情况或安全经验（应对属于施工单位人为、管理方面风险因素的 *E* 值建立评估标准，作为设计单位评估依据），评估在工程实施期间风险因素（危险环境）出现的频繁程度（*E* 值）。评估风险因素的 *E* 值评估参考取值见表9-4，由频率、次数的多少决定。

表9-4　评估风险因素的 *E* 值评估参考取值

风险因素的出现频度	级别	评估参考值（*E* 值）
存在且出现的可能性极大：如持续地出现，或项目期间一定会频繁出现	E9	10
存在且出现的可能性较大：如每天工作时间内出现，或每周数次，或项目期间可能会频繁出现	E8	6
存在且有一定出现的可能性：如每周一次，或每月数次，或项目期间一般会出现几次	E7	3
存在但出现的可能性较小：如每月一次出现，每年出现几次，或项目期可能会出现几次	E6	2
存在且出现的可能性极小：如每年偶尔出现，或3～5年出现一次，或该类项目偶尔发现存在	E5	1
存在但非常罕见，或该类项目很难发现存在	E4	0.5
风险因素不可能出现	E3	0

3．评估风险因素的 *C* 值

建设方评估责任单位根据最大危险原则和概率求和原则，评估某个风险因素可能引发事故的等级。设想相关人员、网络处于某个危险环境，即处于一定危险环境，如可能发生的事故等级相差很大，则依据最大危险原则，选择最高事故等级评估。如可能发生的事故等级相差不大（等级相差不超过两级），则依据概率求和原则，取平均等级。依据评估的事故等级，参照表 9-5 取得风险损失值（*C* 值）。

表 9-5　　评估风险因素的 *C* 值评估参考取值

安全事故	风险事故等级	风险损失值（*C* 值）
人身安全事故	M9	100
	M8	80
	M7	45
	M6	15
	M5	5
	M4	1
网络安全事故	N9	80
	N8	60
	N7	50
	N6	30
	N5	10
	N4	3

4．风险评估值计算

（1）计算每个风险因素的 *D* 值，*D*（风险评估值）$=L\times E\times C$。

（2）累计计算各风险因素的 *D* 值，即为项目的安全风险评估值。

（3）项目的 M 类风险（人身安全）、N 类风险（网络安全）独立评估。项目的网络安全风险如存在于不同专业网络，则风险评估结果为不同专业网络安全风险的累加结果。

9.2.4.4　项目风险等级划分

各评估责任单位依据项目的风险评估值，对照表 9-6，划定项目的 M、N 两类安全风险等级。

表 9-6　　项目的 M、N 两类安全风险等级

风险评估值（*D* 值）	风险水平	风险等级
>1 000	不可承受	I
500～1 000	重大	II
240～500	中度	III
100～240	可承受	IV
<100	可忽略	V

9.2.4.5　工程项目安全风险评估报告形成

（1）各评估责任单位编制风险评估报告必须明确项目 M 类、N 类风险评估等级，列明主

要风险因素并说明其原因，说明对重大风险因素的勘察辨识情况。风险评估报告需附风险评估表。

（2）工程项目安全风险等级确立

项目设计会审会上，建设单位各相关部门，施工、监理等参建单位的设计会审人员对项目安全风险初评报告审核，审核各风险因素风险评估值计算的合理性。各单位结合安全经验，提交建议。项目负责人最终确立项目安全风险等级。

（3）工程项目安全风险动态评估

监理单位在工程开工后，根据施工单位对重大风险因素的报告情况和现场对主要风险因素的监理情况，判断是否需要调整项目安全风险等级，如果安全风险等级发生变化，须及时通知建设方项目负责部门。

9.3 通信线路工程安全风险处置

风险处置就是讨论和确立风险处置方案，制订并实施风险处置计划。

9.3.1 风险处置的基本原则

对于不同风险等级的项目，处置基本原则如下（见表 9-7）。

I 级风险，极其危险，项目必须暂停实施，等待风险降级。

II 级风险，高度危险，必须立即整改，一个月内处置主要风险因素，风险降级。

表 9-7　　不同风险等级的项目处置基本原则

风险水平	风险等级	风险处置
不可承受	I	极其危险，项目不能继续，暂停；等待风险降级
重大	II	高度危险，要立即整改
中度	III	显著危险，需要整改
可承受	IV	一般危险，需要注意
可忽略	V	稍有危险，可以接受

9.3.2 制订风险处置计划的步骤

（1）分析导致风险级别的主要风险因素。

（2）针对不同威胁水平的风险因素，选择不同的处置策略，消除和降低风险。

（3）风险因素的风险评估值越大，对项目目标的威胁越大。根据主要风险因素对应风险评估值的大小排序，优先针对风险评估值大的风险因素制订处置计划。单项风险因素的 D 值超过 320，属于重大风险因素；D 值超过 70，属于关键风险因素。无论项目风险级别高或低，重大和关键风险因素必须重点处置。

9.3.3 工程项目安全风险处置策略

（1）避免风险：躲避风险，改变施工技术、施工流程或施工路由，避免风险因素的出现。

（2）预防风险：采取措施消除或者减少风险因素的出现或发生，或采取措施降低危险环境事故发生的可能。这是最常用的风险处置策略。

（3）自保风险：自己承担风险。对于防范成本过高、风险水平低的，可以采取该策略。
（4）转移风险：在危险发生前，通过采取出售、转让、保险等方法，将风险转移出去。

9.3.4　工程项目安全风险处置遵循的原则

1．消除原则

通过合理的计划、设计和科学管理，尽可能从根本上消除某种危险和有害因素。

2．预防原则

当消除危害源有困难时，可采取预防性技术措施。

3．替代原则

当危险源不能消除时，可用另一种设备或物质替代危险物体。

4．隔离原则

在无法消除、预防、替代的情况下，应将人员与危险和有害因素隔开。

5．减弱原则

在无法消除、预防、替代、隔离危险源的情况下，可采取减少危害的措施。

6．设置薄弱环节原则

在生产中的某个部位设置薄弱环节，使危害发生在设置的薄弱部位。

7．加强原则

增加生产中某些薄弱部位的安全防护。

8．合理布局原则

按照安全卫生的目的，利用位置、角度安置生产设备。

9．减少用时原则

缩短作业人员在危险源附近工作的时间。

10．联锁原则

当操作者失误或设备运行一旦达到危险状态时，通过联锁装置，终止危险运行。

11．警告原则

易发生故障或危险性较大的地方，配备醒目的识别标志。必要时，采用声、光或声光组合的报警装置。

9.3.5　明确职责

（1）项目负责人确立项目的安全风险等级和风险处置方案和计划后，I 级风险项目，风险处置方案和计划应报分管领导审批；II 级风险项目，风险处置方案和计划应报项目管理部门领导审批。

（2）项目负责人负责督促建设单位相关部门落实处置计划。

9.4　通信线路工程安全风险监控

风险监控是对风险的监视与控制，其目的是核对策略与措施的实际效果是否与预见相同；寻找机会改善和细化风险处置计划；获取反馈信息，以便将来的决策更符合实际。

9.4.1 安全风险监控的程序与内容

（1）风险监控应是一个实时的、连续的过程。

（2）工程项目安全风险监控报告。

（3）监理单位负责编制风险监控报告，风险监控报告必须报告项目当前的风险等级，主要风险因素、重大风险因素的处置进展和未来处置计划。

9.4.2 安全风险监控具体措施

为保证风险处置计划的及时落实，项目安全风险管理实行分级管理机制。

（1）依据项目风险级别，建设单位各相关部门、施工和监理单位项目管理人员负责逐级向本单位上级管理人员呈报风险评估报告（监控报告）和处理方案。I 级风险项目，应将资料呈报至分管领导；II 级风险项目，应将资料呈报至项目管理部门领导。

（2）各单位各级领导及项目负责人，依据项目风险级别，分级负责协调资源、督促风险处置计划的落实，以不断降低项目风险。

（3）监理单位应依据项目的风险级别，在相应的周期内完成风险监控报告。

I 级风险项目，监理单位每周两次填报风险监控报告，直至风险降级两周后。

II 级风险项目，监理单位每周填报风险监控报告。

III 级风险项目，监理单位每月填报风险监控报告。

IV 级、V 级风险项目，监理单位在监理周报、月报中填写安全控制记录。

9.5 通信线路工程施工安全技术规程

通信线路工程建设也是众多行业劳动生产的组成部分，不管哪个行业在进行劳动生产的过程中都不可避免会涉及安全问题。尤其是通信线路工程所处的环境和地理位置千变万化，既有山川、江河、湖泊和高原，也有丘陵、平原、乡村和城市，还有纵横交错的大街小巷。而且我国幅员辽阔，东西和南北的地质条件和气候差异很大，加上通信线路工程（特别是一级干线工程）跨越区域广、建设周期长等特点。因此，在通信线路工程的建设过程中遇到的危险和不安全因素有很多，如何确保整个工程建设既安全又高效，是每个施工企业必须要考虑的问题。各行业都会有自己相应的安全生产规章，通信线路工程建设也不例外，必须有比较完整的施工安全技术规程来指导工程施工作业，才能保证在工程建设中不会发生重大的安全事故。

我参考广东省电信工程施工企业的通信线路工程施工安全技术规章，结合《中华人民共和国安全生产法》（以下简称《安全生产法》）的相关内容，编制本节“通信线路工程施工安全技术规程”。由于广东省地处我国南方，涉及的地理环境、气候条件有局限性，对于北方尤其是地质复杂的西北地区存在季节性的风沙气候，以及东北地区的严寒季节的冻土，还有西南地区容易造成山体滑坡等都没有太多的了解。所以本节“通信线路工程施工安全技术规程”的适用范围并不全面，有一定的局限性。同时本规程中的内容并不能涵盖所有通信线路工程中可能涉及的操作工序和工程材料，例如，防雷、防震设施的安装，腐蚀性化学品和有毒性药剂材料的使用等内容都没有在本规程中体现。因此，本规程仅供在适用范围内的通信线路工程施工参考。

9.5.1　《安全生产法》的颁布及其特点

在劳动生产过程中不管从事哪一个行业，保证作业人员和设备的安全都是非常重要的。我国政府及各级部门对安全生产都高度重视，从来没有放松过对生产安全的管理。早期开始就对不同的行业不断出台各种生产安全相关规定和暂行办法或条例，不断研究对安全生产立法，经过多年的实践和研讨，经人大常委会起草和召集各部门、各行业专家进行多次调研并反复修改，最终形成我国正式的《中华人民共和国安全生产法》。

《安全生产法》是我国安全生产工作的基本法律，也是安全生产的重要保障，它与其他法律相比有以下显著特点。

（1）制定该法律的时间跨度长

从着手起草有关劳动保护方面的法律开始，到《安全生产法》的正式出台，前后经历了 21 年时间，近 20 次的反复调研和修改，其间凝聚了国家各部门、行业专家、广大企业和起草工作人员的心血，它是长期以来我国安全生产领域集体劳动和智慧的结晶，是我国法律中从起草到公布时间跨度最长的一部法律，充分体现了国家对安全生产法规的高度重视。

（2）强制性规范多

为了提高生产经营单位的安全管理水平，保证安全生产的投入，改善生产条件，消除事故隐患，《安全生产法》中多数条款有强制性规范。这些强制性规范从法律的角度规范了政府部门、生产经营单位及职工的安全生产工作，这是由我国当前安全生产状况和安全生产工作的特点所决定的。

（3）禁止性规范多

《安全生产法》中有不少条款规定了生产经营单位应该怎样做，不应该怎样做；可以怎样做，不可以怎样做；必须怎样做，禁止怎样做。这些禁止性规范，往往是近几年重大事故教训的总结，是人类最宝贵的鲜血和生命换来的。为了国家和广大人民群众的利益，《安全生产法》迫使人们对违反禁止性安全生产规范承担相应的法律责任。

（4）义务性、权力性的规定多

《安全生产法》对政府有关部门、生产经营单位和从业人员的安全生产权利和义务做了明确规定，这些以法律形式规定的权利和义务有着明显的针对性和强制性，是必须接受和履行的法律义务和权利。

（5）明确规定有关责任，对责任有确定性

《安全生产法》规定的安全生产责任主体包括各级政府、各级政府有关部门、有关社会团体、新闻单位、涉及安全生产的社会中介机构、生产经营单位等，包括了领导干部、审查审批等经办人员、检测检验单位负责人、生产经营单位负责人、生产经营单位从业人员等，对责任对象有明确性，这样既有利于落实安全生产责任，又有利于责任追究。

（6）体现处罚严明的规定多

《安全生产法》中有 19 条是追究法律责任的，处罚相当严明，对违反法律的行为，承担严格的法律责任是任何法律中必不可少的。对不执行法律的行为不处罚，法律将会软弱无力，必须做到执法必严、违法必究。

依法保护广大从业人员的安全生产保障权利是我国的社会主义本质所决定的，是符合国际劳工组织的相关标准和要求的。从业人员（职工）是生产经营活动的具体承担者，其安全意识和操作行为直接影响到安全生产和生产效益，是实现安全生产的重要保障；同时，从业人员在劳动关系中又处于弱势地位，生产经营活动直接关系到从业人员的生命安全。为了保证生产经营单位的安全生产，应当赋予从业人员相应的权利，充分发挥他们在生产管理中的重要作用；同时，也有必要为从业人员设定相应的义务，明确相应的责任。因此，《安全生产法》设专章（第三章）对生产经营单位从业人员的权利和义务做了规定。我们把它归结为八项权利、三大义务。

下面引用与从业人员关系最为密切的其中 7 项权利。

（1）通过法律和劳动合同保障劳动安全和健康的权利

从业人员有权拒绝与生产经营单位签订生死合同，合同应载明有关保障从业人员劳动安全健康，防止职业危害等事项。

（2）知情权

生产经营单位的从业人员有权了解其作业场所和工作岗位存在的危险因素、防范措施及事故应急措施。

（3）建议权

生产经营单位的从业人员有权对本单位的安全生产工作提出建议和意见。

（4）批评、检举、控告和拒绝违章指挥、强令冒险作业的权利。

生产经营单位的从业人员有权对本单位的安全生产工作中存在的问题提出批评、检举、控告；有权拒绝违章指挥、强令冒险作业。生产经营单位不得因从业人员有以上行为而降低从业人员的工资、福利待遇或解除劳动合同。

（5）紧急避险的权利

生产经营单位的从业人员发现直接危及人身安全的紧急情况时，有权停止作业或者在采取可能的应急措施后撤离作业场所。

（6）接受教育培训的权利

生产经营单位的从业人员有权要求生产经营单位对其进行安全生产教育培训，以保证从业人员具备必要的安全生产知识，熟悉有关安全生产规章制度和安全操作规程，掌握本岗位的安全操作技能。特种作业要求按国家规定经专门的安全作业培训考核，取证后方可上岗工作。

（7）获得符合国家标准或行业标准的劳动保护用品的权利

生产经营单位的从业人员有获得与本行业相配套的劳动保护用品的权利，生产经营单位应监督、教育从业人员按照使用规则正确佩戴和使用劳动保护用品。

三大义务如下。

（1）从业人员在作业过程中有严格遵守本单位的安全生产规章制度和操作规程，服从管理，正确佩戴和使用劳动保护用品的义务。

（2）从业人员有接受安全生产教育和培训，掌握本职工作所需要的安全生产知识，提高安全生产技能，增强事故预防和应急处理能力的义务。

（3）从业人员发现事故隐患或者其他不安全因素，有立即向现场安全生产管理人员或者本单位的负责人报告的义务。

《安全生产法》设专章来规定从业人员的权利和义务，说明国家对从业人员安全生产管理的重视，也充分说明了从业人员在安全生产中的地位和作用，希望广大从业人员要认真学法，深刻领会，充分利用法律赋予的权利和义务，为企业安全生产做贡献。

9.5.2　通信线路工程安全技术规程

通信线路的建设分布范围非常广泛，而本地网通信线路更是遍布大街小巷及每栋楼宇、每个房间。墙上、杆上、地下通信线路密集分布，接触到的周围环境非常复杂，地上、地下其他各种设备管线及市政基础设施也与之纵横交错；市区内交通四通八达、商业繁华、人口密集。不同地方的气候和地质条件也是千变万化，所有这些都给通信线路建设和维护带来很多安全隐患。因此，从事通信线路工程施工、维护的工作人员必须把操作技术安全放在首位，必须充分了解和掌握通信线路安全技术操作知识，切实遵守安全技术规程，防止安全事故的发生，确保人身和通信线路设备的安全。

9.5.2.1　一般性工种施工和维护安全

1. 器材搬运

在器材搬运过程中，不仅要保证器材本身不受损坏，而且要特别注意搬运人员及沿途交通安全。

（1）搬运笨重的器材时，如电杆、光（电）缆、钢绞线等，在条件许可的情况下，应首先使用吊装机械，避免人抬、肩扛或长时间在地上滚动。吊装时，吊装人员听从统一指挥，绑扎牢固稳妥，无关人员禁止进入现场，吊车臂下或附近严禁站人。

如环境条件不具备机械吊装，必须用人工搬运时，应安排足够的人员，也要有专人统一指挥，参加搬运人员必须密切配合协作，统一口令，轻抬轻放，避免发生危险。

（2）装在车上运输的电杆、光（电）缆、钢绞线等必须栓缚牢固，并加以顶撑，使其在车上不能左右摇摆和滚动。电杆、光（电）缆盘上严禁坐人。

如采用人工卸货下车时，应用方木、跳板和绳索等工具缓慢地卸下，严禁把光（电）缆盘等从车上直接卸下。

（3）运输电杆途中，车上人员除应注意自身安全外，伸出车外部分要有红色标记警示，还要注意不要与沿途电力线、树枝、广告牌等发生刮碰。

（4）装卸光（电）缆如使用光（电）缆拖车，应根据不同对象，用三角木枕恰当制动车轮，行车前应捆绑牢固，防止缆盘受震动跳出固定槽外。

（5）用两轮拖车装卸光（电）缆时，无论采用绞盘或人拉控制，都须用绳索着力拉住拖车拉端，慢慢拉下或撬上，不可突然撬上或落下，装卸时，不得有人站在拖车下面和后面，以免碰伤人员和损坏光（电）缆。

用四轮光（电）缆拖车装运时，两侧的起重绞盘提拉速度应一致，保持缆盘平稳上升或落入槽内。

（6）使用光（电）缆拖车运输光（电）缆时，车上应设安全警示标志，车速不宜过快。

（7）光（电）缆盘不可骤然坠下，以免盘缘损坏或陷入地下压伤光（电）缆。

2. 工地现场安全标志

在下列地点作业，必须设立安全警示标志，白天用红旗、晚上用红灯，以便引起行人和各种车辆的注意。必要时可设围栏，并请交通民警协助，以保证安全。

（1）街道拐角或公路转弯处。

（2）有碍行人或车辆通行处。

（3）跨越公路或街道架设通信线路需要车辆暂时停止时。

（4）行人和车辆有可能陷入管道沟、人孔坑、杆洞、拉线洞的地方。

（5）架空光（电）缆接头处。

（6）已经揭开井盖的人孔处。在铁路、桥梁附近，不得使用红旗、红灯，以免引起误会，造成事故。

（7）水底光（电）缆敷设，光（电）缆路由的上下游水域，必须有安全指挥船实行安全警戒。

3. 挖沟、打洞立杆

（1）在市区挖管道沟或打洞立杆时，应先了解施工作业区域内地下是否有煤气管、自来水管或电力电缆等地下设备，如有上述地下设备时，应在挖到 40cm 后，用铁铲往下挖掘，切勿使用钢钎或铁镐挖掘。

（2）靠近房屋或围墙墙根打洞时，应注意房屋和墙壁的坚固程度，如有倒塌危险时，应在房屋和墙壁上装设支撑桩柱等加固装置。

（3）在土质松软地区挖沟或挖坑有倒塌危险时，沟或坑的深度在 1m 以上时，必须安装加护挡土板支撑，沟的两侧要留 30cm 宽的过道。

（4）立杆是一项繁重而又需要集体配合的工作，如有条件应尽量使用机械立杆。需要人工立杆时，在立杆前，应先检查立杆工具是否牢固、无损坏，参加立杆人员听从统一指挥、各负其责。

（5）立杆时，作业点附近不允许行人站立和通过，以免电杆突然倒下，发生危险。

（6）已经树立的电杆，在未回土夯实前，不允许上杆作业。

4. 废旧通信线路拆除

（1）拆除废旧通信线路前应先检查杆根。发现杆根强度不够时，应设临时加固支撑装置，以免在拆除线缆过程中发生倒杆事故。

（2）拆除线缆时，在杆路两端终端杆上应由最下层外侧逐渐剪向中间（剪断的线缆，应用手或绳索拉着缓慢放下），不得一次将一边线缆全部剪断。

（3）对中间杆线缆，应将全部扎线拆解开，拆至最后几条电杆时，必须注意观察电杆本身有无变化，严禁逐杆剪断线缆。

（4）跨越供电线路、公路、街道、河流、铁路的通信线缆，应将其跨越部分先拆除。

（5）剪断线缆时，应先与有关杆上人员联系，提醒相关人员注意。

5. 光（电）缆接续与割接

（1）光（电）缆割接前必须与测量室取得联系，核对清楚光（电）缆编号和线序号后，方可动手割接。割接时，每割接 10～25 对线后，请测量室测试，发现问题及时纠正。

（2）拆除有充气维护的电缆接头时，应事先截断气压，放掉余气。

（3）浇蜡时必须试验温度，以免温度过高引起火灾或将电缆芯线绝缘物烫焦。

（4）拆焊铅护套电缆接头时，必须使用接锡盘，架空电缆接头垂直下方严禁行人通行或站立，以免锡渣掉落烫伤行人。

（5）用喷灯或焊枪封焊热缩套管时，加热火焰在热缩管表面要来回移动反复加热、千万不要停留在某一点上固定不动，以免烤伤或使热缩套管变质。

6. 电缆气闭堵塞接头

（1）堵塞套管灌注填充剂材料时，不要将填充剂灌得太满，以防止加热时流出；在架空或墙壁电缆的堵塞套管灌注填充剂材料时，作业位置下方不可站人或有人员走动。

（2）采用环氧树脂做气闭堵塞头或粘合接头时，要注意卫生和通风，严禁吸烟。对含有毒性的剂料更应注意安全防护，应戴手套和眼镜。

（3）甲苯、醋酸乙酯、乙二胺等剂料都是挥发性很强的有毒液体，不得靠近高温（火炉或曝晒等），使用完毕后随手盖好，并将手清洗干净。

（4）洗刷树脂容器或树脂沾染到手上时，可用乙基纤维素、醋酸乙酯、丙酮洗涤，不得用甲苯洗涤。

（5）配制填充剂时，门窗应随时打开，使空气保持流通。

（6）每次调配填充剂时，用多少配多少，不宜过多，避免产生反应热、使之“爆聚”形成泡沫状的固化体，失去功效。

7. 砍伐树木

（1）砍伐树木之前（除非树木已危及通信线路正常通信的特殊情况），应与林业或园林绿化有关主管部门或树主联系，取得许可后方可进行。

（2）整树的砍伐必须得到主管部门许可并由主管部门安排实施，如须剪株剪枝由线务人员砍伐时，应注意以下情况。

① 攀登树木时，须了解树木的脆韧性质，充分估量人员站立的树干能否承受身体的重量，当心树干折断使操作人员掉落而受伤。

② 砍伐通信线路上方的树枝时，应先将树枝用绳子缚扎牢靠并拉住，以免树枝掉落时砸坏通信缆线。

③ 沿街道砍伐树木时，必须在树木两侧设置明显的安全标志，必要时可派专人指挥行人和车辆通行，以免发生危险。

④ 当风力达到五级以上时，不允许进行砍伐树木作业。

⑤ 遇树上有蜂窝和毒蛇等有害人体的动物时，在砍伐树木前，应采取有效措施，如天亮前用火烧蜂窝或喷药等，确保安全后方可进行作业。

8. 爆破

（1）在市区内或居住地区及来往车辆较多的地方，严禁使用爆破方法。

（2）在建筑物、电力线、通信线及其他设施附近，一般不得使用爆破方法。

（3）雷管、炸药必须和电池、发电机、导火线分别运输、携带和保管。

（4）实施爆破的单位必须是获得相关执业资质的公司，操作人员也必须具有相关的职业资格证书。

（5）打眼、装药、放炮要有严密的组织和严格的安全检查制度。

（6）安装炸药严禁使用金属器械；装置带雷管的药包要轻塞，不允许重击，不得边打眼、边装药。

（7）放炮前要明确规定警戒时间、范围和信号，人员全部回避至安全地带，方可起爆。

（8）正式起爆前必须将工具、炸药转移至爆破威力达不到的地方。

（9）点炮之后，必须记清点炮个数与实际燃爆发出响声的个数，以便查出哑炮个数。

（10）遇有哑炮、严禁掏挖，可在原炮眼内重装炸药爆破，应派熟悉爆破的人员专门处理，未处理完毕，其他人员一律不得进入现场。

（11）为防止爆破时飞石伤人损物，应将炮眼用草袋或树枝、荆笆等物覆盖，可以减缓飞石速度，缩小波及的范围。

（12）采用电雷管点火时，装药和点火应由同一个人进行。

（13）大、中型爆破，事先应编制爆破方案，报经上级主管部门批准后方可进行。

9.5.2.2 登高作业

1. 登高

（1）从事高空作业人员必须具有相关的职业资格证书，定期进行身体检查，患有心脏病、贫血病、高血压、癫痫病以及其他不适于高空作业的人，不得从事高空作业。

（2）上杆前，必须认真检查杆根埋深和有无折断危险；如发现已折断、腐烂或不牢固的电杆，在未加固前，切勿攀登，如果是水泥地面或地面冻结无法检查时，应顺线路方向上杆，并观察周围附近地区有无电力线或其他障碍物等情况。

（3）上杆前必须仔细检查脚扣、安全带各部位有无伤痕，调整脚扣至适合杆径大小，如与杆径不合适时，严禁将脚扣拉大或缩小，以防止发生裂痕。

（4）利用脚钉上杆时，必须检查脚钉装设是否牢固，有无断裂危险。

（5）利用脚钉或脚扣上杆，均不得二人同时上下。

（6）利用脚扣或脚钉上杆，必须使用保险带，上杆迈出第一步即扣好保险带、下到最后一步才允许取下保险带。上杆到杆顶后，保险带在杆上放置位置应在距杆梢 50cm 以下。登高作业必须佩戴安全帽（减震帽）。

（7）杆上有人作业时，在电杆下通信线缆下面附近地段内不许有人停留。如工作在繁华街道，工作区域应设置安全警示带或绳索围截，设置危险标志或专人看管。

（8）上杆时，除个人配备工具外，不得携带任何笨重工具和材料，杆上与地面的人员间，必须用绳索绑牢工具和材料进行传送，不得随意扔抛工具、材料，以防造成人员受伤或损坏工具材料。

（9）高空作业时，所用工具和材料应放置稳妥，所用工具随时放入工具袋内，材料应绑扎牢固，防止工具、材料坠落伤人。

（10）收紧吊线时，杆上不准有人作业，待紧线完毕后，才可以上杆作业。

（11）在角杆上作业时，应站在与线条拉力相反的一面，以防吊线脱落将人弹下摔伤。

（12）在杆上作业时，遇到雷雨、大风天气，应立即下杆停止作业，禁止在易受雷击的物体下面停留，雨后上杆须小心防滑。

（13）在楼房内装机引线时，不得站在阳台、窗台上向下扔引线，以防与电力线相触碰造成触电事故。

（14）在房屋顶上作业时，应首先检查是否坚固、安全（在屋顶上行走时：瓦房走尖、平房走边、石棉瓦房走钉、机制水泥瓦房走脊、楼顶内走梭）。在屋顶内天花板工作时，必须使用灯光照明，注意检查天花板是否坚固。

（15）在升高或降低吊线时，必须使用紧线器，不许用肩扛推拉，小对数电缆可以用梯子支撑，并注意观察周围有无电力线。

（16）在光（电）缆吊线上工作时，不论用滑轮车或竹梯，必须先检查吊线质量，确保吊线在工作时不至中断，两端电杆不致倾倒，吊线卡担不致松脱时，方可进行作业。

（17）使用平台接续架空电缆时，必须仔细检查保险带是否扣扎妥当，安全可靠。

2. 坐吊板

（1）使用吊板前，应先检查吊板的吊线钩滑轮和绳索等的牢固程度，吊板钩滑轮如已磨损 1/3 时，便不可再用。坐吊板时，安全带活扣和连接绳索必须扣紧扎牢。

（2）坐吊板时，必须用干燥绳子把安全带和吊板系在一起，严禁两人同时在一个杆档内坐吊板作业。

（3）7/2.0（7 股 2.0 钢绞线）以下的吊线和吊线终结做在墙壁上的，均不得使用吊板。

（4）坐吊板过电杆、电缆接头、吊线接头时，应使用脚扣或梯子，严禁爬抱电杆而过，防止造成人身安全事故。

9.5.2.3　在电力线附近作业

在电力线附近进行通信线路工程施工时，主要是防止通信线与电力线触碰而烧坏通信设备，防止操作人员触电而造成人身安全事故。

（1）在电力线下面或附近进行通信线路工程施工时，必须严防与电力线触碰。在高压线附近架线或做接线等工作时，应与高压线保持最小安全距离。

① 35kV 以下线路为 2.5m。

② 35kV 以上线路为 4m。

（2）在三电（电灯、电车、电话）混合使用的电杆上工作时，必须注意与电力线、路灯线、住宅电力线、电车馈线、变压器及电闸刀等电力设备保持一定的安全隔距，不得有接触，以免发生危险。

（3）在供电线（220V、380V）上方架线时，切不可将线条从供电线上方抛过，必须在跨越电力线的两根电杆上各装一个滑轮，用干燥绳索做成环形，绳索距电力线至少 2m，再将架设的通信线缆缚在绳上，拉动牵引绳环，使通信线缆徐徐牵引通过。牵引通信线缆时，不应过松，以免线缆下垂而触碰到电力线。也可以在跨越电力线处做安全保护架子，将电力线罩住，施工完毕后再拆除保护架子。放线车及通信线缆均应保持良好的接地，以防万一。

（4）在通信线路附近有其他金属线条时，在没有辨清其使用性质时，一律按电力线进行处理。

（5）在上方有电力线的电杆上作业时，线务人员的头部不得超过杆顶。所用的工具与材料不得触及电力线及其附属设备，同时保持相应的安全距离避免产生高压电感应。

（6）在光（电）缆吊线与电力线交叉处，吊线周围 80cm 以内（包括吊线上下），严禁使用吊板滑行通过。

（7）在地下光（电）缆与电力电缆或其他管线交叉、平行埋设地区施工时，必须反复核对电力电缆的位置及其他管线现状，确实符合规范要求的安全隔距或做足保护措施时方可进行作业。

（8）电力线与通信线缆发生碰触或电力线落在地上时，应立即停止一切有关作业，禁止一切人员入内，指定专人负责排除故障。

（9）作业现场需要临时用电时，应在电力部门同意下指派专人安装。使用的导线、工具必须仔细检查并绝缘良好，符合相关规定后方可使用电源。

（10）跨越高压电力线进行通信线缆安装或拆除时，必须事先联系供电部门，等停电后再进行作业。必要时设专人看闸，如果不得已带电作业时，必须穿绝缘鞋、戴胶手套、使用胶把绝缘工具，方可进行作业。

9.5.2.4 在人孔内作业

（1）在人孔内作业时，必须事先在人孔口圈处设置井围、安全警示标志；夜间设置红灯，必要时派专人看守。

（2）打开人孔盖后，必须立即通风，并用报警器检测人孔内是否存在有毒气体或可燃性气体，人孔通风可采用排风布或排风扇，布面应设在迎风方向。确知人孔内无有害气体时，方可进入人孔内进行作业。

（3）出入人孔时，必须使用梯子，严禁随意蹬踩光（电）缆或电缆托架、托板等附属设备。

（4）在人孔内作业时，不准在人孔内点燃喷灯，点燃的喷灯不准对着电缆和井壁放置。封焊光（电）缆时严防烧坏其他光（电）缆。人孔内严禁吸烟。

（5）在人孔内作业，如感觉头晕、呼吸困难，必须立即离开人孔，及时采取通风措施。

（6）用炭火盆在人孔内烘烤光（电）缆接头时，必须先在人孔外面放烟；炭火盆放入人孔时，须保持通风，并应事先清除井内工具、材料及其他杂物等。

（7）在人孔内抽水时，抽水机的排气管不得靠近人孔口，应放在人孔的下风方向。

（8）开凿人孔壁、石质地面及水泥地面时，必须佩戴护目镜。

（9）下雨天一般不主张进入人孔内作业，如果遇到紧急抢修等情况，应首先在人孔上方设置帐篷，如人孔处在低洼地区，还应事先在人孔四周采取防水措施，或用预制的铁井口罩罩上，以防暴雨时雨水流入人孔内。

9.5.2.5 工具和仪器的使用

1. 喷灯

（1）使用喷灯时，应先检查喷灯是否漏气、漏油，否则应修好再用。喷灯加油不可太满，气压不可过高，应使用规定的油类，禁止随意替代，避免发生危险。

（2）不准在任何易燃易爆物附近点燃和修理喷灯。在高空使用喷灯时，必须用绳子绑扎牢固再吊上或吊下传送。

（3）点燃的喷灯，不准倒放、不准加油，加油时必须将火焰熄灭，待冷却后才能加油。

（4）喷灯用完后，待冷却后及时放气，并开关一次油门，避免喷灯堵塞。

（5）不准使用喷灯进行烧水、烧饭。

2. 梯子

（1）使用梯子、高凳等工具前，必须严格检查是否完好，确保可靠，方可使用。凡是发现已折断、松动、破裂、磨损或腐朽的都不得使用。

（2）架立梯子时，应选择平整、坚固的地面，梯子靠在墙上、吊线上使用时，其上端接触点与下端支持点间的水平距离，应在接触点和支持点间距离的 1/4 至 1/2 范围内。

（3）梯子靠在吊线上时，其顶端至少要高出吊线 30cm（有挂钩的除外），不能大于梯子的 1/4。将梯子上端栓牢，以防梯子滑动、摔倒。

（4）上下梯子时，不得携带笨重的工具和材料，需要使用到的工具和材料应采用绳索绑扎牢固再上下传递。

（5）同一副梯子上、下不得二人同时作业。

（6）梯子所靠的支持物，必须相当牢固，应能承受梯子的最大负荷。

（7）梯子靠在吊线上工作时，必须与吊线绑扎牢固。

（8）在梯子上拆除墙插铁板时，必须把墙插铁板敲击松动后，再逐渐拔出，不可用力过猛，以防操作人员从梯子上后仰跌下摔伤。

（9）在梯子上作业时，不得一脚踩在梯子上，另一脚踩在其他建筑物上；严禁用脚移动梯子，以免发生危险。

（10）在电力线下或有其他障碍物的地方，不准推梯移动。移动梯子时，梯上不准有人或重物。

（11）梯子不用时，随时放倒，妥善保管。

（12）折叠梯、伸缩梯只适用于上下人孔和沿墙，在使用前必须逐个检查节扣、焊点，确认牢固，方可作业。人孔内长久固定性的梯子，在下井前，必须先检查确认无损后，方可使用。

（13）使用人字梯子，一定要把螺丝旋紧或搭扣扣牢，无此设备时，须用绳子在中间缚紧，严禁二人同时在上面作业。站在上面打洞、焊接光（电）缆时，应有专人扶梯。

3. 发电机

（1）购入发电机后，首先要认真阅读厂家的使用说明书，按说明书要求启动、使用和保养。

（2）发电机使用前应先检查是否注入机油，否则操作前应先注入机油。

（3）使用时发电机应放在空气流通的地方启动，严禁在密室中启动发电机，以免操作人员吸入有毒气体导致昏迷或死亡。

（4）发动机启动后，发动机及消声器非常灼热，检查时严禁身体任何部位或衣物与之触碰。

（5）发电机燃油一般使用汽油，发动机油用 SAE#30、#20、#10，汽油是易燃物品并含毒性，为此补充汽油时须先关闭发动机，严禁在附近有火种或有人吸烟时补充汽油。补充汽油时应注意不要滴在发动机或消声器上。

（6）使用或搬运发电机时，应保持机身平衡，以避免造成炭化器或油箱漏油。

（7）发电机必须有良好的接地，并使用有足够电流负荷容量的导线。

（8）发电机使用时，可燃物件应远离排气孔，四周应保持 1m 空间予发动机散热，注意不要用抹布盖着发动机。

（9）不要在雨中或雪中使用发电机，手湿时不要触及发电机，以免发生触电冲击。

（10）发电机长期不用时，应妥善保管，并应将燃油箱、燃油旋塞、气化器浮排油干净。

4. 电钻

（1）电钻使用前应先检查电源电压，一般不应超过电压额定值的±10%。

（2）使用前应先空转一分钟，检查各种运动是否灵活，然后才能装上钻头进行作业。

（3）久置不用的电钻使用前应先测量绕组与机壳间绝缘电阻是否符合规定，否则应进行干燥处理。

（4）使用电钻时，应注意防止电源线擦破、割破和轧坏现象，严禁拉着电源线拖动电钻。

（5）在墙上钻孔时，应事先了解墙内有无电源线，以防止钻破电源线造成触电事故。

（6）钻孔过程中，钻头如遇到钢筋应立即退出，重新选位钻孔。

（7）电钻在使用中过分发烫时，应停机让其自然冷却，切不可淋水冷却。

（8）向上钻孔时应戴防护眼镜，防止碎片杂物损伤眼睛。

（9）应定期检查电源线插头、开关、碳刷、换向器、轴承等部分，以免使用时发生事故。

（10）不应将电钻用作使用说明书规定以外的地方，以防损坏工具。

（11）电钻的电机发生故障，不要随便自行拆开，应找有经验、懂技术的人员或厂家维修部门进行检修。

5. 射钉枪

（1）操作前，必须对射钉枪做全面检查，严格按照说明书要求进行操作。

（2）射钉枪及其附件、弹筒、钉弹等必须由专人保管，并制定使用管理制度。

（3）操作者必须熟悉射钉枪的性能、结构特点及使用方法等，并遵守有关事项。

（4）操作者应戴上劳保用品（工作帽、工作服、手套、保护镜等），射钉器应先装射钉，后装射弹，装入钉、弹后，切勿用手拍打发射管，切勿对准人或非被射钉的用件和物体。注意射钉枪不要摔落地下，以免走火或损坏零件。

（5）射击时应将射钉推送到原位后，才可射击，如果已经装了射钉和射弹，临时不再射击时，应将射弹、射钉立即退出，注意先退射弹，然后再退射钉。

（6）射击时，如射钉弹未发火，应等待 5s 以后，才能松开射钉器，然后再抽出送弹器，将弹旋转 90° 再进行第二、第三次射击，若再次不发火，则应更换新弹再进行射击。

（7）严禁在凹凸不平的物体上射击，如果第一枪未能射入，严禁在原位置补射第二枪，以防射钉穿出发生事故。

（8）射击时有一定振动，射击者必须站稳或在稳定的地方射击，在高空作业时，必须栓牢安全保险带。

（9）厚度较薄、强度较低的建筑物，严禁使用射钉枪，钉弹的药力应与墙的质地相适应。

（10）射入点距建筑物的边缘应不小于 20cm，以防混凝土构件震碎。

（11）每次射击后，应立即拉出送弹器，退出弹壳。

6. 使用电烙铁等交流工具

（1）使用电烙铁、交流手灯和电钻等交流工具前，必须检查其外壳有无漏电，保护地线是否良好，插头连线和把柄根部是否有表皮破损等现象。

（2）连接交流电源时，必须使用插头，不得用线头直接插在插座内，以免发生危险。

（3）同一插座板上，如果安装 3 个以上插头时，插座板连线的线径必须满足最大用电负荷。

（4）电烙铁必须放置在烙铁架上或适当地方，不得放在木板上，使用完毕后，必须将插销拔掉，待冷却后妥善保管。

（5）对电烙铁等交流工具应定期检查、测试，发现问题及时处理或维修。

7. 对讲机

（1）熟悉对讲机使用操作方法及各零部件、旋钮等的位置、性能、作用及使用注意事项等。

（2）使用对讲机前应检查是否好用，电池是否装好，否则应先装好电池，呼叫试通。

（3）现场中应由专人携带使用及保管，听从统一指挥，不得随意发出信号。

（4）对讲机在携带、使用中，严禁受剧烈震动、碰撞、跌落、受潮。

（5）对讲机不用时，应注意关掉电源。

（6）保管时，应置于阴凉、通风、干燥的地方。

8. 信号手旗

（1）在铁路旁边不得使用与铁路信号颜色相同的手旗，以免引起误会，造成事故。

（2）手旗应由专人使用，其他人员不得随意发出信号。

（3）所有人员均应熟悉手旗信号的用途和规则，遇有特殊信号必须事先做好规定。

9.5.2.6　易燃及有害气体预防方法

（1）电缆地下室的进局管孔应封堵严密，防止有害气体从管孔流入地下室或测量室。

（2）电缆地下室或测量室应设置燃气报警装置。

（3）报警器应设置在明显、经常有人和便于听到报警信号的地方。

（4）对通信管道附近的生产、经销、存储易燃气体或有毒气体的单位，坚持经常走访、巡视、监督。发现气体有可能流入通信管道或人孔时，应及时与有关单位联系，敦促其尽快处理，防止有害气体扩散和蔓延。

（5）发现人孔或通信管道内有有害或易燃气体时，千万不要用明火，不要进入现场，及时进行通风排险。

（6）严禁任何人将易燃、易爆及有毒物品带进电缆地下室或人孔内。

9.5.2.7　储气瓶

（1）新设电缆储气钢瓶应有验收合格证，钢瓶上的安全附件必须齐全有效、灵敏可靠。

（2）储气瓶应充入干燥、无腐蚀性的气体，监视信号灵敏可靠。应定期检查，发现失效应及时更换。

（3）储气瓶附件：安全阀、减压阀、压力表、流量计、输气管及接头阀等应安装稳妥，不漏气，保持气路畅通。

（4）储气瓶严禁敲击、碰撞和剧烈震动，不得靠近热源、火源，夏季严防曝晒。

（5）储气瓶应定期检修，失灵附件应及时维修或更换。

（6）储气瓶应定期请有关部门检测气压，以防发生意外事故。

（7）操作时，不能用沾有各种油脂或油污的工作服、手套和工具等去接触储气瓶及其附件，以免引起燃烧。

（8）储气设备应配备熟悉情况的专职或兼职人员管理，建立岗位责任制和安全操作管理制度。

9.5.3　架空线路施工安全技术操作规程

9.5.3.1　墙壁光（电）缆施工安全技术操作规程

（1）凡从事墙壁光（电）缆施工作业的人员要定期进行身体检查，凡患有高血压、心脏病、贫血病以及其他不适于高空作业的人，不得从事高空作业。

（2）进入施工现场的工作人员应禁止饮酒、赤脚，禁止穿硬底鞋、拖鞋、高跟鞋以及带钉易滑的鞋从事墙壁光（电）缆施工作业，无可靠防护设施的高空作业人员必须使用安全带，且严禁将安全带挂在不牢固的物件上，否则起不到保护作用，反而会引发安全事故。

（3）在恶劣的气候条件下（大风、大雨）禁止从事外线高空作业。

（4）高处作业必须使用工具袋，严禁将工具随便放置，极易导致高处坠物伤人事故。

（5）安装墙壁吊线装置。

① 施工前应仔细检查梯子是否坚固牢靠，梯脚和梯头有无防滑胶套、破裂和损坏。为避免靠墙梯子翻倒，梯脚与墙壁的距离不小于梯长的 1/4，为避免滑落，梯子靠墙间距不得大于梯长的 1/2。在梯子上工作时梯顶一般不低于工作人员的腰部或者工作人员应站在距离梯顶不小于 1m 的踏板上工作，切忌站在梯子最高处或上面一二级踏板上工作。高空作业时必须佩戴安全带，且有人扶住梯子，以防滑落或倾斜。

② 检查安全带的保险扣有无损坏，安全带宽不小于 60mm，安全带的单根拉力不应低于 2 250N。安全带应做到每年一换。

③ 使用冲击钻时要思想集中、站稳、握紧，使身体保持平衡，严禁穿宽大衣服、带纱手套，切忌单纯求快而用力过大，损坏工具。

④ 施工中注意过往的行人，严禁从梯子下穿越。

（6）光（电）缆与吊线的架设。

① 高空作业必须系好安全带，不得穿硬胶鞋或拖鞋，严禁从高处往下投掷物件。

② 紧线时严禁将梯子搭靠在钢绞线上操作，以防在紧线过程中发生意外。

③ 紧线过程中设专人随时观察、巡视终端装置、墙体是否正常，如有异常现象，应立即停止紧线操作或回松牵引。

④ 须跨越马路或人行道时，离施工线路 30m 外设置施工警示牌，拦停所有机动车辆和行人，设专人传递信号，在排除安全隐患后方可施工。

⑤ 工作人员未经指挥人员同意，不得擅自离开岗位。

（7）吊装施工机械和材料。

① 仔细检查吊装绳索是否牢固，中间有无损伤、断裂，连接是否牢固。

② 吊装前必须进行试吊，试吊应取所吊物件质量的 1.2 倍，缓慢吊离地面 20cm，并轻轻晃动，以检查吊装是否安全。

（8）光（电）缆接头，封焊热缩套管场地周围应检查、清理易燃易爆物品，或进行覆盖、隔离。

（9）班组成员之间应相互监督、保护，认真检查，发现不安全的施工作业，应督促采取安全防护措施后方可施工。

9.5.3.2 杆路施工安全技术操作规程

（1）从事杆路施工作业的人员要定期进行身体检查。凡患有高血压、心脏病、贫血病以及其他不适于高空作业的人，不得从事高空作业。

（2）进入施工现场的工作人员应禁止饮酒、赤脚，禁止穿硬底鞋、拖鞋、高跟鞋以及带钉易滑的鞋从事杆路作业，无可靠防护设施的高空作业人员必须使用安全带。

（3）在恶劣的气候条件下（大风、大雨）禁止从事外线高空作业。

（4）杆（坑）洞施工。

开挖前必须由有经验的技术人员查明地下管线的走向，按定标划线位置小心开挖，发现异常情况，应立即停止施工且报施工现场负责人处理后方可继续施工，当挖好的杆（坑）洞不能立即立杆或回填时，应设围拦和安全警示标志，防止发生意外安全事故。

（5）立杆。

施工前首先应对立杆工具器械进行检查，不合格者严禁使用，非施工人员不得进入施工现场，市区施工范围应设置施工警示牌，严格遵守（人力叉杆立杆）施工技术规范，统一指挥，协调一致。

（6）光（电）缆和吊线的架设。

① 施工前应仔细检查梯子是否坚固牢靠，梯脚和梯头有无防滑胶套、是否破裂和损坏。为避免梯子翻倒，梯脚与墙的距离不小于梯长 1/4，为避免滑落，梯子靠墙间距不得大于梯长 1/2。在梯子上工作时梯顶一般不低于工作人员的腰部或者工作人员应站在距离梯顶不小于 1m 的踏板上工作，切忌站在梯子最高处或上面一二级踏板上工作。高空作业时必须佩戴安全带，且有人扶住梯子，以防滑落或倾斜。

② 检查安全带的保险扣有无损坏，带宽不小于 60mm，安全带的单根拉力不应低于 2 250N。安全带应做到每年一换。

③ 检查脚扣各部件有无断裂、腐蚀现象，胶皮套是否活动，发现活动时切不可继续使用。

④ 在放设吊线时，严禁从电力线的上方穿越，当发现有不符合技术要求（如钢绞线有跳段、铰合松散或受外力机械损伤的伤、残部分），应剪去不合格部分，经接续完好后才能继续放设。在任何情况下新设的吊线，在一段线内，不允许有一个以上的钢绞线吊线接续头，以保证紧线的安全。

⑤ 放线过程中的领线人员应由技工担任，注意不同缆线不能相互交错，每隔 3 根杆须设信号人员监视放线情况，随时注意信号，控制行走速度。发现异常情况，应立即发出信号，停止放线。

⑥ 须跨越马路或人行道时，离施工线路 30m 开外设置施工警示牌，拦停所有机动车辆和行人，设专人传递信号，在排除安全隐患后方可施工。

⑦ 紧线时，任何人不得在悬空的吊线下停留，应远离吊线 15m 以外。

⑧ 在紧线进程中，严禁将梯子搭靠在吊线上操作，防止在紧线过程中发生意外。且随时监视地锚、电杆、拉线是否正常，如有异常现象，应立即停止紧线或回松牵引，以免发生倒杆断线等事故。

9.5.4　安全管理措施

9.5.4.1　现场安全检查措施

（1）坚持安全第一的思想，检查是否严格执行安全规章制度。检查生产现场是否存在不安全隐患，检查工人是否有不安全行为和不安全操作，检查施工现场安全设施布置情况，检查各工段、站点、外协单位的安全管理实施情况。

（2）查出不安全隐患，及时做到“三定”，即定人、定时间、定措施，消除安全隐患。

（3）安全检查抓住“四个关键”，即抓关键作业、抓关键工种、抓高空施工和对工种交叉作业工种、抓关键人物——经常违章作业的人、劳动纪律松弛的人、带有思想情绪的人。

9.5.4.2 安全工作管理措施

1. 建立安全生产制度

制定的安全生产制度必须符合国家和地区的有关政策、法规、条例和规章，并结合本工程项目施工的特点，明确各级各类人员的安全生产责任制，要求全体人员必须认真贯彻执行。

2. 贯彻执行安全技术规程

进行施工组织设计时，必须结合工程实际，编制切实可行的安全技术措施。全体人员必须认真贯彻执行。执行过程中发现问题，应及时采取妥善的安全防护措施。要不断积累安全技术措施在执行过程中的技术资料、统计数据，进行研究分析，总结提高，为以后的工程项目提供借鉴。

3. 坚持安全教育和安全技术培训

组织全体人员认真学习国家、地方在安全方面的法律法规和熟悉本企业的安全生产责任制、安全技术规程、安全操作规程和劳动保护条例等。新员工进入岗位之前要进行安全纪律教育，特种专业作业人员要进行专业安全技术培训，考核合格后方可上岗。要使全体员工经常保持高度的安全生产意识，牢固树立“安全第一”的观念。

4. 组织安全检查和监督

为了确保安全生产，必须要有监督监察机制。安全检查员要经常检查现场，及时排除施工中的不安全因素，纠正违章作业，监督安全技术措施的执行，不断改善劳动条件，防止工伤事故的发生。

5．进行事故处理

人身伤亡和各种安全事故发生后，应立即进行调查，了解事故产生的原因、过程和后果，提出鉴定意见向管理部门汇报。在总结经验教训的基础上，有针对性地制定防止事故再次发生的可靠措施。

6. 将安全生产指标，作为签订承包合同时的一项重要的考核指标

9.5.4.3 安全工作齐抓共管

安全生产，人人有责，它明确了安全工作对于每个人应负的责任。员工安全职责明确规定：员工必须认真执行安全操作规程和现场安全措施，互相关心施工安全，并监督规程和现场安全措施的执行。它规定了现场工作人员除了自己做好安全保障外，还要起到监督、监护的作用。安全管理也并非只是项目经理、施工组（队）长需要重视，广大员工就是最基本的安全员，行使着安全监督、安全监护的职责。现在有些员工认为安全工作是管理人员、施工组长（队长）的责任，只要安全事故不出在自己的身上就没有问题，其实不然。“三不伤害”除了“我不伤害我自己”外，还有“我不伤害他人”“我不被他人伤害”两项，自己做好了不等于就安全无事了，说不定什么时候事故会被动落在自己头上，只有整体安全了才是真正的安全。公司安全也一样，只有各部门都安全了，整个公司才会安全。所以公司安全需要各部门的共同努力和积极参与，更需要全体员工的认真执行和落实，因此安全工作是谁管都不越位，无论怎么抓都是不过分的，必须做到人人重视。

9.5.4.4 安全生产必须贯彻始终

安全生产事关企业发展和声誉，更关系到每个员工的切身利益。如何提高员工的安全意识、安全操作水平，必须使整个企业从上到下都高度重视，不能有丝毫的马虎大意。现实中有部分企业由于安全管理水平跟不上公司发展和业务拓展的需要，而致使一些安全事故接连发生，甚至发生严重的安全事故，造成人员伤亡，除了给受伤员工及家属带来很大的身体创伤和痛苦，也给企业造成巨大的经济损失。大量的安全事故案例证明，安全事故的发生主要有两个方面的因素:一是放松安全管理，员工的安全意识淡薄。安全管理虎头蛇尾，工程开工的时候有强调，重大时刻抓得紧，一旦工程展开时间长了，工作繁忙，就不注意学习了，放松了安全监督，不坚持安全宣传活动，安全检查落实不到位，三级安全教育不做了，再加上管理上松懈，安全事故往往就是在安全措施得不到严格实施的情况下发生的。二是企业员工缺乏培训，安全技术水平不高，防范事故的能力不强，再加上安全管理和监督不到位，当工程项目实施的不安全因素和作业人员的不安全行为相结合的时候就会导致事故发生。虽然安全意识人人都有，但往往缺乏足够的重视，防患意识薄弱，一旦工作繁忙，为了赶进度往往会把安全抛在脑后，抱着侥幸的心理进行施工。所以安全生产除了严格的管理外，最主要的是加强学习，学习专业知识，学习操作技能，以提高防范事故的能力，管理者要学，生产一线员工更要学，只要双管齐下，安全生产才能真正落到实处。

第 10 章 通信线路工程设计相关的强制性条文

通信线路工程设计相关的强制性条文有以下几项。

（1）GB 51158-2015《通信线路工程设计规范》。

（2）GB 51171-2016《通信线路工程验收规范》。

（3）YD 5018-2005《海底光缆数字传输系统工程设计规范》。

（4）GB 50373-2019《通信管道与通道工程设计规范》。

（5）GB /T 50374-2018《通信管道工程施工及验收标准》。

（6）YD 5148-2007《架空光（电）缆通信杆路工程设计规范》。

（7）YD 5039-2009《通信工程建设环境保护技术暂行规定》。

（8）YD 5002-2005《邮电建筑防火设计标准》（原 94 版包括修订内容）。

（9）YD 5059-2005《电信设备安装抗震设计规范》。

（10）YD/T 5026-2005《电信机房铁架安装设计规范》。

（11）GB50689-2011《通信局（站）防雷与接地工程设计规范》。

（12）GB 51120-2015《通信局（站）防雷与接地工程验收规范》。

（13）YD 5003-2014《通信建筑工程设计规范》。

注：下面的内容中凡是在每一项开头列明强制性条文的，为了加强对设计和施工的实用性，会附带一部分对工程设计和施工指导性较强的非强制性条文。如果开头没有强调列出强制性条文的，则全部属于强制性条文。

10.1 GB 51158-2015《通信线路工程设计规范》

强制性条文有：6.4.8、7.4.12、8.3.1、8.3.5 条，必须严格执行；其余是本文引入部分设计常用的非强制性条文。

6.2.2 光缆埋深应符合表 6.2.2 的规定。

表 6.2.2　　光缆埋深标准

敷设地段及土质	埋深（m）
普通土、硬土	≥1.2
砂砾土、半石质、风化石	≥1.0
全石质、流砂	≥0.8
市郊、村镇	≥1.2
市区人行道	≥1.0

续表

敷设地段及土质		埋深（m）
公路边沟	石质（坚石、软石）	边沟设计深度以下 0.4
	其他土质	边沟设计深度以下 0.8
公路路肩		≥0.8
穿越铁路（距路基面）、公路（距路面基底）		≥1.2
沟渠、水塘		≥1.2
河流		按水底光缆要求

注：1. 边沟设计深度为公路或城建管理部门要求的深度。
2. 石质、半石质地段应在沟底和光缆上方各铺 100mm 厚的细土或沙土。此时光缆的埋深相应减少。
3. 表中不包括冻土地带的埋深要求，其埋深在工程设计中应另行分析取定。

6.2.14　直埋光缆与其他建筑设施间的最小净距应符合表 6.2.14 的要求。

表 6.2.14　　直埋光（电）缆与其他建筑设施间的最小净距

名称	平行时（m）	交越时（m）
通信管道边线（不包括人手孔）	0.75	0.25
非同沟的直埋通信光（电）缆	0.5	0.25
埋式电力电缆（交流 35kV 以下）	0.5	0.5
埋式电力电缆（交流 35kV 及以上）	2.0	0.5
给水管（管径小于 300mm）	0.5	0.5
给水管（管径 300～500mm）	1.0	0.5
给水管（管径大于 500mm）	1.5	0.5
高压油管、天然气管	10.0	0.5
热力、排水管	1.0	0.5
燃气管（压力小于 300kPa）	1.0	0.5
燃气管（压力 300～1 600kPa）	2.0	0.5
通信管道	0.75	0.25
其他通信线路	0.5	
排水沟	0.8	0.5
房屋建筑红线或基础	1.0	
树木（市内、村镇大树、果树、行道树）	0.75	
树木（市外大树）	2.0	
水井、坟墓	3.0	
粪坑、积肥池、沼气池、氨水池等	3.0	
架空杆路及拉线	1.5	

注：1. 直埋光缆采用钢管保护时，与水管、燃气管、输油管交越时的净距可降低为 0.15m。
2. 对于杆路、拉线、孤立大树和高耸建筑，还应考虑防雷要求。
3. 大树指直径 300mm 及以上的树木。
4. 穿越埋深与光缆相近的各种地下管线时，光缆宜在管线下方通过。
5. 隔距达不到表中要求时，应采取保护措施。

6.4.8 架空线路与其他设施接近或交越时，其间隔距离应符合下述规定。

1. 杆路与其他设施的最小水平净距，应符合表 6.4.8-1 的规定。

表 6.4.8-1　　杆路与其他设施的最小水平净距

其他设施名称	最小水平净距（m）	备注
消火栓	1.0	指消火栓与电杆距离
地下管、缆线	0.5～1.0	包括通信管、缆线与电杆间的距离
火车铁轨	地面杆高的 4/3 倍	
人行道边石	0.5	
地面上已有其他杆路	地面杆高的 4/3	以较长标高为基准
市区树木	0.5	缆线到树干的水平距离
郊区树木	2.0	缆线到树干的水平距离
房屋建筑	2.0	缆线到房屋建筑的水平距离

注：在地域狭窄地段，拟建架空光缆与已有架空线路平行敷设时，若间距不能满足以上要求，可以杆路共享或改用其他方式敷设光缆线路，并满足隔距要求。

2. 架空光（电）缆在各种情况下架设的高度，应不低于表 6.4.8-2 的规定。

表 6.4.8-2　　架空光（电）缆架设高度

名称	与线路方向平行时		与线路方向交越时	
	架设高度（m）	备注	架设高度（m）	备注
市内街道	4.5	最低缆线到地面	5.5	最低缆线到地面
市内里弄（胡同）	4.0	最低缆线到地面	5.0	最低缆线到地面
铁路	3.0	最低缆线到地面	7.5	最低缆线到轨面
公路	3.0	最低缆线到地面	5.5	最低缆线到路面
土路	3.0	最低缆线到地面	5.0	最低缆线到路面
房屋建筑物			0.6	最低缆线到屋脊
			1.5	最低缆线到房屋平顶
河流			1.0	最低缆线到最高水位时的船桅顶
市区树木			1.5	最低缆线到树枝的垂直距离
郊区树木			1.5	最低缆线到树枝的垂直距离
其他通信导线			0.6	一方最低缆线到另一方最高线条
与同杆已有缆线间隔	0.4	缆线到缆线		

3. 架空光（电）缆交越其他电气设施的最小垂直净距，应不小于表 6.4.8-3 的规定。

表 6.4.8-3　　　　　架空光（电）缆交越其他电气设施的最小垂直净距

其他电气设备名称	最小垂直净距（m）		备注
	架空电力线路有防雷保护设备	架空电力线路无防雷保护设备	
10kV 以下电力线	2.0	4.0	最高缆线到电力线条
35～110kV 电力线（含 110kV）	3.0	5.0	最高缆线到电力线条
110～220kV 电力线（含 220kV）	4.0	6.0	最高缆线到电力线条
220～330kV 电力线（含 330kV）	5.0		最高缆线到电力线条
330～500kV 电力线（含 500kV）	8.5		最高缆线到电力线条
供电线接户线	0.6		
霓虹灯及其铁架	1.6		
电气铁道及电车滑接线	1.25		

注：1. 供电线为被覆线时，光（电）缆也可以在供电线上方交越。
2. 光（电）缆必须在上方交越时，跨越档两侧电杆及吊线安装应做加强保护装置。
3. 通信线应架设在电力线路的下方位置，应架设在电车滑接线和接触网的上方位置。

6.5.11　光缆通过防洪堤坝的方式和保护措施，应符合下列要求。

1. 光缆穿越防洪堤坝的位置应在历年最高洪水位以上，对于呈淤积态势的河流应考虑光缆寿命期内洪水可能到达的位置。

2. 光缆在穿越土堤时，宜采用爬堤敷设的方式，光缆在堤顶的埋深不应小于 1.2m，在堤坡的埋深不应小于 1.0m。堤顶部分兼为公路时，应采取相应的防护措施。若达到埋深要求有困难时也可采用局部垫高堤面的方式，光缆上垫土的厚度不应小于 0.8m。

3. 光缆不宜穿越石砌或混凝土河堤。

6.7.4　硅芯塑料管道的埋深应根据敷设地段的土质和环境条件等因素分段确定，且应符合表 6.7.4 的规定。

表 6.7.4　　　　　硅芯塑料管道埋深要求

序号	敷设地段及土质	上层管道至路面埋深（m）
1	普通土、硬土	≥1.0
2	半石质（砂砾土、风化石等）	≥0.8
3	全石质、流砂	≥0.6
4	市郊、村镇	≥1.0
5	市区街道	≥0.7（人行道）≥0.8（车行道）
6	穿越铁路（距路基面）、公路（距路面基底）	≥1.0
7	高等级公路中间隔离带及路肩	≥0.8
8	沟、渠、水塘	≥1.0
9	河流	同水底光缆埋深要求

注：1. 人工开槽的石质沟和公（铁）路石质边沟的埋深可减为 0.4m，并采用水泥砂浆封沟。硬路肩可减为 0.6m。
2. 管道沟沟底宽度通常应大于管群排列宽度每侧 100mm。
3. 在高速公路隔离带或路肩开挖管道沟，硅芯塑料管道的埋深及管群排列宽度，应考虑到路方安装防撞栏杆立柱时对塑料管的影响。

7.2.4　埋式电缆与其他地下设施间的净距不应小于表6.2.14的规定。

7.4.12　架空电缆线路与其他设施接近或交越时，其间隔距离应符合表6.4.8的规定。

8.3.1　年平均雷暴日数大于20的地区及有雷击历史的地段，光（电）缆线路应采取防雷措施。

8.3.5　在局（站）内或交接箱处线路终端时，光（电）缆内的金属构件必须做防雷接地。

10.2　GB 51171-2016《通信线路工程验收规范》

强制性条文有：4.0.5、4.0.6、6.4.6、8.8.7条，必须严格执行；其余是本文引入部分施工中常用的非强制性条文。

4.0.5　直埋光（电）缆沟、硅芯塑料管道与其他建筑设施间的最小净距应符合表4.0.5的规定。

表4.0.5　　直埋光（电）缆沟、硅芯塑料管道与其他建筑设施间的最小净距

名称	平行时（m）	交越时（m）
通信管道边线（不包括人孔）	0.75	0.25
非同沟的直埋通信光（电）缆	0.5	0.25
埋式电力电缆（交流35kV以下）	0.5	0.5
埋式电力电缆（交流35kV及以上）	2.0	0.5
给水管（管径小于300mm）	0.5	0.5
给水管（管径为300～500mm）	1.0	0.5
给水管（管径大于500mm）	1.5	0.5
高压油管、天然气管	10.0	0.5
热力、排水管	1.0	0.5
热力、下水管	1.0	0.5
燃气管（压力小于300kPa）	1.0	0.5
燃气管（压力300kPa以上）	2.0	0.5
排水沟	0.8	0.5
房屋建筑红线或基础	1.0	
树木（市内、村镇大树、果树、行道树）	0.75	
树木（市外大树）	2.0	
水井、坟墓	3.0	
粪坑、积肥池、沼气池、氨水池等	3.0	
架空线杆及拉线	1.5	

注：1. 采用钢管保护时，与水管、煤气管、石油管交越时的净距可降为0.15m。

2. 对于路、拉线和高耸建筑还应符合防雷要求。

3. 对于直径300mm及以上的树木、孤立大树，还应考虑防雷要求。

4. 穿越埋深与光（电）缆相近的各种地下管线时，光（电）缆应在管线下方通过，并采取保护措施。

5. 最小净距达不到表4.0.5中要求时，应按设计要求采取有效的保护措施。

4.0.6 架空通信线路与其他设施接近、交越时，其间隔距离应符合下列规定。

1. 杆路与其他设施的最小水平净距应符合表 4.0.6-1 的规定。

表 4.0.6-1 杆路与其他设施的最小水平净距

其他设施名称	最小水平净距（m）	备注
消火栓	1.0	指消火栓与电杆距离
地下管、缆线	0.5～1.0	包括通信管、缆线与电杆间的距离
火车铁轨	地面杆高的 4/3	
人行道边石	0.5	
地面上已有其他杆路	其他杆高的 4/3	以较长标高为基准
市区树木	0.5	缆线到树干的水平距离
郊区树木	2.0	缆线到树干的水平距离
房屋建筑	2.0	缆线到房屋建筑的水平距离

注：在地域狭窄地段，拟建架空光缆与已有架空线路平行敷设时，若间距不能满足以上要求，可以杆路共享或改用其他方式敷设光缆线路，并满足隔距要求。

2. 架空光（电）缆架设高度不应低于表 4.0.6-2 的规定。

表 4.0.6-2 架空光（电）缆架设高度

名称	与线路方向平行时		与线路方向交越时	
	架设高度（m）	备注	架设高度（m）	备注
市内街道	4.5	最低缆线到地面	5.5	最低缆线到地面
市内里弄（胡同）	4.0	最低缆线到地面	5.0	最低缆线到地面
铁路	3.0	最低缆线到地面	7.5	最低缆线到轨面
公路	3.0	最低缆线到地面	5.5	最低缆线到路面
土路	3.0	最低缆线到地面	5.0	最低缆线到路面
房屋建筑物			0.6	最低缆线到屋脊
			1.5	最低缆线到房屋平顶
河流			1.0	最低缆线到最高水位时的船桅顶
市区树木			1.5	最低缆线到树枝的垂直距离
郊区树木			1.5	最低缆线到树枝的垂直距离
其他通信导线			0.6	一方最低缆线到另一方最高线条

3. 架空光（电）缆交越其他电气设施的最小垂直净距不应小于表 4.0.6-3 的规定。

表 4.0.6-3 架空光（电）缆交越其他电气设施的最小垂直净距

其他电气设备名称	最小垂直净距（m）		备注
	架空电力线路有防雷保护设备	架空电力线路无防雷保护设备	
10kV 以下电力线	2.0	4.0	最高缆线到电力线条
35～110kV 电力线（含 110kV）	3.0	5.0	

续表

其他电气设备名称	最小垂直净距（m）		备注
	架空电力线路有防雷保护设备	架空电力线路无防雷保护设备	
110～220kV 电力线（含 220kV）	4.0	6.0	最高缆线到电力线条
220～330kV 电力线（含 330kV）	5.0		
330～500kV 电力线（含 500kV）	8.5		
500～750kV 电力线（含 750kV）	12		
750～1 000kV 电力线（含 1 000kV）	18		
供电线接户线	0.6		
霓虹灯及其铁架	1.6		
电气铁道及电车滑接线	1.25		

注：1. 供电线为被覆线且最小垂直净距不符合表规定时，光（电）缆应在供电线上方交越。
2. 光（电）缆必须在上方交越时，跨越档两侧电杆及吊线安装应做加强保护装置。
3. 通信线应架设在电力线路的下方位置，应架设在电车滑接线和接触网的上方位置。

5.1.1　挖掘沟（坑）施工时，如发现有埋藏物、文物、古墓等必须立即停止施工，并负责保护好现场，在未得到妥善解决之前，施工单位不得在该地段内继续施工。

5.1.2　电杆杆洞应符合下列规定。

1. 电杆洞深应符合表 5.1.2 的规定，洞深允许偏差 ± 50mm。地表有临时堆积泥土的电杆洞深计量，应以永久性的地面为计算起点。

表 5.1.2　　架空光（电）缆电杆洞深标准

电杆类别	杆长（m）	洞深（m）			
		普通土	硬土	水田、湿地	石质
水泥电杆	6.0	1.2	1.0	1.3	0.8
	6.5	1.2	1.0	1.3	0.8
	7.0	1.3	1.2	1.4	1.0
	7.5	1.3	1.2	1.4	1.0
	8.0	1.5	1.4	1.6	1.2
	9.0	1.6	1.5	1.7	1.4
	10.0	1.7	1.6	1.7	1.6
	11.0	1.8	1.8	1.9	1.8
	12.0	2.1	2.0	2.2	2.0
木质电杆	6.0	1.2	1.0	1.3	0.8
	6.5	1.3	1.1	1.4	0.8
	7.0	1.4	1.2	1.5	0.9
	7.5	1.5	1.3	1.6	0.9
	8.0	1.5	1.3	1.6	1.0
	9.0	1.6	1.4	1.7	1.1
	10.0	1.7	1.5	1.8	1.1
	11.0	1.7	1.6	1.8	1.2
	12.0	1.8	1.6	2.0	1.2

注：1. 12m 以上的特种电杆的洞深应符合设计文件规定。
2. 本表适用于中、轻负荷区新建的通信线路。重负荷区的杆洞洞深应按本表规定值增加 0.1～0.2m。

3. 电杆撑杆的洞深不应小于 0.6 m，特殊情况应符合设计文件规定。

4. 高桩拉的高桩洞深应符合下列规定：普通土、硬土、砂砾土拉桩洞深不应小于 1.2 m，石质洞深不应小于 0.8 m。

2. 斜坡上的电杆洞深应从洞下坡口向下 0.15~0.2 m 处计算（见图 5.1.2）。

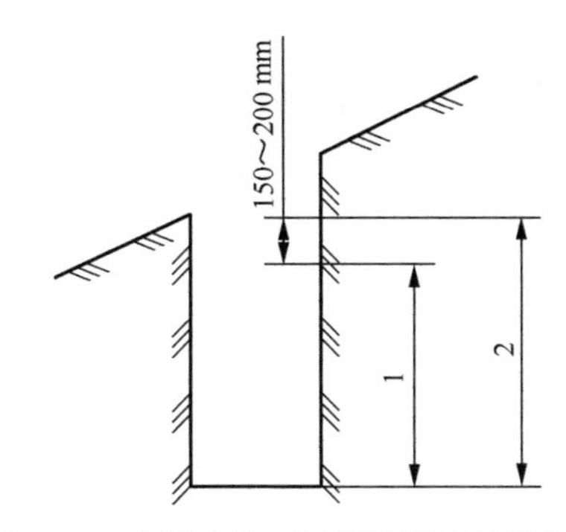

图 5.1.2　斜坡上的电杆洞深计量方法示意图

注：1——坡标准洞深，2——斜坡上测的洞深。

3. 电杆洞底应平整。

5.1.3　拉线地锚坑应符合下列规定。

1. 拉线地锚坑深应符合表 5.1.3 的规定，允许偏差 ± 50mm。

表 5.1.3　　**拉线地锚坑深**

拉线程式	拉线地锚坑深（m）			
	普通土	硬土	水田、湿地	石质
7/2.2mm	1.3	1.2	1.4	1.0
7/2.6mm	1.4	1.3	1.5	1.1
7/3.0mm	1.5	1.4	1.6	1.2
2×7/2.2mm	1.6	1.5	1.7	1.3
2×7/2.6mm	1.8	1.7	1.9	1.4
2×7/3.0mm	1.9	1.8	2.0	1.5
V 型 上 2 ×7/3.0mm 下 1	2.1	2.0	2.3	1.7

2. 吊板拉线的地锚坑应比落地拉线地锚坑深 0.2~0.3 m。

3. 拉线地锚坑底应平整，其槽口坡度应与拉线角度一致，坡面平滑。

5.1.4　对光（电）缆沟、硅芯塑料管道沟应满足下列规定。

1. 光（电）缆沟、硅芯塑料管道应直，不得有蛇形弯；沟底要平坦，在沟、坡处沟底缓慢放坡。

2. 硅芯塑料管道沟在坎处及转角处应保持平缓过渡，转角处，ϕ50/42mm、ϕ46/38mm 硅芯管道沟转角处的转角半径应大于 550mm；ϕ40/33mm 硅芯管道沟转角处的转角半径应大于 500mm。

3. 施工开凿的路面及挖出的石块等应与泥土分别堆置，不应在其他光（电）缆线路标石及消火栓上堆土。

4. 在石质地带用爆破方法开沟时，沟底宽度不应小于 200mm，应在石质沟底垫 100mm 碎土或沙土。

5. 光（电）缆沟、硅芯塑料管道沟经过流砂地带时，应及时布放光（电）缆、硅芯塑料管，防止塌方。遇塌方严重地段，可边挖沟、边敷设。

6. 在高速公路的路肩、中间隔离带敷设硅芯管道时，应核定设计和公路部门给定的标高。

5.1.5 直埋光（电）缆埋深应符合表 5.1.5 的规定。

表 5.1.5　直埋光（电）缆埋深标准

<table>
<tr><th colspan="2">敷设地段或土质</th><th>埋深（m）</th><th>备注</th></tr>
<tr><td colspan="2">普通土</td><td>≥1.2</td><td></td></tr>
<tr><td colspan="2">半石质、砂砾土、风化石</td><td>≥1.0</td><td rowspan="2">从沟底加垫 100mm 细土或沙土，此时光缆的埋深可相应减少</td></tr>
<tr><td colspan="2">全石质、流砂</td><td>≥0.8</td></tr>
<tr><td colspan="2">市郊、村镇</td><td>≥1.2</td><td></td></tr>
<tr><td colspan="2">市区人行道</td><td>≥1.0</td><td></td></tr>
<tr><td rowspan="2">公路边沟</td><td>石质（坚石、软石）</td><td>边沟设计深度以下 0.4</td><td rowspan="2">边沟设计深度为公路或城建管理部门要求的深度</td></tr>
<tr><td>其他土质</td><td>边沟设计深度以下 0.8</td></tr>
<tr><td colspan="2">公路路肩</td><td>≥0.8</td><td></td></tr>
<tr><td colspan="2">穿越铁路、公路</td><td>≥1.2</td><td>距路基面或距路面基底</td></tr>
<tr><td colspan="2">沟、渠、水塘</td><td>≥1.2</td><td></td></tr>
<tr><td colspan="2">河流</td><td></td><td>应按水底光（电）缆要求</td></tr>
</table>

注：1. 公路边沟设计深度为公路或城建管理部门要求的深度。人工开槽石质边沟的深度不得小于 0.4 m，并按设计要求采用水泥砂浆等防冲刷材料封沟。
2. 石质的半石质地段在沟底和光缆上方各铺 0.1m 厚的碎土或沙土。
3. 表中不包括冻土地带的埋深要求，其埋深应符合工程设计的规定。

5.1.6 硅芯塑料管道埋深应符合表 5.1.6 的规定。

表 5.1.6　硅芯塑料管道埋深要求

<table>
<tr><th>序号</th><th colspan="2">敷设地段及土质</th><th>上层管道至路面埋深（m）</th></tr>
<tr><td>1</td><td colspan="2">普通土、硬土</td><td>≥1.0</td></tr>
<tr><td>2</td><td colspan="2">半石质（砂砾土、风化石等）</td><td>≥0.8</td></tr>
<tr><td>3</td><td colspan="2">全石质、流砂</td><td>≥0.6</td></tr>
<tr><td>4</td><td colspan="2">市郊、村镇</td><td>≥1.0</td></tr>
<tr><td rowspan="2">5</td><td rowspan="2">市区街道</td><td>人行道</td><td>≥0.7</td></tr>
<tr><td>车行道</td><td>≥0.8</td></tr>
<tr><td>6</td><td colspan="2">穿越铁路（距路基面）、公路（距路面基底）</td><td>≥1.0</td></tr>
<tr><td>7</td><td colspan="2">高等级公路中央分隔带</td><td>≥0.8</td></tr>
</table>

续表

序号	敷设地段及土质	上层管道至路面埋深（m）
8	沟、渠、水塘	≥1.0
9	河流	同水底光缆埋深要求

注：1. 人工开槽的石质沟和公（铁）路石质边沟的埋深可减为 0.4m，并采用水泥砂浆等防冲刷材料封沟。硬路肩不得小于 0.6m。
2. 管道沟沟底宽度通常应大于管群排列宽度，且每侧不小于 0.1m。
3. 在高速公路中央分隔带或路间开挖管道沟，硅芯塑料管的埋深及管群排列宽度的确定，应避开高速公路防撞栏立柱。

5.1.7　水底光（电）缆埋深应符合表 5.1.7 的规定。

表 5.1.7　　水底光（电）缆埋深

<table>
<tr><th colspan="2" rowspan="2">河床情况</th><th colspan="2">埋深要求（m）</th></tr>
<tr><th>光缆</th><th>电缆</th></tr>
<tr><td colspan="2">岸滩部分</td><td>≥1.2</td><td>≥1</td></tr>
<tr><td rowspan="2">水深小于 8m（枯水季节水位）的水域</td><td>河床不稳定，土质松软</td><td>≥1.5</td><td></td></tr>
<tr><td>河床稳定、硬土</td><td>≥1.2</td><td></td></tr>
<tr><td colspan="2">水深大于 8m（枯水季节水位）的水域</td><td colspan="2">可将光（电）缆直接布放在河底不加掩埋</td></tr>
<tr><td colspan="2">有疏浚规划的区域</td><td colspan="2">在规划深度以下 1m，施工时暂时按一般埋深，但要将光（电）缆做预留，待疏浚时下埋至要求深度</td></tr>
<tr><td colspan="2">在游荡型河道等冲刷严重、极不稳定的区域</td><td colspan="2">应将光（电）缆埋设在变化幅度以下；如遇特殊困难不能实现，在河底的埋深也不应小于 1.5 m，并应将光缆做适当预留</td></tr>
<tr><td colspan="2">冲刷严重、极不稳定的区域</td><td colspan="2">在变化幅度以下</td></tr>
<tr><td colspan="2">石质和半石质河床</td><td colspan="2">>0.5</td></tr>
</table>

注：光（电）缆在岸滩的上坡坡度应小于 30°。

6.4.6　人行道上易被行人触碰到的拉线应设置拉线标志，在地面高 2.0m 以下的拉线部位应采用绝缘材料进行保护，绝缘应埋在地下 200mm，包裹绝缘材料物表面应为红白色相间。

8.8.5　防雷排流线与光（电）缆、硅芯塑料管的垂直间隔应为 300mm。单条排流线宜位于光（电）缆、硅芯塑料管正上方，双条排流线之间的间隔不应小于 300mm，并不应大于 600mm，排流线接头处应连接牢固。排流线的连续布放长度不应小于 2km。

8.8.7　局站内或交接箱处的光（电）缆金属构件应接防雷地线，电缆进局时，电缆成端应按电缆线序接保安接线排。

10.3　YD 5018-2005《海底光缆数字传输系统工程设计规范》

6.0.5　所选择的海底光缆线路路由与其他海底光缆路由平行时，两条平行海底光缆之间的距离应不小于二海里（3.704km），与其他设施的距离应符合国家的有关规定。

7.0.3　海底光缆登陆点至海底光缆登陆站之间的光缆敷设安装要求，应执行现行通信行业标准 YD 5102-2005《长途通信光缆线路工程设计规范》中的相关规定。

7.0.4 海底光缆登陆点处必须设置明显的海底光缆登陆标志。

10.4 GB 50373-2019《通信管道与通道工程设计规范》

强制性条文有：4.0.4条，必须严格执行；其余是本文引入部分施工中常用的非强制性条文。

4.0.4 通信管道、通道与其他地下管线及建筑物同侧建设时，通信管道、通道与其他地下管线及建筑物间的最小净距应符合表4.0.4的规定。

表4.0.4 通信管道、通道与其他地下管线及建筑物间的最小净距

<table>
<tr><th colspan="2">其他地下管线及建筑物名称</th><th>平行净距（m）</th><th>交叉净距（m）</th></tr>
<tr><td colspan="2">已有建筑物</td><td>2</td><td>—</td></tr>
<tr><td colspan="2">规划建筑物红线</td><td>1.5</td><td>—</td></tr>
<tr><td rowspan="3">给水管</td><td>d≤300mm</td><td>0.5</td><td rowspan="3">0.15</td></tr>
<tr><td>300mm<d≤500mm</td><td>1</td></tr>
<tr><td>d>500mm</td><td>1.5</td></tr>
<tr><td colspan="2">排水管</td><td>1.0</td><td>0.15</td></tr>
<tr><td colspan="2">热力管</td><td>1</td><td>0.25</td></tr>
<tr><td colspan="2">输油管道</td><td>10</td><td>0.5</td></tr>
<tr><td rowspan="2">燃气管</td><td>压力≤0.4MPa</td><td>1</td><td rowspan="2">0.3</td></tr>
<tr><td>0.4MPa<压力≤1.6MPa</td><td>2</td></tr>
<tr><td rowspan="2">电力电缆</td><td>35kV以下</td><td>0.5</td><td rowspan="2">0.5</td></tr>
<tr><td>35kV及以上</td><td>2</td></tr>
<tr><td>高压铁塔基础边</td><td>35kV及以上</td><td>2.5</td><td>—</td></tr>
<tr><td colspan="2">通信电缆（或通信管道）</td><td>0.5</td><td>0.25</td></tr>
<tr><td colspan="2">通信杆、照明杆</td><td>0.5</td><td>—</td></tr>
<tr><td rowspan="2">绿化</td><td>乔木</td><td>1.5</td><td>—</td></tr>
<tr><td>灌木</td><td>1</td><td>—</td></tr>
<tr><td colspan="2">道路边石边缘</td><td>1</td><td>—</td></tr>
<tr><td colspan="2">铁路钢轨（或坡脚）</td><td>2</td><td>—</td></tr>
<tr><td colspan="2">沟渠基础底</td><td>—</td><td>0.5</td></tr>
<tr><td colspan="2">涵洞基础底</td><td>—</td><td>0.25</td></tr>
<tr><td colspan="2">电车轨底</td><td>—</td><td>1</td></tr>
<tr><td colspan="2">铁路轨底</td><td>—</td><td>1.5</td></tr>
</table>

注：1. 主干排水管后敷设时，排水管施工沟边与既有通信管道间的平行净距不得小于1.5m。
2. 当管道在排水管下部穿越时，交叉净距不得小于0.4m。
3. 在燃气管有接合装置和附属设备的2m范围内，通信管道不得与燃气管交叉。
4. 电力电缆加保护管时，通信管道与电力电缆的交叉净距不得小于0.25m。
5. d为外部直径。

5.0.1　管孔容量应按业务预测及具体情况计算，各段管孔数可按表 5.0.1 的规定估算。

表 5.0.1　　管孔容量表

使用性质	远期管孔容量
用户光（电）缆管孔	根据规划的光（电）缆条数
无线网基站光缆管孔	根据规划的光缆条数
中继光缆管孔	根据规划的光（电）缆条数
出入局（站）光缆管孔	根据需要计算
租用管孔及其他	2～3 孔
冗余管孔	管孔总容量的 20%

注：1. 用户包括公众用户和专线用户等。
2. 目前一些特殊、重要的专网仍须建设电缆。
3. 无线网基站包括宏基站、分布系统基站及光纤拉远站等多种建站模式站点。

5.0.2　管道容量应按远期需要和合理的管群组合型式取定，并应留有备用孔。

5.0.3　在一条路由上，管道应按远期容量一次敷设。

5.0.4　进局（站）管道应根据终局（站）容量一次建设。管孔大于 48 孔时可做通道，应由地下室接出。

7.0.1　通信管道的埋设深度应符合表 7.0.1 的规定。当达不到要求时，应采用混凝土包封或钢管保护。

表 7.0.1　　路面至管顶的最小深度（m）

类别	人行道/绿化带	机动车道	与电车轨道交越（从轨道底部算起）	与铁道交越（从轨道底部算起）
塑料管、水泥管	0.7	0.8	1.0	1.5
钢管	0.5	0.6	0.8	1.2

7.0.2　进入人（手）孔处的管道基础顶部距人（手）孔基础顶部不应小于 0.40m，管道顶部距人（手）孔上覆底部不应小于 0.30m。

7.0.3　当遇到下列情况时，通信管道埋设应做相应的调整或进行特殊设计。

1. 城市规划对今后道路扩建、改建后路面高程有变动时。

2. 与其他地下管线交越时的间距不符合表 4.0.4 的规定时。

3. 地下水位高度与冻土层深度对管道有影响时。

7.0.4　管道敷设应有坡度，管道坡度宜为 3‰～4‰，不得小于 2.5‰。

7.0.5　在纵剖面上管道由于躲避障碍物不能直线建筑时，可使管道折向两端人（手）孔向下平滑地弯曲，不得向上弯曲（“U”形弯）。

9.0.1　通信管道敷设应符合下列规定。

1. 管道的荷载与强度应满足设计要求。

2. 管道应建在土壤承载能力大于或等于2倍的荷重且基坑在地下水位以上的稳定性土壤的天然地基或在不稳定的土壤上经过人工加固的人工地基上，对于不同的土质应采用不同的管道沟基础，管道沟基础应满足所需的承载能力。

3. 在管道敷设过程和施工完后，应将进入人（手）孔的管口封堵严密。

4. 对于地下水位较高和冻土层地段应进行特殊设计。

5. 管道的组群、组合方式应符合现行行业标准《通信管道横断面图集》YD／T 5162 的有关规定。

9.0.2　敷设塑料管道应符合下列规定。

1. 土质较好的地区，挖好沟槽后应夯实沟底，沟底应回填 50mm 细沙或细土。

2. 土质稍差的地区，挖好沟槽后应做混凝土基础，基础上应回填 50mm 细沙或细土。

3. 土质较差的地区，挖好沟槽后应做钢筋混凝土基础，基础上应回填 50mm 细沙或细土，并应对管道进行混凝土包封。

4. 土质为岩石、砾石、冻土的地区，挖好沟槽后应回填 200mm 细沙或细土。

5. 沟底应平整、无突出的硬物，管道应紧贴沟底。

6. 管道进入人（手）孔或建筑物时，靠近人（手）孔或建筑物侧应做不小于 2m 长的钢筋混凝土基础和包封。

7. 管孔内径大的管材应放在管群的下边和外侧，管孔内径小的管材应放在管群的上边和内侧。

8. 多个多孔塑料管组成管群时，应选栅格管、蜂窝管或梅花管。

9. 同一管群组合宜选用一种管型的多孔管，但可与实壁、波纹塑料单孔管或水泥管组合在一起。

10. 进入人（手）孔前 2m 范围内，多孔管之间宜留 40 ~ 50mm 空隙，单孔实壁管、波纹管之间宜留 15 ~ 20mm 空隙，所有空隙应分层填实。

11. 两个相邻人（手）孔之间的管位应一致，且管群断面应满足设计要求。

12. 硅芯管端口在人（手）孔内的预留长度不应少于 400mm。

13. 塑料管道的接续应符合下列规定。

（1）塑料管之间的连接宜采用套筒式连接、承插式连接、承插弹性密封圈连接和机械压紧管件连接。

（2）多孔塑料管的承口处及插口内应均匀涂刷专用中性胶合粘剂，最小粘度不应小于 500MPa · s，塑料管连接时应承插到位，挤压固定。

（3）各塑料管的接口宜错开。

（4）塑料管的标志面应在上方。

（5）栅格塑料管群应间隔 3m 左右用专用带捆绑一次，蜂窝管等其他管材宜采用专用支架排列固定。

（6）两列塑料管之间的竖缝应填充 M10 水泥砂浆，饱满程度不应低于 90%。

14. 钢管接续应采用套管式连接。

15. 管群上方 300mm 处宜加警示标志。

16. 当塑料管非地下铺设时，应采取防老化和机械损伤等保护措施。

9.0.3　铺设水泥管道应符合下列规定。

1. 土质较好的地区，挖好沟槽后应夯实沟底，做混凝土基础。

2. 土质较差的地区，挖好沟槽后应做钢筋混凝土基础。

3. 土质为岩石的地区，管道沟底应保证平整。

4. 管群组合宜以 6 孔管块为单元。

5. 水泥管块宜采用抹浆平口接续。

9.0.4　不适宜开挖的路段宜采用水平定向钻或其他非开挖方式，桥上铺设宜采用沟槽或桥上固定。

10.5　GB/T 50374-2018《通信管道工程施工及验收标准》

本规范是推荐性标准，并没有明确提出强制性条文。本文引入部分施工中常用的非强制性条文，供设计和施工人员作为参考。

4.1.1　通信管道施工中应文明施工，宜设置便民措施减少施工带来的扰民、污染等不利影响。

4.1.2　通信管道施工中，遇到不稳定土壤或有腐蚀性的土壤时，施工单位应及时提出，待有关单位提出处理意见后方可施工。

4.1.3　管道施工开挖时，遇到地下已有其他管线平行或垂直距离接近时，应按设计要求核对其相互间的最小净距是否符合标准。当发现不符合标准或危及其他设施安全时，应向建设单位反映，在未取得建设单位和产权单位同意时，不得继续施工。

4.1.4　挖掘沟（坑）发现埋藏物，特别是文物、古墓等应立即停止施工，并应负责保护现场，与有关部门联系，在未得到妥善解决之前，施工单位不得在该地段内继续工作。

4.1.5　施工现场条件允许，土层坚实及地下水位低于沟（坑）底，且挖深不超过 3m 时，可采用放坡法施工。放坡挖沟（坑）的坡与深度的关系应按表 4.1.5 的要求执行（见图 4.1.5）。

表 4.1.5　　放坡挖沟（坑）表

土壤类别	$H:D$	
	$H\leqslant 2$m	2m<H<3m
黏土	1∶0.10	1∶0.15
砂黏土	1∶0.15	1∶0.25
砂质土	1∶0.25	1∶0.50
瓦砾、卵石	1∶0.50	1∶0.75
炉渣、回填土	1∶0.75	1∶1.00

注：H 为深度，D 为放坡（一侧的）宽度。

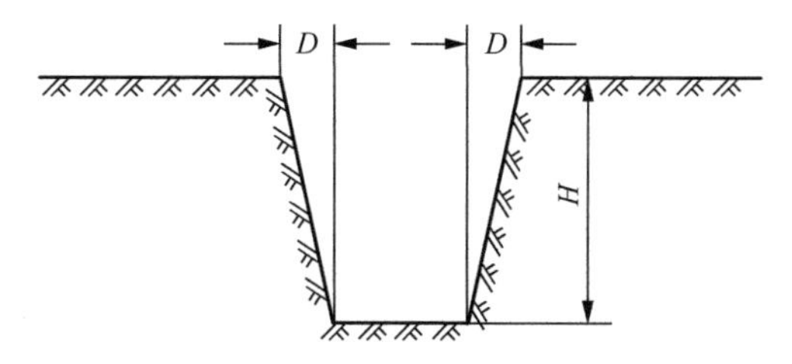

图 4.1.5　放坡挖沟（坑）图

4.1.6　当管道沟及人（手）孔坑深度超过 3m 时，应增设宽 0.4m 的倒土平台或加大放坡系数（见图 4.1.6）。

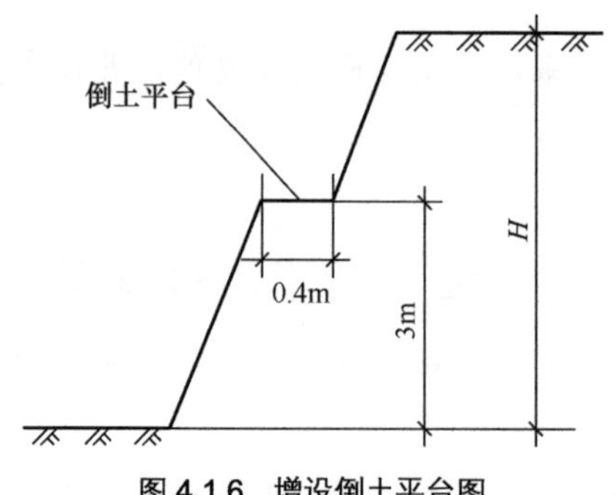

图 4.1.6　增设倒土平台图

4.1.7　挖掘不需支撑护土板的人（手）孔坑，其坑的平面形状可基本与人（手）孔形状相同，坑的侧壁与人（手）孔外壁的外侧间距不应小于 0.4m，其放坡应按表 4.1.5 执行，并应符合本标准第 4.1.6 条的规定。

4.1.8　挖掘需支撑护土板的人（手）孔坑，宜挖矩形坑。人（手）孔坑的长边与人（手）孔壁长边的外侧间距不应小于 0.3m，宽不应小于 0.4m。

4.1.9　通信管道工程的沟（坑）挖成后，当遇被水冲泡时，应重新进行人工地基处理，否则不得进行下一道工序的施工。

4.1.10　设计图纸标明需支撑护土板的地段，应按照设计文件要求进行施工。设计文件中没有具体要求的，遇下列地段应支撑护土板。

1. 横穿车行道的管道沟。

2. 沟（坑）的土壤是松软的回填土、瓦砾、砂土、级配砂石层等地段。

3. 沟（坑）土质松软且其深度低于地下水位的。

4. 施工现场条件所限无法采用放坡法施工而需要支撑护土板的地段，或与其他管线平行较长且相距较小的地段。

4.1.11　挖沟（坑）接近设计的底部高程时，应避免挖掘过深破坏土壤结构。当挖深超过设计标高 100mm 时，应填铺灰土或级配砂石并应夯实。

4.1.12　施工现场堆土应符合下列规定。

1. 开凿的路面及挖出的石块等应与泥土分别堆置。

2. 堆土不应紧靠碎砖或土坯墙，并应留有行人通道。

3. 城镇内的堆土高度不宜超过 1.5m。

4. 堆置土不应压埋消火栓、闸门、光（电）缆线路标石以及热力、煤气、雨（污）水等管线的检查井、雨水口及测量标志等设施。

5. 土堆的坡脚边应距沟（坑）边 400mm 以上。

6. 堆土敞露的全部表面应覆盖严密。

7. 堆土的范围应符合市政管理规定。

4.1.13　挖掘通信管道沟（坑）时，不得在有积水的情况下作业，应将水排放后进行挖掘工作。

4.1.14　挖掘通信管道沟(坑)施工现场应设置夜间照明及红白相间的临时护栏或醒目的标志。

4.1.15　室外最低气温在零下 5℃时，对所挖的沟（坑）底部应采取有效的防冻措施。

6.1.1　砖、混凝土砌块砌筑前应充分浸湿，砌体面应平整、美观，不应出现竖向通缝。

6.1.2　砖砌体砂浆饱满程度不应低于 80%，砖缝宽度应为 8 ~ 12mm，同一砖缝的宽度应一致。

6.1.3　砌块砌体横缝应为 15 ~ 20mm，竖缝应为 10 ~ 15mm，横缝砂浆饱满程度不应低于 80%，竖缝灌浆应饱满、严实，不得出现跑漏现象。

6.1.4　砌体应垂直，砌体顶部四角应水平一致。砌体的形状、尺寸应满足设计图纸要求。

6.1.5　设计要求抹面的砌体，应将墙面清扫干净。抹面应平整、压光，不得空鼓，墙角不得歪斜。抹面厚度、砂浆配比应满足设计要求。勾缝的砌体，勾缝应整齐均匀，不得空鼓，不应脱落或遗漏。

6.1.6　通道的建筑规格、尺寸、结构形式，通道内设置的安装铁件等，均应满足设计要求。定型人孔体积宜按本标准附录 E 的方法计算。

10.6　YD 5148-2007《架空光（电）缆通信杆路工程设计规范》

2.1.4　杆路与电力线交越应符合下列要求。

1. 杆路与 35kV 以上电力线应尽量垂直交越，不能垂直交越时，其最小交越角度不得小于 45°。

2. 光（电）缆应在电力线下方通过，光（电）缆的第一层吊线与电力杆最下层电力线的间距应符合附录 B 表 B3 架空光(电)缆交越其他电气设施的最小垂直净距要求(见表 2.1.4)。

3. 通信线一般不应与电气铁道或电车滑接网交越。

表 2.1.4　　架空光（电）缆交越其他电气设施的最小垂直净距

其他电气设备名称	最小垂直净距（m）		备注
	架空电力线路有防雷保护设备	架空电力线路无防雷保护设备	
10kV 以下电力线	2.0	4.0	最高缆线到电力线条
35～110kV 电力线（含 110kV）	3.0	5.0	最高缆线到电力线条
110～220kV 电力线（含 220kV）	4.0	6.0	最高缆线到电力线条
220～330kV 电力线（含 330kV）	5.0		最高缆线到电力线条
330～500kV 电力线（含 500kV）	8.5		最高缆线到电力线条
供电线接户线	0.6		
霓虹灯及其铁架	1.6		
电气铁道及电车滑接线	1.25		

注：1. 该数据取自 GB 50233-2005《110～500kV 架空送电线路施工及验收规范》。
2. 供电线为被覆线时，光（电）缆也可以在供电线上方交越。
3. 特殊情况光（电）缆必须在上方交越时，跨越档两侧电杆及吊线安装应做加强保护装置。

3.3.1　新建杆路应首选水泥电杆，木杆或撑杆应采用注油杆或根部经防腐处理的木杆。

3.3.2　电杆程式的选用应符合下列要求。

电杆规格必须考虑设计安全系数 K，水泥电杆 $K \geqslant 2.0$，注油木杆 $K \geqslant 2.2$。

3.4.2　拉线安装设计应符合下列要求。

在人行道上应尽量避免使用拉线。如需要安装拉线，拉线及地锚位于人行道或人车经常通行的地点，应在离地面高 2.0m 以下的部位用塑料管或毛竹筒包封，在塑料管或毛竹筒外面并用红白相间色做告警标志。

10.7　YD 5039-2009《通信工程建设环境保护技术暂行规定》

1.0.1　对于产生环境污染的通信工程建设项目，建设单位必须把环境保护工作纳入建设计划，并执行“三同时制度”，即与主体工程同时设计、同时施工、同时投产使用。

3.0.1　无线通信局（站）通过天线发射电磁波的电磁波辐射防护限值，应符合 GB 8702-1988《电磁辐射防护规定》的相关要求。

公众辐射：在一天 24h 内，任意连续 6min 按全身平均的比吸收率（SAR）应小于 0.1W/kg。

4.0.4　严禁在崩塌滑坡危险区、泥石流易发生区和易导致自然景观破坏的区域采石、采沙和采土。

4.0.5　工程建设中废弃的沙、石、土必须运至规定的专门存放地堆放，不得向江河、湖泊、水库和专门存放地以外的沟渠倾倒；工程竣工后，取土场、开挖面和废弃的沙、石、土存放地的裸露土地，应种树、种草，防止水土流失。

4.0.8　通信工程建设中不得砍伐或危害国家重点保护的野生植物。未经主管部门批准，严禁砍伐名胜古迹和革命纪念地的树木。

4.0.13　通信工程建设中严禁使用持久性有机污染物做杀虫剂。

5.0.2　位于城市范围内和乡村居民区的通信设施，向周围环境排放噪声，应符合 GB 3096-1993《城市区域环境噪声标准》的相关规定，按表 5.0.2 执行。

表 5.0.2　　城市 5 类环境噪声标准值等效声级 Leq[dB（A）]

类别	昼间	夜间	适用区域
0	50	40	适用于疗养区、高级别墅区、高级宾馆区
1	55	45	适用于居住、文教机关为主的区域（乡村居住区参照）
2	60	50	适用于居住、商业、工业混杂区
3	65	55	适用于工业区
4	70	60	适用于交通干线两侧区域

注：1. 位于城郊和乡村的疗养区、高级别墅区、高级宾馆区，控严于 0 类标准 5dB 执行。
2. 夜间突发噪声不得超过相应标准值 15dB。

5.0.3　必须保持防治环境噪声污染的设施正常使用；拆除或闲置环境噪声污染防治设施应报环境保护行政主管部门批准。

6.0.3　严禁向江河、湖泊、运河、渠道、水库及其最高水位线以下的滩地和岸坡倾倒、堆放固体废弃物。

10.8　YD 5002-2005《邮电建筑防火设计标准》（原 94 版包括修订内容）

3.1.1　高层电信建筑分类：建筑高度超过 50m 或任一层建筑面积超过 1 000m^2 的高层电信建筑属于一类高层建筑，其余的高层电信建筑属于二类高层建筑。

3.1.2　一类高层电信建筑的耐火等级应为一级，二类高层电信建筑以及单层、多层电信建筑的耐火等级均不应低于二级。裙房的耐火等级不应低于二级，高层电信建筑地下室的耐火等级应为一级。建筑物构件的燃烧性能和耐火极限见表 3.1.2。

表 3.1.2　　建筑物构件的燃烧性能和耐火极限

构件名称		耐火等级（h）			
		一级	二级	三级	四级
墙	防火墙	不燃烧体 3.00	不燃烧体 3.00	不燃烧体 3.00	不燃烧体 3.00
	承重墙	不燃烧体 3.00	不燃烧体 2.50	不燃烧体 2.00	难燃烧体 0.50
	非承重墙	不燃烧体 1.00	不燃烧体 1.00	不燃烧体 0.50	燃烧体
	楼梯间的墙 电梯井的墙 住宅单元之间的墙 住宅分户的墙	不燃烧体 2.00	不燃烧体 2.00	不燃烧体 1.50	难燃烧体 0.50
	疏散走道两侧的隔墙	不燃烧体 1.00	不燃烧体 1.00	不燃烧体 0.50	难燃烧体 0.25
	房间隔墙	不燃烧体 0.75	不燃烧体 0.50	不燃烧体 0.50	难燃烧体 0.25
柱		不燃烧体 3.00	不燃烧体 2.50	不燃烧体 2.00	难燃烧体 0.50
梁		不燃烧体 2.00	不燃烧体 1.50	不燃烧体 1.00	难燃烧体 0.50
楼板		不燃烧体 1.50	不燃烧体 1.00	不燃烧体 0.50	燃烧体
屋顶承重构件		不燃烧体 1.50	不燃烧体 1.00	燃烧体	燃烧体
疏散楼梯		不燃烧体 1.50	不燃烧体 1.00	不燃烧体 0.50	燃烧体
吊顶（包括吊顶搁栅）		不燃烧体 0.25	难燃烧体 0.25	难燃烧体 0.15	燃烧体

注：1. 除本规范另有规定者外，以木柱承重且以不燃烧材料作为墙体的建筑物，其耐火等级应按四级确定。
2. 二级耐火等级建筑的吊顶采用不燃烧体时，其耐火极限不限。
3. 在二级耐火等级的建筑中，面积不超过 100m^2 的房间隔墙，如执行本表的规定有困难时，可采用耐火极限不低于 0.3h 的不燃烧体。
4. 一、二级耐火等级疏散走道两侧的隔墙，按本表规定执行确有困难时，可采用 0.75h 不燃烧体。

3.1.3　电信建筑防火分区的允许最大建筑面积不应超过表 3.1.3 的规定。

表 3.1.3　　每个防火分区允许的最大建筑面积

建筑类别	每个防火分区的建筑面积（m^2）
一、二类高层电信建筑	1 500
单层、多层电信建筑	2 500
电信建筑地下室	750

注：设有自动灭火系统的防火分区，其允许的最大建筑面积可按本表增加一倍；当局部设置自动灭火系统时，增加面积可按该局部面积的一倍计算。

3.1.4 一类高层电信建筑与建筑高度超过 32m 的二类高层电信建筑均应设防烟楼梯间，其余电信建筑应设封闭楼梯间。

3.2.1 电信建筑内的管道井、电缆井应在每层楼板处用相当于楼板耐火极限的不燃烧体做防火分隔，楼板或墙上的预留孔洞应用相当于该处楼板或墙体耐火极限的不燃烧材料临时封堵，电信电缆与动力电缆不应在同一井道内布放。

3.2.2 电信建筑的内部装修材料应采用不燃烧材料。

3.2.5 当本层为敞开式电信机房时，应在电信机房内留出连接两端疏散楼梯、电梯等的疏散走道，且应在地面设置相应的疏散指示标志。

3.5.3 电信建筑内的配电线路除敷设在金属桥架、金属线槽、电缆沟及电缆井等处外，其余线路均应穿金属保护管敷设。

4.1.1 一级邮区中心局和省会二级邮区中心局的邮政生产用房耐火等级应为一级，其余邮政生产用房耐火等级不应低于二级。

4.1.3 邮政生产用房防火分区允许的最大建筑面积不应超过表 4.1.3 的规定。

表 4.1.3　　每个防火分区允许的最大建筑面积

建筑类别	耐火等级	每个防火分区允许的最大建筑面积（m^2）
高层	一级	3 000
	二级	2 000
多层	一级	6 000
	二级	4 000
单层	一级	不限
	二级	8 000

注：1. 设有自动灭火系统的防火分区，其允许的最大建筑面积可按本表增加一倍。
2. 设有自动灭火系统的二级耐火等级建筑的屋顶金属承重构件和金属屋面可不做防火处理。

4.1.5 邮政生产用房的疏散楼梯应采用封闭楼梯间，高度超过 32m 且每层超过 10 人时，应采用防烟楼梯间或室外楼梯。

6.3.7 电缆孔洞及管井应采用相同耐火极限的防火材料封堵。通信电缆不应与动力馈电线敷设在同一个走线孔洞（管井）内。

10.9 YD 5059-2005《电信设备安装抗震设计规范》

10.9.1 电信设备安装的抗震设计目标

3.0.1 当遭受本地区设防烈度的地震作用时，电信设备安装的铁架及相关的加固点，不应产生损坏。

3.0.2 当遭受本地区设防烈度预估的罕遇地震作用时，电信设备安装的铁架及相关的加固点，允许有局部损坏，但不应产生列架倾倒的现象。

抗震加固方法：设备、铁架的各相关构件之间应通过连接件牢固连接成为一个整体，并应与建筑物地面、楼顶板、承重墙及房柱加固（顶天立地抱房柱）。

10.9.2 架式电信设备安装抗震措施

5.1.1 架式电信设备顶部安装应采取由上梁、立柱、连固铁、列间撑铁、旁侧撑铁和斜撑组成的加固结构。构件之间应按有关规定连接牢固，使之成为一个整体。

5.1.2 电信设备顶部应与列架上梁加固。对于 8 度及 8 度以上的抗震设防，必须用抗震夹板或螺栓加固。

5.1.3 电信设备底部应与地面加固。对以 8 度及 8 度以上的抗震设防，设备应与楼板可靠联结。

5.1.4 列架应通过连固铁及旁侧撑铁与柱进行加固，其加固件应加固在柱上，所需的螺栓规格按本规范 4.3.1 条公式计算确定。

台式电信设备安装抗震措施。

5.2.1 6 度和 7 度抗震设防时，小型台式设备宜用组合机架方式安装。组合架顶部应与铁架上梁或房屋构件加固，底部应与地面加固，所需的螺栓规格按本规范 4.3.1 条公式计算确定。

5.2.2 对于 8 度及 8 度以上的抗震设防，小型台式设备应安装在抗震组合柜内。抗震组合柜的安装加固同 5.2.1 条。

5.2.3 对在桌面上进行操作的台式设备（如计算机、电传机），可直接用压条或 Z 型防滑铁件等，直接固定在桌面上，也可在桌面上设置下凹形底座，将设备直接蹲坐在凹形底座内。

10.9.3 自立式电信设备安装抗震措施

5.3.1 6~9 度抗震设防时，自立式设备底部应与地面加固。其螺栓的规格按本规范 4.3.2 条公式计算确定。

5.3.2 6~9 度抗震设防时，如果螺栓直径超过 M12 时，设备顶部应采用联结构件支撑加固，联结构件及地面加固螺栓的规格按本规范 4.3.1 条公式计算确定。

蓄电池组安装抗震措施。

6.1.2 8 度和 9 度抗震设防时，蓄电池组必须用钢抗震架（柜）安装，钢抗震架（柜）底部与地面加固。加固用的螺栓规格符合表 6.1.2-1 和表 6.1.2-2 的要求。

6.5.1 当抗震设防时，蓄电池组输出端与母线间应采用母线软连接。

微波馈线安装抗震措施。

7.2.1 微波站的馈线采用硬波导时，应在以下几处采用软波导。

1. 在机房内，馈线的分路系统与矩形波导馈线的连接处；波导馈线有上、下或左、右的移位处。

2. 在圆波导长馈线系统中，天线与圆波导馈线的连接处。

3. 在极化分离器与矩形波导的连接处。

10.10 YD/T 5026-2005《电信机房铁架安装设计规范》

2.1.1 铁架安装方式应采用列架结构，并通过连接件与建筑物构件连接成一个整体。

2.1.7 抗震设防烈度为 6 度及 6 度以上的机房，铁架安装应采用抗震加固措施。

3.1.1 铁架的相关构件之间应通过连接件牢固连接，使之成为一个整体，并应与建筑物地面、承重墙、楼顶板及房柱加固。

10.11 GB 50689-2011《通信局（站）防雷与接地工程设计规范》

强制性条文有：1.0.6、3.1.1、3.1.2、3.6.8、3.9.1、3.10.3、3.11.2、3.13.6、3.14.1、4.8.1、5.3.1、5.3.4、6.4.3、6.6.4、7.4.6、9.2.9 条，必须严格执行。

1.0.6 通信局（站）雷电过电压保护工程，必须选用经过国家认可的第三方检测部门测试合格的防雷器。

3.1.1 通信局（站）的接地系统必须采用联合接地的方式。

3.1.2 大、中型通信局（站）必须采用 TN-S 或 TN-C-S 供电方式。

3.6.8 接地线中严禁加装开关或熔断器。

3.9.1 接地线与设备及接地排连接时，必须加装铜接线端子，并应压（焊）接牢固。

3.10.3 计算机控制中心或控制单元必须设置在建筑物的中部位置，并必须避开雷电浪涌集中的雷电流分布通道，且计算机严禁直接使用建筑物外墙体的电源插孔。

3.11.2 通信局（站）范围内，室外严禁采用架空线路。

3.13.6 局（站）机房内配电设备的正常不带电部分均应接地，严禁做接零保护。

3.14.1 室内的走线架及各类金属构件必须接地，各段走线架之间必须采用电气连接。

4.8.1 楼顶的各种金属设施必须分别与楼顶避雷带或接地预留端子就近连通。

5.3.1 宽带接入点用户单元的设备必须接地。

5.3.4 出入建筑物的网络线必须在网络交换机接口处加装网络数据 SPD。

6.4.3 接地排严禁连接到铁塔塔角。

6.6.4 GPS 天线设在楼顶时，GPS 馈线严禁在楼顶布线时与避雷带缠绕。

7.4.6 缆线严禁系挂在避雷网或避雷带上。

9.2.9 可插拔防雷模块严禁简单并联后作为 80kA、120kA 等量级的 SPD 使用。

10.12 GB 51120-2015《通信局（站）防雷与接地工程验收规范》

强制性条文有：3.0.1、6.3.2、6.3.4、7.3.1 条，必须严格执行。其余是本文引入部分施工中常用的非强制性条文。

3.0.1 通信局（站）的接地系统必须采用联合接地的方式。

6.3.2 严禁在接地线中加装开关或熔断器。

6.3.4 接地线与设备或接地排连接时必须加装铜接线端子，且应压（焊）接牢固。

7.3.1 缆线严禁系挂在避雷网、避雷带或引下线上。

7.3.2 弱电信号线缆应与电力电缆和其他管线分开布放，其隔距应符合表 7.3.2-1 和表 7.3.2-2 的规定。

表 7.3.2-1　　弱电信号线缆与电力电缆的净距

类别	与弱电信号线缆接近状况	最小净距（mm）
380V 电力电缆容量小于 2kV・A	与信号线缆平行敷设	130
	有一方在接地的金属线槽或钢管中	70
	双方都在接地的金属线槽或钢管中	10
380V 电力电缆容量为 2～5kV・A	与信号线缆平行敷设	300
	有一方在接地的金属线槽或钢管中	150
	双方都在接地的金属线槽或钢管中	80
380V 电力电缆容量大于 5kV・A	与信号线缆平行敷设	600
	有一方在接地的金属线槽或钢管中	300
	双方都在接地的金属线槽或钢管中	150

注：当 380V 电力电缆的容量小于 2kV・A，双方都在接地的线槽中，即两个不同线槽或在同一线槽中用金属板隔开，且平行长度小于等于 10m 时，最小间距可以是 10mm。

表 7.3.2-2　　弱电信号线缆与其他管线的净距

其他管线类别	最小平行净距（mm）	最小交叉净距（mm）
防雷引下线	1 000	300
保护地线	50	20
给水管	150	20
压缩空气管	150	20
热力管(不包封)	500	500
热力管（包封）	300	300
煤气管	300	20

注：线缆敷设高度超过 6 000mm 时，与防雷引下线的交叉净距应按 $S\geqslant0.05H$ 计算，H 为交叉处防雷引下线距地面的高度（mm），S 为交叉净距（mm）。

10.13　YD 5003-2014《通信建筑工程设计规范》

强制性条文有：3.2.2、4.0.3、4.0.4、4.0.5、4.0.9、6.3.3、8.3.2、13.0.8 条，必须严格执行。其余是本文引入部分施工中常用的非强制性条文。

3.2.2　通信建筑的结构安全等级应符合下列规定。

1. 特别重要的及重要的通信建筑结构的安全等级为一级。

2. 其他通信建筑结构的安全等级为二级。

4.0.1　局、站址选择应满足通信网络规划和通信技术要求，并应结合水文、气象、地理、地形、地质、地震、交通、城市规划、土地利用、名胜古迹、环境保护、投资效益等因素及生活设施综合比较选定。场地建设不应破坏当地文物、自然水系、湿地、基本农田、森林和其他保护区。

4.0.2　局、站址的占地面积应满足业务发展的需要，局址选择时应节约用地。

4.0.3 局、站址应有安全环境，不应选择在生产及存储易燃、易爆、有毒物质的建筑物和堆积场附近。

4.0.4 局、站址应避开断层、土坡边缘、故河道、有可能塌方、滑坡、泥石流及含氡土壤的威胁和有开采价值的地下矿藏或古迹遗址的地段，不利地段应采取可靠措施。

4.0.5 局、站址不应选择在易受洪水淹灌的地区；无法避开时，可选在场地高程高于计算洪水水位 0.5m 以上的地方；仍达不到上述要求时，应符合 GB 50201《防洪标准》的要求。

1. 城市已有防洪设施，并能保证建筑物的安全时，可不采取防洪措施，但应防止内涝对生产的影响。

2. 城市没有设防时，通信建筑应采取防洪措施。洪水计算水位应将浪高及其他原因的壅水增高考虑在内。

3. 洪水频率应按通信建筑的等级确定：特别重要的及重要的通信建筑防洪标准等级为Ⅰ级，重现期（年）为 100 年；其余的通信建筑为Ⅱ级，重现期（年）为 50 年。

4.0.6 除营业厅外，局、站址应有安静的环境，不宜选在城市广场、闹市地带、影剧院、汽车停车场、火车站以及发生较大震动和较强噪声的工业企业附近。

4.0.7 局、站址应有较好的卫生环境，不宜选择在生产过程中散发有害气体、较多烟雾、粉尘、有害物质的工业企业附近。

4.0.8 局、站址选择时应考虑邻近的高压电站、高压输电线铁塔、交流电气化铁道、广播电视台、雷达站、无线电台及磁悬浮列车输变电系统等干扰源的影响。安全距离按相关规范确定。

4.0.9 局、站址选择时应符合通信安全保密、国防、人防、消防等要求。

4.0.10 局、站址选择时应有可靠的电力供应。

6.3.3 局址内禁止设置公众停车场。

8.3.2 在地震区，通信建筑应避开抗震不利地段；当条件不允许避开不利地段时，应采取有效措施；对危险地段，严禁建造特殊设防类（甲类）、重点设防类（乙类）通信建筑，不应建造标准设防类（丙类）通信建筑。

13.0.8 通信建筑的接地系统应采用联合接地方式进行设计。

第 11 章 附录

11.1 各种工程材料的规格、型号与单位质量

11.1.1 方钢与圆钢材单位质量

方钢与圆钢材单位质量见表 11-1 和表 11-2。

表 11-1　　方钢与圆钢材单位质量表一（kg/m）

圆钢		圆钢		方钢		方钢	
型号（mm）	kg/m	型号（mm）	kg/m	型号（mm）	kg/m	型号（mm）	kg/m
5	0.154	12	0.888	5	0.196	12	1.13
5.5	0.193	13	1.04	5.5	0.236	13	1.33
6	0.222	14	1.21	6	0.283	14	1.54
6.5	0.260	15	1.39	6.5	0.332	15	1.77
7	0.302	16	1.58	7	0.385	16	2.01
8	0.395	17	1.78	8	0.502	17	2.27
9	0.499	18	2.00	9	0.636	18	2.54
10	0.617	19	2.23	10	0.785	19	2.82
11	0.746	20	2.47	11	0.95	20	3.14

表 11-2　　方钢与圆钢材单位质量表二（kg/m）

钢板							
型号	kg/m	型号	kg/m	型号	kg/m	型号	kg/m
1.0mm^2	7.85	3.0mm^2	23.55	7.0mm^2	54.95	21mm^2	164.90
1.2"	9.42	3.2"	25.12	8.0"	62.80	22"	172.70
1.4"	10.99	3.5"	27.48	9.0"	70.68	23"	180.60
1.5"	11.78	3.8"	29.83	10"	78.50	24"	188.40
1.8"	14.13	4.0"	31.40	12"	94.20	25"	196.30
2.0"	15.70	4.5"	35.33	14"	109.90		
2.2"	17.27	5.0"	39.25	16"	125.60		
2.5"	19.63	5.5"	43.18	18"	141.30		
2.8"	21.98	6.0"	47.10	20"	157.0		

11.1.2 扁钢每米质量表

扁钢每米质量见表 11-3。

表 11-3　扁钢每米质量表（kg/m）

宽度（mm）	厚度（mm）										
	4	5	6	7	8	10	12	14	16	18	20
20	0.63	0.79	0.94	1.10	1.26	1.57	1.88				
25	0.79	0.98	1.18	1.37	1.57	1.96	2.36	2.75	3.14		
30	0.94	1.18	1.41	1.65	1.88	2.36	2.83	3.36	3.77	4.24	4.71
36	1.13	1.41	1.69	1.97	2.26	2.82	3.39	3.95	4.52	5.09	5.65
40	1.26	1.57	1.88	2.20	2.51	3.14	3.77	4.40	5.02	5.65	6.28
45	1.41	1.77	2.12	2.47	2.83	3.53	4.24	4.95	5.65	6.36	7.07
50	1.57	1.96	2.36	2.75	3.14	3.93	4.71	5.50	6.28	7.07	7.85
56	1.76	2.20	2.64	3.08	3.52	4.39	5.27	6.15	7.03	7.91	8.79
60	1.88	2.36	2.83	3.30	3.77	4.71	5.65	6.59	7.54	8.48	9.42
65	2.04	2.55	3.06	3.57	4.08	5.10	6.12	7.14	8.16	9.19	10.21
70	2.20	2.75	3.30	3.85	4.40	5.50	6.56	7.69	8.79	9.89	10.99
75	2.36	2.94	3.53	4.12	4.71	5.89	7.07	8.24	9.42	10.60	11.78
80	2.51	3.14	3.77	4.40	5.02	6.28	7.54	8.79	10.05	11.30	12.56
85	2.67	3.34	4.00	4.67	5.34	6.67	8.01	9.34	10.68	12.01	13.35
90	2.83	3.53	4.24	4.95	5.65	7.07	8.48	9.89	11.30	12.72	14.13
95	2.98	3.73	4.47	5.22	5.97	7.46	8.95	10.44	11.93	13.42	14.92
100	3.14	3.93	4.71	5.50	6.28	7.85	9.42	10.99	12.56	14.13	15.70

11.1.3 工字钢、槽钢每米质量表

工字钢、槽钢每米质量见表 11-4 和表 11-5。

表 11-4　工字钢、槽钢每米质量表一

普通工字钢		轻型工字钢		普通槽钢		轻型槽钢	
型号	kg/m	型号	kg/m	型号	kg/m	型号	kg/m
10	11.2	10	9.46	5	5.44	5	4.84
12b	14.2	12	11.5	6.3	6.63	6.5	5.90
14	16.9	14	13.7	8	8.04	8	7.05
16	20.5	16	15	10	10	10	8.59
18	24.1	18	18.4	12b	12.37	12	10.4
20a	27.9	18a	19.9	14a	14.53	14	12.3
20b	31.1	20	21.0	14b	16.73	14a	13.3
22a	33.0	20a	22.7	16a	17.23	16	14.2
22b	36.4	22	24.0	16	19.74	16a	15.3

表 11-5 工字钢、槽钢每米质量表二

普通工字钢		轻型工字钢		普通槽钢		轻型槽钢	
型号	kg/m	型号	kg/m	型号	kg/m	型号	kg/m
25a	38.1	22a	25.8	18a	20.17	18	16.3
25b	42.0	24	27.3	18	22.99	18a	17.4
28a	43.4	24a	29.4	20a	22.63	20	18.4
28b	47.9	27	31.5	20	25.77	20a	19.8
32a	52.7	27a	33.9	22a	24.99	22	21.0
32b	57.7	30	36.5	22	28.45	22a	22.6
32c	62.8	30a	39.2	25a	27.47	24	24.0
36a	59.9	33	42.2	25b	31.39	24a	25.8
		36	48.6	25c	35.32	27	27.7

11.1.4 等边角钢每米质量表

等边角钢每米质量见表 11-6。

表 11-6 等边角钢每米质量表（kg/m）

型号	边宽 (mm)	厚度（mm）							
		3	4	5	6	7	8	10	12
2	20	0.889	1.145						
2.5	25	1.124	1.459						
3.0	30	1.373	1.786						
3.6	36	1.656	2.163	2.654					
4	40	1.852	2.422	2.976					
4.5	45	2.088	2.736	3.369	3.985				
5	50	2.332	3.059	3.770	4.465				
6	60			4.576	5.427	6.262	7.081		
6.3	63		3.907	4.822	5.721	6.603	7.469	9.151	
7	70		4.372	5.397	6.406	7.398	8.373		
7.5	75			5.818	6.905	7.976	9.030	11.089	
8	80			6.211	7.376	8.525	9.658	11.874	
9	90				8.350	9.656	10.946	13.476	15.940
10	100				9.366	10.830	12.276	15.120	17.898

11.1.5 不等边角钢每米质量表

不等边角钢每米质量见表 11-7。

表 11-7 不等边角钢每米质量表（kg/m）

边宽（mm）	厚度（mm）						
	3	4	5	6	7	8	10
25×16	0.912	1.176					
32×20	1.171	1.522					
40×25	1.484	1.936					

续表

边宽（mm）	厚度（mm）						
	3	4	5	6	7	8	10
45×28	1.687	2.203					
50×32	1.908	2.494					
56×36	2.153	2.818	3.466				
63×40		3.185	3.920	4.638	5.339		
70×45		3.570	4.403	5.218	6.011		
75×50			4.808	5.699		7.431	9.098
80×50			5.005	5.935	6.848	7.745	
90×56			5.661	6.717	7.756	8.779	
100×63				7.550	8.722	9.878	12.142
100×80				8.350	9.656	10.946	13.476

11.1.6 热轧无缝钢管每米质量表

热轧无缝钢管每米质量见表 11-8。

表 11-8　热轧无缝钢管每米质量表（kg/m）

外径（mm）	壁厚（mm）									
	3	4	5	6	7	8	9	10	11	12
50	3.48	4.54	5.55	6.51	7.42	8.29	9.10	9.86		
54	3.77	4.93	6.04	7.10	8.11	9.08	9.99	10.85	11.67	
57	4.00	5.23	6.41	7.55	8.63	9.67	10.65	11.59	12.48	13.32
60	4.22	5.52	6.78	7.99	9.15	10.26	11.32	12.33	13.29	14.21
63.5	4.48	5.87	7.21	8.51	9.75	10.95	12.10	13.19	14.24	15.24
68	4.81	6.31	7.77	9.17	10.53	11.84	13.10	14.30	15.46	16.57
70	4.96	6.51	8.01	9.47	10.88	12.23	13.54	14.80	16.01	17.16
73	5.18	6.81	8.38	9.91	11.39	12.82	14.21	15.54	16.82	18.05
76	5.40	7.10	8.75	10.36	11.91	13.42	14.87	16.28	17.63	18.94
83		7.79	9.62	11.39	13.12	14.80	16.42	18.00	19.53	21.01
89		8.38	10.36	12.28	14.16	15.98	17.76	19.48	21.16	22.79
95		8.98	11.10	13.17	15.19	17.16	19.09	20.96	22.79	24.56
102		9.67	11.96	14.21	16.40	18.55	20.64	22.69	24.69	26.63
108		10.26	12.70	15.09	17.44	19.73	21.97	24.17	26.31	28.41
114		10.85	13.44	15.98	18.47	20.91	23.31	25.65	27.94	30.19
121		11.54	14.30	17.02	19.68	22.29	24.86	27.37	29.84	32.26

续表

外径（mm）	壁厚（mm）									
	3	4	5	6	7	8	9	10	11	12
127		12.13	15.04	17.90	20.72	23.48	26.19	28.85	31.47	34.03
133			15.78	18.79	21.75	24.66	27.52	30.33	33.10	35.81
140			16.65	19.83	22.96	26.04	29.08	32.06	34.99	37.88

11.1.7　电焊有缝钢管每米质量表

1. 电焊薄壁钢管每米质量见表 11-9。

表 11-9　　电焊薄壁钢管每米质量表（kg/m）

外径（mm）	壁厚（mm）								
	0.6	0.8	1.0	1.2	1.4	1.5	1.6	1.8	2.0
10	0.139	0.182	0.222	0.261					
15	0.214	0.280	0.345	0.407	0.468	0.499	0.529		
25	0.288	0.379	0.469	0.556	0.642	0.684	0.726	0.806	
30			0.592	0.703	0.813	0.869	0.925	1.030	
35			0.712	0.851	0.986	1.050	1.120	1.260	1.130
40				0.998	1.159	1.240	1.320	1.470	1.380
45					1.330	1.420	1.520	1.690	1.630
51					1.510	1.610	1.710	1.910	1.870
54					1.710	1.830	1.960	2.180	2.120
60					1.820	1.940	2.070	2.310	2.420
70					2.020	2.160	2.310	2.580	2.560
75					2.340	2.530	2.700	3.020	2.860
80									3.350

2. 电焊厚壁钢管每米质量见表 11-10。

表 11-10　　电焊厚壁有缝钢管每米质量表（kg/m）

公称口径（mm）	英寸（in）	外径（mm）	壁厚（mm）	理论质量（kg/m）	镀锌有缝钢管质量（kg/m）
40	1.5	48.3	3.5	3.87	4.009
50	2	60.3	3.8	5.29	5.47
65	2.5	76.1	4.0	7.11	7.338
80	3	88.9	4.0	8.38	8.648

续表

公称口径（mm）	英寸（in）	外径（mm）	壁厚（mm）	理论质量（kg/m）	镀锌有缝钢管质量（kg/m）
100	4	114.3	4.0	10.88	11.228
125	5	139.7	4.0	13.39	13.818

11.1.8 镀锌钢绞线、镀锌铁线和铜包钢线单位质量表

镀锌钢绞线、镀锌铁线和铜包钢线单位质量见表11-11。

表11-11　　镀锌钢绞线、镀锌铁线和铜包钢线单位质量表

镀锌钢绞线		镀锌铁线（直径mm）		铜包钢线（直径mm）		铝包钢线（直径mm）	
型号	kg/km	型号	kg/km	型号	kg/km	型号	kg/km
7/1.0	44.5	ϕ1.0	6.2	ϕ1.2	9.48	ϕ3.0	40.49
7/1.6	113.8	ϕ1.6	15.7	ϕ1.6	16.9	ϕ4.0	71.98
7/2.0	177.8	ϕ2.0	24.7	ϕ2.0	26.3		
7/2.2	215.1	ϕ3.0	55.5	ϕ2.5	41.1		
7/2.6	300.5	ϕ4.0	98.7	ϕ2.8	51.6		
7/3.0	400.1	ϕ6.0	222	ϕ3.0	59.2		
7/3.5	544.5			ϕ4.0	105.3		
7/4.0	711.2			ϕ6.0	237.0		

11.1.9 绝缘子的规格、型号与尺寸

绝缘子俗称隔电子，用绝缘材料制作，因其安装在导体中间能起到隔断电流流通的作用而得名。按其结构形式可分为蛋形、四角形和八角形3种，J-5、J-10和J-20为蛋形；J-45和J-54为四角形；J-70、J-90和J-160为八角形，如图11-1～图11-4所示。

图11-1　绝缘子的形状实物照片

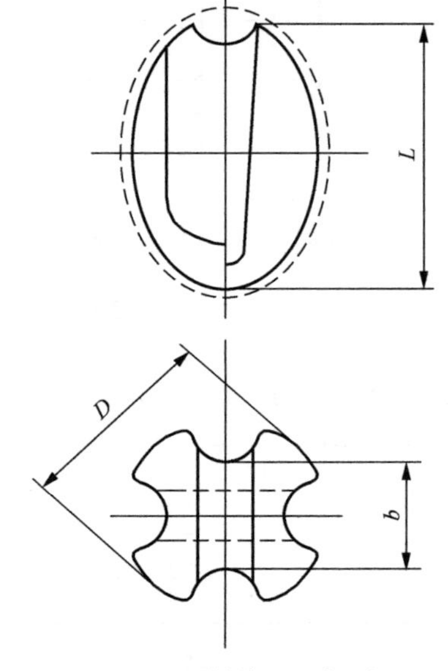

图11-2　蛋形绝缘子尺寸示意图

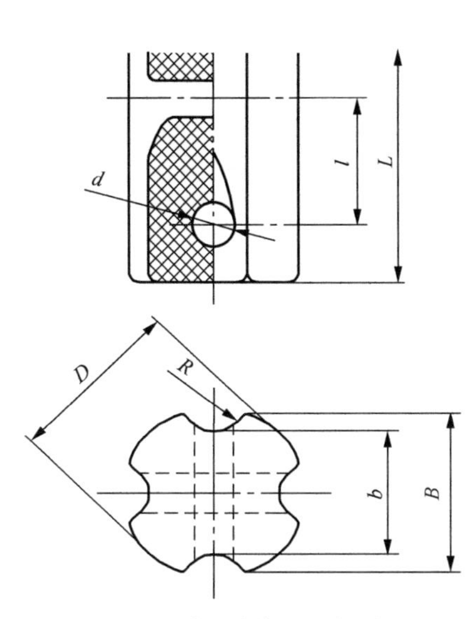

图 11-3　四角形绝缘子尺寸示意图

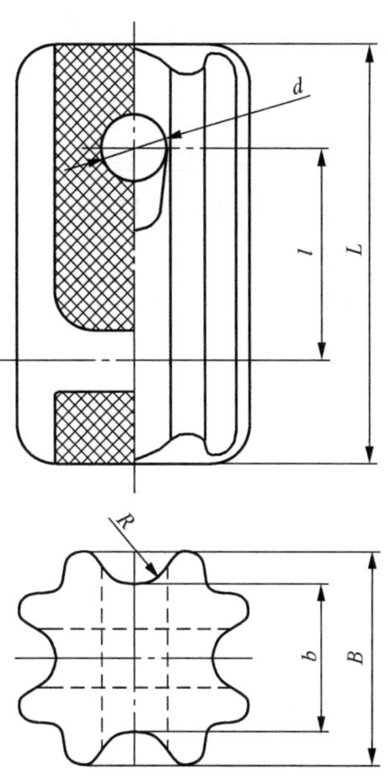

图 11-4　八角形绝缘子尺寸示意图

各种规格、型号的绝缘子具体尺寸见表 11-12。

表 11-12　　低压电力线路绝缘子、架空电力线路用拉紧绝缘子技术参数表

产品型号	图号	主要尺寸（mm）							机械破坏负荷不小于（kN）	工频电压不小于（kV）		质量（kg）
		L	l	D	B	b	d	R		干闪	湿闪	
J-5	1	38	—	30	—	20	—	4	5	4	2	—
J-10	1	50	—	38	—	26	—	6	10	5	2.5	—
J-20	1	72	—	53	—	30	—	8	20	6	2.8	—
J-45	2	90	42	64	58	45	14	10	45	20	10	0.52
J-54	2	108	57	73	68	54	22	10	54	25	12	—
J-70	3	146	73	—	73	44	22	13	70	—	15	—
J-90	3	172	72	—	88	60	25	14	90	30	20	1.9
J-160	3	216	90	—	115	67	38	22	160	—	—	—

11.2　工程设计组织计划实例（工程设计项目管理）

11.2.1　设计进度和计划安排

11.2.1.1　项目名称及建设规模概况

项目名称：中国电信股份有限公司广东分公司 2010 年从化—河源长途光缆建设工程。

建设规模：从广州市从化—河源市新建一条96芯光缆，全长为240km，总投资规模达1 400万元。

11.2.1.2 项目管理团队组成

项目管理团队成员见表11-13。

表11-13 项目管理团队成员表

<table>
<tr><th>序号</th><th>所属部门</th><th>姓名</th><th>联系电话</th><th>分工职责</th></tr>
<tr><td>1</td><td rowspan="3">省电信公司工程管理中心</td><td></td><td></td><td></td></tr>
<tr><td>2</td><td></td><td></td><td></td></tr>
<tr><td>3</td><td></td><td></td><td></td></tr>
<tr><td>4</td><td>省传送网络运营中心</td><td></td><td></td><td></td></tr>
<tr><td>5</td><td>广州电信分公司客响建设中心</td><td></td><td></td><td></td></tr>
<tr><td>6</td><td rowspan="2">惠州电信分公司客响建设中心</td><td></td><td></td><td></td></tr>
<tr><td>7</td><td></td><td></td><td></td></tr>
<tr><td>8</td><td>河源电信分公司网络发展部</td><td></td><td></td><td></td></tr>
<tr><td>9</td><td rowspan="2">广州传送网络运营中心</td><td></td><td></td><td></td></tr>
<tr><td>10</td><td></td><td></td><td></td></tr>
<tr><td>11</td><td rowspan="2">惠州传送网络运营中心</td><td></td><td></td><td></td></tr>
<tr><td>12</td><td></td><td></td><td></td></tr>
<tr><td colspan="5">设计单位</td></tr>
<tr><td>13</td><td rowspan="5">广东省电信设计院有限公司</td><td></td><td></td><td>公司级项目总监</td></tr>
<tr><td>14</td><td></td><td></td><td>项目总负责A角</td></tr>
<tr><td>15</td><td></td><td></td><td>项目总负责B角</td></tr>
<tr><td>16</td><td></td><td></td><td>项目负责人</td></tr>
<tr><td>17</td><td></td><td></td><td>单项负责人</td></tr>
<tr><td colspan="5">施工单位（待定）</td></tr>
<tr><td colspan="5">监理单位</td></tr>
<tr><td>18</td><td rowspan="3">广东公诚通信建设监理有限公司</td><td></td><td></td><td>总监理工程师</td></tr>
<tr><td>19</td><td></td><td></td><td>总监代表</td></tr>
<tr><td>20</td><td></td><td></td><td>项目总协调</td></tr>
</table>

11.2.1.3　各部门职责和分工

各部门职责和分工见表 11-14。

表 11-14　从化—河源和途光缆建设项目在勘察测量和设计中相关部门职责和分工表

序号	部门名称	职责和分工
1	省公司工程管理中心	（1）提供项目任务书或通知和相关文件；（2）协调各地市分公司、运营中心配合进行机房、沿途管道和杆路的勘察和测量以及提供原有管道、杆路资源的图纸资料；（3）签订设计合同、确认关联交易和费用结算；（4）听取设计单位的勘察结果汇报和组织现场复核；（5）组织设计会审和下达会审纪要；（6）组织工程竣工验收和接收移交
2	省及相关地市传送网络运营中心	（1）提供沿途历年维护中有关气候、地理状况、村民沟通等大概情况；（2）配合进行机房、沿途管道和杆路的勘察和测量以及提供原有管道、杆路资源的图纸资料；（3）提供沿途其他干线光缆及通信设施的情况资料；（4）为设计单位在勘察测量过程中做出必要的配合和提供便利（如租借花杆、地链、交通安全警示用具、购置竹签等）；（5）配合了解沿途建设规划状况和赔补费用大概情况；（6）协助施工单位办理报建手续
3	相关地市电信分公司	（1）配合进行机房、沿途管道和杆路的勘察和测量以及提供原有管道、杆路资源的图纸资料；（2）进入机房办理出入和许可证；（3）资源中心配合进行系统资源预占工作；（4）为设计单位在勘察测量过程中做出必要的配合和提供便利（如需要联系沿途地方政府或相关公路、电力、建设、地质、气象和建设规划部门等）；（5）如需要置换管孔资源，相关的地市电信分公司应做调查和协调，提供可置换的光缆或电缆所占孔位的资料；（6）协助施工单位办理报建手续
4	广东公诚通信建设监理有限公司	（1）监督设计进度、质量和安全；（2）配合进行机房、沿途管道和杆路的勘察和测量；（3）与建设方协调与汇报项目进展情况
5	广东省电信设计院有限公司	（1）根据建设方的（进度、质量、投资控制等）各项要求、意图完成勘察、设计任务，向施工单位进行现场交底；（2）确保整个工程在勘察、测量、设计全过程的安全；（3）向建设方及时反映和汇报工程有变更的情况和内容；（4）按优秀设计的高要求做出能指导施工的设计文本

11.2.1.4　项目管理实施团队成员

项目实施内部管理团队成员名单见表 11-15。

表 11-15　项目实施内部管理团队成员名单

职位名称	姓名
部门生产总负责人	
部门项目总协调	
项目总负责人	
公司安全接口人	
部门安全组长	
项目负责人	
单项设计和安全负责人	
设计一审	
设计二审	

11.2.1.5 项目组勘察和设计人员安排

建设项目勘察设计人员安排见表11-16。

表11-16　　2010年广东省公司从化—河源长途光缆建设项目勘察设计人员安排

		姓名	组内分工	联系电话	负责段落
单项负责人，项目安全本部接口指导人	A组		小组设计及安全负责人		从化青云局—龙门局
			勘察定路由方向		从化青云局—龙门局
			勘察、测量组负责人		从化青云局—龙门局
			勘察和设计辅助人员		从化青云局—龙门局
			勘察和设计辅助人员		从化青云局—龙门局
			勘察和设计辅助人员		从化青云局—龙门局
			勘察和设计辅助人员		从化青云局—龙门局
			公诚监理联系人		从化青云局—龙门局
			广州分公司联系人		从化青云局—龙门局
			广州传送中心联系人		从化青云局—龙门局
	B组		小组设计及安全负责人		龙门局—河源枢纽局
			勘察定路由方向		龙门局—河源枢纽局
			勘察、测量组负责人		龙门局—河源枢纽局
			勘察和设计辅助人员		龙门局—河源枢纽局
			勘察和设计辅助人员		龙门局—河源枢纽局
			勘察和设计辅助人员		龙门局—河源枢纽局
			勘察和设计辅助人员		龙门局—河源枢纽局
			公诚监理联系人		龙门局—河源枢纽局
			惠州分公司客响联系人		龙门局—河源枢纽局
			河源分公司联系人		龙门局—河源枢纽局
			惠州传送中心联系人		龙门局—河源枢纽局

11.2.1.6 设计进度计划

设计进度计划具体安排见表11-17。

表11-17　　2010年广东省公司从化—河源长途光缆建设项目设计进度表

工作名称	起止时间	工作内容
设计启动会	5月6日	部署落实勘察和设计的整体计划
初步勘察	5月9日～13日	根据可行性研究报告确定的路由方案，现场全程重新核实一次，明确各段敷设方式，制订下一步测量计划，落实各小组需要配备的具体人员、工具、大旗、花杆、竹签、红漆的数量以及采购点（包括食宿点）
勘察测量	5月14日～6月6日	根据初步勘察的结果和制订的测量计划，实施和完成测量任务

续表

工作名称	起止时间	工作内容
勘察测量结果汇报	6 月 7 日～14 日	整理勘察和测量的成果、资料，先向院本部内部汇报，然后向省工程管理中心汇报
复核	6 月 15 日～24 日	管理中心组织工程监理到现场复核，再将复核结果提交设计单位，明确是否需要修改设计方案
设计时间	6 月 7 日～7 月 22 日	根据勘察和测量的成果，以及收集到的资料，汇报后管理部门提出的意见，完成一阶段设计
提交设计及资源预占	7 月 23 日	提交设计文本各参建单位、各资源中心根据设计图纸在资源系统中进行资源预占（注：在设计过程中只要在图纸上所选择机房及管道资源已经明确，就可以提前进行资源预占工作）
设计会审及修正设计	7 月 24 日～8 月 15 日	召开一阶段设计会审会议，进行工程风险评估，出版修正设计文本
施工现场交底	8 月 16 日～22 日	设计人员向施工和监理单位进行现场交底

上述分组中的成员均能独立承担相关专业的勘察工作，我公司将严格按照框架协议及合同规定的设计进度计划，并根据发包方实际计划要求及时配合调整，确保工程满足质量和时限要求。我公司可根据实际情况增调更多的设计人员参与本工程项目的勘察、设计，以满足甲方对项目建设进度的要求。

11.2.1.7　勘察测量车辆、工具、仪器准备

通信线路工程勘察、测量工具见表 11-18。

表 11-18　　通信线路工程勘察、测量工具表

工具	单位	数量
车辆	辆	2
地图	套	2
绘图板	块	2
四色笔	支	10
数码相机	台	2
指南针	个	2
标记笔/油性笔	支	10
标签纸	盒	2
钢卷尺、皮尺	只	各 2
手电筒	支	2
测量轮	个	2

续表

工具	单位	数量
激光测距仪	台	2
GPS 定位仪	台	2
井匙/洋镐	套	2
爬梯、抽水机	台	2
100m 测量地链	条	2
接地电阻测试仪	台	2
大标旗、小红旗、标杆	组	2
标桩、红漆、写标桩笔	套	2
铁锤、木工斧	把	2
对讲机	对	2
望远镜	只	2
随带式图板、工具袋	套	2
安全反光衣、安全帽	套	20

11.2.1.8 保证进度、投资和质量采取的措施

我公司对每个工程项目实行项目管理制度，每个项目都设立设计负责人，从经验丰富的人员中挑选确定设计负责人，负责项目进度和质量的控制以及为与建设单位的统一接口提供必要条件。同时协调人力、资源的调配，满足项目对时间和质量的要求。在工程启动期间，设计负责人根据甲方的工程建设计划和要求，确定工程勘察人员组织、设计计划，以及相关的各项时间进度要求等，方便建设单位的项目管理工作。

我公司已经通过 ISO 9001 质量管理体系认证，该质量管理体系为设计的质量和工期都做出了保证。我公司通过严格的三级校审制度和设计评审制度等措施保证出版的文本符合设计质量要求，即专业审核、部主管审核、院主管批准后才能交付出版，杜绝了因为个人因素造成的设计质量问题。工程勘察结束后，工程设计项目组要向院、部技术主管汇报勘察情况，并对重大技术方案进行论证，以保证工程采用最佳设计方案。

针对具体的工程设计项目，本公司通过制定并严格执行设计流程制度保证了项目进度和质量，项目进行各阶段具体的措施和步骤如下所述。

1．项目策划阶段

召开工程启动会，向项目组成员交代工程规模、勘察设计注意事项，重点难点；确定勘察完成时间、设计完成时间以及其他需要注意的问题。

要求项目管理部下工程项目策划书，将工程启动会上明确的相关问题记录在策划书中。

2．项目勘察准备阶段

了解工程规模，制订勘察计划，并主动联系各地区建设单位的工程主管人员落实行程，同

时发送传真件。

准备勘察工具（勘察表、卷尺、机房平面图、白纸、铅笔、油性色笔、标签、激光测距仪、测量轮、测量尺等）。

准备证件：身份证、工卡、机房出入证、设计任务（委托）书等。

3．勘察阶段

对应勘察表中的每一项，认真勘察、仔细记录，线路工程必须在草图上标出线路路由的相对位置、测量段长等，穿越障碍物等特殊地段应在草图上标明，并确定处理方案。

现场勘察完毕后，设计人员与建设单位人员共同在勘察表、机房平面图上签字确认。

4．勘察结果汇报

现场勘察完后首先应向当地建设单位进行汇报；回到院中要向设计负责人进行汇报，并与设计负责人一起讨论勘察中遇到的重点、难点问题，同设计负责人或所主管共同确定设计完成时间。

5．勘察回来后的资料整理

设计人员在勘察后编制勘察报告并提交设计负责人或所主管进行审核，然后通过 E-mail 形式发送给建设单位工程主管，设计负责人须协助设计人员分析工程项目的重点和难点，确定技术方案。

6．设计阶段

设计负责人应及时了解工程进度，召开工程例会，协助设计人员解决工程技术难点，协调人力资源，保证设计按进度完成。

7．审核与资料归档

设计负责人担任一审工作。

8．项目会审及项目总结

设计负责人参与设计会审，了解设计中存在的问题以及客户的需求；设计人员在会审前应做好充分的准备，制作相关幻灯片。设计人员与设计负责人一起对工程设计中的经验进行总结，提交小结报告。

完整的勘察设计流程图如图 11-5 所示。

除了执行设计流程和各项质量控制措施，本公司还通过制定严格的设计质量考核办法对设计质量以及设计负责人进行考核，并将考核结果和个人发展挂钩，从制度上达到了控制和提高设计质量的目的。另外，还定期开展质量分析会，主要分析存在的潜在问题，传达建设单位的新要求，共同学习新规范，定期进行技术交流和内部培训等工作，以期达到不断提高设计质量和服务水平的目的。

本公司通过建立良性的反馈机制，有效地提高了设计院的服务意识和设计质量。对于用户有关服务、技术方案、设计进度等方面的申告，我公司会通过“顾客服务跟踪”，委托第三方进行满意度调查等一系列管理流程进行处理，以及时解决工程设计过程中出现的各种问题。工程设计完成后，我公司会通过一定的方式对招标人进行设计回访，以发现设计中还存在的问题和需要改进的地方，并在今后的设计中进行完善、提高，为将来提供更优质的服务打下基础。

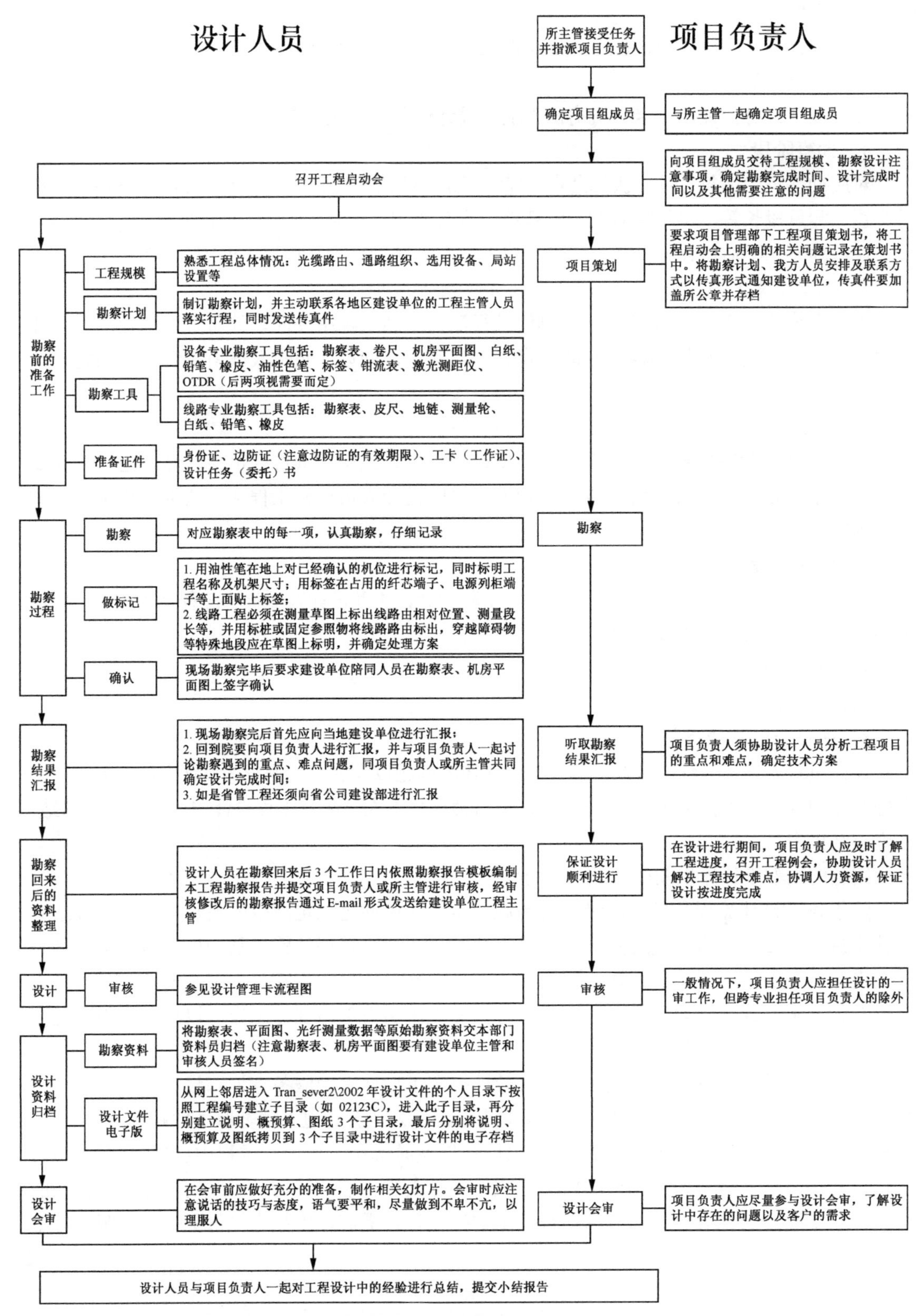

图11-5 完整的勘察设计流程图

11.2.1.9　应对设计方案变更的措施

我公司设计人员具有丰富的传输工程设计经验，可以在工程设计前期充分考虑各种风险因素，并提出相应的解决方案，尽量减少工程实施阶段发生变更的可能性。

如遇不可预见的因素造成突发性方案变更，我公司在收到建设单位通知后将立即组织足够的人力及时进行重新勘察，并根据实际情况组织专家进行变更方案的评审和论证，从而确定出一个合理、可行的技术方案。如有需要，还可先期提供施工图纸，以保证正常的工程进度。对突发任务的具体考虑如下。

1．针对路由变更

如发生光缆路由变更，我公司可以根据本地网现有光缆资源，由设计经验丰富的项目负责人提出多个备选方案，经过讨论和论证，尽快确定最优替代方案，并对变更的光缆路由重新进行光缆指标测试，根据测试结果更改设备配置，尽快提供变更设计。

2．针对设备选型变更

基于我方对各厂家设备都有十分深入的了解，若设备选型发生变更，我方将协助建设单位完成设备选型和清单核对工作，并根据新设备的具体情况研究其组网的能力并核实机房装机条件。

3．针对工程规模变更

我公司有足够的人力和资源应付，传输设计方面的人员除信息网络咨询设计院外，另外还有一个综合通信咨询设计院，在有突发任务的情况下，我公司可统一调配人力资源。我公司勘察车辆除院自己配置的车辆外，在任务紧急的情况下，还可以向社会上的汽车租赁公司（如天旺、顺之达等）租车，以保证工程勘察、设计的需要。

11.2.2　勘察设计重点、难点分析及注意事项

11.2.2.1　设计重点分析

（1）调查及分析网络现状：调研光缆资源现状、管道资源现状以及光缆纤芯利用/空闲情况等基础数据。

（2）新建光缆路由的选定：遵守光缆路由选择的原则，充分考虑管线资源现状，尽量避免与现有同性质光缆同路由，以提高光缆网络安全性。

（3）利旧杆路时应重点核实现有杆路强度。

（4）光缆型号的选定：综合考虑光缆敷设方式、光缆芯数容量、施工安全性及割接维护难易程度，确定具体单项工程光缆型号。

（5）光缆占用管孔位置的确定：勘察完毕后及时向建设单位相关部门汇报，请建设单位相关部门结合本地管线资源管理系统，确定管孔具体占用位置并备案。

（6）局内光缆路由及程式：从路由安全性、便于施工等角度选定局内光缆走线路由，与建设单位商定局内部分是否采用室内光缆，如确定采用室内光缆，需考虑局内光缆与室外光缆接头的安装。

（7）光缆的防雷、防机械损伤措施。

（8）光缆终端设备的选定：与建设单位商定光缆终端设备的型号及安装机位等。

（9）光缆的分纤方案。

（10）尽快编制光缆配盘表及主材设备清单，协助建设单位进行光缆及主材设备采购工作。

（11）根据本工程实际情况制定具有极强实际指导意义的勘察表，根据勘察流程进行勘察。

（12）设计概预算编制：核实光缆采购单价，跟踪各种主要材料市场单价。材料数量配置应严格按照概预算定额及相关文件要求，务求预算准确规范。

（13）设计文件说明：根据本工程实际情况编制设计说明。

（14）施工安全措施：对现有通信资源的保护以及实际工程中安全施工的防范措施等加以说明论述。

11.2.2.2 设计难点分析

（1）现有电信管道资源情况复杂，如部分井盖锁死，部分管道位于人行道、车行道，人井积水严重等，给勘察设计带来一定的困难。

解决方案：本次工程项目组选配的勘察设计人员是我公司传输管线专业的技术骨干中坚力量，具有丰富的管线工程勘察设计经验，并具有极强的责任心。配合本次工程配置的专业勘察仪表，使得细致、准确的勘察工作得到了充分的保证。

（2）项目地点分散，建设周期短。

解决方案：我公司根据每个单项成立了工程项目组，每个单项小组可同时进行勘察设计工作，确保本工程能按时、保质完成。

综上所述，我公司项目组人员充足、经验丰富、配置合理、内部沟通顺畅，能高质、高效完成勘察设计。

具有规范的勘察设计流程，根据丰富的勘察设计经验，制定了指导意义极强的勘察表，有效地提高了效率，确保了勘察质量。

具有完善的项目管理制度，有能力按时优质完成设计任务。

管线工程图纸辅助设计系统及概预算编制系统，极大地提高了画图的效率，图纸的规范性、预算的准确性也得到了充分的保证。

11.2.2.3 勘察设计注意事项

（1）勘察前向建设单位提交勘察计划、人员安排，以便建设单位配合。

（2）做好项目进度的汇报工作，以便建设单位及时掌握项目进度，提前做好配套项目的准备工作。

（3）勘察前制定针对本工程的具有极强指导意义的勘察表，按照勘察流程进行勘察，确保不漏看、错看，提高勘察效率。

（4）勘察完毕提交勘察总结，与建设单位充分沟通，明确工程中需要预先解决的问题。

（5）光缆勘察设计时需要注意以下事项。

① 勘察外部光缆路由，需要提前与建设单位相关部门联系，确保锁住的井盖能够打开勘察，同时应记录人井情况，以确定是否有条件安装光缆接头盒或光缆盘留，勘察后向建设单位汇报，请建设单位相关部门指定本工程使用的管孔并备案。

② 局内光缆走线路由勘察：现场与建设单位商定局内光缆预留位置；记录光缆及保护地线的走线路由，现场测量确定线缆长度，确保线缆长度准确，不至于过长、过短，并尽量避免光缆与电源线及其他信号线的交叉；勘察机房是否有光缆专用防雷地线排，若无地线排，设计应从大楼总地线排或电力室地线排引出光缆专用防雷地线排；若现有地线排无空余端子，则设计新增地线排并接现有地线排。

③ 光缆终端设备勘察：记录现有（或新增）终端设备型号、需配置的光缆配线单元、熔

接单元型号以及需配置的尾纤、连接器型号等。

11.2.2.4　设计质量要求

（1）设计阶段：进行一阶段设计；设计目标：省级优秀设计。

（2）每一组设计人员必须配备数码相机、地图、测量仪器和其他必备的工具。除了邀请施工单位有经验的线路专家参与全程勘察测量外，每个小组必须有监理单位的代表全程参加。

（3）设计人员必须配备勘察记录表、同路由其他干线光缆及地下管线和杆路情况表，将现场勘察情况记录到表上，并得到当地维护中心项目负责人的签名。

（4）明确架空与管道交接点的所在人孔、电杆、标桩编号；明确各分段路由地理位置和敷设方式及长度；以 1∶2 000 的比例画施工图，每张施工图均要求画指北针。

（5）注意架空杆路沿途三线交叉，在图上标识清楚，了解沿途赔补情况。

（6）收集的资料包括机房平面图、机架确切位置、ODF 端子排列图、明确保护地线排位置，沿途管孔资源及可利旧架空杆路的图纸。架空光缆要画出杆面程式图，管道光缆则要有明确的新旧光缆所占管孔资源资料；必须填写好同路由其他干线光缆及地下管线和杆路情况表。勘察过程中做好资源预占。

（7）特殊的复杂地段和某些地理位置发现的主要障碍、重点、难点必须有现场照片并在图纸上标记清楚，画出处理方法和大样图；与任务书出入较大的应及时向建设方主管汇报；顶管要画示意图。

（8）以正式施工的要求标准进行选择路由和测量长度，勘察测量要求做到定点、定线并沿途打竹签做标记。水田、菜地、山坡必须用 100m 长的地链测量，每天用皮尺校对一次地链的长度（测量轮使用前也必须较对），测量组人员每报一次长度必须得到记录员重复一次后才能继续向前测量。

（9）设计说明必须表达充足的建设理由、详细清晰的工程规模；对光缆路由的描述也必须描述清楚路由地理位置和敷设方式及长度、重点论述路由的安全性和施工安全注意事项。如果遇到特别复杂多变的路由地段，应提供两种甚至多种路由方案进行比较，论述优劣，推荐最佳方案。

（10）必须做一份详细而又具体客观的施工安全风险评估报告。

（11）勘察完毕后整理出勘察报告向建设方汇报。设计初稿完成后先向建设方汇报，经建设方组织监理现场复核后，没有遗留问题方可装订出版正式的设计文本。

（12）务必注意勘察安全，特别是雨季雷暴等。

11.2.3　安全与文明措施

（1）贯彻国家“安全第一，预防为主”的方针，学习有关安全文件，落实工作安全措施，清除事故隐患。

（2）项目开展前对参与项目组的人员进行安全技术及文明行为培训。

（3）严禁工作人员违章作业，遇有险情，必须暂停操作并及时报告。

（4）要求设计人员掌握相应的安全防范技能，野外作业的人员要求掌握防雨、防雷知识，严禁在恶劣天气下进行作业，严禁设计人员带病工作。

（5）勘察现场人（手）孔坑周围，交通要道等处，都应设置防护围栏或安全标志；在公路和高速公路边施工时，悬挂明显的施工标志，不得随意穿越公路和高速公路；在市区人员车辆通行处，夜间还应设置红灯警示。各种防护设施、安全警告标志，未经施工负责人批准，不得任意移动或拆除。

（6）在人孔勘察时，下井前必须进行空气检查，防止窒息，必要时配置抽风设备。

（7）根据工作性质和劳动条例，为职工配备或发放个人防护用品，各单位必须教育职工正确使用个人防护用品，不懂得防护用品用途和性能的，不准上岗操作。

（8）在勘察过程中如发生设备和人员事故，不得隐瞒，应及时报告项目部安全生产领导小组，并负责修补或赔偿所造成的经济损失。

（9）勘察时，确保地下其他设施及行人、交通车辆的安全。

（10）遵守国家和地方有关控制环境污染的法律法规，采取必要的措施防止污染。

（11）施工过程中产生的各种废料，征得当地环保部门的同意后，运抵指定场地，并做适当处理。

（12）雨季施工时做好防雷措施，严禁在雷雨天勘察和测量。

（13）锋刃工具（刀、剪刀等）不得在机房随意乱放，不准放在衣服口袋里，以免伤人；使用手锤、榔头时不准带手套，双人操作时不得对面站立，应斜面站立；传递工具时不准上扔下掷，放置较大的工具和材料时必须平放，以免伤人；工具、器械的安装，应牢固，松紧适度，防止使用过程中脱落或断裂，发生危险；使用的钢锯、安装锯条松紧适度，使用时用力均匀，不能左右摆动，以防锯条折断伤人；使用绳索前必须检查，如有磨损、断股、腐蚀、霉烂、碾压伤等现象之一者，不准使用。不准结节使用，在电力线下方或附近不准使用受潮湿的绳索牵拉线条。

（14）开启人孔盖时，应先清除堆积物和冰雪；若人孔盖冻结，应先沿边沿慢慢震松，使其解冻再开启，切勿用锤或重物直击人孔盖；启用人孔盖须用专用钥匙，用力要得当，并防止砸伤人脚部；人孔盖开启后应立即按规定设置安全标志，在繁华地区应设防护栏，必要时应设专人值守。作业完毕离开人孔前，先盖好人孔盖，然后撤除安全标志，严禁只盖内盖就撤除安全标志，离开现场。

（15）人孔内有积水时，不准进入人孔作业。应用抽水机或水泵先排除积水，人不得进入人孔用器具往人孔外掏水。排除积水后，经检测无有毒、有害气体，方可进入人孔作业。尤其是炎热天气，容易产生有毒、有害气体，更应加强检测。

（16）在大风或大雨时进入人孔作业，应在人孔上方设置帐篷遮风、雨；在雨季施工，应筑防水圈，防止雨水流入人孔。上、下人孔必须用梯子，严禁蹬踩电缆或支架。严禁爬着人孔口跳下、爬上。进入人孔先清理杂物，不准将易燃、易爆品带入人孔；作业完毕后将人孔清扫干净。在人孔内作业，不准吸烟，感到头晕，应立即离开人孔。

11.3 工程施工组织计划实例（工程施工项目管理）

本书引用实际的工程设计组织计划与工程施工组织计划，目的是要让学习者直观地了解和掌握对较大型的工程项目如何计划、组织、实施和管理，尤其是对管理工程项目的管理者很有参考价值。由于工程施工组织计划内容比较长，因此下面只将重点内容和标题列出来，碰到实际工程需要做施工组织计划时，根据标题顺序和基本要求同样可以编写完整的施工组织计划。

11.3.1 工程概况

由于省内不少公路和桥梁进行扩宽和改造，以及沿途当地的经济发展，需要发展新的公路和其他交通建设，使得沿途敷设的通信光缆需要迁移或更改敷设方式，对广东传送网络运营中心维护部门的工作带来很大的影响。为此，广东传送网络运营中心向省电信公司提交《2010 年第一批抢险救灾通信光缆项目》的建设方案，得到省电信公司的同意并下达了实施线路更新改造工程计划任务书，广东传送网络运营中心制订了本次光缆更新改造工程的实施方案。我公司根据任务书和设计文件的要求，制订本施工组织计划。

工程范围和主要工作量见表 11-19。

表 11-19　　工程范围和主要工作量

所属区域	主要工作量	施工公司	设计公司	监理公司
广州	移挂钢管（4 孔 60m）240m，移挂塑料管（16 孔 20m）320m，石砌护坡 101.4m^3，开挖管道沟及人（手）孔坑（硬土）76m^3，桥侧敷设塑料管道（4 孔）20m，管道混凝土包封 69.18m^3； 抽移管道光缆 12 芯 1km，36 芯 2km，48 芯 1km			
佛山	地下定向钻孔敷管（ϕ120mm 以下）2 处，地下定向钻孔敷管（ϕ120mm 以下）2.56km，石砌护坡 103.5m^3，人工敷设塑料子管（4 孔子管）0.946km，人工敷设塑料子管（5 孔子管）0.318km，敷设管道光缆（16 芯）0.6km 条，拆除管道光缆（16 芯）0.549km 条，敷设管道光缆（24 芯）0.7km 条，拆除管道光缆（24 芯）0.589km 条，敷设管道光缆（48 芯）1.7km 条，拆除管道光缆（48 芯）1.384km 条，砖砌手孔 1 个			
惠州	山区敷设埋式光缆 84 芯以下 0.548km 条，铺管保护塑料管（ϕ30/25 子管）130m，安装防雷设施敷设排流线（单条）0.505km，立 9.0m 水泥杆（山区综合土）51 根，水泥杆夹板法装 7/2.6 单股拉线（山区综合土）35 条，水泥杆架设 7/2.2 吊线 山区 2.537km，架设架空光缆 山区 96 芯以下 2.7km 条			
梅州	开挖管道沟及人（手）孔坑（硬土）586.6m^3，开挖管道沟及人（手）孔坑（砂砾土）193.0m^3，敷设塑料管道（1 孔）1.202km，敷设镀锌钢管管道（1 孔）12m，砌双盖手孔 18 个，桥挂钢管 50m； 人工敷设塑料子管 5 孔子管 1.264km，敷设管道光缆 24 芯 3.16km 条，敷设管道光缆 72 芯 1.58km 条，拆除山区敷设埋式光缆 24 芯 2km 条，拆除山区敷设埋式光缆 72 芯 1km 条，拆除架空光缆山区 24 芯 0.2km 条，拆除架空光缆山区 72 芯 0.1km 条			
清远	开挖管道沟及人（手）孔坑普通土 533.2m^3，敷设塑料管道 1 孔 810m，敷设镀锌钢管管道 1 孔 20m，砖砌手孔（现场浇筑上覆）11 个； 山区敷设埋式光缆 36 芯以下 72.2m^3，铺管保护塑料管（子管）16m，立 9m 以下水泥杆 8 根，水泥杆夹板法装 7/2.6 单股拉线 7 条，水泥杆架设 7/2.2 吊线 0.356km，架设架空光缆山区 36 芯以下 0.752km 条，人工敷设塑料子管 5 孔子管 0.83km，敷设管道光缆 36 芯以下 1.774km 条			

11.3.2 施工队伍组成

我公司现根据实际情况，由工程中心牵头，根据项目施工内容，组织下属各专业工程分公司相关专业技术和管理骨干及专业设备组成。

11.3.2.1 拟投入的人员情况

1．队伍组织架构及职责

项目的架构及职责如图 11-6 所示。

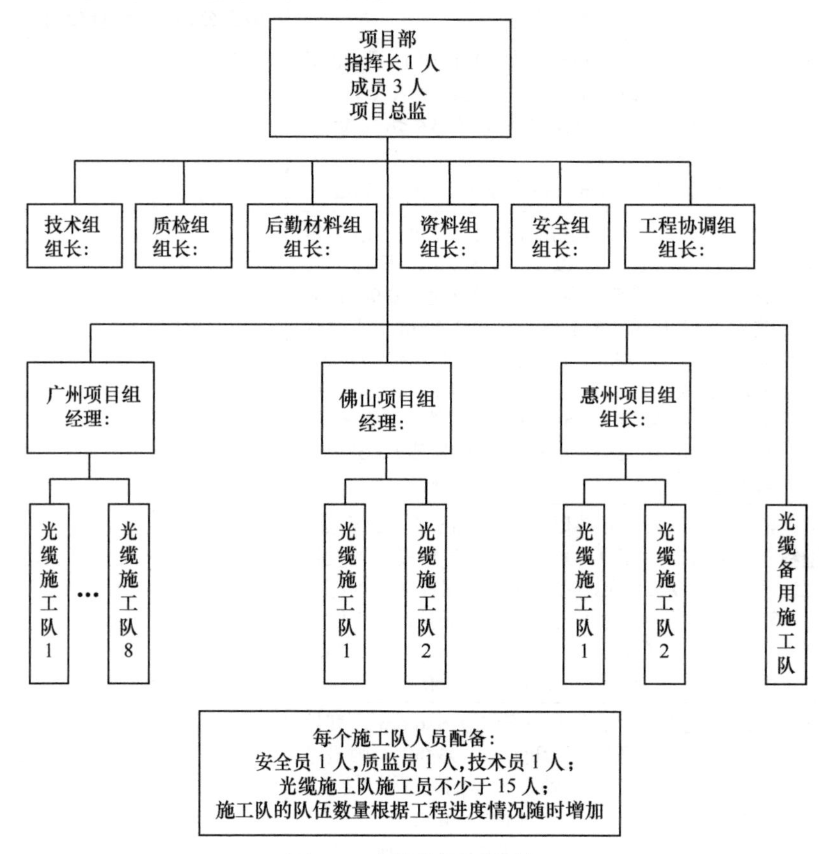

图 11-6　项目的架构及职责

进场日期：施工队预计 9 月 25 日进场。

人员和职责内容。

（1）领导小组：组长。

成员。

负责整个公司工程的统一规划与决策，监督各个部门各司其职，协调各个部门之间工作的实施。

（2）后勤材料组：组长。

根据工程实施情况做好材料供应计划，确保工程实施过程中所需的材料、车辆和工具等相关物品的及时供应，根据分公司反馈的信息补充施工缺少的必需品。了解材料的使用情况，并提前 3 天供应相应的材料，提前联系建方及相关厂家并对材料供应情况做好计划和落实。

（3）技术组：组长。

对施工中出现的相关技术问题做出相应的指导，及时给出准确的解决方案。

（4）质检组：组长。

掌握工程实施的具体情况，要求每天到现场进行质量检查，并对在检查中发现的质量问题进行及时的处理，要求施工队进行现场整改。

（5）安全组：组长。

为施工队提供相应的安全设施，并每天到现场检查施工人员是否佩戴相关的安全设备，以及施工中是否按规范进行安全操作，保证车辆的行驶安全。

（6）组料组：组长。

负责工程所有资料的收集、整理，日常报表的管理和上报工作。

（7）工程协调组：组长。

协调解决工程施工中出现的问题，协助解决工程报建问题。

2．主要项目负责人及技术人员表

领导小组成员见表 11-20。

表 11-20　领导小组成员表

组长		工程中心总经理	
成员		工程中心副总经理	
		市场部经理	
		项目管理部经理	

市场部公务电子邮箱：×××。

项目部组成见表 11-21。

表 11-21　项目团队组成表

拟在本项目中任职务	姓名	现职务、资历（职称）	联系电话
项目总监		高级项目经理	
项目主管		项目经理	
安全组组长		安全主管	
技术组组长		工程主管	
质监组组长		工程主管	
后勤材料组组长		工程主管	
资料组组长		工程主管	
工程协调组组长		工程主管	
广州项目经理		工程主管	
佛山项目经理		工程主管	
惠州项目经理		工程主管	

11.3.2.2 拟投入本项目的主要机械设备器材仪器表

申请人计划用于本工程的自有主要器材设备仪器见表 11-22。

表 11-22 申请人计划用于本工程的自有主要器材设备仪器

种类（名称）	数量	型号规格	生产能力	国别产地	额定功率
发电机	20		正常	日本	
抽水机	20		正常	日本	
吊车	7		正常	国产	
工程车	20		正常	国产	
调度指挥车	1		正常	国产	
电脑	16		正常	国产	
光缆接续机	20		正常	日本	
OTDR	20	EC6000	正常	日本	
光源、光功率计	10		正常	日本	
安全防护工具	一批		正常	国产	
辅助通信工具	一批		正常	国产	
防雨防水设施用具	一批		进常	国产	
照明工具	一批		正常	国产	

11.3.3 组织管理

11.3.3.1 工程配合和综合协调

1．项目各阶段的沟通协调

需沟通协调的单位和部门见表 11-23。

表 11-23 需沟通协调的单位和部门

项目进展阶段	合作沟通对象	合作沟通渠道	合作沟通措施
项目准备阶段	建设单位	项目经理、 客服中心	合同、协议的洽谈； 协助召开工程启动会； 开工报告、施工方案计划； 制定项目相关人员通信录； 客服中心启动项目服务档案
	设计、监理	项目经理、施工人员、客服中心	确定联系方式和职能； 合作方式
项目实施阶段	建设单位、 网维部门	项目组、 客服中心	工程日报、周报、月报及阶段报表； 工程签证、委托函、变更单； 客户回访记录； 项目满意度调查； 工程质量检查报告
	设计、监理	项目组、 客服中心	设计协商函； 设计变更单、工程量签证； 进度报表、工程协调函； 质量检查报告

续表

项目进展阶段	合作沟通对象	合作沟通渠道	合作沟通措施
项目试运行及保修阶段	建设单位、网维部门	项目经理、客服中心	验收； 遗留问题处理报告； 结算工作； 试运行报告； 保修期维护、整改报告； 技术支持； 客户回访； 客户满意度调查

2．与设计单位及监理单位的协调

（1）参加工程会审前，安排技术人员对工程设计路由勘察，对设计方案和预算进行研究核对，并提供详细工程勘察报告书，确保工程计划资金不突破。

（2）参与设计会审，对设计提出合理化建议。

（3）严格按设计施工，认真听取设计单位意见。

（4）如在施工过程中发现设计有错误或不合理的地方，应及时书面通知监理工程师或建设单位，由监理工程师或建设单位书面答复或现场签证解决，并会同设计单位补办有关变更手续。

3．与建设单位工作的配合

（1）开工前与建设方召开工程协调会，听取建设方关于工程轻重缓急和施工的相关意见。

（2）定期向建设方汇报工程进展情况和下一阶段施工计划。

（3）项目经理经常主动与建设方工程主管人员及监理工程师沟通，对建设方提出的意见及时响应，在限定的期限内整改工程中出现的问题。

4．与当地维护部门的配合

本工程是新建和更换工程，除本工程进行测试外，还要连接到原有设备、线路进行测试。应与当地维护部门及时联系和沟通，保证在原有设备、线路正常运转的情况下，本期工程能顺利进行调测，确保施工、维护两不误。

（1）施工前，向当地维护部门了解现有网络结构及系统设备的运作情况。

（2）施工期，随时与维护部门保持联系，协调、解决工程中的疑难问题。如遇故障，及时反馈给当地维护部门，并协调予以处理，做到安全施工。

（3）施工后，及时将完工后网络结构及系统设备配置情况准确、翔实地移交给维护部门。

5．项目内部各专业间有效的协调沟通

（1）各施工处的队长每天均须向项目经理做出汇报，与项目经理一道认真研究进度计划与实际需求之间是否相符，对于不符合实际需求的计划要及时做出调整，并报建设单位，使建设单位对总体进度有个清楚的认识。

（2）加强团队意识，各工作成员充分认识到参与项目的所有人员是一个整体，从而在工作中做到想互照应、相互配合，为实现项目成功而共同努力。

（3）在线路割接时，设备调测人员与线路施工人员充分配合，保证割接顺利进行。

（4）在硬件部分需要援助的时候，调测人员也给予了充分的支持。

通过软、硬件施工人员及各施工队的相互协调、配合，我们一定能够高质、高效地完成本项目的施工任务。

11.3.3.2 工程实施管理流程

我公司为贯彻“质量第一、为用户服务”的经营理念，做到精心施工，科学管理，拟对本项目实行分级管理，由省公司负责总体协调、统一管理。并根据工程量和进度要求，随时增配人力和设备资源，确保工程进度。

我公司将根据本工程的实际情况，实行项目责任制，项目部拟定施工管理流程如图 11-7 所示。

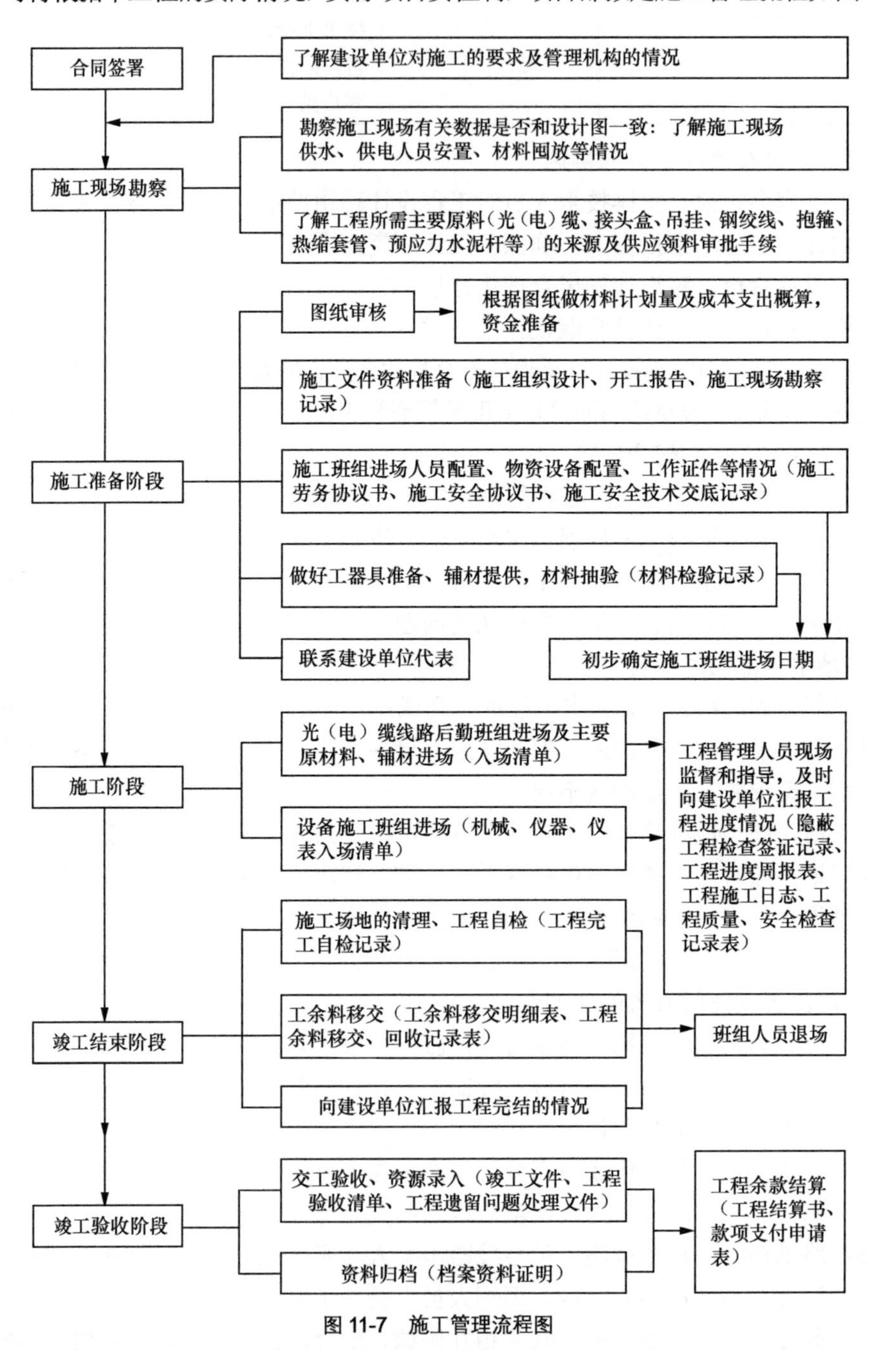

图 11-7 施工管理流程图

11.3.3.3　材料、设备交接、管理安排

1．施工材料组织管理

本工程主要材料，建设单位委托我方采购的（公司代购），必须按建设单位规定的材料供应厂家和规格、等级要求采购、验收并登记入库，确保符合建设单位规定要求。

2．施工材料的检验和试验工作

对工程的主要材料和辅助材料，要按建设单位提供的验收标准和规定进行检验，以便验证产品是否满足规格要求。

（1）物资在进货时进行检验，未经验证的产品不得投入工程使用。

（2）进入施工现场的光缆、接头材料由工程技术人员验证其性能的重要技术参数。

（3）进入施工现场的一般物资由物资供应员进行检验。

（4）验证内容包括：产品名称、产品规格、产品型号、产品数量、产品技术指标、产品标识、进货凭证、产品质量证明等资料。

（5）验证以合同为依据，检验产品型号、规格、包装、数量、标识、有效使用期及产品在运输中的损坏程度。

（6）产品计量单位按国家法定计量单位进行。

（7）光缆应开盘进行全部检测。

（8）不符合合同规定的物资，应采取隔离措施，做好标记和记录，并报告项目部和建设单位。

（9）器材、设备的检验方法按照“通信工程器材、设备检验标准”实施。

3．搬运、存储和防护工作

为确保施工材料在搬运、存储过程中不受损坏，规范适当的搬运方法、适宜的存储场所，采取必要的防护措施，保证施工材料在施工、存储过程中的质量。

（1）对施工材料在搬运过程中，本着及时、准确、安全经济的原则合理组织搬运，根据材料的性能、特点和要求采用防止损坏的搬运措施。

（2）工程所用各类施工材料应存储在适宜的场地和库房，其场地条件和产品存放要求相适应，防止物资丢失、损坏、变质。

（3）操作人员对本道工序完工前后的工程产品进行防护，做到加强维护、稳定观察，发现变化及时处理，始终保证产品质量。

（4）特殊工序产品的防护，由工程技术人员制定专门的防护措施。

（5）技术组负责交付前的产品实施防护，根据施工现场实际情况，制定必要的、有针对性的产品防护措施，留有足够的防护人员，加强巡查，产品在正式交付后，防护人员方能撤离。

4．产品标识和可追溯性控制

为了区分、识别产品，防止混用、误用，有可追溯要求的产品，应通过标识达到可追溯性。

（1）有可追溯性的产品范围包括以下几项。

① 工程完成后不容易再检验的项目：预留长度及盘放质量、保护设施的规格质量、防护设施安装质量等。

② 必须做验证的产品：光缆线路的电特性测试等。

③ 对产品（工程）质量有较大影响的产品：光缆接头等。

（2）产品标识可追溯性的实现。

产品质量的测试记录及检验、试验记录是产品的重要标识，具有很强的可追溯性。因为它能反映产品（工程）生产过程的质量控制状况，可追查某一过程或其配套设备的原始状况，能够查清出现质量的产品来源和其历史，实现可追溯性。

① 技术部在每个工程项目完成后把产品（工程）竣工技术资料送交项目部归档备查。

② 光缆因工程需要分运到其他工地，标识应做相应的转移，材料组物资供应员应填写“物资标识转移单”交项目部物资主管。

③ 质量记录或产品标识在施工过程中，可能会出现由一个单位（部门）移交到另一个单位（部门）的情况，移交时要办理标识转移手续，保证质量记录和产品标识在转移过程中不丢失，便于追溯。

④ 建设单位如有对产品（工程）质量形成过程或对某个关键工序进行追溯的要求时，各施工队应提供有关记录，满足建设单位要求。

（3）标识的检查与维护。

① 材料组在工程施工过程中应对产品标识指派专人维护，质检员要经常检查，要始终保持标识完整、准确、清晰、醒目，直至交付建设单位，并保持其可追溯性。

② 材料组物资供应员要定期对材料、设备的标识进行检查，发现有丢失、损坏或模糊不清的，应及时补上或重新填写清楚。

5．施工剩余材料清退

完工后，核对清算剩余材料，按建设单位要求办理退还，建账保留相关手续单据。

11.3.3.4 文明施工及安全措施

安全文明施工是施工单位形象和实力的体现，是工程项目施工管理的重要工作之一，能否做到安全及文明施工，提高施工人员的素质至关重要，监督工作不可忽略。我公司承诺安全文明施工，贯彻“安全第一，预防为主”的安全生产方针，加强施工现场管理及安全生产监管力度，保证施工生产过程处于安全稳定状态，防止通信中断、人身安全事故的发生，保证施工生产在合同规定的工期内完成，项目部特制定如下安全及文明施工保障措施，并要求所有参与工程管理和施工的人员都必须严格遵守。

1．安全生产组织机构

为健全安全文明生产机构，强化安全文明生产管理，加强安全文明监督和检查，各区项目组均成立安全生产小组。

各施工队负责人为施工现场第一责任人，各施工队设一名专职安全员，安全及文明施工领导小组的主要任务如下。

（1）贯彻执行上级有关安全生产的法律、法规、制度、条例、标准和要求，研究解决施工生产中的安全问题，指导和推动安全生产工作的正常开展。

（2）负责对参与施工人员进行安全教育及安全培训。

（3）深入施工现场监督检查安全生产工作。

（4）评选和奖励安全生产先进单位及个人，审批对有关责任者的处罚意见。

2．安全文明施工责任制

安全文明施工实施施工队负责人负责制，各级现场负责人要坚持管生产必须管安全文明的原则，生产要服从安全文明的需要，实现安全生产和文明生产。具体责任如下。

（1）项目部。

① 对本工程的安全施工负全面领导责任。

② 宣传、贯彻和落实各种安全、劳保政策、法规和制度。

③ 贯彻和落实公司颁发的安全生产责任制。

④ 定期听取安全情况汇报，研究和解决施工生产中的安全问题。

⑤ 定期向公司安全生产领导小组报告安全生产情况。

⑥ 组织审批安全生产技术保障措施，积极采纳合理化建议，总结推广安全生产中的新技术、新工艺。

⑦ 组织大型安全检查和安全活动，加强安全教育。

⑧ 督促项目部各部门和施工队做好安全生产工作。

⑨ 定期对施工人员进行安全教育及安全培训。

⑩ 支持安全工作人员的监督检查权利。

（2）施工队现场负责人。

对本单位施工生产的安全负直接领导责任。

① 认真贯彻落实项目部制定的安全生产法规、规定、制度、标准和条例，制定、落实安全生产技术保障措施。

② 杜绝违章指挥；经常组织安全检查、消除事故隐患；制止违章作业；坚持对职工组织经常性的安全教育。

③ 严格执行各种审批、验收制度和安全交底制度。

④ 发生事故不得隐瞒，要及时上报，并认真分析事故原因，总结经验教训，制定和落实改进措施。

⑤ 维护安全员的权利，支持安全员的工作。

（3）施工队安全员。

① 应认真贯彻执行项目部有关安全生产的要求，落实各项安全措施，对所辖工程段和施工人员的安全负直接领导责任。

② 要认真执行安全交底、安全生产技术管理制度。

③ 对施工现场临时用电设施，各类机械、机具设备等的安全防护装置，进行检查验收。经验收合格并办理验收手续后，方可投入使用。

④ 组织施工人员学习安全操作规程。

⑤ 督促施工人员正确使用个人防护、劳保用品。

⑥ 认真做好本部门工人的上岗前、班前教育工作。

⑦ 不违章指挥，不违章作业。

⑧ 组织开展自检、互检、竞赛、达标等文明施工活动，消除事故隐患。

⑨ 积极支持安全革新活动，坚持文明施工、文明生产，不断提高施工生产的安全水平。

⑩ 安全事故发生后，立即上报，保护好现场，并协助调查处理。

3．安全生产技术管理措施

（1）本项目所有工程的施工组织设计（施工方案），都必须制定安全生产技术保障措施。

（2）施工现场道路、电气线路、临时和附属设施等的平面布置，都要符合安全、卫生、防火等要求。

（3）加强对施工技能培训，使所有施工人员都能熟练掌握各类施工机具的性能、特点、使用方法，以确保安全生产。

（4）建立机械、电气安全管理制度。所有施工、用电设备均要做适当的接地保护，施工工具使用前应检查是否良好，以防发生意外事故。

（5）施工现场人（手）孔坑周围、交通要道等处，都应设置防护围栏或安全标志；在公路和高速公路边施工时，悬挂明显的施工标志，不得随意穿越公路和高速公路；在市区人员车辆通行处，夜间还应设置红灯示警。各种防护设施、安全警告标志，未经施工负责人批准，不得任意移动或拆除。

（6）在人孔施工时，下井前必须进行空气检查，防止窒息，必要时配置抽风设备。

（7）实行逐级安全技术交底制度。开工前，施工队负责人要将所负责工程段的概况、施工方案、方法、安全措施等情况向施工人员做详细交底；由于工期紧，施工时可能出现多个施工单位同时配合施工的情况，施工队负责人要按工程进度、工程特点等，适时地向作业人员进行有针对性的安全技术交底；施工队负责人每天施工前要对施工人员做施工特点、作业环境、注意事项的安全交底，安全技术交底应有文字记录。

（8）工程施工时，应符合原邮电部安全技术规定。凡从事施工的工作人员，均要严格执行《电信线路安全技术操作规程》。

（9）根据工作性质和劳动条例，为职工配备或发放个人防护用品，各单位必须教育职工正确使用个人防护用品，不懂防护用品用途和性能的，不准上岗操作。

（10）在施工过程中如发生设备和人员事故，不得隐瞒，应及时报告项目部安全生产领导小组，并负责修补或赔偿所造成的经济损失。

4．文明及环保施工措施

（1）施工现场的各种机具设备、材料、构件、设施等要堆放整齐，布置合理、标识清楚，保持现场整洁文明。

（2）施工中注意清洁施工周围区域，确保地下其他设施及行人、交通车辆的安全。

（3）遵守国家和地方有关控制环境污染的法律法规，采取必要的措施防止污染。

（4）施工过程中产生的各种废料，征得当地环保部门的同意后，运抵指定场地，并做适当处理。

5．安全教育和培训

（1）对施工人员进行安全文明产生思想教育。我公司经常组织全体施工人员进行安全文明生产教育，牢固树立“安全第一”的意识观念，阐述安全生产的重要性，说明无论是发生伤害他人或自身、造成建设单位和其他单位在运网络设备中断、财产损失及工程质量安全事故等，都要承担相应责任；阐述不文明施工行为，同样破坏企业及本人的形象，使全体施工人员安全文明施工的思想素质得到提高。

（2）对施工人员进行各类工程施工规范及操作规程教育。因为不按标准规范和操作规程施工，就会发生安全及质量事故，所以，我公司经常组织全体施工人员进行技术培训和参加学习，组织施工人员进行安全生产教育，学习《电信线路安全技术操作规程》。要求施工人员必须熟悉工程施工技术标准和操作规程，提高安全意识、规范施工，要求所有施工人员必须持证上岗，进入施工现场人员必须佩戴安全帽，高空作业时要系好安全带。

6．施工人员安全纪律

（1）施工人员要遵守各项劳动纪律，服从项目部和施工现场负责人的指挥，接受安全员的监督检查；作业时应坚守岗位、精神集中，未经许可不得从事非本工种作业；没有操作证者不得从事特殊工种作业；严禁酒后上岗；不得在禁止烟火的场所动火。

（2）严格执行各种安全技术操作规程，不得违章指挥和违章作业；对违章指挥的指令有权拒绝，并有责任制止他人违章作业。

（3）正确使用各类防护装置和防护设施，对各类防护装置和防护设施、警告安全标志等，不得任意拆除或挪动。

（4）必须严格遵守和执行项目部制定的有关安全生产制度，正确执行安全技术交底制度，确保安全生产。

7．安全检查

（1）项目部每周进行一次安全生产检查，安全生产检查可与质量检查同时进行。

（2）施工队每日都要进行安全检查。随时制止各种违章指挥和违章作业行为，及时发现问题，及时进行处理。

（3）工地安全员在施工现场随时巡回检查。发现不安全现象和隐患，及时纠正解决。处理不了的问题要立即上报，以求问题能及时妥善解决，并留有记录。

（4）各级管理者、各安全工作人员应熟悉业务、掌握标准和政策，对查出的问题应有记录、有交待、有落实；对重大事故隐患应指定专人负责，限期整改（或停工整改），并应签发隐患整改通知书。

8．奖励和惩罚

根据我公司颁发的《施工安全奖惩办法》有关规定，项目部结合本工程的实际情况，制定详细的奖惩制度，由项目主管签发实施。

11.3.3.5 文件和资料管理

各施工队设专职资料员对每天的施工进度、已安装设备明细表、随工质量检查记录表、工程变更单等相关资料进行整理、填报后及时上报给资料组，资料组负责相关施工资料的收集汇总、修改核实及登录存档工作，以便竣工资料的及时完成和接受建设方和监理方的随时检查。

竣工文件要做到数据准确、资料完备。竣工文件初稿完毕后，资料员组织施工班组进行施工现场复核，再送建设单位资源管理部门审核，完全正确后才出版，并及时交相关部门，组织工程验收，按实际工程量编制工程结算资料。

11.3.3.6 统计报表和工程信息管理

为实现高效、有序、全面、优质的管理，及时传达贯彻省电信公司对工程项目的要求，更好地完成施工任务，我公司结合工程管理办法和项目管理经验制定了以下流程。

1．统计报表要求

各分公司统一使用电信制定下发的统计信息模板，按以下要求及时、准确地上报。

（1）进度日报

形式：公司 OA 或电子邮件。

报表及信息管理流如图 11-8 所示。

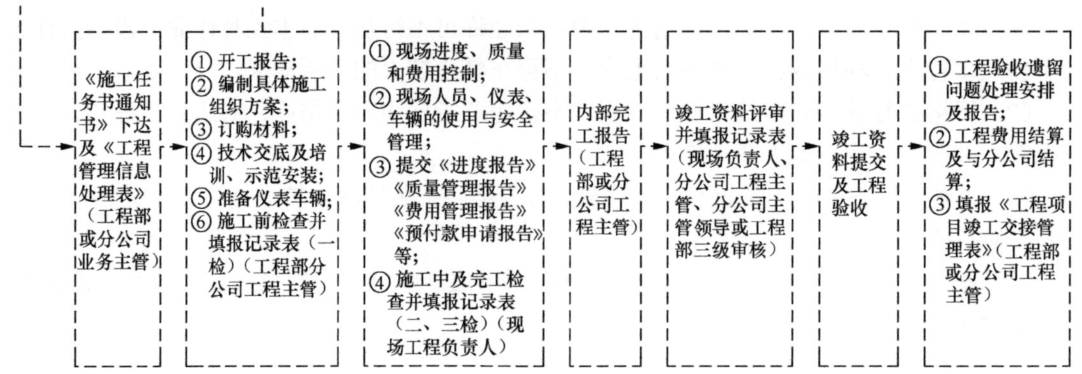

图 11-8　报表及信息流

频次：每日 1 次。

范围：公司相关部门主管人员。

（2）进度周报

形式：公司 OA 或电子邮件。

频次：每周 1 次。

范围：公司相关部门主管人员。

（3）工程质量管理报告

形式：公司 OA 或电子邮件。

频次：每周 1 次。

范围：公司相关部门主管人员。

2．工程信息管理要求

（1）各分公司需编制和建立工程管理信息处理台账，在项目实施过程中进行信息管理台账的必要修改和补充，并检查和督促其执行。

（2）有效协调和组织项目管理团队中各个工作部门的信息传递和处理工作，对建设单位提出的有关精神和要求必须在 2 个工作日内予以积极响应，同时加强工程项目管理信息的交流。

（3）与其他参建单位、工作部门协同组织收集信息、处理信息和形成各种能够真实反映项目进展和项目目标控制的报表和报告。

11.3.4　施工进度计划及实施保证措施

综合考虑合同工作量与施工进度安排计划，同时根据我公司安排的施工技术力量和施工设备，设备施工队将协调、配合，实施每个单项工程中的相关施工任务，必要时由机动施工队给予支援协助，保证施工进度。

1．项目进度计划

施工进度按照工作量以 15 支施工队施工进行安排，于 2010 年 9 月 25 日进场施工，在 2010 年 10 月 20 日完成所有施工任务，工期为 25 个日历日。

项目进度计划见表 11-24。

表 11-24　　项目进度计划表

阶段	任务名称			工作时间（日）															
				01	03	05	07	09	11	13	15	17	19	21	23	25	27	29	30
2	实施阶段	设备工程	设备安装																
			信号线、电源线布放																
			脱机调测																
			割接、测试																
		管道工程	路由复测																
			报建																
			开挖、布管、建人井																
			试通																
			路面恢复																
		杆路工程	施工测量																
			立杆																
			拉线																
			避雷线和地线																
			号杆																
			架空吊线																
		光缆敷设	敷设光缆																
		光缆接续																	
		测试																	
3	竣工资料、验收阶段																		
4	工程收尾阶段																		

2．施工工序配合、进度保证措施及应急措施

工程进度是直接影响工程效益的主要因素，因此，在保证工程质量及安全的前提下，必须加快工程进度，采取有效措施，合理安排，确保在计划工期内完成施工任务，因此，我公司特制订如下措施。

（1）制订完善的进度计划及良好的沟通

① 根据工程进度要求和实际情况制订完善的进度计划。保证足够的人力、车辆和仪表投入到本项目的施工过程中，开工前对施工人员进行进度计划交底，安排工期采用前紧后松的

原则，总工期要有调整余地，要全方位考虑多种影响工期的因素及制订补救措施。

② 做好各种材料使用计划，所需要工程材料，只能提前组织到位，要根据各类材料的订货周期、运输时间，提前组织订货或加工，确保工程材料的供应与配套。

③ 项目经理经常主动、提前与招标方沟通（包括会面、手机联系和邮件等多种方式），了解招标方工程的轻重缓急及具体安排情况，及时调整施工计划，避免因工程量增减影响工期。

④ 开工前，安排技术人员根据设计勘察现场，将可能影响施工进度的潜在因素及时汇报招标方，并提出解决的建议，确保不因此而影响工期。

⑤ 做好周边群众和有关部门的协调工作，线路工程是战线长、涉及部门多、受外界影响大的建设工程，因此，协调好周边关系是至关重要的，通过人缘关系，多做耐心细致的工作，以确保工程顺利施工。

（2）施工阶段的严格控制

① 开箱验货后，根据设计进行材料的清点，发现缺、坏件，及时督促、督导填写缺、坏件报告，保持跟踪，确保不因缺、坏件影响工期。

② 搞好现场施工调度，加强各施工班组之间的协调。由项目经理合理协调好各种工种交错施工作业时间，做到既分工又合作。合理安排工序，搭接流水、并行操作、交叉施工。对大工作面大的工序，通过增加人员的办法使其充分发挥作用，以缩短工期；对工作面小的工序，用技术好的工人精工细作，保证工期和质量。

③ 严格按照每周制订的进度计划进行施工。根据工程进度，每周五前上报工程周报及下周计划，每月上报工程月报，准确及时向招标方上报工程进展情况。

④ 采取加班加点，制订奖勤罚懒制度，提高劳动效益，对加班人员进行奖励。

（3）充分的预防措施

① 跟踪并协调相关工程进展，合理调整施工计划，降低因配套工程影响主体工程进度。

② 成立后备队（具体情况见“突发任务应对措施”），灵活有弹性地协调整个工程的进度。对突发任务和各种原因将引起的工期拖延，作为主要力量投入，力争按时完成施工任务。

③ 建立、健全安全制度，由专人定期检查，注意防火、防盗等，避免因安全问题影响工期。

（4）突发任务应对措施

当遇到突发任务导致工程量增加或是工期缩短的情况，我公司拟采取以下措施来保证满足工期的要求。

① 在突发工作量不多的情况下，将工作量分化到各施工队，在保证质量和安全的前提下，通过加班、加点按时完成任务。

② 成立后备施工队并配置相应的器具，正常情况下负责设备的维护和业务的新增、割接等事项。当接到突发任务时，优先进行突发任务的处理，人员将根据突发工程量的情况进行合理安排，争取做到不因突发任务而影响整个工程的整体进度。

11.3.5 技术方案

11.3.5.1 施工重点、难点分析和相应措施、工程质量保证措施

1．光（电）缆线路施工重点、难点分析和相应措施

本项目工程工地分散、工作量大、工期长、施工队伍数量多、车辆进出频繁。针对本工程的重点和难点，我公司特制定如下对策（见表 11-25）。

表 11-25　　光（电）缆线路施工重点、难点分析和相应措施

序号	施工重点、难点分析	相应措施
1	工程勘察：由于工程 MSS 系统已启用，工程切块资金从严控制，不能突破，施工灵活性受限	参加工程会审前，安排技术人员对工程设计路由勘察，提供详细工程勘察情况报告书，确保工程切块资金不突破
2	施工路由测量、光缆盘测及配盘：是影响工程质量及光缆材料合理使用的工序之一	安排经验丰富的技术人员对工程施工路由测量、光缆盘测及配盘，保证工程质量及光缆材料合理使用
3	光缆接续：光缆接续质量将对传输特性造成最直接的影响	光缆接续过程边接续、边测试，测试合格后才能对接头进行封装
4	光缆割接：会影响用户中断时间或错号	① 同运维部门研究周密的割接方案，做好割接前的准备工作； ② 光缆割接必须将线序及用户资料复核清楚，注意割接工作的先后顺序，割接完毕后要认真测试，确保割接正确无误
5	施工安全：安全重于泰山，确保施工安全是本工程的重中之重	① 过桥或沿公路施工应布放路障或请相关部门配合，确保交通畅通，施工安全； ② 在交通繁忙、人流集中、管道复杂的施工时段应尽量避开上下班时间，必要时请交警配合，协助指挥；安排专人看管特殊地段，防止行人或车辆损坏光缆，施工完毕人手孔应立即上盖，施工过程须打开的人井应有专人看守或设置醒目标志；部分特殊地段如有必要应安排在夜间施工； ③ 施工结束时要做好清理现场、封堵回填等防火工作，杜绝火灾事故

2．设备安装难点、重点分析和相应措施

施工难点、控制点分析及处理见表 11-26。

表 11-26　　施工难点、控制点分析及处理

序号	施工难点、控制重点	施工难点、控制点分析及处理
1	在局端站原有走线槽、DDF 或扩容机架内布放光缆时，容易拖拉原有光缆、触碰原有插头，以致引起设备故障	① 布放走线槽光缆时，应避免踩踏原有光缆及尾纤； ② 布放 DDF 及扩容机架的光缆时，我们将派出经验丰富的技术人员进行施工，且施工组长和安全员亲自监督检查
2	电源线的连接时，容易造成事故的发生	对电源线的连接，我们安排熟练的技术人员进行操作，做好绝缘及各种安全保护措施
3	工程涉及割接	① 网络安全是割接的重心，一切以安全为主，严格做好割接方案，必须有完善的应急和复原计划； ② 严格按割接方案实施，由项目经理亲自组织并安排熟练技术人员操作
4	工程期间的业务开通与维护	① 及时沟通，了解贵公司的业务量需求及轻重缓急，深入做好业务开通和维护工作； ② 在整个工程期间安排人员（后备队）对在运行的网络进行监控维护，做到工程与业务开通、维护两不误
5	工程的不确定因素多，可能导致工程量增加问题	① 主动、提前与招标方进行联系，实时了解工程量的情况，以尽快地进行反应，做出相应措施； ② 设立后备队，当工程量增加时作为主要力量投入，争取按时完成任务

续表

序号	施工难点、控制重点	施工难点、控制点分析及处理
6	工程协调 （建设方、客户、监理等）	① 深入了解、切实把握工程中需要与各方协调的内容与对方主要的负责部门、负责人； ② 做好一份完善的配合工程进度的协调计划； ③ 从施工队伍内部强调与各方面协调的重要性，规范协调接口、界面及用语等； ④ 设立专门联络员，用于协调和贵公司及相关人员等方面的关系，协调和其他相关部门之间的关系，确保工程的顺利进行； ⑤ 做好对大客户项目的客户端设备配合联调进度计划

11.3.5.2 施工质量保证措施

1．工程质量事故五大因素进行全面严格管理

工程质量管理是项目管理的核心，为加强工程质量管理，公司积极推行 GB/T1 9001-2000 和 ISO9001：2000 质量体系贯标工作，制定出适应公司实际工作并符合标准要求的体系文件，建立了一套科学、完整、规范的质量管理体系。为保证工程施工质量，我公司将针对造成工程质量事故五大因素进行全面严格管理，五大因素是人、工具、材料、方法和环境。

（1）通过提高施工人员的技术素质和质量意识，严格执行质量检查制度

我公司经常对全体施工人员进行质量教育，牢固树立“质量第一”的观念，并组织施工人员进行培训和参加学习，使所有施工人员都熟悉各类工程施工技术标准和操作规程，提高施工人员的技术素质和质量意识，严禁让不懂操作技艺、质量标准的人员在岗施工。

我公司为保证工程施工质量，已建立严格健全的管理体系，在以往所承接的工程施工从没有出现不合格工程。把工程质量管理的每项具体工作落实到每个部门、每个岗位，使质量工作事事有人管、人人有专职、工作有检查，每个人都要承担自己岗位的质量责任。在每道工序施工前，主管工程师都向施工人员进行技术交底，使施工人明确该工序操作规程及质量要求。工序交接要进行检查，上道工序不合格不能进行下一道工序施工，对于隐蔽工程必须在自检通过后，再请监理工程师检查，同意并签字后方可进行下一道工序施工。并执行周检查制度，对发现的问题寻找原因，并根据检查结果进行质量动态分析，制定根治和预防对策。

（2）通过配置先进的施工机械及仪表工具，并加强使用管理

我公司拥有各类通信工程先进的施工机械、车辆、仪表，对使用施工机械、车辆、仪表的施工人员实行持证上岗制，专人使用及定时保养，应维修的及时维修，对各类测试仪表定期计量，如光缆测试仪、熔接机、光功率机等仪器，避免因施工机械及仪表操作不当、仪表不准确，产生工程质量问题。

（3）杜绝使用不合格材料

如果把不合格材料用在工程中，就算工艺再好，工程也是不合格的。因此绝对不能使用不合格材料，在使用材料之前必须进行测试检查，杜绝因不合格材料造成工程质量问题。本标工程由招标方提供的材料，我公司在使用前将进行测试和检查，如不合格将拒绝使用，并书面报告招标方。由我公司自购的其他材料，我公司保证购买合格产品，并提供产品合格证等，接受招标方的检查，并对自购的材料质量负责。

（4）严格按照有关光缆工程的施工规范及操作规程施工

工程每道工序的施工方法和流程对工程质量非常重要。直接体现施工单位的施工技术水平，我公司将严格按照有关光缆线路工程的施工规范及操作规程施工，按设计要求施工。并且我公司在光缆施工已积累丰富经验，在施工方法和流程方面绝不会出现工程质量问题。

（5）施工环境控制，增设保护安全措施

影响工程质量的施工环境分两大类。

① 自然气候环境，如雷雨、台风等，发生恶劣气候，为确保工程质量，暂停施工，根据合同工期顺延。

② 车流、人流等市区干扰环境是市区管线工程施工常存的干扰环境，我公司施工将增设施工安全标志牌及围栏，增加看护人员，尽量少在车多、人多地方把光缆盘出人孔外，避免因车流、人流对光缆造成损伤。

2．管理质量具体措施

为确保本工程创优，达到既定的质量目标，我公司将采用一系列措施保证质量目标的实现。具体措施如下。

（1）严格按设计及规范要求标准施工

以国家相关质量标准作为我公司在本工程及相关质量活动中的质量管理和质量保证模式，确保各种质量活动始终在受控状态下进行。

（2）建立、健全各种管理制度

为确保本工程的顺利进行，在科学的管理之下精心组织施工，充分体现“管理就是生产力”这一企业管理文化的中心内容，在我公司现有完善的管理制度下，结合本工程的特点及建设单位的具体要求，我公司拟在本工程实施过程中推行如下管理制度。

① 技术责任制和技术交底制度。

A．项目部技术组是本项目的技术主管部门，技术组长是生产技术的直接责任人。

B．技术组长负责组织、编制施工进度计划、分项施工方案或专项工艺设计，并组织重大施工方案的会审及最终审批工作，并直接领导工程施工中“新工艺、新技术”的推广和应用。

C．技术组和质监组负责组织相关人员进行图纸会审，汇总图纸会审中发现的问题，并报建设方、监理方及设计方，共同协商解决办法。

D．施工中实行二级技术交底制，第一级交底为项目部项目经理对各专职小组、施工队队长和技术员、质检员、安全员及其他相关施工管理人员的交底，主要涉及施工组织计划中的主要内容、重点工序的施工方法、容易出现的问题及预防措施；第二级交底为项目部技术组长对作业班组、施工员的交底，涉及具体的工艺要求、操作要点、质量标准。

E．技术交底必须反复细致地进行，不断总结，以不断提高工艺技术。

F．技术交底保持详细记录。

② 工程任务单制度。

A．由施工队长开具任务单给作业班组，书面明确当天的生产任务和完成任务的时间，以及应达到的质量标准。

B．凡须耗用材料的生产任务，在开具工程任务单的同时，开据限额领料单，以控制材料的领用数量，材料员依据限额领料单发放材料给作业班组。

C．作业班组按任务单的要求完成任务后，质检员检查任务完成是否符合规定要求，材料员检查材料耗用是否超过定额要求，并交下道工序作业班组验收。

D．作业班组每月凭签认手续完备的工程任务单进行结算。

③ 工程中间检测、验收制度。

A．隐蔽工程实行三级验收制度：班组自检→施工队质检员检验→项目部质监组质监员检验。三级验收合格后方可报监理工程师检验。

B．采用“新工艺、新技术”的工序检验，必须经项目部技术组长检测合格后方可报监理工程师检验。

C．严格按设计文件和有关规范、标准要求进行验收、检测，未经验收、检测合格的工序不得放行。

D．经验收、检测合格的工序记录标识“合格”。

E．经验收、检测不合格的工序，在工序发生地挂牌标识“不合格”，并采取返工或返修措施，直至验收合格才能进入下道工序。

④ 违反施工规程，发生质量事故报告制度。

A．施工技术负责人按有关施工规范、设计及工艺要求指导施工人员进行施工，不得违规指挥。

B．操作人员必须按有关规范、规程要求进行作业，不得野蛮施工。

C．施工管理人员发现操作人员违反施工规范要求，应立即予以制止，并上报项目部技术负责人，督促操作人员立即纠正。对于因违反施工规程、发生质量事故的，视情况严重、损失大小，及时逐级上报公司、监理及业主，并以书面形式记录报告过程。

D．安全员有权制止任何违反施工规程、可能导致质量事故或人身安全事故的违规指挥和施工。

⑤ 定期进行质量改进工作总结制度。

A．每月对本工程的施工质量进行一次全面测量及评估，运用统计技术对质量情况进行科学的统计分析，找出主要矛盾。

B．找出主要质量问题及经常出现的质量通病后，由有关部门认真分析研究，找出解决质量通病的办法，采取纠正和预防措施。

（3）制定严格的质量评定标准

为确保创优，根据本工程的实际情况，结合现行技术规范及标准，我公司将制定公司内部用于本工程的更为严格的质量标准，并要求达到此标准的合格率大于 98%方为内部评审合格。

3．工程交工测试

工程完工后，在进行工程施工质量自检时，除了对工程施工工艺检查外，还由工程质监组对光缆的各项性能逐一进行检测，直至各项指标全部合格，才提交建设单位验收。否则将由公司内部各施工队整改，直至全部符合设计要求，并按公司内部的考核办法对相关责任人进行处罚。

11.3.5.3 施工安全操作规程

1．一般安全须知

（1）在以下地点工作，必须设立信号标志，白天用红旗，晚上用红灯，以便引起行人和各种车辆的注意。

① 街道拐弯处。

② 街道上有碍行人或车辆处。

③ 在跨越马路架线需要车辆暂时停止时。

④ 行人车辆有陷入地沟、杆坑或接线洞处。

⑤ 架空光缆接头处。

⑥ 已经揭开的人孔。

（2）在工作进行时，应制止一切非工作人员，尤其是儿童走近工作地区。注意禁止接近和碰触以下事物。

① 揭盖人（手）孔或立杆吊架以及悬挂物。

② 接续光缆的用品，如加热的焊锡、白腊、沥青等；带有毒性的填充物和点燃的喷灯照明等。

③ 正在使用的绳索、滑车、紧线钳等。

④ 使用的各种机械设备，如发电机充气机、抽水机，人工和机动绞盘等。

⑤ 正在放设的线条、光缆和杆根部的一切临时设施等。

（3）在水田、泥沼中工作时及过一般河流时应注意以下事项。

① 在水田长时间工作时须穿长统水靴。

② 在未弄清河水的深浅时不得涉水过河。

③ 洪水暴发时禁止流水过河。

（4）在铁路沿线工作，注意下列要求。

① 不许在铁路桥梁上休息、睡觉或吃饭。

② 路基边有人行道时不要在铁轨当中行走。

③ 携带较长的工具时，工具一定要与路轨平行。

2．工具使用与检查

（1）竹木梯使用时必须注意下列事项。

① 经常检查梯子是否完好，凡是已经折断松弛、破裂、腐朽的梯子都不能使用。

② 上下梯子都不能携带笨重的工具和材料。

③ 梯子上不能有两人同时工作。

④ 梯子靠在墙、吊线上使用时，上下端应保持水平距离。

⑤ 在电杆上使用梯子时上端要紧靠杆梢。

（2）保安带使用前时必须注意下列事项。

① 使用前必须经过严格检查，确保坚固可靠才能使用。

② 应与酸性物、锋刃工具等分开堆放和保管，也不得放在火炉和其他过热、过湿之处，以免损坏。

③ 使用时切勿使皮带扭绞、皮带上各扣套要全数扣妥，皮带头子穿过皮带小圈。

（3）使用脚扣注意事项。

① 经常检查是否完好，脚扣带必须坚韧耐用。

② 脚扣大小应适合电杆的粗细，切勿因不适用而把脚扣扩大、缩小，以防折断。

③ 水泥杆脚扣上的胶皮和胶垫应保持完整，破裂露出胶黑线时应予以更换。

（4）使用喷灯注意事项。

① 不准使用漏油、漏气的喷灯，加油不可太满，气压不可过高，不得将喷灯放在火炉上加热，以免发生危险。

② 不准在任何可燃物附近点燃和修理喷灯。

③ 燃着的喷灯不准倒放。

④ 点燃着的喷灯不许加油，在加油时必须将火焰熄灭，稍冷之后，再加油。

⑤ 使用喷灯一定要用规定的油类，不得随意代用，避免发生危险。

⑥ 不准用喷灯烧火、烧饭。

⑦ 喷灯用完之后要及时放气，并开关一次油门，避免喷灯堵塞。

3．架空杆路注意事项

（1）立杆应注意事项

① 立杆前应考虑地形环境，根据电杆粗细长短和质量配备适当的劳力和工具，要求做到明确分工。

② 非工作人员，一律不准进入工作场地。

③ 开槽口时，应根据地形物和电杆大小、长短，掌握好槽口方向和深度。

④ 杆头必须移至洞位放准马槽口，才许立杆。

⑤ 立杆时应尽量利用地形条件，拉绳时必须面向电杆，看好方向，均匀用力，严禁背向电杆拉绳。

⑥ 立杆时应选一位有经验，善于指挥的工作人员把持杆头，然后指挥立杆人员统一使劲。

⑦ 杆子抬起后，禁止杆下有人穿过，在电杆未稳固前，不准上杆操作（如解绳等）。

⑧ 万一电杆倾倒时，工作人员应向两边散开躲避，切勿顺着电杆倾倒方向乱跑。

（2）放线工作的注意事项

① 放线前，应有专人对沿途电力线和障碍物进行调查，向放线人员介绍清楚。

② 凡非电信线路的电线，均应视为有电，谨慎对待。

③ 放线时必须用干燥绳索牵引，严禁直接拉导线。

④ 电信线路与电力交越时，原则上电信线在电力线下方穿过，并保持规定的距离。

A．目前 220V、380V 在通信线下过。

B．35kV 以下线路为 2.5m；35～220kV 线路为 4m。

（3）登高作业注意事项

① 从事高空作业人员必须定期检查身体，患有心脏病、贫血病、高血压、癫痫病以及其他不能适应于高空作业的人，不得从事高空作业。

② 上杆前必须认真检查杆根有无折断危险，如发现有折断的电杆，在未加固前切勿攀登，还要观察周围附近地区有无电力线或其他障碍物等情况。

③ 上杆前仔细检查脚扣和保安带各个部位有无伤痕，如发现问题，不可使用。

④ 到达杆顶后，保安带放置位置应距杆梢 50cm 的下面。

⑤ 高空作业，所有材料应放置稳妥，所用工具应随手装入工具袋内，防止坠落伤人。

⑥ 上杆时，除个人配备工具外，不准携带任何笨重的材料工具，站在杆上与地面人员之间不得扔抛工具和材料。

⑦ 当发现电杆有部分断裂时，凡须进行工作之电杆，都应在加做临时拉线或临时支撑装

置后，才许上杆。

⑧ 收紧拉线时杆上不准有人，严禁酒后上杆工作。

（4）拆旧作业注意事项

① 杆前必须对杆身、拉线、地锚等主要部位做全面检查。

② 在拆除线路的工作地方，禁止非工作人员接近。

③ 拆除光缆挂勾时，一档内不准使用两台滑车，滑车不准两人同时进行折旧作业。

④ 拆钢绞线时，必须用紧线器松开，用绳系到地面，严禁用钳子剪断，以免钢绞线卷缩伤人，并防止突然受力发生倒杆事故。

4．架设光缆注意事项

（1）沿光缆吊线上工作时，不论是用滑行或竹梯，必须先检查吊线，确知吊线在工作时不致中断，同时两端电杆不致倾斜倒折，夹板不致松脱时，方可进行工作。

（2）升高或降低吊线时，必须使用紧线器，不许肩杠推拉，小对数光缆可以用梯子支撑，并注意周围有无电力线。

（3）接续架空光缆和进行烘干封焊时，应在接头下悬挂一适当盛器，以防落物和击伤人。

11.3.5.4　架空杆路施工工艺

（注：由于施工技术要求的内容，大部分与本书前面相关章节的内容重复，所以，下面只列标题，学习者需要编写施工组织计划时，引用本书中的相关内容就可以了。）

1．杆路一般要求

2．挖杆洞

（1）挖杆洞及其规定。

（2）挖拉线洞及其规定。

3．立杆

（1）立杆方法。

（2）立杆标准要求。

4．安装拉线

（1）拉线程式及组成。

（2）拉线长度计算。

（3）装设拉线的一般规定。

（4）拉线的安装方法。

5．地锚

（1）铁柄与地锚石。

（2）地锚埋设要求。

6．拉线的收紧和更换

（1）拉线的收紧。

（2）更换拉线。

（3）地锚的更换。

11.3.5.5　架空光缆施工工艺

（1）使用的主要器材。

（2）吊线的架设。

（3）光缆敷设。

11.3.5.6 管道光缆施工工艺

（1）管道路由复测。

（2）施工放样。

（3）安全保护措施。

（4）抽水及清理人（手）孔。

（5）敷设光缆。

（6）光缆接头及预留。

（7）光缆保护及标志牌。

（8）光缆测试和记录资料。

11.3.5.7 与相关单位的沟通和配合

（1）各施工队的队长每天均须向项目经理做出汇报，与项目经理一道认真研究进度计划与实际需求之间是否相符，对于不符合实际需求的计划要及时做出调整，并报建设单位，使建设单位对总体进度有个清楚的认识。

（2）加强团队意识，各工作成员充分认识到参与项目的所有人员是一个整体，从而在工作中做到相互照应、相互配合，为实现项目成功而共同努力。

（3）在线路割接时，设备调测人员与线路施工人员充分配合，保证割接顺利进行。

（4）在硬件部分需要援助的时候，调测人员也给予充分的支持。

（5）通过软、硬件施工人员及各施工队的相互协调、配合，我们一定能够高质、高效地完成本项目施工任务。

11.3.6 客户投诉处理及工程回访计划

1．客户投诉的处理

为保证与建设方的紧密配合和联系沟通，及时处理客户投诉和对施工管理问题的意见或建议，我公司在各级管理机构中均设有 24 小时值班电话，接受客户申告和投诉。所有投诉都将被记录，并及时转达给主管领导和相关责任部门，由相关部门组织分析问题原因，提出改进措施或方案，在3日内向投诉方汇报整改方案，经同意后组织实施，并将实施效果反馈给投诉方。

公司客户服务中心电话：×××。

2．工程回访计划

公司市场部还制定了工程回访管理制度。项目部将已竣工验收的工程项目资料及时传递给省公司工程部，由工程部依据资料制定工程回访计划，填写“工程回访计划表”，回访时按以下原则办理。

（1）竣工验收后。

（2）保质期满后。

（3）保质期内，建设单位反映有质量问题时，应及时回访，按客户投诉程序处理。

3．回访计划的实施

（1）回访工作由公司工程部组织实施。回访结束后，填写“工程回访记录表”。

（2）连续进行施工的工程项目，工程部可委托项目部或分公司对已交付的项目进行回访，并填写“工程回访记录表”报工程部。

（3）客户服务中心可以通过定期或不定期的“客户满意度调查函”等书面形式或电话征询意见方式，收集客户对工程质量的反映和改进要求，并进行记录。回访时应着重从施工工艺水平、施工管理、施工质量、光（电）特性指标、竣工图纸资料、施工人员的服务水平及与建设方的协调沟通等方面广泛征求意见。

11.4　考试试题

11.4.1　通信管道、光缆设计培训考试试卷

1．单选题（答案唯一，每题 2 分，共 50 分）

（1）塑料管在人行道下的最小埋设深度为（　　）。

A．0.5m　　B．0.6m　　C．0.7m　　D．0.8m

（2）钢管在车行道下的最小埋设深度为（　　）。

A．0.5m　　B．0.6m　　C．0.7m　　D．0.8m

（3）管道敷设应有一定的坡度，以利于渗入管内的地下水流向人孔，管道坡度应为（　　）。

A．1‰～2‰　　B．2‰～3‰　　C．3‰～4‰　　D．4‰～5‰

（4）塑料管道弯管的曲率半径不应小于（　　）米。

A．12　　B．15　　C．8　　D．10

（5）单一方向标准孔（孔径 90mm）不多于 6 孔时，宜采用哪种类型？（　　）

A．手孔　　B．小号人孔　　C．中号人孔　　D．大号人孔

（6）纵横两路通信管道交叉点上设置的管孔，宜采用哪种管孔类型？（　　）

A．三通型人孔　　B．四通型人孔　　C．斜通型人孔　　D．手孔

（7）在我国抗震设防烈度（　　）烈度及以上地区公用电信网中使用的传输设备，应取得工业和信息化部的电信抗震性能检测。

A．6　　B．7　　C．8　　D．9

（8）光缆线路在城镇地段敷设应以采用哪种方式为主？（　　）

A．架空　　B．管道　　C．直埋　　D．架空+管道

（9）本地网光缆宜采用（　　）。

A．G.652 光纤　　B．G.653 光纤　　C．G.654 光纤　　D．G.655 光纤

（10）局内光缆的光缆护层结构应选择（　　）。

A．PE 内护层+防潮铠装层+PE 外护层

B．防潮层+PE 外护层

C．防潮层+PE 内护层+钢丝铠装层+PE 外护层

D．非延燃材料外护层

（11）在雷害或强电危害严重地段，光缆中心加强芯应采用（　　）。

A．金属构件　　B．非金属构件

C．半金属构件　　D．带绝缘层的金属构件

（12）规划光缆交接箱的容量配置应按照规划期末的（　　）进行配置。

A．最小需求　　B．中间需求

C．最大需求的 80%　　D．最大需求

（13）光缆线路遇到水库时，应从何处通过？（　　）

A．水库上游　　B．水库上空　　C．水库底　　D．水库下游

（14）跨越河流的光缆线路，宜优先采用何种敷设方式（　　）。

A．附桥敷设　　B．架空敷设　　C．水下敷设　　D．水面敷设

（15）杆路与地面上已有的其他杆路最小水平净距为（　　）。

A．0.5m　　B．1m　　C．2m　　D．其他地面杆高的 4/3

（16）采用架空方式敷设光缆时，必须优先考虑（　　）。

A．新建架空杆路　　B．共享现有杆路

C．采用电力杆路　　D．利旧现有吊线

（17）光缆在吊线上架挂应采用（　　）安装。

A．电缆挂钩　　B．扎带捆扎　　C．外套子管　　D．外套 PVC 管

（18）一般情况下轻负荷区常用杆距为（　　）。

A．30m　　B．40m　　C．50m　　D．60m

（19）光缆与架空电力线路交越时，应如何处理？（　　）

A．采取钢管保护　　B．采取防火处理

C．采取接地处理　　D．对交越处做绝缘处理

（20）小型局站 ODF 架中的高压防护接地装置应用何种规格的电力电缆与机房总接地汇接排连接？（　　）

A．不少于 $6mm^2$ 的铜芯接地线　　B．不少于 $16mm^2$ 的单股铜芯接地线

C．不少于 $25mm^2$ 的单股铜芯接地线　　D．不少于 $35mm^2$ 的多股铜芯接地线

（21）在线路路由改变走向的地点应设立（　　）。

A．角杆　　B．分线杆　　C．终端杆　　D．撑杆

（22）在线路终结的地点应设立（　　）。

A．角杆　　B．分线杆　　C．终端杆　　D．撑杆

（23）角杆拉线应装设在角杆内角平分线的（　　）。

A．同一侧　　B．反侧　　C．90°侧　　D．270°侧

（24）通信线路用拉线一般采用（　　）镀锌钢绞线。

A．单股　　B．3 股　　C．5 股　　D．7 股

（25）分线杆在分线光（电）缆方向的反侧加（　　）。

A．顶头拉线　　B．撑杆　　C．双方拉线　　D．四方拉线

2．多选题（答案多于 1 个，每题 2 分，错选、多选 0 分，漏选 1 分，共 20 分）

（1）通信管道规划原则（　　）。

A．以城市发展规划和通信建设总体规划为依据

B．统建公用

C．当规划道路红线之间的距离等于或大于 40m 时，应在道路两侧修建通信管道

D．当规划道路红线之间的距离小于 40m 时，通信管道应建在用户较少的一侧，并预留过街管道

（2）通信管道路由选择原则（　　）。

A．管道位置不宜和杆路同侧

B．通信管道不宜选在埋设较深的其他管线附近

C．通信管道中心线应平行于道路中心线或建筑红线

D．通信管道应和燃气管道、高压电力电缆在道路同侧建设

（3）人（手）孔位置应设置在下列哪些地方？（　　）

A．道路交叉口

B．引上汇接点

C．管线拐弯处

D．建筑物正门前或低洼处

（4）通信线路网应包括（　　）。

A．长途线路　　B．中继线路　　C．本地线路　　D．接入线路

（5）以下表述正确的是（　　）。

A．线路偏转角小于 30°时，拉线与电缆吊线的规格相同

B．线路偏转角在 30°～60°时，拉线采用比电缆吊线规格大一级的钢绞线

C．线路偏转角大于 60°时，应设顶头拉线

D．架空电缆长杆档应设顶头拉线

（6）架空杆路中需设置拉线（或撑杆）的电杆类型有（　　）。

A．角杆　　B．终端杆　　C．分线杆　　D．抗风杆/防凌杆

（7）拉线的种类有（　　）。

A．角杆拉线　　B．顶头拉线　　C．双方拉线

D．三方拉线　　E．四方拉线

（8）拉线在电杆上的安装可采用（　　）。

A．夹板法　　B．拉线杆箍法　　C．另缠法　　D．卡固法

（9）在杆路中，下列哪些电杆应安装拉线来增加杆路建筑强度？（　　）

A．终端杆　　B．防风杆　　C．角杆　　D．分线杆

（10）架空线路的防雷设计要求有（　　）。

A．雷暴日数大于 20 的空旷区域或郊区应做防雷保护接地

B．每隔 250m 左右的电杆应做避雷线，架空吊线应与地线连接

C．每隔 2km 左右，架空光（电）缆的金属护层及架空吊线应做一处保护接地

D．市郊或郊区装有交接设备的电杆应做避雷线

3．判断题（判断对错，每题 1 分，共 15 分）

（1）应在已有规划而尚未成型，或已成型但土壤未沉实的道路上修建管道。（　　）

（2）高等级公路上的通信管道建筑位置选择依次是：路肩及边坡，中央分隔带，路侧隔离栅以内。（　　）

（3）管道容量应按远期需要和合理的管群组合类型取定，并应留有适当的备用孔。（　　）

（4）管道的埋设深度是指路面至管道底部的距离。（　　）

（5）管道的埋设深度达不到要求时，应采用混凝土包封或钢管保护。（　　）

（6）在纵剖面上管道由于躲避障碍物不能直线建筑时，可使管道折向两段人孔向下平滑地弯曲，不得向上弯曲。（　　）

（7）同一段管道可以有“S”形反向弯曲。（　　）

（8）室内光缆应采用非延燃外护套光缆。（　　）

（9）子管在两人（手）孔间的管道段内可以有接头。（　　）

（10）一般情况下，子管在人（手）孔内不应断开。（　　）

（11）埋式光缆局部架空时，可不改变光缆程式。（　　）

（12）埋式光缆在有永久冻土层的地区敷设时宜敷设在永久冻土层内。（　　）

（13）从安全角度考虑，架空光（电）缆应在电力线下方经过。（　　）

（14）终端杆应装设 1 根顶头拉线，该拉线可多条吊线共用。（　　）

（15）市区杆路可不装设抗风杆。（　　）

4．简答题（每题 5 分，共 15 分）

（1）简述何为两阶段设计，以及两阶段设计阶段编制的概、预算类型。

（2）GYTA 和 GYTS 所代表的光缆型号是什么？

（3）列举 5 个管道光缆工程中存在的安全风险因素。

11.4.2　通信工程概预算考试试卷

1．判断题：正确的在括号内划✓、错误的在括号内划×（每小题 1 分，共 20 分）

（1）工程招标的标底应由施工企业编制。（　　）

（2）工程造价控制的关键在于施工前的投资决策和设计阶段。（　　）

（3）设计概算经审查后，即可作为施工图设计阶段的投资控制目标，不得以任何理由对其进行修改。（　　）

（4）当设计项目采用两阶段设计时，编制施工图预算，必须计算预备费。（　　）

（5）通信建设工程概、预算应按单项工程编制。（　　）

（6）直接工程费是直接费的组成部分。（　　）

（7）材料费中只包括主材费，不包括辅助材料费。（　　）

（8）运杂费指器材自工地集配点至施工现场搬运发生的费用。（　　）

（9）通信建设工程的预算定额用于扩建工程时，其全部的人工工日乘以 1.1 的系数。（　　）

（10）通信建设工程的规费是必须缴纳的费用。（　　）

（11）生产工具用具使用费即仪器仪表使用费。（　　）

（12）在海拔 2 000m 以上的化工区安装电信设备时，特殊地区施工增加费应按规定标准的两倍计取。（　　）

（13）临时设施费内容包括临时设施的租用或搭设、维修、拆除费和摊销费。（　　）

（14）工程排污费包含在建设单位管理费中。（　　）

（15）财务费是指企业为筹集资金而发生的各项费用，其费用的计算仅与人工费有关。（　　）

（16）利润是指施工企业完成所承包工程获得的盈利。（　　）

（17）安全生产费是间接费的组成部分。（　　）

（18）一阶段设计时，编制施工图预算不应计取预备费、建设期利息等费用。（　　）

（19）凡是在定额子目中只列人工量未列主材消耗量的，说明安装时不需要消耗材料。（　　）

（20）通信建设工程试运转期一般为 3 个月。（　　）

2．单项选择题：将每题中正确答案的字母填入（　　）内（每小题 2 分，共计 40 分）

（1）通信建设工程概预算编制办法及费用定额适用于通信工程的新建、扩建工程，（　　）可参照使用。

A．恢复工程　　B．大修工程　　C．改建工程　　D．维修工程

（2）在项目可行性研究阶段，应编制（　　）。

A．投资估算　　B．总概算　　C．施工图预算　　D．修正概算

（3）施工图预算是在（　　）阶段编制的确定工程造价的文件。

A．方案设计　　B．初步设计　　C．技术设计　　D．施工图设计

（4）直接费由（　　）构成。

A．直接工程费、措施费　　B．间接费、企业管理费

C．直接工程费、财务费　　D．规费、预备费

（5）下列关于“通信建设工程概预算编制办法中规定的收费标准”说法正确的是（　　）。

A．最低标准　　B．最高限额　　C．允许上下浮动　　D．不得调整

（6）通信工程在建设期内由于价格变化引起工程造价变化的预留费用属于（　　）。

A．不可预见费　　B．预备费　　C．应急费　　D．建设成本上升费

（7）地市级施工企业技工工日单价标准为（　　）。

A．114 元　　B．61 元　　C．48 元　　D．24 元

（8）下列选项中不属于机械台班单价内容的是（　　）。

A．折旧费　　B．大修理及经常修理费

C．大型机械调遣费　　D．燃料动力费

（9）仪表使用费应归入（　　）。

A．直接工程费　　B．运营费　　C．机械费　　D．企业管理费

（10）规费和企业管理费构成（　　）。

A．直接费　　B．直接工程费　　C．间接费　　D．税金

（11）企业管理费的取费基础是（　　）。

A．技工费　　B．普工费　　C．材料费　　D．人工费

（12）工程设计变更确定（　　）内如承包人未提出变更工程价款的报告，则发包人可根

据掌握的资料决定是否调整合同价款和调整的具体金额。

A．7 天　　B．10 天　　C．14 天　　D．30 天

（13）下列选项应归入销项税额计费基础的是（　　）。

A．增值税　　B．人工费　　C．营业税　　D．印花税

（14）生产准备及开办费应计列在（　　）中。

A．工程建设其他费用中计列　　B．包含在建设单位管理费中

C．包含在工程质量监督费中　　D．建筑安装工程费中列支

（15）预算定额中的人工工日消耗量应包括（　　）。

A．基本用工　　B．基本用工和其他用工

C．基本用工和辅助用工　　D．基本用工、辅助用工和其他用工

（16）预算定额中的主要材料量包括（　　）。

A．净用量和运输损耗量　　B．净用量和预留量

C．净用量和规定的损耗量　　D．预留量和运输损耗量

（17）工程价款结算应按合同约定办理，合同未做约定或约定不明的，应按以下办法进行处理（　　）。

A．由保险公司赔偿

B．按国家有关法律、法规和规章制度协商处理

C．由设计单位承担

D．由施工企业自理

（18）在保修期间因施工单位的施工和安装质量原因造成的问题，由（　　）负责保修并承担相应的费用。

A．设计单位　　B．原施工单位

C．用户另行委托施工单位　　D．材料供应单位

（19）下列选项属于设备购置费的是（　　）。

A．供销部门手续费　　B．工地器材搬运费　　C．消费税　　D．设备费

（20）填写概预算表格通常按（　　）顺序进行。

A．表三甲乙丙、表四、表五、表二、表一　　B．表三甲乙丙、表四、表二、表五、表一

C．表四、表五、表三甲乙丙、表二、表一　　D．表五、表四、表三甲乙丙、表二、表一

3．多项选择题，将每道题中正确答案的字母填入（　　）内，多选、少选均不得分（每小题 2 分，共 40 分）

（1）根据国家有关规定，国内投资大中型项目和利用外资等项目，一律编报可行性研究报告，它在（　　）编报。

A．批准的项目建议书以后　　B．可行性研究的基础上

C．投资确定以后　　D．初步设计以后

（2）总体设计单位应负责（　　）。

A．统一概预算编制原则　　B．编写各分册编制说明

C．汇总建设项目的总概算　　D．出版所有设计文件

（3）设计概算是根据（　　）编制的。

A．项目可行性研究报告　　B．政府有关文件

C．初步设计　　D．施工图设计

（4）目前编制通信工程概算所使用的定额有（　　）。

A．工期定额　　B．预算定额

C．费用定额　　D．勘察设计收费工日定额

（5）施工图预算审查的步骤是备齐有关资料、熟悉图纸、了解施工现场情况、了解预算所包括的范围和（　　）。

A．了解预算所使用的定额

B．选定审查方法、按相应内容进行审查

C．预算审查结果的处理与定案

D．送造价管理部门审批

（6）通信工程中下列费用不属于运营费的是（　　）。

A．研究实验费　　B．维护用工器具仪表费

C．生产准备费　　D．供电贴费

（7）通信建设工程费用定额的内容包括（　　）。

A．直接费中人工工日定额　　B．企业管理费取费标准

C．间接费取费标准　　D．工程建设其他费标准

（8）对概预算进行修改时，如果需要安装的设备单价有所增加，那么将对（　　）产生影响。

A．建筑安装工程费　B．工程建设其他费　C．预备费　D．运营费

（9）建筑安装工程费用中直接工程费包括（　　）。

A．材料费　B．企业管理费　C．人工费　D. 施工机械使用费

（10）可以计入直接工程费工资的有（　　）。

A．职工学习培训期间的工资　　B．探亲、休假期间的工资

C．因气候影响的停工工资　　D．施工机械操作人员的工资

（11）概预算中的主要材料费由（　　）、运杂费、采购及保管费、保险费组成。

A．材料原价　B．采购代理服务费　C．包装费　D．辅助材料费

（12）计算辅助材料费必须具备的有（　　）。

A．机械使用费　B．主要材料费　C．人工费　D. 辅助材料费系数

（13）下列费用中不属于建筑安装工程费中的措施费有（　　）。

A．工程车辆使用费　　B．建设用地及综合赔补费

C．生产工具及用具使用费　　D．安全生产费

（14）夜间施工增加费是指在夜间施工时所采取的措施和工效降低增加的费用，下面选项可以计取夜间施工增加费的是（　　）。

A．敷设管道　B．通信设备的联调　C．城区开挖路面　D．赶工期

（15）规费包括（　　）。

A．社会保障费　　B．施工现场材料运输费

C．工程排污费　　D．劳动保险费

（16）下列选项中属于建筑安装工程间接费的内容有（　　）。

A．企业管理费　B．工程车辆使用费　C．财务费　D．临时设施费

（17）下列选项与利润有关的是（　　）。

A．专业类别　　B．利润率　　C．人工费　　D．施工企业资质等级

（18）下列项不属于工程建设其他费的是（　　）。

A．大型施工机械调遣费　　B．勘察设计费

C．新技术培训费　　D．特殊地区施工增加费

（19）在通信设备安装工程中计算施工队伍调遣费时必须考虑（　　）。

A．调遣人数　　B．施工企业职工人数

C．调遣距离　　D．普工人数

（20）机械台班幅度差考虑的主要因素有（　　）。

A．初级施工条件限制所造成的工效差　　B．调遣时间

C．工作业区内移动机械所需要的时间　　D．机械配套之间相互影响的时间

11.4.3 通信工程设计及验收规范强制性条文考试试卷

1．单选题（共20题，每题1.5分，共计30分）

（1）6度和7度抗震设防时，小型台式设备（　　）。

A．宜用组合机架方式安装　　B．组合架顶部应与铁架上梁或房屋构件加固

C．底部应与地面加固　　D．以上都是

（2）工程建设中废弃的砂、石、土，（　　）。

A．必须运至规定的专门存放地堆放，不得向江河、湖泊、水库和专门存放地以外的沟渠倾倒

B．必须运至规定的专门存放地堆放，特殊情况下也可以向江河、湖泊、水库和专门存放地以外的沟渠倾倒

C．必须运至规定的专门存放地堆放，也可以向江河、湖泊、水库和专门存放地以外的沟渠倾倒

D．不必运至规定的专门存放地堆放，可以向江河、湖泊、水库和专门存放地以外的沟渠倾倒

（3）关于电信建筑内的配电线路除敷设要求，下列哪项说法是完全正确的（　　）。

A．除设在完全防火封闭的电缆沟及电缆井里的配电线路，所有的配电线路都应穿金属保护管敷设

B．除设在金属桥架、金属线槽、电缆沟及电缆井等处外，其余线路均应穿金属保护管敷设

C．除设在金属桥架、金属线槽、电缆沟及电缆井等处外，其余线路均应穿金属保护管或防火PVC保护管敷设

D．所有电信建筑内的配电线路，都应穿金属保护管敷设

（4）在砂砾土、半石质、风化石地敷设光（电）缆时，埋深应不小于（　　）m。

A．1.2　　B．1.0　　C．0.8

（5）在市郊、村镇敷设光（电）缆时，埋深应不小于（　　）m。

A．1.2　　B．1.0　　C．0.8

（6）在公路路肩敷设光（电）缆时，埋深应不小于（　　）m。

A．0.6　　B．1.0　　C．0.8

（7）在沟渠、水塘、穿越铁路（距路基面）、公路（距路面基底）敷设光（电）缆时，埋深应不小于（　　）m。

A．1.2　　B．1.0　　C．0.8

（8）直埋光缆与非同沟的直埋通信光、电缆的最小平行净距应不小于（　　）m。

A．0.5　　B．1.0　　C．2.0

（9）直埋光缆与 35kV 以下埋式电力电缆（交流）的最小平行净距应不小于（　　）m。

A．0.5　　B．1.0　　C．2.0

（10）直埋光缆与管径小于 300mm 给水管的最小平行净距应不小于（　　）m。

A．2.0　　B．1.0　　C．0.5

（11）直埋光缆与高压油管、天然气管的最小平行净距应不小于（　　）m。

A．5　　B．10　　C．15

（12）直埋光缆与压力 300～1 600kPa 燃气管的最小平行净距应不小于（　　）m。

A．0.5　　B．1.0　　C．2.0

（13）直埋光缆与其他通信线路的最小平行净距应不小于（　　）m。

A．0.5　　B．0.75　　C．1.0

（14）直埋光缆与排水沟的最小平行净距应不小于（　　）m。

A．0.8　　B．0.75　　C．1.0

（15）直埋光缆与市内树木、村镇大树、果树、行道树的最小平行净距应不小于（　　）m。

A．2.5　　B．0.75　　C．1.0

（16）架空光（电）缆跨越公路时，最低缆线到地面的高度应不小于（　　）m。

A．5.0　　B．5.5　　C．7.5

（17）在雷暴严重地区，应按照设计要求的规格程式和安装位置在相应段落安装防雷排流线。防雷排流线应位于光（电）缆上方（　　）mm 处，接头处应连接牢固。

A．100　　B．200　　C．300

（18）进入人孔处的管道基础顶部至人孔基础底部不应小于（　　）m。

A．0.4　　B．0.5　　C．0.6

（19）当管道沟及人（手）坑深度超过（　　）m 时，应适当增设倒土平台（宽 400mm）或加大放波系数。

A．2　　B．3　　C．4

（20）杆路与 35kV 以上电力线应尽量垂直交越，不能垂直交越时，其最小交越角度不得小于（　　）。

A．30°　　B．45°　　C．60°

2．多选题（共 5 题，每题 4 分，共计 20 分）

（1）电信设备安装的抗震设计目标是（　　）。

A．当遭受本地区设防烈度的地震作用时，电信设备安装的铁架及相关的加固点，不应产生损坏

B．当遭受本地区设防烈度的地震作用时，电信设备安装的铁架及相关的加固点，允许

有局部损坏，但不应产生列架倾倒的现象

C．当遭受本地区设防烈度预估的罕遇地震作用时，电信设备安装的铁架及相关的加固点，不应产生损坏

D．当遭受本地区设防烈度预估的罕遇地震作用时，电信设备安装的铁架及相关的加固点，允许有局部损坏，但不应产生列架倾倒的现象

（2）对于产生环境污染的通信工程建设项目，建设单位必须把环境保护工作纳入建设计划，并执行“三同时制度”，即与主体工程（　　）。

A．同时设计　　B．同时施工　　C．同时验收　　D．同时投产使用

（3）以下说法正确的是（　　）。

A．通信工程建设中不得砍伐或危害国家重点保护的野生植物。未经主管部门批准，严禁砍伐名胜古迹和革命纪念地的树木

B．通信工程建设中严禁使用持久性有机污染物做杀虫剂

C．必须保持防治环境噪声污染的设施正常使用；拆除或闲置环境噪声污染防治设施应报环境保护行政主管部门批准

D．严禁向江河、湖泊、运河、渠道、水库及其最高水位线以下的滩地和岸坡倾倒、堆放固体废弃物

（4）以下说法正确的是（　　）。

A．电信建筑内的管道井、电缆井应在每隔 3 层楼板处采用不低于楼板耐火极限的不燃烧体或防火封堵材料封堵

B．电信建筑内的管道井、电缆井应在每层楼板都做相应的封堵措施

C．楼板或墙上的预留孔洞应用不燃烧材料临时封堵

D．通信电缆与动力电缆不应在同一井道内布放

（5）下列局、站址选择要求，哪项说法正确（　　）。

A．局、站址应有安全环境，不应选择在生产及存储易燃、易爆、有毒物质的建筑物和堆积场附近

B．局、站址应避开断层、土坡边缘、故河道、有可能塌方、滑坡、泥石流及含氡土壤的威胁和有开采价值的地下矿藏或古迹遗址的地段，不利地段应采取可靠措施

C．局、站址选择时为发挥场地的最大使用效率，应首选与通信办公建筑合建以减少场地建筑占地

D．局、站址选择时应符合通信安全保密、国防、人防、消防等要求

3．判断题（共 25 题，每题 2 分，共计 50 分）

（1）接地线布放时应尽量短直，严禁盘绕。（对，错）

（2）40kA 模块型 SPD 必要时可进行并联组合为 80kA 使用。（对，错）

（3）接闪器及引下线上均不能附着其他电气线路。（对，错）

（4）抗震设防时，蓄电池组输出端与母线间可采用母线硬连接。（对，错）

（5）铁架安装方式应采用列架结构，并通过连接件与建筑物构件连接成一个整体。（对，错）

（6）严禁在崩塌滑坡危险区、泥石流易发生区和易导致自然景观破坏的区域采石、采砂、采土。（对，错）

（7）光缆吊线应每隔 300～500m 利用电杆避雷线或拉线接地，每隔 1km 左右加装绝缘

子进行电气断开。（对，错）

（8）光缆穿越河堤的位置应在近十年最高洪水位以上，对于呈淤积态势的河流应考虑光缆寿命期内洪水可能到达的位置。（对，错）

（9）通信线路建设中应注意保护沿线植被，尽量减少对林木的砍伐和对天然植被的破坏，在地表植被难于自然恢复的生态脆弱区，施工前应将施工作业面的自然植被和表土层一起整块移走，并妥善养护，施工后再移回原处。（对，错）

（10）线缆穿越楼层孔洞布放后，应采用非延燃材料进行封堵。（对，错）

（11）在 ODF 架中光缆金属构件用截面不小于 $6mm^2$ 的铜接地线与高压防护接地装置相连，然后用截面不小于 $35mm^2$ 的多股铜芯电力电缆就近引接到机房的接地汇接排。（对，错）

（12）光（电）缆线路进入交接设备时，不可与交接设备共用一条地线，其接地电阻值应满足设计要求。（对，错）

（13）通信管道与通道应与燃气管道、高压电力电缆在道路同侧建设。（对，错）

（14）挖掘通信管道沟（坑）时，严禁在有积水的情况下作业，必须将水排放后进行挖掘工作。（对，错）

（15）新建杆路应首选水泥电杆，如采用木杆或木撑杆应采用注油杆或根部经防腐处理的木杆。（对，错）

（16）挖掘通信管道沟（坑）施工现场，应设置蓝白相间的临时护栏或醒目的标志。（对，错）

（17）挖沟（坑）接近设计的底部高程时，应避免挖掘过深破坏土壤结构，如挖深超过设计标高 150mm，应填铺灰土或级配砂石并应夯实。（对，错）

（18）光缆采用穿钉方式安装时，应使用双头穿钉；采用抱箍方式安装时，应使用双吊线抱箍。（对，错）

（19）年平均雷暴日数大于 10 的地区及有雷击历史的地段，光电缆线路应采取防雷保护措施。（对，错）

（20）通信工程中严禁使用持久性无机污染物做杀虫剂。（对，错）

（21）通信线路路由选择应考虑建设地域内的文物保护、环境保护等事宜，减少对原有水系及地面形态的扰动和破坏，维护原有景观。（对，错）

（22）在 ODF 架中，光缆金属构件用截面不小于 $6mm^2$ 的铜接地线与高压防护接地装置相连，然后用截面不小于 $95mm^2$ 的多股铜芯电力电缆引接到机房的第一级接地汇接排或小型局站的总接地汇接排。（对，错）

（23）在大地导电率大于 500Ω•m 的地段敷设直埋光缆线路，应设置两条防雷线。防雷线的连续布放长度一般应不小于 1km。（对，错）

（24）室内光缆应采用延燃外护套光缆，如采用室外光缆直接引入机房，必须采取严格的防火处理措施。（对，错）

（25）线缆穿越楼层孔洞布放后，应采用非（不）燃烧材料进行封堵。（对，错）

11.4.4　通信线路工程安全知识考试试卷

1. 判断题（判断对错，每小题 1 分，共计 20 分）

（1）测量时应根据现场实际情况，分段丈量。皮尺、钢卷尺横过公路或在路口丈量注意行人和车辆安全。（　　）

（2）沿管线路由钉的水平桩或中心桩，不得高出路面 3cm 以上。（　　）

（3）室外测量时，观测者不得离开测量仪器。因故需要离开测量仪器时，应指定专人看管。测量仪器不用时，应放置在专用箱包内，专人保管。（　　）

（4）电测法物探作业，可以不做绝缘措施。（　　）

（5）对地下管线进行开挖验证时，应防止损坏管线，可使用金属杆直接钎插探测电线和光缆。（　　）

（6）施工前，应按照批准的设计位置与有关部门办理挖掘手续，做好施工沿线的安全宣传工作。（　　）

（7）通信管道工程的沟（坑）挖成后，凡遇被水冲泡的，必须重新进行人工地基处理，否则，严禁进行下一道工序的施工。（　　）

（8）凿石质杆洞需要爆破时，必须到当地公安部门办理手续。大、中型爆破在实施前应编制爆破方案方可施工。（　　）

（9）立杆前，应在杆梢上方的适当位置系好定位绳索。（　　）

（10）弯管道的接头应尽量安排在弯曲段内，并将塑料管加热弯曲。（　　）

（11）开挖沟、坑前，应先熟悉设计图纸上标注的地上、地下障碍物具体位置并做好标识，没必要调查地下管线。（　　）

（12）开挖沟（坑）前，距离沟（坑）边缘较近的建筑物和设施及树木，有倒塌或损坏可能的，应按有关部门的规定与要求，预先采取支撑、加固和保护措施。（　　）

（13）如遇有毒、有害、易燃、易爆气体或液体管道泄漏，施工人员应立即撤至安全地点，并及时报有关单位修复。（　　）

（14）人工开挖土方或路面时，相邻作业人员间必须保持在 1.5m 以上间隔。（　　）

（15）挖掘土石方，可从上而下进行，有的场景也可以采用掏挖。（　　）

（16）多根塑料管在同一地段同沟敷设时，排列方式和色谱可根据现场条件进行调整。（　　）

（17）作业人员竖杆时应步调一致，人力肩扛时必须用同侧肩膀。（　　）

（18）在沟（坑）边沿 100cm 以内，禁止堆放土石方。（　　）

（19）人工开挖土方或路面时一侧出土，应不超过 2m。（　　）

（20）人工开挖土方或路面时两侧出土，应不超过 1.5m。（　　）

2. 单选题（每小题 1 分，共计 30 分）

（1）沿管线路由钉的水平桩或中心桩，不得高出路面（　　）cm 以上。

A．1　　B．2　　C．3　　D．5

（2）市内主干道路回填土应夯实，应高出路面（　　）m。

A．0　　B．5～10　　C．15～20　　D．20～25

（3）塑料管道最小埋深（管顶距地表最小深度），在人行道上（　　）m。

A．0.5　　B．0.7　　C．0.8　　D．1

（4）钢管管道最小埋深（管顶距地表最小深度），在人行道上（　　）m。

A．0.4　　B．0.5　　C．0.7　　D．0.8

（5）金属管道应有不小于（　　）的排水坡度。

A．0.1%　　B．0.2%　　C．0.3%　　D．0.5%

（6）在同一杆路上同侧架设两层吊线时，吊线间距离为（　　）mm。

A．200　　B．300　　C．400　　D．500

（7）杆立起至（　　）角时应使用杆叉（夹杠）、牵引绳等助力。

A．25°　　B．30°　　C．35°　　D．45°

（8）在吊线周围（　　）m 以内有电力线时，不得使用吊板作业。

A．0.5　　B．0.7　　C．1　　D．1.5

（9）墙壁线缆在跨越街巷、院内通道等处，其线缆的最低点距地面高度不得小于（　　）m。

A．2.5　　B．3　　C．4　　D．4.5

（10）墙壁线缆与电力线的平行间距不小于（　　）cm。

A．10　　B．15　　C．20　　D．25

（11）墙壁线缆与电力线的交越的垂直间距不小于（　　）cm。

A．5　　B．10　　C．15　　D．20

（12）在电力线下或附近作业时，严禁作业人员及设备与电力线接触。在高压线附近进行架线、安装拉线等作业时，离开高压线最小距离应保证 35kV 以下为（　　）m。

A．2　　B．2.5　　C．4　　D．5

（13）在河底挖掘时应及时抽干作业区的渗水。在开挖沟深至（　　）m 时，应开始采取防塌措施。

A．0.2　　B．0.5　　C．1　　D．1.5

（14）路由复测时以下说法错误的是（　　）。

A．测量时应根据现场实际情况，分段丈量

B．皮尺、钢卷尺横过公路或在路口丈量时，应注意行人和车辆，不得被车辆辗压

C．露天测量时，观测者不得离开测量仪器

D．对地下管线进行开挖验证时，应使用金属杆直接钎插探测地下输电线和光缆

（15）直埋光缆敷设时，以下错误的是（　　）。

A．对有碍行人、车辆的地段和农村机耕路必须设临时便桥

B．布放排流线应使用“放线车”，使排流线自然展开，防止端头脱落反弹伤人

C．布放时应在交通道口设立警示标志并看守，防止兜人、兜车

D．采用机械（电缆敷设机）敷设光缆，必须事先清除光缆路由上的障碍物

（16）机房线缆的布放规范正确的是（　　）。

A．线缆的规格、路由、截面和位置应符合施工图的规定，电缆排列必须整齐，外皮无损伤

B．电源线、信号线必须分开布放，各种线间距离应符合过程设计要求（至少 2mm）

C．尾纤布放时不得受压，不能把光纤折成直角，需要拐弯时，应弯成圆弧，圆弧直径不小于 40mm 纤应理顺绑扎

（17）下列说法错误的是（　　）。

A．室外测量时，观测者不得离开测量仪器。因故需要离开测量仪器时，应指定专人看管

B．雨天、雾天、雷电天气下，严禁在高压输电线下作业

C．距离建筑物或设施较近处可以不做支撑护土板

D．测量时应根据现场实际情况，分段丈量。皮尺、钢卷尺横过公路或在路口丈量时注意行人和车辆安全

（18）以下哪种情况，必须支撑护土板（　　）。

A．流砂、疏松土质的沟深超过 0.8m

B．硬土质沟的侧壁与底面夹角小于 100° 且沟深超过 0.8m 时

C．在房基土或是废土地段开挖的沟坑处

（19）砌筑人孔及人孔内、外壁抹灰高度超过（　　）m 时，应搭设脚手架作业。

A．1.2　　B．1.5　　C．1.8　　D．2.0

（20）脚手架上堆砖高度不得超过（　　）层侧砖。

A．2　　B．3　　C．4　　D．5

（21）同一块脚手板上不得超过（　　）人同时作业。

A．2　　B．3　　C．4　　D．5

（22）人（手）孔上覆制作下列说法错误的是（　　）。

A．弯曲钢筋时，应将扳子口夹牢钢筋。绑扎钢筋骨架应牢固，扎好的铁丝头应搁置在下方

B．支撑人孔上覆模板作业时，不得站在不稳固的支撑架上或尚未固定的模板上作业

C．同一模板内混凝土可以二次浇注完成

D．上覆达到规定强度后方可拆除模板

（23）人工顶管下列说法错误的是（　　）。

A．工作坑内钢管入口处的墙面可以进行支护，防止夯击顶管时塌方

B．无缝钢管的规格、型号符合设计要求，禁止使用有缝钢管

C．夯击顶管前必须对设备、吊装器具安装进行检查，确认无误后可开始施工

D．夯击顶管过程中，工作坑内不得站人，并由专人扯拽安全绳

（24）光缆沟开挖时以下错误的是（　　）。

A．上下沟槽使用梯子，不得攀登沟内外设备

B．实施人工挖掘时，应对施工人员进行安全教育和交底工作，确保挖沟作业时人员和地下原有各种缆线、管道的安全

C．在施工图上标有高程的地下设施，应使用机械挖淘

D．没有明确位置高程的，但已知有地下建筑物时，应指定有经验的工人开挖

（25）架空光缆接头位置应落在距电杆（　　）m 的范围内。

A．0.5　　B．0.5～1　　C．1～1.5　　D．1.5-2

（26）牵引光缆时，主要力量应加在光缆的（　　）部位。

A．加强芯　　B．外护套　　C．包层　　D．纤芯

（27）管道试通以下说法错误的是（　　）。

A．大孔管道试通，应使用穿管器试通

B．孔管道试通，可用穿管器带试通棒试通

C．穿管器支架应安置在不影响交通的地方，并有专人看守，不得影响行人、车辆的通行

D．必要时，应在准备试通的人孔周围设置安全警示标志

（28）安全带的使用和维护中下列注意事项中错误的是（　　）。

A．安全带使用前应检查绳带有无变质、卡环是否有裂纹、卡簧弹跳性是否良好

B．安全带要拴挂在牢固的构件或物体上，要防止摆动或碰撞，绳子不能打结使用， 钩子要挂在连接环上

C. 安全带应低挂高用

D. 安全带严禁擅自接长使用

(29) 钻杆设备与电力线应保持（　　）m 以上的距离，在高压电力网附近施工时机具必须接地可靠。

A. 1.5　　B. 2　　C. 2.5　　D. 3

(30) 拆换杆路时以下操作错误的是（　　）。

A. 在拆除施工作业前，应对被拆除的杆路沿线进行详细勘察，重点关注终端杆、角杆、拉线以及跨越杆档

B. 拆除线缆时，应将电杆一侧的线缆全部松脱或剪断

C. 拆除最后的线缆之前应注意中间杆、终端杆本身有无变化

D. 更换拉线时应将新拉线安装完毕，并在新装拉线的拉力已将旧拉线张力松泄后再拆除旧拉线

3. 多选题（每小题 2 分，共计 50 分）

(1) 以下哪些情况，必须支撑护土板（　　）。

A. 沟（坑）距离机动车道较近处

B. 在房基土或是废土地段开挖的沟坑处

C. 回填土、砂土、流砂、砂石、碎石地带

D. 流砂、疏松土质的沟深超过 0.8m

(2) 混凝土基础施工时应注意哪些安全事项（　　）。

A. 搬运水泥、筛选砂石及搅拌混凝土时应戴口罩，在沟内捣实时，拍浆人员应穿防护鞋

B. 混凝土盘应平稳放置于人孔旁或沟边，沟内人员必须避让

C. 混凝土运送车应停靠在沟边土质坚硬的地方，放料时人与料斗应保持一定的角度和距离

D. 向沟内吊放混凝土构件时，应先检查构件是否有裂缝，吊放时应将构件系牢慢慢放下

(3) 以下拉线安装操作正确的有（　　）。

A. 拉线的安装位置宜避开有碍行人、行车的地方，并安装拉线警示护套

B. 新装拉线必须在布放吊线之前进行，拉线坑在回填土时必须夯实

C. 更换拉线必须制作不低于原拉线规格程式的临时拉线，应将新拉线安装完毕，并在新装拉线的拉力已将旧拉线张力松泄后再拆除旧拉线

D. 终端拉线用的钢绞线程式应比吊线大一级，并保证拉距

(4) 在布放时必须依照设计采取哪些有效安全措施（　　）。

A. 在树枝间穿越时，不得使树枝挡压或撑托钢绞线

B. 通过供电线路、公路、铁路、街道时应保证安全净距，确定钢绞线在杆的固定位置

C. 钢绞线在低压电力线之上架设时，不得用绝缘棒托住钢绞线，严禁在电力线上拖拉

D. 防止钢绞线在行进过程中兜磨建筑物，必要时采取支撑垫物等措施

(5) 在开挖杆洞、沟槽、孔坑土方前，应调查地下原有（　　）等设施路由与开挖路由之间的间距。

A. 电力线　　B. 光、电缆　　C. 天然气　　D. 供水

（6）敷设管道光缆时下列说法正确的是（　　）。

A．人孔内作业人员应站在管孔的侧旁，应当面对或背对正在清刷的管孔

B．严禁将易燃、易爆物品带入地下室、地下通道、管道人孔

C．牵引时，引入缆端作业人员的手臂适当的离管孔近的位置

D．机械牵引前应检验井底预埋的 U 形拉环的抗拉强度

（7）使用吹缆机（含空压机及液压设备）的注意事项包括哪些（　　）。

A．吹缆机操作人员应佩戴防护镜、耳套（耳塞）等劳动保护用品，手臂应远离吹缆机的驱动部位

B．严禁将吹缆设备放在高低不平的地面上

C．在液压动力机附近，严禁使用可燃性的液体、气体

D．在吹缆时光缆的速度控制在 20m/min

（8）机房内作业时，下列注意事项正确的有（　　）。

A．使用机房原有电源插座时应核实电源容量，关断设备的电源开关

B．铁架、槽道、机架、人字梯上不得放置工具和器材

C．涉电作业应使用绝缘良好的工具，并由持证人员操作

D．在运行设备顶部操作时，应对运行设备采取防护措施，避免工具、螺丝等金属物品落入机柜内

（9）机架安装和线缆布放时，下列注意事项正确的有（　　）。

A．在已运行的设备旁安装机架时应防止碰撞原有设备

B．布放尾纤时，尾纤凌乱，可以将在用尾纤拔出整理

C．布放线缆时，不应强拉硬拽

D．在楼顶布放线缆时，不得站在窗台上作业

（10）管道地基在不稳定的土壤必须经过人工加固，主要有以下几种方式（　　）。

A．表面夯实：适用于黏土砂土、大孔性土壤和回填土的地基

B．碎石加固：土质条件差或基础在地下水位以下

C．换土法：当土壤承载力较差，宜挖去原有土壤，换以灰土或良好土壤

D．打桩加固：在土质松软的回填土、流沙、淤泥或二级大孔性土壤地区，采用桩基加固地基，以提高承载力

（11）槽道（桥架）安装时以下说法正确的有（　　）。

A．配合建筑工程施工单位预埋穿线管（槽）和预留孔洞时，必须穿工作服、绝缘鞋，戴安全帽，应由建筑工程施工单位技术人员带领进入工地

B．需要开凿墙洞（孔）或钻孔时，不得损害建筑物的主钢筋和承重墙结构

C．高处作业时，应使用升降梯或搭建工作平台，其支撑架四角应包扎防滑的绝缘橡胶垫

D．槽道或走线桥架的节与节之间不应电气连通

（12）机柜及设备安装时以下说法正确的有（　　）。

A．机柜（箱）宜安装在便于进出线及维护的位置，宜远离窗口、门，确保机箱不会受到日光直晒、雨淋，避免安装在潮湿、高温、易燃、强磁场干扰源的地方

B．在通信设备的顶部或附近墙壁钻孔时，应采取遮盖措施，避免铁屑、灰尘落入设备内。对墙、天花板钻孔则应避开梁柱钢筋和内部管线

C．机箱上的各种零件不得损坏，各种文字和符号标识应正确、清晰、齐全

D．楼道机箱应就近从等电位接地装置接引地线，接地电阻应符合设计要求

（13）线缆布放时以下说法正确的有（　　）。

A．蝶形光缆的敷设应达到“防火、防鼠、防挤压”的要求

B．每条光缆在进线孔和 ODF 两端应有统一标识，标识上宜注明光缆两端连接的位置并符合资源管理对光缆标志的要求，标签书写应清晰、端正和正确

C．缆线应布放在弱电井中，不得布放在电梯或供水、供气、供暖管道的竖井中，应当与强电电缆布放在同一竖井中

D．明敷主干缆线距地面高度不得低于 2.0m

（14）光缆接续时以下说法正确的有（　　）。

A．在光缆开剥前必须确认光缆金属构件不带电，以防电击伤人

B．光缆用开剥刀开剥时，应均匀用力，以防伤人

C．开启仪表前，必须正确连接电源线和保护地线，防止电击伤人

D．清洁熔接机时，严禁使用含氟的喷雾清洁剂，以防损坏仪表

（15）光缆测试时以下说法正确的有（　　）。

A．使用光缆光纤仪器仪表的人员，必须熟悉使用方法，运用熟练，并严格按照使用要求正确操作

B．严禁在易燃气体或烟雾环境中操作仪表

C．未将光纤连接至光输出连接器时，不得启动激光器，光缆测试仪表必须先关激光器再关电源

D．设备工作时，严禁观看接至光输出口的光纤端，以防伤害操作者的眼睛

（16）硅芯管敷设时以下说法正确的有（　　）。

A．支撑硅芯管盘的支撑架应倾斜、翻倒

B．硅芯管敷设前应检查硅芯管封堵是否严密，敷设时不得有水、土、泥及其他杂物进入硅芯管内

C．可以使用喷灯或其他方法加热硅芯管使之变软弯曲

D．对穿过障碍点及低洼点的悬空管，应用泥沙袋缓慢压下，不得强行踩落

（17）回填及保护时以下说法正确的有（　　）。

A．回填土时，应根据设计要求，在布放安全警示带后再逐层夯实

B．使用内燃打夯机，应防止喷出的气体及废油伤人

C．回填土前，应先清理沟（坑）内遗留杂物

D．沟（坑）内如有积水和淤泥，必须排除后方可进行回填土

（18）开挖回填碎土前，不应回填（　　）。

A．硬土　　B．沙石　　C．构件　　D．砖头以及冻土

（19）直埋光缆敷设时以下说法正确的有（　　）。

A．布放光缆应统一指挥，按规定的旗语和号令行动布放光缆

B．光缆入沟时不得抛甩，应组织人员从起始端逐段散落，防止腾空或积余

C．对穿过障碍点及低洼点的悬空缆，应用泥沙袋缓慢压下，不得强行踩落

D．挖、埋、制作排流线的地线时必须注意保护和避开地下原有设施

（20）杆路拆换时以下说法正确的有（　　）。

A．拆除线缆时，应自下而上、左右对称均衡松脱，并用绳索系牢缓慢放下

B．拆除吊线前，必须将杆路上的吊线夹板松开。拆除时，如遇角杆，操作人员必须站在电杆转向角的背面

C．不得抛甩吊线，拆除后的线缆、钢绞线应及时收盘

D．使用吊车拔杆时，应先试拔，如有问题，应挖开杆坑检查有无横木或卡盘等障碍

（21）立杆作业时以下说法正确的有（　　）。

A．行人较多时应划定安全区进行围栏，严禁非作业人员进入立杆和布放钢绞线、缆线的现场围观

B．立杆用具必须齐全且牢固、可靠，作业人员应正确使用

C．根据所立电杆的材料、规格和质量合理配备作业人员，明确分工，专人指挥

D．杆洞、斜槽必须符合规范标准。电杆立起时，杆梢的上方应避开障碍物

（22）开挖坑、洞作业时以下说法正确的有（　　）。

A．在挖杆坑洞、光缆沟、接头坑、人孔坑时，应可以不调查地下原有电力线、光缆、煤气管、输水管、供热管、排污管等设施与开挖地段的间距并注意其安全

B．如遇有地下不明物品或文物，可以自行挖掘

C．在松软土质或流沙地质上、打长方形或 H 杆洞有坍塌危险时，应采取支撑等防护措施

D．凿石质杆洞需要爆破时，必须到当地公安部门办理手续

（23）线路复测时以下说法正确的有（　　）。

A．在野外测量时，凡遇到河流、深沟、陡坎等，禁止盲目泅渡或贸然跳跃

B．在公路或人口稠密地区测量应有专人指挥车辆和行人，并设置相应的安全警示标志，如有必要时请交通民警等协助

C．携带较长的测量器材和设备时，应防止触碰行人和车辆，手持标杆，尖端应向下；肩扛标杆，尖端应向前上方，禁止抛掷

D．线路复测时，调查工作应从人文、民俗、地理、环境开始，将线路走向所遇到的河流、铁路、公路、跨越电力线、广播线等其他管线及地理、气候等进行详细记录，从而熟悉线路环境，以便在线路施工时，采取针对性的预防措施

（24）人（手）孔砌筑施工时以下说法正确的有（　　）。

A．砌筑人孔及人孔内、外壁抹灰高度超过 1.5m 时，应搭设脚手架作业

B．砌筑作业面下方不得有人。垂直交叉作业时必须设置可靠、安全的防护隔离层，不得在新砌的人孔墙壁顶部行走

C．进行人孔底部抹灰作业时，人孔上方必须有专人看护

D．人孔口圈至少 4 人抬运，砌好人孔口圈后，必须及时盖好内、外盖

（25）通信管道现场堆土，应符合下列要求（　　）。

A．石块和泥土分开堆置

B．堆土留有行人通道

C．城镇内堆土高度不宜超过 2m

D．堆土的范围应符合市政要求

11.5　通信线路专业技术论文的编写方法

11.5.1　论文的内容和组成结构

一篇完整的论文由以下几部分组成：标题、摘要、关键词、作者姓名与单位、引言、论文主体内容、参考文献和作者简介。标题就是论文的主题思想，既是某一技术问题的提出，又是解决这一技术问题的方法，是整篇论文围绕进行论述的核心，论文的主体内容不能脱离这一核心。摘要是将论文中各节内容的精髓提炼出来，用简短的文字来体现论文的概要。关键词是整篇论文的关键性用词，不用太多，只挑选其中几个比较关键的词语。作者姓名与单位就比较容易理解了，就是作者的真实姓名和工作单位及职位。引言就是论文需要论证的问题的引出，最好是引用现实工程实施过程中真实发生的案例，把出现的技术难题提出来，然后在论文中论述解决问题的方法。论文主体内容就是围绕引言提出的技术难题，作者提出解决这一技术难题的方法，并用科学的原理、依据、计算、分析，采取确实可行的方法来论证作者观点的正确性。参考文献就是作者在编写论文的过程中，采用的论据、计算公式、数据和技术手段所参考和借鉴的一些著作或文献。作者简介主要介绍作者在工作中以及技术领域曾经取得的一些成绩，有些需要提供个人头像照片，也有不需要照片的，做简单介绍就可以了。

11.5.2　论文的编写格式要求

论文投稿的稿件与刊物上正式发表的纸质格式是不同的，主要是为了便于编辑部对论文稿件的审核，对论文稿件的书写格式有统一的要求。论文的主体内容采用宋体小四号文字，首行缩进，行距采用 1.5 倍行距。如果论文的主体内容中引用了某篇著作或参考文献的论据、计算公式、数据和技术手段，就在论文中标注参考文献的序号。例如：“导线的力学性能表[2]”，表示这个表引用来自序号为“2”的参考文献。标题采用宋体三号字并加粗，标题下的作者姓名采用黑体小四号字。“摘要”二字采用宋体二号字，摘要的内容与论文的主体内容的字体要求一致。“关键词”三个字采用黑体三号字，关键词内容的字体与论文的主体内容要求一致，前面有“>>”符号，整行关键词内容要求加底纹。作者姓名与单位采用小三号字，作者姓名用黑体字，作者单位名称和职位则用宋体字。参考文献和作者简介的字体与论文的主体内容要求一致，但引用的标准按标准名、标准编号、标准名称顺序书写；参考的著作按作者姓名、著作名称、出版地、出版社名称、出版年份的顺序书写，最后还要加个小圆点（注：读者自己在投稿时须按照编辑部的格式要求进行编写）。

为了读者对论文的内容组成结构及格式要求有比较直观的认识，在此，将 2014 年 7 月发表于中国学术期刊《广东通信技术》的论文“界定通信材料和设备在使用过程中是否安全的方法”原稿呈现给大家（注：本篇论文作为单独的参考案例，其表格编号和插图编号未遵循本书的统一编号）。

11.5.3 通信线路专业技术论文实例

界定通信材料和设备在使用过程中是否安全的方法

[罗建标]

摘要

文章重点介绍如何界定通信材料和设备在使用过程中是否处于安全状态，主要内容包括：材料力学基础知识、通信线路设备是否安全的界定方法、电杆受力与电杆强度计算、拉线和撑杆受力计算。是平时比较不太引人关注，并且在以往相关的通信线路工程建设的文献或资料中比较少见的有关安全问题及解决的方法。

>>关键词：通信材料和设备；安装和使用；安全性界定

罗建标

广东省电信规划设计院有限公司，副总工程师

引言

在平时的通信线路工程建设施工中或者是在通信材料和设备的使用过程中经常会发生安全性的问题，例如，有一次在韶关市的曲江架设一条跨江架空光缆，由于吊线断裂致使操作人员跌落江中，事故的发生是设计的安全系数不足？还是施工操作不当？或者是吊线本身的质量存在问题？又比如 2010 年在从化的流溪河水库架设一条跨度超过 400 米的架空光缆，需要选择哪种规格型号的吊线？需要什么样的施工技术和加固措施？怎样才能确保通信线路在施工和使用过程的安全？显然，一旦发生事故就必然要追究责任，而要追究真正的责任人，就必须要搞清楚发生事故的真正原因，这样就必须要有一种科学的方法来界定通信材料和设备在使用过程中，什么情况下是安全的，什么情况下是危险的。本文就是针对上述问题提供了解决问题的有效和可行的方法。

1．材料力学基础知识

通信材料和设备在使用过程中是否处于安全状态？怎样的状况下会出现危险？要回答这些问题就必须掌握基本的材料力学知识，下面就简单介绍与本文密切相关的材料力学基础知识。

（1）弹性体

在外力作用下物体形状的改变叫作变形，表现在物体内部阻碍物体变形和使分子回到其原有位置的能力，称为物体的内力或弹性力；在外力停止作用后物体能消除由外力所引起的变形的特性称为弹性，具有这种特性的物体称为弹性体。

（2）弹性变形与永久变形

在外力不超过某一定值时，物体上因受外力而得到的变形会因外力停止作用而消失，这种变形称为弹性变形；当外力超过某一定值时物体上将产生消失不掉的变形，这种在外力停止作用后留存在物体上的变形称为永久变形。

（3）材料刚度

材料受到外加负载作用而不至变形的能力，称为材料刚度。

（4）材料强度

材料受到外加负载作用而不至损坏的能力，称为材料强度。

（5）应力

作用在物体上的外力要在物体内引起内力，其外力要使物体变形，而内力要保持物体原来的形状和体积，为衡量内力的大小，就引用应力的概念，即物体单位面积上的弹性力。通常应力用希腊字母“σ”表示[4]。应力分为张应力、压应力、剪应力、弯曲应力等。

用公式表示为：$\sigma=\dfrac{P}{S}$

P 为内力；S 为物体横截面积。

（6）容许应力

为了保证材料足够安全而采用的应力称为容许应力，以“σ_{Y}”表示。

（7）强度极限

使材料开始毁坏时的应力称为强度极限，以“σ_{B}”表示。在材料的使用过程中，绝对不允许材料内部的应力达到强度极限时的应力。

（8）安全系数

强度极限与容许应力的比值称为安全系数，用 K 表示[4]，公式为：$K=\dfrac{\sigma_{B}}{\sigma_{Y}}$

2．通信线路设备是否安全的界定方法

清楚认识了上述材料力学的基础知识之后，要界定通信线路设备是否安全就比较容易了。可以分三步进行，首先是，找到相关规范要求的安全系数值，我们国家通信管理部门的专业机构为了确保通信设施的安全运作，研究和制定了相关的工程设计规范，在规范中明确规定了不同材料和设备的安全系数。其次是，查出材料和设备的容许应力和强度极限值，我国的工业生产管理部门对生产材料和设备的质量也有严格的规范要求，要求生产厂家提供所生产的材料和设备的容许应力和强度极限值。最后是，计算出材料和设备在使用现场所受应力的数值，我们技术人员可以在材料和设备的使用现场，根据使用环境和位置不同计算出所使用的材料和设备所受应力的大小，进而计算出现场材料和设备的安全系数，再对照相关规范要求的安全系数，就可以确定通信线路设备是否处于安全状态。

（1）《通信线路工程设计规范》中对各种材料的安全系数要求。

新设电杆为 2~3.3；新架设导线为 1.6~2；拉线为 1.8~2.5。

（2）对杆线设备机械强度的计算所应用的各种材料的安全系数见表 2-1 和表 2-2。

表 2-1　导线的力学性能表[2]

数据 导线材料	抗拉强度（kg/mm^2）	容许应力（kg/mm^2）	安全系数
硬铜线	39	19.5	2
镀锌钢线	37	17.1	2.16
铀包钢线	75	37.5	2
钢绞线	120	60	2

表 2-2　拉线材料的拉力表[2]

数据 拉线材料	股数及线经	最小拉断力（kg）	最大容许应力（kg/mm^2）	安全系数
镀锌铁线	4.0	465	233	2
钢绞线	7/2.2	2 930	1 465	2
钢绞线	7/2.6	4 100	2 050	2
钢绞线	7/3.0	5 450	2 725	2

3．电杆受力与电杆强度计算

3.1　电杆可能承受的最大弯力计算

直线杆路的中间杆承受水平弯力的情况如图 3-1 所示。

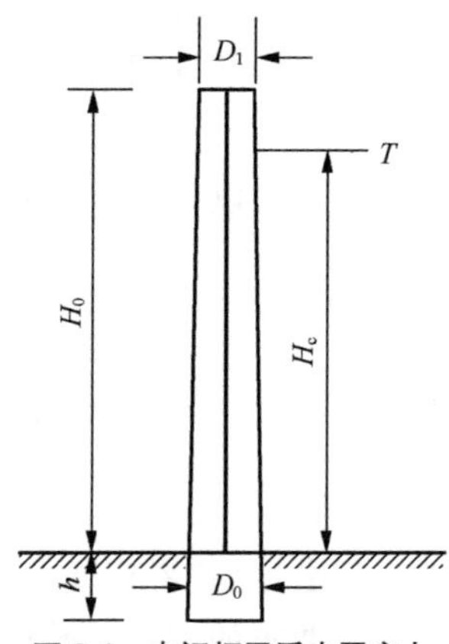

图 3-1　中间杆承受水平弯力

由于风雪的作用，杆路的中间杆必须承受水平方向的弯曲力，为使木杆在地面部分各点的弯距平衡，接近地面处的直径应是杆顶直径的 1.5 倍。但通常使用的木杆 $\frac{D_1}{D_0}<\frac{1}{1.5}$，所以木杆本身最危险的断面位于地面处。木杆的负载能力取决于近地面部分的直径，其可能承受的最大的水平弯压力 T 由下面的公式表示：

$$T = \frac{B \cdot D_0}{S_b \cdot H_c}$$

式中：B——各式木杆的抗弯强度（参照我国部分主要树种木材物理力学性能表）；

S_b——杆路建筑采用的安全系数；

D_0——为木杆在地面部分的直径；

H_c——为木杆从地面至负荷中心的高度。

设有电杆地面部分的直径为 0.2m，地面至负荷中心的高度 H_c=6m，选取安全系数 S_b=3；如使用我国东北红松，其抗弯强度为 65.3MPa，代入计算公式得：

$$T=29\,022.22\text{N}$$

反之，如已知木杆可能承受的最大水平压力，使用计算公式可以求 D_0[5]。

3.2 电杆强度的计算方法

（1）通信用电杆强度是指电杆出土位置的负载弯距，按以下公式计算：

$$M = M_1 + M_2 + M_3$$

式中：M——电杆出土处的负载弯距（N • m）；

M_1——由于杆上架挂的光（电）缆及吊线上风压产生的弯矩（N • m）；

M_2——由于电杆自身上风压产生的弯矩（N • m）；

M_3——由于 M_1 作用电杆产生挠度而产生的弯矩（N • m）。

（2）电杆负载弯矩计算应符合下列要求。

电杆分压作用力如图 3-2 所示。

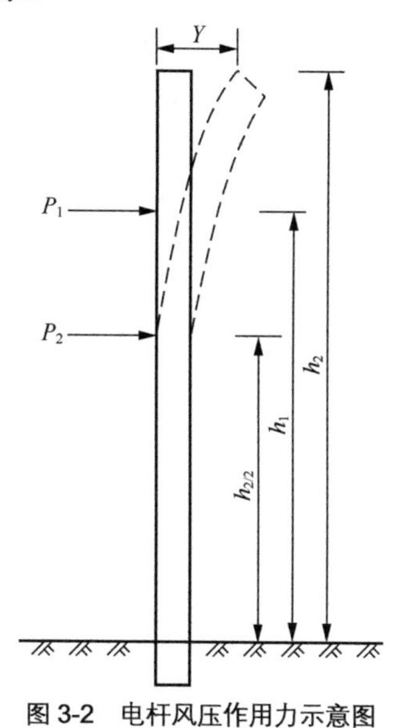

图 3-2 电杆风压作用力示意图

① 杆上光（电）缆及吊线风压负载弯矩 M_1 按以下公式计算：

$$M_1 = P_1 \times h_1 \text{（N • m）}$$

$$P_1 = K_1 \times \frac{(h_3 \times V)^2}{16}\left[n_1 \times (d_1 + 2b) + n_2 \times (d_2 + 2b)\right] \times L \times 10^{-2}$$

式中：P_1——电杆上光（电）缆及吊线上风压的水平合力（N）；

K_1——空气动力系数，对于杆上架设的圆形体，K_1=1.2；

h_3——风速高度折算系数，按杆上架挂高度 6m 折算，h_3=0.88；

V——风速（m/s）；

b——冰凌厚度（mm）；

n_1——电杆上架挂光（电）缆数量；

n_2——电杆上架挂吊线数量；

d_1——电杆上架挂光（电）缆外径；

d_2——电杆上架挂吊线外径；

h_1——水平合力点距地面高度（m）；

L——计算杆距（m）。

② 杆身风压负载弯矩 M_2 按以下公式计算：

$$M_2 = P_2 \times \frac{h_2}{2} \text{（N·m）}$$

$$P_2 = K_2 \times \frac{(h_3 \times V)^2}{16} \times \frac{(d_0 + d_g)}{2} \times h_2 \times 10$$

式中：P_2——电杆风压的水平合力（N）；

H_2——电杆的地面杆高（m）；

K_2——电杆杆身的空气动力系数，K_2=0.7；

d_0——电杆梢径（mm）。

③ M_3 按以下公式计算：

$$M_3 = Y_1 \times G_1 + Y_2 \times G_2 \text{（N·m）}$$

式中：Y_1——由 M_1 作用使电杆产生的挠度（m）；

Y_2——由 M_2 作用使电杆产生的挠度（m）；

G_1——杆上架挂质量（N）；

G_2——电杆自身质量（N）。

4．拉线和撑杆受力计算

4.1 角杆拉线受力分解

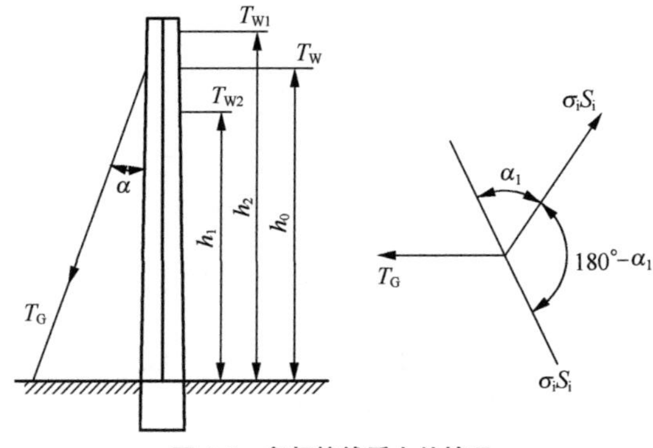

图 4-1 角杆拉线受力的情况

（1）线条作用于电杆的合力（T_W）

如图 4-1 所示，若线路拐弯的角度为α_1，杆上线条数量为 n，某线条的截面积为 S_i（cm^2），

线条的应力为 σ_i（kgf/cm²），则：

$$T_{\mathrm{W}} = 2\cos\frac{180° - \alpha_1}{2}\sum_{i=1}^{n}\sigma_i S_i(\mathrm{kgf})$$

（2）作用于拉线的力（T_{G}）

设拉线与电杆的夹角为α，线条吊挂点到地面高度为 h_i（m），拉线的拉固点到地面的高度为 h_0（m），则：

$$T_G = \frac{1}{\sin\alpha}\times\frac{2\cos\frac{180° - \alpha_1}{2}\sum_{i=1}^{n}\sigma_i \cdot S_i \cdot h_i}{h_0}(\mathrm{kgf})$$

（3）拉线地锚横木可能带出的土重（G）

若土壤的容量为 V（kg/m³），见表 4-1，地锚横木的直径和长度分别为 a 及 b（m），横木的埋深为 t（m），则：

$$G = V \cdot t\left[a \cdot b + 0.6(a+b)t + 0.5t^2\right](\mathrm{kgf})$$

表 4-1　　各类土壤单位体积的质量表[5]

土壤名称		T/m³
淤泥夹砂		1.98
稠黏泥		1.8
粉砂	中等紧密的	1.92
	紧密的	2.0
细沙	中等紧密的	1.92
	紧密的	2.0
中粒砂	中等紧密的	1.94
	紧密的	2.0
粗砂	中等紧密的	1.98
	紧密的	2.05
砾砂	中等紧密的	2.0
	紧密的	2.1
黏土		1.9~2.15
流动状态的黏土		＜1.8
砂质黏土		1.85~2.15
流动状态的砂质黏土		＜1.8
砂质垆坶		1.85~2.05
流动状态的砂质垆坶		＜1.8

（4）拉线的稳定系数

$$K = \frac{G}{T_G}$$

（5）拉线拉固点对木杆的弯曲力矩（M）

设某线条距拉固点的距离为 h_i（cm），则：

$$M = 2\cos\frac{180^\circ - \alpha_1}{2}\sum_{i=1}^{n}\sigma_i \cdot S_i \cdot h_i$$

（6）拉固点电杆的弯曲（W）

若拉线拉固点电杆的直径为 D_2（cm），则：

$$W = 0.1D_2^3\left(\text{kgf}\cdot\text{cm}\right)$$

（7）拉固点电杆应力（σ）

$$\sigma = \frac{M}{W}$$

4.2　各式拉线和撑杆的拉力计算

以下各式拉线的拉力系按所承受外力情况计算的。在具体运用时，尚须增加必要的安全系数[5]。

（1）顶头拉线

顶头拉线受力情况如图 4-2 所示。

$$T_G = \frac{T_W}{\sin\beta}$$

（2）拉桩拉线

拉桩拉线受力情况如图 4-3 所示。

$$T_G = \frac{T_W\cos\alpha}{\sin\beta}$$

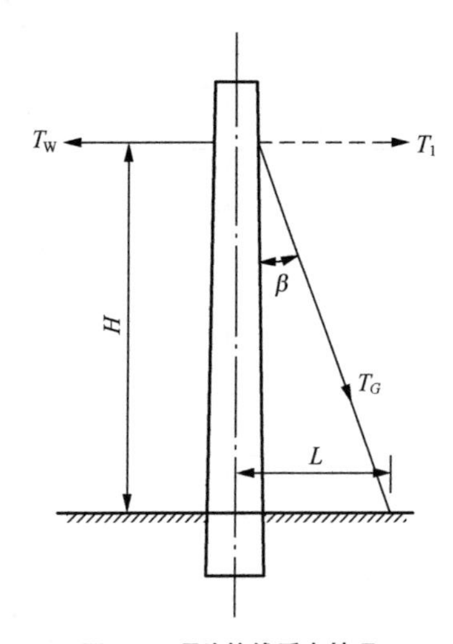

图 4-2　顶头拉线受力情况

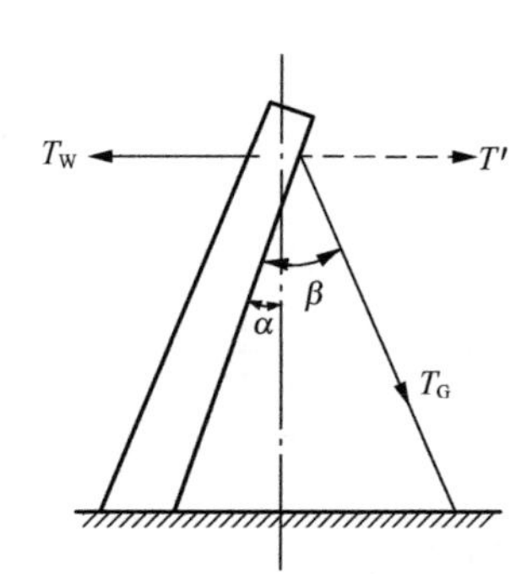

图 4-3　拉桩拉线受力情况

（3）V 形拉线

V 形拉线受力情况如图 4-4 所示。

$$T_G = \frac{T_W}{\sin\beta}$$

$$T_1 = \frac{T_W \sin\alpha_1}{\sin\beta\sin(\alpha_1+\alpha_2)}$$

$$T_2 = \frac{T_W \sin\alpha_2}{\sin\beta\sin(\alpha_1+\alpha_2)}$$

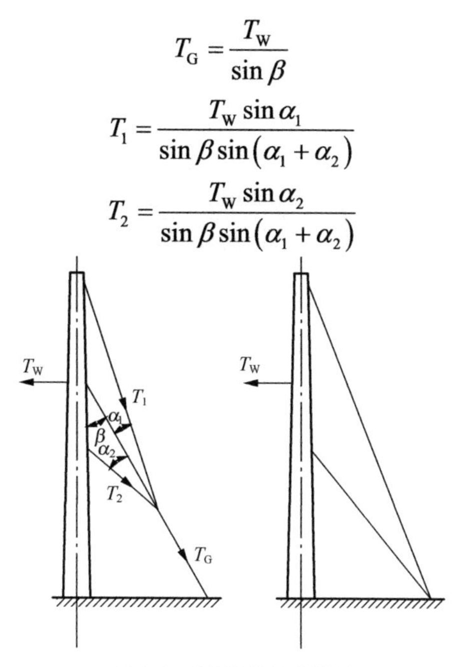

图 4-4　V 形拉线受力情况

（4）双拉线

大角度角杆用双拉线受力情况如图 4-5 所示。

$$T_{G_1} = T_{G_2} = \frac{T_W}{2\sin\beta\cos\theta}$$

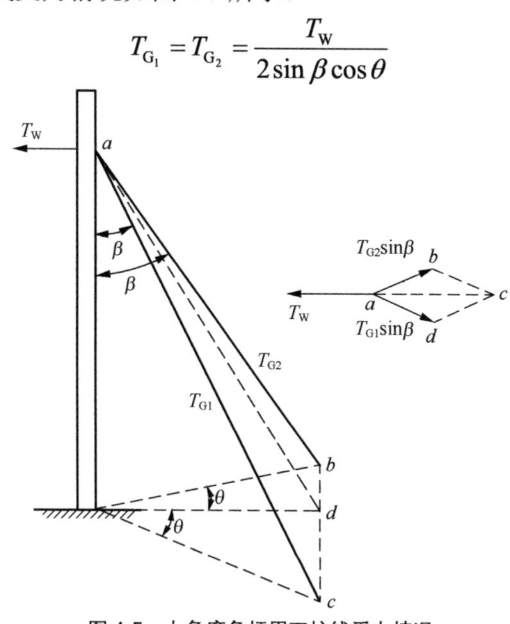

图 4-5　大角度角杆用双拉线受力情况

（5）角杆拉桩拉线

角杆拉桩拉线受力情况如图 4-6 所示。

$$T_{G_1} = T_{G_2} = \frac{T_W \cos\alpha}{2\sin\beta\cos\theta}$$

（6）高桩拉线

高桩拉线受力情况如图 4-7 所示。

$$T_G' = \frac{T_W}{\sin\beta_1}$$

$$T_G = \frac{T_W \sin(\beta_1 + \alpha)}{\sin\beta_1 \sin\beta_2}$$

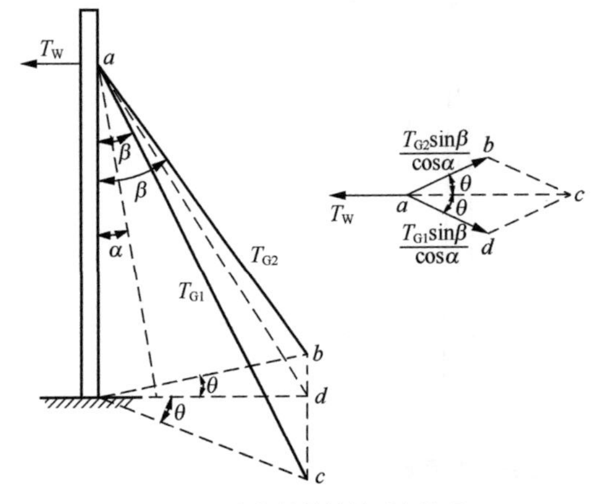

图 4-6　角杆拉桩拉线受力情况

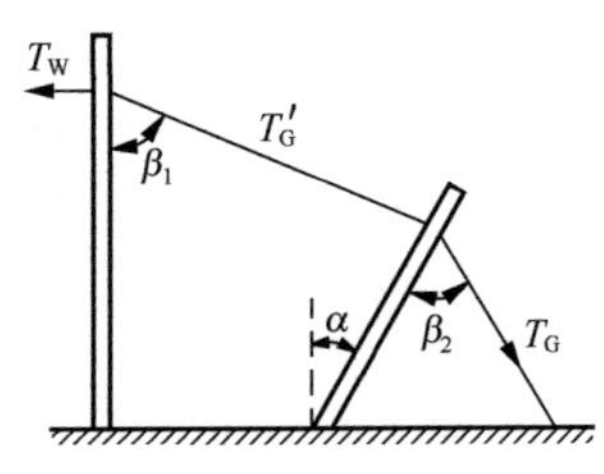

图 4-7　高桩拉线受力情况

（7）拐弯杆拉线

线路拐弯的角度不大，或线条数量不多时，在角杆上装设一条拉线足以平衡线条的拉力。拐弯杆拉线受力情况如图 4-8 所示。

$$T_G = \frac{T_W}{\sin\beta}$$

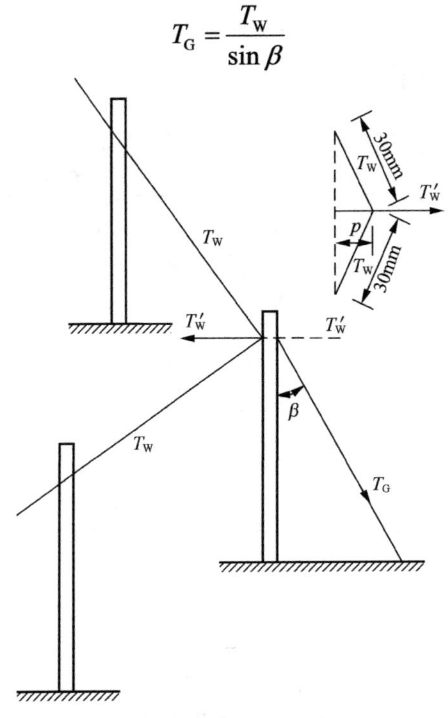

图 4-8　拐弯拉线受力情况

4.3　撑杆受力计算

撑杆受力情况如图 4-9 所示。

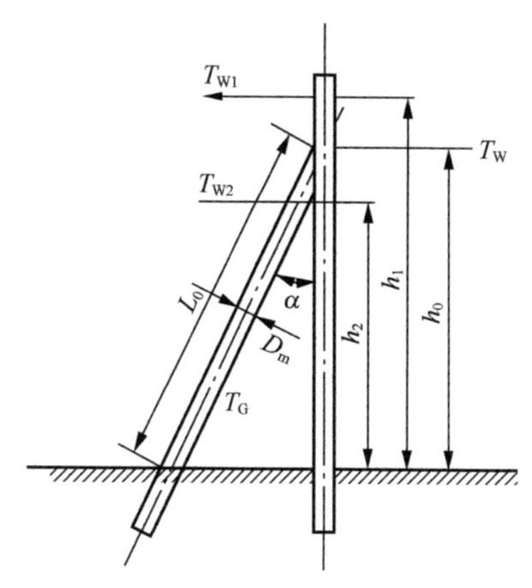

图 4-9　撑杆受力情况

（1）压力降低系数（Ψ）

斜撑杆在受到线条的压力时，产生纵向弯曲压缩应力。纵弯压缩应力的大小与撑杆的斜度有关。压缩应力的降低系数可表示如下：

$$\psi = 1 - 0.028\frac{l_0}{D_m}$$

式中：D_m——撑杆中部的直径（cm）；

l_0——撑杆的被压长度（cm）。

（2）纵弯曲时撑杆的压应力（σ_s）

$$\sigma_s = \frac{T_G}{F_m \psi}$$

式中：T_G——撑杆所承受的压力（与拉线受力的计算方法相同）；

F_m——撑杆中部的横截面积（cm^2）。

（3）撑杆根部对土壤的压力（σ_k）

$$\sigma_k = \frac{T_G}{F_k}\left(kgf/cm^2\right)$$

式中：F_k——撑杆根部横截面积（cm^2），

如果土壤的承压能力小于 σ_k，则撑杆的根部应采取加固措施，如设置横木等措施。

（4）撑杆在支撑点的弯曲应力（σ）

$$\sigma = \frac{M}{W}$$

M 和 W 的计算方法与拉线拉固点的弯曲力矩相同。

参考文献

[1]　中华人民共和国通信行业标准（YD 5102-2010）. 通信线路工程设计规范.

[2]　中华人民共和国通信行业标准（YD/T 5121-2010）. 通信线路工程验收规范.

[3] 中华人民共和国通信行业标准（YD 5148-2007）. 架空光（电）缆通信杆路工程设计规范.

[4] 四川省邮电学校. 架空明线通信线路. 北京：人民邮电出版社，1980.

[5] 罗建标. 通信线路工程设计、施工与维护. 北京：人民邮电出版社，2012.

参考文献

[1] 中华人民共和国通信国家标准（GB 51158-2015）. 通信线路工程设计规范.

[2] 中华人民共和国通信国家标准（GB 51171-2016）. 通信线路工程验收规范.

[3] 中华人民共和国通信国家标准（GB 50373-2019）. 通信管道与通道工程设计规范.

[4] 中华人民共和国通信国家标准（GB/T 50374-2018）. 通信管道工程施工及验收标准.

[5] 中华人民共和国通信国家标准（GB 50311-2016）. 综合布线系统工程设计规范.

[6] 中华人民共和国通信国家标准（GB 50312-2016）. 综合布线系统工程施工验收规范.

[7] 中华人民共和国通信国家标准（GB 50689-2011）. 通信局（站）防雷与接地工程设计规范.

[8] 中华人民共和国通信行业标准（YD 5102-2005）. 长途通信光缆线路工程设计规范.

[9] 中华人民共和国通信行业标准（YD 5121-2005）. 长途通信光缆线路工程验收规范.

[10] 中华人民共和国通信行业标准（YD 5138-2005）. 本地光缆线路工程验收规范.

[11] 中华人民共和国通信行业标准（YD/T 5162-2017）. 通信管道横断面图集.

[12] 中华人民共和国通信行业标准（YD/T 5178-2009）. 通信管道人孔和手孔图集.

[13] 中华人民共和国通信行业标准（YD/T 5015-2015）. 电信工程制图与图形符号规定.

[14] 中华人民共和国通信行业标准（YD/T 5151-2007）. 光缆进线室设计规范.

[15] 中华人民共和国通信行业标准（YD/T 5152-2007）. 光缆进线室验收规范.

[16] 中华人民共和国通信行业标准（YD 5148-2007）. 架空光（电）缆通信杆路工程设计规范.

[17] 中华人民共和国邮电部部标准（YDJ 8-85）. 市内电话线路工程设计规范.

[18] 中华人民共和国邮电部部标准（YDJ 36-85）. 长途通信明线线路工程施工及验收技术规范.

[19] 中华人民共和国邮电部部标准（YDJ 44-89）. 电信网光纤数字传输系统工程施工及验收暂行技术规定.

[20] 中华人民共和国邮电部部标准（YDJ 39-90）. 通信管道工程施工及验收技术规范.

[21] 工信部通信[2016]451 号关于印发信息通信建设工程预算定额、工程费用定额及工程概况预算编制规程的通知.

[22] 中国通信建设总公司. 光缆通信干线线路工程施工操作规程（试用本），1991.

[23] 汪素涵. 通信管道工程设计施工及验收规范与安装标准图集图解实用手册（1～4册）. 北京：中国知识出版社，2007.

[24] 邮电部设计院. 电信工程设计手册. 北京：人民邮电出版社，1985.

[25] 信息产业部综合规划司．工程建设标准强制性条文（信息工程部分）宣贯辅导教材．北京：北京邮电大学出版社，2007.

[26] 中国电信股份有限公司广东传送网络运营中心．长途光缆路由质量标准（暂行），2010.

[27] 中电信粤[2011]832 号关于印发《中国电信广东公司 FTTH 工程建设原则（试行）》的通知.

[28] 中电信粤[2011]1704 号关于对广州分公司《广州市光纤到户（FTTH）建设规范（征求意见稿）》修改意见的批复.

[29] 湖南邮电学校．通信线路设计．北京：人民邮电出版社，1978.

[30] 四川邮电学校．架空明线通信线路．北京：人民邮电出版社，1978.

[31] 长春邮电学校．通信线路防护．北京：人民邮电出版社，1978.

[32] 中国电信广东公司．FTTH 光缆分纤箱技术规范书（征求意见稿）.

[33] 广东省电信工程有限公司，广东省长迅实业有限公司．通信线路工程施工组织计划（多项工程施工组织计划）.